- 中国地质大学（武汉）地学类系列精品教材
- 国家基础科学人才培养基金(J1210043、J1310038)资助

地质学基础

DIZHIXUE JICHU

（第二版）

杨坤光　袁晏明　主　编
刘　强　杨宝忠　副主编

中国地质大学出版社
ZHONGGUO DIZHI DAXUE CHUBANSHE

图书在版编目(CIP)数据

地质学基础/杨坤光,袁晏明主编. —2版. —武汉:中国地质大学出版社,2019.10 (2023.8重印)
ISBN 978-7-5625-4676-4

Ⅰ.①地…
Ⅱ.①杨…②袁…
Ⅲ.①地质学-高等学校-教材
Ⅳ.①P5

中国版本图书馆 CIP 数据核字(2019)第 230736 号

地质学基础(第二版)		杨坤光　袁晏明　**主　编**	
		刘　强　杨宝忠　**副主编**	
责任编辑:马　严		责任校对:谢嫒华	
出版发行:中国地质大学出版社(武汉市洪山区鲁磨路388号)			邮政编码:430074
电　　话:(027)67883511		传真:67883580	E-mail:cbb@cug.edu.cn
经　　销:全国新华书店			http://cugp.cug.edu.cn
开本:787毫米×1092毫米 1/16		字数:723千字	印张:28.25
版次:2009年9月第1版　2019年10月第2版			印次:2023年8月第3次印刷
印刷:武汉市籍缘印刷厂		印数:27 001—30 000 册	
ISBN 978-7-5625-4676-4			定价:58.00元

如有印装质量问题请与印刷厂联系调换

再版前言

"地质学基础"是需要一定地质学知识的自然科学和工程科学各类专业本科生在大学学习期间接触的最重要的地质学课程，是学生在有限学时内掌握地质知识、培养地质思维的关键课程。在实现拓宽专业面、加强学科交叉、培养综合型人才、满足国家经济建设需求与"一带一路"倡议中，加强基础地质学教学和提高课堂教学效率是一条切实可行的有效途径。为此，一本反映地质学最新进展、基础与提高相结合、既便于教又便于学的教科书是必不可少的。中国地质大学（武汉）构造地质系地质学基础教学组的教师们长期从事该门课程的教学活动，并在长期教学实践中对该课程的学科特点和教学规律有深入研究，有教师们自己的心得体会与总结提升——本教材便是他们长期教学积累的结晶。

本教材以2005年杨坤光和袁晏明主编的中国地质大学内部教材《地质学基础》（2009年首次出版）为基础，本次再版对其中的部分内容与图件进行了补充与修改，体现了教材的基础性与前沿性。

（1）以建立面向21世纪的课程体系为指导思想，突破传统的分段组合式教学系统，抓住地质学主要分支学科的核心内容，寻求课程内部的有机联系，建立了全新的课程体系。

（2）努力反映地质科学认识和思维的基本规律，反映学科的发展和最新成就。

（3）在内容上重点突出构造活动、物质组成与地壳演化，强调地壳和岩石圈的特征和意义，把地质作用及其结果紧密联系起来，系统阐述了构造组合的理论和方法。

（4）对不同分支学科使用的某些类似的术语进行了协调、统一。

本教材按现行60～80学时的大纲要求修编，适用于地球物理、油藏工程、岩土工程、环境工程、地理科学等需要一定地质学知识的专业，对于学时偏少的上述专业可选取教材中的相关内容。教材编写提纲由杨坤光提出,第一、第十五、第十六、第十八章由杨坤光教授编写;第二、第十二、第十四章由刘强副教授编写;第三、第十三、第十七章由刘德民副教授编写;第四、第五、第六、第九、第二十一章由袁晏明教授编写;第七、第八章由续海金教授编写;第十、第十一、第十九、第二十章由杨宝忠副教授编写。全书由杨坤光教授、刘强副教授统编定稿,由刘强副教授协助校对,博士生刘雨做了部分绘图与校对工作。

本教材在编写过程中引用了一些面向21世纪、"十一五""十二五"规划地质学类教材的部分内容。教材编写与出版过程得到中国地质大学教务处、中国地质大学出版社的领导与同事的支持,得到中国地质大学(武汉)地球科学学院专家和领导的指导和帮助,得到国家地质学理科基地专项出版基金的资助,在此一并致谢。

由于本教材涉及学科领域宽广、内容繁多,修编时间紧迫,再加上我们的水平所限,教材中难免存在缺点和问题,衷心欢迎使用者提出宝贵意见,以便做进一步修改与提高。

杨坤光

2019 年 3 月 10 日

目 录

第一章　绪论 …………………………………………………………………… (1)

第一节　地质学的研究对象和内容 ………………………………………… (1)

第二节　地质学的特点和研究方法 ………………………………………… (1)

第三节　地质学发展简史 …………………………………………………… (3)

第四节　地质学的研究意义及其与其他相关学科的关系 ………………… (7)

第二章　地球 …………………………………………………………………… (8)

第一节　地球概况 …………………………………………………………… (8)

第二节　地球的物理性质 …………………………………………………… (14)

第三节　地球的圈层构造 …………………………………………………… (20)

第四节　地球的年龄和地质年代 …………………………………………… (24)

第三章　地壳和岩石圈 ………………………………………………………… (31)

第一节　大陆地壳和大洋地壳 ……………………………………………… (31)

第二节　稳定地壳和活动地壳 ……………………………………………… (33)

第三节　地壳的化学成分 …………………………………………………… (36)

第四节　岩石圈 ……………………………………………………………… (40)

第四章　矿物 …………………………………………………………………… (46)

第一节　矿物的化学成分 …………………………………………………… (46)

第二节　矿物的形态 ………………………………………………………… (47)

第三节　矿物的物理性质 …………………………………………………… (56)

第四节　矿物的分类 ……………………………………………………………… (63)

第五章　外动力地质作用与沉积岩的形成 ……………………………………… (97)

　　第一节　地质营力和地质作用 …………………………………………………… (97)
　　第二节　风化作用 ………………………………………………………………… (105)
　　第三节　剥蚀作用 ………………………………………………………………… (110)
　　第四节　搬运作用 ………………………………………………………………… (118)
　　第五节　沉积作用 ………………………………………………………………… (122)
　　第六节　成岩作用 ………………………………………………………………… (132)

第六章　沉积岩特征及主要岩石类型 ……………………………………………… (134)

　　第一节　沉积岩的基本特征和分类 ……………………………………………… (134)
　　第二节　陆源沉积岩 ……………………………………………………………… (143)
　　第三节　火山碎屑岩 ……………………………………………………………… (150)
　　第四节　内源沉积岩 ……………………………………………………………… (153)

第七章　岩浆作用及其产物 ………………………………………………………… (159)

　　第一节　岩浆及岩浆作用 ………………………………………………………… (159)
　　第二节　岩浆的成因与演化 ……………………………………………………… (166)
　　第三节　岩浆岩体原生构造 ……………………………………………………… (169)

第八章　岩浆岩特征及主要岩石类型 ……………………………………………… (173)

　　第一节　岩浆岩的基本特征与分类 ……………………………………………… (173)
　　第二节　超基性岩类 ……………………………………………………………… (181)
　　第三节　基性岩类 ………………………………………………………………… (183)
　　第四节　中性岩类 ………………………………………………………………… (186)
　　第五节　酸性岩类 ………………………………………………………………… (190)
　　第六节　脉岩类 …………………………………………………………………… (193)

第九章　变质作用及变质岩的形成 ………………………………………………… (197)

　　第一节　变质作用 ………………………………………………………………… (197)

第二节 变质作用方式 ··· (201)
第三节 变质岩的特征及分类 ·· (202)
第四节 区域变质岩类 ··· (210)
第五节 混合岩类 ··· (213)
第六节 接触变质岩类 ··· (215)
第七节 气-液变质岩 ··· (216)
第八节 动力变质岩类 ··· (218)

第十章 古生物及化石 ·· (221)

第一节 基本概念 ··· (221)
第二节 无脊椎动物 ·· (227)
第三节 脊索动物门 ·· (239)
第四节 古植物 ·· (242)

第十一章 地层与地层单位 ··· (246)

第一节 基本概念 ··· (246)
第二节 地层的划分和对比 ·· (250)
第三节 地层单位 ··· (255)

第十二章 产状与地层接触关系 ·· (261)

第一节 产状和产状要素 ··· (261)
第二节 层状岩石的产状 ··· (263)
第三节 地层接触关系 ··· (267)

第十三章 构造运动 ··· (273)

第一节 构造运动的分类及表现 ··· (273)
第二节 构造运动的特征 ··· (276)
第三节 构造运动的地质记录 ··· (278)
第四节 地 震 ·· (282)

第十四章 岩石的受力与变形 ··· (289)

第一节 应力和应变 ·· (289)

第二节　岩石变形性质和影响因素 …………………………………………………… (295)

第十五章　褶皱构造 …………………………………………………………………… (299)

第一节　褶皱和褶皱要素 ………………………………………………………………… (299)
第二节　常见褶皱类型 …………………………………………………………………… (303)
第三节　特殊褶皱类型 …………………………………………………………………… (307)
第四节　褶皱的形成机制 ………………………………………………………………… (309)
第五节　褶皱的研究 ……………………………………………………………………… (313)

第十六章　断裂构造 …………………………………………………………………… (318)

第一节　节　理 …………………………………………………………………………… (318)
第二节　断层的几何要素和位移 ………………………………………………………… (324)
第三节　断层的分类和组合形式 ………………………………………………………… (326)
第四节　韧性剪切带 ……………………………………………………………………… (330)
第五节　断层形成机制 …………………………………………………………………… (334)
第六节　断层的研究 ……………………………………………………………………… (336)

第十七章　面状构造和线状构造 ……………………………………………………… (346)

第一节　面状构造 ………………………………………………………………………… (347)
第二节　线状构造 ………………………………………………………………………… (354)

第十八章　构造组合 …………………………………………………………………… (359)

第一节　构造层次及其构造组合 ………………………………………………………… (359)
第二节　伸展作用及其构造组合 ………………………………………………………… (361)
第三节　挤压作用及其逆冲推覆构造 …………………………………………………… (366)
第四节　走滑断层及其伴生构造 ………………………………………………………… (371)

第十九章　相分析和古地理重建 ……………………………………………………… (377)

第一节　一般概念 ………………………………………………………………………… (377)
第二节　沉积环境的主要识别标志——相标志 ………………………………………… (379)
第三节　主要沉积环境及其沉积相特征 ………………………………………………… (384)

第四节　古地理分析及古地理图 ··· (390)

第二十章　地壳演化史 ··· (393)

第一节　前寒武纪地壳演化史 ··· (393)

第二节　早古生代地壳演化史 ··· (396)

第三节　晚古生代地壳演化史 ··· (401)

第四节　中生代地壳演化史 ·· (409)

第五节　新生代地史特征 ··· (414)

第二十一章　矿床的基本知识 ·· (419)

第一节　矿床的有关概念及其成因分类 ·· (419)

第二节　岩浆矿床 ·· (423)

第三节　变质矿床 ·· (425)

第四节　外生矿床 ·· (427)

主要参考文献 ··· (439)

第一章 绪 论

第一节 地质学的研究对象和内容

在人类长期生存的自然界中，人们对自身赖以生存的地球有了越来越深刻的认识，逐步形成了自然科学的一个重要分支——地质学。地质学是研究地球本质的科学，是主要研究地球岩石圈物质组成、构造变动、发展历史和演化规律的科学。

地质学是地球科学的重要组成部分，但不同于其他与地球有关的学科，如地理学、海洋学、气象学等。它的研究对象主要是岩石圈，即地表以下十几千米到几十千米、主要由固体岩石组成的层圈。它的研究内容包括如下几个方面：

(1)岩石圈的物质组成及其存在形式、形成条件及分布规律。这些组成物质既包括元素、矿物、岩石、矿石等无机组分，也包括古生物化石、煤、石油等有机组分。

(2)构造运动及形成的地质构造。包括这些构造的类型、特征、几何形态、运动方式、形成原因和演化过程。

(3)地球及地壳的演化历史。包括生物演化史、沉积演化史、气候变迁史、古地理变迁史、古环境变迁史、构造变动史等，探讨它们的发展规律和变迁原因可以预测地球的未来。

(4)地质学在社会实践中的应用。诸如涉及工程、水文、探矿、环境、灾害、城市、农业、旅游等方面的研究，结合社会生活，为人类造福。

(5)推动地质学发展的新方法、新技术研究。例如遥感技术、数学地质、计算机技术、地球物理、地球化学、高温高压、模拟试验及年代学等。

与这些内容相适应，地质学领域形成了众多分支学科。它们在各自领域里不断向深度和广度进军，推动着地质学的发展。

地质学基础的课程范围主要包括地质学三大支柱——岩石学、构造地质学和地史学，同时包括矿物学、古生物学、普通地质学和矿床学。其他分支学科内容不在本书论述之列。

第二节 地质学的特点和研究方法

地质学是一门自然科学，与其他自然科学相比，有以下特点。

一、学科的实践性

地质学来自实践，又应用于实践，并在实践中不断发展。从石器的利用到铜、铁、煤等矿产的开采，从农田水利的兴修到火山、地震的观测，产生了矿物、岩石、地层、构造等概念和理论。这些理论反过来又指导着矿产的寻找、地质灾害的防治。一个典型实例是，由于石油勘探的需要,20世纪70年代中期以来,美国地质工作者通过地球物理探测发现了南阿巴拉契亚山大规模逆冲推覆构造,并在落基山同类构造中发现派恩维尤(Pineview)油田,这在国际上掀起逆冲推覆构造研究热潮,推动了构造地质学的发展。同时,地质工作者只有深入到自然中去,才能对地质现象有真正的了解。

二、现象的复杂性

作为自然现象的一种,地质现象具有独特的复杂性。在空间上,它涉及地表的任何部分,高山或平原、陆地或海洋、沙漠或湖沼无不存在地质作用和地质现象。同时,借助于专门手段和方法,向下可了解地壳、地幔直至地核的特征;向上已经涉及月球、火星及其他行星与太阳系。研究尺度 $10^{-8} \sim 10^8$ m,即从显微规模到洲际规模。在时间上涉及46亿a之久,即地球至少存在的时间。在漫长的地史时期中,发生过无数地质事件,如5.4亿a左右大量古生物的出现、2亿a前后大西洋的开始形成、2500万a前喜马拉雅山的隆起,而人类出现仅200万~500万a。在地史研究中以万a、百万a为时间单位即是"精确"。更为复杂的是,地球从诞生起即在不断变动,无机界的大气、水、环境、海陆不断变化,有机界的生物从低级到高级不断绝灭和新生。在构造力作用下,地壳变形、岩浆侵入、火山喷发,多期次的运动方向、强度各不相同,造成构造的置换和叠加,形成极其复杂的地质图案。

三、认识的局限性

面对复杂的地质现象,人们的认识能力却十分有限。例如,所有地质事件都经历过漫长演化时期,这对于生命短暂的人类来说,永远无法认识事件的全过程。地质作用无所不在,而我们认识的范围极其有限。对于平均半径6371km的地球,直接观察到的深度(苏联科拉半岛超深钻)仅12km。地质事件是无法重演的,地质环境只能靠间接推断。这使我们对地质现象的认识不可避免地存在片面性。迄今为止,人类认识地球仍然犹如"瞎子摸象"(马杏垣,1987)。我们的工作是努力去接近真实,但是永远不能说已经达到了真实。

基于学科的上述特点,地质学的研究方法比较特殊,归纳起来大体有4种。

1. 野外观察

野外观察是地质研究的基础和出发点。野外是一切地质素材的来源,是地质学家的实验室。只有详细勘查并获得野外第一手资料,才谈得上进一步研究。对于一个地质学家来说,仅观察到个别现象和若干事实是不够的,它必须在尽可能大的范围内对同一现象或不同现象进行研究,才可能得出必要的结论。因此,越是没有工作过的地方,越可能有所发现。依工作目的不同,野外观察可以是专门性的,也可以是综合性的,要求一定的精度,按一定"规范"行事。

2. 现实类比与历史分析法

现实类比与历史分析法是研究地质历史时常用的方法,其主要原则有两点。

第一个原则是"将今论古",即以现代地质作用及其结果为基础,与地史时期遗留的各种地质现象进行对比,从而判断地史时期地质作用及其结果。这一方法又称"现实类比方法",是英国地质学家莱伊尔(Lyell,1830)提出的。根据这一方法,现代干旱地区可形成内陆盐湖,地史时期的盐类沉积即代表那时的内陆干旱区;现代螺蚌是水生生物,则含有螺蚌的山顶岩石是在水下形成的。因此,英国地质学家盖基(Geikie,1905)提出一句著名的格言:The present is the key to the past(现在是认识过去的钥匙),即"将今论古"。

但是,事物是发展的,不会简单地在一个水平上重复。所以,还要引进第二个原则,即历史分析法,即在比较现在和历史时,要具体分析和辩证运用,不能机械照搬。例如,现代海百合只生活在深海区。在地史时期,它却是典型的浅海生物,与造礁生物一起生活。现代火山多为中心式喷发,喷溢的熔岩数量有限,而地史时期却以裂隙式喷发为主,喷溢熔岩量极大,可覆盖巨大面积。所以,正确运用现实类比与历史分析法,才能得出比较正确的结论。

3. 综合分析法

由于地质现象的复杂性和我们认识的局限性,综合分析方法在地质研究中的运用是必不可少的。所谓综合分析方法,就是在分析的基础上,把研究对象的各部分、各侧面和各种因素联系起来进行考察,将简单要素还原为复合要素,将部分还原为整体的科学研究方法。这种方法对复杂多变的地质现象研究有重要意义。例如,只有综合考虑岩性、古生物化石、接触关系、地球化学特征、含矿性、同位素年龄等才能正确划分地层,只有进行岩石学、地层学、构造地质学、地质制图的综合研究才能确定某一地区的大地构造性质和类型,比较接近实际的结论。

4. 实验模拟

对野外采集的样品进行实验分析,以确定岩石、矿物的化学组成和物理性质,追溯其形成条件和形成原因。同时,还要进行同位素年龄测定、古地磁测量、古生物化石鉴定、微体化石分析以及其他测试,从不同角度提供有价值的信息,综合这些信息和其他成果,得出相应的地质学结论。

为验证所获得的地质结论,通常要进行模拟实验,即仿照实际地质资料,在给定的边界条件、物理化学条件、力学条件及其他条件下,以适当的材料和方式重现地质作用过程,获得必要的数据,借以证实地质结论的可靠性。这一方法包括一般模拟(如泥巴试验)、数学模拟、计算机模拟、高温高压实验等。

第三节 地质学发展简史

一、前地质学时期(史前—1775年)

人类对地质现象的认识可以追溯到猿人时代。周口店的中国猿人多以硬度大、具贝壳状断口的石英或燧石制作石器,山顶洞人以赤铁矿粉制作颜料。公元前1831年,我国出现最早关于地震的记录。古希腊学者赫罗多托(Herodotos,前484—前425年),根据贝壳化石的发现,推断南埃及曾遍布海水,这可能是最早依据化石对环境进行分析的案例。我国北宋杰出科学家沈括(1031—1095年)在《梦溪笔谈》中描述了太行山区的螺蚌化石后指出:"此乃昔日之海滨,今东距海已近千里。所谓大陆者,皆浊泥所淹耳。"他对海陆变迁和古环境的认识较欧洲学者的类似见解早400a。

文艺复兴之后,丹麦学者斯坦诺(N. Steno,1638—1687年)在对层状岩石研究时,提出了著名地质学三定律:叠覆律(Law of Superposition),若地层未变动,则老地层在下,新地层在上;原始连续律(Law of Original Continuity),若地层未变动,则呈连续体,并逐渐减薄尖灭;原始水平律(Law of Original Horizoutality),若地层未变动,则呈水平或大体水平产状。这些定律的提出，使他成为地层学和构造地质学的奠基者，叠覆律到现在仍具重要意义。

二、地质学初创时期(1775—1830年)

从18世纪中叶开始，工业革命席卷欧洲，地质旅行和探险迅速兴起，积累了许多矿物、岩石、地层、构造方面的资料。第一个使地质学系统化并成为科学的是德国地质学家维尔纳(A. Werner, 1749—1817年)(图1-1)。1775年，他在德国弗来堡矿业学院首次开设地质学课程，吸引了许多人前来听课。他任教40余年，培养了一代地质人才，形成了历史上著名的水成学派。维尔纳的主要贡献是：首创矿物分类法并提出按成分区分岩石；第一个建立花岗岩、正长岩和玄武岩等的鉴定方法；首先总结出研究地层层序的方法，并认为片麻岩和花岗岩的层位最深。但是，他只强调水的沉积作用，不承认火成岩，从而与火成论者展开了一场长达几十年的"水火之争"。

图1-1 维尔纳
(A. Werner, 1749—1817年)

火成论学派的代表是英格兰地质学家赫顿(J. Hutton, 1726—1797年)(图1-2)。他是一位学识渊博、勤于考察、善于吸收其他学科成果的杰出学者。他最早指出岩脉的存在及其与沉积岩的穿插关系，描述了烘烤现象；他第一个阐明角度不整合的成因，提出了均变论的原始思想，即"根据自然过程的均一和不变的前提，我们发现，在自然现象中我们看到的事件发生过程，一定在历史上某一阶段也发生过"。这一思想对地质学由猜想变为科学有重大意义。

图1-2 赫顿
(J. Hutton, 1726—1797年)

"水火之争"是地质学发展史上的首次学术争论，争论以火成派的胜利而结束，大大推动了地质学的进展。

这一时期，在地层学研究中取得突破性贡献的是"英国地质学之父"史密斯(W. Smith, 1769—1839年)。他在长期野外工作中认识到"每一时代地层都含有特有的生物化石根据这些化石就能确定不同地区的地层是否属于同一时代"。这样，史密斯首次提出不同地区、不同地层的划分对比方法，开创了生物地层学研究前景，为建立地质年代表奠定了基础。他划分了英格兰石炭纪—白垩纪的沉积地层，并于1815年编绘了最早的英格兰和威尔士地质图。

三、近代地质学时期(1830—1954年)

1830年英国著名地质学家莱伊尔(C. Lyell, 1797—1875年)(图1-3)发表划时代经典著作《地质学原理》(*Principles of Geology*)，这标志着近代地质学体系的建立。他正式提出均变论(Uniformitarianism)，认为在地球变革过程中，自然法则是始终一致的。现在正在进行着的地质作用，同样作用于整个地质历史时期。现在是认识过去的钥匙，这一理论把唯物论的反映论带入地质学研究，建立了"将今论古"的现实主义方法，是历史地质学的研究基石。

莱伊尔之后，地质学大体沿4个方向发展：①地壳的物质组成（矿物、岩石、矿床、地球化学）；②地壳运动（动力地质、构造地质）；③地壳演变历史（地层学、古生物学、地史学）；④地球物理特征。地质学在19世纪中期至20世纪上半叶取得了重大进步。

在物质组成方面，1844年美国矿物学家丹纳（J. Dana，1813—1895年）提出矿物化学分类。这与晶系、晶族理论一起标志着经典矿物学的成熟。随着显微镜方法不断完善、元素周期表和X射线的发现，俄国学者韦尔纳茨基（1863—1945年）奠定了成因矿物学基础，挪威学者戈尔德施密特（V. Goldschmidt，1888—1947年）建立了地球化学的理论和方法，高温高压实验推动了岩类学和岩理学的发展。

图1-3 莱伊尔
（C. Lyell, 1797—1875年）

到19世纪70年代，古生代以后的"系"级年代地层单位全部建立了，到1893年比较完整的地层系统和地质年代表也完成了。与此同时，提出了生物地理分区概念，并用古生物地理学方法研究海水进退过程，建立了"相"的概念，并进行了环境分析。在放射性测年方法的推动下，20世纪上半叶，出现了绝对地质年代表。

在构造地质学方面，1857年美国古生物地层学家霍尔（J. Hall，1811—1898年）发现阿巴拉契山脉存在长条形沉积盆地；丹纳（1873）将这种盆地命名为地槽（geosyncline），认为是地球冷却收缩派生的侧向水平压力造成的；1885年，奥地利地质学家徐士（E. Suess，1831—1914年）提出地台（platform）概念，认为地台是地壳上的稳定地区。槽台学说较好地解释了人们当时占有的地质资料，成为居支配地位的构造学说，统治地质学界近一百年。

1912—1915年，德国气象学家、地质学家魏格纳（A. Wegener，1880—1930年）（图1-4）综合当时地质学、古生物学、古气候学和大陆地形特性，创立了大陆漂移学说，并出版《海陆起源》一书，在地质学界引起震动。这种新观点引起不少地质学家的兴趣，但是由于历史条件的限制及缺少更多资料的支持，1930年，当魏格纳在-54℃的格陵兰考察中英勇献身以后，他的学说逐渐沉寂了。

图1-4 魏格纳
（A. Wegener, 1880—1930年）

四、现代地质学时期（1954年—现在）

20世纪50年代，随着现代科学技术的发展，地质学进入了蓬勃发展的新时期。1954年英国古地磁学家布莱克特（P. Blackett）及其学生在研究了三叠纪以来英格兰的古地磁结果后，提出英格兰从那时以后不仅发生了34°的顺时针旋转，而且还有从低纬度向高纬度方向的漂移，这一结果复活了大陆漂移学说。与此同时，海洋探测发现了海底裂谷系、海底热流异常和海底磁条带，在此基础上美国学者赫斯（H. Hess）和迪茨（R. Dietz）提出海底扩张假说。

1965年,加拿大地质学家威尔逊(T. Wilson)提出转换断层的概念,用以解释垂直于洋中脊的海底断层。在综合了地球表面挤压性海沟、引张性全球裂谷系、负重力异常带、贝尼奥夫带、转换断层及地震震中分布以后,法国学者勒皮雄(X. Lepichon)和美国学者摩根(J. Morgen)于1968年同时提出板块构造学说,在地学界引起一场革命。板块构造说比较圆满地解释了已知的地质事实,描绘了地壳从形成到消亡的生动图像。它被成功地应用于岩石学、沉积学、古地理学、地震学等研究中,不仅发现了新的事实,而且重新解释了老概念。板块构造学说得到许多地质学家的支持,成为现代地质学的主流。板块构造学家不以学说的提出为满足,他们更加努力地寻找直接证据。现代深海钻探和古地磁研究结果证实了海底扩张学说。随着研究的深入,学说从大洋走向大陆。大陆地质现象的复杂性使板块学说不断修改和完善,并形成新的理论,如地体学说。地质现象是复杂的,认识没有穷尽,地质学家们仍需不断努力。

五、地质学在中国

古代中国对地质现象的认识和描述是极为丰富的,但在地质学创立时期却大大落后了。近代地质学于19世纪中叶传入中国,美国人庞培勒(R. Pumpelly)于1862年对华东和华北进行了地质调查。德国学者李希霍芬(F. von Richthofen)、俄国人奥勃鲁契夫(B. Oepyqeb)等先后来华调查。1910年由邝荣光编制的直隶地质图问世,划分6个地层单位;1912年成立由章鸿钊领导的中央地质研究所,开展地质工作和地质教育工作;1914年丁文江绘编井陉煤田地质图,开国人野外填图之先河;1924年,我国杰出地质学家李四光(1889—1971年)(图1-5)建立了三峡震旦系剖面。20世纪30年代中国地质学家已经成熟并积累了大量资料。李四光的《中国地质学》(1930)和黄汲清的《中国地质构造主要单位》(1945)的问世标志着中国地质研究已经赶上当时的世界水平。50年代之后,随着大规模经济建设的开展,地质事业迅速发展,先后召开了全国规模

图1-5 我国杰出地质学家
李四光(1889—1971年)

的地层会议和构造会议。在中国地质学界形成了以李四光为首的地质力学学派、以黄汲清为首的多旋回学派、以张文佑为首的断块学派、以陈国达为首的地洼学派、以张伯声为首的波浪镶嵌学派,出现百家争鸣的可喜局面。在板块构造学说诞生的关键时期,中国遇上文化大革命,在极其困难的条件下,傅承义、尹赞勋等把板块学说介绍到中国。李春昱迅速把它应用于中国大地构造研究,完成了第一幅亚洲板块构造图。1984年以来,郭令智等学者把地体构造理论介绍到中国,在中国太平洋沿岸和大陆内部识别出不少地体。目前,我国老一辈地质工作者和大批青年学者正在地质学领域的高峰上努力攀登,建立具有中国特色的地质学理论是可以实现的。

第四节 地质学的研究意义及其与其他相关学科的关系

一、地质学的研究意义

地质学是自然科学的重要分支。由于它的研究对象是人类的家园,所以它的研究无论在理论上还是实践上都有重大意义。

在理论上,地质学处在自然科学某些论战的前沿,担负着解决某些关键问题的重大使命。例如,关于天体起源问题,地球可提供最直接、生动、可靠的依据,为此要测定地球年龄,寻找最古老的地壳;关于生命起源问题,涉及地球上最古老的生物、最早的环境、最初的物理化学过程;关于生物的大规模绝灭,涉及古环境、古气候、地壳运动、天体运动以及古生物自身的演化规律;关于大陆的移动、海陆变迁、地壳升降的规律和原因以及气候的变迁、冷暖变化的规律和原因……所有这些,都必须在地质学家的深入研究基础上才能得到解决。

在实践上,地质学解决与人类生活息息相关的重大问题:

(1)各种矿产资源的寻找。矿产资源是国民经济和人类生活的基础,无论黑色金属、有色金属还是非金属,无论是能源矿产、建筑材料,还是地下水,都必须通过地质工作才能获取。

(2)解决工程地质问题。地质工作是一切工程建设的前提,它确保了施工的质量和安全。例如三峡大坝的建设,地质工作是基础。

(3)预防自然灾害。地球上的自然灾害许多与地质学有关,例如地震、滑坡、泥石流、火山喷发、地面沉降、海水倒灌等,地质学能探索其规律和原因,提出预防措施。

(4)改善人类环境,提高人民生活水平。这是社会发展不断为地质学提出的新课题,为此要进行环境地质、旅游地质、城市地质、农业地质等研究。

因此,地质学在实践中始终站在国民经济的前沿,涉及现代生活的一系列敏感课题。现代地质学已经将自己的研究领域从大陆扩大到海洋、从地表扩大到深部、从地球扩大到宇宙,并与其他学科互相渗透,共同发展,已成为人类认识自然、利用自然的有力武器。

二、地质学与其他相关学科的关系

对于与地质学有关的各学科来说,例如地球物理勘探、岩土工程、油藏工程等,地质学是它们的研究基础和前提。无论是地球物理工作者、石油地质工作者,还是工程地质学家,都必须具备扎实的地质学知识,学会地质思维,掌握地质学方法,才能保证工作顺利进行,保证成果的准确性和可靠性。各相关学科的研究成果又丰富了地质学的内容,推动地质学的发展。因此,学好基础地质知识是构筑各相关专业知识大厦的基石,是将来做好本专业工作的保证。

第二章　地　球

在太阳系中,地球是一颗充满生机与活力的星球,是人类赖以生存的家园。在地球每时每刻进行公转和自转的同时,地球表面和内部也在不停歇地进行着各种复杂的地质作用。在21世纪,人类所面临的三大问题(人口、资源和环境)都与地球系统及演化过程息息相关。因此,21世纪应当是地球系统科学迅猛发展的时期。

第一节　地球概况

一、地球在宇宙中的位置

宇宙是物质世界。"宇"是空间概念,是无边无际;"宙"是时间概念,是无始无终。因此,宇宙即为无限空间与无限时间的统一。宇宙空间中弥漫着各类不停地运动和变化的物质,如恒星、行星、气体、尘埃、电磁波等。宇宙中的天体可分为恒星、行星、卫星、小行星、彗星、星云等。

银河系至少包含1400多亿颗恒星,这些恒星集中在一个扁球状的空间。它从两极看呈旋涡状,侧面类似中间厚边缘薄的铁饼。银河系直径为10万光年[①],银心厚度1万光年。在银河系之外,还存在众多河外星系,如麦哲伦星云、仙女座星云。目前,利用射电望远镜能观测到100亿光年的宇宙,大约存在数十亿个河外星系,它们都在不停地运动。

太阳系是以恒星太阳为引力中心的天体系统,是银河系的一个微小组成部分。太阳系作为一个整体围绕银心公转,公转速度250km/s,公转周期约2.5亿a。太阳系的直径约$1.2×10^{10}$km,太阳光需5.5h才能穿出星系边界。太阳系包括八大行星、至少190颗卫星和至少100万颗小行星及无数的彗星。由于冥王星体积较小且同轨道还存在卡戎星,在第26届国际天文联合会(International Astronomical Union,IAU)(2006)上,先前列入太阳系九大行星之一的冥王星被划定为矮行星。自内向外,太阳系的八大行星依次为水星、金星、地球、火星、木星、土星、天王星和海王星,它们还携带着190颗卫星。八大行星总体上划分为两大类:一类称为类地行星,包括水星、金星、地球、火星,它们体积小,密度大,具有岩石表面;另一类称为类木行星,包括木星、土星、天王星、海王星,它们体积大,密度小,没有岩石表面。木星是太阳系八大行星中体积最大、自转最快的行星。2018年,天文学家新发现了12颗木星的卫星,使得这颗气态巨行星的卫星数量增加到79颗,木星成为人类发现天然卫星最多的行星。在太阳系中,八大行星都沿逆时针方向绕太阳旋转,椭圆形轨道几乎在同一个平面上。在公转的同时,多数行星还在逆时针自转,只有金星和天王星例外,其自转方向与公转方向相反。

地球是生命的摇篮,是太阳系中普通但又特殊的一颗行星,它通过能量和物质交换与其他

[①] 光年指光在真空中一年传播的距离,1光年$=9.46×10^{12}$ km。

天体或者宇宙空间之间保持着密切联系。地球与太阳的平均距离为 1.49×10^8 km，其近日点距离为 1.47×10^8 km，远日点距离为 1.52×10^8 km，太阳光需 8min16s 即可到达地球。

二、地球的形状和大小

1957 年，随着人造卫星上天，人类第一次看到了完整的地球图像（图 2-1）。人造卫星运行轨道状况和分析测算的结果发现，地球并不是标准的旋转椭球体，而是呈梨形的不规则球体。地球的形状和大小需要参照大地水准面，这是与平均海面重合并通过大陆不断延伸的封闭水准面。大地水准面是地球物质引力和地球旋转两者产生重力的等位面，可以通过重力值的测量来确定地球的形状和大小。根据人造卫星的轨道测量，可以准确推算地球的重力场和大地水准面，其准确度已经达到 1cm。

图 2-1 阿波罗 17 号宇航员所拍摄完整地球图像

（图源：National Aeronautics and Space Administration，NASA）

1975 年，国际大地测量和地球物理联合会（International Union of Geodesy and Geophysics，IUGG）建议采用的地球形状主要参数如下：

地球平均半径（R）为 6 371.01km$\pm$15m；赤道半径（a）为 6 378.14km$\pm$5m；两极半径（c）为 6 356.76km$\pm$5m；扁率 $[(a-c)/a]$ 为 1/298。1979 年，由 IUGG 会议通过并得到国际大地测量协会认可的"大地参照系 1980"数值是：赤道半径（a）为 6 378.14km，两极半径为 6 356.76km，地球体积为 1.08×10^{12} km^3。

假设地球密度均一，所获得的大地水准面应是扁率一定的旋转椭球体。经过精细测量，人们发现地球南、北两半球并不对称。北半球高出参考椭球体约 10m，南半球低于参考椭球体约 30m。在中纬度处，南半球凸出，北半球收进 7.5m，整个形状像梨形。从宇宙空间看，地球仍可被视为一个规则球体，但地球内部物质存在一定的不均一性。

三、地球的表面形态

地球表面是人类生存活动与社会发展的基本场所，一般划分为陆地和海洋两大基本单元。地球表面的陆地面积约为 1.49×10^8 km^2，占地球表面积的 29.2%；海洋面积约 3.61×10^8 km^2，占地球表面积的 70.8%。海陆分布不均匀，陆地主要集中在北半球，多被海洋分割，海洋则连成一片而成为统一大洋。陆地平均高度为 875m，最高点为我国西藏的珠穆朗玛峰，海拔高度为 8 844.43m；海洋平均深度为 3795m，最深处为位于菲律宾东北、马里亚纳群岛附近太平洋底的马里亚纳海沟，最深处为斐查兹海渊，深度为 11 034m，是地球最深点。

目前为止，人类下潜最深纪录是由 1960 年美国"的里雅斯特号"潜水器创造，深度为 10 916m。2012 年，我国的载人深潜器"蛟龙号"在马里亚纳海沟最大下潜深度为 7062m，创造了世界同类作业型潜水器的最大下潜深度；2016 年，我国自主研制的"海斗号"无人潜水器在马里亚纳海沟下潜到 10 767 m,标志着我国的深潜科考进入了万米时代。

(一) 陆地地形

按照起伏高度和形态不同,陆地的地形分为山地、丘陵、平原、高原、盆地及裂谷等。

1. 山地

海拔 500 m 以上、相对高差达 200 m 以上的地区称为山地。根据高程的不同,可进一步分为低山(海拔 500~1000 m)、中山(海拔 1000~3500 m)和高山(海拔大于 3500 m)。世界上绝大多数山地呈线状延伸,称为山脉,如我国的天山、祁连山、昆仑山等。在成因上有联系的若干相邻的山脉称为山系。世界上主要的大陆山系是亚欧大陆南部和非洲西北部的地中海-喜马拉雅山系与北美大陆、南美大陆西部的科迪勒拉山系。前者由喜马拉雅山脉和阿尔卑斯山脉组成,后者由落基山脉和安第斯山脉组成。

2. 丘陵

丘陵是海拔 500 m 以下、相对高差小于 200 m 的起伏地区,介于山地和平原之间。从成因上看,丘陵可以是山地发展晚期向平原转化的阶段产物,也可以是正在向山地转化的平原。丘陵常是重要的农业区。世界上丘陵分布较广地区位于俄罗斯西部的东欧平原上。

3. 平原

平原是地势广阔平坦或略有起伏、面积广大的地区,相对高差一般仅几十米,与地质构造中的稳定构造单元(如克拉通或地台)近于吻合。典型的平原是冲积平原,如我国的华北平原、松辽平原和长江中下游平原等。冲积平原主要为巨厚松散沉积物覆盖,下伏基岩表面可有较大起伏。

不典型的平原表现为上覆松散层很薄,基岩可以直接出露。这些地区地势不平坦,常有低丘。例如,在加拿大东部较大范围内,地势低平,其突出地形是相对高差 20~120 m、由 25 亿 a 前古老基岩构成的小丘,这是长期风化剥蚀的结果。

4. 高原

海拔 600 m 以上比较广阔、平坦的地区称为高原。世界上最高最年轻的高原是我国的青藏高原,平均海拔大于 4000 m,是名副其实的"世界屋脊";世界上最大的高原是巴西高原,面积有 500 多万平方千米。高原在地形和成因描述上并不十分严格,一般是指地壳大面积整体隆升的区域。

5. 盆地

盆地是四周比较高、中间低平,形状似盆状的地区。盆地周围是山脉或高原,内部多为平原或丘陵,一些中型、小型盆地地形中的积水成为湖泊或洼地。世界上最大的盆地是非洲的刚果盆地,我国有四川盆地、塔里木盆地、柴达木盆地等。

6. 裂谷

由于地壳扩张伸展,地球表面可形成一些长数百到上千千米的大型线状低洼谷地,称为裂谷。裂谷一般延伸较远,两壁或一壁为陡峻断崖,中间为低凹下陷的谷地。世界上最著名的裂谷是东非裂谷,在平面上呈开阔的"之"字形延伸,由一系列湖泊和峡谷组成,全长约 6500 km,其两侧为高出谷底数百米至千米的大断崖。

（二）海底地形

海底地形相当复杂，它的高差大大超过陆地。由于海底风化剥蚀作用微弱，海底地形的原始起伏特征得以长久保存，这对研究海底地貌的成因有重要意义。根据海底地形特征，人们一般将海底地形划分为大陆边缘、大洋中脊和大洋盆地。

1. 大陆边缘

大陆与大洋相连接的边缘地带称为大陆边缘，在地形和地壳结构上具有过渡性质。根据地形特征不同，它可分为大西洋型和太平洋型。大西洋型大陆边缘宽而平缓，由大陆架、大陆坡和大陆基组成。太平洋型大陆边缘比较复杂，其中东太平洋型大陆边缘由大陆架、大陆坡和深海沟组成，西太平洋型大陆边缘由大陆架、大陆坡、边缘海盆、岛弧和海沟组成。

1）大陆架

大陆架是指从低潮线向海延伸至海底坡度显著增加的浅水台地（图2-2），其平均深度60m，平均宽度约75km，是大陆向海洋的自然延伸。大陆架表面平坦，平均坡度为0°～0.7°，也有小的丘陵、盆地和沟谷。在大陆架边缘向海的一侧存在坡度明显变陡的坡度转折线，坡折点的平均深度为130m，线外为大陆坡。不同地区的大陆架宽度变化很大，从数千米到数千千米以上。大陆架是环绕大陆的浅海地带，常蕴藏石油，我国东海大陆架最宽达964km。

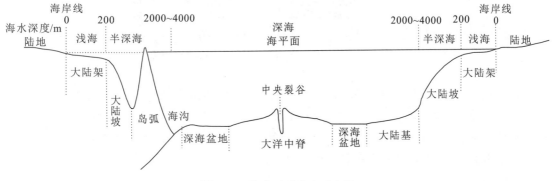

图2-2 海底地形分布示意图

2）大陆坡

在坡折线以外，明显变陡的海底地形被称为大陆坡（图2-2），其上界海水平均深度130m，下界海水深度一般约2000m。大陆坡地形复杂，其坡度各地不等，平均坡度为4°17′。大陆坡常发育有海底峡谷和陆坡阶地。海底峡谷剖面呈"V"字形，谷壁陡峭，是构造作用、陆上动力和海底浊流综合作用的结果。

3）大陆基

在大陆坡外侧、坡度在1°25′以下的缓坡带被称为大陆基（或大陆裙、大陆隆）（图2-3）。大陆基的上界海深约2000m，下界海深约4000m。它常以扇状堆积体形式出现，是浊流和滑塌作用产物的堆积地。孟加拉深海扇是世界上规模最大的大陆基之一，长达2000km，可延伸到5000m的深海底。

4) 海沟和岛弧

在洋底,深度6000m以上的狭长凹地被称为海沟(图2-3),是海底最深的区域,其宽度由几千米至几十千米,长度可达数千千米。海沟断面呈不对称"V"字形,靠近大陆一侧较陡,靠近大洋一侧较缓。在海沟靠大陆一侧常伴生有弧形岛链,称为岛弧,二者组成沟-弧体系,如太平洋中南部的汤加海沟与岛弧,这也是全球板块移动速度最快的区域。

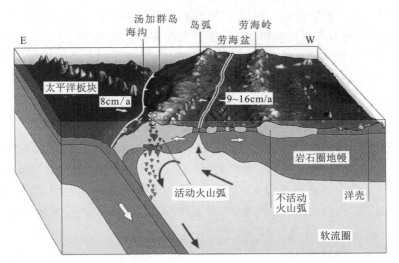

图2-3 太平洋中的汤加海沟与岛弧
(据Frisch et al.,2011;转引自侯泉林,2018)

海沟和岛弧发育在洋、陆交界部位,弧顶凸向大洋,是洋底构造活动强烈地带,全世界90%以上的浅源地震(大于60km)和几乎全部的深源地震(深度约300km)都发生于此。太平洋周缘的岛弧和海沟较为发育,全球大多数水深在7000m以上的海沟分布在这里,如西太平洋的阿留申海沟、马里亚纳海沟和菲律宾海沟等。

2. 大洋盆地

大洋盆地是水深4000～6000m的广阔洋底,约占洋底面积的一半,是洋底地形的主体,包括深海平原、海山和无震海岭。

1) 深海平原

深海平原是洋底大面积平坦区域,坡度一般小于1‰,平均深度为4877m,其上沉积有厚度不到1000m的松散沉积物,是地球表面最平坦的地区。

2) 海山和无震海岭

在大洋盆地中,由火山岩组成的孤立高地称为海山(图2-4)。海山多由海底火山喷发形成,高度在1000m以上,呈圆锥状;如果海山顶部平坦,称为平顶山,海山顶部可露出水面形成岛屿。

无震海岭是大洋底部、高出洋盆2000～4000m的长形隆起高地,宽度数百千米,可绵延数千千米。无震海岭顶面起伏不大,两侧斜面较陡、构造活动微弱,是地震活动较少的海底山系,如太平洋的夏威夷海岭和皇帝海岭、印度洋E90°海岭等。

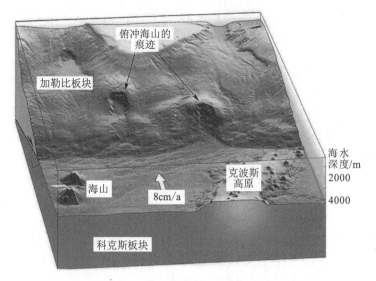

图 2-4 太平洋沿岸哥斯达黎加的海山
(据 Von Huene et al.，2000；转引自侯泉林，2018)

3. 大洋中脊

大洋中脊(或中央海岭)是贯穿太平洋、大西洋、印度洋和北冰洋的洋底山系，通常高出两侧洋盆1~3km，脊顶水深2~3km，少数露出海面形成岛屿(如冰岛等)。大洋中脊全长约80 000km，是地球上最长、最宽的全球性海底山脉，在太平洋中位置偏东，在大西洋中呈"S"形，在印度洋中呈"入"字形。大洋中脊常被一系列与其正交或斜交的断裂带(即转换断层)错开(图2-5)，是现代地壳构造活动强烈的地区，多对应于地震的震中区。在洋脊中央部位，还会出现纵向分布、两壁陡峭的中央断裂谷地。

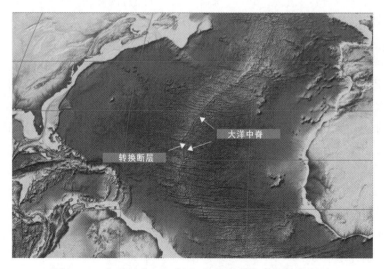

图 2-5 北大西洋(N10°/E40°)的大洋中脊与转换断层
(据 Amante & Eakins，2009)

第二节　地球的物理性质

科学钻井是人们直观了解地球深部特征的重要观测窗口。受技术手段与综合国力限制，目前，世界上最深的科学钻井是位于俄罗斯科拉岛的超深钻井，其最大垂直深度 12 263m。2018 年 5 月，我国的松科二井完钻，井深达到 7018m，这是亚洲国家钻孔最深的大陆科学钻井，也是全球首个钻穿白垩纪陆相地层的科学钻井。但是，相对于地球内部的宏大规模来说，上述钻探获得的直接研究资料就显得寥若晨星。目前，人类对地球深处的认识主要依靠于地球物理探测工作、来自地球深部的天然矿物（如金刚石等）研究以及高温高压实验模拟。2018 年，人们在南非库里南矿的天然蓝钻中发现了含有高压钙钛矿结构的硅酸盐残余，这与下地幔成分吻合，证明它们是来自地幔深处的"信使"。

地球的物理性质主要包括密度、压力、重力、弹性、地磁、地电、地热和放射性等。通过对固体地球物理性质的研究，人们可以推测地球内部的物质成分、温度、压力状态等及其变化规律，并以此作为了解和划分地球内部圈层构造的依据。

一、地球的重力、内部压力和密度

1. 地球的重力

地球表面的重力是地心引力和地球自转离心力的合力。同一物体，在赤道的地心引力最小，在两极最大。离心力与地球自转的线速度平方成正比，在赤道最大，在两极最小。与地心引力相比，地球离心力要小得多，例如，在赤道上，地球离心力最大，但只相当于该处地心引力的 1/189。因此，可以把地心引力近似看作重力，且地面重力值从赤道向两极逐渐增大。在实际应用中，常用单位质量的重力值来表示重力强度大小，这个数值等于某点重力加速度。所以，测定地球重力强度通常测量它的重力加速度，单位是 m/s^2。为了纪念最早测定重力加速度的意大利科学家伽利略，人们把 cm/s^2 又称为伽。目前，国际上将在纬度 45° 的海平面精确测得的重力加速度（$g=9.806\,65m/s^2$）作为重力加速度的标准值。在地面以下，地球内部的重力加速度随深度增加而发生不规则变化，从地面到地下 2891km 逐渐增大；地下 2891km 以下急剧减小，一直到地心的零值。

从理论上讲，如果把地球当作一个表面平坦的均质体，可以计算出以大地水准面为基准的各地重力值，称为理论值，它只与地理纬度有关。从实际上讲，由于地面起伏和地球物质密度不均匀，实际测量的重力值常与理论值不符，这种现象称为重力异常。经过高度校正和密度校正后，实测值大于理论值的称为正异常，表示地下物质密度较大；实测值小于理论值的称为负异常，表示地下物质密度较小。这种异常能反映地球内部物质密度的变化，是研究地质构造和地球内部物质变化的重要信息。地球物理勘探中的重力勘探就是根据这个原理来探测覆盖区的矿产、岩石和地质构造。一般来说，在沉积岩和石油、煤炭、天然气、石盐等矿区，由于组成物质的密度小而表现为重力负异常，金属矿产区则由于组成物质的密度较大而表现为正异常。

2. 地球内部压力

地球内部压力是地球内部单位面积上所受的力，一般指水平面上的铅直压力，主要通过上覆地球物质质量的静压力产生。它取决于深度、平均密度和平均重力，它们之间呈正相关关系。地球内部静压力的计量单位为帕斯卡(Pa)。在地质学研究中通常使用的单位有 MPa(10^6Pa)或 GPa(10^9Pa)。

在地壳范围内,岩石的平均密度约为 2.75g/cm³,随深度每增加 1km,地球内部静压力增加 27.5MPa。例如,在地下 10km 的深度,静压力约为 280MPa 或 0.28GPa(或折算为 2763 个大气压);在地下 670km 的深度,地球内部静压力已增加到约 24GPa;在地下 2891km 的深度,压力增加到 136GPa;在地下 5150km 的深度,压力增加到 329GPa。在强大压力下,地球内部组成矿物的原子结构和状态发生巨大改变,如在地下 410km 的深度,α 相橄榄石向其高压相 β 相橄榄石(即瓦兹利石)转变而形成全球规模的地震波不连续界面。在自然界中,瓦兹利石仅发现于陨石或陨石撞击坑中,表明它形成于极端高压条件。

3. 地球的密度

根据牛顿万有引力定律,人们可以计算出固体地球的质量。国际大地测量和地球物理联合会推荐的地球质量是 5.96×10^{24}kg,而已知地球体积为 1.08×10^{27}cm³,由此得出地球的平均密度为 5.52g/cm³。花岗岩平均密度为 2.67g/cm³,玄武岩平均密度为 2.95g/cm³,沉积岩平均密度为 2.60g/cm³,海水平均密度为 1.03g/cm³。由此可知,地球内部的密度要远大于上述物质的密度,应当由高密度的铁、镍等物质组成。

目前,地球内部密度分布尚无法直接测量获得,人们常利用地球物理探测和高温高压实验岩石学的方法来进行研究。1980 年,杰旺斯基和安德森综合天文测量、大地测量、自由振荡以及面波和体波资料提出了"初步参考地球模型"(preliminary reference earth model, PREM)。该模型在 1981 年的国际大地测量与地球物理联合会(IUGG)上正式通过。根据"初步参考地球模型"密度分布特征(泽旺斯基和安德森,1981),地球内部密度随地球深度增加而增加,但是增加幅度并不均匀,如在 0~660km 深度范围内就有 3 个变化阶段。例如,在 410km 处,地球密度由 3.54g/cm³ 增加到 3.72g/cm³;在 660km 处,地球密度由 3.99g/cm³ 增加到 4.38g/cm³;在 2890km 处,地球密度由 5.57g/cm³ 跃变为 9.90g/cm³;在 5150km 处,由 12.17g/cm³ 增加到 12.76g/cm³,地心密度为 13.09g/cm³(图 2-6)。

二、地球的温度

地下温泉、火山喷发等常见自然现象直观地展示了地球内部蕴藏着巨大的热能。地球内部温度和热能对研究地球动力学过程具有重要意义。一般认为,地球内热的主要来源是放射性元素衰变释放出来的热量,此外还有来自重力分异热、潮汐摩擦热、化学反应热、地球旋转能转换的热。据估计,自地球形成以来,放射性元素释放的热能有 $(6 \sim 20) \times 10^{30}$J。

1. 地表热流

地表热流指在单位时间和单位面积上,地球内部向地表传播并释放的热量,又称热流密度或热流。这是地球深部热状态在地表的量化表征,其国际通用单位为毫瓦每平方米(mW/m²)。通常情况下,地表热流由地温测量和岩石热导率测试计算获得。在一维稳态传导前提下,地表热流表示为地温梯度和岩石热导率的乘积。在大陆上,地温梯度通常由钻井温度测量获得,岩石热导率在实验室内测定;海洋的热流值也利用这一原理,其热导率由沉积物标本测定。因此,地表热流测量受控于钻井的存在,数据的地理分布不均匀。

地表热流测量始于 1939 年在南非开展的地热测量。1952 年,人们在太平洋首次获得首

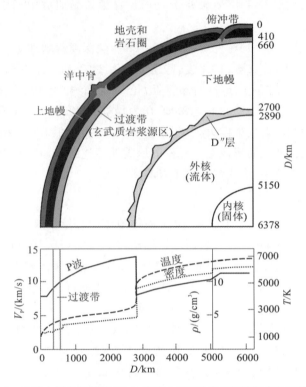

图 2-6　地球内部地震波速(V_p)、密度(ρ)和温度(T)随深度(D)的变化
(据 Kearey et al.，2009；转引自桑隆康和马昌前，2012)

批可靠海洋热流数据。我国热流测量工作始于 20 世纪 70 年代末。截至 2013 年，全球共获得热流量数据 38 347 个，其中陆地占比 43%，大洋占比 57%。

地表热流值通常由岩石的放射性生热、构造-热事件的热扰动及地幔来源热流等部分组成。由于热扰动主要存在于新生代构造活动区，在一般情况下，地表热流值主要考虑岩石的放射性生热与地幔热流(也称背景热流)。地表热流值明显超过平均值的地区称为地热异常区，如出现温泉和火山等。此外，人们通常还采用岩石圈热结构来研究某一区域不同层圈的地热构成，即对比地壳热流与地幔热流。

在大陆区域，地壳主体岩石为生热率高的花岗岩，地幔热流贡献较小；在大洋区域，洋壳主要由生热率低的玄武岩构成，其热流主要来自于地幔热流。根据上述分析，人们认为大陆的地表热流应当大于大洋，然而观测数据表明，大陆平均热流与大洋平均热流基本相等($\sim 60 mW/m^2$)。例如，大洋中脊热流高($\sim 85 mW/m^2$)，洋盆热流减小，海沟热流最低($\sim 45 mW/m^2$)，到大陆边缘热流又升高；古老的、构造活动性低的稳定大陆(如克拉通)热流低($\sim 40 mW/m^2$)，年轻的或构造活动性高的大陆区域热流值高($\sim 80 mW/m^2$)。上述结果显示，地表热流分布主要受控于全球板块分布格局和活动特征，地表高热流区多与板块边界相对应，主要集中在洋中脊、环太平洋带和大陆板块碰撞带等($>70 mW/m^2$)。我国陆地地区地表热流值在 $50 \sim 70 mW/m^2$ 之间，表现出东部和西南部高的特征，这可能与太平洋板块俯冲和印度板块碰撞作用相关。

2. 地下温度

地表面以下,温度分布可分为3层。

(1) 变温层。地球的表层,在地面附近受太阳辐射热影响明显,其中绝大部分又辐射回空中,极少一部分透入地下。因此,温度的日变化、季节变化和年变化较为明显;日变化速度较快而幅度较小,年变化速度较慢而幅度较大。日变化所影响深度范围为 1~1.5m,年变化为 10~20m。由于季节、纬度和海陆分布的差异,变温层的深度范围在各地也有所不同。

(2) 恒温层。地下温度常年保持不变的层位,其温度等于当地的年平均气温,深度范围为 20~30m,在赤道和两极较浅,中纬度及内陆区较深。

(3) 增温层。在恒温层之下的层位,其温度随深度增加而增加,主要受地下热流影响。

地温梯度是指深度每增加 100m 时地温所增加的度数,以 ℃/100m 为单位。地球表层的平均地温梯度约为 3℃/100m。不同地区的地温梯度不同,大陆区一般为 0.9~5℃/100m,洋底为 4~8℃/100m,洋底的地温梯度明显高于大陆。每升高 1℃ 地温所对应的深度为地热增温级,这在不同地区表现不同。例如,地热增温级在亚洲为 40m,欧洲为 28~36m,北美洲为 40~50m。

除与热源距离有关,地温梯度还与地下岩层的热导率有关。一般情况下,地下岩层热导率低的地区,地温梯度较大;地下岩层热导率高的地区,地温梯度较小。地热增温率只适用于地下 20km 范围内,因为地下 20km 以下深度的温度增加变得较为缓慢。地下更深处温度主要根据地震波的传播速度与介质熔点温度的关系推导得出。一般认为,地下 100km 温度为 1000~1300℃,400~610km 的地幔转换带温度为 1400~1600℃,2900km 的核幔边界处为 3000~4000℃,地核中心区域温度为 6000~6800℃(图 2-6)。

三、地球的磁性与电性

1. 地球的磁性

地球磁场是行星地球的重要特性之一,具有偶极场特征。现代地磁极位于地理极附近,但并不与之重合。地磁轴与地球自转轴并不重合,二者约成 11.5°的交角。磁南极大致在地理北极附近,磁北极大致在地理南极附近,磁极位置逐年有变化。

在公元前 4 世纪,中国人就认识到地球具有磁场,并发明了四大发明之一的指南针。中国宋代科学家沈括(1034—1094)是世界上第一个从理论角度来研究磁偏现象的人。1600 年,英国人吉尔伯特认为地球本身是一块巨大磁石,磁子午线应交于地球两个端点上。现代测量表明,地磁线在空间上是闭合曲线,一般认为地磁场性质与地核运动过程相关。

通常,地磁南北极在地表的连线称为磁子午线,它与地理子午线之间的夹角称为磁偏角(D)。磁针在赤道上保持水平,在两极处于直立状态,在赤道与两极之间则是倾斜的,磁针与水平面的夹角称为磁倾角(I)。地磁场对单位磁极的作用力称为地磁场强度,其单位为安培/米(A/m),为矢量,可以分解为水平分量(H)和垂直分量(C)(图 2-7)。它们统称为地磁场要素。

在地球表面,地磁场的要素分布具有一定规律。在赤道附近,垂直分量的值为 0,水平分量的值最大,磁倾角为 0°。随纬度增加,垂直分量的值逐渐增加,水平分量的值逐渐减小,磁倾角加大。在磁北极,磁场垂直向下,磁倾角为 90°,水平分量的值为 0,垂直分量的值最大;在

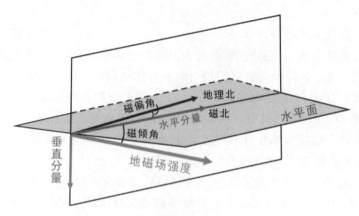

图 2-7 地磁场要素关系示意图

磁南极,磁场垂直向上,磁倾角为 $-90°$,水平分量的值为 0,垂直分量的值最小。

把地磁场近似看作均匀磁化球体的磁场,这称为正常磁场。当实际观测到的地磁场与正常磁场不一致时,称为地磁异常,局部的地磁异常主要由地下岩石磁性差异引起。大于正常磁场者称为正磁异常;反之,则称为负磁异常。一般情况下,铁磁性物质造成正异常,如铁、镍等;逆磁性物质造成负异常,如金、铜、石油等。利用地磁异常勘探有用矿物和了解地质构造的方法称为磁法勘探。

2. 地球的电性

地球具有微弱的自然电流,称为大地电流。这是一种不稳定电流,主要由地磁场变化感应产生。大气层中的各种电流体系(如雷雨放电、磁暴等)影响以及地面温差电流,都可以加强大地电流。大地电流强度从低纬度向高纬度增大,所形成的大地电场也在不断变化,可以是日变化、月变化和年变化,也可是不规则干扰变化,多与磁场变化伴生。地壳表面一些地质体的岩石也可引起电场,属于自然电场。局部自然电场常与有用矿产有关,是地球物理探测中电法勘探的重要对象。

1) 电导率

地球内部电导率(电阻率的倒数)是大地电流研究中的重要内容,主要与岩石成分、孔隙度、孔隙水矿化度等有关。例如,沉积岩电导率大于变质岩电导率;孔隙度大但充满水的岩石电导率大等;地壳电导率与岩石层理有关,沿层理方向比垂直层理方向的电导率大;温度对电导率影响更加明显,熔融岩石比同类岩石的电导率大几百至数千倍。在大陆上,电导率分布与大地构造性质有关,如地堑和裂谷区域的电导率较高。在含矿区域或地震易发区,电导率可表现为一定异常。在横向上,海洋、岛屿和海岸地区与大陆的电导率不同。

2) 电阻率

人们常使用短周期电磁资料、实验室模拟和钻井调查来研究大地电流。一般认为,浅部的沉积盖层电阻率取决于孔隙度和含水度,多为低阻层($10^1 \sim 10^3 \Omega \cdot m$);其下基底岩系致密且含水少,属高阻层($10^3 \sim 10^5 \Omega \cdot m$)。在地壳中,人们发现有高电导率(低电阻率)夹层,并常与壳内低速层相对应,这种高导低速层的意义值得重视,一般认为它是在较高温度下,岩石脱水或局部部分熔融引起的。在地球内部,电阻率随深度的增加而减小。在地下 100km、400km 及 650km 深处,电阻率发生突变,从 $50\Omega \cdot m$ 降至 $1\sim2\Omega \cdot m$,地核电阻率可能为 $4\times10^{-6}\Omega \cdot m$。

四、地球的放射性

地球内部广泛分布具有放射性的物质,重要的放射性元素有 ^{238}U、^{235}U、^{232}Th、^{87}Rb 和 ^{40}K 等。目前,人们已发现具有放射性的元素和同位素约 64 种,多数还形成放射系列,如铀系等。铀系由 18 种放射性同位素组成,放射性母体为 ^{235}U 和 ^{238}U,^{238}U 的半衰期为 $4.47\times10^9 a$,最终的衰变产物为稳定的铅同位素(^{206}Pb)。放射性元素在地球内部的分布是不均匀的。地壳中的放射性元素含量最高,其次为上地幔,下地幔及更深处的含量可能与球粒陨石值相当。

放射性元素在衰变过程中通常释放出 α、β 和 γ 三种射线。其中,α 射线穿透力最弱,在空气中只能穿过几厘米;β 射线穿透力稍强,约为 α 射线的 100 倍;γ 射线穿透力最强,在空气中可穿过数百米,在岩石中能穿透几十厘米到 1m。在实际工作中,人们常通过 γ 射线测量来寻找放射性矿床(如铀矿等)或与放射性元素有关的矿床,称为放射性勘探。由于放射性元素衰变过程恒定,利用长半衰期元素及其衰变产物(Rb-Sr 体系、U-Pb 体系等)的含量可以测定特定矿物的形成年龄,称为放射性年龄,是地质中常用的测年分析方法。常用的同位素有 ^{40}K、^{87}Rb、^{235}U、^{232}Th 等,其衰变常数、半衰期见表 2-1。

表 2-1 代表性放射性元素的半衰期和衰变系数

(引自张宏飞和高山,2012)

母体同位素	子体同位素	半衰期/a	衰变系数 λ/a	生热率[J/(g·s)]	数据来源
^{238}U	^{206}Pb	4.47×10^9	1.55×10^{-10}	9.42×10^{-8}	Steiger & Jager, 1977
^{235}U	^{207}Pb	0.70×10^9	9.85×10^{-10}	56.94×10^{-8}	
^{232}Th	^{208}Pb	13.9×10^9	0.49×10^{-10}	2.64×10^{-8}	
^{87}Rb	^{87}Sr	48.8×10^9	0.14×10^{-10}		
^{40}K	^{40}Ar	1.25×10^9	0.57×10^{-10}		

放射性元素在释放不同射线的同时,还释放出大量的热。例如,^{238}U 衰变为 ^{206}Pb 的生热率是 $9.42\times10^{-8} J/(g \cdot s)$,$^{235}U$ 衰变为 ^{207}Pb 的生热率是 $56.94\times10^{-8} J/(g \cdot s)$。所以,放射性元素是地球内部热的重要来源。据估算,在地下 $0\sim100km$ 的深度范围,放射性热占 50%。

除长寿命放射性元素外,在地球形成初期还可能有半衰期小的短寿命放射性元素。例如 ^{26}Al、^{60}Fe 等,半衰期为十万 a 到千万 a,远小于地球年龄。这部分元素在地球早期演化中的意义值得重视。

五、地球的弹性和塑性

地球的形状为一旋转椭球体,在地球内部,地震波传播和地球表层固体潮现象(如同海水潮汐涨落)显示出地球具有弹性特征。同时,地球不完全是刚性体,其变形特征还具有一定的塑性,如强烈褶皱的岩层就显示出这种特征。

在不同条件下,地球的弹性和塑性可互相转化。在作用速度快、持续时间短的力(如地震波或潮汐力)作用下,它主要表现为弹性;在作用持续时间长、速度缓慢的力(如地球旋转力或重力)的作用下,它主要表现为塑性。

第三节 地球的圈层构造

地球的物质成分及性质特征不均一,具有圈层构造的特征。地面以上的圈层称为外部圈层,地面以下的圈层称为内部圈层。

一、外部圈层构造

地球的外部圈层包括大气圈、水圈和生物圈。

1. 大气圈

由气态物质组成的、环绕地球的圈层称为大气圈。土壤和某些岩石中也存在某些气体,是大气圈的地下组成部分,深度一般不超过2km。在20世纪70年代,当宇宙飞船穿出地球大气层,人们可以了解到几千千米处的大气特征。

地球大气圈范围在地表以上1000~3000km,向上大气逐渐稀薄,无明显上界,主要成分为氮(78%)[①]、氧(21%)、氩、二氧化碳、氦、水蒸气和尘埃,质量为 5.14×10^{18} kg,约为地球质量的百万分之一。由于地心引力作用,79%的大气圈质量集中在地表18km范围内,97%聚集在距地表29km以内。随着高度增加,大气组分由分子状态到原子状态,再到离子状态。

自下而上,大气圈进一步划分为对流层、平流层、中间层、暖层和散逸层。

(1)对流层是邻近地表的一层,厚度为8~18km,在赤道上空厚,在两极上空薄。由于地面辐射热影响,对流层的层位越高,温度越低,即上冷下热而引起大气对流。同时,由于纬度不同,温度差别可形成大气环流。因此,控制大气环流的主要因素是赤道与极地的温差以及地球的自转。对流层对人类意义重大,氧是生命的保证,氮是制造蛋白质的原料,二氧化碳对地表起保温作用。

(2)平流层距地表18~55km,以大气水平移动为特征,温度不受地温度影响。臭氧层出现在距地表20~35km的高度。它吸收太阳紫外线,保护地球生物免受其害。

(3)中间层距地表55~85km,空气极其稀薄,其温度随高度增加而降低,最低可达-90℃。

(4)暖层(或热层)距地表85~800km,气温迅速增高,白天温度高达1700℃,大气高度电离并形成多层电离层。电离层反射无线电波,使人类长距离通信得以实现。

(5)散逸层又称为外大气层,距地表800~3000km,再向外与星际空间过渡,空气极为稀薄,多由带电粒子组成,其运动受地球磁力线控制。

2. 水圈

水是生命的源泉,是人类和地球上生命得以生存和繁衍的基础。地球表层的水体,大部分汇聚在海洋中,其余部分分布在河流、湖泊、岩石孔隙和土壤中,两极和高山地区还存在着大量的固态水(冰川)。海洋、湖泊、河流、冰川、沼泽和地下水等包围着地球,形成连续的封闭圈层,

---

① 系体积百分比。

称为水圈。水圈中水总量为 $1.38×10^9 km^3$。在地表，水的分布很不均匀，海洋水占水总体积的 96.5%，陆地水占 3.5%。人类较易开采的江河、淡水湖泊和浅层地下淡水，约有 $4.10×10^5 km^3$，占总水量的 0.3%。

水体的组分并不相同。海水含盐度高，平均达 35‰，主要为氯化物（$NaCl$、$MgCl_2$ 等）；大陆水体含盐度低，小于 1‰，主要为碳酸盐[$Ca(HCO_3)_2$]，为人类生活用水。在太阳能作用下，水不断循环并对地表进行改造，是外动力地质作用中的重要地质营力。

3. 生物圈

地球上生物生存和活动的范围，即由动物、植物和微生物等生命物质构成的圈层称为生物圈。生物圈与大气圈、水圈及后续涉及的岩石圈是互相渗透的，很难严格地划分界线。生物分布是不均一的，在阳光、空气和水分充足及温度适宜的地区生物多且多半是高级生物。在地表和水圈，大量生物集中出现在地面以上 10km 和地下 3km 范围内。目前，人们已经在海面 6000m 以下深渊区发现有生命存在。为了适应所处的地球自然环境，动物和植物会演化出相应的生态特征，不同自然环境对应有不同的生物组合。按照"将今论古"的原则，人们通过研究现代生物生态特征，再与古生物化石特征与分布相结合，可以来推断地球古环境与古地理格局。

生物圈的元素构成非常复杂，生命必需的元素有 24 种。其中，碳、氢、氧和氮共占 99.6%，其次为钙、钾、硅和镁。生物的活动与新陈代谢可以与地表物质发生各种物理化学作用，这种作用能够改变地表面貌。

二、内部圈层构造

在地震探测方法引入地球深部构造研究之后，人们才对地球的内部有所了解。在地球内部传播地震波主要包括体波中的 P 波（纵波）和 S 波（横波）。其中，P 波的粒子振动方向和波传播方向平行，传播速度快，能够在固体和液体中传播；S 波的粒子振动方向垂直于波的传播方向，传播速度慢于 P 波，只能在固体中传播。如图 2-8 所示，当地震震源产生的地震波在地球深部传播开来，P 波和 S 波在不同物质中传播速度不同，遇到物质界面会发生反射或折射，这些地震波信号被分布在地表的地震仪或检波器记录并经过计算处理分析后，人们就可以了解到地球的内部结构特征。目前广泛使用地球内部圈层划分方案如表 2-2 所示。

1910 年，克罗地亚地球物理学家莫霍洛维奇发现，地震波在地下 50km 深度发生折射，他分析认为这是地壳与其下部物质的分界面。1914 年，德国地球物理学家古登堡发现地下 2900km 深处也存在有另一个重要界面。为了纪念这两位地震学家，人们将划分地壳、地幔和地核的两个重要界面分别命名为莫霍面和古登堡面。

研究结果表明，莫霍面处的 P 波速度从 6.8km/s 突变到 8.1km/s，岩石密度由 $2.90g/cm^3$ 突变到 $3.31g/cm^3$。莫霍面的表现形式与地震波的频率有关，表现为间断面或具有一定厚度的梯度带。在横向上，莫霍面出露不完整，在岛弧-海沟或大洋中脊处表现不明显或缺失。一般认为，莫霍面是由于物质成分变化造成的，是中性镁铁质麻粒岩、玄武岩与橄榄岩的分界面。此外，它还表现为磁性界面，其上部岩石磁化较强，而下部的岩石磁化较弱。

在古登堡面上，P 波速度从 13.7km/s 陡降至 8.0km/s，S 波从 7.3km/s 至突然消失，表明这是一个从固态到液态的界面（图 2-8），该界面即成为地幔与地核的分界面。

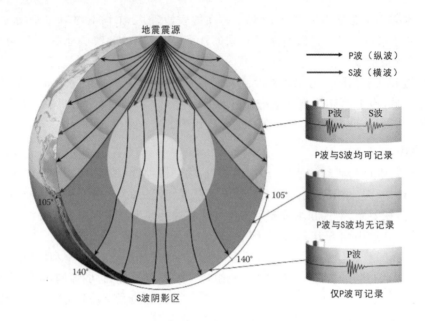

图 2-8 地球内部 P 波(纵波)与 S 波(横波)传播示意图
(据 Tarbuck et al.，2004)

表 2-2 地球内部圈层成分特征与物质组成

(引自桑隆康和马昌前,2012)

成分分层		深度 D/km	纵波速度 V_P/(km/s)	平均密度 ρ/(g/cm³)	物质组成及特征	流变学分层
地壳		大陆壳:0~30,最厚可达78	6.1~6.5	2.6~3.0	大陆壳上部具花岗闪长岩成分,包括片岩、片麻岩、沉积岩和火山岩;大陆下地壳以中性镁铁质麻粒岩为主	岩石圈
		大洋壳:5(水),5~10(岩石)	3.5~7.5	3.0	大洋壳以玄武岩和辉长岩为主(新鲜玄武岩 V_P=6.5km/s)	
上地幔		地壳底部:72~410	莫霍面 8.1	3.3	橄榄岩,可能含榴辉岩、辉石岩,下部为含少量部分熔融体的低速层	
过渡带		410~660	2.5~7.3		为含大量俯冲板片物质的水化带,具 β 相和 γ 相的橄榄石	软流圈及过渡带
下地幔		650~2700	10~13	3.5~5.5	石榴子石和尖晶石,或各种高压相镁铁硅酸盐,或钛、铁氧化物	中圈
D″层		2700~2890	古登堡面 8~10		核-幔间热和化学反应带,由金属合金(FeO+FeSi)和硅酸盐组成($MgSiO_2$+SiO_2),含俯冲板片的残余物	
地核	外核	2890~5150		10~12	可能为硫铁外核(液态)	流体
	内核	5150~6378	11	13	镍-铁内核(固态)	固体

1. 地壳

在莫霍面以上、由岩石组成的固体地球最外层薄壳称为地壳。地壳厚度横向变化非常明显,大陆地壳平均厚度为 33km,最厚可达 70～80km;大洋地壳厚度为 6～8km。地壳平均密度为 $2.75g/cm^3$,质量约占地球的 0.8%,体积约占 3‰。在地壳中部,P 波速度由 5.8km/s 变到 6.8km/s,表明存在有一个次级界面,称为康拉德面。以康拉德面为界,地壳可以分为上、下两部分。

上地壳厚约 15km,主要成分是 Si(73%)和 Al(13%),又称为硅铝层或花岗质岩壳,平均密度为 $2.70g/cm^3$;下地壳主要成分是 Si(49%)、Fe(17%)、Mg(18%)和 Al(16%),又称为硅镁层或玄武质岩壳,平均密度约 $2.90g/cm^3$。目前认为,在稳定大陆区,下地壳岩石应是中性镁铁质麻粒岩。

地壳在纵向上和横向上不均一。在横向上,地壳分为陆壳和洋壳两部分。陆壳约占地壳面积的 1/3,具有明显的双层结构;洋壳约占 2/3,缺失上地壳。上地壳和下地壳中多出现有高速夹层或低速夹层,通常认为这与含水流体(上地壳内)或与岩石部分熔融、幔源熔体(下地壳内)有关。

2. 地幔

在莫霍面以下、古登堡面以上的圈层称为地幔,其底界深度为 2890km,体积约占地球的 82%,质量占 67.8%,平均密度为 $3.31～5.55g/cm^3$。根据地震波速和性质不同,地幔可分为上地幔、过渡层、下地幔和 D'' 层。

1) 上地幔

通过天然地震走时和深地震测深、核爆炸观测,人们对上地幔的结构有一定了解,它可划分为盖层、低速层和均匀层。目前,上地幔的矿物成分已经比较明确,主要为橄榄石、斜方辉石、单斜辉石、石榴子石和少量钛铁矿、铬铁矿。

盖层是地幔的顶部层位,其底界深度为 80km,P 波速度为 8.1km/s,盖层内部具有分层特征,横向变化较大。低速层的深度范围为 80～220km,其 P 波速度降为 7.8km/s,在电性上具有高导层特征,一般认为是岩石部分熔融所致。均匀层深度范围 220～410km,其 P 波速度 8.7km/s。

2) 过渡层(或转换带)

地幔过渡层的深度范围为 410～660km。根据地球物理观测资料,该层的地震波速显著增加,岩石密度和导电性显著增大,如 P 波速度由约 9.0km/s 增加到 10.2km/s,密度由 $3.54g/cm^3$ 增加到 $3.98g/cm^3$。根据高温高压实验研究结果,过渡层的主要矿物为瓦兹利石、林伍德石、石榴子石及少量辉石和钙钛矿。

在全球范围内,地幔过渡带内普遍出现有 410km 和 660km 地震波不连续面(图 2-9),而 520km 不连续面则不具有全球分布特征。目前认为,410km 不连续面由橄榄石转变为瓦兹利石引起,520km 不连续面由瓦兹利石转变为林伍德石引起。在 660km 深度,林伍德石分解为钙钛矿和铁方镁石而形成不连续界面,标志着下地幔的开始。

3) 下地幔

下地幔的深度范围为 650～2700km,其 P 波速度为 10.3～13.68km/s,S 波速度为 5.6～

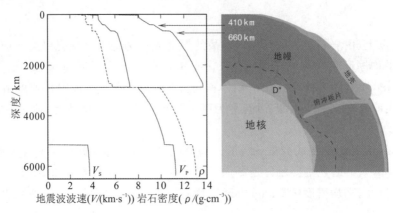

图 2-9 地幔中地震波(V_P 与 V_S)传播特征与 D″层分布示意图
(据 Helffrich G R & Wood B J,2001)

7.3km/s,密度为 3.99~5.49g/cm³。下地幔物质组成相对均一,质量占地球总质量的 49%,一般认为下地幔物质组成为钙钛矿,化学组成为 MgO 和 FeO,并有少量 SiO_2、Al_2O_3 和 TiO_2 等。现代地震层析成像显示,下地幔物质组成并不均匀。例如,地中海—喜马拉雅一带下地幔(~1350km)出现有地震波高速异常,这可能与古老洋壳的俯冲相关(图 2-9)。岩石物理研究表明,在下地幔深度,俯冲洋壳密度要高于周围地幔物质,这为俯冲板片物质能够到达核幔边界附近提供了可能。

4) D″层

在 20 世纪 80 年代,人们确定下地幔底界出现有极不均一的 D″层(图 2-9)。该层对全球岩浆作用和构造发展可能起着关键的诱发作用,因此,具有重要的地球动力学意义。D″层是厚度为 200~300km 的物理及化学非均匀层,物质成分主要为金属氧化物、硫化物和硅酸盐。一般认为,俯冲的洋中脊玄武岩是 D″层的重要组分,也有研究认为 D″层可能由来自于俯冲的古老陆壳。在太平洋西缘至东亚的广大区域,在 D″层的深度出现有大面积地震波高速异常,有研究认为这可能是古洋壳俯冲到核幔边界部位的残留物。因此,D″层是俯冲地壳的最终归宿地。

3. 地核

地核是古登堡面至地心的地球最内部部分,深度范围为 2890~6378km,占地球体积的 16.2%,占地球质量的 31.5%,主要由铁元素和镍元素组成。根据地震波传播特征,地核分为外核和内核两大部分。外核深度范围为 2891~5150km,其 P 波速度为 8.0~10.0km/s,S 波不能通过,密度为 9.90~11.87g/cm³。由于 S 波消失,物质刚性模量为零,由此确定地核外核为液态组成,其底部存在有液态向固态过渡的过渡层。地下 5150km 至地心的部分为地核内核,内核的 P 波速度为 11.0~11.3km/s,S 波速度为 3.5~3.7km/s,密度为 12.77~13.09g/cm³,为固态组成,可能主要由铁和少量的镍组成。

第四节 地球的年龄和地质年代

地球年龄曾经是一个存在长期争论的重要科学问题。在 18 世纪,人们根据大洋盐度及其增长率,推断出大洋年龄为 80Ma,并认为地球年龄应当大于此数;在均变论中,莱伊尔通过研究沉积速率来推算地层年龄,如认为志留系年龄可能为 2.4 亿 a。当人们发现天然的放射性同位素后,这才为确定地球年龄提供了可靠依据。

一、放射性同位素测年原理

1896 年,法国物理学家贝克勒尔发现铀具有放射性。1904 年,英国著名物理学家卢瑟福提出可以使用放射性产物来测定地质年龄。1907 年,美国科学家波特伍德分析了天然含铀矿物中的铅含量,并获得了第一个 U-Pb 年龄。

根据放射性衰变定律,随着时间发展,放射性母体同位素不断减少,最终稳定的子体同位素不断增加。当知道母体同位素及最后蜕变的子体同位素数量时,就可以计算它衰变的时间。

$$t = \frac{1}{\lambda}\ln(1 + \frac{X_n}{U})$$

式中,U 为现存母体同位素数量;X_n 为最终稳定子体同位素数量;λ 为衰变常数,可由实验获得。

上述公式表明,确定研究样品中母体和子体同位素的量是放射性元素测年的关键,目前常用质谱仪进行定量分析。对于适合年龄测定的放射性同位素,应当具有适当的放射性同位素体系半衰期,这样才能积累起显著数量的子核,同时还保留有未衰变的母核。

对于地质事件所涉及的不同同位素体系,并不是矿物和岩石形成之初就开始计时,而是当温度降低到使该体系达到封闭状态时,子体才开始积累,这个开始计时的温度称为封闭温度,所获得的年龄称为表观年龄或冷却年龄。封闭温度是同位素时钟开始启动时的温度,取决于元素在样品中扩散的快慢,扩散越快,封闭温度越低。对于特定同位素计时体系,如果矿物封闭温度较高而接近于矿物形成温度,其年龄可代表矿物形成年龄;对于封闭温度较低的矿物,其年龄代表达到同位素体系封闭温度

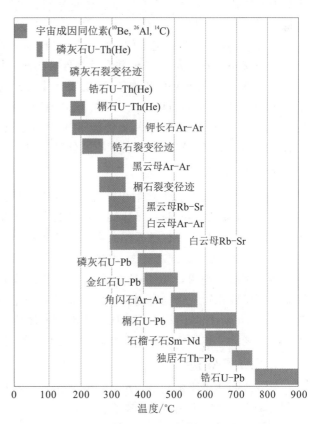

图 2-10 常见矿物不同同位素体系的封闭温度范围
(据张宏飞和高山,2012)

时至今天的时间,即代表矿物的冷却年龄。图 2-10 给出了一些常见矿物的不同同位素体系封闭温度范围。

二、常用的放射性同位素测年方法

目前,在地质学研究中,常用的放射性同位素测年方法如下。

1. U-Pb 法

在自然界中，U 有 3 个放射性同位素（^{238}U、^{235}U、^{234}U），Pb 有 4 个同位素（^{208}Pb、^{207}Pb、^{206}Pb 和 ^{204}Pb）。通过一系列中间子体产物的衰变（如 ^{234}U 是 ^{238}U 的中间产物），^{238}U 和 ^{235}U 最终分别转变为稳定同位素 ^{206}Pb 和 ^{207}Pb。U-Pb 法就是基于 ^{238}U 和 ^{235}U 衰变转变为 ^{206}Pb 和 ^{207}Pb 的一种测年方法。该方法以测量比值为基础，可以有效避免元素丢失造成的误差。通常情况下，可以通过 $^{206}Pb/^{238}U$ 和 $^{207}Pb/^{235}U$ 比值做出谐和图，并求得年龄。锆石是各类岩石中常见的副矿物，是铀和铅的封闭系统，其封闭温度 $>800℃$，是使用 U-Pb 法的良好对象。该方法比较成熟，可以采用单颗粒锆石化学稀释法、单颗粒锆石热蒸发法（$^{207}Pb/^{206}Pb$）、离子显微探针质谱法（SHRIMP）、激光等离子体质谱法（LA-ICP-MS）等。

2. K-Ar 法

钾元素有 3 个天然同位素，分别为 ^{39}K（93.26%）、^{40}K（0.01%）、^{41}K（6.73%）。其中，^{40}K 为放射性同位素，通过电子捕获和 β 衰变分别转换成 ^{40}Ar 和 ^{40}Ca。Ar 是惰性气体，有 3 种天然稳定同位素，分别为 ^{36}Ar（0.34%）、^{38}Ar（0.06%）、^{40}Ar（99.6%）。K-Ar 法测年是利用放射性同位素 ^{40}K 衰变为稳定子体 ^{40}Ar 进行定年，即在同位素时钟启动时，含钾矿物或岩石没有继承或捕获外来放射成因 ^{40}Ar，并在后期保持封闭，其年龄就可通过公式计算得出。

适于 K-Ar 法测年的矿物较多，主要有侵入岩或高级变质岩中的云母类矿物、角闪石，沉积岩中的海绿石、伊利石以及火山岩中的高温钾长石，也可以进行火山岩和浅成侵入岩全岩法定年。由于 ^{40}K 的半衰期较短，该方法适用于测定较年轻样品，但在测试过程中要注意 K 丢失、Ar 过剩以及测试样品中多期矿物区分等问题。

3. Rb-Sr 法

该方法主要根据 ^{87}Rb 放射出 β^- 粒子、转变成稳定子体同位素 ^{87}Sr 来进行年龄测定。该衰变系统简单，从固态到固态，母体同位素及其衰变产物不易丢失，为测定可靠年龄提供了条件。Rb 没有独立矿物，主要以类质同象存在于含钾矿物中，Rb-Sr 法测年对象一般为含钾矿物，主要为白云母、钾长石或花岗岩、酸性火山岩的全岩。

近年来研究表明，Rb、Sr 具强活动性，极易形成开放系统，造成年龄偏老或偏新。Rb-Sr 同位素测年要求对一组同时同源性的样品进行测定，采样要求高。^{87}Rb 衰变十分缓慢，半衰期为 $4.88 \times 10^{10}a$，样品中积累的放射性成因 ^{87}Sr 含量极少，不容易精确测定。因此，该方法适用于测定古老地质体的年龄和陨石年龄，不宜用于测定年轻地质体的年龄。

4. $^{40}Ar/^{39}Ar$ 法

该方法的测年原理同 K-Ar 法，但其样品需在核反应堆内用快中子进行照射，并产生反应 $^{39}K \rightarrow ^{39}Ar$。$^{39}Ar$ 与样品中 ^{39}K 含量成比例，^{39}K 与 ^{40}K 同位素丰度存在固定比例，测定样品中 ^{39}Ar 含量就可推知 ^{39}K，进而可知 ^{40}K，其关系可用 J 值代替。J 是每次照射 ^{39}K 转变成 ^{39}Ar 的效率，用已知年龄的标准样品与待测样品在相同条件下进行照射，可求出 J 值。

相对于 K-Ar 法，该方法可避免分开测试的样品不均一性问题；质谱仪可以直接测定 $^{40}Ar/^{39}Ar$ 比值，并用该比值来计算年龄，可以大幅度提高精度；利用阶段升温技术，可以根据年龄谱分析热扰动历史；激光微区 $^{40}Ar/^{39}Ar$ 技术可以对单颗粒微区进行原位定年。

5. Sm-Nd 法

该方法主要利用 ^{147}Sm 经 α 衰变形成 ^{143}Nd，其计算方法采用等时线法。对于一组具有相同初始同位素比值和形成年龄的样品,其测定值会在$^{143}Nd/^{144}Nd$ – $^{147}Sm/^{144}Nd$图上形成等时线,通过直线斜率求出等时年龄。该方法主要适用于镁铁质和超镁铁质岩石的年龄测定。

近年的研究表明,在流体作用下,矿物和岩石Sm-Nd同位素体系的封闭状态容易打破,如热液蚀变和退变质作用可使岩石和矿物的测年结果偏离真实年龄。因此,在测试之前,需要对样品的同位素体系封闭性做出正确判断与分析。

6. ^{14}C法

宇宙成因核素又称宇生核素,是宇宙射线轰击地球大气层或近地表物质中原子核而新生的元素。^{14}C是由中子轰击外层大气中^{14}N而形成的一种重要的宇生核素,被广泛应用于第四纪沉积物测年及活动断层测年等。

C在自然界有3种碳同位素,分别为$^{12}C(98.89\%)$、$^{13}C(1.11\%)$和$^{14}C(1.20\times10^{-12})$。其中,$^{13}C$、$^{12}C$是稳定同位素;$^{14}C$是放射性同位素,半衰期5730a。一般情况下,植物和动物等有机体不断吸收大气中的^{14}C并保持分馏平衡。当生物死亡后,生物遗体不再吸收大气中的^{14}C,形成封闭系统,所含的^{14}C自此开始按指数规律衰变。当检测出物质中^{14}C的减少程度,根据衰变定律能推算出沉积年龄。

此外,^{10}Be和^{26}Al也是宇宙成因核素测年中的重要元素。它们具有相似的半衰期和地球化学行为,可用于研究地表曝露时间、剥蚀速率、古土壤和风化壳的形成时代等方面。

7. U-Th/He测年

该方法主要根据^{238}U、^{235}U、^{232}Th发生α、β衰变生成Pb,测试子体为He核。由于He在矿物中的扩散效应对温度十分敏感,在稍高温度下放射性衰变的子体He不能保存,因而He的年龄一般要低于矿物的形成年龄。一些常见矿物,如磷灰石的封闭温度为70℃,相当于地壳浅层2km深度;因而磷灰石U-Th/He年代学在地表地质过程方面具有极大发展潜力,在研究活动断裂、地貌演化、岩体抬升研究、盆地热史研究等方面具有广阔的应用前景。

8. 裂变径迹法

在铀(^{238}U)的放射性衰变过程中,其原子核可以分裂形成两个甚至多个质量相当的碎片。这种碎片反向运动、保持动量守恒并以动能的方式释放裂变产生的巨大能量,在绝缘物质(如云母、玻璃等)晶格中产生辐射损伤。这种辐射损伤经过特定的化学剥蚀过程被揭露出来,可以在显微镜下进行直接观察,即裂变径迹。

裂变径迹数目与积累时间有关,与矿物中铀含量成正比。若已知矿物中铀含量和^{238}U的自发裂变速度,就可算出矿物的年龄。岩石在地质时期受到加热作用等,径迹长度会缩短,径迹密度减小,这种现象称为裂变径迹退火现象。一些常规矿物的裂变径迹退火温度较低,如磷灰石的退火温度仅为110℃,相当于地壳浅层3km深度。因而,裂变径迹年代学在研究地质热历史,特别是低温热演化方面有着广泛应用,尤其对油气资源勘探、造山带隆升剥露、地貌演化、活动构造等方面具有重要的理论和实际意义。

9. 释光测年法

热释光测年法和光释光测年法统称释光测年法。由于自然界的矿物晶格总是存在杂质或"缺陷"(原子缺失、间隙原子、偏大或偏小的原子),当结晶物质接受来自周围环境的U-Th-K放射性核辐射时,晶格容易电离并形成带负电的空穴和带正电的电子陷阱,一些脱离基带的自由电子被电子陷阱俘获并储存核辐射带给晶体的能量。当遇到外来加热或曝光刺激后，这些电子被重新激发并与空穴结合，储存的能量以光子发射的方式再度释放出来，称为热释光或光释光。这种释光可以被准确测量，从而得到等效剂量；同时通过测量 U-Th-K 含量获取放射性核辐射的年剂量率，两者之比即为年代。

释光的测试样品主要为石英、钾长石、锆石、磷灰石、古陶片和古砖瓦和断层泥，不同类型样品的释光年龄计时起点不同。在地层中，石英的释光计时是从最后一次被阳光照射为起点，所测年龄为最后一次经阳光照晒后并埋藏的时间；人为烧制的古陶片、砖瓦、烧土等的释光年龄起点是最后一次加热后并埋藏的时间。释光年代学在第四系沉积埋藏年代学、环境与气候演变以及考古学研究中具有广泛的应用前景。

10. 电子自旋共振法

石英晶体内常含有铝、铁、锰等杂质，其在放射线作用下易形成电离损伤，在晶体中形成不配对电子，称为顺磁中心（杂质心）。此外，放射线会使石英硅氧四面体的 Si-O 键断裂，在 Si 悬键上有一个电子定向自旋，构成另一种顺磁中心（自由电子中心）。这两种顺磁中心的密度与其吸收的放射性剂量成正比。通过顺磁共振波谱仪可获得样品中电子自旋信号强度，以此计算样品吸收的总放射剂量；通过测量采样点周围沉积物的放射性元素（如 U、Th 和 K 等）含量，可算出样品的年放射剂量，再通过模拟方法可确定出样品的初始剂量。根据三者之间关系，即可求出样品的电子自旋共振年龄。

三、地球的年龄

地球上最古老岩石是研究地球年龄的直接证据。在格陵兰依苏阿沉积岩中，人们获得锆石 U-Pb 年龄为 38 亿 a，这曾被认为是地球最古老岩石；在加拿大 Slaye 河地区 Acasta 片麻岩中，锆石年龄表明其原岩结晶于 39 亿 a。这两个例子说明，世界最古老的大陆岩石可能主要形成于距今约 38 亿~40 亿 a。我国地质学家们在华北鞍山地区发现了年龄为 38 亿 a 的变石英闪长岩，使得华北克拉通成为全球著名的古老大陆之一。随着测试方法手段的不断完善，人们获得了越多的古老岩石年龄。2014 年，美国地质学家在澳大利亚西部杰克峰（Jack Hill）的沉积岩中发现了形成于 44 亿 a 前的锆石颗粒，这是地球上最古老的晶体，表明在地壳形成初期，地球上已经出现了岩石及一定规模的大陆。

与此同时，人们还详细研究了陨石年龄，有意义的年龄范围为 40 亿~48 亿 a。其中，46 亿 a 左右是陨石形成的重要时期。一般认为，陨石与地球可能属于同一来源、同一时期形成的天体，因此，地球年龄应与陨石年龄相当。自美国阿波罗 11 号首次实现人类登月（1969）之后，人们对月球岩石、土壤样品进行了年龄测定，发现月球岩石的最大形成年龄为 46 亿 a。由于地-月系统具有统一性，地球、月球和太阳系其他成员（如陨石等）形成时期相接近，即地球的年龄为 46 亿 a（4600Ma）。

四、地质年代和地质年代表

为了便于研究地球演化和生命演化历史，人们将从地球诞生（约 46 亿 a 前）到现代划分为一系列的时间单位，这就是地质年代。地质年代是地球发展历史的时间量度，其单位大小不同，从大到小依次为宙、代、纪、世、期等。高级单位可包括若干次级单位，如中生代包括三叠纪、侏罗纪和白垩纪。首先，地质学家将地球 46 亿 a 的演化历史划分成两大单元，看不到或者很难见到生物的时代称为隐生宙（前寒武纪），并进一步划分为冥古宙、太古宙和元古宙，其上限为地球起源时间，下限年代一般可推至 5.4 亿 a。人们将可以看到一定生命的时代称为显生宙，从 5.4 亿 a 以后到现在称为显生宙。宙下划分为相应的代，隐生宙包括太古代和元古代，显生宙包括古生代、中生代和新生代。

冥古宙（Hadean Eon）开始于地球形成之初，大约结束于距今 40 亿 a，地球由一个炽热的岩浆球逐渐冷却固化，出现原始的海洋、大气与陆地，火山活动剧烈。

太古宙（Archean Eon）起始于距今 40 亿 a，大约结束于 25 亿 a。在 25 亿 a 前，地球发生了大氧化事件，以甲烷为主的原始大气转变为氧气丰富的大气，导致持续约 3 亿 a 的第一个冰河时期——休伦冰河时期。这也是原始生命出现及生物演化的初级阶段，数量不多的原核生物（如细菌和低等蓝藻）留下极少的化石记录。在太古宙时期，地壳薄、地热梯度陡、火山-岩浆活动强烈频繁，岩层变形与变质，大气圈与水圈缺少自由氧并形成一系列特殊沉积物，硅铝质地壳形成并不断增长。

元古宙（Proterozoic Eon）时限为距今 25～10 亿 a，一般分为古元古代、中元古代和新元古代。元古宙岩石变质程度较浅，主要有板岩、大理岩、白云岩、石灰岩、页岩、砂岩和千枚岩等。我国的元古宙地层发育程度相差较大，如华北地区的中、新元古代地层属稳定类型的盖层沉积。

显生宙（Phanerozoic Eon）时限自距今 5.4 亿 a 开始。其中，古生代时限为 541～251Ma，包括寒武纪、奥陶纪、志留纪、泥盆纪、石炭纪和二叠纪。一般将寒武纪、奥陶纪和志留纪合称为早古生代，泥盆纪、石炭纪和二叠纪合称为晚古生代。古生代是生物界发展演化的一个重要时期，以寒武纪初期的"生命大爆发"开始，以地球历史上最大规模的生物绝灭事件（二叠纪末）而结束。

中生代时限为距今 251～66Ma，分为三叠纪、侏罗纪和白垩纪，这是板块、气候和生物演化极大改变的时代。在这一时期，经过地壳运动和气候变化，地球外部圈层和岩石圈发展演化并接近于现今面貌。中生代是爬行动物的时代，并出现有原始哺乳动物和原始鸟类。在白垩纪末期，地球上发生了著名的生物绝灭事件，恐龙类和菊石类全部绝灭。目前，多认为这一绝灭原因与地外小天体撞击有关。

上述各纪的名称，主要根据相应时代的出露最好地层、最先被研究地层的所在地来命名或根据地层特征来进行命名，如侏罗系源自欧洲侏罗山，石炭系则是地层多含煤等。

新生代的时限为 66Ma 前至今，是地球演化历史上最新的地质时代，分为古近纪、新近纪和第四纪。在新生代，地球上各陆块分裂、漂移及碰撞，逐渐形成今天的海陆分布，如印度大陆向欧亚大陆南缘俯冲碰撞。新生代称为哺乳动物时代或被子植物时代，哺乳动物演化出许多门类。在新近纪后期，非洲（或亚洲）等地出现了原始人类。

表 2-3 给出了 2022 年版的《国际地质年代表》。

表2-3 国际年代地层(地质年代)表
(据国际地层委员会，2022)

宇(宙)	界(代)	系(纪)	统(世)	阶(期)	年龄值/Ma
显生宇	新生界	第四系	全新统	梅加拉亚阶	0.0042
				诺格里皮阶	0.0082
				格陵兰阶	0.0117
			更新统	上阶	0.129
				卡拉布里雅阶	0.774
				杰拉斯阶	1.80
				皮亚琴察阶	2.58
		新近系	上新统	赞克勒阶	3.600
			中新统	墨西拿阶	5.333
				托尔托纳阶	7.246
				塞拉瓦莱阶	11.63
				兰盖阶	13.82
				波尔多阶	15.97
				阿基坦阶	20.44
		古近系	渐新统	夏特阶	23.03
				吕珀尔阶	27.82
			始新统	普里亚本阶	33.9
				巴顿阶	37.71
				卢泰特阶	41.2
				伊普里斯阶	47.8
			古新统	坦尼特阶	56.0
				塞兰特阶	59.2
				丹麦阶	61.6
	中生界	白垩系	上统	马斯特里赫特阶	66.0
				坎潘阶	72.1±0.2
				圣通阶	83.6±0.2
				康尼亚克阶	86.3±0.5
				土伦阶	89.8±0.3
				塞诺曼阶	93.9
			下统	阿尔布阶	100.5
				阿普特阶	~113.0
				巴雷姆阶	~121.4
				欧特里夫阶	~129.4
				瓦兰今阶	~132.6
				贝里阿斯阶	~139.8
		侏罗系	上统	提塘阶	~145.0
				钦莫利阶	152.1±0.9
				牛津阶	157.3±1.0
			中统	卡洛夫阶	163.5±1.0
				巴通阶	166.1±1.2
				巴柔阶	168.3±1.3
				阿林阶	170.3±1.4
			下统	托阿尔阶	174.1±1.0
				普林斯巴阶	182.7±0.7
				辛涅缪尔阶	190.8±1.0
				赫塘阶	199.3±0.3
		三叠系	上统	瑞替阶	201.3±0.2
				诺利阶	~208.5
				卡尼阶	~227
			中统	拉丁阶	~237
				安尼阶	~242
			下统	奥伦尼克阶	247.2
				印度阶	251.2
	古生界	二叠系	乐平统	长兴阶	251.902±0.024
				吴家坪阶	254.14±0.07
			瓜德鲁普统	卡匹敦阶	259.1±0.5
				沃德阶	264.28±0.16
				罗德阶	266.9±0.4
			乌拉尔统	空谷阶	273.01±0.14
				亚丁斯克阶	283.5±0.6
				萨克马尔阶	290.1±0.26
				阿瑟尔阶	293.52±0.17
		石炭系	宾夕法尼亚系	上	格舍尔阶	298.9±0.15
				卡西莫夫阶	303.7±0.1
				中 莫斯科阶	307.0±0.1
				下 巴什基尔阶	315.2±0.2
			密西西比系	上 谢尔普霍夫阶	323.2±0.4
				中 维宪阶	330.9±0.2
				下 杜内阶	346.7±0.4
		泥盆系	上泥盆统	法门阶	358.9±0.4
				弗拉阶	372.2±1.6
			中泥盆统	吉维特阶	382.7±1.6
				艾菲尔阶	387.7±0.8
			下泥盆统	埃姆斯阶	393.3±1.2
				布拉格阶	407.6±2.6
				洛赫考夫阶	410.8±2.8
		志留系	普里道利统		419.2±3.2
			罗德洛统	卢德福特阶	423.0±2.3
				高斯特阶	425.6±0.9
			温洛克统	侯墨阶	427.4±0.5
				申伍德阶	430.5±0.7
			兰多维列统	特列奇阶	433.4±0.5
				埃隆阶	438.5±1.1
				鲁丹阶	440.8±1.2
		奥陶系	上奥陶统	赫南特阶	445.2±1.4
				凯迪阶	453.0±0.7
				桑比阶	458.4±0.9
			中奥陶统	达瑞威尔阶	467.3±1.1
				大坪阶	470.0±1.4
			下奥陶统	弗洛阶	477.7±1.4
				特马豆克阶	485.4±1.9
		寒武系	芙蓉统	第十阶	~489.5
				江山阶	~494
				排碧阶	~497
			苗岭统	古丈阶	~500.5
				鼓山阶	~504.5
				乌溜阶	~509
			第二统	第四阶	~514
				第三阶	~521
			纽芬兰统	第二阶	~529
				幸运阶	538.8±0.2

宇(宙)	界(代)	系(纪)	年龄值/Ma
前寒武系	元古宇	新元古界	埃迪卡拉系	~538.8±0.2
			成冰系	~635
			拉伸系	~720
		中元古界	狭带系	1000
			延展系	1200
			盖层系	1400
		古元古界	固结系	1600
			造山系	1800
			层结系	2050
			成铁系	2300
	太古宇	新太古界		2500
		中太古界		2800
		古太古界		3200
		始太古界		3600
	冥古宇			4000
				~4600

第三章 地壳和岩石圈

第一节 大陆地壳和大洋地壳

地壳是固体地球的最外部圈层,它以莫霍面与地幔相分隔,是岩石圈的组成部分,具有明显的横向不均一特征。这种不均一性特征主要表现在地壳中存在结构、构造、物质组成及演化历史具有明显差异的大陆地壳和大洋地壳,这是地球不同于其他行星的一大特点。现今,人们对于地球上为什么会存在大陆地壳和大洋地壳、大陆地壳什么时间并如何形成等地球演化的基本问题仍知之甚少。

一、大陆地壳与大洋地壳的划分

地壳垂向厚度的差异和物质成分的不均匀,构成了地壳结构的基本特征,并促使地壳物质的循环交换和构造运动。大陆地壳和大洋地壳是地壳最大的两个构造单元。大陆地壳(简称陆壳)是主要分布在大陆及浅海大陆架的地壳,具有上部硅铝层和下部硅镁层的双层结构(图3-1)。在大陆地壳中,硅铝层纵波(P波)速度约为5.6~6.0km/s,密度为2.6~2.7g/cm³,一般厚度为10km;硅镁层纵波(P波)速度约为6.8km/s,密度为2.81~3.0g/cm³,一般厚度在15~20km之间。硅铝层的物质组成与大陆花岗岩的成分相近,又称为花岗质层;硅镁层的物质组成与玄武岩成分相近,又称为玄武质层。硅铝层和硅镁质之间的界面为康拉德面,康拉德面是一个不普遍存在的界面。

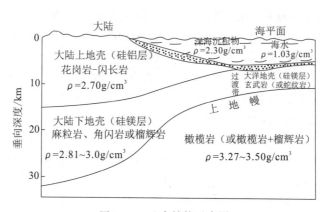

图3-1 地壳结构示意图

大洋地壳一般缺失大陆地壳中的硅铝层,仅发育硅镁层而具有单层结构(图3-1)。大洋地壳(简称洋壳)上部覆盖有海洋沉积物,岩石类型基本由玄武岩和下伏的橄榄岩组成。洋壳的主要组成元素为 O、Si、Al、Fe、Ca、Mg、Ti 等,其物质组成与其结构密切相关。全球洋壳的平均厚度为 6.0~8.0km,但厚度不均一,如西太平洋洋壳较厚,平均为 8.3km,而东太平洋洋壳相对较薄,厚度平均为 5.8km。

在大陆地壳与大洋地壳的分界处可以形成特殊的中性喷出岩——安山岩。这类岩石在太平洋周围分布得更为集中,又称为安山岩线。该分界线上存在着重力负异常,同时又是地震、火山较为集中的分布区。

二、大陆地壳和大洋地壳的特点

1. 大陆地壳

大陆地壳面积约占地壳总面积的 45%,质量占地壳的 63%。陆壳各处厚度不一致,高山区达 70km,在盆地和裂谷区仅 20km,平均厚度为 33km。如我国青藏高原地壳厚度多为 70km,至华北地区则下降到 30~45km。

整个陆壳在纵向上和横向上都是不均一的。一些层位和岩石在纵向上和横向上都可以尖灭、消失或被切割。磁异常为不规则状,重力整体为负异常,花岗质地壳中放射性物质相对集中。地震测量发现,大陆地壳内存在水平状的折射和反射界面,并分布有高速层和低速层,这说明陆壳内部存在分层。研究者们倾向于认同上、下地壳之间还存在有中地壳。中地壳厚 0~10km,纵波(P 波)速度在 6.0~6.3km/s 之间,内部存在低速带,但明显的反射界面较少,主要岩石组成有云母片岩、片麻岩和中性侵入岩,是一个广泛发育糜棱岩的区域性脆、韧性转换带。

地壳剖面和麻粒岩包体研究表明,下地壳岩石组成具有多样性,既包括不同成分的变火成岩,也包含数量不等的变沉积岩。由于出露地表的麻粒岩地质体和麻粒岩包体在成分上存在很大的差异,这导致下地壳成分成为目前不确定性最大、争议最多的领域。一般认为,大陆下地壳由麻粒岩相岩石组成,成分主要为镁铁质。在高含水量地区(如俯冲带),角闪岩相岩石可能是下地壳的组成部分。在加厚地壳(如造山带)地区,下地壳可能由榴辉岩相岩石组成。在某些地区,大陆下地壳由长英质物质组成,纵波速度(约 7.0km/s)随深度增加,这一认识得到超深钻探结果的支持。苏联科拉超深钻探预计在 7km 处钻入下地壳,但是发现原本预测的康拉德面并不存在。该深度以下为太古宙斜长片麻岩、花岗片麻岩和角闪岩,而且随着深度增加,角闪岩夹层增多,直到 12.5km 仍是中酸性岩石。

在物质组成上,大陆地壳中含有三大岩类的岩石,总体 SiO_2 含量大于 60%,低价铁和镁的氧化物百分含量低,但铁的总含量高。由上地壳至下地壳,侵入岩成分由酸性岩逐渐转变为基性岩,变沉积岩的数量降低,而且不同深度的岩石对应不同的变质相。通常,上地壳由绿片岩相和未变质的岩石(如沉积岩和花岗岩)组成;中地壳由以英云闪长岩-奥长花岗岩-花岗片麻岩(也称 TTG 岩系)为主的角闪岩相岩石组成;下地壳由成分不同的麻粒岩相岩石组成。

大陆地壳是在原始地壳基础上发展起来的,各地质历史时期形成的岩石都有。目前在各大陆均发现了 25 亿 a 以前的太古宙岩石,但还不清楚最老的陆块出现于何时。众所周知的最古老地壳残留体位于格陵兰伊苏(Isua),年龄为 39 亿~38 亿 a,我国的迁西地区也发现了与伊苏(Isua)岩石同样古老的地壳残留体。新近报道显示,在加拿大某处还发现了 42.8 亿 a 以前形成的古老地壳岩石。随着越来越多的始太古代(4.0~3.6Ga)花岗质岩石的报道涌现,这表明始太古代期间就已经存在稳定的大陆地壳。然而,由于后期的变形变质作用,始太古代岩石出露面积非常小，无法估量其规模。在陆壳形成后，一般还经历大规模岩浆活动和各种变质作用，发生强烈的构造变形，在陆壳表面形成高山和深谷。

2. 大洋地壳

大洋地壳面积约占地壳总面积的55%，质量占地壳总质量的37%。与陆壳相比，洋壳较薄且厚度变化较小。洋壳结构相对比较稳定、简单，一般由三层组成，几乎全部由火山岩组成；SiO_2含量小于50%，低价铁和镁的氧化物百分含量高，但铁的总含量低。由上至下，第一层平均厚0.5km，其厚度可以从0km（特别是洋中脊附近）变化到几千米（大陆附近），为未固结的深海沉积物，纵波（P波）平均速度为2.2km/s，几乎遍布所有海底；第二层厚1~2.5km，为镁铁质火成岩，其上层为枕状玄武岩，下层为蚀变玄武岩，纵波（P波）平均速度为5.2km/s；第三层组成仍存在争论，多数研究者认为是由辉绿岩和辉长岩组成的席状岩墙，厚达5km，纵波（P波）平均速度为6.7km/s。洋壳具重力正异常，海底磁异常呈线状分布，具有规律的带状排列。

1982年，执行深海钻探计划的"格洛玛·挑战者"号在赤道附近的东太平洋洋脊上（504B号钻孔）首次打穿玄武岩层，钻探到下伏的网状岩脉，从而证实洋壳的构造模式。洋壳年龄较轻，最老的不超过中生代（约2亿a），多数是近50Ma形成的。海底山脉均为火山喷发形成，无强挤压作用，缺少区域性变质作用。总体而言，洋壳的厚度、年龄随距洋中脊的距离的加大而变厚、变老。

三、陆壳和洋壳的关系

陆壳和洋壳概念的不同反映了目前人们对地壳的认识。其实际情况要复杂得多，人们的认识也不尽一致，不同研究者所给出的回答可能不同。例如，地壳结构的划分方法、不同分层物质组成、不同界面性质等都还存在较大的争议。

我们很难以明确界线将大陆地壳和大洋地壳区分开来。以现有定义来划分地壳，会发现存在有许多不相符合的情况。例如，印度洋洋壳的边缘，同时存在上地壳和下地壳；南中国海分布在陆壳范围内，但南海中央海盆地壳厚度仅为5.99~8.67km，这明显具有洋壳特征。以上情况说明人们对于地球的认识还有很大的局限性，需要不断深化，因此，出现了"过渡型地壳"这种比较模糊的划分类型。一些研究者认为，大陆边缘地区属于过渡型地壳，西太平洋边缘和地中海地区就是这类地壳的代表。

在地质演化过程中，陆壳和洋壳不是永恒的，它们随时间发展会发生性质的变化，二者间相互转化。例如，在造山带研究中，人们发现其中有以镁铁质岩石为主的蛇绿岩，这种蛇绿岩往往被认为是洋壳消亡后残留的古老洋壳。在陆基础上也可以形成洋壳，现今的东非裂谷和红海就被认为是未来海洋的雏形，而南中国海可能就是地壳类型转化的结果。

第二节 稳定地壳和活动地壳

一、地壳的活动性

地壳自形成以来一直在不停地运动，但各处的运动速度和幅度均不相同。在一些地区，地壳运动活跃，地震和火山频发，地表抬升形成高山或下沉形成谷地，这些地区属于地壳活动区；

而另一些地区相对平静,没有或者很少发生地震,火山活动也很微弱,升降运动的速度和幅度都非常微小,这些地区属于地壳稳定区。

地壳的活动区通常称作地槽、造山带、板块边缘、大陆边缘等。地壳的稳定区又常称作地台、地块、台块(地盾)、克拉通(craton)等,它们形成和稳定于前寒武纪。活动区的地块与稳定区的地块明显不同。

如图3-2所示,现代地壳活动区主要分布在环太平洋带(包括海沟、岛弧和海岸山脉)、大洋中脊带、阿尔卑斯-地中海-喜马拉雅带。地壳的稳定区主要分布在非洲地盾、南美地块、印度地盾、澳大利亚地盾、北美台块、俄罗斯台块、西伯利亚地块以及中国塔里木-华北地块等。此外,南极大陆和广大深海平原也属地壳稳定区。

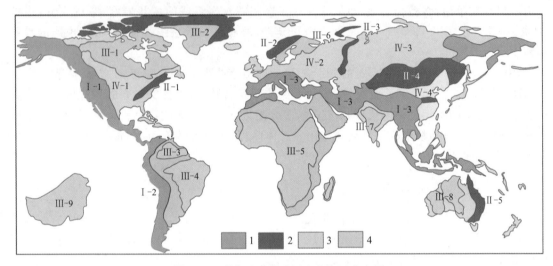

图3-2 现代地壳活动区和稳定区分布图

1.年轻的造山带;2.古老的造山带;3.地盾;4.稳定的地台(具有沉积盖层的地盾);Ⅰ-1.北美科迪勒拉造山带;Ⅰ-2.南美安第斯造山带;Ⅰ-3.阿尔卑斯-地中海-喜马拉雅造山带;Ⅱ-1.阿巴拉契亚造山带;Ⅱ-2.加里东造山带;Ⅱ-3.乌拉尔造山带;Ⅱ-4.阿尔泰-天山-兴蒙造山带;Ⅱ-5.塔斯曼造山带;Ⅲ-1.加拿大地盾;Ⅲ-2.格陵兰地盾;Ⅲ-3.奥里诺科地盾;Ⅲ-4.巴西地盾;Ⅲ-5.非洲地盾;Ⅲ-6.波罗的海地盾;Ⅲ-7.印度地盾;Ⅲ-8.澳大利亚地盾;Ⅲ-9.南极地盾;Ⅳ-1.北美台块;Ⅳ-2.俄罗斯台块;Ⅳ-3.西伯利亚地台;Ⅳ-4.塔里木-华北地台

地壳的活动性和稳定性是相对的。随着地质历史时期的不同,地壳的活动性在发生变化,如在某一地史时期活动的地壳,在另一时期可能会变得稳定;同时,在一个稳定的地壳中也有相对活动的地壳,在活动的地壳中也有相对稳定的地壳。如我国的华北地块在太古宙是活动的,元古宙以后趋于稳定,中生代(侏罗纪)以后又趋于活动。因此,不同地区的地壳活动性不同,同一地区不同时期的地壳活动性也不相同。活动区和稳定区既可以是陆壳,也可以是洋壳,主要取决于它的构造属性。

二、地壳稳定区的特征

地壳稳定区是地壳中相对不活跃地区,多是一些古老地块或板块的主体。它的主要特征如下。

(1)地壳厚度稳定。陆壳厚度约为30~40km,洋壳厚度约为5~7km;地震波所反映的底部界面(莫霍面)清晰,地壳内部还有若干次级界面;大陆地壳易分出上地壳、中地壳和下地壳,具有低的温度梯度和高的波速梯度。

(2)地壳顶部一般具有双层结构,由基底和盖层组成。基底是经过褶皱变形、变质的古老岩系,多为前寒武纪产物;盖层是由未变质或浅变质的沉积岩组成,厚度较小,岩性稳定,分布范围大。二者之间为角度不整合接触。

(3)平面形态呈浑圆状,无明显延伸方向,面积广大,地形起伏很小,可形成大平原或大盆地。

(4)在物质组成上,稳定陆壳上部接近花岗质岩石,下部是麻粒岩相条件下的镁铁质岩石、长英质岩石或角闪岩相的岩石;稳定洋壳由拉斑玄武岩、变基性岩和辉长岩组成。

(5)地壳稳定区的构造变动微弱。无强烈褶皱和断裂活动,升降运动速度缓慢,地震和火山不发育。

(6)岩浆活动微弱。岩石类型单调,侵入体多为小型、浅成侵入体。

三、地壳活动区的特征

地壳活动区是地壳中构造运动相对活跃的地区,包括一些著名的造山带和板块边缘。全球造山带分布的基本特点是:大都相互连接,围绕古老克拉通地块周边分布,只有极少数伸入并消失于克拉通内部,平面展布主要呈现为陆缘造山带、陆间造山带、陆内造山带。

全球造山带大致分为5个带:环太平洋带、阿尔卑斯-地中海-喜马拉雅带、乌拉尔-蒙古带、北大西洋带和北冰洋带。我国造山带划分为四大体系,即天山-兴蒙造山带、秦(岭)祁(连山)昆(仑山)造山带、青藏-滇西造山带和西太平洋带。

地壳活动区的主要特征如下。

(1)地壳厚度变化大。年轻造山带地壳厚度达40~70km,大陆裂谷区仅为28km。活动洋壳厚度约3~6km,但常无法准确确定。例如,在大洋中脊处,洋壳岩石逐渐过渡到地幔,莫霍面不清晰;在岛弧-海沟接触区,火山岩直接出露地表,莫霍面可能并不存在。

(2)地壳活动区的平面形态多呈狭长带状,延伸数百千米到几千千米,其上的沉积物厚度大,岩性和厚度均不稳定,易发生横向变化;地表高差悬殊,地貌上常形成高耸的山系、岛弧及深陷的海沟等。

(3)地壳活动区常是地热异常带。具有高的地温梯度,大地热流值是正常值的2~3倍,是地球深部热能不断释放的地区;其重力异常和磁异常都呈带状分布,具有明显的方向性,地震波的速度梯度较低。

(4)在物质组成上,造山带的下地壳可能是麻粒岩、超镁铁质岩或榴辉岩;在大洋中脊则为拉斑玄武岩、辉长岩或斜长岩。

(5)构造变动强烈,形成复杂的褶皱和断裂;地壳运动的速度和幅度很大,常是强震和火山发生地,构成震源密集带和火山密集带。

(6)岩浆活动强烈、广泛。有剧烈的海底喷发和大规模基性岩和酸性岩侵入,变质作用广泛,且有外来成分参加。

第三节　地壳的化学成分

一、地壳的元素丰度

了解地球的物质组成与状态是理解地壳中各类物质交换和动力学过程的基本前提,因此,需要了解地壳(尤其是大陆地壳)的化学组成和演化机制。化学元素周期表中的92种元素以及300多种同位素在地壳中都存在。元素在地壳中的平均含量称为丰度(质量分数 w_B%)。1924年,美国地球化学家克拉克最早计算出地壳的平均化学成分。在几经修改之后,克拉克与华盛顿一起提出第一个比较完整的地壳元素丰度表,其中包含了53种元素。在这张地壳元素丰度表中,克拉克采用了包括岩石圈、水圈和生物圈在内的广义地壳的概念,使用了5150个岩浆岩和676个沉积岩全岩分析资料,涉及地下深度为16km。

常用的元素含量单位为%、10^{-6}、10^{-9} 或 10^{-12}。地壳元素丰度通常用质量百分比表示。为了纪念克拉克开创性的重大贡献,国际上把元素在地壳中的平均质量百分比含量称为克拉克值,或称为质量克拉克值。经过克拉克和华盛顿的工作之后,许多科学家致力于这一工作。我国学者黎彤等(1965,1976)以中国岩石平均化学成分为基础,采用各构造单元质量加权平均,计算出了地壳的元素丰度值。高山等(1992,1998)通过对大量样品的研究,获得了中国东部的元素丰度。在表3-1的国际地球化学参考模型GERM(geochemical earth reference model)中,给出了大陆地壳和大洋地壳的主要元素丰度值。

二、地壳元素克拉克值的特征

由表3-1可以看出大陆地壳和大洋地壳中元素丰度存在以下特征。

表3-1　大陆地壳与大洋地壳成分估值表

(据 Rudnick and Fountain, 1995; Taylor and McLennan, 1985 整理)

氧化物及元素	w_B		氧化物及元素	w_B		氧化物及元素	w_B	
	大陆地壳	大洋地壳		大陆地壳	大洋地壳		大陆地壳	大洋地壳
SiO_2/%	60.6	49.5	TiO_2/%	0.7	1.5	Al_2O_3/%	15.9	16.0
TFeO/%	6.7	10.5	MnO/%	0.10	—	MgO/%	4.7	7.7
CaO/%	6.4	11.3	Na_2O/%	3.1	2.8	K_2O/%	1.8	0.2
P_2O_5/%	0.1	—	Li/$\times 10^{-6}$	16	10	Be/$\times 10^{-6}$	1.9	0.50
B/$\times 10^{-6}$	11	4	N/$\times 10^{-6}$	56		F/$\times 10^{-6}$	553	—
S/$\times 10^{-6}$	404		Cl/$\times 10^{-6}$	244		Sc/$\times 10^{-6}$	21.9	38
V/$\times 10^{-6}$	138	250	Cr/$\times 10^{-6}$	135	270	Mn/$\times 10^{-6}$		1000
Co/$\times 10^{-6}$	26.6	47	Ni/$\times 10^{-6}$	59	135	Cu/$\times 10^{-6}$	27	86
Zn/$\times 10^{-6}$	72	85	Ga/$\times 10^{-6}$	16	17	Ge/$\times 10^{-6}$	1.3	1.5

续表 3-1

氧化物及元素	w_B 大陆地壳	w_B 大洋地壳	氧化物及元素	w_B 大陆地壳	w_B 大洋地壳	氧化物及元素	w_B 大陆地壳	w_B 大洋地壳
$As/\times 10^{-6}$	2.5	1.0	$Se/\times 10^{-6}$	0.13	0.16	$Br/\times 10^{-6}$	0.88	—
$Rb/\times 10^{-6}$	49	2.2	$Sr/\times 10^{-6}$	320	130	$Y/\times 10^{-6}$	19	32
$Zr/\times 10^{-6}$	132	80	$Nb/\times 10^{-6}$	8	2.2	$Mo/\times 10^{-6}$	0.8	1.0
$Ru/\times 10^{-9}$	0.6	1.0	$Rh/\times 10^{-9}$	—	0.2	$Pb/\times 10^{-9}$	1.5	<0.2
$Ag/\times 10^{-9}$	56	26	$Cd/\times 10^{-6}$	0.08	0.13	$In/\times 10^{-6}$	0.052	0.072
$Sn/\times 10^{-6}$	1.7	1.4	$Sb/\times 10^{-6}$	0.2	0.017	$Te/\times 10^{-6}$	—	0.003
$I/\times 10^{-6}$	0.7	—	$Cs/\times 10^{-6}$	2	0.030	$Ba/\times 10^{-6}$	456	25
$La/\times 10^{-6}$	20	3.7	$Ce/\times 10^{-6}$	43	11.5	$Pr/\times 10^{-6}$	4.9	1.8
$Nd/\times 10^{-6}$	20	10.0	$Sm/\times 10^{-6}$	3.9	3.3	$Eu/\times 10^{-6}$	1.1	1.3
$Gd/\times 10^{-6}$	3.7	4.6	$Tb/\times 10^{-6}$	0.6	0.87	$Dy/\times 10^{-6}$	3.6	5.7
$Ho/\times 10^{-6}$	0.77	1.3	$Er/\times 10^{-6}$	2.1	3.7	$Tm/\times 10^{-6}$	0.28	0.54
$Yb/\times 10^{-6}$	1.9	5.1	$Lu/\times 10^{-6}$	0.30	0.56	$Hf/\times 10^{-6}$	3.7	2.5
$Ta/\times 10^{-6}$	0.7	0.30	$W/\times 10^{-6}$	1	0.50	$Re/\times 10^{-9}$	0.188	0.9
$Os/\times 10^{-9}$	0.041	<0.004	$Ir/\times 10^{-9}$	0.037	0.02	$Pt/\times 10^{-9}$	1.5	2.3
$Au/\times 10^{-9}$	1.3	0.23	$Hg/\times 10^{-6}$	0.03	0.020	$Tl/\times 10^{-6}$	0.50	0.012
$Pb/\times 10^{-6}$	11	0.8	$Bi/\times 10^{-6}$	0.18	0.007	$Th/\times 10^{-6}$	5.6	0.22
$U/\times 10^{-6}$	1.3	0.10						

(1) 元素在地壳中分布极不均匀。按照元素丰度值递减的顺序，氧元素（O）占地壳总质量的 47%，其次是硅，占 27.3%。前 3 种元素（O、Si、Al）占地壳总质量的 81.3%。前 8 种元素（O、Si、Al、Fe、Ca、Na、K、Mg）占地壳总质量的 99.2%。其余元素的总重量仅占地壳总质量的 0.8%。

(2) 元素丰度值随原子序数的增大而减小。原子序数为偶数的元素丰度值大于相邻为奇数的元素。原子序数相差 6 或 6 的倍数的元素，其元素丰度值较高。以大陆地壳为例，O、Si、Ca、Fe、Sr、Ba 含量均较高，如表 3-2 所示。

表 3-2 大陆地壳中原子序数相差 6 或 6 的倍数的元素丰度值

元素	O	Si	Ca	Fe	Sr	Ba
原子序数	8	14	20	26	38	56
原子序数差值	—	6	6	6	6×2	6×3
元素丰度（w_B）	0.47	0.495	0.064	0.066	320×10^{-6}	456×10^{-6}

(3) 大陆地壳和大洋地壳中各元素丰度有较大差异,上地壳、下地壳的元素丰度也不同。硅铝层以氧、硅、铝为主,钙、钠、钾也较多,而硅镁层虽仍以氧、硅为主,但镁、铁含量则相对较高。

(4) 将地壳、地球和太阳系中分布最广元素的丰度大小按顺序加以对比,则可以发现它们之间存在着明显的差异(表3-3)。

表 3-3 地壳、地球和太阳系中分布最广元素的丰度差异

类别	元素丰度排序
地壳	O＞Si＞Al＞Fe＞Ca＞Na＞K＞Mg＞Ti＞H
地球	Fe＞O＞Mg＞Si＞Ni＞S＞Ca＞Al＞Co＞Na
太阳系	H＞He＞O＞Ne＞N＞C＞Si＞Mg＞Fe＞S

同太阳系相比较,地壳与地球都明显贫 H、He、N 等气体元素。同整个地球相比,地壳相对贫 Fe、Mg,富 Al、K、Na。这说明,宇宙物质形成地球的演化过程必然伴随着气体元素的散失。在地球的原始演化中,较轻的易熔碱金属铝硅酸盐在地壳表层富集,较重难熔的镁铁硅酸盐和金属铁赋存在地壳深处。

因此,地壳中元素丰度值不仅取决于元素原子核的结构和稳定性,同时受到地球形成过程中物质演化和分异的影响。地壳中元素丰度值特征是元素起源、地壳形成及稳定存在这一漫长演化历史的最终体现。

三、元素克拉克值的地球化学意义

地壳元素克拉克值反映了地壳的平均化学成分,影响元素的地球化学行为,确定着地壳作为一个物理化学体系的总特征以及地壳中各种地球化学过程的总背景。它在一定程度上影响着元素的成岩成矿作用,为地球化学提供了衡量地壳体系中元素集中分散程度的标尺,具有重要的地球化学意义。

1. 影响元素的地球化学行为

元素克拉克值直接影响元素参加地球化学过程的浓度,从而支配着元素的地球化学行为。例如,化学性质近似的碱金属元素 Na、K、Rb、Cs,在地壳中呈现出两种不同的地球化学行为。克拉克值较高的 K、Na 在地壳各种岩石中都有较大的浓度,常形成独立的矿物;由于 Rb、Cs 的克拉克值较低,在各种岩石中的浓度亦低,不能形成独立的矿物,总呈分散状态存在于其他元素(如 K)组成的矿物中。

2. 控制矿物的种类

在实验室里,人们可以制备任意浓度的元素,合成数以万计的化合物。在地质作用中,生成的化合物(矿物)数目有限,仅 3000 多种。统计资料证明,克拉克值高的元素所形成的矿物数目也多,地壳中克拉克值最高的 8 种元素构成的矿物种数占已知矿物总数的绝大部分,是构成地壳内各类岩石的主要矿物。

3. 指示矿化活动

根据克拉克值可以计算出地球化学性质相似或相关元素间的平均比值,如 V/Re、Ni/Co、

Tr/Se、Zr/Hf、Nb/Ta、K/Rb 等难以分离的元素。如果它们之间比值偏离了按克拉克值计算出来的平均值，说明发生了某种地球化学作用，可能指示存在矿化活动。例如，Th/U 值一般为 3.3～3.5。如果某地区岩石中该比值小于 2，可以认为存在铀的矿化活动；如果该比值达到 8 或 10，可认为该区内存在着钍的矿化。

4. 衡量元素集中或分散程度

在讨论元素的集中和分散时，提出了"浓度克拉克值"的概念。浓度克拉克值是某一地质体（矿体或岩体）中的平均含量与其克拉克值之比，可以反映出元素的集中或分散程度。当浓度克拉克值大于 1 时，表明该元素在某地质体中相对集中；当小于 1 时，则意味着相对分散。

四、矿物

地壳中的矿物是在各种地质作用中形成的、在一定地质和物理化学条件下相对稳定的自然元素的单质或化合物。矿物的成分、结构比较均一，具有一定的形态、物理性质和化学性质。矿物是岩石和矿石的基本组成单位，也是人类生存的必需品。

矿物的概念是人类在从事采矿和冶炼的生产实践过程中产生的。在早期，凡矿山采掘物都叫"矿"或"鑛"。"矿"原写作"丱"，字形象征采矿工具。"丱"音"矿"(kuang)，源于采矿的声音。在西方，"mineral"指矿、矿石或矿山。到 16 世纪，人们第一次把矿物和岩石分开。经过长期反复认识，逐渐建立了矿物的确切概念。

矿物可以呈固态（如磁铁矿、黄铜矿、方解石等）、液态（如自然汞等）、气态（如火山喷气中的 CO_2、SO_2 等）或胶态（如蛋白石等）。在实验室条件下制造的人工化合物（如人造金刚石、人造水晶等）称为人造矿物，不属于地质学中矿物的范畴。

目前，已经发现的矿物总数为 3000 多种，但是地壳中最常见的主要矿物为 10 多种（表 3-4）。其中，10 种为非金属矿物，地质学上称为造岩矿物，如石英、长石、方解石等；另一些为金属矿物，地质学上称为造矿矿物，如磁铁矿、黄铜矿、闪锌矿等。其他元素的氧化物、硫化物或单质矿物在地壳中的含量不足 5%。

表 3-4 地壳中主要矿物的含量

类别		矿物	含量/%	类别		矿物	含量/%
含氧盐（大类）	硅酸盐（类）	斜长石	39	含氧盐	碳酸盐	方解石	1.5
		钾长石	12			白云石	0.9
		辉石	11	氧化物		石英	12
		角闪石	5			磁铁矿（＋钛铁矿）	1.5
		云母	5				
		橄榄石	3	其他矿物			4.5
		黏土矿物	4.6				

矿物多具有一定的化学成分和内部结构（尤其是结晶物质），具有一定的形态、物理性质和化学性质。由于地质条件的复杂性，矿物的成分、结构及物理化学性质不绝对均一。例如，由于生成条件不同，闪锌矿（ZnS）的成分、形态和物理性质有一定的差异。这种变化只发生在一

定范围内,其主要组分和结晶结构仍然不变。这种不变的属性便构成了闪锌矿"种"的属性。任何一种矿物只在一定地质条件下相对稳定。当外界条件改变到一定程度时,原有矿物就会发生变化而生成新的矿物。例如,黄铁矿(FeS)在氧化条件下会逐渐发生变化,生成褐铁矿($Fe_2O_3 \cdot nH_2O$)。

五、岩石

岩石是各种地质作用的产物,并在一定地质和物理化学条件下稳定存在的矿物集合体。岩石构成了地壳和上地幔的顶部固态部分,是地质作用的产物。

岩石是天然产物,可以由比较单一的矿物组成,如石灰岩几乎由方解石组成,也可以由多种矿物组成,如花岗岩由石英、长石、黑云母等组成。人工合成陶瓷等不能称为岩石。由于岩石是固态的,石油等不属于岩石。

研究岩石的成分、结构、构造、成因和演化等的学科称为岩石学。岩石的种类很多,按其成因主要分为三大类:岩浆岩(或称火成岩)、沉积岩、变质岩。三大类岩石在地壳内部的分布情况各不相同。地壳表层以沉积岩为主,地壳深处主要由岩浆岩、变质岩组成。三大类岩石可以在一定的条件下互相转换,并且岩石类型没有截然的界线,其间常逐渐过渡。这种关系并不是简单的循环重复,而是不断地向前发展的。

岩石是地壳的主要组成物质,许多矿产也赋存于岩石之中,岩石记录了地壳和上地幔的形成、演化历史,是构成各种地质构造的物质基础。在地质学中,岩石始终是重要的研究对象。

第四节 岩石圈

一、基本概念

在地球内部圈层中,地壳与上地幔顶部的固体圈层称为岩石圈。岩石圈包括整个地壳和莫霍面以下、软流圈以上的固体岩石部分。岩石圈由花岗质岩、闪长岩和玄武质岩组成,是地球的刚性外壳和地震波高速带。岩石圈具有横向不均一性,厚度在25(洋盆)~150km(地盾区)之间,平均厚度为80km,平均密度为$3.25g/cm^3$,体积占地球体积的3.72%,质量占地球总质量的2.19%。岩石圈保持在具有黏弹性、高温可流动的软流圈之上,具有对正向和负向荷载的弹性支撑能力。地壳部分的岩石圈称为地壳岩石圈,上地幔部分的岩石圈称为地幔岩石圈,而后者的地震波速度与构造活动性关系密切。例如,大洋盆地的地震波波速为7.9~8.5km/s,地盾区(加拿大)的地震波波速为8.1~8.5km/s,而裂谷和洋中脊下面不存在地幔岩石圈。

在对岩石圈的认识和理解上,不同地球科学研究领域的学者所持观点具有差异。目前,主要有以下4种认识。

(1)弹性岩石圈。根据地表载荷或载荷卸载调整计算的岩石圈厚度为15~40km。

(2)热岩石圈。即岩石圈是具有热传导和温度梯度的地球外层,厚度约为100km。在大洋区,岩石圈随其年龄而增厚,在大陆区则尚存在争论。

(3)地震波岩石圈。上地幔顶部存在一个全球尺度的低速带(相当于软流圈),其上覆部分为岩石圈。低速带在年轻大洋区约为45km,在大陆地盾区约为150km。

(4)化学岩石圈。由上地幔的分层和不均一性推测岩石圈与软流圈之间为化学边界或矿物边界,化学成分明显不同。

目前,研究者们已经把岩石圈(尤其是大陆部分)作为地球动力学的新领域进行研究,设立了如"岩石圈动力学和演化""大陆动力学"的国际课题,对岩石圈的成分、物理性质、动力学过程等方面进行深入研究。将岩石圈和软流圈视为力学上的强硬区和软弱区,成为了板块构造模型建立的基础。

二、岩石圈板块和板块构造学说

研究岩石圈板块的划分、运动规律、相互作用及结果的学科称为板块构造学。板块构造学说是在20世纪中期的大陆漂移、海底扩张等理论基础上发展起来的。德国气象学家、地球物理学家魏格纳1912年在《大陆和海洋的形成》一文中论证大陆漂移,并在1915年出版《海陆的起源》。1962年美国学者哈雷·赫斯(Harry Hess)在《海洋盆地的历史》这篇划时代的地球诗篇中正式提出了海底扩张假说。1963年,瓦因(F. Vine)和马修斯(D. Matthews)发表了一篇关于磁异常成因的论文,这一篇三页纸长的论文点燃了席卷整个地学界的一场伟大革命。1968年,法国学者勒皮雄和美国学者摩根同时提出了板块构造学说。后人对板块构造学说进行了补充和完善并指出,全球大陆是由较轻的刚性硅铝质组成,它漂浮在较重的黏性的硅镁质之上;2亿a以前,地球上只存在一个名叫"联合古陆"的大陆块,四周被海水包围;中生代,古陆被大断裂分解为"劳亚古陆"(北面)和"冈瓦纳古陆"(南面);中生代后期(1.3Ma),南北古陆又一次分解。

20世纪60年代以来的地球物理、地球化学和地质学研究证明,岩石圈并不是一个单一的完整块体,而是一个由特定边界所围限的、包含许多板状块体的镶嵌体。这些深达岩石圈底部的板状块体称为岩石圈板块,简称板块。这些板块在不停运动,有些会在离散的大洋中脊处生长,有些会在汇聚的岛弧海沟处消亡。板块运动是造成地球表面构造变形的重要原因。板块之间或彼此分离,或相对滑移,或互相碰撞、俯冲。其边缘构成地球表面的活动带,是地震、火山的高发区;而板块内部相对稳定,变形微弱。不同的板块,其活动性和活动周期均具有较大差别,板块间的边界也有差异。

1. 现代板块的划分

研究全球的地震和火山分布,可以发现它们主要集中在西太平洋岛弧海沟区、科迪勒拉山系、阿尔卑斯-喜马拉雅山系、大洋中脊及转换断层上,这是全球的构造活动带。以此作为边界,勒皮雄将全球划分为六大板块:太平洋板块、欧亚板块、印度洋板块、非洲板块、美洲板块和南极洲板块。多数板块既包括陆壳又包括洋壳,只有太平洋板块全为洋壳。随后,其他学者又分出一些规模相对较小的板块,如中朝板块、菲律宾板块、阿拉伯板块、爱琴海板块、可可板块、纳兹卡板块、东太平洋板块、加勒比板块等。

板块的面积变化极大,在 $n\times 10^4 \sim n\times 10^8 \text{km}^2$ 之间变化。随着板块活动的进行,不同板块的面积可以增加或者减小。一般认为,由离散边界围绕的板块,面积可能正在增长,如非洲板块;由汇聚边界围绕的板块,其面积可能减小,如太平洋板块。

板块边界与大陆边界可以一致,也可以不一致,大陆犹如乘客一样被板块驮着移动,所谓大陆漂移的实质是岩石圈板块漂移。

2. 板块边界的类型

根据板块之间相对运动的方向和力学性质的不同,根据地质和地球物理特征的差异,板块边界可以划分为3种类型。

1) 离散型边界

离散型边界又称为增生边界或拉张边界,是岩石圈张裂和洋壳生长的部位。板块沿边界做相背运动,边界具有引张离散特征。引张作用形成的空间不断被从软流圈上升的物质充填,形成新的洋壳。沿边界线广泛出露基性—超基性侵入岩或喷出岩,浅源地震呈线状分布,具高地热流值,普遍发育低—中级热变质作用,形成不具定向构造的变质岩。这类型的典型边界有大洋中脊(图3-3a、b),其轴部发育规模巨大的张性裂谷,基性岩浆上升、喷出,推动板块向两侧移动。某些大陆裂谷也属这种类型,如红海裂谷和东非裂谷。

2) 汇聚型边界

汇聚型边界又称挤压型边界或消减带,是一个板块与另一板块聚合、碰撞、对冲和消减的部位。由于这些板块的相对运动,边界表现为强烈挤压性质,造成复杂的构造图像。

当大洋板块与大陆板块聚合时,大洋板块多俯冲到大陆板块之下,逐步消减而形成岛弧—海沟系(西太平洋型)边界和山弧-海沟系(安第斯型)边界(图3-3b)。海沟为不对称"V"形,靠近大陆一侧陡,海洋一侧缓。

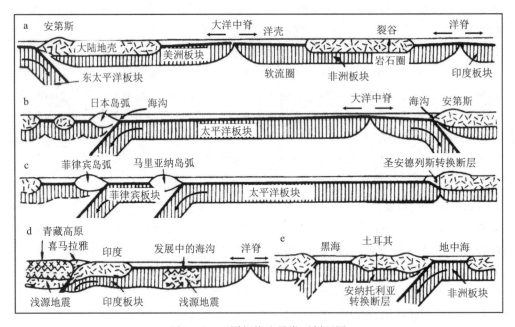

图3-3 不同板块边界类型剖面图

当大洋板块与大洋板块聚合时,发生俯冲或仰冲,形成狭长的海沟。海沟为不对称形态,在俯冲板块一侧较缓,仰冲板块一侧较陡,可形成岛弧,如菲律宾板块和太平洋板块之间的马里亚纳岛弧(图3-3c)。

当大陆板块与大陆板块聚合时,因密度较小,一般不发生大规模俯冲和消减而表现为碰撞型边界。由于强大挤压力,使岩层弯曲、破裂,形成大型推覆构造,隆升形成山脉和高原,或者形成残余海盆地。前者如喜马拉雅山和青藏高原(图 3-3d),后者如黑海、里海(图 3-3e)。这种两大板块碰撞接触带的地表出露界线称为地缝合线,如雅鲁藏布江地缝合线。

汇聚型边界常伴有强烈地震和火山喷发。在沟弧体系下,地震震源高度密集,形成倾斜的地震带,称为贝尼奥夫带。它是汇聚边界的深部表现,倾角平均为 45°,倾向大陆和岛弧所在的方向,深度可达 300~700km。火山岩以安山岩为主,其次为岛弧拉斑玄武岩。

3) 走滑边界

走滑边界又称剪切型边界。两侧板块沿边界相互水平错动,具有剪切性质,如图 3-3c 中太平洋板块与北美板块之间著名的圣安德列斯断层。走滑边界一般平直,延伸远,发育宽度不大的碎裂岩带。板块在这里既不生长,也不消减,边界线上浅震活跃,转换断层属于这类边界(图 3-4)。

板块边界是构造活动带,对于板块识别和板块划分具有重要意义,是板块构造研究的重点。板块边界能够终止的唯一方式是三联点,即 3 个板块 3 条边界的会合点。该点是 3 个板块相遇的地方,在演化中可把它分为两类:稳定三联点和不稳定三联点。研究发现,在各种可能的边界组合形式中,只有洋脊-洋脊-洋脊型的三联点最稳定。

3. 板块的运动

岩石圈板块在不停歇地运动,板块的边界边生长、边运动、边消亡。在大洋中脊,从软流圈不断上升的岩浆溢出地表,推动两侧板块相背移动并形成新的洋壳,使海底不断扩张;在岛弧-海沟区,板块相互敛合、对冲,大洋板块沿贝尼奥夫带俯冲到大陆板块之下。随着深度的增加,俯冲板块逐渐消失在软流圈中。板块构造学说为岩石圈演化的产生到消亡描绘出生动的画卷(图 3-4)。

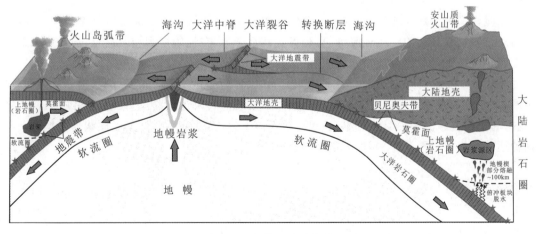

图 3-4 板块运动示意图

板块在地球表面的相对运动,可以看作是围绕通过地心和旋转极的旋转运动。不同扩张脊具有不同的旋转极,同一扩张脊的不同地段,扩张速度也不相同。愈接近旋转赤道,扩张速度愈大。愈接近旋转极扩张速度愈小,旋转极的扩张速度为零。扩张脊与旋转经线方向一致,转换断层与旋转纬度线或扩张方向平行。

4. 板块运动的驱动力

从地球科学的发展实践来看,板块构造基本上是运动学理论,主要描述了地球表面水平运动的主要特征,没有明确地确定驱动或承载板块运动的力源。因此,至今还没有一种理论能令人满意地解释板块运动的动力来源,而这一般认为与深部的热地幔对流有关。

1) 地幔对流模式

地幔是地球内部由高温的热物质组成的,由于温度差和密度差引起地幔热物质的上升和下降,造成地幔对流并形成对流环。地幔对流是一个复杂的系统,它既是一种热传导方式,又是一种物质流的运动。这种地幔对流驱使板块发生运动,但目前对于地幔对流的规模、深度、方式、流速以及活动时间等的认识存在很大争议。

1962 年,兰康首先提出深地幔对流模式。他认为随着地核增长,地幔对流环将会逐渐增多,从而引起大陆分裂的加剧和相应的造山运动。而浅地幔对流模式认为,对流只发生在软流圈,对流的方式可能是整体对流,也可能是两层或多层对流。消减带是下降流存在的地方,洋脊和热点是上升流存在的地方,这已经被新的地震层析成像技术和岩石地球化学等许多成果证实。岩石圈板块在地球表面的运动和地幔内大规模各向异性的存在,可能是地幔对流的重要证据。大量的地震观测结果显示部分消减带会在过渡带与下地幔的边界回转,随次生地幔热柱返回地表,而部分俯冲带会穿过过渡带与下地幔边界,到达核-幔边界,形成下地幔的对流。

对对流模式不利的证据有:地幔还存在分层的不同认识,其次是认为下地幔黏度太大而难以对流。近代的估算结果表明,地幔黏度为 $1\times10^{22} Pa \cdot s$,且相当均匀。

目前,尚没有一个公认模式,但是板块在完整对流环作用下运动的模式已经被摈弃。

2) 地幔柱模式

地幔柱又称为热柱或热点,这一概念由威尔逊 1963 年解释火山岛链时首先提出。地幔柱是指从核幔边界升起的柱状热流体,直径可达几百千米,在地貌上为相对高点,被活火山覆盖,属于高热流地区,可能由液态外核传递的能量引发。

当热柱垂直升腾到达岩石圈之下的软流圈时,垂向运动转化为水平运动,沿不同方向侧向扩展,这会带动其上的岩石圈分离移动。热柱在地表的反映是热点,是火山活动或地表高热流地区;和热柱上升流相平衡的回流,表现为缓慢向下运动,随温度降低又以柱状返回地幔下部。这种运动与板块边界条件一起,决定板块的运动方向。

摩根(1992)最初认为热柱在地幔中是固定的,当板块停留在热柱之上时,将可能被热的上升地幔岩浆熔透而在地面上形成由老到新顺序排列的火山链,典型实例如夏威夷火山岛链。再例如,东非裂谷在 120Ma 和 30Ma 的两次强烈活动被解释为非洲板块早期和晚期静止在热柱之上,其间的 90Ma 因快速从热柱上部通过,来不及被熔透而形成火山。大西洋和印度洋中央裂谷的形成也被认为是其下存在密集的热柱群。

现今在活动的地幔柱大约有 21 个,多数集中在洋隆及其附近。地幔柱的热量来自于地核内部,在核幔边界发生了第一次侧向扩展而形成了多个热柱体,这些热柱体在热能的驱动下继续向上运移,在壳幔边界又发生了一次侧向扩展形成了顶部呈扁平状或蘑菇状、带着高热能的次级地幔柱。这些地幔柱不仅驱动了软流圈之上的板块运动,同时是地球内部向地球表面输送能量、动量和质量的一种有效途径,为地壳中的地质体提供了巨大的热能。

3) 浮动模式

假定软流圈足够软,板块运动可在下述方式下引起:在大洋中脊处被推离、离开洋隆后在重力滑动和前缘板块拖拽作用中下沉。前者又称为脊推作用,后者又称为板拖作用。

在大洋中脊,由于岩浆沿轴部的挤入形成新岩石圈,两侧板块发生背离运动。在消减带部位,由于冷却脱水和矿物相变作用,造成俯冲板块的密度增大,产生了明显的下拖作用。哈伯的计算结果表明,板拖力比脊推力可大 7 倍。重力也可使熔融软流圈上的岩石圈失稳发生滑动。假定洋底水平,软流圈表面从洋脊向外倾斜,黑尔斯计算出表面坡度达到 1/3000,便能产生 4cm/a 的滑动速率,脊推、板拖和重力滑动共同造成板块运动。

岩石圈板块的运动学和动力学是引人入胜的研究课题。当前的新资料、新思想层出不穷,崭新的学说开始在酝酿。由于大洋岩石圈与大陆岩石圈物质组成、厚度和力学强度具有明显的差异,因此大陆构造的多样性、复杂性和分层性是现有板块构造理论难以解释的,即大陆地质不可能完全符合板块构造已有的模式。地球科学的研究者们普遍感到以大洋动力学体系为根基建立的传统板块构造学已经不完全适应日益兴起的大陆地质研究。因此,国内外学者先后提出了超越板块构造学、后板块构造学以及地球系统动力学等地学界新的研究方向。相信随着科学技术的进步和研究手段的发展,岩石圈板块的研究一定会更加深入;随着对地壳下方地幔、地核的探索,未来将进一步取得新的认识和发现。

第四章 矿 物

地壳主要由岩石组成,而岩石是矿物的天然集合体,矿物则由化学元素组成,因此,要了解矿物,必须研究地壳中化学元素(参考第三章第三节)、矿物的成分、形态、物理性质及其分类特征。

第一节 矿物的化学成分

一、矿物的化学成分

矿物的化学成分可以分为两种类型:一类是由同种元素的原子自相结合的单质,如金刚石(C)、自然金(Au)等;另一类是由不同元素组成的化合物。化合物又可分为简单化合物,如石盐(NaCl)、方铅矿(PbS)等)和复合化合物(如白云石($CaMg[CO_3]_2$)等)。有些化合物中还有不同形式存在的水。

由于类质同象置换、胶体吸附以及显微包裹体形式存在的机械混入物使化学成分复杂化,其中类质同象置换是矿物化学成分复杂化的主要原因。

矿物在一定条件下结晶时,其晶体结构中某一元素的部分位置被其他化学性质类似的元素(原子、离子)所替代,而其晶体结构类型和化学键型不发生根本性的变化,这种现象,称为类质同象。

例如,在菱镁矿和菱铁矿之间,由于 Mg^{2+} 和 Fe^{2+} 可互相代替,可以形成各种 Mg、Fe 含量不同的类质同象混合物(混晶),从而可以构成一个 Mg、Fe 成各种比值的连续类质同象系列。

$$MgCO_3 \rightarrow (Mg,Fe)CO_3 \rightarrow (Fe,Mg)CO_3 \rightarrow FeCO_3$$
菱镁矿　　含铁菱镁矿　　含镁菱铁矿　　菱铁矿

根据晶体中一种质点被另一种质点代替的数量不同,类质同象可分为两种类型:

(1)完全类质同象。在类质同象混晶中,A、B 两种质点以任意比例相互取代,从而形成连续系列。如上述菱铁矿-菱镁矿系中 Mg^{2+} 与 Fe^{2+} 之间的取代。

(2)不完全类质同象。在类质同象混晶中,A、B 两种质点相互代替的数量局限在一个有限的范围内。如闪锌矿中 Zn^{2+} 与 Fe^{2+} 的替代,被 Fe^{2+} 替代的部分不超过 30.8%。

类质同象替代的进行取决于离子和原子本身的性质(内因)和所处的地质环境(外因)。内因是主要的,包括离子的类型要相近、电价要平衡、半径要相近等。环境对类质同象替代有明显的影响,高温比低温有利于类质同象替代,压力增加,可能限制类质同象替代的范围,某一组分浓度不足也会促使类似的组分进行替代,有利于类质同象的产生。

地壳中许多克拉克值小或根本不形成独立矿物的元素常以类质同象混入物的形式赋存于一定矿物的晶格中,例如 Cd、In、Ga 常赋存于闪锌矿中,Re 赋存于辉钼矿中。因此,利用类质同象的规律可以合理地综合利用各种矿产资源和寻找某些矿种。

二、矿物的化学式

矿物的化学成分可以用化学式加以表示。目前在矿物学中普遍采用的是矿物的晶体化学式。它既能表明矿物中各种组分的种类,又能反映矿物中原子结合的情况。其书写规则如下:

(1)阳离子写在化学式的前面,不同元素按碱性由强至弱顺序书写。阴离子写在阳离子后面,络阴离子用方括号括起来,如白云石 $CaMg[CO_3]_2$。

(2)附加阴离子一般写在阴离子或络阴离子后面,如氟磷灰石 $Ca_5[PO_4]_3F$。

(3)含水化合物的水分子写在化学式的最后面,并用圆点"·"隔开,如石膏 $Ca[SO_4]·2H_2O$;当含水量不定时,常用"nH_2O"表示,如蛋白石 $SiO_2·nH_2O$。

(4)互为类质同象替代的离子,用圆括号括起来,它们之间用逗号分开,含量较多的元素一般写在前面,如铁闪锌矿 $(Zn,Fe)S$。

第二节 矿物的形态

自然界的矿物绝大部分是晶体,少部分为非晶质体,多以一定的形态产出。矿物形态反映了其内部结构和化学成分,在矿物鉴定和成因分析上不可缺少。

一、晶体和非晶质体

(一)晶体

1. 一般概念

内部质点(原子,离子或分子)在三维空间呈周期性排列的固体称为晶体,或形象地说,晶体是具有格子构造的固体。

例如石盐,在它的内部结构中,每一个 Cl^- 离子的前后、左右、上下都为 Na^+ 离子;反之,每一个 Na^+ 离子周围亦然(图 4-1a)。石盐即为晶体。从石盐晶体的内部结构图中可以看出,Na^+ 离子(小球)和 Cl^- 离子(大球)在三维空间作周期性重复排列而构成格子状构造(图 4-1b)。正因为受到这种格子构造的控制,所以石盐的外形常为立方体。

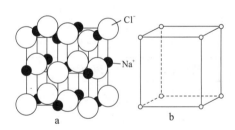

图 4-1 石盐的晶体结构
a. 立方体外形;b. 格子状构造

如果把晶体结构中相当的点(如 Cl^- 或 Na^+)抽象出来,就构成了由相当点在三维空间排列成的无限延伸几何图形,这个几何图形称为空间格子。空间格子的一般形式如图 4-2a 所示。

空间格子具有如下几种要素。

1)结点

空间格子中的相当点。它本身只具几何意义,不代表任何质点。在实际晶体中,结点位置为同种质点所占据。

2)行列

结点在一条直线上排列称为行列(图 4-2b)。行列中相邻结点间的距离称为该行列的结点间距。规律：平行的各个行列上结点间距相等，不平行的行列上的结点间距一般不等。

3）面网

结点在平面上的分布构成面网（图4-2c）。面网上单位面积内结点的密度称为面网密度。两个相邻面网的垂直距离为面网间距。规律：相互平行的面网，其面网密度和面网间距都相等；不平行的面网，其面网密度和面网间距一般不等。面网密度大的面网之间，其面网间距大；面网密度小，则其面网间距小。

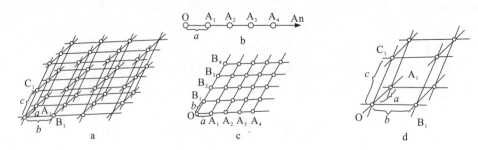

图4-2 空间格子及其要素
a.空间格子；b.行列；c.网面；d.平行六面体

4）平行六面体

从三维空间来看，空间格子可以划出一个最小的重复单位，那就是平行六面体（图4-2d），平行六面体的大小和形状分别取决于它的棱长（结点间距）a、b、c和棱间夹角α、β、γ。a、b、c及α、β、γ称为晶体常数。根据晶体常数的关系只有7种，相应有7种形状的平行六面体。它们分别归属于按晶体对称特点所划分的7个晶系（表4-1）。

在实际晶体的结构中，划分出来的最小平行六面体称为晶胞。矿物晶体就是由这些晶胞在三维空间毫无间隙地重复堆砌而成的。

表4-1 3个晶族、7个晶系的平行六面体形状、晶体几何常数及对称特点

晶族	晶系	平行六面体	晶体几何常数	对称特点	
低级	三斜		$a \neq b \neq c$ $\alpha \neq \beta \neq \gamma \neq 90°$	无P 无L^2	无高次对称轴
	单斜		$a \neq b \neq c$ $\alpha = \gamma = 90° \neq \beta$	L^2或P不多于一个	
	斜方		$a \neq b \neq c$ $\alpha = \beta = \gamma = 90°$	$L^2 + P \geqslant 3$	

续表 4-1

晶族	晶系	平行六面体	晶体几何常数	对称特点	
中级	三方	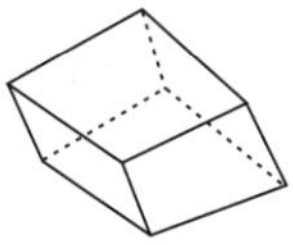	$A=b=c$ $\alpha=\beta=\gamma\neq 90°$	有 1 个 L^3	高次轴只有 1 个
	四方	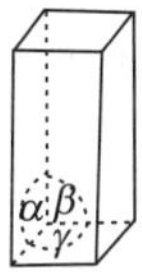	$a=b\neq c$ $\alpha=\beta=\gamma=90°$	有 1 个 L^4	
	六方	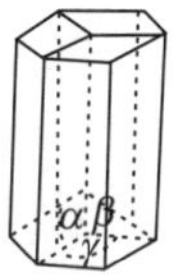	$a=b\neq c$ $\alpha=\beta=90°$ $\gamma=120°$	有 1 个 L^6	
高级	等轴	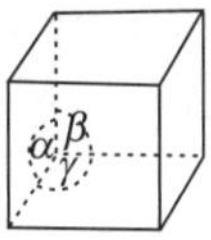	$a=b=c$ $\alpha=\beta=\gamma=90°$	有 n 个 L^3	有数个高次轴

2. 晶体的基本性质

由于晶体是具有格子构造的固体,因此,它具有如下基本性质。

1) 自限性

自限性是指晶体在适当的条件下自发形成规则几何多面体形态。晶面、晶棱和角顶分别相当于格子构造中的面网、行列和结点。

2) 均一性

均一性是指同一晶体的任一部位都具有相同的物理、化学性质。如 NaCl 晶体各部位的密度、光学性质都相同。

3) 异向性(或各向异性)

异向性是指晶体的某些性质随方向不同而有所差异。如蓝晶石在同一晶面上,随方向不同,软硬程度不同(图 4-3),故又名二硬石。

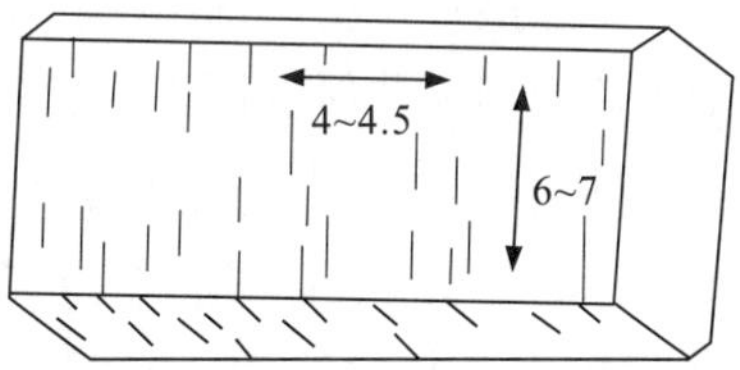

图 4-3 蓝晶石的硬度

4) 对称性

对称性是指晶体的相同部分(晶面、晶棱、角顶)有规律重复的性质。晶体的对称性必须借助点、线、面等几何要素(对称要素)来实现。晶体的对称要素如下。

对称面(P):将晶体平分为互呈镜像反映的两个相等部分的假想平面。

对称轴(L^n):通过晶体中心的假想直线,当晶体绕该直线旋转一定角度后,晶体的相同部分重复出现。旋转一周重复的次数称为轴次。以 n 表示,可能出现的对称轴有 $L^1 \sim L^6$,n 大于 2 的轴称为高次轴。

对称中心（C）：与晶体中心重合的假想点，通过此点使晶体的相同部分反向重复。晶体可以没有对称中心，若有则只有一个。

根据单个晶体出现的对称要素不同，即其对称程度不同可对晶体进行分类，如表 4-2 所示。

5）最小内能

在相同热力学条件下，与同种物质的非晶质体、液体、气体相比较，晶体的内能最小。所谓内能，包括质点的动能和势能。动能与热力学条件有关，不能用来比较内能大小。势能与质点间的距离和排列方式有关，可用来比较内能大小。由于同种物质的晶体质点间距最短，质点间距越短，其势能就越小，内能也就最小。

6）稳定性

由于晶体具有最小内能，因而结晶状态是一个相对稳定的状态。这就是晶体的稳定性（图 4-4a）。

（二）非晶质体

非晶质体通常指内部质点既不呈现规则排列，也无几何多面体外形的固体，如火山玻璃。固态的非晶质体其内部结构与液体相似，即质点不构成有规律重复排列（图 4-4b）。

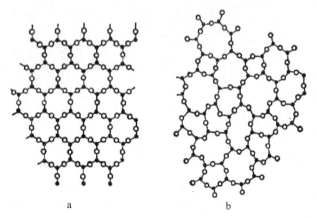

图 4-4 晶体与非晶质体结构
a. 石英；b. 玻璃

非晶质体各部分之间具有统计意义的均一性，即不同方向上性质相同，所以非晶质体是各向同性体。

二、矿物单体的形态

矿物单体的形态指矿物单晶体的形态，只有结晶质矿物才可能呈现单体。

（一）矿物的理想晶体形态

所谓理想晶体是指内部结构严格服从空间格子规律，外形呈面平、棱直、同一单形的晶面同形等大的规则的几何多面体。理想晶体形态可分为两类：单形和聚形。

1. 单形

单形是由对称要素联系起来的一组晶面的总和，或晶体中彼此间能对称重复的一组晶面的组合。属于同一对称型的晶面形状、大小、性质及与对称要素之间的关系完全相同（图 4-5）。晶体内部结构中晶胞的形状是有限的，所以，其外在反映的单形种类也是有限的，就其几

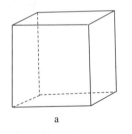 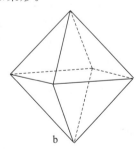

图 4-5 立方体（a）和八面体（b）单形

何形状而言，共有 47 种。其中我们必须要认识和掌握的常见单形有 14 种，如表 4-2 所示。

表 4-2 常见单形

名称	晶面、横截面形状	特征
平行双面		由两个晶面组成,彼此平行,不能由它这样一个单形独自围成晶体,必须由多个或与其他单形一起构成聚形
斜方柱		由 4 个晶面组成,4 个晶棱均平行,横截面为菱形
斜方双锥		由 8 个不等边三角形组成,上、下晶面各相交于一点,横截面为菱形
四方柱		由 4 个晶面组成,4 个晶面棱相互平行,横截面为正方形
四方双锥		由 8 个等边三角形晶面组成,上、下晶面各相交于一点,横截面为正方形
三方柱		由 3 个晶面组成,3 个晶棱相互平行,横截面为正三角形
菱面体		由 6 个菱形晶面组成,上、下晶面各交于一点,并且围绕此两点的连线(L^3),上下错开 60°,通过菱面体中心的横截面为正六边形
六方柱		由 6 个晶面组成,6 个晶棱相互平行,横截面为正六边形
六方双锥		由 12 个等腰三角形晶面组成,上、下晶面各交于一点,横截面为正六边形
立方体(六面体)		由 6 个正方形晶面组成,3 对晶面相互正交,成对平行
八面体		由 8 个等边三角形晶面组成,每 4 个晶面相交于一点(角顶),通过晶体中心的三角顶连线相互垂直,晶面垂直于三次轴
菱形十二面体		由 12 个菱形晶面组成,成对平行,晶面相互之间既有垂直的,也有以 120°角度斜交的
五角十二面体		由 12 个五边形(一般其中 4 个边等长)晶面组成,恰似由立方体的每一晶面均各自沿平行于一组棱方向凸起变为两个相同的晶面而成,所有晶面均成对平行
四角三八面体		由 24 个四边形(相邻的两个边等长)晶面组成,恰似向凸起有八面体的每个晶面均从中心突起,变为 3 个相同的晶面

说明:像斜方柱、四方柱、三方柱和六方柱以及平行双面那样,一个单形的晶面不能单独围成一个晶体,这种单形为开形,而那种能单独围成封闭空间的单形为闭形。

2. 聚形

聚形指由两种以上形状不同、大小不等的晶面组成的晶体形态。图4-6代表立方体和八面体的聚形。从图4-6中可以看出有多少种单形相聚，在聚形上会出现多少种形状不同、大小不等的晶面。只有属于同一对称型的各种单形才能相聚。

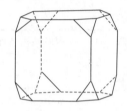

图4-6 立方体和八面体聚形

（二）矿物实际晶体的形态

矿物晶体在形成过程中，由于物理化学条件的变化以及相邻晶体空间的争夺，很难形成理想的晶体形态，而成为"歪晶"。从图4-7中可见，α-石英晶形由于同一单形的晶面发育等，可以形成各种各样的歪晶。它们虽然都是六方柱和两个菱面体的聚形，但和理想形态相比，都已面目全非了。

实际晶体的晶面也不是理想的平面，常有条纹或凹坑。晶体的晶面上一系列平行的或交叉的条纹，它们都是严格地沿一定的结晶学方向排列的粗细宽窄不同的条纹。这些条纹往往是两种单形相互交替生长留下的痕迹。由于单形是晶体对称性的一种表现，所以晶面条纹的分布也是服从晶体的对称性的。如黄铁矿晶面上的横纹，就是由立方体和五角十二面体两种单形交替发育的结果（图4-8a）。晶体形成后，晶面因受溶蚀而形成的凹坑（溶蚀坑）受晶面内质点的排列方式控制，故有一定的形状和方向。晶体的不同单形其晶面蚀象的形状和方向不同，只有属于同一单形的各个晶面蚀象才相同，其形状和取向与晶体对称相一致，如石英各晶面上的溶蚀坑（图4-8b）。

图4-7 α-石英的歪晶　　　　图4-8 矿物晶面上的聚形纹与溶蚀坑

a.黄铁矿；b.石英

（三）晶体习性

矿物晶体在一定条件下，常常趋向于某一习见形态，称为晶体习性，简称晶习。根据晶体在三度空间的发育程度不同，可分为3类。

1）一向延长

单体在三维空间有一个方向发育得特别快，即$a \cong b \ll c$（图4-9a），呈柱状、针状或毛发状，如角闪石、电气石等。

2）三向等长

单体在三维空间的发育程度基本相等，即$a \cong b \cong c$（图4-9b），呈粒状或等轴状，如石榴子石、磁铁矿、黄铁矿。

3）二向延长

单体在三维空间上有一个方向发育较差，

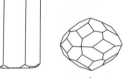

图4-9 矿物晶体延伸习性分类

a.一向延长；b.三向等长；c.二向延长

即 $a≌b\gg c$（图 4-9c），呈板状、片状，如重晶石、白云母等。

上述晶体习性是相对的、粗略的，仅反映晶体轮廓。

三、矿物集合体的形态

同种矿物多个单体聚集在一起的整体就是矿物的集合体。其形态取决于单体形态和它们的集合方式。根据集合体中矿物颗粒的大小可分3类：肉眼可以辨别矿物单体的集合体称为显晶集合体；显微镜下可以分辨矿物单体的为隐晶集合体；显微镜下也不能辨别单体的为胶态集合体。

（一）显晶集合体

根据矿物排列方式的不同，显晶集合体又分为规则集合体和不规则集合体。

1. 规则集合体

晶体的规则集合体共有 3 种，即双晶、平行连生和浮生。本书仅涉及最重要的规则集合体——双晶。双晶定义：两个或两个以上的同种晶体按一定的对称规律形成的规则连生。构成双晶的两个个体之间其结晶格子不平行、不连续。根据双晶个体连生方式，双晶可分为两种类型，即穿插双晶和接触双晶。

1）穿插双晶

穿插双晶就是构成双晶的单体之间相互穿插，如正长石的卡式双晶（图 4-10a）。

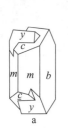
a

简单接触双晶
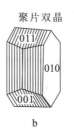
聚片双晶
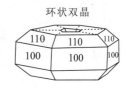
环状双晶
b

图 4-10 几种双晶类型
a.穿插双晶；b.接触双晶

2）接触双晶

接触双晶是双晶的两个单体之间以简单的平面相接触。它又可分为 3 类，即简单接触双晶、聚片双晶和环状双晶（图 4-10b）。

(1)简单接触双晶。由两个个体组成，如石膏的燕尾双晶。

(2)聚片双晶。由多个晶体，按同一规律，彼此平行排列重复连生，如斜长石的聚片双晶。

(3)环状双晶。多个双晶个体彼此以同样的双晶律连生，但结合面互不平行而是依次以等角相交，如锡石的环状双晶。

肉眼鉴定双晶是困难的。但有解理的矿物晶体破碎后，在解理面上双晶表现出反光的方位差别。如正长石的卡式双晶因其两个单体解理面的方向不同，表现出明暗不同的两部分（图 4-11a）。又如斜长石聚片双晶在解理面上常呈现明暗相间的条纹（图 4-11b）。

2. 不规则集合体

自然界大多数矿物属不规则显晶集合体。按单体的结晶习性及集合方式的不同可分为粒状、片状、板状、针状、柱状、棒状、放射状、纤维状、晶簇状等集合体。

1) 单体晶习呈一向延伸

呈一向延伸的有针状、纤维状、棒状、柱状集合体。当它们排列成放射状时,就成为放射状集合体,如阳起石、红柱石的放射状集合体(图4-12)。

2) 单体晶习呈二向延伸

呈二向延伸的有片状、板状集合体,如镜铁矿、石墨、重晶石等。

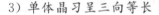

图4-11 双晶纹示意图
a.正长石卡式双晶;b.斜长石聚片双晶

3) 单体晶习呈三向等长

呈三向等长的有粒状集合体。如磁铁矿、橄榄石。

4) 晶簇

晶簇是生长于岩石孔隙或孔壁上的、发育完整的单晶成簇状集合而成。常见的有石英晶簇(图4-13)、方解石晶簇等。

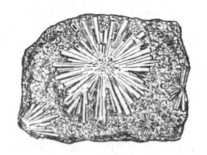

图4-12 柱状放射状集合体(红柱石)
(据南京大学《结晶学与矿物学》,1978)

图4-13 石英晶簇
(据南京大学《结晶学与矿物学》,1978)

(二)隐晶质或胶态集合体

隐晶质或胶态集合体由溶液直接沉淀或胶体沉积生成。由于某种原因,其细微颗粒(胶体)的表面张力使集合体趋向于形成球状、钟乳状。胶体"老化"后变成隐晶质或显晶质,内部产生放射状构造,按形成方式分为3类。

1. 分泌体

分泌体是在形状不规则或球状空洞中,由胶体或隐晶质自洞壁向中心逐层沉淀填充而成(图4-14a)。具有同心层状,未能填满的空腔壁常见有晶簇。分泌体平均直径大于1cm者称为晶腺(图4-15),平均直径小于1cm者称为杏仁体。

2. 结核体

结核体是指围绕某一中心(砂粒、生物碎屑、气泡)自内向外逐渐生长而成的球状体(图4-14b)。直径小于2mm的称鲕状,如赤铁矿鲕状集合体;直径2~5mm的称豆状集合体;直径大于5mm的称为结核体,如黄铁矿结核(图4-16),其内部呈致密状、同心层状或放射状。

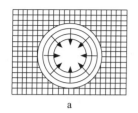 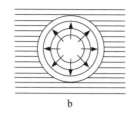 

图4-14 分泌体(a)与结核体(b)生长程序　　　　图4-15 玛瑙的晶腺

3. 钟乳状体

钟乳状体是指在共同的基底上，由溶液蒸发或胶体凝聚逐层堆积而成的集合体，将其外部形状与常见物体类比，可以给出不同的名称，如粉末状、薄膜状、皮壳状、葡萄状（图4-17）、肾状（图4-18）等。

图4-16 黄铁矿结核体　　　　　　　　图4-17 葡萄石的葡萄状集合体
（叶俊林等，2001）　　　　　　　　　　（叶俊林等，2001）

附着空穴顶部向下垂直者称石钟乳（图4-19）。溶液下滴至洞穴底部而凝结，逐渐向上生长者称石笋。石钟乳与石笋相连即成石柱。钟乳状内部具同心层状、放射状或结晶粒状。

此外，有些难以辨认其颗粒界线的显晶集合体和无外表形态的非晶质集合体称为致密块状集合体。

 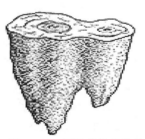

图4-18 赤铁矿肾状集合体　　　　　　　图4-19 石钟乳钟乳状集合体
（据南京大学《结晶学与矿物学》，1978）　（据南京大学《结晶学与矿物学》，1978）

第三节　矿物的物理性质

矿物的物理性质主要取决于矿物的化学组成和晶体结构,是鉴别矿物的重要依据。矿物的形成条件不同往往在物理性质上也会有一些细微的差异。

一、光学性质

矿物的光学性质是指矿物对可见光线吸收、反射和折射所表现的各种性质,以及可见光在矿物中的干涉和散射现象,包括颜色、条痕、透明度、光泽等。

1. 颜色

矿物的颜色是最明显最直观的物理性质。它是矿物对不同波长可见光吸收的结果。可见光波长 390~760nm,由长至短依次显示红、橙、黄、绿、蓝、靛、紫等色,它们的混合色为白色,不同颜色呈互补关系,如图 4-20 所示,图中某种对角扇形区为互补的颜色。如果矿物对可见光波不吸收或吸收少,矿物呈无色或白色;若均匀地全部吸收则呈黑色;若吸收程度差,则出现灰色;若只吸收某一颜色的光波,如吸收了红光,则呈现红色对角扇形区的补色——绿色。

图 4-20　互补色

矿物呈色的机理是很复杂的,根据呈色的原因,矿物颜色可分为以下几种。

1) 自色

自色是矿物本身固有的成分、结构所决定的颜色。自色对矿物鉴定有着重要的意义。如方铅矿的铅灰色、黄铜矿的铜黄色。

矿物的自色可以从成分中的原子或离子不同类型的电子跃迁得到解释。当电子从低能级到高能级,基态到激发态所需的能量与某波长的可见光相对应时,电子便吸收这一波长的光线,使矿物呈现其互补的颜色。

过渡型离子具有不同的价态,有利于电子的转移,是使矿物呈色的主要离子,故也称之为色素离子。

2) 他色

他色是由杂质、气液包裹体所引起的颜色。它与矿物的成分、结构无关,不是矿物固有颜色,如紫水晶的紫色。

3) 假色

假色是由物理光学效应引起的颜色,如锖色和晕色。矿物表面的氧化薄膜形成的干涉色彩,称为锖色。黄铜矿、斑铜矿表面常呈锖色;透明矿物的解理面反射造成的干涉现象,称为晕色,如云母、石膏上常见晕色。

★ 矿物的颜色还有体色和表色之说。

1) 体色

体色是物体内部所表现出来的颜色。当白光透入矿物达一定深度,且在此过程中选择吸收不同波长的色光而呈现出其互补色,为矿物所固有的颜色,如橄榄石吸收紫光而呈橄榄绿色。

2) 表色

表色即反射色,只有物体的反射光所呈现的颜色。不透明矿物因吸收非常强,因而表现的都是表色。反射光是矿物表层对透射光吸收后的再辐射,而且某个波长范围内的色光吸收得越多,再辐射时它们的强度也就越大,从而使矿物呈现相应的表面色。所以,表色表现为与被吸收色光一致的颜色,而非补色。

矿物的颜色繁多,为了便于比较和描述,常以标准色谱(红、橙、黄、绿、蓝、靛、紫以及白、灰、黑色等)来说明矿物的颜色。当与标准色谱有差异时,可加形容词,如淡绿、暗灰、灰白色等。另外,也可与实物颜色类比,如砖红、草绿色等。

此外,有些矿物的颜色介于两种标准色谱之间时,常用二名法描述,如黄绿色,表示以绿色为主,带有黄色色调。书写时,次要色调在前,主色调在后。

2. 条痕

矿物的条痕是矿物粉末的颜色,一般是指矿物在未上釉的白色瓷板上擦划所留下的粉末颜色。对于硬度大于瓷板的矿物,需要碾成粉末在白纸上进行观察,若矿物的硬度很低则直接划于白纸上观察。条痕色去掉了假色,减轻他色,突出自色。它是鉴别矿物的可靠依据。如赤铁矿具有特征的樱红色条痕,而其外观可呈铁黑色、钢灰色、褐红色等。

矿物条痕色可深于、等于或浅于自色。条痕色对于不透明矿物的鉴定很重要,而对透明矿物来说,意义不大。因为它们的条痕都是白色或近于白色。条痕粉末越细,条痕色越准确。因此,刻划时用力要轻,要选取新鲜矿物。

3. 透明度

透明度是指矿物可以透过可见光的程度。当自然光射到矿物上时,一部分被反射,另一部分进入矿物内部,射入深度大,其能量消耗也大,光就逐渐减弱,即所谓光波吸收。因此,通过矿物的光就是入射光经矿物反射和吸收所剩下的一部分光线。

自然界中并不存在绝对不透明或绝对透明的矿物。透明度受厚度的影响很大,在矿物的肉眼鉴定中,一般将矿物透明度分成3级。

(1) 透明。允许绝大部分光波透过矿物。肉眼透过1cm的碎片能清晰地看到背后物体的轮廓,如水晶、冰洲石、石膏等矿物。

(2) 半透明。允许部分光波透过矿物。肉眼透过1cm厚度的碎片,能看到背后物体的模糊轮廓,感到物体的存在。

(3) 不透明。基本上不允许光波透过矿物。矿物碎片在肉眼观察中再薄也看不到背后的物体轮廓,如石墨、磁铁矿、黄铁矿等矿物。

在显微镜下,当矿物薄片为0.03mm厚时,也可分为3级,即能透光——透明,透光能力弱——半透明,不能透光——不透明。

教科书中的透明度常以显微镜下为准。有许多暗色造岩矿物,如普通辉石、普通角闪石等,在标本上是不透明的,但在显微镜下却属透明矿物。所以,在鉴定矿物时,为了简便,常常配合条痕来帮助对矿物透明度的判别,不透明矿物条痕是黑色的或深色的,透明矿物的条痕是无色或白色的,半透明矿物的条痕颜色为各种浅彩色(如红、褐等色)。

4. 光泽

矿物的光泽是指矿物表面对光的反射能力，也就是可见光照射到矿物新鲜面上之后反射出来的光线强度。一般来说，矿物表面反射出来的光线愈多，则透射到矿物内部的光线愈少，矿物就愈不透明，光泽也就愈强；反之，若透射到矿物内部的光线愈多，矿物的透明度愈好，矿物的光泽愈弱。肉眼鉴定时，常配合条痕、透明度来判别光泽等级。矿物的光泽按反射率（R）的大小可分4级。

（1）金属光泽。$R>25\%$，反光很强，呈明显的金属光亮，不透明，条痕为黑色，如自然铜、方铅矿、磁铁矿、石墨等。

（2）半金属光泽。$R=25\%\sim19\%$，呈弱金属状光亮，不透明至半透明，条痕以深彩色（如红、褐）为主，如辰砂、黑色闪锌矿、赤铁矿等。

（3）金刚光泽。$R=19\%\sim10\%$，反光较强，呈钻石状明亮反光，近透明，条痕为浅彩色（如浅黄、浅绿等）、无色或白色，如浅色闪锌矿、白钨矿、金刚石等。

（4）玻璃光泽。$R=10\%\sim4\%$，反光弱，如同玻璃表面的光亮，透明，条痕无色或白色，如冰洲石、水晶、长石、萤石等。

以上各级光泽，是指矿物平坦表面的反射情况。若反射表面不平坦或是隐晶质、非晶质集合体，由于光线产生多次折射、反射而形成一些特殊的光泽。例如：

油脂光泽：透明矿物解理不发育，在断口上呈油脂光亮，如石英、石榴子石、磷灰石等。

土状光泽：某些细分散矿物，如粉末状和土状矿物集合体，表面具有许多细孔，当光线投射其上时，就会发生向各个方向散射的现象使矿物表面黯淡无光，像泥土一样，如高岭石、褐铁矿等。

特殊光泽不代表某一光泽等级，例如土状光泽，在具有金属、非金属及玻璃光泽的矿物中均可出现。因此，同一种矿物，有时可按光泽级来描述，有时则按特殊光泽来描述。

矿物的颜色、条痕色、光泽及透明度是有内在联系的，其关系如表4-3所列。

表4-3 矿物光学性质对照表

颜色	无色或白色	浅色或彩色	深色	金属色
条痕色	无色或白色	无色或浅色	浅色或彩色	深色或金属色
光泽	玻璃光泽	金刚光泽	半金属光泽	金属光泽
透明度	透明	半透明	不透明	

二、力学性质

矿物的力学性质是指矿物在外力作用下所呈现的性质，包括硬度、解理、断口与相对密度等。

1. 硬度

矿物对外来机械作用的抵抗能力称为硬度。根据机械作用力性质的不同，可将硬度分为刻划硬度、压入硬度、研磨硬度等。这里只讨论刻划硬度，即矿物对外来刻划的抵抗能力。

根据硬度大的矿物可以刻划硬度小的矿物，德国人摩尔（F. Mohs）选择了10种硬度不同的矿物作为标准，将硬度分为10级。这10种矿物称为摩氏硬度计。按硬度的相对大小顺序

排列,后面的矿物均能刻划前面的:

①滑石　　②石膏　　③方解石　　④萤石　　⑤磷灰石
⑥正长石　⑦石英　　⑧黄玉　　　⑨刚玉　　⑩金刚石

摩氏硬度计只代表矿物的相对硬度顺序,而不是绝对硬度的等级。如果根据实际力学数据,滑石硬度只为石英的 1/3500,而金刚石硬度则为石英的 1150 倍。

在实际工作中,经常与摩氏硬度计比较是很不方便的,故通常采用更简便的方法来测试矿物的相对硬度,把硬度分成 3 级。

(1)低硬度——小于 2.5,可用指甲刻动。

(2)中等硬度——2.5~5.5,可用小刀或钢针刻动,手指甲刻不动。

(3)高硬度——大于 5.5,小刀刻不动。

矿物的硬度是指单个晶体的硬度。对于纤维状、细分散土状物集合体,难以测定其真实硬度,受风化影响的矿物,其硬度往往偏低。因此,测试硬度时,必须选择矿物晶体的新鲜面,用力均匀以获得最佳效果。

由于晶体具有异向性,所以矿物的硬度有时在同一晶面的不同方向会有差异,如蓝晶石。影响矿物硬度大小的因素有化学键、原子半径与电价、原子或离子的紧密堆积程度。

2. 矿物的解理、断口和裂开

1) 解理

矿物在外力敲打或挤压下,严格沿着一定结晶学方向裂开成光滑平面的性质称为解理。这些平面称为解理面。

解理是结晶物质才具有的一种性质,解理是由矿物的晶体结构决定的,解理产生在面网间化学键力最弱的方向,也可以说解理面一般平行于矿物内部质点间联结力最弱的方向。例如石墨晶体受力打击后,即沿着内部质点成层排列方向裂成解理,因为层间距离最长,联结力最弱(图 4-21)。

对矿物解理的描述不但要注意产生解理的方向、解理组数、解理间的夹角,还要注意产生解理的难易程度,即解理的完好性。根据解理产生的难易程度和完好性,解理可分成下面 5 级。

(1)极完全解理。矿物在外力作用下极易裂成薄片,解理面光滑、平整,如云母、石墨、辉钼矿等。

(2)完全解理。矿物受外力后,很易沿解理方向裂成平面(不成薄片)或小解理块,解理面平滑,可有平行解理面的阶梯,较难发生断口,如方解石、方铅矿、萤石等。

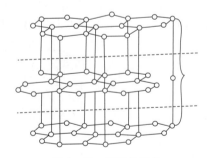

图 4-21　石墨的结构

(3)中等解理。矿物受力后,可以沿解理方向裂成平面,但解理面延续不远,且不十分平整,断口较易出现,如白钨矿、普通辉石。

(4)不完全解理。矿物受力后,不易裂出解理面,而出现许多断口,即使出现解理面也不平整,带有油脂感,如磷灰石。

(5)极不完全解理。矿物受力后,极难出现解理面,其碎块上均为断口,通常称为无解理,如石英、石榴子石。

一个矿物可有一种级别的解理，也可有两种级别的解理；可有一个方向的解理，也可有多个方向的解理。解理是矿物固有的属性，不同矿物解理性质不同，所以解理是鉴定矿物的可靠依据之一。

在观察解理时，要注意以下几点：

（1）解理只能在晶体矿物中出现，非晶质或胶体矿物不能出现解理。肉眼只有在晶体颗粒较大的情况下才能看出解理，颗粒小时，对解理的观察要借助放大镜或双目镜。

（2）注意区分晶面与解理面，其区别见表4-4。

表4-4　晶面与解理面的区别

晶面	解理面
1.晶体外面的一层平面,受力打击后立即消失	1.晶体内部结构上联结力弱的方向,受力打击后可连续出现互相平行的平面
2.晶面上一般比较黯淡	2.解理面一般比较新鲜、光亮
3.晶面一般不太平整,可以出现聚形纹,仔细观察常见有凹凸不平的痕迹	3.比较平整,但可出现规则的阶梯状解理面或解理纹

（3）必须对同种矿物的多个颗粒进行观察。若矿物的表面被许多光滑、平整、闪亮的平面包围，则该矿物有极完全或完全解理；若需要仔细观察才能看到较平整、闪亮的平面，则可能是中等解理；如果肉眼看到的多数为断口，难以见到连续、较平整的平面，则可能是不完全解理或极不完全解理。

（4）观察解理的组数及其夹角必须在同一单体上进行。由于晶体具有格子构造，所以若矿物沿某方向有解理，就会有相互平行的一系列解理面，这一系列解理面称为一组解理。若矿物沿着两个或两个以上不同方向同时具有解理，即为两组或两组以上解理（图4-22）。不同方

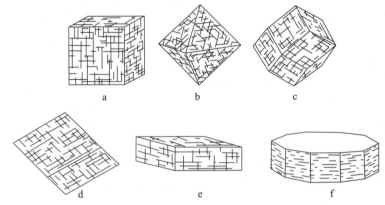

图4-22　多组解理与其相应单形示意图

a.三组立方体解理（方铅矿、岩盐）；b.四组八面体解理（萤石）；c.六组菱形十二面体解理；d.三组菱面体解理（方解石）；e.两组斜方柱+一组平行双面解理（重晶石）；f.一组平行双面解理

（据潘兆橹等,1984）

向的解理之间有一定夹角,肉眼观察用大于或小于或等于90°表示。性质完全相同的各组解理可用相应的单形表示,如辉石、角闪石的两组性质相同的解理称为斜方柱解理;方铅矿、岩盐的三组相互垂直的解理,称为立方体解理等。

2) 断口

矿物受力后不沿一定结晶方向裂开,而是在任意方向上形成各种不平整的断面,这种断面为断口,具有良好解理的矿物中难看到断口。矿物的断口主要依据所呈现的形态来描述,常见的有如下几种。

(1) 贝壳状。断口呈现圆形或椭圆形的面,具有以受力点为圆心的不很规则的同心条纹,形似贝壳状,如石英的贝壳状断口。

(2) 锯齿状。断口呈尖锐的锯齿状。延展性很强的矿物具有此种断口,如自然铜。

(3) 参差状。断口面参差不齐、粗糙不平。大多数脆性矿物具有这种断口,如磷灰石。

(4) 土状。断口面粗糙,呈粉末状。为土状矿物所特有,如高岭石等。

矿物的解理与断口出现的难易程度是互为消长的。与解理不同,断口既可发生于晶体,也可发生于非晶质矿物。断口可用来作为鉴定矿物的一种辅助特征。

3) 裂开

有些矿物在受到外力打击时可以沿着一定结晶方向裂开成平面。矿物的这种非固有破裂性质称为裂开,其平面称为裂开面。裂开很像解理,但它不受矿物结构的控制,所以不是固有的。同种矿物并非都具有裂理,但若产生裂开,必在相同的方向上;而解理则是晶质矿物的固有特性,同种矿物具有相同解理。裂开出现与下列因素有关:①双晶,尤其是聚片双晶,裂开可能沿着双晶结合面发生;②细微包裹体与固溶体溶离物。这些物质在晶体中定向排列,矿物受力后容易沿这一方向裂开。

3. 相对密度

矿物的相对密度(G)是指纯净、均匀的单矿物在空气中与同体积水在4℃时的质量之比。

矿物的密度(D)是指矿物单位体积的质量,度量单位为g/cm^3。矿物的相对密度在数值上等于矿物的密度。

矿物相对密度的变化幅度很大,可由<1(如琥珀)到23(如锇钌族矿物)。自然金属元素矿物的相对密度最大,盐类矿物相对密度较小。

矿物相对密度可分为3级:

(1) 轻级。相对密度小于2.5,如石墨(2.5)、自然硫(2.05~2.08)、石盐(2.1~2.5)、石膏(2.3)等。

(2) 中级。相对密度2.5~4,大多数矿物的相对密度属于此级,如石英(2.65)、斜长石(2.61~2.76)、金刚石(3.5)等。

(3) 重级。相对密度大于4,如重晶石(4.3~4.7)、磁铁矿(4.6~5.2)、白钨矿(5.8~6.2)、方铅矿(7.4~7.6)、自然金(14.6~18.3)等。

矿物的相对密度取决于其化学成分和内部结构,主要与组成元素的原子量、原子和离子半径及堆积方式有关。此外矿物的形成条件——温度和压力对矿物相对密度的变化也起重要的作用。

应该指出,同一种矿物,化学成分的变化、类质同象混入物的代换、机械混入物及包裹体的存在、洞穴与裂隙中空气的吸附等对其密度均会造成影响。所以,在测定矿物密度时,必须选择纯净、未风化矿物。

4. 其他力学性质

除上述 3 种力学性质外,某些矿物还具有以下特殊的力学性质。

(1)脆性。有些矿物具有脆性,如自然硫、黝铜矿等,当用小刀刻划时,它们的表面就产生出许多粉末,并留下无光泽的刻痕,这是矿物具有脆性的反映。

(2)韧性。矿物受力后难以击碎或压碎的性质,如软玉。

(3)延展性。矿物在锤击或拉引下容易形成薄片和细丝的性质称为延展性。通常温度升高,延展性增强。延展性是金属键的矿物的一种特性,金属键的矿物在外力作用下的一个特征就是产生塑性形变,这就意味着离子能够移动重新排列而失去黏结力,这是金属键矿物具有延展性的根本原因。金属键程度不同,则延展性也有差异。自然金属矿物,如自然金、自然银、自然铜等都具有良好的延展性。当用小刀刻划具有延展性的矿物时,矿物表面被刻之处立即留下光亮的沟痕,而不出现粉末或碎粒,据此可区别于脆性。

(4)弹性。矿物受力后变形,除去外力后恢复原状的性质,如云母。

(5)挠性。矿物因受力而变形,取消外力后不恢复原状的性质,如绿泥石。

(6)可塑性。矿物掺以适量的水后,可塑为任意形态的性质,如高岭石。

三、磁性

矿物的磁性指的是矿物在外磁场作用下所呈现的被外磁场吸引、排斥和对外界产生磁场的性质。矿物的磁性主要是由组成元素的电子构型和磁性结构所决定。

1. 磁性种类

根据磁化率的大小,矿物的磁性可分为抗磁性、顺磁性及铁磁性 3 种。

(1)抗磁性。矿物在外磁场作用下,只有很弱的感应磁性,其磁化方向与外磁场方向相反,磁化率很小,为负值,表现为受磁场的排斥。当磁场移去,抗磁性即消失。它们能被永久磁铁所排斥,如方解石、石盐、自然银等。

(2)顺磁性。矿物在外磁场作用下,产生的感应磁性稍大,其磁化方向与外磁场方向相同,磁化率不大,为正值,表现为受磁场的吸引力。通常是由矿物组成中含有微量过渡金属元素所引起的。这类矿物较多,它们不能被永久磁铁吸引,但可被强的电磁铁所吸引,如角闪石、电气石、辉石等。

(3)铁磁性。当具有磁矩的原子或离子之间存在很强的相互作用时,在低于一定温度和无外磁场情况下,它们的磁矩在一定区域内呈方向性的有序排列,也就是说,它们具有自发磁化的性质,因此磁化率较大。属于铁磁性的矿物很少,如磁铁矿、磁黄铁矿等,它们均具有较高的正磁化率值,一般在几千以上。

2. 磁性分级

矿物的磁性可概括地分为 4 级:

(1)强磁性。可用普通马蹄磁铁吸引。

(2)中等磁性。用普通马蹄磁铁不能吸引,而能用弱电磁铁吸引。

(3)弱磁性。用强电磁铁才能吸引。

(4) 无磁性。强电磁铁也不能吸引。

利用磁性不仅可以用来鉴定和分选矿物,同时还是磁法探矿的依据。

四、其他性质

1. 导电性

导电性指矿物对电的传导能力。导电性的大小用电阻率来表示。各种矿物的导电性能不同,一般说来,自然金属导电性能好,是电的良导体,如自然金、自然铜等;非金属矿物是非导体,如白云母;大多数金属矿物则是电的半导体。利用矿物本身具有的导电性可以用于物理采矿、选矿和矿物分离等。我们可以把导电性不同的矿物直接用作电气工业材料,如把白云母用作绝缘材料、石墨用作电极材料等。

2. 压电性及热电性

某些矿物的晶体具有机械能和电能互相转化的能力,例如压电石英在压力和引力作用下能在晶体内产生电荷,称压电性。

有些矿物受热后能生电,称热电性,如电气石。

3. 发光性

发光性指矿物在外来能量(如紫外线照射)的激发下发出可见光的现象。矿物在激发期间发光,激发中止,发光也中止的现象称荧光,如白钨矿在紫外灯照射下发浅蓝色荧光。矿物在激发中止后仍发光一段时间的现象称磷光,如含镧系元素的磷灰石可发出各种彩色的磷光。

4. 放射性

含铀、钍、镭等放射性元素的矿物因蜕放出 α、β、γ 射线而具有放射性。利用矿物的放射性可寻找放射性矿床,并且根据放射性元素及其衰变物的测定可以计算矿物及岩石的同位素年龄。

此外,矿物还具有以下性质。

嗅感:燃烧自然硫和黄铁矿时发散出硫臭味,锤击毒砂时有大蒜臭味等。

味感:溶于水的矿物有苦、涩、碱等味感,如石盐的咸味。

触感:有些矿物有滑腻感,如石墨、辉钼矿、滑石、蛇纹石等;高岭石具粗糙感。

吸水性:指某些矿物有较强吸收水分的能力。如用舌头舔高岭石则有粘舌感。

综上所述,矿物的物理性质是多方面的,但又是相当稳定的。如果充分利用感官并通过反复实践,就可以逐渐达到掌握肉眼鉴定主要矿物的目的。

第四节 矿物的分类

为了系统研究矿物,深入了解其特征和相互关系,鉴定和识别它们,我们必须对矿物进行分类。目前主要的矿物分类方法有化学成分分类、地球化学分类、成因分类、应用分类及晶体化学分类。被地质学家广泛采用的分类是以化学成分和晶体结构为依据的晶体化学分类(表4-5)。这种分类方法首先依化学成分的不同分为大类和类,再按结晶结构划分为族,一定结构、一定成分的独立单位即为种,例如正长石即属于含氧盐大类、硅酸盐类、长石族的一个种。

本教材涉及的 50 余种按晶体化学分类的矿物见表 4-6。

表 4-5 晶体化学分类

级序	划分依据	举例
大类	化合物类型	含氧盐大类
类	阴离子或络阴离子种类	硅酸盐类
(亚类)	络阴离子结构	架状结构硅酸盐亚类
族	晶体结构型和阳离子性质	长石族
(亚族)	阳离子种类	碱性长石亚族
种	一定的晶体结构和化学成分	正长石 $K[AlSi_3O_8]$
(亚种)	晶体结构相同，成分或物性、形态相异	冰长石 $K[AlSi_3O_8]$ ({110}特别发育且沿 a 轴压扁)

表 4-6 常见矿物的晶体化学分类

自然元素大类		金刚石、石墨
硫化物大类		方铅矿、闪锌矿、辰砂、黄铜矿、辉锑矿、雌黄、雄黄、辉钼矿、黄铁矿、毒砂
氧化物和氢氧化物大类		刚玉、赤铁矿、锡石、软锰矿、石英、铬铁矿、磁铁矿、铝土矿、褐铁矿、硬锰矿
含氧盐大类	硅酸盐	橄榄石、石榴子石、蓝晶石、黄玉、绿帘石、绿柱石、电气石、普通辉石、硬玉、普通角闪石、滑石、白云母、黑云母、绿泥石、高岭石、蛇纹石、正长石、斜长石、霞石
	磷酸盐	磷灰石、绿松石
	钨酸盐	黑钨矿、白钨矿
	硫酸盐	重晶石、石膏
	碳酸盐	方解石、白云石、孔雀石、蓝铜矿
卤化物大类		萤石

一、自然元素大类

自然元素矿物是指元素呈单质状态组成的矿物。它们除了形成单一元素矿物外，尚可形成两种或多种元素组成的金属互化物。所谓金属互化物，是指两种或两种以上的金属元素以金属键结合在一起形成的物质。自然界中目前已发现这类矿物 50 余种，最常见的有自然金、自然铜、自然铂、自然硫、金刚石、石墨等。虽然，自然元素矿物占地壳总重量还不足 0.1%，但其中有一些矿物（如自然金、自然铜、自然铂、金刚石、石墨等）却可以在地质作用过程中富集形成大型甚至是超大型的矿床，因而，在国民经济中具有重要的意义。

1. 化学组成

金属元素：①部分铜族元素，如 Cu、Ag、Au；②铂族元素，如 Ru、Rh、Pd、Os、Ir、Pt。
半金属元素：As、Sb、Bi。
非金属元素：C、S。

2. 形态及物理性质

自然金属元素矿物晶体形态多为等轴粒状或六方板状,集合体为树枝状、片状、块状等。因自然金属元素矿物均具典型的金属键,故矿物在物理性质上表现出不透明、金属光泽、硬度小、相对密度大、延展性强、导电导热性能好等金属键的特性。

自然非金属元素矿物以 C 和 S 为最常见。其中,C 有金刚石和石墨两种常见的同质多象变体。由于两者的矿物结构及其中的 C 以不同的化学键形式相结合,因而,两者的物性表现出极大的差异。S 有多种同质多象变体,但以自然硫(α-硫)最为常见。它由 8 个 S 原子以共价键连成环状分子,环间以分子键相连,所以其硬度低、熔点低、导热性和导电性也差。

3. 分类

根据元素的类别,主要矿物可分为:

(1) 自然金属类。①铜族,如自然金、自然铜、自然银等;②铂族,如自然铂等。

(2) 自然非金属类。金刚石、石墨、自然硫等。

(3) 自然半金属类。很少见。

4. 典型矿物特征

1) 金刚石(钻石)C(等轴晶系)

达到宝石级的金刚石称"宝石金刚石",经过加工琢磨的宝石金刚石叫作钻石,也叫作金刚钻,被誉为"宝石之王"。

金刚石主要成分为 C,还含有 Si、Al、Ga、Mg 和 Mn,经常发现有 N、Na、Ba、B、Fe 等元素。无色透明的由纯碳组成,带色或不透明的则含有杂质。N 是一种重要的杂质元素,对金刚石的物理化学性质影响很大。根据 N 的含量和存在形式,金刚石可分为 Ⅰ 型(含 N 者)和 Ⅱ 型(不含 N 者)两类。巨大的宝石金刚石"库利南""高贵无比"等都属 Ⅱ 型。

[形态] 晶体常呈为八面体、菱形十二面体,有时呈立方体、四六面体等(图 4-23)。晶形轮廓常因遭溶蚀而呈浑圆状。世界最大的金刚石重 3106ct(克拉),产于南非。1997 年 12 月,在山东临沭县常林发现一颗特大的金刚石(图 4-24),重 158.786ct,命名为"常林钻石",在当时"世界 20 颗特大宝石金刚石"中占第 14 位。

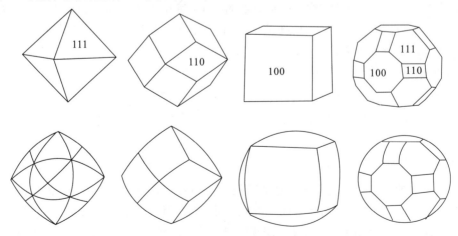

图 4-23 金刚石的晶形

［物理性质］纯净者无色,因含杂质可呈黄、褐、紫、蓝、黑等色;金刚光泽,断口油脂光泽;透明至半透明;硬度10;解理中等至不完全;相对密度3.5;熔点高;在日光曝晒后夜间发淡青蓝色磷光。

［成因及产状］通常产于超基性岩(金伯利岩)岩管中。经风化、搬运可形成砂矿。

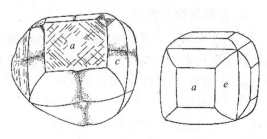

图4-24 常林金刚石的晶形

［鉴定特征］据浑圆状晶形、硬度、金刚光泽及发光性识别之。

［用途］用于制作精密的特种切削工具、金属丝的拉模、钻头、高温半导体或红外光谱器件等原材料。无色或色泽俱佳、质纯而透明者为高档宝石。

2) 石墨C(六方晶系)

纯净者极少,常含有大量(达10%～20%)的杂质,如SiO_2、Al_2O_3、FeO、MgO、H_2O、沥青、黏土等。

［形态］晶形为六方板状或片状。但极少见,通常为鳞片状、土状或块状集合体。

［物理性质］铁黑色至钢灰色,条痕亮黑色,金属光泽,不透明,一组极完全解理,硬度1～2,相对密度2.1～2.2,性软,易污手,可书写,具滑感,电的良导体,耐高温。

［成因及产状］在高温还原条件下生成。主要由煤或含沥青质、碳质的沉积岩经区域变质作用和接触变质作用形成。

［鉴定特征］颜色、条痕色、解理、硬度、污手及滑感与辉钼矿相似,但辉钼矿具更强的金属光泽,相对密度大,在涂釉的瓷板上条痕黄绿色。

［用途］用于制造冶金用坩埚,机械工业中用作润滑剂,电池工业中用作电极,原子能工业中用作减速剂以及用作铅笔芯、涂料、颜料等。

二、硫化物及其类似化合物大类

硫化物及其类似化合物大类是指金属元素与S、Se、Te、As等结合的化合物。自然界中已发现的该大类矿物超过370种,约占矿物总数的1/10,其中以硫化物矿物种类最多,占该大类总量的2/3以上,而其中又以Fe的硫化物占了绝大部分。该大类矿物是工业上有色金属和稀有分散元素矿产的重要来源。

1. 化学组成

阴离子:主要为S,少量为Se、Te、As、Sb、Bi等。

阳离子:①铜型离子,如Cu、Pb、Zn、Ag、Hg、Cd、Au等;②过渡型离子,如Fe、Co、Ni、Mo、Mn、Pt等。

2. 形态及物理性质

本大类矿物的形态变化表现出一定的特征性。相对而言,成分简单的硫化物常可出现对称程度高,如许多矿物具有等轴晶系或六方晶系的形态;而组分复杂的硫盐则对称程度较低,主要为斜方晶系和单斜晶系。大多数硫化物晶形较好,特别是复硫化物黄铁矿、毒砂等的完好晶形很常见;硫盐则主要以粒状或块状集合体出现。

本大类矿物的物性主要取决于其上述的晶体化学特征。绝大多数矿物呈金属色、金属光泽,条痕色深而不透明,仅少数硫化物如雄黄、雌黄、辰砂、闪锌矿等具金刚光泽、半透明。部分矿物具完好的解理。

本大类矿物的硬度变化较大。其中简单硫化物和硫盐矿物硬度低,介于 2～4 之间,而具对阴离子 $[S_2]^{2-}$、$[Te_2]^{2-}$、$[AsS]^{2-}$ 等复硫化物及其类似化合物的硬度增高为 5～6.5。这一大类矿物的熔点低,相对密度较大,一般在 4 以上,这是由于它们的阳离子多具有较大的原子量。

3. 分类

据阴离子特点,它分 3 类。

(1)简单硫化物。S^{2-} 与铜型或过渡型离子(Cu、Pb、Zn、Ag、Hg、Fe、Co、Ni 等)结合而成,如方铅矿(PbS)、闪锌矿(ZnS)、黄铜矿($CuFeS_2$)等。

(2)复硫化物。哑铃状对硫 $[S_2]^{2-}$、对砷 $[As_2]^{2-}$ 及 $[AsS]^{2-}$、$[SbS]^{2-}$ 等与 Fe、Co、Ni 等过渡型离子结合而成,如黄铁矿(FeS_2)、毒砂(FeAsS)等。

(3)硫盐。S 与半金属元素 As、Sb、Bi 结合组成络阴离子 $[AsS_3]^{3-}$、$[SbS_3]^{3-}$ 等,与铜型离子 Cu、Pb、Ag 结合成较复杂的化合物,如黝铜矿-砷黝铜矿($Cu_{12}Sb_4S_{13} - Cu_{12}As_4S_{13}$)等。

4. 典型矿物特征

1) 闪锌矿 ZnS(等轴晶系)

含锌可达 67.1%,成分中常含有 Fe、Mn、Cd、In、Ga 等类质同象混入物。英文名称 sphalerite 来自希腊语 sphaleros,意思是背信弃义,因为它颜色多变(当铁含量增加时,它的颜色变深)。

[形态] 晶体常呈四面体产出,晶面上常有三角形聚形纹(图 4-25),一般呈粒状集合体。

[物理性质] 光学性质受含铁量的影响,随成分中含铁量的增加,颜色由无色至褐黄、棕褐至黑色;条痕由白色至褐色;金刚光泽至半金属光泽;透明至半透明;有 6 组菱形十二面体完全解理;硬度 3.5～4;相对密度 3.9～4.2,随含 Fe 量的增加而降低;性脆;溶解于热盐酸。有的闪锌矿显摩擦发光性。

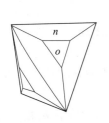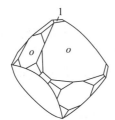

图 4-25 闪锌矿的晶形及晶面花纹

[成因及产状] 与方铅矿密切共生,成因及产状与方铅矿相同。

[鉴定特征] 颜色变化大,可根据晶形、多组解理、硬度小鉴别之。

[用途] 提取锌的主要矿石矿物,含 Cd、In、Ga、Ge 等可综合利用。后者是现代工业的重要原料。

2) 黄铜矿 $CuFeS_2$(四方晶系)

含 Cu+Fe 为 34.56%,当形成温度高于 200℃时,其成分与理想化学式比较,S 不足,即

(Cu+Fe)∶S>1。形成温度越高,缺S便越多。形成温度低于200℃时,其成分与理想化学式一致,即(Cu+Fe)∶S=1。混入物有Mn、Sb、Ag、Zn、In、Bi等。英文名chalcopyrite来自希腊语,chalkos指铜,pyrife指火一般的,也称铜质黄铁矿。

［形态］晶形呈四方四面体、四方偏三角面体、四方双锥,完好晶形极少见;常呈致密块状或分散粒状集合体,有时呈脉状。

［物理性质］铜黄色,表面常有蓝、紫、褐色等斑杂锖色,条痕为绿黑色,金属光泽,不透明,硬度3～4,性脆,相对密度4.1～4.3,导电性良好,溶于硝酸。

［成因及产状］分布较广,几乎在各种类型矿床中都有产出。热液成因者与黄铁矿、方铅矿、闪锌矿、方解石、石英等共生;岩浆成因与镍黄铁矿、磁黄铁矿共生;在接触交代矿床中与磁铁矿、黄铁矿共生。

［鉴定特征］根据颜色和硬度区别于无晶形的黄铁矿。

［用途］提取铜的重要矿石矿物。

3) 方铅矿 PbS(等轴晶系)

方铅矿含Pb为86.6%,混入物Ag最常见,其次为Cu、Zn、Bi等。英文名galena来自拉丁词汇galena,意思是铅矿石。

［形态］常呈立方体晶形,有时呈八面体与立方体之聚形(图4-26)。集合体为粒状或致密块状。

  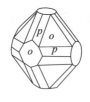

图4-26 方铅矿的晶形

［物理性质］铅灰色,条痕黑色,金属光泽,3组立方体完全解理,含Bi时具八面体裂开,硬度2～3,相对密度7.4～7.6。

［成因及产状］主要为岩浆后期产物,常产于接触交代矿床和中温热液矿床中。在氧化带中不稳定,易变成铅矾、白铅矿等次生矿物。

［鉴定特征］根据解理、相对密度及形态可以准确地与其他铅灰色矿物(辉钼矿、辉锑矿等)相区别。

［用途］提取铅的主要矿物,含银多时可综合提取银。

4) 辰砂 HgS(三方晶系)

辰砂含Hg达86.2%,有时含少量的Se和Te。

［形态］晶体常呈菱面体、厚板状及柱状,呈矛头状穿插双晶(图4-27)。集合体呈不规则粒状、致密块状以及粉末状和皮壳状等。

［物理性质］鲜红色,表面呈铅灰色之锖色,条痕鲜红色,金刚光泽,半透明,3组完全解理,性脆,硬度2～2.5,相对密度8～8.2,不导电。

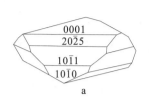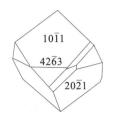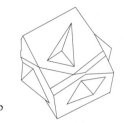

图 4-27 辰砂的晶形

a.单晶；b.双晶

[成因及产状] 仅产于低温热液矿床。在表生条件下相当稳定,故常在原生矿床附近的重砂矿物中出现。

[鉴定特征] 根据颜色、条痕及相对密度与雄黄相区别。

[用途] 辰砂是主要的汞矿石,用于冶金、军事及医药仪器等领域,例如汞的低沸点使辰砂成为制造科学仪器的珍贵材料,也用于制造药物、杀虫剂和雷管。由于含汞,它有毒,使用时要小心。它在中药中俗称朱砂,好的晶体可作为观赏石收藏。

5) 辉锑矿 Sb_2S_3（斜方晶系）

辉锑矿含 Sb 达 71.38%,有时含 As、Bi、Pb、Au、Ag 等混入物。

[形态] 晶体常呈斜方柱形长柱状、针状。柱面上具有深的纵纹（图 4-28）。晶体有时弯曲,集合体为束状、柱状、针状、放射状及块状。有时见柱状晶簇。

[物理性质] 铅灰色或钢灰色,表面常有带蓝色调的锈色,条痕灰黑色,不透明,金属光泽,一组柱面完全解理,解理面上常有横的聚片双晶纹,硬度 2~2.5,相对密度 4.5~4.66。

[成因及产状] 根据晶形、解理及解理面上横纹与方铅矿区别。遇 KOH 可显示浅橘黄色,随后变褐红色,可有效区别于其他类似矿物。

[用途] 提取锑的主要矿石矿物,用于制造合金及化工原料。好的晶簇集合体可作为观赏石。

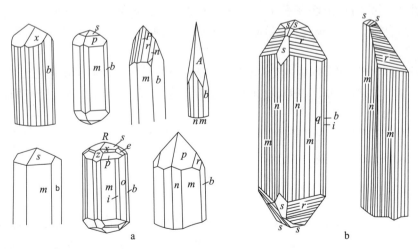

图 4-28 辉锑矿的晶形(a)和聚形纹(b)

6）雄黄 As_4S_4 或 AsS（单斜晶系）

雄黄含 As 70.1%，含 S 29.9%。成分比较固定，杂质比较少。

［形态］斜方柱状晶体，但少见完好晶形。通常呈粒状、致密块状集合体，有时呈土状块体、粉末状、皮壳状集合体。

［物理性质］橘红色，条痕为浅橘红色，晶面为金刚光泽，断口为树脂光泽，具有多组解理，其中有一组柱面完全解理，透明至半透明，硬度 1.5～2，相对密度 3.4～3.6，阳光久晒后发生破坏转变为红黄色（雌黄色）粉末。

［成因与产状］主要产于低温热液矿床中，亦可见于火山产物和煤层中。

［鉴定特征］根据颜色、条痕色、解理及相对密度可与辰砂相区别。此外，条痕加 KOH 分解出黑色或褐黑色砷也可区别之。

［用途］提取砷的矿石矿物，也是一种中药。此外用于农药、颜料、玻璃等工业。与硝石混合用于烟花爆竹，能产生漂亮的白光。

7）雌黄 As_2S_3（斜方晶系）

雌黄含 As 60.91%，含 S 39.09%，常有辉锑矿、白铁矿、石英及泥质机械混入物。

［形态］晶体常呈短柱状或板状，晶面弯曲。集合体常呈片状、梳状、放射状或具放射状结构的肾状、球状、皮壳状以及粉末状等。

［物理性质］柠檬黄色（含杂质者微带绿色色调），条痕鲜黄色，油脂—金刚光泽，解理面为珍珠光泽，透明，一组极完全解理，薄片具挠性，硬度 1～2，相对密度 3.4～3.5，电和热的不良导体。

［成因及产状］与雄黄相同。

［鉴定特征］根据颜色、条痕色、一组极完全解理、相对密度大与自然硫相区别。

［用途］提取砷和硫的矿石矿物，还可用于中药。

8）辉钼矿 MoS_2（六方晶系或三方晶系）

辉钼矿含 Mo 59.94%，常含有 Re 类质同象混入物，是提取稀有分散元素铼的重要来源。

［形态］晶形为六方片状、板状，有时呈短柱状。集合体为鳞片状或细粒分散状。

［物理性质］铅灰色，条痕在素瓷板上为亮灰色，在涂釉瓷上为黄绿色，能在纸上画出条痕，不透明，金属光泽，一组极完全解理，硬度 1～1.5，薄片具挠性，有滑感，相对密度 4.7～5.0，导电性中等。

［成因及产状］产于中、高温热液矿床和矽卡岩矿床中。氧化带易出现黄色粉末状的钼华。

［鉴定特征］以颜色、光泽、相对密度以及涂釉瓷板上条痕特征可与石墨区别；以其形态、解理与方铅矿、辉锑矿等相区别。

［用途］提取钼和铼的主要矿物。

9）黄铁矿 FeS_2（等轴晶系）

黄铁矿含 S 53.53%，常见类质同象混入物有 Co、Bi、As、Se，此外还有 Cu、Au、Ag 等细分散机械混入物。

［形态］晶体常呈立方体，晶面上常具有互相垂直的 3 组晶面条纹（图 4-29a）（是立方体和五角十二面体的聚形纹）。常见的晶体还有五角十二面体、立方体与五角十二面体的聚形以及五角十二面体与八面体的聚形（图 4-29b～d）。常出现穿插双晶（图 4-29e）。集合体为粒状、致密块状、浸染状、球状结核及细分散烟灰状。

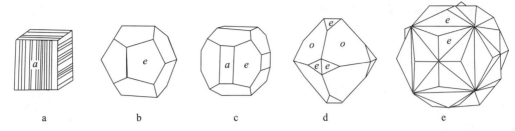

图 4-29 黄铁矿的晶面花纹、晶形

a.聚形纹;b.五角十二面体;c.立方体与五角十二面体聚形;d.五角十二面体与八面体的聚形;e.穿插双晶

[物理性质] 浅铜黄色,表面常有斑点状黄褐色的锈色,颗粒较细时呈烟灰色,条痕为绿黑色或褐黑色,不透明,金属光泽,硬度 6～6.5,性脆,无解理,相对密度 5,导电性良好。

[成因及产状] 黄铁矿是地壳中分布最广的硫化物,形成于各种不同的地质环境中,见于各种岩石和矿石中。它的形成必须是还原环境。它水解后可形成褐铁矿。

[鉴定特征] 根据完好的晶形和晶面条纹、颜色、较大的硬度,可与相似的黄铜矿区别。

[用途] 为提取硫、制取硫酸的主要矿物原料。此外,可提取混入的其他元素。

10) 毒砂 FeAsS(单斜晶系)

毒砂含 As 46.01%,类质同象混入物有 Co、Bi,此外有 Au、Ag、Cu、Pb、Bi 和 Sb 的机械混入物。

[形态] 晶体多为柱状(斜方柱),柱面上有清晰的纵纹(图 4-30)。多数为粒状或致密块状集合体。

[物理性质] 锡白色至钢灰色,表面常有灰色至浅黄色的锈色,条痕为灰黑色,不透明,金属光泽,硬度 5.5～6,性脆,相对密度 6.2,柱面解理中等至不完全,底面解理不完全,用锤击之发出砷的蒜臭味,灼烧后具磁性。

[成因及产状] 主要形成于高温热液活动早期还原条件下。在氧化条件下易分解成黄绿色土状的臭葱石。

[鉴定特征] 根据锡白色、较完好的晶形、较大的硬度、打击后有蒜臭味与方铅矿、黄铁矿等相区别。

[用途] 提取砷之矿石矿物,含金多时也可提取金。

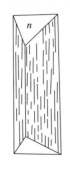 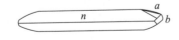 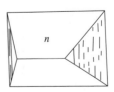

图 4-30 毒砂的晶形及晶面花纹

三、氧化物和氢氧化物矿物大类

氧化物矿物是指金属阳离子与 O^{2-} 结合而成的化合物。氢氧化物矿物则是金属阳离子与 $(OH)^-$ 相结合的化合物。本大类矿物地壳中分布广泛,仅次于含氧盐矿物大类,目前已发现有 300 种以上,其中氧化物 200 种以上,氢氧化物 80 种左右。它们占地壳总质量的 17% 左右,其中石英族矿物就占了 12.6%,而铁的氧化物和氢氧化物占 3.9%,其他的是 Al、Mn、Ti、Cr 的氧化物和氢氧化物。

1. 化学组成

阴离子为 O^{2-} 和 $(OH)^-$。阳离子主要是惰性气体型离子(如 Si^{4+}、Al^{3+} 等)和过渡型离子(如 Fe^{3+}、Mn^{2+}、Ti^{4+}、Cr^{3+} 等)。

2. 形态及物理性质

在形态上,氧化物常可形成完好的晶形,亦常见呈粒状、致密块状及其他集合体形态;氢氧化物则常见为细分散胶态混合物,结晶好时,晶体呈板状、细小鳞片状或针状。氧化物类矿物的显著特征是具有高的硬度,一般均在 5.5 以上,其中石英、尖晶石、刚玉依次为 7、8、9。与相应的氧化物比较,氢氧化物的硬度则显著降低。例如方镁石的硬度为 6,而水镁石仅为 2.5。氧化物类矿物中仅少数可发育解理,且一般解理级别为中等—不完全。而氢氧化物类矿物因键力较弱,往往发育一组完全—极完全解理。氧化物的相对密度变化较大,如 W、Sn、U 等的氧化物的相对密度很大,一般大于 6.5,而 α-石英的相对密度仅为 2.65。这主要受其阳离子原子量大小影响。与其相应的氧化物比较,氢氧化物的相对密度则趋于减小,例如方镁石的相对密度为 3.6,而水镁石仅为 2.35,这是由于氢氧化物结构要松散得多的缘故。

本大类矿物的光学性质随阳离子类型的不同而变化,惰性气体型离子 Mg、Al、Si 等的氧化物和氢氧化物通常呈浅色或无色,半透明至透明,以玻璃光泽为主。而阳离子为过渡型离子如 Fe、Mn、Cr 等元素时,则呈深色或暗色,不透明至微透明,表现出半金属光泽,且磁性增强。

3. 分类

氧化物
- 简单氧化物
  - A_2X 型:赤铜矿族:Cu_2O(赤铜矿)
  - AX 型:方镁石族
  - A_2X_3 型:刚玉族:Al_2O_3(刚玉)、Fe_2O_3(赤铁矿)
  - AX_2 型:
    - 金红石族:TiO_2(金红石、板钛矿、锐钛矿),SnO_2(锡石),MnO_2(软锰矿)
    - 石英族:SiO_2(α-石英、β-石英、鳞石英、方石英),$SiO_2 \cdot nH_2O$(蛋白石)
    - 晶质铀矿族
- 复杂氧化物
  - ABX_2 型:钛铁矿族:$FeTiO_3$(钛铁矿)
  - ABX_4 型:黑钨矿族:$(Mn,Fe)WO_4$(黑钨矿)
  - AB_2X_4 型:尖晶石族:$MgAl_2O_4$(尖晶石),$FeFe_2O_4$(磁铁矿),$FeCr_2O_4$(铬铁矿)
  - AB_2X_6 型:铌铁矿族
  - $A_2B_2X_7$ 型:烧绿石族

氢氧化物
- 水镁石族:$Mg(OH)_2$(水镁石)
- 三水铝石族:$Al(OH)_3$(三水铝石)
- 硬水铝石族:$AlO(OH)$(硬水铝石、软水铝石)
- 针铁矿族:$FeO(OH)$(针铁矿、纤铁矿)
- 水锰矿族:$MnO(OH)$(水锰矿)
- 硬锰矿族:$BaMnMn_9O_{20} \cdot 3H_2O$ 或 $mMnO \cdot MnO_2 \cdot nH_2O$(硬锰矿)

4. 典型矿物特征

1) 刚玉（红宝石、蓝宝石）Al_2O_3（三方晶系）

含 Al 为 53.2%，一般含微量杂质和各种矿物包裹体。

［形态］晶形完好常呈柱状、桶状、腰鼓状，具接触双晶，晶面上常有菱形交叉的花纹（图 4-31）。集合体为分散粒状，少数致密块状。

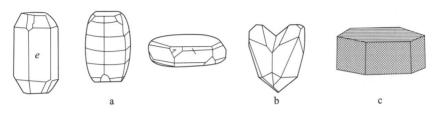

图 4-31　刚玉的晶形(a)、双晶(b)及晶面花纹(c)

［物理性质］颜色多种多样，是由成分中杂质所造成的。不透明或半透明的刚玉通常为蓝灰色或黄灰色。透明的可根据颜色命名为：白宝石（无色）、红宝石（含 Cr^{3+}）、蓝宝石（含 Fe^{2+} 和 Ti^{4+}）、绿宝石（含 Co、Ni 和 V）、金黄宝石（含 Ni^{2+}）、黑星石（纯黑具星光，含 Fe^{2+} 和 Fe^{3+}）。金红石包裹体定向排列可形成猫眼石或星光宝石。玻璃光泽至金刚光泽，无解理，具裂开，硬度9，相对密度 4.0～4.1，熔点高达 2050℃。

［成因及产状］主要产于富铝、贫硅的变质岩及基性岩浆岩中。风化转入砂矿中。

［鉴定特征］晶形、硬度、颜色和裂开为特征。不溶于酸。吹管焰下不变化。

［用途］彩色透明者作宝石，宝石中包裹体的含量、类型及排列方式都是非常重要的，它们可形成星光宝石和猫眼石。红宝石作激光材料，亦可作研磨材料、仪表轴承。

2) 赤铁矿 Fe_2O_3

自然界中同质多象变体有两种：$\alpha-Fe_2O_3$ 和 $\gamma-Fe_2O_3$。前者为三方晶系，称赤铁矿；后者为等轴晶系，没有 $\alpha-Fe_2O_3$ 稳定，称为磁赤铁矿。

［形态］晶体呈板状或片状（图 4-32a）但完整晶形极少见，双晶（图 4-32b）有穿插双晶和聚片双晶，也少见。集合体常呈显晶质的板状、鳞片状、粒状及隐晶质或胶态的致密块状、鲕状、豆状、肾状、粉末状。片状、鳞片状具金属光泽者称镜铁矿；红色粉末状时称铁赭石。

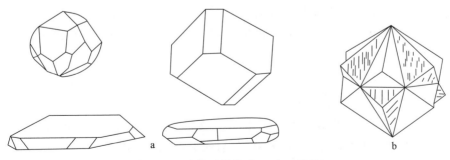

图 4-32　赤铁矿的晶形(a)和双晶(b)

[物理性质]显晶质赤铁矿呈钢灰色至铁黑色,常带浅蓝锈色,隐晶质或粉末状呈暗红至鲜红色,条痕樱红色或红棕色,金属-半金属光泽,有时光泽暗淡,无解理,硬度5~6,相对密度5.0~5.3,$\alpha-Fe_2O_3$一般无磁性,结晶程度好时磁性增强,$\gamma-Fe_2O_3$具强磁性。

[成因及产状]外生沉积作用下常由氢氧化铁脱水而成,内生热液作用也有产出,主要在氧化环境下形成。

[鉴定特征]产状和樱红色条痕是鉴定赤铁矿的最主要特征。

[用途]炼铁的主要矿物之一。赭石入中药。

3)锡石 SnO_2(四方晶系)

锡石含Sn 78.8%,常含有多种类质同象混入物,亦有铌钽铁矿包裹体。

[形态]晶形完好者常呈四方双锥状或由四方双锥和四方柱所组成的双锥柱状聚形。也常呈膝状接触双晶(图4-33)。晶体在不同的条件下具有不同形态,如在伟晶岩中呈双锥状;在锡石硫化物矿床中呈长柱状或针状,且晶体细小。集合体常呈不规则粒状,也有致密块状。

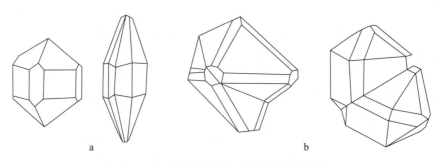

图4-33 锡石的单晶(a)与膝状双晶(b)

[物理性质]因含混入物有呈褐色至黑色,含有Nb、Ta高者为沥青黑色,完全无色者少见,条痕白色至浅褐色。金刚光泽,断口油脂光泽。透明度随颜色而异,多为半透明至不透明。解理不完全。断口具不平坦至次贝壳状,性脆。硬度6~7。相对密度6.8~7.0。部分含铁者具电磁性。

[成因及产状]锡石的形成与酸性岩浆岩关系密切。其中以气化-高温热液及接触交代成因的锡矿床最有价值。原生锡矿床风化破坏后锡石便转入砂矿中。

我国是世界上主要产锡国家之一。产地主要分布于岭南及云南,云南个旧素有锡都之称。

[鉴定特征]可根据晶形、双晶以及光泽区别于石榴子石。以相对密度大区别于金红石和锆石。与很多相似矿物需靠化学反应区别,即将锡石颗粒放置锌板上,加1~2滴HCl把锡石淹没,静置2~3min,便可见锡石颗粒表面有一层锡白色的金属锡薄膜。此法对含锡矿物均可适用。对锡石尤其可行。

[用途]为提取锡的矿物原料。

4)软锰矿 MnO_2(四方晶系)

软锰矿含Mn 63.6%,机械混入物有碱金属、碱土金属、Fe_2O_3、SiO_2等,常含少量吸附水。

[形态]完整晶形少见,多为针状、棒状、放射状集合体。常见者还有土状、烟灰状集合体。

[物理性质]钢灰—黑色,常带浅蓝色的锈色,条痕蓝黑—黑色,不透明,半金属光泽,两组柱面完全解理,断口不平坦,硬度显晶质6~6.5,隐晶质集合体降至于1~2,能污手,性脆,相

对密度 4.7~5.0,弱磁性或无磁性。

[成因及产状]常见于氧化带,沉积或风化残积成因,晶体产于晶洞中。

[鉴定特征]形态、解理、条痕和硬度与其他黑色矿物区别。隐晶质时加 H_2O_2 剧烈起泡。溶于盐酸中,放出氯气使溶液呈淡绿色。

[用途]提取锰的主要矿石矿物。

5) 石英 SiO_2

石英是以 SiO_2 成分为主的一族矿物的统称。成分简单,类质同象混入物极少,常有机械混入物和包裹体。石英有 10 种同质多象变体。常见的有 α-石英,β-石英次之。此外,还有隐晶质的玉髓和胶态含水的蛋白石等,石英的习性与温度有关(图 4-34)。

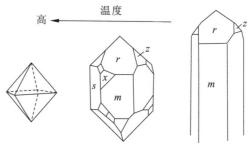

图 4-34 石英的习性与温度的关系

(1) α-石英,SiO_2(三方晶系)。SiO_2 在 573℃以下形成,为低温型石英。

[形态]可发育成完好的柱状晶体,常见晶体为六方柱、菱面体等单形组成的聚形。柱面有横向聚形纹(图 4-35),显晶集合体有晶簇状,不规则粒状(如花岗岩中石英),致密块状(脉石英)。隐晶质集合体有钟乳状、结核状、晶腺状。

[物理性质]常呈无色透明、乳白色、灰白色,因含杂质不同可形成各种色调的异种。玻璃光泽,断口油脂光泽,贝壳状断口,无解理,硬度 7,相对密度 2.65,单晶具显著的压电性。

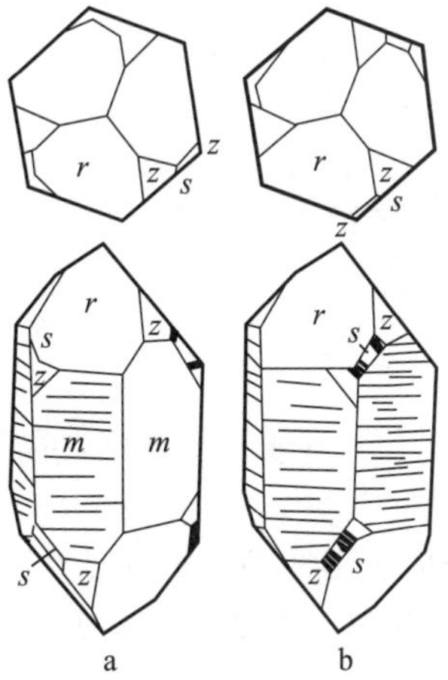

[异种]可形成许多异种,其中多数属宝玉石产物,如紫水晶、烟水晶、黄水晶、蔷薇石英、玉髓(石髓)、玛瑙、燧石、碧玉等。

[成因及产状]石英是自然界分布广泛的造岩矿物之一,仅次于长石,在内生和外生条件下均可生成,但压电石英和光学水晶主要见于伟晶岩的晶洞和中低温热液脉及砂矿中。

图 4-35 石英晶形
a.左形;b.右形

[鉴定特征]据晶形、油脂光泽、无解理、贝壳状断口、硬度大特征,易于识别。

[用途]石英的用途很广。无裂隙、无缺陷的水晶单晶用作压电材料,来制造石英谐振器和滤波器。一般石英可以作为玻璃原料,紫色、粉色的水晶和玛瑙还可作中档宝石和雕刻工艺原料。

(2) β-石英,SiO_2(六方晶系)。SiO_2 在常压下,温度为 573~870℃时,则生成 β-石英,当温度降至 573℃以下时又转变为 α-石英,但其外形仍保留 β-石英的晶形,成为假象。因此,β-石英为高温型石英。

[形态]晶形完好,常呈六方双锥,有时为六方双锥与短六方柱的聚形构成的锥状晶形(图 4-36)。

[物理性质]灰白、乳白色,玻璃光泽,断口油脂光泽,相对密度 2.51～2.54,在地表观察到的 β-石英,实际上是 α-石英的 β-石英假象。

[成因及产状]主要产于酸性火成岩,在酸性喷出岩中成斑晶或见于晶洞中。

[鉴定特征]断口油脂光泽及特有的外形及产状就可鉴别无误。

[用途]是一种"地质温度计",岩石中见到 β-石英时可证明其形成温度高于 573℃。

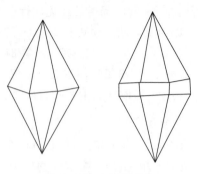

图 4-36 β 石英晶体

6)磁铁矿 Fe_3O_4 或 $Fe^{2+}Fe_2^{3+}O_4$(等轴晶系)

磁铁矿含 Fe 72.0%,类质同象混入物 V、Ti 高者称钒钛磁铁矿。

[形态]晶体常呈八面体或菱形十二面体。菱形十二面体的菱形晶面上常有平行于该面长对角线方向的聚形纹(图 4-37)。集合体通常为致密粒状块体,或分散粒状。

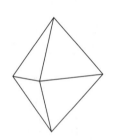 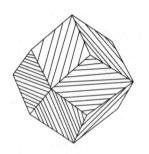

图 4-37 磁铁矿的晶形及晶面条纹

[物理性质]黑色,条痕黑色,半金属光泽至金属光泽,不透明,无解理,含 V、Ti 者可见八面体裂开,性脆,硬度 5.5～6.0,相对密度 4.9～5.2,具强磁性。

[成因及产状]生成于还原环境。岩浆作用、热液作用及变质作用中均可形成。

[鉴定特征]具强磁性,黑色条痕可与相似矿物区别。钒钛磁铁矿具八面体裂开与一般磁铁矿相区别。

[用途]主要铁矿石矿物。钒钛磁铁矿为钒钛的主要矿石矿物。

7)铬铁矿 $FeCr_2O_4$(等轴晶系)

铬铁矿含 FeO 32.09%,Cr_2O_3 为 67.91%。类质同象广泛,成分变化大。

[形态]晶体呈细小八面体,一般呈粒状或致密状集合体。

[物理性质]暗棕色至黑色,条痕棕色、褐色,半金属光泽,无解理,硬度 5.5,相对密度 5.09,含铁多时具磁性。

[成因及产状]超基性岩或其蚀变的蛇纹岩中,也可出现在砂矿中。

[鉴定特征]条痕、磁性及产状与磁铁矿、赤铁矿相区别。

[用途]提取铬的主要矿石矿物。

8)铝土矿(铝矾石)(铝的氢氧化物等集合体)

铝土矿并不是矿物种的名称,其中包括硬水铝矿(α-AlOOH)、一水软铝矿(AlOOH)和三水铝矿$[Al(OH)_3]$ 3 种矿物以及其他矿物的细分散机械混合物。除含 Al 和 Fe、Mn、Si 等之外,还含有 Ga、Nb、Ta、Ti、Ar 等元素。

[形态]多呈豆状、鲕状、土状集合体和结核体,有的呈致密块状。

［物理性质］常为灰色，由于胶结物不同，颜色变化很大，灰白、灰褐、棕红、黑灰色等，条痕为白色，土状光泽，具次贝壳状断口，呵气之后有强烈的土臭味，用水湿润无可塑性。

［成因及产状］主要为外生成因，为铝硅酸盐矿物风化分解形成。

［鉴定特征］加盐酸不起泡可与石灰岩区别；硬度、相对密度较大可与页岩及黏土岩区别。欲准确鉴定组成的矿物就需进行差热分析、X射线分析等。

［用途］为提炼铝的主要矿石矿物，也是制造人工磨料、耐火材料和高铝水泥的原料。

9) 褐铁矿（铁的氢氧化物等集合体）

在自然界，铁的氢氧化物的聚集实际上常呈针铁矿（FeOOH）、水针铁矿（FeOOH·nH_2O）、纤铁矿（FeOOH）、水纤铁矿（FeOOH·nH_2O）等与石英、黏土矿物的混合物。由于矿物颗粒很细，肉眼难于区别，故统称为褐铁矿。其化学成分不定。一般含Fe为48%～62.8%。

［形态］常呈致密块状或胶态（肾状、钟乳状、葡萄状、结核状、鲕状）或土状、疏松多孔状。呈极小针状结晶者则多为针铁矿；呈细小鳞片者，多为纤铁矿。有时褐铁矿由黄铁矿氧化而来，并保留了黄铁矿晶形称假象褐铁矿。肾状、钟乳状者表面具一层光亮沥青黑色的薄壳（脱水结果）称为"玻璃光"。

［物理性质］浅褐至褐黑色，条痕黄褐色至棕黄色，硬度变化大1～4，相对密度3.3～4.0，具弱磁性。

［成因及产状］主要为风化成因及沉积成因。当褐铁矿在金属矿床氧化带露头上有一定面积时称为"铁帽"，由原生矿石和围岩中含铁矿物氧化形成，是很好的找矿标志。

［鉴定特征］根据形态、颜色、条痕色及在试管中加热产生水可与赤铁矿、磁铁矿区别。

［用途］提炼铁的矿石矿物。找矿指示矿物。

10) 硬锰矿（锰的氧化物和氢氧化物）

狭义的硬锰矿为一矿物种，它有自己独特的成分、结构和物理性质，但在自然界的分布并不广泛。通常所谓的广义硬锰矿不是一个矿物种，是一种细分散多种矿物的集合体，在成分上含有多种元素的锰的氧化物和氢氧化物。化学式一般以$mMnO·MnO_2·nH_2O$表示，含Mn为35%～60%，常有BaO、K_2O、CaO等混入物。

［形态］晶体少见，通常呈葡萄状、肾状、皮壳状、钟乳状、土状或致密块状等。

［物理性质］黑色，条痕褐色或黑色，不透明，半金属光泽，土状者呈土状光泽，硬度4～6，相对密度4.4～4.7。

［成因及产状］为典型的表生矿物，风化或沉积成因。

［鉴定特征］根据形态、颜色、硬度，加H_2O_2剧烈起泡，可与类似的黑色矿物相区别。

［用途］炼锰的主要矿石矿物。

四、含氧盐大类

含氧盐是各种含氧酸根的络阴离子与金属阳离子所组成的盐类化合物。络阴离子一般呈四面体、平面三角形等形状，并具有比一般简单化合物的阴离子大得多的离子半径。络阴离子内部的中心阳离子一般具有较小的半径和较高的电荷，与其周围的O^{2-}结合的价键力（指中心阳离子电价/周围氧离子数）≥1，远大于O^{2-}与络阴离子外部阳离子结合的键力。因此，在晶体结构中它们是独立的构造单位。络阴离子与外部阳离子的结合以离子键为主，因而含氧盐矿物具有离子晶格的性质,如通常为玻璃光泽,少数为金刚光泽、半金属光泽,不导电,导热性差。无水的含氧盐一般具有较高的硬度和熔点,一般不溶于水。

根据络阴离子团种类的不同,对含氧盐大类矿物作进一步分类如下:

第一类　硅酸盐。

第二类　碳酸盐。

第三类　硫酸盐。

第四类　磷酸盐。

第五类　钨酸盐。

第六类　硼酸盐(略)。

(一) 硅酸盐类

硅和氧是地壳中分布最广、含量最高的元素,其克拉克值分别为 27.72% 和 46.6%。在自然界中硅和氧的亲和力最大,因此,往往形成具硅氧(Si-O)络阴离子团骨干的硅酸盐。

硅酸盐矿物在自然界分布极为广泛,已知硅酸盐矿物有 600 余种,约占已知矿物种的 1/4,就其质量而言,约占地壳岩石圈总质量的 85%。硅酸盐矿物是三大类岩石(岩浆岩、变质岩、沉积岩)的主要造岩矿物,同时也是工业上所需要的多种金属和非金属的矿物资源,如 Li、Be、Zr、B、Rb、Cs 等元素大部分从硅酸盐矿物中提取,而石棉、滑石、云母、高岭石、沸石等多种硅酸盐矿物又直接被广泛地应用于国民经济的各有关部门。此外,还有不少硅酸盐矿物是珍贵的宝石矿物,如祖母绿和海蓝宝石(绿柱石)、翡翠(翠绿色硬玉)、碧玺(电气石)等。

1. 化学成分

组成硅酸盐矿物的元素主要是惰气型离子和部分过渡型离子。除去主要由 Si 和 O 组成的络阴离子团外,还可以出现附加阴离子 O^{2-}、OH^-、F^-、Cl^-、S^{2-}、CO_3^{2-}、SO_4^{2-} 等。此外,还可以有 H_2O 分子参加。

2. 形态与物理性质

硅酸盐矿物的晶体形态,取决于硅氧骨干的形式和其他阳离子配位多面体,特别是 $[AlO_6]$ 八面体的联结方式。

具孤立的 $[SiO_4]$ 四面体骨干的硅酸盐在形态上常表现为三向等长,如石榴子石、橄榄石等,但也可表现为柱状,这与骨干外的 $[AlO_6]$ 共棱形成链有关,如红柱石。

具有环状硅氧骨干的硅酸盐晶体常呈柱状习性,柱状晶体往往属六方或三方晶系,柱的延长方向垂直于环状硅氧骨干的平面,如绿柱石、电气石。

具有链状硅氧骨干的硅酸盐晶体常呈柱状或针状晶体,晶体延长的方向平行链状硅氧骨干延长的方向,如辉石、角闪石、硅灰石。

具层状硅氧骨干的硅酸盐晶体呈板状、片状、甚至鳞片状,延展方向平行于硅氧骨干层,如云母、葡萄石。

对于具有架状硅氧骨干的硅酸盐,其形态决定于架内化学键的分布情况,如在钠沸石的架状硅氧骨干中存在有比较坚强的链,从而形成平行此链的柱状晶体。在长石的架状结构中平行 a 轴和 c 轴有比较强的链,因此形成平行 a 轴或 c 轴的柱状晶体。

$[AlO_6]$ 八面体的分布对晶体习性有很大的影响,如蓝晶石的板状晶体是与结构中 $[AlO_6]$ 八面体联结成层有关;红柱石、绿帘石的柱状晶体与结构中 $[AlO_6]$ 八面体链有关。

硅酸盐矿物具共价键及离子键,一般具有共价及离子晶格的特性。矿物一般为透明,玻璃、金刚光泽,浅色或无色。

硅酸盐矿物的解理亦与其硅氧骨干的形式有关。具层状硅氧骨干者常平行层面有极完全解理,如云母、滑石等;具链状硅氧骨干者常沿平行链延长的方向产生解理,如辉石、角闪石等;具架状硅氧骨干者,解理决定于架中化学键的分布,如长石有平行 a 轴的两组解理,是因为长石架状硅氧骨干中有平行 a 轴的比较坚强的链;具环状硅氧骨干的硅酸盐一般解理不好。和晶体形态一样,硅酸盐的解理也取决于阳离子的分布,特别是[AlO_6]八面体的联结与解理有明显的关系,如蓝晶石的{100}完全解理就与结构中[AlO_6]八面体层有关。

一般说来硅酸盐矿物的硬度是比较高的,与其他类矿物比较,仅次于无水氧化物。但具有层状硅氧骨干的硅酸盐硬度却很小,这是由于层间是以分子键(如滑石,硬度为1)或以半径极大的低价阳离子(如云母,硬度为2.5)联系的缘故。

硅酸盐矿物的相对密度与结构和化学成分有关。一般具孤立[SiO_4]四面体骨干的硅酸盐由于结构紧、密度大,有较大的相对密度;而具有层状、架状构造的硅酸盐相对密度较小;含水的硅酸盐相对密度较小。

3. 分类

根据硅氧骨干类型的不同可以分成不同类型的硅酸盐矿物,见表 4-7。

1)岛状结构硅酸盐亚类

它包括具单四面体[SiO_4]结构和双四面体[Si_2O_7]结构的矿物,主要矿物有锆石、橄榄石、石榴子石、红柱石-蓝晶石-矽线石 3 种同质多象变体、黄玉、十字石、榍石、绿帘石。

2)环状结构硅酸盐亚类

它具[Si_6O_{18}]$^{12-}$环状结构,主要矿物有绿柱石、堇青石、电气石等。

表 4-7 Si-O 络阴离子团骨干种类

亚类	硅氧骨干形式		Si:O
岛状结构硅酸盐	孤立四面体	[SiO_4]$^{4-}$	1:4
	双四面体	[Si_2O_7]$^{6-}$	1:3.5
环状结构硅酸盐	六方环状硅氧骨干	[Si_6O_{18}]$^{12-}$	1:3
链状结构硅酸盐	单链结构硅氧骨干	[Si_2O_6]$_n^{4n-}$	1:3
	双链结构硅氧骨干	[Si_4O_{11}]$_n^{6n-}$	1:2.75
层状结构硅酸盐	层状硅氧骨干	[Si_4O_{10}]$_n^{4n-}$	1:2.5
架状结构硅酸盐	架状硅氧骨干	[$(Al_xSi_{n-x})O_{2n}$]$^{x-}$	1:2

3)链状结构硅酸盐亚类

链状结构硅酸盐中,络阴离子[SiO_4]四面体共角顶相连形成沿一维方向无限延伸的链状硅氧骨干。与岛状结构硅酸盐不同的是:硅氧骨干中的 Si 常被少量的 Al 所替代,一般 Al 代替 Si 的量小于 1/3,但最多可达 Al:Si=1/2(如矽线石中)。

链状硅氧骨干的种类及形式相当复杂、多种多样,最典型的有单链硅氧骨干的辉石族、硅灰石族和具双链硅氧骨干的角闪石族、矽线石族矿物。它们多为岩浆岩和变质岩的主要造岩矿物,尤其是辉石族和角闪石族矿物的分布更为广泛。

辉石族矿物可以分为斜方辉石亚族和单斜辉石亚族,其中斜方辉石亚族主要有顽火辉石、紫苏辉石;单斜辉石亚族主要有透辉石-钙铁辉石类质同象系列、普通辉石、硬玉、锂辉石、霓石。

角闪石族矿物可分为斜方角闪石亚族和单斜角闪石亚族。其中斜方角闪石亚族主要有直闪石;单斜角闪石亚族主要有镁铁闪石、透闪石-阳起石类质同象系列、普通角闪石、蓝闪石、角闪石石棉。

4) 层状结构硅酸盐矿物

在本亚类矿物的晶体结构中,$[SiO_4]$四面体分布在一个平面内,彼此以 3 个角顶相连,从而形成二维延展的网层(最常见的为六方形网),称四面体片。在四面体片中,每一个四面体只有一个活性氧(或端氧)。活性氧通常指向同一方向,从而形成一个也按六方网格排列的活性氧平面,羟基 OH 位于六方网格中心,与活性氧处于同一平面上,上下两层四面体片,以活性氧(及 OH)相对,并相互以最紧密堆积的位置错开叠置,在其间形成了八面体空隙,其中为六次配位的 Mg、Al 等充填,配位八面体共棱联结形成了八面体片。有时八面体片系由一个四面体片的活性氧(及 OH)与另一层 OH 组成。

主要矿物有高岭石、蛇纹石、白云母、黑云母-金云母类质同象系列、锂云母、滑石、叶蜡石、蒙脱石、蛭石、绿泥石。

5) 架状结构硅酸盐矿物

架状结构硅酸盐矿物的结构特征是,每个$[SiO_4]$四面体的所有 4 个角顶都与毗邻的四面体共顶。这时形成的是类似于石英的架状结构,但石英(SiO_2)的架状结构内电性已中和,不需架状外阳离子。如果要形成架状的硅酸盐,则必须有一部分 Si^{4+} 被 Al^{3+} 代替,产生多余的负电荷,从而引进架状骨干外的阳离子来进行中和。最常见的骨干外阳离子都是一些电价低、半径大、配位数高的阳离子 K^+、Na^+、Ca^{2+}、Ba^{2+} 等,偶尔还有 Rb^+、Cs^+ 等,常见的具六次配位的 Mg^{2+}、Fe^{2+}、Mn^{2+}、Fe^{3+}、Al^{3+} 等则很少出现,这是因为架状中空隙较大,要求大半径阳离子充填;同时 $Al^{3+} \to Si^{4+}$ 的数目有限,产生的负电荷不多,要求低电价阳离子来中和。所以架状硅酸盐的阳离子种类很有限且类质同象很少,导致其成分较简单。

架状结构硅酸盐矿物:长石族、白榴石族、霞石族、沸石族。其中以长石族最为常见。

长石族矿物主要有 4 种:钾长石(Or):$K[AlSi_3O_8]$,钠长石(Ab):$Na[AlSi_3O_8]$,钙长石(An):$Ca[Al_2Si_2O_8]$,钡长石(Cn):$Ba[Al_2Si_2O_8]$。自然界产出的长石大多是前 3 者的固溶体,即相当于由钾长石(Or)、钠长石(Ab)和钙长石(An)3 种简单的长石端员分子组合而成。钾长石(Or)-钠长石(Ab)系列:透长石,正长石,微斜长石。钠长石(Ab)-钙长石(An)系列:钠长石(Ab 为 100%~90%,An 为 0%~10%),奥(更)长石(Ab 为 90%~70%,An 为 10%~30%),中长石(Ab 为 70%~50%,An 为 30%~50%),拉长石(Ab 为 50%~30%,An 为 50%~70%),培长石(Ab 为 30%~10%,An 为 70%~90%),钙长石(Ab 为 10%~0%,An 为 90%~100%)。

4. 典型矿物特征

1) 橄榄石$(Mg,Fe)_2(SiO_4)$(斜方晶系)

橄榄石为镁橄榄石 $Mg_2(SiO_4)$-铁橄榄石 $Fe_2(SiO_4)$ 完全类质同象系列的中间成员,纯的镁橄榄石和铁橄榄石自然界中较少见。类质同象混入物有 Mn、Ni、Co、Zn 等。其名称来源于其颜色。

[形态] 晶体呈柱状或厚板状(图 4-38),但完好晶体较少见,一般为粒状。具岛状单四面体硅氧骨干。

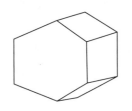 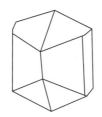 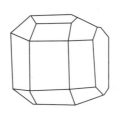 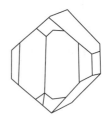

图 4-38 橄榄石的晶体

[物理性质] 通常为橄榄绿色,随 Fe^{2+} 含量增高而呈深黄色至黑色,玻璃光泽,透明,贝壳状断口,硬度 6~7,相对密度 3.3~3.4,具弱磁性。

[成因及产状] 橄榄石是地幔岩的主要组成矿物之一。地壳中与地幔物质有关的各种喷出的或侵入的基性、超基性岩都含有大量的橄榄石。在接触变质和区域变质过程中,镁质碳酸盐岩会因变质作用而生成橄榄石。橄榄石也是构成石陨石的主要矿物之一。橄榄石不能产于花岗岩中。可分解为棕红色伊丁石或受热液作用后容易蚀变为蛇纹石等矿物。

[鉴定特征] 粒状,橄榄绿色,贝壳状断口、难熔等特征,再结合产状易识别之。

[用途] 含镁高的橄榄石可作为耐火材料,粗粒透明者可作宝石的原料。

2) 红柱石 $Al_2[SiO_4]O$(斜方晶系)

含 Al_2O_3 为 63.1%。类质同象混入物有 Fe 和 Mn。

[形态] 晶体呈柱状,横断面近正方形。某些红柱石生长过程中,部分碳质和黏土质未完全转变呈定向排列,致使在横断面上呈黑十字,纵断面上呈与晶体延长方向一致的黑色条纹。这种红柱石称空晶石(图 4-39)。集合体呈柱状或放射状。放射状集合体形似菊花,故又名菊花石。

[物理性质] 白色,有时灰色、褐色、新鲜的带肉红色,玻璃光泽,近正交的两组柱面解理中等,硬度 6.5~7.5,风化后硬度降低到 4 以下,相对密度 3.2。

[成因及产状] 为富铝的泥质岩石在较低的压力和温度下变质形成的特征变质矿物。

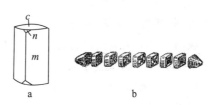

图 4-39 红柱石的晶形
a.红柱石柱状晶形;b.空晶石横断面

[鉴定特征] 根据柱状晶形、横切面近正方形、菊花状集合体形态,空晶石有独特的碳质包裹体等特征,可与其相似的矿物区别。

[用途] 火花塞和其他耐熔瓷器的制造;宝石(只限透明的绿色变体)。

3) 蓝晶石 $Al_2[SiO_4]O$(三斜晶系)

组分与红柱石相同,为同质多象变体。含 Al_2O_3 为 63.1%。有 Cr、Fe 等类质同象混入物。

[形态] 常见呈扁平的柱状晶形及接触双晶(图 4-40)。有时呈放射状集合体。

[物理性质] 浅蓝色、青色或白色,含包裹体时为黑色。玻璃光泽,解理面有珍珠光泽。一组柱面完全解理,另一组中等。硬度随方向而异:平行柱面延长方向为 4～5;垂直柱面延长方向 6.5～7;故名"二硬石",相对密度 3.5～3.7。

[成因及产状] 为富铝的泥质岩石在中压、低温条件下形成的区域变质岩中的典型特征变质矿物。

[鉴定特征] 根据蓝色、扁平柱状晶形、明显的异向性硬度和产于结晶片岩中等特征,易于识别。

[用途] 制造火花塞和其他耐熔瓷器,也可以从中提取铝。

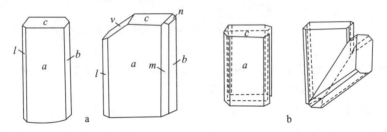

图 4-40 蓝晶石晶形(a)及双晶(b)

4) 石榴子石 $A_3B_2[SiO_4]_3$(等轴晶系)

化学式中 A 为 Mg^{2+}、Fe^{2+}、Mn^{2+} 和 Ca^{2+};B 为 Al^{3+}、Fe^{3+}、Cr^{3+}、Ti^{3+}、V^{3+} 等。这些阳离子半径相互接近,常互成类质同象置换,故可将石榴子石矿物划分为铝和钙两个类质同象系列,铝系有铁铝、镁铝和锰铝等矿物;钙系有钙铁、钙铝和钙铬等矿物。

[形态] 本族矿物的晶形常呈菱形十二面体、四角三八面体,或二者之聚形(图 4-41)。通常在富 Ca 岩石(如矽卡岩)中,多形成钙系石榴子石,它们以菱形十二面体为主,四角三八面体为次;而在富 Al 岩石(首先是花岗伟晶岩)中,多形成铝系石榴子石,往往呈四角三八面体晶形。集合体为粒状及致密块状。

[物理性质] 常见褐色,随成分而有较大变化,玻璃光泽,有时近于金刚光泽,断口油脂光泽,无解理,断口不平坦,硬度 6.5～7.5,相对密度 3.5～4.2,含铁者具弱磁性。

[成因及产状] 主要以各种变质岩的造岩矿物产出。亦出现在岩浆岩中。

[鉴定特征] 根据晶形、颜色、油脂光泽、相对密度及高硬度等特征区别于其他矿物。

[用途] 石榴子石可作为研磨料;许多石榴子石被认为是较为贵重的宝石,其中包括红榴石(镁铝榴石-铁铝榴石系列中的玫瑰色或紫色成员)(俗称子牙乌)、钙铝榴石(黄色钙铝榴石)

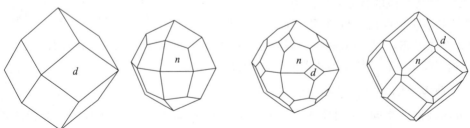

图 4-41 石榴子石的晶形

和翠榴石(绿色钙铁榴石)。

5) 黄玉(黄晶)$Al_2[SiO_4]F_2$(斜方晶系)

含 Al_2O_3 为 55.4%，SiO_2 为 32.6%，F 为 20.7%，部分 F 可被 OH 替代。

[形态] 柱状晶体(图 4-42)，柱面常有纵纹。经常呈不规则粒状、块状集合体。

[物理性质] 无色或微带蓝绿色、黄色、黄褐色或红黄色，透明，玻璃光泽，底面完全解理，硬度 8，相对密度 3.5~3.6。

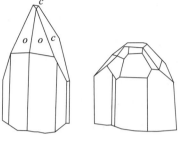
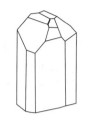

图 4-42 黄玉的晶形

[成因及产状] 主要产于花岗伟晶岩和高温气成热液矿脉中。

[鉴定特征] 晶形、横断面为菱形、柱面有纵纹、解理及硬度可与石英区别。

[用途] 透明色美者作宝石原料。其他可作研磨材料、精细仪表的轴承等。

6) 绿帘石 $Ca_2FeAl_2[SiO_4][Si_2O_7](OH)$(单斜晶系)

成分不稳定，可在一定范围内变化。绿帘石(epidote)这一名称可能源于希腊语 epidosis，意思是增长，指的是一向延长。

[形态] 晶体常呈柱状(图 4-43)，晶面上有纵纹。除在岩石空洞中形成晶簇外，常呈粒状或致密块状集合体。

[物理性质] 常见为黄绿色，也呈灰色、绿褐色或近于黑色。旋转时，深色绿帘石棱镜呈现出强烈的二色性，即在

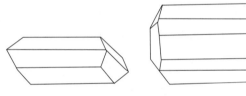

图 4-43 绿帘石的晶形

一个方向上，颜色为深绿；而另一个方向是棕色。玻璃光泽，透明，一组平行晶面延长方向的完全解理，硬度 6.5，相对密度 3.4，具弱磁性。

[成因及产状] 主要为热液成因。广泛见于矽卡岩及受热液作用的各种岩浆岩和沉积岩中。为各种绿色片岩的重要造岩矿物。

[鉴定特征] 晶形、特殊的黄绿色及解理可以识别。

[用途] 仅具矿物学和岩石学意义。

7) 绿柱石 $Be_3Al_2[Si_6O_{18}]$(六方晶系)

含 BeO 为 14.14%，Al_2O_3 为 19.0%，SiO_2 为 66.9%，可含 Na、K、Li、Cs、Rb 等碱金属。

[形态] 完好的晶体呈六方柱状(图 4-44)，柱面上常有纵纹。

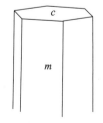
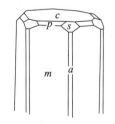
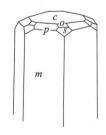

图 4-44 绿柱石的晶形

［物理性质］纯者无色透明，常见的颜色有绿色、黄绿色、深的鲜绿色、粉红色等，玻璃光泽，透明至半透明，一组解理完全，硬度 7.5～8，相对密度 2.6～2.9，绿柱石所含杂质的不同而形成不同的宝石，例如：海蓝宝石，蓝色透明或半透明，含 Fe^{3+}。祖母绿（绿宝石），翠绿色透明至半透明，含 Cr^{3+}，紫外光下发红光。其内部经常有"绵"纹存在，俗称蔗渣纹或蝉翼。

［成因及产状］主要产于花岗伟晶岩及砂矿中。

［鉴定特征］晶形、颜色及硬度。

［用途］色泽美丽者作宝石原料，为铍的重要矿石矿物。

8）电气石（碧玺）$Na(Mg,Fe,Mn,Al)_3Al_6[Si_6O_{18}][BO_3]_3(OH,F)_4$（三方晶系）

含 B_2O_3 为 11.5%，类质同象替代普遍，成分变化较大。

［形态］晶体呈柱状，柱面上常有纵纹、横断面呈球面三角形（图 4-45）。集合体呈棒状、放射状、束针状、致密块状等。

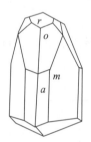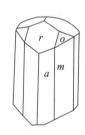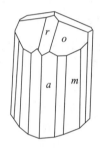

图 4-45　电气石晶形及晶面纵纹

［物理性质］颜色变化大，与化学成分有关，富镁者呈褐色或黄色；富锂、锰和铯者呈玫瑰色；富铬者呈深绿色。玻璃光泽，透明至半透明，无解理，硬度 7～7.5，相对密度 3.0～3.3，具压电性和热电性，即当加热、摩擦或加压时，晶体的一端带正电荷，另一端带负电荷，因而命名为电气石。

［成因及产状］产于花岗伟晶岩及气成热液矿床中。

［鉴定特征］以柱状晶形、柱面纵纹、横断面呈球面三角形、无解理、高硬度为特征。

［用途］色泽鲜艳，清澈透明者作宝石原料。符合宝石或可雕者通称碧玺。压电性良好晶体用于无线电工业。

9）普通辉石 $Ca(Mg,Fe,Al)[(Si,Al)_2O_6]$（单斜晶系）

普通辉石成分复杂，常有混入物 Na、Ti、Ca 等。普通辉石英文名称（augite）来自希腊语 auge，意为明亮的，因为普通辉石的解理面有光泽。

［形态］晶体常呈短柱状，横断面呈近等边八角形，常具接触双晶（图 4-46）。集合体呈粒状或致密块状。

［物理性质］深黑色或黑色，少数为褐色。条痕无色或浅褐色，玻璃光泽，解理完全或中等，夹角 87°（图 4-46c），具底面裂开，硬度 5.5～6，相对密度 3.2～3.5。

［成因及产状］基性岩、超基性岩的主要造岩矿物。此外，亦出现在变质岩中。常蚀变为韭闪石、绿帘石、绿泥石等。

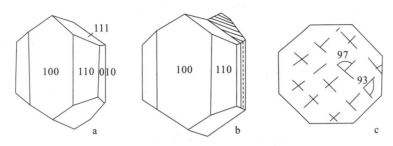

图 4-46 普通辉石的晶形(a)、双晶(b)及横截面形状和解理(c)

［鉴定特征］颜色、晶形及解理具鉴定意义。与普通角闪石区别在解理夹角和短柱状晶形。

10) 普通角闪石 $(Ca,Na)_{2-3}(Mg,Fe,Al)_3[(Si,Al)_4O_{11}]_2(OH)_2$（单斜晶系）

化学成分复杂，呈类质同象替代的元素种类较多。角闪石(hornblende)这个名称来自德语，是矿工术语，blende 意思是欺骗者。这种矿物呈黑色，并发光，类似于金属矿石，可其中并不含有价值的金属。

［晶形］晶体呈长柱状，横断面呈菱形或近菱形的六边形（图 4-47）。集合体呈细柱状、纤维状。

［物理性质］深绿色至黑绿色，条痕白色或无色，玻璃光泽，透明至半透明，两组斜方柱完全解理（图 4-47b），夹角 56°或 124°，硬度 5~6，相对密度 3.1~3.3，具弱磁性。

［成因及产状］普通角闪石是分布很广的造岩矿物之一。在火成岩中，尤以中性岩中最为常见，是其中的最主要暗色矿物。在区域变质作用中，普通角闪石也有大量产出。

［鉴定特征］以其柱状形态，横切面呈六边形，两组解理且交角为 56°为特征。

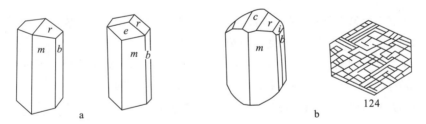

图 4-47 普通角闪石的晶形(a)、横截面形状及解理(b)

11) 滑石 $Mg_3[Si_4O_{10}](OH)_2$（单斜晶系）

含 MgO 为 31.72%。Mg 可被 Fe、Mn、Al 替代。具有典型的层状硅氧结构（图 4-48）。

［形态］微细晶体呈六方或菱形板状，但极少见。通常呈致密块状、片状或鳞片状集合体。

［物理性质］纯者为白色或微带浅黄、粉红、浅绿、浅褐的白色，颜色变化受杂质影响。玻璃光泽，解理面呈珍珠光泽晕彩，断口具蜡状光泽。一组极完全解理，致密块状者呈贝壳状断口，硬度 1，富有滑腻感（由此得名），具挠性，相对密度 2.6~2.8，耐热、耐酸、电绝缘。

［成因及产状］为富镁岩石（超基性岩、白云岩、白云质灰岩）经热液变质交代的产物。

［鉴定特征］低硬度、滑感、片状具极完全解理可与相似矿物区别。

［用途］广泛应用于造纸、陶器、橡胶、油漆、染料、铸造和制药等工业。

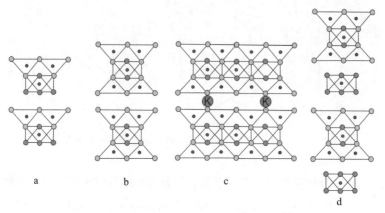

图 4-48 层状硅氧结构骨干（据赵珊茸等，2006）
a.蛇纹石型；b.滑石、叶蜡石型；c.云母型；d.绿泥石型

12）蛇纹石 $Mg_6[Si_4O_{10}](OH)_8$（单斜晶系）

为层状硅酸盐矿物，蛇纹石矿物主要分为叶蛇纹石、利蛇纹石和纤维蛇纹石 3 种。肉眼不易分辨时统称为蛇纹石。含 MgO 为 43%。类质同象混入物有 Fe、Mn、Ni、Al、Cr 和 F。

［形态］蛇纹石单晶体罕见。一般呈鳞片状（叶蛇纹石）、致密块状（利蛇纹石）、纤维状（纤维蛇纹石）集合体，也有胶状集合体。纤维状变种称蛇纹石石棉。

［物理性质］具有各种色调的绿色、深绿、黑绿、黄绿等色，常有蛇纹状的青、绿色斑纹。油脂或蜡状光泽，纤维状具丝绢光泽，硬度 2～3.5，相对密度 2.2～3.6，具耐火、耐碱性能，易溶于盐酸。

［成因及产状］由富含镁的岩石，如超基性岩、碳酸盐经热液交代形成。

［鉴定特征］根据颜色、光泽、硬度可与滑石区别。

［用途］纤维较长的蛇纹石石棉，可制防火、隔热的石棉布；短者可制石棉水泥管、水泥瓦等。色彩绚丽者为玉器材料，中国有名的岫玉就是蛇纹石组成的。

13）高岭石 $Al_4[Si_4O_{10}](OH)_8$（单斜或三斜晶系）

高岭石最早发现于我国江西省景德镇附近的一座叫高岭的小山而得名。

含 Al_2O_3 为 41.2%，常混入 Fe、Mg 的氧化物。实际上很难选出单纯的高岭石产物，往往含有很多杂质，成为胶态的白土，因而称为高岭土。

［形态］多呈隐晶质致密块状或土状集合体。在电子显微镜下呈鳞片状或板状晶体。

［物理性质］致密块状呈白色，掺杂其他矿物或有机质而带上深浅不一的黄色、褐色。无光泽或土状光泽。干燥的土状块体易捏碎成粉末。干燥时有吸水性（粘舌）；潮湿后有可塑性，但不膨胀。相对密度 2.6～2.7，硬度 2.0～3.5，具粗糙感。

［成因及产状］由富含硅酸盐矿物的火成岩和变质岩在酸性介质环境下经风化或低温热液交代形成。

［鉴定特征］以易于捏碎成粉末、粘舌、加水具可塑性为特征。

［用途］陶瓷工业的主要原料，还用于化工、橡胶、造纸等工业。

14) 白云母 $KAl_2[AlSi_3O_{10}](OH)_2$（单斜晶系）

化学成分中常见类质同象混入物 Ba、Na、Rb、Fe、Mg、Cr 等，具有层状硅氧四面体结构（图 4-48c）。

[形态] 白云母通常呈板状或片状，外形成假六方形或菱形，有时单晶呈锥形柱状。柱面有明显的横条纹。晶体细小者呈鳞片状，较大的片状面积可达几百平方厘米。双晶常见，多依云母律生成接触双晶或穿插三连晶。常呈叶片状或鳞片状集合体。

[物理性质] 一般无色透明，因含不同的杂质，带不同色调。如含 Li 带玫瑰色调；含 Cr、Fe^{2+} 呈绿色；含少量 Mn 呈茶色，含 Fe^{3+} 呈浅黄、褐色；含 Fe^{3+} 和 Ti 时呈红色。透明，玻璃光泽，解理面显珍珠光泽，其亚种之一绢云母具丝绢光泽，平行底面有一组极完全解理，薄片具弹性，底面硬度 2~3，柱面硬度 4，相对密度 2.76~3.10，绝缘性极好。白云母难溶于酸。

[成因及产状] 主要出现在酸性岩浆岩、伟晶岩中。此外还出现在云英岩、片岩及片麻岩中，风化的细小碎片进入沉积岩中。

[鉴定特征] 易裂成薄片并具弹性、浅色的特征可与其他矿物相区别。

[用途] 由于白云母具有高度的绝缘性、耐热性、抗酸抗碱性、机械强度和弹性强等，成为现代技术，特别是电气、无线电和航空空间技术不可缺少的电绝缘材料。据统计，高质量片状云母产量的 90% 以上都用于电气、无线电和电讯工业上；质量较次的云母，用于炼钢炉和其他冶金炉的炉窗；碎云母和云母废料可用于建材、塑料、造纸、染料和橡胶等制造部门。含 Rb、Cs、Cr 等稀散元素的白云母，也可作为提取这些稀散元素的原料。

15) 黑云母 $K\{(Mg,Fe)_3[AlSi_3O_{10}](OH)_2\}$（单斜晶系）

成分不稳定，类质同象替代广泛，尤其 Mg、Fe 之间完全类质同象。一般 Mg：Fe<2，当 Mg：Fe>2 时称金云母。含铁量特高者为铁黑云母。混入物有 Na、Ca、Rb、Cs、Ba 等。黑云母(biotite)以让·比奥特(Bito)的名字命名，他是 19 世纪法国物理学家和化学家，是第一个提醒人们注意不同种类的云母矿石其光差也不同的人。

[形态] 晶体呈现假六方板状或锥形短柱状。集合体呈片状或鳞片状。

[物理性质] 黑色、深褐色，有时带绿色色调，透明至不透明，玻璃光泽，解理面呈珍珠光泽晕彩，底面一组极完全解理，薄片具弹性，硬度 2.5~3，相对密度 3.0~3.1，具中等至弱磁性。

[成因及产状] 是中酸性岩浆岩及变质岩的主要造岩矿物。

[鉴定特征] 根据颜色可与白云母区别。

[用途] 黑云母也被广泛应用在装饰涂料中。

16) 绿泥石 $(Mg,Fe,Al)_6[(Si,Al)_4O_{10}](OH)_8$（单斜晶系）

化学成分复杂，类质同象替代广泛。富含 Mg 者称为正绿泥石。富含 Fe 且成胶体状者称鳞绿泥石（主要为鲕绿泥石）。肉眼鉴定时统称绿泥石。

[形态] 晶体呈假六方片状或板状。集合体呈鳞片状或鲕状。

[物理性质] 多呈各种深浅不同的绿色，条痕无色，透明，玻璃光泽，解理面呈珍珠光泽，一组极完全解理，硬度 2~2.5，相对密度 2.7~3.4，解理片具挠性，磁性随含 Fe 量的增加而增加。

[成因及产状] 富含 Mg 者产于低级区域变质岩及低温热液蚀变围岩中。富 Fe 者为还原条件下沉积生成。

[鉴定特征]据颜色、形态、挠性及低硬度可与相似矿物云母相区别。

[用途]当鲕绿泥石富集成层状矿体时作铁矿石加以利用。

17) 黏土矿物

黏土矿物在沉积岩中的平均含量达14.51%，是组成黏土岩的主要成分。它包括高岭石、埃洛石、蒙脱石、水云母等，均具层状硅氧结构，粒径细小，需借助电镜等专门手段研究。

埃洛石，又称多水高岭石，块状、土状集合体。带各种色调的白色，土状光泽至蜡状光泽，粘舌，具滑感，硬度1～2.5，相对密度2.0～2.6，比高岭石低，是岩浆岩风化而成，多作陶瓷原料。

蒙脱石，又称微晶高岭石或胶岭石，常呈土状隐晶质块体，有时为细小鳞片状集合体。白色，带浅色调，无光泽，硬度2～2.5，相对密度2～2.7，柔软，有滑感，加水膨胀，体积成倍增加，有很强的吸附能力，可作吸附剂，还可用于制药。主要由基性火山岩风化而成。

水云母，内部结构类似白云母，但含K少而含水多。鳞片或薄片状块体。白色，有时带有绿色。致密块状者呈油脂光泽，贝壳状断口，硬度2～3，相对密度2.5～2.8，有滑感。是白云母风化产物。

18) 正长石 K[AlSi$_2$O$_8$]（单斜晶系）

是钾长石的一个种，理论组分为K[AlSi$_2$O$_8$]，但常含有Na[AlSi$_2$O$_8$]，可达20%，有时甚至可达50%。还常含Ba、Rb、Cs等。

[形态]晶体常呈短柱状或厚板状（图4-49）。常见卡氏双晶。

[物理性质]常为肉红色、褐色或浅黄色。无色透明者为冰长石。有时也呈带浅黄的灰白色或浅绿色。透明，

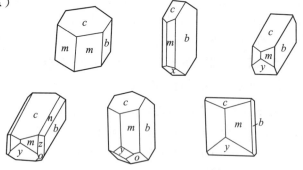

图4-49 正长石的晶形

玻璃光泽，两组解理正交，一组完全，一组中等，硬度6～6.5，相对密度2.57。

[成因及产状]为酸性、中性和碱性岩浆岩以及某些变质岩（花岗片麻岩和正长片麻岩）的主要矿物之一。伟晶岩中可形成粗大晶体。某些碎屑岩中往往含有相当数量的正长石。正长石受到风化或热液蚀变后，常变化为高岭石，其次是绢云母，有时也变化为沸石等矿物。

[鉴定特征]正长石以其晶形、双晶、硬度、解理及颜色作为重要的鉴别标志。正长石以其表面易风化（不干净）、有两组完全解理、晶形及双晶等特征与石英区别；以其具两组完全解理与霞石区别。以其解理夹角和颜色区别于斜长石。

[用途]用于陶瓷和玻璃工业。富正长石的岩石也可以作为提取钾肥的原料。

19) 斜长石 Na$_{1-x}$Ca$_x$[AlSi$_2$O$_8$]（多为三斜晶系）

斜长石为Na[AlSi$_2$O$_8$]-Ca[AlSi$_2$O$_8$]的连续类质同象系列。按其化学组分中钙长石（An）分子的含量分为6个矿物种，钠长石、更长石、中长石、拉长石、培长石、钙长石。An含量越高，矿物越偏基性。

[形态]具板状及板柱状晶形（图4-50a）。集合体常呈板状或不规则粒状。肉眼易见聚片双晶（图4-50b）。

[物理性质]一般为无色、白色、灰色,有时略带其他色调,条痕为无色或白色,透明,玻璃光泽,两组完全解理(一组完全、一组中等),交角约 94°、86°,故得名斜长石,硬度 6~6.5,相对密度 2.6~2.8。

[成因及产状]为岩浆岩和变质岩的主要造岩矿物。在沉积岩中也有产出。

[用途]斜长石是陶瓷业和玻璃业的主要原料,色泽美丽者可作宝玉石材料,如日光石。

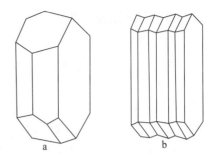

图 4-50 斜长石晶形(a)及聚片双晶(b)

20) 霞石 $KNa_3[AlSiO_4]_4$(六方晶系)

除分子式中的元素外,还有少量 Ca、Mg、Mn、Ti 等。它因溶于酸而生成云霞状硅胶而得其名。

[形态]晶体呈六方短柱或厚板状,但完整晶形少见。一般为不规则粒状或致密块状集合体。

[物理性质]常为无色、白色、灰色或带浅黄、浅绿、浅红色调。晶面玻璃光泽,断口油脂光泽,故又称"脂光石"。条痕无色或白色,无解理,贝壳状断口,性脆,硬度 5~6,相对密度 2.6,易风化成高岭石和方解石。

[成因及产状]产于碱性岩浆岩,是标准岩浆岩矿物。与石英不共生。在富 Na_2O、贫 SiO_2 的侵入岩、火山岩及伟晶岩中均可出现。

[鉴定特征]根据无解理与长石区别;由透明度差,硬度较低,极易风化与石英区别。它能溶于酸而生成云霞状硅胶。

[用途]用于玻璃、陶瓷工业,制造苏打和蓝色颜料,并可炼铝。

(二) 碳酸盐类

碳酸盐矿物是金属元素阳离子与碳酸根结合而成的化合物。碳酸盐矿物的种数在 95 种左右,其中少数矿物如方解石、白云石等,都是在自然界分布极广的矿物。而同时不少碳酸盐矿物所组成的矿石和岩石则是许多工业部门的原料或材料,具有重要的经济意义。

1. 化学组成

络阴离子为 $[CO_3]^{2-}$。阳离子有 20 余种:惰性气体型离子 Ca、Mg、Sr、Ba、Na、K、Al;过渡型离子 Mn、Fe、Co、Ni;铜型离子 Cu、Zn、Cd、Pb、Bi、Te;稀土元素 Y、La、Ce 和放射性元素 Th、U 等的离子。其中最主要的是 Ca^{2+}、Mg^{2+};其次是 Fe^{2+}、Mn^{2+}、Na^+、Ba^{2+}、Sr^{2+}、Cu^{2+}、Zn^{2+}、Pb^{2+}、TR^{3+} 等。附加阴离子主要为 $(OH)^-$,其次有 F^-、Cl^-、O^{2-}、$[SO_4]^{2-}$、$[PO_4]^{3-}$ 等。另外,一些矿物中尚有结晶水。

2. 形态及物理性质

单晶体可呈柱状、针状、粒状等完好晶形。集合体呈块状、粒状、放射状、晶簇状、土状等。

矿物大多为无色或白色—灰白色,若含过渡型离子(色素离子 Cu、Mn、Fe、Co、U、TR),则常呈鲜艳透明的彩色:含 Cu 呈翠绿色或鲜蓝色;含 Mn 呈玫瑰红色;含 Fe 或 TR 呈褐色或浅黄色;含 Co 呈淡红色;含 U 呈黄色。玻璃光泽或金刚光泽。双折率很高,双折射现象明显。硬度不大(3~5),一般为 3 左右;硬度最大的是稀土碳酸盐矿物 $H>4.5$。大多矿物发育多组完全解理,如属方解石型结构者均具菱面体三组完全解理。相对密度一般不大,仅 Pb、Sr、Ba 的碳酸盐较大。所有矿物遇 HCl 或 HNO_3 或多或少均会起泡,反应的难易程度是区分某些碳酸盐矿物的重要标志。

3. 分类

据晶体结构、阳离子的种类，主要有以下各族。

(1) 方解石族。方解石 $Ca[CO_3]$、菱镁矿 $Mg[CO_3]$、菱铁矿 $Fe[CO_3]$、菱锰矿 $Mn[CO_3]$、菱锌矿 $Zn[CO_3]$。

(2) 白云石族。白云石 $CaMg[CO_3]_2$。

(3) 文石族。文石 $Ca[CO_3]$、白铅矿 $Pb[CO_3]$。

(4) 孔雀石族。孔雀石 $Cu_2[CO_3](OH)_2$、蓝铜矿 $Cu_3[CO_3]_2(OH)_2$。

(5) 氟碳铈矿族。氟碳铈矿 $(Ce,La)[CO_3]F$。

(6) 天然碱族。天然碱 $Na_3H[CO_3]_2 \cdot 2H_2O$。

4. 典型矿物特征

1) 方解石 $Ca[CO_3]$（三方晶系）

类质同象混入物有 Mg、Fe、Mn、Pb、Zn、Sr、Co 及稀土元素等。英文名称 calcite 来自拉丁文 calx，意为石灰。它最初被称为石灰石。宋代《开宝本草》也有对它的记载："敲破，块块方解，故以为名。"

［形态］常见完好晶体，晶形复杂，呈各种菱面体和六方柱以及不同聚形产出（图 4-51），经常成简单双晶和聚片接触双晶。聚片双晶纹平行菱面体解理面的长对角线。其晶体习性与形成温度有关（图 4-52）。集合体形态也多种多样，常见有晶簇状、致密块状、粒状、土状、多孔状、泉华状、鲕状、钟乳状等。

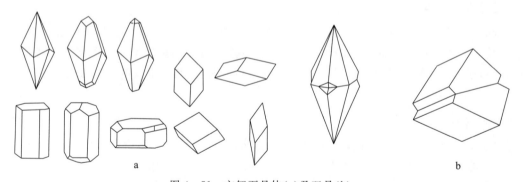

图 4-51　方解石晶体(a)及双晶(b)

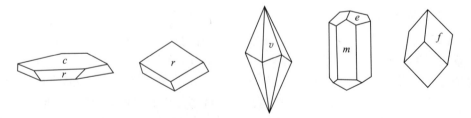

图 4-52　方解石形态随温度的变化（从左到右，温度降低）

(引自潘兆橹，1993)

［物理性质］一般为白色，但因含不同的杂质或晶格缺陷而呈现各种颜色，浅黄、浅红、紫、褐、黑色等。纯净的无色透明方解石称冰洲石，玻璃光泽，3组菱面体完全解理，硬度3，相对密度2.6～2.8，某些方解石有热发光性（荧光或磷光）。

［成因及产状］方解石的成因较多：沉积的灰岩，生物吸取$CaCO_3$形成的介壳亦可在海底堆积成石灰岩。岩浆成因的方解石是碱性岩浆分异的产物，中低温热液矿脉中经常伴有方解石的出现。

［鉴定特征］菱面体完全解理，硬度3，与冷稀HCl相遇剧烈起泡等为明显的鉴定特征。

［用途］由方解石组成的灰岩、大理岩、白垩等岩石广泛用于化工、冶金、建筑等工业部门。如灰岩可用于烧石灰、冶金熔剂、制水泥、电石、塑料、维尼龙；大理岩用作雕刻和建筑材料；白垩广泛应用于化工部门；冰洲石具有极强的双折射现象，为贵重的光学材料。

2) 白云石 $CaMg[CO_3]_2$（三方晶系）

$CaMg[CO_3]_2$ - $CaFe[CO_3]_2$ 形成完全类质同象系列，当Fe＞Mg时称铁白云石。

［形态］晶体常呈菱面体，晶面常弯曲成马鞍形，有时有聚片双晶，双晶纹平行于解理面菱形的短对角线（图4-53）。集合体常呈粒状，致密块状，有时为多孔状，肾状。

［物理性质］纯者多为白色，含铁者灰色—暗褐色，透明，玻璃光泽，3组解理完全，解理面常弯曲，硬度3.5～4，相对密度2.9，性脆。

［成因及产状］主要形成于沉积岩中，亦有热液及变质成因。沉积成因的白云石组成白云岩、白云质灰岩。

［鉴定特征］弯曲的马鞍形晶面（解理面）特征，与稀冷盐酸起泡不剧烈，加热则剧烈起泡与方解石相区别。

［用途］可作耐火材料、建筑材料、熔剂以及玻璃、陶瓷的配料。

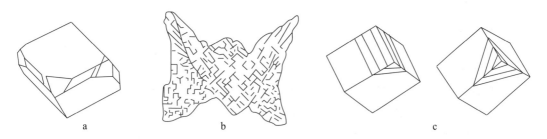

图4-53 白云石的晶形(a)、马鞍形弯曲晶面(b)和双晶(c)

3) 孔雀石 $Cu_2[CO_3](OH)_2$（单斜晶系）

孔雀石含Cu 57.4%，类质同象混入物有Zn。中文名称源于颜色，英文名称malachite源于希腊文malachitis，意思是与锦葵叶子颜色相似的石头。

［形态］通常为针状、纤维状或放射状集合体，或为葡萄状、钟乳状、肾状、皮壳状、被膜状、粉末状集合体。肾状集合体内部常见同心层状或放射纤维状构造。土状集合体称铜绿（或称石绿）。

［物理性质］绿色，色调变化大，从暗绿色到翠绿色（孔雀绿）。条痕浅绿色。玻璃光泽到金刚光泽，纤维状者具丝绢光泽，显晶质具有两组完全解理，硬度3.5～4，相对密度3.9～4.5。

[成因及产状] 常见含铜硫化物矿床的氧化带。

[鉴定特征] 鲜艳的颜色,特征的形态,加 HCl 后立即起泡,易与其他矿物区别。

[用途] 量多时可作为铜矿石。质纯色美者可作装饰品和工艺品原料,粉末可作绿色颜料。另外,可作为硫化物铜矿床的找矿标志。

(三) 硫酸盐类

金属阳离子与$[SO_4]^{2-}$结合而成的含氧盐矿物。分布不很广,已知矿物近 200 种,占地壳总重量的 0.1%。

1. 化学组成

络阴离子为$[SO_4]^{2-}$。阳离子有 20 余种,主要为惰性气体型和过渡型离子,其次有铜型离子。有 Ca^{2+}、Mg^{2+}、K^+、Na^+、Ba^{2+}、Sr^{2+}、Pb^{2+}、Fe^{3+}、Al^{3+}、Cu^{2+}、Zn^{2+} 等。附加阴离子最主要为$(OH)^-$,次有 F^-、Cl^-、O^{2-}、CO_3^{2-} 等。许多矿物有结晶水。因多为表生作用的产物,常温下形成,矿物形成条件不利于阳离子类质同象替代。仅 $Mg-Fe^{2+}$ 和 $Ba-Sr$ 在某些矿物中呈完全类质同象替代。

2. 物理、化学性质

一般呈无色、白色、灰白色、浅色,但含 Fe 呈黄褐或蓝绿色,含 Cu 呈蓝绿色,含 Mn 或 Co 呈红色。玻璃光泽,少数金刚光泽,透明—半透明。硬度较低(通常 2~4),含水者更低($H=1~2$)。相对密度一般不大(2~4),含 Ba、Pb 者例外,可大于 4,甚至为 6~7。普遍具完全解理,因矿物种而异。多数易溶于水,但 Ca、Sr、Ba、Pb 的硫酸盐矿物难溶于水和酸。

3. 分类

(1) 重晶石族。重晶石 $Ba[SO_4]$、天青石 $Sr[SO_4]$、铅矾 $Pb[SO_4]$。

(2) 石膏族。石膏 $Ca[SO_4]·2H_2O$。

(3) 硬石膏族。硬石膏 $Ca[SO_4]$。

(4) 胆矾族。胆矾 $Cu[SO_4]·5H_2O$。

(5) 芒硝族。芒硝 $Na_2[SO_4]·10H_2O$。

(6) 明矾石族。明矾石 $KAl_3[SO_4]_2(OH)_6$、黄钾铁矾 $KFe_3[SO_4]_2(OH)_6$。

(7) 水绿矾族。水绿矾 $Fe[SO_4]·7H_2O$。

4. 典型矿物特征

1) 重晶石 $Ba[SO_4]$(斜方晶系)

含 BaO 达 65.7%,一般含有不同量的 Sr、Ca 等类质同象混入物,Sr 和 Ba 为完全类质同象。其另一端员成分 $SrSO_4$ 称天青石。

[形态] 完好的晶形呈板状、柱状(图 4-54)。少数情况下呈粒状。通常

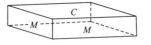

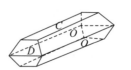

图 4-54 重晶石的晶形

呈板状、粒状、纤维状集合体,也有呈同心带状的钟乳状和具放射状的结核体。

[物理性质] 纯净的晶体无色透明,一般呈白色、灰白、浅黄、淡褐色,条痕白色,透明,玻璃光

泽,解理面呈珍珠光泽。3组解理,为完全、中等和不完全,其两组斜方柱解理斜交,另一组与此两组解理直交。硬度3~3.5,相对密度4.3~4.5。

[成因及产状] 主要为低温热液成因。沉积岩中呈钟乳状、结核状产出。

[鉴定特征] 相对密度大,板状晶形,解理,与HCl不起反应可与相似矿物区别。

[用途] 提取钡的原料。可用作钻孔泥浆的加重剂,亦可用于化学试剂、白色颜料、医药、橡胶、造纸等方面。

2) 石膏 $Ca[SO_4] \cdot 2H_2O$(单斜晶系)

含CaO为32.5%,常有黏土、有机质等机械混入物。

[形态] 完好的晶体常呈板状、片状,少数呈柱状、针状、粒状,常呈"燕尾状"接触双晶(图4-55)。集合体多呈致密状或纤维状,纤维状集合体称纤维石膏。此外还有土状、片状集合体。

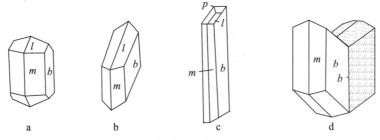

图4-55 石膏的晶形——单晶(a、b、c)及双晶(d)

[物理性质] 通常为白色,无色透明晶体称透石膏。有时因含有其他杂质而染成灰、浅黄、浅褐色。条痕白色,透明,玻璃光泽,解理面珍珠光泽,纤维状集合体呈丝绢光泽。具1组极完全解理及2组中等解理,解理片具挠性。硬度1.5~2,相对密度2.3。

[成因及产状] 主要为外生成因。形成干热气候条件下,以化学沉淀方式沉积在盐湖或潟湖中。在硫化物矿床氧化带中,低温热液硫化矿床中也有产出。

[鉴定特征] 硬度低,具1组极完全解理,以及各种特征之形态可以鉴别。致密块状的石膏以其低硬度和加HCl不起泡可以与碳酸盐矿物相区别。

[用途] 主要用于制水泥、塑造模型及医药等。透石膏晶体用于光学仪器上。

(四) 磷酸盐类

金属阳离子与$[PO_4]^{3-}$形成的含氧盐矿物。已知的矿物约200种。仅磷灰石等极少数矿物在自然界分布广泛,可形成有工业价值的矿床。

1. 化学组成

络阴离子为$[PO_4]^{3-}$,常含附加阴离子F^-、Cl^-、OH^-;阳离子多为半径较大的Ca^{2+}、Pb^{2+},半径较小的阳离子与之结合,则往往形成含水盐。

2. 物理性质

本类矿物,由于成分复杂,种类较多,物理性质差异大。硬度方面以无水磷酸盐为最高。相对密度则视阳离子原子量大小而定。颜色则与含色素离子有关,多具有明显的颜色。

3. 分类

(1)独居石族。独居石,磷钇矿。

(2)磷灰石族。磷灰石,磷绿铅矿。

(3)磷锂铝石族。磷锂铝石。

(4)臭葱石族。臭葱石。

(5)绿松石族。绿松石。

4. 典型矿物特征

1) 磷灰石 $Ca_5[PO_4]_3(F,OH)$(六方晶系)

含 P_2O_5 为 41.36%。

[形态] 晶体完好者呈六方柱状、板状(图4-56),集合体呈粒状、致密块状。胶态异种称胶磷矿。

[物理性质] 纯者无色透明,但常呈浅绿、黄绿、褐红、浅紫色,沉积岩中含有机质时染成深灰至黑色。晶面呈玻璃光泽,断口呈油脂光泽。具不完全解理,断口不平坦,硬度5,性脆,相对密度3.2,加热后可出现磷光。

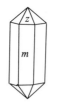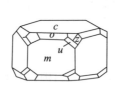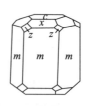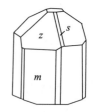

图4-56 磷灰石的晶形

[成因及产状] 在沉积岩、沉积变质岩及基性岩和碱性岩中形成巨大的具工业价值的矿床。在各种岩浆岩和花岗伟晶岩中成副矿物。

[鉴定特征] 当晶体较大时,晶形、颜色、硬度可作为鉴定特征。若为分散状态的细小颗粒则需依靠化学鉴定:将钼酸铵粉末置于矿物上,加一滴硝酸,若含磷即产生黄色沉淀。

[用途] 主要用于制造磷肥。还可以提取纯磷,制磷酸和各种磷酸盐的原料。

2) 绿松石 $Cu(Al,Fe)_6(H_2O)_4[PO_4]_4(OH)$(三斜晶系)

是一种含Cu、Al的基性磷酸盐,也叫土耳其玉、松石、绿松石。

[形态] 晶体少见,常呈隐晶块体或皮壳状。

[物理性质] 苹果绿、蓝绿、浅绿、鲜绿或天蓝色,半透明或不透明,蜡状光泽,硬度5~6,性脆,相对密度2.6~2.8。

[成因及产状] 是在表生条件下的含铜水溶液与含氧化铝矿物及含磷矿物(如磷灰石)作用形成。在铜矿床地表带裂隙中沉淀而成。

[鉴定特征] 以颜色、硬度及光泽为特征。

[用途] 高档玉石材料。

(五) 钨酸盐类

金属阳离子与$[WO_4]^{2-}$组成的含氧盐矿物。目前已知的矿物 10 种左右,地壳中分布不广,仅白钨矿较常见,形成工业价值的矿床。

1. 化学组成

络阴离子为$[WO_4]^{2-}$,常含$[MoO_4]^{2-}$络阴离子;阳离子有 Ca^{2+}、Fe^{2+}、Mn^{2+}、Pb^{2+},其次是 Cu^{2+}、Zn^{2+}、Cu^{2+}、Al^{3+}。此外,还常含有$(OH)^-$或 H_2O。

2. 物理性质

钨酸盐矿物相对密度较大,一般在 6～7.5 之间。硬度一般不超过 4.5,含水者则很低,如水钨铝矿的硬度只有 1。本类矿物的颜色,除黑钨矿为深褐红色至黑色外,其余多为淡色。

3. 分类

(1) 白钨矿族:白钨矿 $Ca[WO_4]$。
(2) 黑钨矿族:黑钨矿$(Mn,Fe)WO_4$,钨锰矿 $MnWO_4$,钨铁矿 $FeWO_4$。

4. 典型矿物特征

黑钨矿(钨锰铁矿)$(Mn,Fe)WO_4$(单斜晶系)。

黑钨矿为钨铁矿 $FeWO_4$-钨锰矿 $MnWO_4$ 完全类质同象系列的中间成员。含 WO_3 为 76%。此外,混入物有 Mg、Ca、Nb、Ta、Se、Y 等。

[形态] 晶体呈厚板状、短柱状,有时呈柱状、毛发状,完好晶体较少见,晶面上常有纵纹。集合体为板状。

[物理性质] 褐黑至黑色,含锰多时色浅,紫褐—褐色;含铁多时显黑色。条痕色比颜色浅,为黄褐色—黑色。金刚—半金属光泽,具 1 组完全解理,硬度 4～5.5,性脆,相对密度 7.2～7.5,含铁多时具弱磁性。

[成因及产状] 产于高温热液石英脉内及云英岩化围岩中。在砂矿中也有富集。

[鉴定特征] 根据晶形、解理、相对密度、颜色及条痕色,可与镜铁矿、闪锌矿、铬铁矿、磁铁矿等相似矿物相区别。

[用途] 提炼钨的主要矿石矿物,同时也是提取铌和钽的矿石来源之一。我国钨产量占世界第一位。

五、卤化物大类

金属阳离子和卤族阴离子(F^-、Cl^-、Br^-、I^-)化合而成的矿物。分布有限,矿物种类不多,已知的约 120 种。约占地壳总重量的 0.5%。以氯化物和氟化物最为重要。

1. 化学组成

阴离子:F^-、Cl^-、Br^-、I^-。阳离子:主要为惰性气体型离子中的轻金属(碱金属和碱土金属)离子 Na^+、K^+、Ca^{2+}、Mg^{2+}、Al^{3+};其次为 Rb、Cs、Sr、Y、TR、Mn、Ni、Hg 等离子;铜型离子 Ag^+、Cu^{2+}、Pb^{2+}、Hg^{2+} 等极少见,仅在特殊地质条件下形成。某些矿物含附加阴离子$(OH)^-$及 H_2O 分子。

2. 物理、化学性质

惰性气体型离子的卤化物矿物,一般为无色、浅色,玻璃光泽,透明,硬度不大,解理发育,性脆,相对密度小,导电性差,折射率低,大多易溶于水。铜型离子的卤化物矿物常呈浅色,金刚光泽,透明度较低,相对密度较大,导电性增强,可具延展性,折射率增高。氟化物性质较稳定,熔点和沸点高,硬度较大,溶解度低,大多不溶于水;Cl^-、Br^-、I^-的化合物熔点和沸点低;硬度较小,易溶于水。

3. 分类

1) 氟化物类

萤石族:萤石 CaF_2。

冰晶石族:冰晶石 Na_3AlF_6。

2) 氯化物、溴化物、碘化物类

石盐族:石盐 NaCl、钾盐 KCl。

光卤石族:光卤石 $KMgCl_3 \cdot 6ClH_2O$。

角银矿族:角银矿 AgCl。

4. 典型矿物特征

萤石(又称氟石)CaF_2(等轴晶系)

含 Ca 为 51.33%,F 为 48.67%。其成分中的 Ca 可以部分地被稀土元素所置换,含量可达 TR∶Ca=1∶6。

[形态] 晶体呈完好的立方体,少数为菱形十二面体及八面体,或由这些单形组成的聚形,常形成穿插双晶(图 4-57)。集合体为粒状、致密块状、偶呈土状块体。

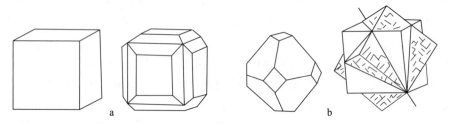

图 4-57 萤石的单体晶形(a)及双晶(b)

[物理性质] 无色者少见,常呈各种颜色:含 Sr、Y、C 者呈黄色;晶格构造缺陷者呈绿、蓝、紫色不等;含 U 者呈紫黑色;此外还有红色;以浅绿及浅紫色为最常见。加热时可退色。透明,玻璃光泽,硬度 4,性脆,四组八面体解理完全,相对密度 3.2,受热或曝晒发磷光,阴极射线照射下发荧光,都具有不同程度的放射性。

[成因及产状] 主要为富含挥发分的条件下热液成因。

[鉴定特征] 根据形态、颜色、解理、硬度及发光性,可与方解石、重晶石、石英等相区别。

[用途] 主要用于炼铁熔剂,也用作玻璃工业和制取氟化物的原料。无色透明晶体可作光学仪器;色彩鲜艳者可作工艺品原料。萤石是夜明珠的一种。

第五章　外动力地质作用与沉积岩的形成

第一节　地质营力和地质作用

地球是一个充满活力，不断发展、变化着的星球。地壳内部和地球表面无时无刻不在运动变化着，这些发展变化是由自然动力造成的。地质学家把这些引起地壳物质组成、内部结构和地表形态运动和变化的自然动力称为地质营力。

根据能量来源的不同，地质营力可分为两类，即外地质营力（外能）和内地质营力（内能）：外能主要有水能、冰川能、风能、生物能，还包括太阳辐射能、日月引力能、陨石撞击能等；内能来自地球内部，如地热能、旋转能和化学能等。

外地质营力主要作用于地壳表层，造成地形高差的减小，使地势趋于平坦。内地质营力作用于整个地球，特别是岩石圈，造成地面的起伏。两种地质营力共同推动地质作用的进行。

一、外地质营力

(一) 水

水广泛分布于地壳表层，是最重要的外地质营力。根据水体的分布和赋存特征的不同，水可进一步划分为地面流水、海水和地下水3种。

1. 地面流水

在重力作用下，沿陆地表面由高处向低处流动的液态水，称为地面流水。地面流水在大陆上分布广泛，除气候极端寒冷或极端干旱的地区外，几乎到处可以见到。地面流水主要来自大气降水，其次是冰雪融水和地下水。

地面流水按水源补给的不同分为常年流水和暂时性流水。常年流水有稳定的水源补给，有相对固定的流水渠道，如河流。暂时性流水在降雨以后或冰雪融化时才出现，无固定水道，沿整个斜坡流动的称为片流，沿沟谷流动的称为洪流。

根据流体内部水质点的运动轨迹，地面流水可以分为层流、紊流和环流。

层流是指水质点的运动速度和方向恒定，各质点的运动轨迹彼此平行的一种水流（图5-1a）。水流只有在低速运动而且流水渠道平坦光滑时候才能形成，因此在自然界中极少出现。

紊流是指水质点的运动速度和方向随时发生改变，运动轨迹呈不规则状的水流（图5-1b）。地面流水几乎都是以紊流方式运动的。紊流中上升流的上举力可促使水中的泥沙进行悬浮搬运。

环流是指水质点做轴线与水流方向一致的螺旋状运动的水流,又称横向环流。它有两种类型:双向环流和单向环流。

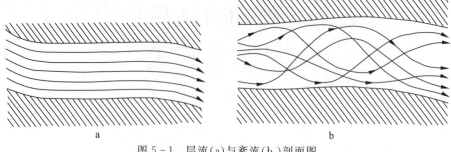

图 5-1　层流(a)与紊流(b)剖面图

1) 双向环流

水质点的运动轨迹在垂直水流横断面上的投影为两个环。它们运动方向相反,对称分布于河床主流线两侧,多出现在顺直河段。平水期,水流在河面形成由两岸向中央壅水的表流,底流则由河床底部中央向两侧辐散(图 5-2a)。洪水期,由于水位上涨,河心出现壅水现象,形成凸形河面,表面流从中央向两侧辐散,底流由两岸向中央汇聚,这时主线流两侧的双向环流的旋转方向与平水期相反(图 5-2b)。

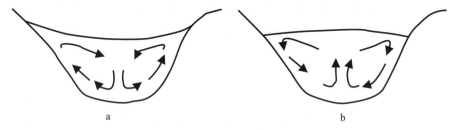

图 5-2　直河段的双向环流
a.水位下落时(平水期);b.水位上涨时(洪水期)

2) 单向环流

当水流进入弯曲河段时,河水在惯性离心力的作用下,主流线向外侧(凹岸)偏离,使得表面流流向凹岸,凹岸壅水、下沉,而底流则从凹岸流向凸岸,于是出现了单向横向环流(图 5-3)。水质点的运动轨迹在垂直水流方向上的投影为单个的环,它造成凹岸的侵蚀和凸岸的沉积。

流水的动能(E)主要受流速(v)和流量(M)的影响,$E=1/2Mv^2$。当动能大于负载时,流水的地质作用以侵蚀作用为主,并具有强大的搬运能力;当动能等于负载时,以搬运作用为主;当动能小于负载时,则以沉积作用为主。

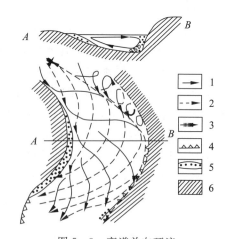

图 5-3　弯道单向环流
1.表流方向;2.底流方向;3.主流线;
4.侵蚀岸;5.堆积岸;6.河岸岩石

2. 海水

运动着的海水是海洋地质作用的主要动力。海水运动的主要形式有波浪、潮汐、洋流和浊流。

1) 波浪

波浪主要由风的吹刮引起,用波长、波高、波峰和波谷等要素描述。

在水深大于 1/2 波长的海域中,组成波浪的水质点做圆周运动,圆周的直径等于波高。水质点在上半圆(波峰)的运动方向与波浪前进的方向一致,而下半圆(波谷)与波浪前进的方向相反,波形是对称的(图 5-4)。水质点圆周运动的直径随深度的增加呈指数递减。在水深等于 1/2 波长时,水质点运动轨迹的直径仅为 0.04 波高,波浪在此处已很微弱。一般把 1/2 波长的深度看作波浪作用的下限,并把这一深度带称为浪基面。

在浪基面以上海域,水质点的运动轨迹变成椭圆形。随着水深变浅,椭圆形轨迹的扁率愈来愈大。受海底摩擦作用影响,轨迹的上半部分速度相对加快,下半部分相对减慢,使得波峰前倾,波形不对称(图 5-4)。当波峰水质点的速度等于或超过波速时,波峰处出现浪花,波浪破碎,形成破浪(或称激浪),破浪涌上海滩拍击海岸,形成拍岸浪。此时波浪变成冲向海岸的面状水流,称为进流。冲上海岸的流水,待惯性动能消耗殆尽后,在重力作用下顺斜坡退回海中形成退流(又称底流)。当波浪的前进方向不垂直海岸线时,部分海水沿岸流动,形成沿岸流。波浪不停地运动造成海岸的破坏和沉积。大地震或火山强烈喷发引起的巨大波浪称为海啸,具有巨大破坏力。

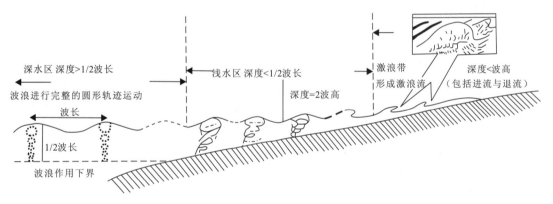

图 5-4 浅海区海浪的变化示意图

2) 潮汐

潮汐现象是指海水在天体(主要是月球和太阳)引潮力作用下所产生的周期性运动,习惯上把海面的垂直方向涨落称为潮汐,而海水在水平方向的流动称为潮流。阴历每月初一、十五,因日、月引力的叠加,可出现特大潮。潮汐现象在低纬度海区最显著,向两极减弱。一般海滨涨落幅度几十厘米到几米,有些地区由于地理位置、地形、气候等的影响涨落幅度特别大,如加拿大芬地湾潮差达到 19.6m,为世界之最。当潮汐发生时,海水会做水平运动形成潮流。在海峡、河口地区潮流速度很高,我国杭州湾钱塘江潮流速度可达 5~6m/s,有巨大的破坏作用。

3）洋流

海洋中沿着一定的方向有规律移动的海水称洋流（又称海流）。除了由引潮力引起的潮汐运动外，海水还有沿一定途径的大规模流动。引起海流的因素可以是风，也可以是热盐效应造成的海水密度分布的不均匀性。洋流是地球表面热环境的主要调节者。洋流可以分为暖流和寒流。若洋流的水温比到达海区的水温高，则称为暖流；若洋流的水温比到达海区的水温低，则称为寒流。一般由低纬度流向高纬度的洋流为暖流，由高纬度流向低纬度的洋流为寒流。洋流还可以按成因分为风海流、密度流和补偿流。盛行风吹拂海面，推动海水随风漂流，并且使上层海水带动下层海水流动，形成规模很大的洋流，叫作风海流。由于各地海水的温度、盐度不同，引起海水密度的差异，使水面高度不同，从而导致海水运动的洋流称为密度流。因风力和密度差异导致海水流失，它处海水流来补充形成的洋流称为补偿流。洋流是地球表面热环境的主要调节者。

4）浊流

浊流是含有大量悬浮物质的高密度水下重力流。浊流是密度大（可达水密度的两倍左右），并以较高流速向下流动的水体。浊流中的悬浮物质是沙、粉沙、泥质物，有时还带有砾石。浊流发源在大陆架之上或大河流的河口前缘。

3．地下水

在地表以下存在于松散堆积物和岩石孔隙中的水称为地下水。一般来说，空隙不连通的岩石和空隙过小的岩石，地下水很难在其中流动，因而称这类岩石为隔水层，如页岩和黏土岩。空隙大而连通性好的岩层，地下水容易在其中流动，这类岩层称为透水层，如灰岩、砾石层和砂层。

地表水在重力作用下沿岩石裂隙渗入地下，在隔水层以上的透水层岩石空隙内集中。岩石空隙中充满了水，这一地带称饱水带；在饱水带以上的岩石空隙未被地下水充满的地带叫包气带（图5-5）。包气带内局部隔水层上聚集的地下水叫作上层滞水。饱水带内的地下水，在地表以下第一个稳定隔水层以上的，具有自由水面的重力水叫潜水，其自由水面又称潜水面。我们日常生活中所用的井水面多相当于当地的潜水面。潜水面实际上就是包气带与饱水带的界面。这一界面随季节而变化。

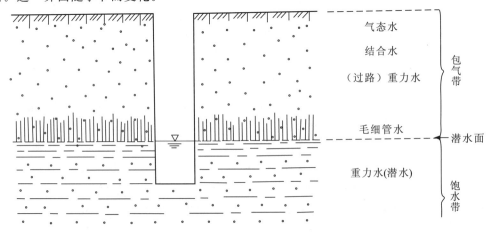

图5-5 包气带与饱水带示意剖面图

埋藏在两个稳定隔水层之间的透水层内的重力水称为承压水,又称层间水(图5-6)。承压水可自行流出地表,流出地表的地下水称为泉水。泉水温度高于当地年平均气温者,称为温泉;泉水含有对人体有益元素者,称为矿泉。根据水力性质分为上升泉和下降泉。上升泉,由承压水补给,在水压力或在气体及水蒸气的影响下,能够上升到地表的地下水天然出露点。下降泉,受上层滞水或潜水补给,在重力作用下,自由流出地面的地下水天然出露点。

岩溶水是存在于可溶性岩石洞穴内的地下水。有些地方洞穴开阔,水量较大,可形成地下暗河。

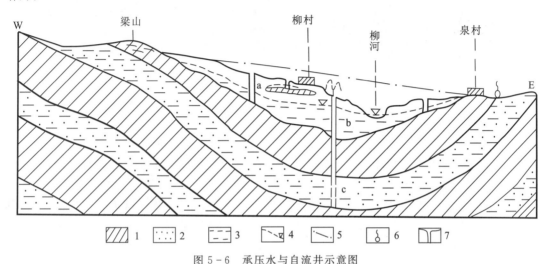

图5-6 承压水与自流井示意图
1.隔水层;2.透水层;3.饱水带;4.潜水面;5.承压水测压水位;6.上升泉;7.自流井;
a.上层滞水;b.潜水;c.承压水(层间水)

上述不同类型的地下水,其运动特点不同。当包气带内的地下水水量大时,在重力作用下垂直下渗;当水量小时,则以毛细水、吸着水的方式保存在岩石空隙中。潜水通常沿隔水层顶面的倾斜方向由高处流向低处,其渗流速度缓慢。一般情况下,日流速多在1m/d以下。岩溶水的运动特点基本同地表流水。

地下水常含有丰富的化学物质,主要有Na^+、K^+、Ca^{2+}、Mg^{2+}等阳离子和HCO_3^-、Cl^-、SO_4^{2-}等阴离子,有时还含有一定数量的不溶残余物(如Fe_2O_3、Al_2O_3等)和有机物质。溶于地下水中的CO_2和有机酸,使地下水在地质作用中表现出较强的化学溶蚀、搬运和沉积能力。

(二) 冰川

在大陆常年积雪的地区,由积雪形成的、缓慢流动着的冰体,称为冰川。按照冰川的规模和形态,冰川可分为大陆冰川(简称冰盖)和山岳冰川(又称山地冰川或高山冰川)。大陆冰川发育在高纬度地区(如南极洲);山岳冰川分布于中低纬度的高山区(如喜马拉雅山、阿尔卑斯山)(图5-7)。在这些地区,冰川是外力地质作用的主要营力。

冰川是一种固体流,其下部冰层因承受上部冰层的压力而具可塑性。所以当冰川在流动过程中遇到障碍时,可以翻越而过。在地形较陡的地区,冰川的流动受重力影响由高处流向低处;在地形平缓的地带,冰川由较厚处流向较薄处。冰川的流动速度非常缓慢,如我国祁连山和天山地区发育的冰川,年流速在30~100m/a之间,但有巨大的刨蚀和搬运能力。

图 5-7 昆仑山玉珠峰冰川
（袁晏明 摄）

（三）风

在干旱半干旱的沙漠地区，或植被稀少、松散沉积物裸露的潮湿气候地区，如滨海沙滩，风是主要的地质营力。

风的运动主要呈紊流状态，没有固定的流路，与地面呈面状接触。风速和风向变化大，具有阵发性。风地质作用的强弱主要受风力的制约，其次还受地面物质组成和地形特征的影响。风力与风速的平方呈正相关，其关系式为

$$P = \frac{1}{2} \frac{Cv}{2}$$

式中，P 为风力，单位 N/m^2；v 为风速，单位 m/s；C 为经验常数，约为 $0.125 kg/m^3$。

当风力达到一定程度，气流的上举力和冲击力就能够移动地表的砂粒（表 5-1），形成风沙流。风沙流具有强烈的磨蚀和搬运能力，风沙流中绝大部分沙集中在近地面 30cm 的范围内，随高度增加而减少，因此，这一高度范围是风进行地质作用最强烈的场所。

表 5-1 风力与搬运砂粒大小的关系

风级	风的名称	风速/(m/s)	搬运砂粒最大直径/mm
3	微风	4.5~6.7	0.25
4	和风	6.7~8.4	0.50
5	清劲风	9.4~11.4	1.0
6	强风	11.4~13	1.5

（四）生物

地球表面广泛分布的生物也是改造地表面貌的重要地质营力。无论是我们熟悉的动物、植物，还是肉眼观察不到的微生物，在它们进行新陈代谢的生命活动中，都直接或间接地参与了地质作用。

生物可以机械方式破坏岩石或以其分泌物对岩石进行化学分解，加速风化作用的进程。

由于地面流水中含有生物产生的有机酸,增大了溶解能力,导致一些较难迁移的化学成分(Al、Fe、Mn、Si 等)的溶解和搬运。某些生物能够聚集分散的元素或化合物,并在适当的环境中沉积下来形成各种各样的有用矿产。煤、石油以及沉积型磷矿、铁矿的形成都与生物的作用密切相关。

一个不容忽视的事实是,作为最高等生物的人类,已经成为当今地球上最重要的地质营力。随着科学技术的飞速发展,生产力水平的不断提高,人类的活动在一定程度上打乱了自然界原有的、简单和谐的地质作用过程。人类不仅赋予地质作用以新的含义,而且为它注入了新的"活力",大大加速了地质作用的进程。

人类在其生活和生产过程中,对地壳表层自然环境不断进行改造,以满足日益增长的物质文化生活的需求,但是,这些活动也常常破坏了自然的平衡,造成环境的恶化。植被的破坏导致水土流失、土地沙漠化(表 5-2);地下水过量开采导致地面沉降;煤的燃烧导致大气 CO_2 的超量,从而引起气候的变化;等等。因此,保护环境、保护我们生存的空间已成为人类刻不容缓的任务。

表 5-2 各大洲受沙漠化影响的土地

沙漠化程度	南美洲		非洲		亚洲		欧洲	
	沙漠化面积/$\times 10^4 km^2$	占土地面积/%	沙漠化面积/$\times 10^4 km^2$	占土地面积/%	沙漠化面积/($\times 10^4 km^2$)	占土地面积/%	沙漠化面积/$\times 10^4 km^2$	占土地面积/%
很高	41.420	2.3	172.52	5.7	79.03	1.8	4.90	0.5
高	126.124	7.1	491.05	16.2	725.35	22.4	—	—
中等	160.283	9.0	374.10	12.3	560.76	12.8	18.96	1.8
极高	20.492	1.1	617.80	20.4	158.06	3.2	—	—

(引自叶俊林等,1996)。

二、内地质营力

内地质营力主要包括构造营力和岩浆营力。这是一种来自地球内部、作用于整个地球的自然动力,包括热能、旋转能、重力能、结晶能和化学能。

1. 构造营力

主要由地球内能引起、使地壳或岩石圈发生机械运动的自然动力称之为构造营力。山脉的隆起、板块的漂移、岩层中的褶皱与断裂现象,以及具有巨大破坏力的地震等,都是由构造营力引起的。构造营力可造成脆性变形,也可造成塑性变形;可形成面状构造,也可形成线状构造。

构造营力具有明显的方向性,常表现为定向压力,造成特征的构造线方位,其大小变化幅度大,在地壳内的分布不均匀。地表高低起伏差异大的地区,如海沟与岛弧、高山与平原的交接地带,往往是构造营力作用强烈的地区。地壳活动区是构造营力聚集区。

2. 岩浆营力

赋存于地壳深部和地幔上部的液态岩浆,由于处在高温(900~1600℃)、高压

(1 013 250kPa)环境,因而蕴藏着巨大动力。我们把这种由地球内能引起,通过岩浆的温度、压力和运动表现出来的自然动力叫作岩浆营力。岩浆营力的大小主要取决于温度差大小和压力差大小。一般来说,差别越大,营力作用越强,它驱动着岩浆从压力高部位向压力低部位运动。

岩浆营力可以驱动岩浆的上侵运动,引起岩浆在地下的运移和岩浆侵入作用,或者穿透上覆岩层造成火山喷发现象,以及由此所诱发火山地震(图5-8)。它形成了地表广布的岩浆岩和许多具有工业价值的岩浆矿床。岩浆营力还可引起变质作用,或作为一种有利于变质作用发生的因素,加速其进程。

图5-8　美国圣海伦火山
(于1980年5月18日喷发,喷发的火山灰及气体高度超过24km)
(图片来源:USGS)

三、地质作用的概念

由地质营力引起、造成地壳运动与变化的各种自然作用称为地质作用。与地质营力的划分相对应,地质作用分为外力地质作用和内力地质作用两大类型(表5-3)。

1. 外力地质作用

由外地质营力引起、使地壳物质成分和地表形态改变的地质作用称为外力地质作用。

表5-3　地质作用的类型

地质作用		类型
外力地质作用	按地质营力分	地面流水地质作用、海洋地质作用、地下水地质作用、冰川地质作用、风的地质作用、湖泊地质作用、生物地质作用
	按作用程序分	风化作用、剥蚀作用、搬运作用、沉积作用、成岩作用
内力地质作用	构造作用、岩浆作用、变质作用、地震作用	

尽管外力地质作用有多种类型,不同类型的外力地质作用在作用方式和形成产物上各有不同,但是,所有类型的外力地质作用在其动态演化的阶段性方面存在着共同规律,即它们一般都是按照风化、剥蚀、搬运、沉积、成岩这样的程序进行的。

风化作用和剥蚀作用使地表岩石遭到机械破碎或化学分解。两者的区别在于风化作用是多种营力(水、冰、风等)在原地对岩石进行破坏,而剥蚀作用是某一种介质(营力)在运动过程中对岩石进行破坏,并把破坏的产物带离原地。破坏产物被介质以不同形式搬运到新的环境中,在一定条件下(如流水的流速降低、溶液过饱和等)发生沉积。新形成的沉积物是松散状的,经过长期的压实、脱水等成岩作用后,最终形成坚硬的岩石(图5-9)。

外力地质作用是一个相当复杂的过程,受多种因素的影响,其中气候和地形具有较大意义。

图 5-9 沉积岩（砾岩）野外露头
（赵俊明 摄）

2. 内力地质作用

由内地质营力引起的，使地壳或岩石圈物质成分、内部结构以及地表形态发生改变的作用称为内力地质作用。内力地质作用是促使地球特别是岩石圈演化与发展的主要原因。它包括构造作用、岩浆作用、变质作用和地震作用（表5-3）。这些作用或者造成岩石圈、地壳的机械变形，或者造成岩浆的侵入或喷出，或者造成岩石成分和结构构造的变化，或者引起地面的快速颤动。这些作用改变了地壳的面貌，造就了丰富的矿产，形成了多姿多彩的构造现象。

各类内力地质作用的特征和结果将在后续章节中叙述。

3. 外力地质作用与内力地质作用的关系

外力地质作用与内力地质作用是既互相区别又互相联系的。内力地质作用造成地表高低起伏，控制着地球表面形态的基本轮廓；外力地质作用则降低地形的起伏，同时塑造局部地表形态。内力地质作用强烈的地区往往也是外力地质作用发育的地区，如强烈隆升的山脉地区也是剥蚀作用盛行的地区。外地质营力变化也可促进内力地质作用的发生，例如大陆冰川的融化（卸载作用）可导致地壳上升运动的发生。

第二节　风化作用

风化作用是指在地表或接近地表的环境中，由于气温、大气、水及生物等的作用使岩石或矿物在原地遭受分解和破坏的过程。

风化作用产生的根本原因是岩石所处环境条件的改变。岩浆岩和变质岩是在地下温度和压力都比较高的条件下形成的，沉积岩的形成过程大部分发生在地表，但是其成岩作用阶段也是在一定深度的埋藏状态下、温度压力都较高的环境中进行的。在后来的地质演化过程中，这些岩石一旦暴露于地表就处于新的环境，温度和压力大幅度降低，并受到大气、水和生物的直接影响。岩石将通过其自身某些性质的改变以适应新的环境条件而达到新的平衡。

风化作用有时可以使一些有用成分富集形成风化型矿床，70%富铁矿和95%的铝土矿都是由风化作用形成的。

一、风化作用的类型

根据风化作用的因素和性质可将其分为3种类型:物理风化作用(又称机械风化)、化学风化作用和生物风化作用。

(一)物理风化作用

岩石和矿物主要受温度变化以及其他因素的影响,在原地发生机械破碎,而化学成分未明显改变的过程,称为物理风化作用。物理风化作用使得完整的岩石产生裂隙或崩解,形成大小不等的碎块。物理风化作用有以下几种方式。

1. 温差风化

温差风化是由于岩石表层温度的周期性变化而使岩石崩解的过程。

岩石是热的不良导体。在白天,阳光照射,岩石表层升温快而内部升温慢,岩石的表层与内部之间产生了温度差异,表现为受热膨胀程度的差异,从而在岩石表层和内部之间产生了一些细微破裂。到了夜晚,岩石表层散热快而内部仍保持着较高的温度,出现了差异收缩现象,又在岩石表层和内部之间造成细小的裂隙。如此反复进行,裂隙不断扩大增多,原来完整的岩石最终崩解为大小不等的碎块(图5-10)。

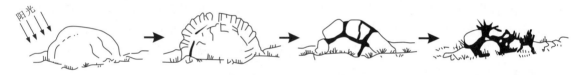

图5-10 温度变化引起岩石缩胀不均而崩解的过程示意图

多数岩石是由一种以上的矿物组成的。不同矿物有不同的受热膨胀系数,如石英为$3\times10^{-6}/℃$,正长石为$17\times10^{-6}/℃$。因此,即使同处于受热膨胀或散热降温状态,矿物之间的差异膨胀或收缩都可使岩石内部出现裂隙,从而导致岩石遭到破坏。

温差风化作用盛行于昼夜温差较大的干旱—半干旱地区,如我国塔克拉玛干沙漠地区,白天47℃(酷暑最高温度达67.2℃),晚上-3℃,相差50℃。

2. 冰劈作用

冰劈作用(又称冻融风化)是指岩石裂隙中充填的水因结冰体积膨胀而使岩石裂隙扩大的过程。水结冰后体积比原来增大1/11左右,对裂隙面产生$960\sim2000kg/cm^2$的压力。在如此巨大的压力作用下,岩石中的裂隙被撑裂扩大以至最终崩解(图5-11)。

冰劈作用主要发生在高纬度寒冷地带和中低纬度高山区,特别是在昼夜温度变化明显的雪线地区,水在岩石裂隙中反复地融化与结冰,加速了岩石崩解和破坏的速度。

3. 盐类的结晶与潮解作用

当岩石裂隙中充填含有盐分的水溶液时,白天烈日暴晒、水分蒸发,盐类物质因过饱和而结晶。结晶后体积膨胀,撑开裂隙。据实验资料,明矾结晶后体积增加0.05%,可对裂隙两壁施加$40kg/cm^2$的压力。夜晚,气温降低,结晶出的固体盐从大气中吸收水分变成盐溶液而潮解,并渗透到白天所产生的裂隙中。如此反复进行,裂隙不断扩大,岩石破裂,直至崩解。

盐类的结晶与潮解作用主要出现在降水量少,蒸发强烈的干旱、半干旱地区。

物理风化作用产生了大量碎屑物质。在地形平缓处，碎屑物散布在基岩表面；在地形较陡处，碎屑物质多滚落在坡脚，堆积成上尖下宽的锥状体，形成倒石堆。

（二）化学风化作用

地表附近的岩石和矿物因发生化学反应从而使其成分改变的过程，称为化学风化作用。化学风化作用主要有以下几种方式。

1. 溶解作用

组成岩石的矿物中，部分矿物如卤化物、硫酸盐溶解度大，易溶于水。碳酸盐矿物，如方解石（$CaCO_3$），在纯水中不易溶解，而当水中含有 CO_2 时则易溶解：

$$CaCO_3 + H_2O + CO_2 \rightleftharpoons Ca(HCO_3)_2$$

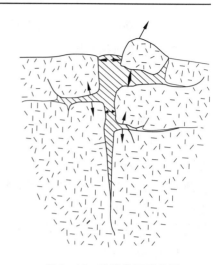

图 5-11 冰劈作用示意图
（引自夏邦栋，1995）

溶解作用使得易溶解矿物顺水流失，岩石遭受破坏。

2. 水解作用

水解作用是指水中的 H^+ 和 OH^-，与矿物在水中离解出的离子发生相互置换，水中的 H^+ 置换了矿物中的碱金属离子（K^+、Na^+、Ca^{2+}、Mg^{2+} 等）。难溶解的硅酸盐矿物多以这种方式被破坏，例如钾长石的水解反应：

$$4K_2O[AlSi_3O_8] + 6H_2O \longrightarrow Al_4[Si_4O_{10}](OH)_8 + 8SiO_2 + 4KOH$$

$$\text{钾长石} \qquad\qquad \text{高岭石} \qquad\quad \text{蛋白石} \quad \text{溶液}$$

KOH 和 SiO_2 分别以真溶液和胶体溶液的形式溶于水，被带离原地，难溶的高岭石残存下来。

3. 氧化作用

矿物与大气或水中的游离氧之间的化学反应称为氧化作用。矿物在地下形成时处于缺氧状态，变价元素多以低价方式组成矿物。由低价元素组成的矿物在地表环境中，最易发生氧化作用。常见的氧化反应如黄铁矿被氧化成褐铁矿：

$$4FeS_2 + 5O_2 + mH_2O \longrightarrow 2Fe_2O_3 \cdot nH_2O + 8H_2SO_4$$

$$\text{黄铁矿} \qquad\qquad \text{褐铁矿}$$

地表的岩石和矿物经过长时期的化学风化作用之后，化学性质较活泼的元素，如碱金属元素、卤族元素等以溶液和胶体溶液的形式迁离原地；化学性质稳定的元素（如 Al、Fe、Si 等）残留原地，并组成黏土类矿物（如高岭石）。化学风化作用还使岩石结构变得疏松，粒径变小，原岩的一些特征已不复存在。

4. 水合作用

物质与水发生化合叫水合作用，又称水化作用。有些矿物吸引一定数量的水后变成了另一种矿物，如：

$$CaSO_4(\text{硬石膏}) + 2H_2O \longrightarrow CaSO_4 \cdot 2H_2O(\text{石膏})$$

硬石膏变成石膏体积会增大约 30%，引起石膏层的破坏。

(三) 生物风化作用

生物风化作用是指生物对岩石和矿物的破坏作用，是一种普遍发生的地质现象，有以下两种方式。

1. 生物机械风化作用

生物在其生命活动过程中对岩石产生的机械破坏作用称为生物机械风化作用。生长在岩石裂缝中的植物，随着根部的生长膨胀，不断撑开裂隙，使岩石受到破坏，这一现象称为根劈作用。再如穴居动物挖掘洞穴、蚯蚓、蚂蚁翻动泥土等，都可以使岩石受到破坏。

2. 生物化学风化作用

生物化学风化是由生物在新陈代谢过程中的分泌物和生物死亡后遗体腐烂分解产物对岩石和矿物的破坏作用。植物和细菌常分泌出有机酸腐蚀分解岩石、矿物，然后吸取其中的某些成分作为营养。生物死亡后，有机体腐烂分解，形成腐殖质，腐殖质除了作为养分有利于生物生长外，还含有相当数量的有机酸，同样对岩石、矿物起腐蚀作用。

(四) 风化壳

大陆上的岩石、矿物经长期的物理、化学风化作用之后，残留在原地的风化产物称为残积物。由残积物和土壤在陆地上构成的、厚薄不均的薄壳叫作风化壳。由于风化作用在地表的附近最强烈，向地下深处逐渐减弱，因此风化壳与下伏基岩无明显界线，并且由上到下具有一定变化规律(图 5-12)。

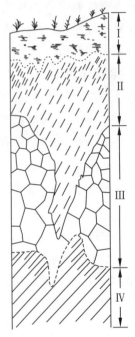

图 5-12　周口店花岗闪长岩风化壳剖面

Ⅰ.土壤层；Ⅱ.残积层(亚土壤)；
Ⅲ.半风化岩石；Ⅳ.基岩

风化壳按平面形态可分为面状、线状、囊状风化壳。按气候分带、环境、原岩的不同可分为以下类型：①在寒带高山气候下，以物理风化为主的岩屑型风化壳；②在温带半干旱气候下，化学风化早期的硅铝-碳酸盐型及硅铝-硫酸盐型风化壳，或者干旱区的硅铝-氧化物-硫酸盐型风化壳；③在温带森林气候下，化学风化中期的硅铝黏土型或高岭土型风化壳；④在热带、亚热带湿热气候下，化学风化晚期的铁铝型或砖红壤型风化壳。

风化壳的厚度的大小取决于气候、地形、构造等许多因素。一般说来，在气候湿热、地形平坦、构造活动比较稳定的地区，风化作用较强，剥蚀作用较弱，风化残余物质易于保存，故风化壳厚度较大。在相反的条件下，风化壳厚度就较小，以至不存在。

地质历史时期形成的风化壳称为古风化壳。古风化壳是一个地区长期出露地表并遭受风化作用的见证。

风化壳的研究意义有以下几点。

(1) 地壳运动。地壳长期稳定，风化壳得以充分发育；古风化壳代表古代沉积间断，发育构造运动。

(2) 古地理。风化壳代表陆地；不同气候条件，风化壳特征不一。

(3)矿产。风化壳常形成残余型矿床,残积砂矿床(金、金刚石)。

(4)工程建设。对近代埋藏的风化壳应慎重对待。某水库工程对风化壳厚度估计不够,蓄水后坝下渗漏严重。

二、风化作用的影响因素

气候、地形和岩石性质是影响风化作用方式和速度的主要因素。

1. 气候条件的影响

对风化作用起重要影响的气候因素是气温和降水量。高纬度寒冷地区或气候干旱的中低纬度荒漠地区,降水量少或地面水多呈固态,生物稀少,主要盛行物理风化作用;气候潮湿而炎热的地区,植物繁盛,化学风化和生物风化作用普遍而强烈,岩石矿物被强烈分解,可形成厚达百米的风化壳。

不同气候带风化作用进行的程度有较大的差别,如图 5-13 所示。

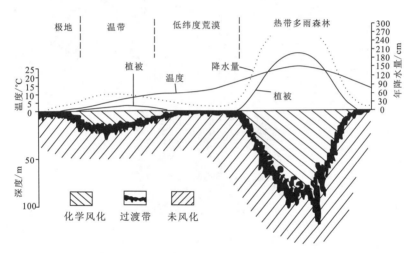

图 5-13 不同气候带风化作用的强度和深度
(据汉布林,1980)

2. 地形条件的影响

地形对风化作用的影响,首先表现在高山区气候可产生垂直分带现象,不同的气候分带,其风化作用的方式和速度也随之不同;其次地形的陡缓对风化作用也有影响,缓坡地下水位高,植物生长茂盛,以化学风化和生物风化作用为主,而陡坡则以物理风化作用为主;坡向也影响风化作用,阳坡物理风化强,阴坡的化学风化作用更强烈一些。

3. 岩石性质的影响

岩石由矿物组成,矿物抗风化能力的强弱直接影响到岩石风化作用速度的快慢。以岩浆岩为例,橄榄石、辉石、角闪石、黑云母等暗色矿物,比长石、石英等浅色矿物的抗风化能力弱,所以由暗色矿物为主要组成的超基性岩和基性岩比由浅色矿物为主要组成的酸性岩更易于风化。抗风化能力不同的岩石在地表相间出露时则会出现差异风化现象,易风化的岩石相对下凹,不易风化的岩石相对凸起。

岩石的裂隙发育程度对风化作用也有显著的影响。裂隙发育增加了水和空气与岩石接触的面积，使风化作用易于进行。被裂隙分割成块状的岩石，其棱角部位与外界接触面积最大，最易遭受破坏。当风化作用进行到一定程度后，岩块棱角消失，趋于球形。这种现象称为球形风化(图5-14、图5-15)。

岩石的结构对风化作用有一定的影响，岩石结构较疏松、不等粒结构易于风化，粒径粗者较细者易于风化。

图 5-14　球形风化的野外露头
（袁晏明 摄）

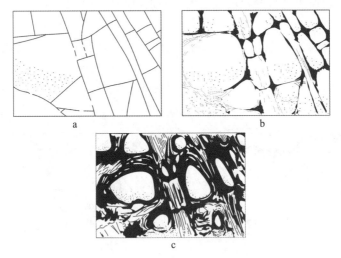

图 5-15　球形风化的发育过程(据汉布林，1980)
a.岩石被裂隙切割；b.球形风化初期；c.球形风化的晚期

第三节　剥蚀作用

各种外地质营力在运动过程中对地表岩石产生破坏，并把破坏下来的产物带离原地的作用称为剥蚀作用。

一、河流的剥蚀作用

河流是地面流水的主要类型，河流剥蚀作用又称河流的侵蚀作用。河流的侵蚀作用以机械侵蚀作用为主，化学溶蚀作用占次要地位。溶蚀作用是指河流以溶解方式破坏岩石，在可溶性岩石出露地区，其侵蚀作用以溶蚀作用为主。

在河流的机械侵蚀作用中，河水本身的冲击力对组成河床岩石的破坏称为冲蚀作用；河水携带的砂、砾对河床岩石的磨损破坏称为磨蚀作用。

按侵蚀作用方向的不同，河流侵蚀作用可分为下蚀作用和侧蚀作用。

1. 河流的下蚀作用

河水及其所携带的碎屑物，侵蚀河床底部岩石使河床降低，河谷加深的作用称为河流的下蚀作用。

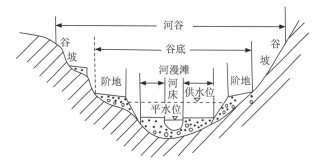

图 5-16 河谷的形态要素

河谷是指河流流经的槽状谷地（图 5-16），河谷由谷坡、谷底组成。谷坡为河谷两侧的斜坡，谷底是两谷坡中间较平坦的部分，谷底常年有水的沟槽叫河床。谷坡、谷底和河床为河谷的形态要素。

影响河流下蚀作用的因素很多，其中河水流速是最主要的因素，其次是河水携带碎屑物质的数量（含沙量），组成河床的岩石性质的强弱也有影响。一般情况下，流速大且含较多碎屑物质的河流，其冲蚀、磨蚀能力强大，下蚀作用发育。

具体到某一条河流，下蚀作用最强烈的河段往往是河床纵比降（河流的两点间的高程差与其距离之比）最大的河段。如我国金沙江虎跳峡段，在短短的 16km 河段水面落差达到 200m，下蚀作用强烈，急流险滩密布。据研究，金沙江河谷近 100 万 a 来加深了 1200m。多数情况下，大江河的上中游和山区性河流是下蚀作用最发育的地区。

在河流下蚀作用强烈的地区，河谷不断加深，其加深的速度远远大于拓宽的速度，结果造成谷坡的高度远远大于谷底的宽度，河谷横剖面呈"V"字形，故称 V 形河谷。我国长江三峡就是由长江下蚀作用塑造出来的 V 形河谷，以其陡坡雄伟而闻名于世（图 5-17），这种独特的峡谷地貌为三峡大坝工程的修建提供了难得的自然条件。

图 5-17 长江三峡 V 形河谷

在瀑布河段，河水携带着碎屑物从陡坎上跌落，强烈冲击瀑布下面的河床和陡坎的根部。长时间后，陡坎悬空，崩塌，使瀑布后退。如美国与加拿大之间的尼亚加拉瀑布约以 130cm/a 的速度后退。

河流的下蚀作用使得瀑布后退、河床降低、河谷逐渐向上游（源头）延伸发展，这种现象称为向源侵蚀作用。在同一条分水岭两侧发育的河流，各自发生向源侵蚀作用，两侧河谷不断向源头延长以至相遇。最后，下蚀速度快的一方将较慢一方的河水夺走，这种现象称为河流袭夺现象（图 5-18）。

河流的下蚀作用不断使河床降低，但并不是永无止境的。当河流入湖或入海时，河水面与湖水面或海水面之间高差为零，河水的流动随势能消失而趋于停止，下蚀作用也就停止了，这一水平面（湖水面、海水面）是河流下蚀作用的极限，称为侵蚀基准面。显然，海平面是河流的最终侵蚀基准面（图 5-19），在河流的不同地段往往存在局部侵蚀基准面，如瀑布下面的河水面就是其上游河段的侵蚀基准面。

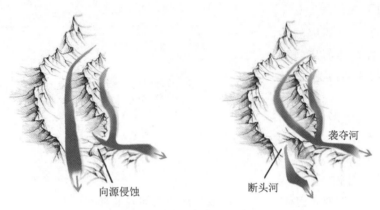

图 5-18　河流袭夺示意图

（袁晏明 绘）

图 5-19　河流侵蚀基准面示意图

2. 河流的侧蚀作用

河水及其携带的碎屑物质对河床两侧和谷坡产生的破坏作用称为侧蚀作用。侧蚀作用的持续进行会使河谷不断展宽、河床变得愈发弯曲。

河流侧蚀作用的原因是河流进入弯曲河段后，主流线偏向凹岸，河水的运动进入单向环流状态，河水及其中的碎屑不断冲击凹岸使得凹岸节节后退。由于受河水向下游运动的惯性影响，侧蚀作用最强烈的地点不是河道弯曲最大的弯顶，而是弯顶稍偏下游。凹岸被侵蚀下来的碎屑物质，较粗的沉积在河床底部，较细的则由环流的底流带至凸岸沉积下来，因此凸岸不断前伸。

随着凹岸侵蚀、凸岸堆积的发展，河床越来越弯曲，河道曲率（两地点之间河床长度与河谷长度之比）逐渐增加，由此而形成的连续弯曲的河流称为曲流（图 5-20）。

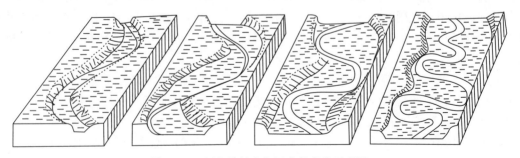

图 5-20　河谷的扩宽与河床的弯曲示意图

曲流不停地迁回摆动,把河谷中突出的谷坡削平,河谷变得宽阔平直,谷底由松散沉积物组成。在曲流的发展过程中,当两河曲靠得非常近时,洪水期流速较快的河水就会冲开曲流颈,河水由一个河湾直接进入下一个河湾,这种现象叫截弯取直。截弯取直后被遗弃的一段河曲称牛轭湖(图5-21)。

图5-21 阿坝红原大草原白河发育的牛轭湖
(艾可可 摄)

侧蚀作用进行的晚期,河床更加弯曲,河水一般不能到达谷坡。这种极度弯曲的河床称为蛇曲。河流一旦进入蛇曲阶段,河床纵比降很小,河水流速缓慢,侧蚀作用日益衰弱,河水的动能基本上都消耗在搬运泥沙上了。

二、海洋的侵蚀作用

海水对海岸和海底岩石的破坏作用称为海蚀作用。海蚀作用有机械剥蚀、化学溶蚀和生物剥蚀等方式。

1. 海水的机械剥蚀作用

海水的机械剥蚀作用是由海水的运动引起的。波浪、潮汐、洋流和浊流都是主要营力,其中以波浪最为重要。波浪作用下限(浪基面)以上的滨海地带是海水机械剥蚀作用最强烈的地带。海水机械剥蚀作用包括冲蚀和磨蚀两种方式。

当波浪前仆后继地涌上海岸时,具有强大能量的拍岸浪反复冲击磨蚀海岸陡崖的下部,天长日久在陡岸下部冲磨出一个凹槽,称海蚀凹槽。海蚀凹槽沿水平方向延伸,其分布的位置大体相

图5-22 滨海海蚀地貌景观

当于当地海平面的位置。随着海蚀凹槽的加深扩大,其上部的岩石悬空而发生崩塌,形成海蚀崖(图5-22)。

通过海蚀崖和海蚀凹槽的交替兴废,海蚀作用使得基岩海崖向大陆方向不断后退,最后在海蚀陡崖前面形成一个基岩平台,称为波切台。在波切台形成的同时,底流和沿岸流把破坏下来的岩石碎块带回海中,在波切台以外堆积,也构成一个平台,称为波筑台(图5-23)。

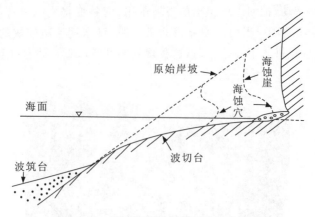

图 5-23 岩岸海蚀平衡剖面的形成过程

当波切台发展宽到一定程度后,波浪在冲击陡崖前要经过越来越长的路程,大部分波能被消耗,波浪对海岸陡崖的侵蚀作用也就越来越小,直至终止。

2. 海水的化学溶蚀作用和生物剥蚀作用

海水的化学溶蚀作用在由碳酸盐岩组成的海岸地带表现得较为强烈。海水中含有较多的CO_2,因此具有较强的溶蚀能力。

在滨海生活的生物多为钻孔穴居的生物,它们常常分泌出某些溶剂溶蚀岩石或用壳刺钻凿岩石,营造栖身之所。生物在进行这些活动时会使海岸岩石遭受到破坏。

3. 潮流和洋流的剥蚀作用

潮流的剥蚀作用主要出现在两类地区:①大陆架上地形狭窄并有强潮流通过的地区,如我国的琼州海峡;②由粉砂、黏土等细粒碎屑物质组成的平坦海滩,潮流在这类地区往复运动,是引起地质作用的主要营力。

洋流的剥蚀作用主要发生在深海底部,长期的侵蚀破坏可以在海底形成深海海谷。

4. 浊流的侵蚀作用

尽管浊流发生的频率很低,但它因具有较大的密度和较快的流速,而具有强大的侵蚀能力。浊流侵蚀作用的结果是在大陆坡上塑造出巨大规模的海底峡谷(图 5-24)。这些海底峡谷的深度可达千米以上。

三、地下水的剥蚀作用

地下水的剥蚀作用又称潜蚀作用,包括机械潜蚀和化学溶浊两种方式,以化学溶蚀作用为主。

1. 机械潜蚀作用

地下水在流动过程中对土、石的冲刷破坏作用称为机械潜蚀作用。通常来说,地下水流速缓慢,机械潜蚀作用强度不大。流动于较大空隙内的地下水,如溶洞内的地下暗河,因水量集中且流速较快,具有较大的侵蚀能力,其特点类似河流的侵蚀作用。

2. 化学溶蚀作用

地下水对可溶性岩石的溶解破坏作用称为化学溶蚀作用,又称之为岩溶作用或喀斯特作

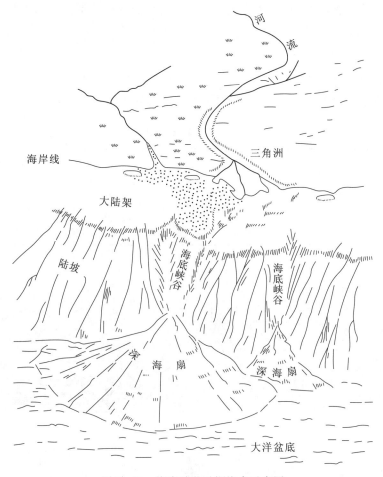

图 5-24 海底峡谷及深海扇示意图

用。我国广西、云南、贵州等地是岩溶作用发育地区。美甲天下的桂林山水和奇异的石林风光都是岩溶作用的产物。

岩溶作用的实质是化学溶解作用。地下水因含有一定量的 CO_2 而具有较强的溶解能力。在地下水流动的情况下，$CaCO_3$ 不断地被溶解带走，灰岩便被溶蚀破坏。

★ 岩溶作用的基本条件可归纳如下。

1) **岩石的可溶性**

因为硫酸盐和卤化物岩在自然界分布面积很小，所以岩溶作用主要发育于碳酸盐岩分布的地区。碳酸盐岩中以灰岩最易被溶解，另一类碳酸盐岩——白云岩 $CaMg[(CO)_3]_2$ 比灰岩的溶解度小 50%～200%。

2) **岩石中裂隙的发育程度**

裂隙越发育，岩石与地下水的接触面积越大，越有利于岩溶作用的进行。

3) **地下水的溶蚀力**

溶蚀力取决于 CO_2 的浓度，CO_2 浓度越高，溶蚀力越强。CO_2 在地下水中的含量可达每升几十毫升到几百毫升。另外,温度的升高可加速化学反应的速度,因此,湿热气候区更有利于岩溶作用进行。

4) 地下水的流动性

处于循环流动状态的地下水可将溶蚀物质迅速带走,使岩溶作用持续下去。

岩溶作用在地表及地下塑造出多种地貌形态,常见岩溶地貌如表5-4所示。

表5-4 常见岩溶地貌类型

形成部位	侵蚀地貌(图5-25)	堆积地貌
地表及包气带	峰丛、峰林、孤峰(图5-26)、溶沟、石芽、石林(图5-27)、溶蚀谷地、落水洞	泉华
地下(饱水带)	溶洞、暗河、地下湖	石钟乳、石笋、石柱(图5-28)

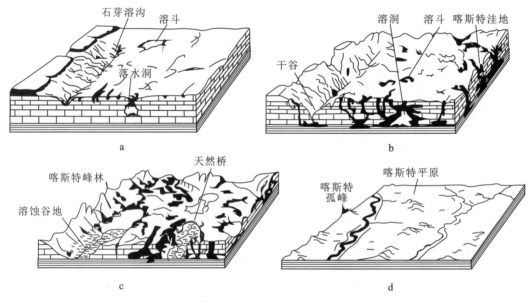

图5-25 喀斯特发育过程
a. 早期;b. 中期;c. 晚期;d. 末期

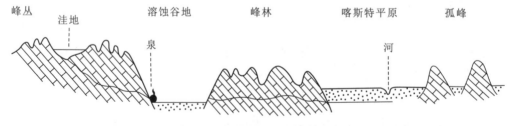

图5-26 峰丛、峰林和孤峰现象
(引自夏邦栋,1995)

图 5-27 云南路南石林

图 5-28 石钟乳、石柱景观

四、冰川的侵蚀作用

冰川及其携带的岩石碎块对冰床的破坏作用称为刨蚀作用。刨蚀作用是一种机械侵蚀作用。

1. 刨蚀作用的方式

刨蚀作用有两种方式——掘蚀作用和磨蚀作用。掘蚀作用是指冰川将与它冻结在一起的冰床基岩碎块拔起并带走的作用。磨蚀作用是指冰川以其自身以及冻结在冰川中的岩石碎块为工具，对冰床的刮削、锉磨。

2. 冰蚀地貌

由冰川侵蚀作用所形成的各种地貌形态。冰蚀地貌多种多样，羊背石就是其中较典型的一种，它们的形态顶部浑圆，状似羊背，是由岩性坚硬的小丘经冰川磨削而成的，故称作羊背石。此外，常见的冰蚀地貌还有冰斗、冰蚀谷、角峰和刃脊等（图 5-29）。

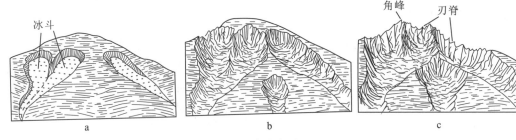
图 5-29 冰斗、角峰和刃脊发育过程（据 Silkes et al., 1978）
a. 初级阶段，冰川的形成；b、c. 冰斗向山脊推进，形成角峰和刃脊

1）冰斗

冰斗是山岳冰川最典型的冰蚀地貌，冰斗位于冰川的上部，呈半圆形的剧场形状或圈椅状，三面环以陡峭的岩壁，开口处为一高起的岩槛，冰斗底部是一个洼地，冰斗多分布在雪线附近。

2）角峰和刃脊

角峰是 3 个以上冰斗所夹的金字塔形尖锐孤峰。刃脊是陡立挺拔状如鱼鳍的山脊，角峰和刃脊都是在刨蚀作用下，冰斗或冰川谷后退而形成的。

3)冰蚀谷

冰蚀谷是冰川刨蚀作用形成的谷地,其横剖面呈"U"字形,又称 U 形谷。谷底开阔平坦,两谷坡陡立。谷坡的基岩面常见由冰川磨蚀作用形成的断续磨光面(冰溜面)。

五、风的剥蚀作用

风以其自身的动力及其所携带的碎屑物质,对地表岩石进行破坏的地质作用称为风蚀作用。表现为风的吹蚀作用和磨蚀作用。风将地面的松散沉积物或基岩上的风化产物吹走,使地面遭到破坏称吹蚀作用;磨蚀作用是指由于风沙流贴近地面运动,运动的沙粒对地表物质(岩石等)进行的冲击、摩擦作用的过程。

图 5-30 风蚀蘑菇石(周口店房山岩体)
(刘强 摄,2004)

风蚀作用的强度主要受风速和含砂量两种因素的影响。风蚀作用在近地面 30cm 的范围内最强烈,可以形成蘑菇石(图 5-30)等独特的地貌。

第四节 搬运作用

搬运作用是指地表和近地表的岩屑和溶解质等风化、剥蚀物被搬往别处的过程,是自然界塑造地球表面的重要作用之一。不同营力有不同的搬运方式。下面以河流为重点,分述各种介质的搬运作用。

一、河流的搬运作用

与其他搬运介质相比,河流的搬运能力最强。以黄河为例,每年黄河搬运入海的泥沙量约 12×10^8 t,使其下游的河床每年平均抬高约 10cm,并在入海口堆积起来大量泥沙,形成面积约 36 300km² 的黄河三角洲,并且黄河三角洲正以每年约 3km 的速度向海延伸(图 5-31)。

河流的搬运方式有两种,即化学搬运和机械搬运,通常以后者为主。

1. 化学搬运

可溶性物质在河水中以溶液的方式被搬运称为河流的化学搬运,又称溶运。可溶性物质在河水中以两种溶液状态被搬运:易溶于水的化合物,如 K、Na、Ca、Mg 的卤化物和硫酸盐等呈真溶液状态被搬运;Fe、Mn、Si 的氧化物和氢氧化物呈胶体溶液状态被搬运。

全世界的河流每年将约 23.4 亿 t 的溶运物运至大海,溶运物成分复杂,主要是 $CaHCO_3$ 和 SiO_2。在湿热气候条件下,可溶性岩石出露地区的河流以化学搬运为主。

2. 机械搬运

碎屑物质(砾、砂等)在河流中以机械形式被搬运。河流的搬运能力和搬运量除受流速控制外,还受流量和流域内的自然条件影响。地表岩石松散、植被稀少、降雨量集中的地区,河流的搬运量大;反之,搬运量小。

碎屑颗粒在河水中以 3 种方式被搬运（图 5-32）。

1）推移

流水推动碎屑物,使其沿河床底部滚动或滑动为推移,粒径大于 2mm 的砾石多以这种方式搬运,推移具明显的间歇性,时动时停。

2）跃移

当碎屑物的重力与水流的上举力基本相等时,颗粒时沉时升,在流水推动下呈跳跃式前进,称为跃移。粒径 0.05～2mm 的砂多以跃移形式被搬运,砂的跃移在砂层表面形成沙波,沙波的移动在砂层内部形成交错层理（图 5-33）。

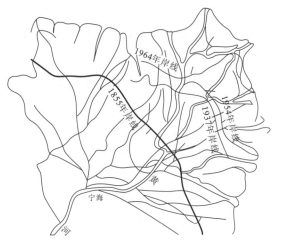

图 5-31　黄河三角洲延伸示意图
(引自夏邦栋,1995)

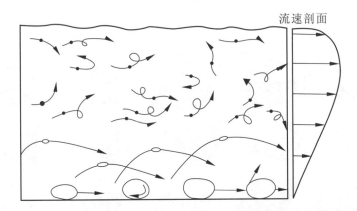

图 5-32　流水搬运物质的运动方式（自下而上为推移、跃移、悬移）

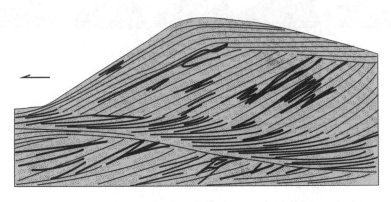

图 5-33　实验中沙波移动形成的交错层理
(据夏邦栋,1995)

3）悬移

当碎屑颗粒的重力小于水流上举力时，颗粒便悬浮在水中运动，即悬移，粒径在 0.005～0.05mm 之间的粉砂和粒径小于 0.005mm 的黏土常以悬移方式被搬运。

3. 碎屑颗粒在搬运过程中的变化

1）分选作用

河流搬运碎屑颗粒的大小主要受流速影响。流速增大，搬运大（重）一些的颗粒；流速减小，搬运的颗粒要小（轻）一些。这样，随着流速的变化，因颗粒大小或质量不同，碎屑物便产生了分离现象，即分选作用。

2）磨圆作用和磨细作用

碎屑颗粒在河流的搬运过程中，颗粒与颗粒之间以及颗粒与河床之间经常发生碰撞和摩擦，结果使碎屑物的棱角逐渐消失。被搬运的距离越长，碎屑物（较粗大的砾和砂）的棱角丧失得越多，最后颗粒的轮廓被磨成圆状，这一过程叫磨圆作用。在磨圆作用进行的同时，颗粒越磨越小，这种现象被称为磨细作用。

碎屑颗粒的磨圆度一般分为 5 级，如图 5-34 所示。

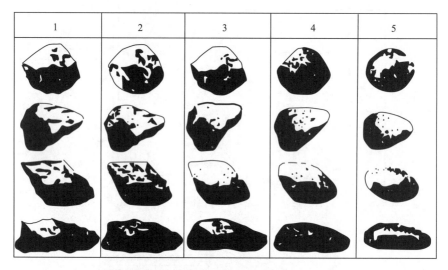

图 5-34　碎屑的磨圆度级别（据李尚宽，1982）
1.棱角状；2.次棱状；3.次圆状；4.圆状；5.浑圆状

3）机械分异现象

一般情况下，河流的流速从上游到下游呈规律性递减，其搬运能力也相应减弱，因此，粒径大或相对密度大的碎屑物一般搬运距离近，而粒径小或相对密度小的碎屑物搬运距离远。若按粒径大小，碎屑物发生沉积的先后顺序是：砾→砂→粉砂→黏土；若按相对密度，矿物颗粒沉积的顺序是：金（13.9）→黄铁矿（5.0）→铬铁矿（3.1）→石英（2.7）→石墨（2.16）→琥珀（1.07）。这种碎屑物按大小、相对密度依次发生沉积的现象，叫作机械分异现象。

机械分异现象只是一种理想的模式，实际上河流的搬运能力受多种因素制约（如支流汇入、局部地形变化等），搬运过程中的沉积作用较为复杂。

二、海洋的搬运作用

与河流基本相同,海洋搬运作用分机械搬运和化学搬运两种类型。在机械搬运中,碎屑颗粒按大小不同又呈推移、跃移和悬移3种方式。化学搬运又分真溶液和胶体溶液两种方式。除此之外,海水不同的运动方式,有不同的搬运特点。

1. 波浪的搬运作用

波浪的搬运作用主要发生在浪基面以上的滨海和浅海近岸地带。搬运物以砂、砾为主。根据碎屑颗粒被搬运的方向,波浪的搬运分为横向搬运和纵向搬运两种类型。

当波浪垂直海岸作用时,碎屑物被推向海滩或移向海中,称为横向搬运,较粗的碎屑多被推上海滩,较细的碎屑多被移往海中。

当波浪斜向冲击海岸时,产生的沿岸流推动碎屑做平行海岸的位移,称为纵向搬运。在底流和沿岸流的共同作用下,碎屑颗粒的实际运动轨迹呈"之"字形,但其总体的运动方向平行海岸。

波浪的往复搬运使得滨海和浅海近岸的砂砾具有较好的磨圆度和分选性。

2. 潮流和洋流的搬运作用

潮流在海峡、河口等地形狭窄的海域流速快,往往具有巨大的搬运能力,可以搬运砾石甚至岩块。在由细碎屑物质组成的海滩地区,潮流主要搬运粉砂、黏土。

洋流的规模大,流程远,但因其流速小,搬运能力不大。表层洋流可将陆源的细粒碎屑(以黏土为主)以悬浮的方式运至远洋。

3. 浊流的搬运作用

浊流流速快,紊流强烈,因而具有强大的搬运能力。浊流搬运以砂和粉砂为主。浊流的搬运距离较长,可达上千千米。

三、冰川的搬运作用

冰川搬运是一种纯机械性的搬运。位于冰川前端的碎屑物被冰川以巨大的推力推动着沿冰床前进,这种搬运方式称推运;冻结在冰川内部或冰面上的碎屑物随冰川一起运动,这种搬运方式为载运,载运是冰川搬运碎屑物的主要方式。

冰川冰是密度很大的固态物质,具有巨大的承托力,所以冰川的搬运能力很大,可以载运重达数十吨的巨大砾石。

碎屑物在被冰川搬运的过程中,相互之间缺少碰撞和摩擦,因此碎屑物的磨圆度和分选性均较差。冰川携带的块石在运动时与冰川槽谷基岩摩擦可形成冰川擦痕。

四、风的搬运作用

风对碎屑物质的搬运作用也有推移、跃移和悬移3种方式。同样大小的碎屑颗粒,在不同风力条件下可呈不同的运动方式。如砂在风力小时可被推移搬运,在风力大时则可能以跃移甚至悬移形式运动。

与其他地质营力相比,风的搬运量巨大,一次大风暴侵袭后,常常可把数以百万吨的尘土运至数百乃至数千千米以外。风的搬运力较小,十二级大风也仅能够推动粒径4~5mm的砾石。

由于空气的密度小,所以风中的砂比水中的砂更容易发生摩擦和碰撞,砂磨圆的程度很高。另外,风的反复吹扬也使被搬运碎屑颗粒具有良好的分选性,风积物常具良好的层理构造(图 5-35)。

图 5-35　新疆哈密白垩世风成砂岩交错层理
(申添毅 摄)

风化、剥蚀和搬运作用为沉积岩的形成做好了物质准备,是沉积岩形成的前期准备阶段,即将发生的沉积作用和成岩作用则是沉积岩形成的实施阶段。

第五节　沉积作用

沉积作用是被运动介质搬运的物质到达适宜的场所后,由于条件发生改变而沉淀、堆积的过程。它按沉积环境可分为大陆沉积与海洋沉积两类,按沉积作用方式可分为机械沉积、化学沉积和生物沉积 3 类,按沉积作用的性质可以分为牵引流沉积、重力流沉积、化学沉积和生物沉积 4 类。

一、沉积作用的主要类型

1. 牵引流沉积作用

通过自身的流动带动(牵引)碎屑颗粒搬运的流体称为牵引流。河流、波浪、潮流、洋流以及风均属于牵引流。牵引流的沉积作用服从于机械沉积分异规律。被搬运物质在搬运和沉积过程中发生分离,称为沉积分异作用。它分为机械沉积分异作用和化学沉积分异作用。

所谓机械沉积分异作用是指,在碎屑物质搬运过程中,碎屑物质依质量大小依次沉积分离的作用。影响机械沉积分异作用的因素除了流速外,碎屑颗粒的大小、形状和相对密度都很重要。随流速的降低,碎屑颗粒将由粗到细依次沉积(图 5-36),其沉积顺序是砾石、砂、粉砂、黏土。其中砾石最易沉积,而黏土最难沉积。后者甚至要到海洋或湖泊深处,在水动力条件相当平静的环境中才会慢慢沉积,对于粒径相近的颗粒,相对密度大的先沉积,相对密度小的后沉积。这一特征可以造成有用矿物的富集,形成矿床。例如金,相对密度 13.9,极易形成砂金矿。

同时,碎屑颗粒的沉积还受其形状的影响,在其他条件相似的情况下,随流速的降低,球状颗粒先沉积,片状颗粒后沉积。

2. 重力流沉积作用

重力流是由重力推动的含有大量碎屑物质的高密度流体,水下重力流一般在其他流体的底部沿斜坡向下流动。流动中常保持着明显的边界,因而呈现出事实上的整体性。高密度是重力流的一个重要特征。

根据重力流中碎屑颗粒的支撑机理的不同,它可分为泥石流、颗粒流、液化沉积物流和浊流4种类型。

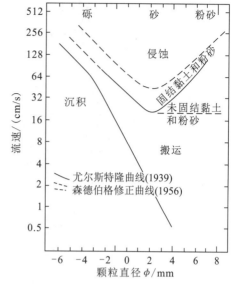

图 5-36 河流剥蚀、搬运、沉积和流速的关系

1) 泥石流

泥石流是一种砾、砂、黏土和水相混合的高密度黏稠流体。黏土和水混合而成的基质支撑着砾和砂,使之呈悬浮状态被搬运。泥石流通常形成于山麓环境中。

2) 颗粒流

颗粒流是一种由无凝聚力的颗粒(砂和砾)所组成的重力流。颗粒间相互碰撞产生的向上支撑力阻止了颗粒的沉积。沙丘突然崩塌后,沿斜坡滑落的砂流即属于颗粒流。

3) 液化沉积物流

当沉积作用快速进行时,颗粒间的水分来不及排除,孔隙内水分过多,上覆沉积物的重力传递给孔隙水,使之带动碎屑颗粒一起向上流动、"沸腾",沉积物发生"液化",在重力作用下沿斜坡向下流动,便形成了液化沉积物流。这种重力流通常发生在砂岩和粉砂岩中。

4) 浊流

浊流是大量由液体的湍流支撑的呈自身悬浮状态的碎屑颗粒,在重力作用下沿水底高速流动的混浊密度流。浊流发生在河流的三角洲以及大陆架外缘,大陆坡上部和海底峡谷的源头等松散沉积物广泛分布的地区。由于外界因素的触发(如地震、海啸、河流洪峰入海等),沉积物发生"液化",开始向下滑动,随着海水的加入,沉积物黏度减小,滑动速度逐渐加快,浊流内部出现速度差,粗粒物质开始向头部集中。流速继续加大,沉积物与水完全混合,粗粒物质集中头部,形成典型的浊流。

浊流在流动时,可分为头部、体部和尾部3部分,头部呈舌状,厚度大、密度高、流速快。从体部到尾部,厚度逐渐变薄,粒径变小,密度降低,流速亦越来越慢。当浊流沉积在深海平原时,堆积成海底浊积扇。由于浊流头部的粗碎屑先沉积,尾部的细碎屑后沉积,浊积物自下而上由粗变细——最底部为砂层(有时含砾石)、向上变为粉砂层、顶部为泥质层,因而呈现出规律的粒序性,构成所谓的鲍马层序(Bounma,1962),如图5-37所示。鲍马层序分为5段,各段的沉积物粒径和沉积构造不同。A、B两段属浊流沉积,C、D、E三段属稀释的浊流沉积,已具

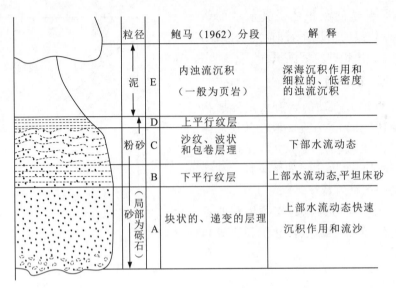

图 5-37 鲍马层序

有牵引流的性质。

3. 化学沉积作用

1) 真溶液的沉积作用

Cl、S、Ca、Na、K、Mg 等元素溶解度大，呈离子状态溶解于水中，有时 Fe、Mg、Al、Si 也可以呈离子状态溶解于水。真溶液中的化学物质按照其溶解度的大小依次沉积，这种现象称为化学沉积分异作用(图 5-38)。其沉积顺序为：氧化物→硅酸盐→碳酸盐→硫酸盐→卤化物。真溶液中溶解物质的沉积作用还受介质的 pH 值、Eh 值、温度、压力、CO_2 含量等因素的影响。

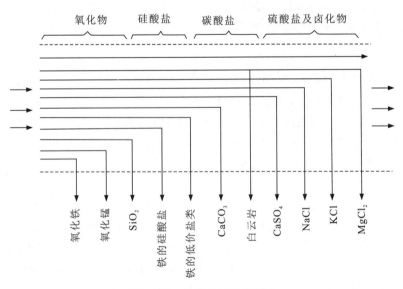

图 5-38 化学分异作用模式

2) 胶体溶液的沉积作用

胶体粒子的直径很小（1～100nm），表面带电荷，如 $Al(OH)_3$ 带正电荷，SiO_2 带负电荷。普遍具有吸附能力。当带相反电荷的两种胶体相遇，因电性中和发生凝聚沉淀。同时，电解质的加入使带相反电荷的离子中和，导致胶体失去稳定而凝聚沉淀。此外，蒸发作用使胶体溶液浓度增大，也可引起胶体凝聚。

4. 生物的沉积作用

1) 生物遗体直接堆积成岩

生物死亡后，易分解的有机质部分埋藏下来经生物化学作用可形成石油、天然气、煤和油页岩；生物的稳定外壳和骨骼部分经富集堆积可形成岩石或矿床，如生物碎屑灰岩、硅藻土、生物礁灰岩等。

2) 生物的间接沉积作用

(1) 生物化学沉积作用。生物在生命活动过程中或生物遗体分解过程中产生大量的 H_2S、NH_3、CH_4、O_2、CO_2 等气体和有机酸，影响沉积介质的物理化学条件，从而促使某些物质溶解或沉淀。如生物遗体分解生成大量 H_2S，使盆地底部呈还原环境，有利于含铜化合物和低价锰、铁化合物的沉淀。

(2) 生物物理沉积作用。藻类的黏结性和捕获作用——蓝绿藻能分泌黏液，这种黏液捕获水中的碳酸盐颗粒，使它沉积于藻体表面；生物沉积作用——当河水流经枝状珊瑚或枝状藻类丛生的地点时，流速受阻降低，流水中的携带物发生沉积。

二、不同沉积环境的沉积特征

(一) 河流的沉积作用

1. 河流沉积作用的一般特征

河流是典型牵引流，以机械沉积作用为主。沉积作用的场所主要有：

(1) 河流入海、入湖以及支流入主流处。由于河水受到相对平静的宽广水体顶托，流速减小，河流所携碎屑物质便会大量沉积下来。

(2) 河床纵比降变小处。如山区河流进入平原区的山前地带。

(3) 弯曲河段。由于环流作用，底流从凹岸流向凸岸时流速减小，部分碎屑物质在凸岸发生沉积。

河流的沉积物叫冲积物，冲积物的分选性和磨圆度一般较好，常具层理构造（层理是沉积物在垂向上因成分、粒径、颜色等方面的差异而显现出来的一种成层现象）。

2. 顺直河流的沉积特征

1) 河床底部的沉积

在河流的搬运过程中，粗粒碎屑物通常沿河床底部以推移形式前进。当流速减小，这些粗碎屑便会在河床底部沉积下来。河床底部的冲积物以砾石为主，磨圆度较好，多呈次圆状，砾石具有定向性，长轴垂直流向方向，最大扁平面向上游倾斜呈叠瓦状排列。

2) 心滩沉积

洪水期，顺直河道中的双向环流中，底流由两侧向中央汇聚，碎屑物堆积在河床中间，形成心滩(图5-39)。心滩不断增长，一旦露出水面则称之为河心洲或江心洲。平水期，底流从中央流向两侧，使洪水期堆积起来的心滩遭受侵蚀。由于洪水期河水动能大，携带来以及堆积下的碎屑物质多，所以心滩得以保留并不断增长。同时，心滩靠上游的一端受流水冲击侵蚀，而下游端接受沉积，使心滩缓慢向下游移动。除此之外，河流中的障碍物可以形成心滩，河漫滩也可以演化为心滩。心滩冲积物总体上以砂为主，交错层理发育，底部则往往为砾石。

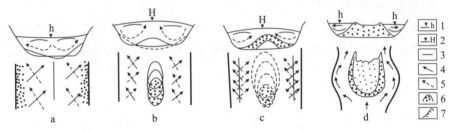

图5-39 顺直河段，双向横向环流及床底侵蚀和心滩的形成

1.平水期河面；2.洪水期河面；3.主流线；4.表流方向；5.底流方向；6.心滩；7.沙坝；a.平水期双向环流；b.洪水期双向环流；c.洪水期水下心滩形成；d.平水期江心沙岛的形成

3. 曲流河的沉积特征

1) 滨河床浅滩与河漫滩沉积

弯曲河道凸岸河床堆积物所构成的地形叫滨河床浅滩，其高度与河流平水期水位大体相当。洪水期，水位增高，洪水漫出河床并淹没滨河床浅滩，甚至充满整个河谷谷底。由于洪水覆盖面积扩大，流速减小，洪水携带的大量碎屑物质沉积下来，形成河漫滩沉积。洪水期沉积物所覆盖的谷底部分叫河漫滩。河漫滩具有二元结构。其下部为滨河床浅滩的冲积物，以砂、砾等粗碎屑为主，常具交错层理；其上部为洪水期沉积下来的细粒碎屑，以粉砂、黏土为主，常具水平层理(图5-40)。

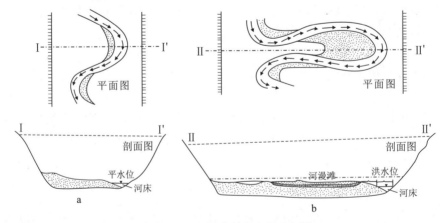

图5-40 河漫滩形成过程示意图

a.形成浅滩(平水位)；b.形成河漫滩(洪水位)

2) 牛轭湖沉积

曲流河的截弯取直作用形成了牛轭湖。湖内的沉积物为洪水期河水漫溢时带来的粉砂、黏土,其内多发育水平层理。平水期在湖边及湖内常有植物生长,因此,牛轭湖沉积物中多夹有泥炭层。

4. 河口区的沉积特征

河口是河流最主要的沉积场所。河口沉积物常形成三角洲(图 5-41)。

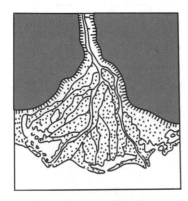
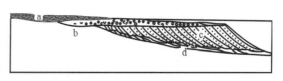

图 5-41 三角洲示意图(左:平面图;右:剖面图)
a、b.顶积层;c.前积层;d.底积层

从剖面上看,三角洲从上到下由顶积层、前积层和底积层组成。顶积层以河床沉积的砂和粉砂为主;由于三角洲平原上的河流多为分叉的网状河,河道间常发育着牛轭湖和沼泽,因此顶积层中常夹有牛轭湖和沼泽环境生成的沉积物。前积层是三角洲前缘斜坡的堆积物,沉积作用发生在海(湖)平面以下,以细砂和粉砂质黏土为主,具大型斜层理。底积层是远离河口的水底平坦部位的沉积物,多为河流携带来的悬浮物质,以黏土为主,底积物中一般含有大量的海洋(湖泊)生物遗体。

河流在入海(湖)处形成三角洲需要两个条件:①河流机械搬运量大;②入海(湖)处无强大波浪和潮流。

(二)海洋的沉积作用

1. 海洋环境划分

根据海水深度,结合海底地形,海洋环境可分为滨海带、浅海带、半深海和深海带(图 5-42)。

(1)滨海带。滨海带是海陆交互地带,范围在低潮线与最高的高潮线之间。滨海带进一步可分为潮上带(后滨,平均高潮线与最高高潮线之间的地带)和潮间带(前滨,平均高潮线与低潮线之间的地带)。

(2)浅海带。低潮线到水深200m以上范围内的水域为浅海带,对应的海底地形为大陆架,其中低潮线以下浪基面以上为潮下带(滨外)。

(3)半深海带。水深200~2000m范围内的水域为半深海带,对应的海底地形为大陆坡。大陆坡在地形上表现为一个陡坎,其上有大量的脊和槽,表面形态复杂多样,类似于大陆上的山脉和高原的边缘。

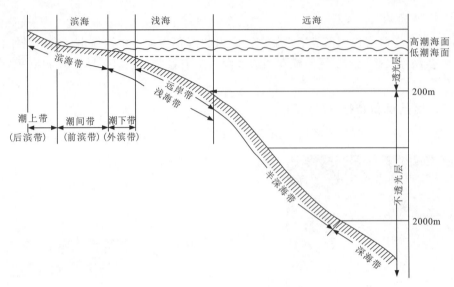

图 5-42 海洋沉积环境分带示意图

(4)深海带。水深大于 2000m 的海域为深海,对应的海底地形主要为大洋盆地。

2. 滨海带沉积特征

滨海带是波浪和潮汐作用强烈的地区,沉积作用以机械方式为主,沉积物以陆源碎屑物为主。滨海生物以底栖生物为主,多具硬壳,所以滨海沉积物中常夹有贝壳碎片。

滨海带常见的沉积类型有以下几种。

1)海滩沉积

海滩是由沉积物堆积而成的平坦的海滨地带,根据其组成物质的不同,可分为砾滩、沙滩和泥滩 3 种。

(1)砾滩。由砾石堆积组成的海滩(图 5-43a),多分布于山区河流的入海口和陡峭基岩构成的海岸附近。砾石磨圆度及分选性均较好;砾石常呈定向排列,长轴平行海岸,最大扁平面倾向海洋。

(2)沙滩。由砂组成的海滩(图 5-43b),分布最广。沙滩多为分选磨圆均较好的石英砂。

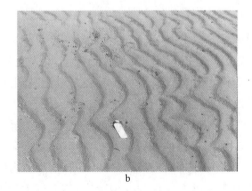

图 5-43 砾滩(a)和沙滩(b)

波浪运动在沙滩表面上留下了各种各样的波痕,在沉积物内则形成交错层理。

(3)泥滩。由粉砂和黏土组成的海滩,面积广阔,以潮流作用为主的泥滩叫潮坪。潮坪的主要部分分布于潮间带。涨潮时,涨潮流携带的细碎屑物质沉积在潮坪上;退潮时,退潮流又侵蚀并搬运潮坪近海部位的细碎屑物质,使得潮坪上的沉积物由陆向海呈现出由细到粗的规律变化。在潮湿气候条件下,潮坪可能发展为沼泽,并形成泥灰沉积物,干旱气候条件下,强烈的蒸发作用,使海水中的盐类结晶沉淀,潮坪上可能出现盐类沉积。

2)沿岸沙堤、沙坝和沙嘴沉积

(1)沿岸沙堤。位于高潮线附近,大致平行海岸的堤状地形。沙堤的形成是波浪横向搬运作用的结果,一般由粗大的碎屑物或贝壳组成。

(2)沙坝。离岸有一定距离、大致平行海岸的长条形海底垄岗地形。沙坝的形成与底流的搬运作用和沉积作用有关(图5-44)。沙坝主要由砂组成,生长到一定高度后可以露出水面。

(3)沙嘴。一端与陆地相连,一端伸入海中的垄岗状地形,当沿岸流由海岸岬角进入海湾时,因水域变宽,流速下降,砂粒沉积而形成沙嘴。

3)潟湖沉积

潟湖是由于沙坝或沙嘴的增高和延长而隔离的、与外海呈半隔绝状态的一片海域(图5-44)。海水仅通过沙坝或沙嘴的某些缺口与潟湖保持联系。

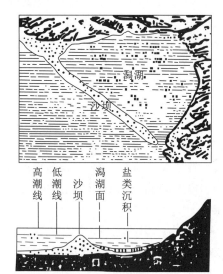

图5-44 潟湖发育示意图

干旱气候条件下,由于陆地淡水注入较少而蒸发量大,潟湖水咸化,随着潟湖水的盐度不断升高,盐类矿物按溶解度的大小结晶沉淀。因此,咸化潟湖的沉积物主要有盐类物质和碎屑物质两种类型。

在潮湿气候条件下,淡水补给量大于蒸发量,潟湖水淡化,湖水面高于海水面,湖水出现分层现象。上层为淡水(密度小),下层为海水(密度大),上、下层缺乏对流,湖底处于封闭静止状态,上层淡水有利于生物繁殖,生物死亡沉入湖底,有机质分解使得湖底为还原环境,生成如黄铁矿、菱铁矿等典型的还原矿物。由于有大量陆表淡水注入,淡化潟湖还是以碎屑沉积为主。

3. 浅海带沉积特征

浅海离大陆近,陆源物质丰富,同时浅海中生物繁盛,提供了大量的生物碎屑。因此,浅海是海洋中最主要的沉积区。

1)浅海的机械沉积作用

浅海区的机械沉积分异现象比较明显,由近岸到远岸,沉积物粒径由粗到细(砾—砂—粉砂—粉砂质黏土)。同等大小的碎屑物平行海岸呈带状分布,并且细粒沉积物较粗粒沉积物分布范围宽。近岸带的沉积物以砂为主,砂的磨圆度及分选性良好,成分多为石英,交错层理和不对称波痕发育,含大量底栖生物遗体;远岸带的沉积物以粉砂、黏土为主,分选较好但磨圆度较差,具水平层理,常发育对称波痕,除有大量底栖生物遗体外,还有游泳和浮游生物遗体。

2) 浅海带化学沉积作用

现代浅海化学沉积作用主要发生在低纬度(南北纬 30°之间),并且碎屑来源少的海域。浅海化学沉积物的主要类型有:

(1) 碳酸盐沉积。碳酸盐是浅海化学沉积物中数量最多的一类。主要成分为 $CaCO_3$(方解石)。当温度升高或压力降低,或者由于藻类的光合作用大量消耗了海水的 CO_2 时,均导致海水中 CO_2 含量减少,$Ca(HCO_3)_2$ 过饱和生成 $CaCO_3$。海水析出的 $CaCO_3$,往往不能立即沉入水底,而以灰泥、灰屑等形式被波浪搬运后再沉积,因此在碳酸盐的形成过程中,机械沉积作用也扮演了重要的角色。另一类重要的碳酸盐是 $CaMg(CO_3)_2$(白云石)。由于其溶解度较高,在正常盐度的海水不易沉淀。当气候炎热,海水盐度增高时,白云石才可能结晶析出。

(2) 硅质沉积。河流搬运、海底火山喷发和生物浓集均使海水中含有大量的 SiO_2。当 SiO_2 达到足够的浓度时,多以胶体凝聚的方式沉积。SiO_2 沉积后形成蛋白石($SiO_2 \cdot nH_2O$)。部分蛋白石脱水进而形成燧石(SiO_2)。

(3) 磷质沉积。磷的富集与生物作用有关。富含磷质的生物死亡后,尸体下沉,磷质分解出来溶解于深部的海水中,富含磷质的低温海水随深海环流沿大陆坡上升至浅海后,由于压力减少和温度升高,磷以磷酸钙[$Ca_3(PO_4)_2$]的形式沉淀。磷质沉积的长期进行,可形成磷矿床。

(4) 铁、锰、铝的沉积。铁、锰、铝主要来自河流的胶体搬运。它们进入浅海后,以电解质作用或被碎屑表面吸附的方式沉积下来。铁、锰、铝的大量沉积可形成具有工业价值的矿床。

3) 生物沉积作用

生物除了影响化学沉积作用以外,其遗体本身也可以构成沉积物。浅海是生物最繁盛的地区,生物沉积作用非常显著,其主要产物有:

(1) 生物碎屑岩。生物死亡后,其软体部分容易分解,而其硬体部分(骨骼和介壳)则保留下来,混杂在碎屑沉积物或化学沉积物中,经过成岩作用形成生物碎屑岩或含生物碎屑岩。

(2) 生物礁。一些群体生活的海洋生物(如珊瑚),外形多呈树枝状,当它们大量聚集生长在一起时,可形成生物礁。生物礁中又以珊瑚礁最为常见。我国西沙、南沙海域就广泛地分布着珊瑚礁和珊瑚岛。

4. 半深海和深海带沉积特征

半深海区和深海区离陆地很远,陆源碎屑物中只有极少量粒径小于 0.005mm 的悬浮物质进入半深海。进入深海的悬浮物质一般都在 0.002mm 以下。因此,半深海和深海区的沉积物多是一些胶体的软泥。

半深海和深海的底部生物稀少,而在海水表层生活着大量的浮游生物,如藻类、放射虫等。所以,半深海和深海的软泥沉积物中常含有这些生物的骨质。位于火山作用强烈地区附近的半深海区或深海区还发育有火山碎屑沉积。若半深海区或深海区位于高纬度地区,则常含有冰碛物。

除上述沉积物外,深海区尚有两种独特的沉积物:锰结核和浊流沉积物。

(1) 锰结核。外形呈葡萄状、花菜状,内部具同心层,直径 1~10cm,散布于深海软泥之中。主要成分为 MnO_2(31.7%)和 Fe_2O_3(24.3%),并含有 Ni、Co、Cu 等 20 多种元素,其内所含的 Fe、Mn、Ni、Co、Cu 均已达到工业品位,据估计其储量约有 $3×10^{12}$t,具有重要的经济意义。

(2)浊流沉积物。浊流是典型的重力流。浊流沉积物又称浊积物。浊积物平面呈扇状分布,主要成分为陆源碎屑物,以砂和粉砂为主,磨圆度和分选性中等—较好。

(三) 其他沉积作用

1. 坡流沉积与洪流沉积

坡流将斜坡上部洗刷下的碎屑物搬运到山坡下部较平坦的地带堆积下来,形成坡积物。由于搬运距离短,坡积物的分选与磨圆均较差。

当洪流流出沟口时,所携带的大量碎屑物质沉积下来,形成洪积物。洪积物平面上多呈扇状分布(图5-45),由沟口的扇根到扇边缘,粒径由粗到细依次堆积:砾石、砂、粉砂和黏土。

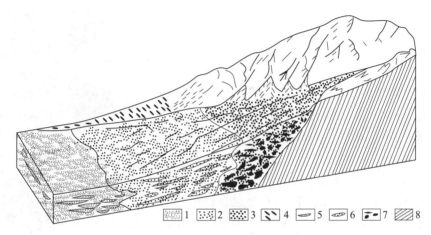

图 5-45 洪积扇的结构示意图

1.黏土及亚黏土;2.亚砂土;3.含砾黏土、砂土;4.泥炭沼泽土;5.砂透镜体;6.砾石透镜体;7.坡积碎石;8.基岩

2. 地下水的沉积作用

地下水的沉积作用以化学沉积为主,含 $Ca(HCO_3)_2$ 的地下水,当压力降低或温度升高时,CO_2 逸出,$Ca(HCO_3)_2$ 分解成 $CaCO_3$ 沉淀。$CaCO_3$ 沉积物常呈各种各样的形态,常见的有石钟乳、石笋、石柱(图5-46)和泉华等。

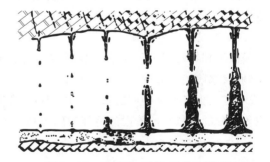

图 5-46 石钟乳、石笋、石柱的形成过程

3. 冰川的沉积作用

冰川的前端运动到雪线以下一定地带后,由于气温升高、冰川消融,冰川搬运的碎屑物便快速堆积下来,形成冰碛物。冰碛物无分选性,巨大的岩块、砾石、砂、粉砂、黏土混杂堆积,磨圆度差,多呈棱角状,不少砾石表面具冰川擦痕。

4. 风的沉积作用

风的沉积作用主要形成风成砂和风成黄土。风成砂的磨圆度、分选性均好,绝大多数由石英组成。风成砂常形成各种风成地貌,如沙丘、沙垄等(图5-47)。

风成黄土多呈灰黄色或棕黄色，无层理，疏松多孔，以粉砂为主。风成黄土的形成，是粉砂和尘土经过长距离的悬浮搬运后，在沙漠外缘沉积而成的。

第六节 成岩作用

沉积岩成岩作用是指沉积作用完成以后，沉积物转变为沉积岩的复杂变化过程。这一作用可持续到沉积岩遭受变质或再风化之前。沉积岩成岩作用又称为沉积期后变化。

一、沉积岩成岩作用阶段

1. 同生作用阶段

沉积物沉积下来后，与沉积介质还保持着联系时，沉积物表层与底层水之间所发生的一系列化学和物理化学反应称为同生作用。作用的特点与底层水的性质有关。如在循环很差的盆地中，沉积物中有机质受厌氧细菌作用，分解产生 H_2S，因而形成暗色的、水平层理保存完好的薄层泥质沉积物。正常海盆底部，一般为中—酸性氧化条件，可形成同生矿物海绿石等。同生作用的范围，从沉积物表面向下，一般不超过几十厘米。同生作用发生于海盆底部时，称海解作用；发生在大陆淡水环境时，称陆解作用。

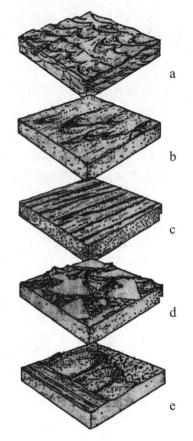

图 5-47 沙丘的类型
a、b.新月形沙丘；c.纵向沙垄；d.金字塔形沙丘；e.抛物线形沙丘

2. 固结成岩作用阶段

松散沉积物脱离沉积介质而被固结成岩石的作用称固结成岩作用。此阶段沉积物被埋藏，与底层水隔绝。温度不高（150～200℃），压力不大（0.15～0.20GPa），仅发生本层物质迁移，没有或极少有外来物质的参加。固结成岩作用的后期，由于物质的再分配，可形成碳酸盐、硅质等成分的结核。此阶段的持续时间可在 1 万～100 万 a 之间。

3. 后生作用阶段

沉积物固结为坚硬的岩石以后，直至变质或风化以前所发生的变化称为后生作用。后生作用的发生与较高的温度、压力以及外来（本层以外）物质的加入有关。在地壳强烈下沉地区，由于上覆巨厚沉积物的压力以及强烈的构造应力，岩石可发生剧烈的后生变化。而在构造变动较弱或埋藏较浅的地区，后生作用往往不十分明显。

由于外来物质的加入，本层物质与外来物质间的交代作用现象最为常见，重结晶、次生加大等作用也较普遍。石油、水晶、萤石及交代型金属硫化物矿床都被认为形成于后生作用阶段。后生作用的下限可达 1 万 m，延续时间 1 万～1 亿 a。

4. 表生作用阶段

沉积岩抬升到近地表，在潜水面以下常温常压或低温低压的条件下，在渗透水和浅部地下水的影响下所发生的变化称表生作用，主要表现为溶蚀、充填、交代及某些物质的次生富集乃至成矿。与表生作用不同的是，风化作用主要是潜水面以上的岩石发生机械破坏或化学分解。

二、沉积岩成岩作用的主要类型

沉积岩成岩作用不仅表现为松散沉积物固结成岩，而且其结构、构造均发生了变化，同时，还伴随着新矿物（自生矿物）的生成。

1. 压固作用

沉积物在上覆压力作用下，由疏松状态固结为岩石的过程称为压固作用。随着上覆沉积物的增厚，早期沉积物承受的压力不断增加，水分逐渐被排出，孔隙逐渐缩小，颗粒之间的联结力加强，密度增加，使沉积物固结变硬，逐渐地转变为致密坚硬的沉积岩。细粒沉积物（黏土）主要通过压固作用形成岩石。

2. 胶结作用

一些化学沉淀物将松散的颗粒黏结在一起，使沉积物固结的过程为胶结作用。起胶结作用的化学物质称为胶结物。常见的胶结物有硅质（SiO_2）、钙质（$CaCO_3$）、铁质（Fe_2O_3）、泥质及可溶盐等。砾石、砂等粗碎屑沉积物通常主要经胶结作用形成砾岩和砂岩。

3. 重结晶作用

重结晶作用是指矿物组分以溶解再沉淀或以固体扩散等方式，使细小晶粒集结成为粗大晶粒的过程。例如，蛋白石（$SiO_2 \cdot nH_2O$）脱水结晶变成隐晶质的燧石（SiO_2），燧石进一步结晶成显晶质的石英；灰岩中的隐晶方解石重结晶为粗晶的方解石，重结晶的晶体内常具有原岩成分的包裹物或残留物（这是鉴别重结晶的重要标志）。

4. 交代作用

沉积物（岩）中某种矿物被另一种矿物所取代的现象为交代作用。如灰岩中的方解石被白云石交代（白云石化作用），可形成白云岩或白云质灰岩；灰岩也可以被 SiO_2 交代（硅化作用），在灰岩中形成燧石结核或燧石层。

5. 氧化还原作用

氧化还原作用对含变价元素的矿物影响最为明显。如在成岩作用阶段，由于厌氧细菌的作用，介质为还原条件，沉积物中的高价铁（Fe^{3+}）、锰（Mn^{4+}）氧化物可被还原成低价的铁硫化物、锰硫化物（黄铁矿、硫锰矿）。氧化还原作用与沉积环境有关，如在大陆及开阔海洋环境的沉积物表层主要发生氧化作用，而水流不畅的封闭型或半封闭型盆地的底部常发生还原作用。

6. 压溶作用

在压力作用下，沉积物（岩）发生的溶解作用称为压溶作用。压溶作用引起颗粒接触处的溶解，使颗粒呈凹凸接触，形成压入坑，甚至呈缝合线接触。如碳酸盐岩中常见的缝合线构造即属于压溶作用的产物。

第六章 沉积岩特征及主要岩石类型

沉积岩是三大类岩石(岩浆岩、沉积岩和变质岩)中,在地球表面出露面积最广(75%)的一类岩石。沉积岩中蕴藏着丰富的金属、非金属矿产(铁、锰、铝、铜、金、磷)和可燃性矿产(石油、天然气、煤、油页岩)。沉积岩记录着地壳发展与演化的历史。最早有生命记载的沉积岩年龄为43亿a(美国研究者于2017年3月1日在加拿大魁北克省发现最古老的化石显示在约43亿a前已有生命的存在)。因此,沉积岩的研究既具有理论意义又具有经济价值。

在种类繁多的沉积岩中,页岩的分布最广,其次是砂岩和灰岩。三者的总和占全部沉积岩总量的95%以上。

第一节 沉积岩的基本特征和分类

沉积岩在化学成分上富含CO_2、H_2O和有机质,矿物在成分上富含黏土矿物,在构造上发育各种层理构造,这些重要特点不同于岩浆岩和变质岩。

一、沉积岩的化学成分

沉积岩与岩浆岩的平均化学成分十分接近(表6-1)。这是因为沉积岩基本上由岩浆岩的风化产物所组成。尽管如此,两者之间还是存在着许多重要的差别。

(1)岩浆岩中FeO略高于Fe_2O_3,而沉积岩中Fe_2O_3高于FeO。这是因为沉积岩的形成环境(地表)富含自由氧。介质为氧化反应提供条件,而岩浆岩的形成环境(地下深处)为还原反应提供条件。

(2)岩浆岩中Na_2O略高于K_2O,而沉积岩中K_2O高于Na_2O。这是由于Na在地表易从岩浆岩中风化析出,被河流带至海洋,以Na^+的形式富集于海水中,很难发生沉淀,而K^+从岩浆岩中风化析出后,相当一部分形成水云母等含K矿物或被其他黏土矿物吸附,从而保留在沉积岩中。

(3)沉积岩中富含CO_2和H_2O,岩浆岩中极少。

(4)沉积岩富含有机质,岩浆岩中含量甚微。

表6-1 沉积岩和岩浆岩的平均化学成分含量对比

氧化物	w_B/%	
	沉积岩	岩浆岩
SiO_2	57.95	59.12
TiO_2	0.57	1.05
Al_2O_3	13.39	15.34
Fe_2O	23.47	3.08
FeO	2.08	3.80
MnO	—	0.12
MgO	2.65	3.49
CaO	5.89	5.08
Na_2O	1.13	3.84
K_2O	0.13	0.30
ZrO_2	—	0.039
Cr_2O_3	—	0.055
CO_2	5.38	0.102
H_2O	3.23	1.15
其他	—	0.304

沉积岩的化学成分随岩石类型的不同而相差极大：一些石英砂岩或硅质岩可含90%以上的SiO_2；石灰岩则高度富CaO；Al_2O_3、Fe_2O_3和MgO等明显富集在某些沉积岩中。这显然是地球物质循环到表生环境后因背景条件不同而发生分异的结果。

二、沉积岩的矿物成分

沉积岩中已发现的矿物达160种以上，但常见的只有20余种。而且在一种类型的沉积岩中，造岩矿物只有1~3种，一般不超过5~6种，沉积岩对岩浆岩的矿物成分而言，既存在着继承性，又有差异性（表6-2）。

(1) 橄榄石、普通辉石和普通角闪石等暗色铁镁矿物，在岩浆岩中大量存在，但在沉积岩中含量极低。因为这些矿物是在高温高压条件下由岩浆结晶而成，在地表环境则不稳定，易被风化分解。

(2) 石英、钾长石、酸性斜长石和白云母等浅色矿物在岩浆岩和沉积岩中均广泛存在。由于它们形成于岩浆结晶的晚期，在地表环境中比较稳定。风化作用使这些矿物在沉积岩中相对富集，其含量甚至超过在岩浆岩中的含量。

(3) 在沉积作用过程中新生成的自生矿物，如某些氧化物和氢氧化物、黏土矿物、盐类矿物、碳酸盐矿物，是沉积岩的主要矿物成分，但在岩浆岩中极少或缺乏。

表6-2 沉积岩和岩浆岩平均矿物成分含量对比

矿物	矿物含量占比/%	
	沉积岩	岩浆岩
橄榄石	—	2.65
普通辉石	—	12.90
普通角闪石	—	1.60
黑云母	—	3.86
钙长石	—	9.80
石英	34.80	20.40
酸性斜长石	4.55	25.60
白云母	15.11	3.85
榍石及钛铁矿	0.03	1.45
磁铁矿	0.07	3.15
黏土矿物	14.51	—
方解石	4.25	—
白云石及部分菱铁矿	9.07	—
石膏及硬石膏	0.97	—
磷酸盐矿物	0.15	—
有机物质	0.73	—

三、沉积岩的结构

沉积岩的结构是指构成沉积岩颗粒的性质、大小、形态及相互关系。沉积岩的主要结构类型有碎屑结构、泥质结构、粒屑结构、晶粒结构、生物骨架结构和火山碎屑结构。有关这些结构的定义在后面的各类岩石中叙述。

四、沉积岩的构造

沉积岩的构造是指沉积物沉积时或沉积后，由于物理、化学和生物作用形成，显示岩石各组成部分分布和排列方式的各种宏观特征。在沉积物沉积过程中及沉积物固结成岩前形成的构造为原生构造，固结成岩之后形成的构造为次生构造。根据原生沉积构造可以确定沉积介质的营力及水动力状态，有助于分析沉积环境。有些沉积岩构造还可以用于确定地层顶底和层序。

1. 层理构造

层理构造是沉积物在搬运和沉积过程中，由于介质（流水、风等）的流动，在沉积岩内部形成的成层构造。层理由沉积物的成分、结构、颜色、层的厚度以及形态沿垂向上的变化而显示出来。层理构造是沉积岩中最重要的一种构造。

层理构造由纹层、层系和层系组构成（图6-1）。纹层是构成层理的最小单位，厚度小（一般为数毫米），同一纹层往往具有均一的成分和结构，是在同一水动力条件下，在较短的时间内形成的。层系由许多结构、成分、厚度和产状上相似的纹层组成，是在相同的水动力条件下，不同的时间内形成的。层系组是由两个或两个以上相似的层系叠覆构成的，其间无明显的沉积间断，是在同一环境、相似的水动力条件下形成的。

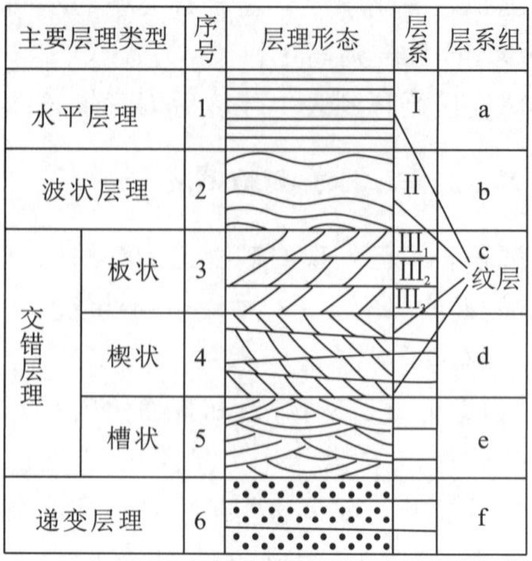

主要层理类型		序号	层理形态	层系	层系组
水平层理		1		I	a
波状层理		2		II	b
交错层理	板状	3		III₁ III₂ III₃	c 纹层
	楔状	4			d
	槽状	5			e
递变层理		6			f

图6-1　层理的基本术语和主要类型

层理的厚度分类是以层系的厚度为标准的，通常分为：

(1) 小型层理。层系厚度<3cm。

(2) 中型层理。层系厚度3~10cm。

(3) 大型层理。层系厚度10~200cm。

(4) 特大型（巨型）层理。层系厚度>200cm。

层理的形态分类按细层的形态及其与层系界面的关系分为水平层理、平行层理、波状层理、交错层理等；按层内粒径递变特征分为块状层理、粒序层理等。

1) 水平层理

水平层理的纹层彼此平行并与岩层面平行，纹层薄（1~2mm），这种层理常出现在细粒沉积岩如粉砂岩和黏土岩中，是较稳定的水动力条件下，以悬浮方式缓慢沉积形成的，如湖泊深水区、潟湖以及深海环境。

2) 平行层理

平行层理是由彼此平行并与岩层面平行的纹层组成（图6-2）。平行层理中的碎屑粒径比水平层理粗大，纹层较厚（可达数厘米）。平行层理是在水流较快的浅水环境中形成的，如河道、湖岸和海滩。平行层理常与大型交错层理共生。

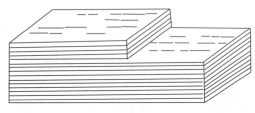

图6-2　平行层理

3) 波状层理

纹层呈对称或不对称的波状起伏，上、下纹层可以同相位，称同相位波状层理；也可以朝一个方向逐渐迁移，呈异相位，称爬升波状层理或简称为爬升层理，若迁移量不大，相邻的上下纹理彼此不接触，为I型爬升层理，若迁移量较大，上覆纹理的波谷与下伏纹理的波峰相切或交截，为II型爬升层理（图6-3）。同相位波状层理主要在波浪的振荡作用下形成，但振荡不强；爬升层理叠加有定向水流的作用。所有波状层理的形成都需要有较高的沉积速率（高于一般的交错层理），相对而言，同相位波状层理、I型爬升层理和II型爬升层理所标识的沉积速率依次降低。

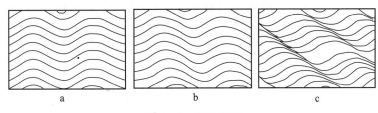

图 6-3 波状层理
a.同相位波状层理；b.Ⅰ型爬升层理；c.Ⅱ型爬升层理

4）交错层理

交错层理是指纹层与层面呈斜交关系，相互平行叠置成单个的层系再组合成层系组，单个纹层的厚度可随纹层构成粒径的增大而变厚，从小于 1mm 到数厘米不等。纹层和层系界面可以是平面状，也可以是曲面状，常常相互斜交，偶尔也可以平行。相邻的层系界面可以彼此独立，也可以依次切割，在粉砂岩、砂岩、砾岩或粒径相当的其他岩石内都有广泛分布。无论在形态上还是在成因上，交错层理都是最复杂多变的一种层理类型，进一步细分常常十分困难，实践中，可按层系的形态分成以下 4 种（图 6-4）。

(1) 板状交错层。各层系界面均为平面且与层面平行，单个层系呈等厚的板状，其中纹层较平直或微下凹，与层系界面斜交。

(2) 楔状交错层。各层系界面也为平面，但彼此不平行，单个层系不等厚而呈楔状，其内纹层与板状交错层相似。

(3) 波状交错层。层系界面为波状起伏的曲面，相邻界面可以相交也可以不相交，总的延伸方向与层面平行。

(4) 槽状交错层。层系界面为下凹"勺"形曲面，在岩层不同方位的断面上，曲面下凹的程度不同，一般在垂直流向的断面上比在平行流向的断面上下凹更强。层系内的纹层多呈下凹的曲面，通常与层系界面斜交，偶尔平行。

上述 4 种交错层还可按层系的厚度进一步划分，单一层系无论是否等厚，均以它的最大厚度为准，最大厚度小于 3cm 时为小型，为 3~10cm 时为中型，大于 10cm 时为大型，所以实际的交错层就有大型板状、中型槽状、小型波状等的区别。

这些交错层大多是定向水流作用的产物，水的流速对层系厚度有重要影响。在一定范围内，流速愈大，所形成的层系厚度也愈大。相对而言，小型→中型→大型交错层理和水平层理大致可反映流速由低到高的变化序列。

交错层理常被用来判断水的流向，即同一层系内纹层的倾斜方向就代表了形成该层系时水流的流向。有些交错层还可指示岩层顶面，即当纹层为下凹的曲面状时，它与层系的下界面可以呈逐渐相切关系而与上界面为角度交截关系（图 6-4）。

5）粒序层理

粒序层理又称递变层理，每个纹层内，具有地层倒转由粗到细或由细到粗逐渐变化的特点，并且纹层之间大致平行（图 6-1）。

6）块状层理

块状层理又称均匀层理，岩层内部物质均匀，不显层理性，通常是快速堆积条件下的产物。砾岩、砂岩、黏土岩中均可出现块状层理。

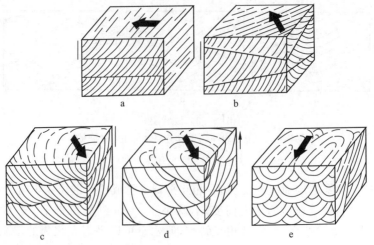

注:小箭头指向上层面,大箭头表示水流流向。

图 6-4　交错层理

a.板状交错层;b.楔状交错层;c.波状交错层;d、e.槽状交错层

2. 层面构造

层面构造包括发育在沉积岩层顶面和底面的构造。

1) 波痕

波痕是沉积物或沉积岩层面上有规律的起伏现象,是在水或风的作用下,沉积物表层砂质在迁移过程中形成的沙波在层面上的遗迹(图6-5)。按成因波痕可分为3种类型:①风成波痕,呈不对称状,波谷宽阔,波峰圆滑,陡坡倾向与风向一致;②流水波痕,呈不对称状,波谷与波峰均较圆滑,陡坡倾向与流向一致;③浪成波痕,对称的浪成波痕,波峰尖,波谷圆滑(图6-5a);不对称的浪成波痕同流水波痕相似(图6-5b、c)。风成波痕的细碎屑集中在波谷,粗碎屑集中在波峰,而流水波痕和不对称浪成波痕的粗碎屑集中在波谷内。

2) 槽模

槽模是一种底面构造,一端浑圆状突起,指向上游,另一端向下游方向张开(图6-6)。槽

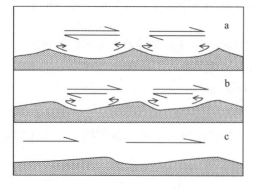

图 6-5　浅海近岸带砂质沉积物表面的波痕

a.对称波痕;b、c.不对称波痕

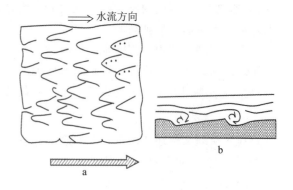

图 6-6　槽模示意图

a.平面(底);b.剖面

模的成因是泥质沉积物表面被水流冲刷出槽穴后,又被后来的砂质沉积物充填,因而保留在砂岩的底面上。

3. 暴露成因的构造

1) 泥裂

未固结的沉积物露出水面,受暴晒发生收缩而裂开,形成的裂缝称泥裂。泥裂在平面上多呈网格状,在断面上多呈"V"字形(图6-7a)。常见于粉砂质泥岩和黏土岩的层面。

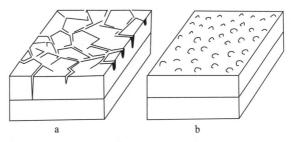

图6-7 泥裂(a)和雨痕或雹痕(b)

2) 雨痕和冰雹痕

未固结的沉积物露出水面,雨滴或冰雹落在湿润而松软的泥质或砂质沉积物表面所形成的圆形或椭圆形凹坑(图6-7b),称雨痕或冰雹痕。

泥裂与雨痕或冰雹痕常共生在一起,它们的形成反映了沉积物曾经露出水面,因而具有指示沉积环境及古气候的意义。

4. 化学成因的构造

1) 鸟眼构造

鸟眼构造是灰岩和白云岩中,一种形似鸟眼的空洞,其长轴平行层面排列,空洞内充填有清亮、结晶好的方解石或石膏(图6-8)。一定条件下,空洞下半部为泥晶物质充填,上半部为亮晶物质充填,可指示岩层上、下层面,故又称示顶构造。

2) 结核

结核是一种成分、颜色、结构等方面与围岩有显著区别的自生矿物集合体。结核形状多变,常呈球状、椭球状及团块状,其大小从数毫米至数十厘米。

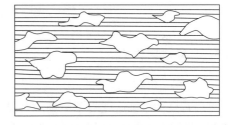

图6-8 鸟眼构造

3) 缝合线

缝合线是在垂直或大体垂直层面的断面上表现出来的一种波曲形的线状细缝,它实际是发育在三度空间中的某个呈复杂曲面状展布的狭窄缝隙与岩层断面的交线,常见于碳酸盐岩中,也见于砂岩、硅质岩或蒸发岩中。

缝合线的粗细通常在1~2mm之间,局部可加宽至几毫米,太细的缝合线在显微镜下才可见到,称显微缝合线。在缝合线的细缝中常常会聚集一些难溶物质,如黏土矿物、有机质、铁质等等,在风化面上,这些物质可以被水、风带走使缝合线看起来就是一条真正中空的细缝。缝合线的波曲形态变化很大(图6-9),但同一缝合线总有一个总体延伸方向,该方向大多与层面平行,也可以与层面斜交或垂直。同一岩层中的缝合线可以只有一条,也可以有多条。有时候,由两种成分或结构明显不同的岩石构成的岩层就是以缝合线分界的,在这里,原始的岩层界面显然已不复存在了。

现在对缝合线的形成还缺少深入了解,但普遍认为是岩石在固结以后形成的压溶产物(图6-10),所以缝合线总伴随岩石体积或岩层厚度减小而形成。单一缝合线两侧岩石减小

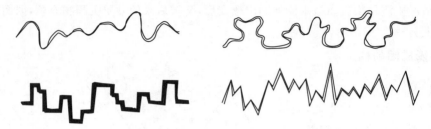

图 6-9 缝合线的几种典型形态

的厚度至少相当于该缝合线上下起伏的最大幅度(图 6-10),这个幅度在砂岩、硅质岩中通常在几毫米以下,而在碳酸盐岩中则可大到几十厘米,这对岩层的原始沉积序列可能会造成影响,尤其当有过多平行层面的缝合线发育时,这种影响是不能忽视的。

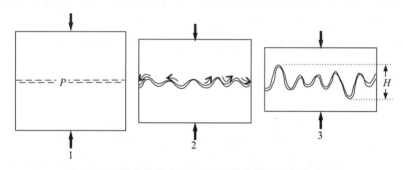

图 6-10 缝合线形成过程示意(纵向箭头示压力方向)
1.原始岩层在压力下出现初始压溶面 P;2.溶解物质和部分难溶物质顺压溶面向旁侧流失,部分难溶物质残留在压溶面上;3.压溶终止时,岩石厚度减小量至少相当于缝合线起伏的最大幅度(H)

5. 生物成因构造

1) 叠层石构造

叠层石是由单细胞或简单多细胞藻类(还有细菌)等在固定基底上周期性繁殖形成的一种纹层状构造,其中的纹层称藻纹层,可出现在碳酸盐岩、硅质岩、铁质岩或磷质岩中。形成叠层构造的藻类个体从仅几微米到几十微米,没有骨骼,在岩石中是以富含有机质的痕迹形式存在的,故被称为隐藻。当条件适宜时,藻类大量繁殖,所形成的纹层含有机质较多,称富藻层或暗层,条件不适宜时,藻类基本处于休眠状态,所形成的纹层含有机质较少或不含有机质,称贫藻层或亮层(富屑纹层)。富藻层和贫藻层交替叠置所显示的形迹即称为叠层石构造(图 6-11)。

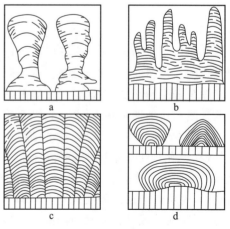

图 6-11 叠层石形态素描图
a.柱状叠层石;b.分枝状叠层石;
c.大型纹层状叠层石;d.同心纹层状叠层石

在叠层石构造中,富藻或贫藻的单一纹层厚度多不到1mm,但叠置成的宏观形态则变化很大,其基本形态大致有水平状、波状、倒锥状、柱状和分支状等。在与岩层垂直的断面上,倒锥状、柱状或分支状叠层单位的粗细多为1cm到几厘米,最细仅几毫米,最粗达几十厘米,高度多在1cm左右到几十厘米之间,最高可超过1m,内部的纹层均上凸,可呈不同曲率的圆弧形、尖峰形或平顶箱形,这被称为与重力方向相反的纹层。这类叠层构造被上覆沉积物覆盖之前如果仍保存完好,则在岩层顶面可有相对低矮的圆丘或峰柱,如果已被侵蚀,则只会显示同心的菜花状图案。

2) 痕迹构造

生物在沉积物表层或内部活动时,遗留下来的具有一定形态的痕迹称为痕迹构造。如岩层表面保存下来的生物的爬痕,大型爬行动物的足迹等等。痕迹构造类型及特点如图 6-12 所示。

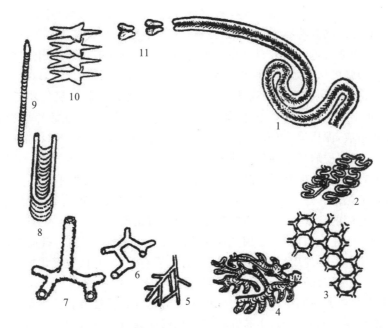

图 6-12 遗迹化石行为习性举例(自 Ekdale 等,1984)

1.爬迹(*Repichnia*),陆上、浅水到深水环境;2.觅食迹(*Pascichnia*),多见于较深水环境;3~4.耕作迹(*Agrichnia*),多见于深海或较深水环境;5~6.进食迹(*Fodinichnia*),浅水环境;7~8.居住迹(*Domichnia*),近岸浅水环境;9.逃逸迹(*Fugichnia*),多见于海滩、风暴或浊流环境;10~11.停息迹(*Cubichnia*),浅水环境

五、沉积岩的颜色

颜色是沉积岩的重要宏观特征之一,对沉积岩的成因具有重要的指示性意义。

1. 颜色的成因类型

因为决定岩石颜色的主要因素是它的物质成分,所以沉积岩的颜色也可按主要致色成分划分成两大成因类型,即继承色和自生色。

主要由陆源碎屑矿物显现出来的颜色称为继承色,是某种颜色的碎屑较为富集的反映,只出现在陆源碎屑岩中,如较纯净石英砂岩的灰白色,含大量钾长石的长石砂岩的浅肉红色,含大量隐晶质岩屑的岩屑砂岩的暗灰色等。

主要由自生矿物(包括有机质)表现出来的颜色称为自生色,可出现在任何沉积岩中。按致色自生成分的成因,自生色可分为原生色和次生色两类。原生色是由原生矿物或有机质显现的颜色,通常分布比较均匀稳定,如海绿石石英砂岩的绿色、碳质页岩的黑色等;次生色是由次生矿物显现的颜色,常常呈斑块状、脉状或其他不规则状分布,如海绿石石英砂岩顺裂隙氧化,部分海绿石变成褐铁矿而呈现的暗褐色等。无论是原生色还是次生色,其致色成分的含量并不一定很高,只是致色效果较强罢了。原生色常常是在沉积环境中或在较浅埋藏条件下形成的,对当时的环境条件具有直接的指示性意义;除特殊情况外,次生色多是在沉积物固结以后才出现的,只与固结以后的条件有关。

2. 典型自生色的致色成分及其成因意义

(1)白色或浅灰白色。当岩石不含有机质、构成矿物(不论其成因)基本上都是无色透明时常为这种颜色,如纯净的高岭石、蒙脱石黏土岩、钙质石英砂岩、结晶灰岩等。

(2)红、紫红、褐或黄色。当岩石含高铁氧化物或氢氧化物时可表现出这些颜色,其含量低至百分之几即有很强的致色效果,通常以高铁氧化物为主时偏红或紫红,以高铁氢氧化物为主时偏黄或褐黄。由于自生矿物中的高铁氧化物或氢氧化物只能通过氧化才能生成,故这种颜色又称氧化色,可准确地指示氧化条件(但并非一定是暴露条件)。陆源碎屑岩的氧化色多由高价铁质胶结物造成,泥质岩、灰岩、硅质岩的氧化色常由弥散状高铁微粒造成。由具有氧化色的砂岩、粉砂岩和泥质岩稳定共生形成的一套岩石称为红层或红色岩系,地球上已知最古老的红层产于中元古代,据此推测,地球富氧大气的形成不会晚于这个时间。

(3)灰、深灰或黑色。这通常是因为岩石含有机质或弥散状低铁硫化物(如黄铁矿、白铁矿)微粒的缘故,它们的含量愈高,岩石愈趋近黑色。有机质和低铁硫化物均可氧化,故这种颜色只能形成或保存于还原条件下,也因此而称为还原色。陆源碎屑岩、石灰岩、硅质岩等的还原色大多与有机质有关。泥质岩的还原色既与有机质有关,也与低铁硫化物有关。

(4)绿色。一般由海绿石、绿泥石等矿物造成。这类矿物中的铁离子有 Fe^{2+} 和 Fe^{3+} 两种价态,可代表弱氧化或弱还原条件。砂岩的绿色常与海绿石颗粒或胶结物有关,泥质岩的绿色常是由绿泥石造成的。此外,岩石中若含孔雀石也可显绿色,但相对少见。

除上述典型颜色以外,岩石还可呈现各种过渡性颜色,如灰黄色、黄绿色等,尤其在泥质岩中更是这样。泥质沉积物常含不等量的有机质,在成岩作用中,有机质会因降解而减少,高锰氧化物或氢氧化物(致灰黑成分)常呈泥级质共存其中,一些有色的微细陆源碎屑也常混入,这是泥质岩常常具有过渡颜色的主要原因,而砂岩、粉砂岩、灰岩等的过渡色则主要取决于所含泥质的多少和这些泥质的颜色。

影响颜色的其他因素还有岩石的粒径和干湿度,但它们一般不会改变颜色的基本色调,只会影响颜色的深浅或亮暗,在其他条件相同的情况下,岩石粒径愈细或愈潮湿,其色愈深愈暗。

沉积岩颜色的观察与描述,可采用矿物学中的二名法、类比法等原则。

六、沉积岩的分类

由于沉积岩种类繁多,并在成因和成分以及其他方面具有复杂性,目前对于沉积岩的分类尚有不同的观点。一般认为,物质来源是划分沉积岩类型最重要的依据。因为沉积物来源不同,其成分和性质也不同,其搬运和沉积作用的方式以及成岩后生阶段的作用方式和特点也会有所不同,因此,物质来源决定了沉积岩的大类划分。成分和结构是进一步分类的依据。相同来源的沉积岩,根据其成分和结构可细分为若干类型。

本着简明扼要的原则,本书采用的沉积岩分类如表6-3所示。按照物质来源的差异,沉积岩分为三大类。

1. 陆源沉积岩

陆源沉积岩主要由机械搬运沉积的陆源物质组成,包括主要由碎屑物质组成的陆源碎屑岩(砾岩、砂岩、粉砂岩)和主要由黏土组成的黏土岩(又称泥质岩)。

表6-3 沉积岩的分类

他生沉积岩		自生沉积岩
陆源沉积岩(按结构细分)	火山源沉积岩(按结构细分)	内源沉积岩(按成分细分)
砾岩>2mm	集块岩>64mm	碳酸盐岩
砂岩 2~0.05mm	火山角砾岩 64~2mm	硅质岩
粉砂岩 0.05~0.005mm	凝灰岩<2mm	铝质岩、铁质岩、锰质岩、磷质岩
		蒸发岩
黏土岩<0.005mm		可燃有机岩

2. 火山源沉积岩

火山源沉积岩主要由火山喷发的火山碎屑物质经机械搬运沉积而成,进一步按粒径、结构细分为集块岩、火山角砾岩和凝灰岩。

3. 内源沉积岩

内源沉积岩由发生在沉积盆地内的生物沉积作用和化学沉积作用所形成的沉积物组成。组成内源沉积岩最原始的物质主要来自生物和陆源溶解物质。由生物和化学作用形成的沉积物往往会受到机械搬运或机械沉积作用的改造,而具有某些与陆源碎屑岩类似的特点。按成分和沉积作用方式,内源沉积岩可进一步分为:由化学沉积作用形成的蒸发岩,由生物作用形成的可燃有机岩,由生物、化学和生物化学作用形成的碳酸盐岩、硅质岩、铝质岩、铁质岩、锰质岩和磷质岩。

第二节 陆源沉积岩

一、一般特征

陆源沉积岩进一步分成两大类:陆源碎屑岩和黏土岩(泥岩)。前者是母岩机械破碎的固体碎屑物质经搬运、沉积、成岩而形成的岩石,简称碎屑岩,包括砾岩、砂岩、粉砂岩。后者是由粒径小于0.005mm的细颗粒组成的黏土岩,组成黏土岩的细粒物质主要是母岩风化后的产物,呈悬浮状态或胶体状态被搬运到沉积场所,是以机械沉积和胶体凝聚的方式形成的。

碎屑岩由4个基本部分组成。

(1)碎屑颗粒。占整个岩石的50%以上,是决定碎屑岩主要特征的组分,如砾岩中的砾石,砂岩中的砂。

(2)杂基。又称基质、机械混入物,是指粗—中碎屑岩中较细粒的物质,通常为黏土和粉砂。杂基与砾、砂等碎屑颗粒同时沉积同时形成。

(3)胶结物。主要为化学沉淀物质,如钙质、硅质、铁质泥岩等。对碎屑颗粒起胶结作用使之变成坚硬的岩石。胶结物是在碎屑颗粒沉积之后,从水溶液中沉淀下来的。

(4)孔隙。碎屑岩中未被固体物质占据的部分,可以是原生堆积时保留下来的,也可能是后生阶段矿物被淋滤掉而成的。

(一)碎屑岩的物质成分

1. 碎屑颗粒

碎屑颗粒有矿物碎屑和岩石碎屑两种。碎屑颗粒中,只由一种矿物单晶组成的称为矿物碎屑,由两种及两种以上的矿物构成则称为岩石碎屑(简称岩屑)。

石英抗风化能力较强,不易磨损,是最常见的一种,几乎每一种碎屑岩中都有石英。长石在碎屑岩中的含量仅次于石英。长石在地表的稳定性较差,易风化,长石矿物碎屑主要出现在中粗粒砂岩或砾岩的填隙物中。云母碎屑的成分以白云母居多。白云母抗化学风化能力强,但机械稳定性差,易破碎成片,故常分布在细砂岩和粉砂岩的层面上。黑云母化学稳定性差,在碎屑岩中含量不高。碎屑岩中往往含有小于1%的重矿物(相对密度大于2.86),常见的重矿物碎屑有锆石、榍石、磷灰石、尖晶石、铬铁矿、辉石、蓝晶石、十字石、石榴子石等。

岩屑是母岩机械破碎形成的岩石碎块,一般粒径较大,多出现在砾岩中,而砂岩中岩屑的含量及种类显著减少,这是因为随粒径的变小,岩屑逐渐破碎为矿物碎屑。

2. 填隙物质

杂基和胶结物合称碎屑岩的填隙物质。杂基的主要成分是黏土和粉砂。胶结物的成分有硅质矿物(蛋白石、玉髓、石英)、碳酸盐矿物(方解石、白云石)、铁质矿物(铁的氧化物和氢氧化物)、黏土矿物(成岩过程中形成的黏土矿物)。

(二)碎屑岩结构

碎屑岩的结构指碎屑岩内各组分的特点和相互关系,包括碎屑颗粒的结构、杂基和胶结物的结构、孔隙的结构以及碎屑颗粒与杂基和胶结物之间的关系。

1. 碎屑颗粒的结构

碎屑颗粒的结构包括碎屑的粒径、形态和表面特征。

1)粒径

按自然粒级标准划分为:>2mm,砾;2~0.05mm,砂;0.05~0.005mm,粉砂;<0.005mm,黏土。

碎屑颗粒的均匀程度称为分选性,一般粗略地分为好、中、差3级。当某一级粒径的碎屑含量>75%时,称分选好;50%~75%,称分选中等;若各不同粒径的碎屑含量均小于50%,称分选差。

2)形态

形态包括颗粒圆度、球度和扁平度。

(1)圆度。指颗粒的棱角被磨蚀圆化的程度,一般分浑圆、圆、次圆、次棱角、棱角等几级。

(2)球度和扁平度。球度指颗粒接近球体的程度,球度系数 $\phi=\sqrt{BC/A^2}$(A、B、C 分别为颗粒的长、宽、厚)。扁平系数 $\left(\dfrac{A+B}{2C}\right)$ 也是反映碎屑形态的参数。

2. 杂基和胶结物的结构

杂基和胶结物的结构主要表现在它们与碎屑颗粒之间的关系上,前者称为杂基的支撑类型,后者称为胶结类型。杂基的支撑类型有两种:杂基少,碎屑颗粒彼此接触,称为颗粒支撑;杂基多,碎屑颗粒基本上互不接触,碎屑之间充填着杂基,称为杂基支撑。胶结物的胶结类型有 5 种(图 6-13):①基底式胶结,碎屑颗粒彼此不接触,呈游离状分散在胶结物内;②孔隙式胶结,碎屑颗粒彼此接触,胶结物充填于粒间孔隙之中;③接触式胶结,胶结物量少,仅在颗粒接触处分布;④悬挂式胶结,胶结物与它附着(或胶结)的颗粒具有一致的相对方位,也称为重力式胶结;⑤镶嵌式胶结,碎屑颗粒间凹凸紧密接触,胶结物极少。

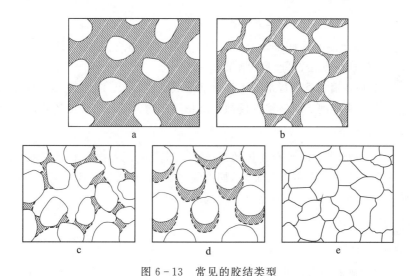

图 6-13 常见的胶结类型
a.基底式胶结;b.孔隙式胶结;c.接触式胶结;d.悬挂式胶结;e.镶嵌式胶结

二、主要岩石类型

(一) 砾岩和角砾岩

砾石含量超过 50% 的碎屑岩称砾岩(角砾岩)。砾石的成分大多是岩屑,可直接指示母岩的性质。稳定岩屑往往富集于长距离搬运或经长时间改造而沉积的砾岩中,如石英岩质砾岩;不稳定岩屑则在近源区常见,如石灰岩砾石。

砾岩中的基质是指与砾石有相同搬运沉积经历,填充在砾间孔隙内,粒径小于 2mm 的砂质和泥质细碎屑物。按砂质基质和泥质基质以及胶结物三者的不同含量,砾岩的基质有 4 种类型。

(1)无基质。砂或泥含量小于 2%,填隙物主要为化学成因的胶结物。

(2)砂质基质。泥质小于 5%,以砂屑为主,砂屑间可见胶结物。

(3)混合基质。砂屑和泥质含量相近,胶结物较少。

(4)泥质基质。砂屑小于 5%,泥质为主要填隙物,几乎无胶结物。

无基质和砂质基质显示砾岩沉积时水动力条件较强,而混合基质和泥质基质反映水动力条件较弱。除砾石的成分和填隙物的特点外,砾石的磨圆度、形状、表面特征及粒径大小分布等均具有成因意义。

1. 砾岩的分类及砾岩类型的描述

1) 根据砾石的磨圆度划分

砾岩:浑圆状、圆状、次圆状的砾石含量大于50%。

角砾岩:棱角状、次棱角状的砾石含量大于50%。

2) 根据砾石的大小划分

巨砾岩:主要砾石粒径大于250mm。

粗砾岩:主要砾石粒径50~250mm。

中砾岩:主要砾石粒径5~50mm。

细砾岩:主要砾石粒径2~5mm。

3) 根据砾岩在地层剖面中的位置划分

底砾岩:位于海侵层序的最底部,与下伏岩层呈角度不整合或平行不整合接触,砾石的分选性好,磨圆度高,代表长期侵蚀间断的结果。

层间砾岩:因沉积环境和条件局部发生变化而形成的砾石层,不代表长期的沉积间断,与上、下地层为连续沉积,通常为河流或波浪边侵蚀边沉积的产物。砾石磨圆度较差,成分不稳定。

4) 按砾石成分划分

单成分砾岩:指相同成分的砾石含量超过75%,如75%以上都是石英岩或花岗岩、石灰岩等。这时砾石的主要成分可直接参与命名,如石英岩砾岩、石灰岩角砾岩等。

复成分砾岩:指没有哪种成分的砾石含量超过75%。

2. 砾岩的主要岩石类型

1) 石英岩质砾岩

石英岩质砾岩的砾石成分简单,主要为稳定性较高的石英岩、脉石英、燧石等。砾岩的磨圆度和分选性均较好。砾石直径一般不大,多为细砾。胶结物以硅质为主,多呈颗粒胶结;砂、粉砂和黏土组成的填隙物较少。

2) 石灰岩质砾岩

石灰岩质砾岩主要由石灰岩砾石组成,成分单一,常临近石灰岩母岩出露地区分布,是迅速侵蚀和埋藏的产物。胶结物以钙质为主,基质多为砂泥质。

3) 复成分砾岩

复成分砾岩的砾石种类复杂,以不稳定的岩屑砾石为主,如花岗岩、片麻岩、灰岩、砾岩等。砾石的分选性和磨圆度较差,填隙物以砂、粉砂和黏土为主,胶结物少,发育块状层理或递变层理。岩层厚度大但延伸不稳定,向两端尖灭。这种砾岩多产于强烈的凹陷区,由快速堆积作用形成。

3. 砾岩的主要成因类型

1) 滨岸砾岩

滨岸砾岩主要形成于滨海及滨湖地区,由河流携入的砾石或沿岸崩塌下来的基岩碎块经波浪反复作用而成。砾石成分单一,多为石英岩砾岩,分选性及磨圆度较好。砾石长轴(A轴)平行海(湖)岸线,最大扁平面(AB面)向海(湖)倾斜。

2) 河成砾岩

河成砾岩的砾石成分较复杂,多属复成分砾岩。砾石分选较差,大砾石磨圆度较好,小砾石常呈次棱角状,砾石AB面多呈叠瓦状排列。砾岩横向延伸不稳定,多呈透镜状。

3) 冰碛角砾岩

冰碛角砾岩的砾石成分复杂,常见新鲜不稳定成分岩石,砾石表面可见冰川擦痕。

4) 岩溶角砾岩

岩溶角砾岩是石灰岩地区溶洞顶壁坍塌堆积而成。角砾成分为灰岩,角砾大小悬殊,棱角鲜明,填隙物为红黏土或碳酸盐岩粉屑,分布局限。

(二) 砂岩

砂级碎屑含量大于50%的碎屑岩为砂岩。砂岩主要由砂粒、杂基和胶结物组成。砂的成分以石英为主,其次是长石和岩屑,还有少量的云母和重矿物等。杂基和胶结物都对砂粒起胶结作用。

1. 砂岩的成因特征

1) 砂岩的矿物成熟度

碎屑岩中的颗粒在形成过程中一般要经过风化、搬运、沉积等多种地质作用,其中不稳定组分逐渐被淘汰,稳定组分相对富集,最终产物常为轻矿物组合(石英-高岭石)和重矿物组合(锆石-电气石-金红石)。砂岩矿物成熟度即砂岩碎屑颗粒接近上述矿物组合的程度,一般用其稳定组分与不稳定组分(石英+燧石/长石+岩屑)的比值大小作为定量判断标志,比值愈高,矿物成熟度愈高。矿物成熟度高,说明砂岩的形成过程经历了多次沉积旋回或遭受到强烈的风化作用;反之,则反映砂岩形成于强烈构造活动背景下的近源快速堆积作用。

2) 砂岩的结构成熟度

砂岩的结构成熟度表示碎屑物在沉积过程中杂基含量、分选性、磨圆度的终极状态。通常用砂岩中杂基含量、分选性和磨圆度划分结构成熟度的等级。如果杂基含量少,碎屑颗粒分选性好、磨圆度高,则结构成熟度高,代表沉积物在形成作用中经历过较长时间和较长距离的搬运过程。

2. 砂岩的分类

由于砂岩分布广泛(约占全部沉积岩的1/3),成因复杂,种类繁多,因此,砂岩的分类有各种不同的方案。目前流行的砂岩分类方法是采用三角图法,在三角图的3个端元选取砂岩中砂的主要组分石英、长石和岩屑,或石英+硅质岩屑、长石+火成岩屑+变质岩屑。不同的端元组分所代表的成因情况不同。

本书采用的砂岩成分分类如图6-14所示。在3个端元组分中,石英代表岩石成熟度,长石代表母岩性质,岩屑代表构造变动,应用时,根据砂岩中长石、石英和岩屑三者的含量值(石英+长石+岩屑=100),在三角图上分别作对边的平行线,图中各线的交点所处的位置,即该砂岩的名称。如石英50%、长石30%、岩屑20%,在三角图上投点后知它属岩屑长石砂岩。

在砂岩的分类中,还可按粒径进行分类:

  粗粒砂岩   0.50～2mm
  中粒砂岩   0.25～0.50mm
  细粒砂岩   0.05～0.25mm

3. 砂岩主要类型简述

1) 石英砂岩

石英砂岩中石英含量大于95%,含少量长石和岩屑,重矿物极少,石英磨圆度高,大小均一,分选性良好,缺少杂基,胶结物大多为硅质,其次为钙质($CaCO_3$)和铁质,以接触式胶结为主。砂岩的矿物成熟度和结构成熟度均较高。颜色多为灰白色,或略带其他浅色调。波痕、交错层理等沉积构造发育。

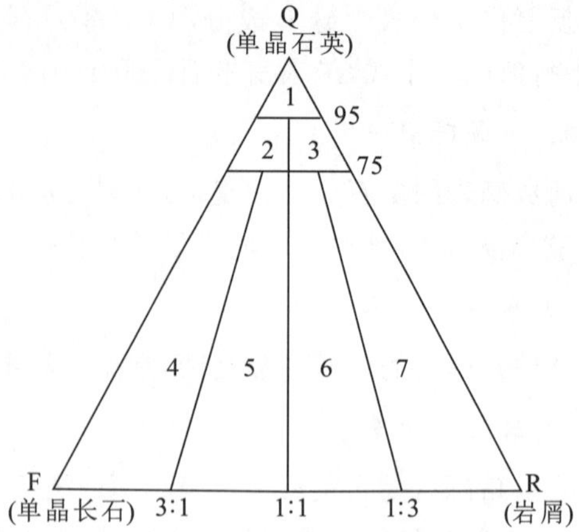

图6-14 砂岩的分类
(据桑隆康和马昌前,2012)
1.石英砂岩;2.长石石英砂岩;3.岩屑石英砂岩;4.长石砂岩;5.岩屑长石砂岩;6.长石岩屑砂岩;7.岩屑砂岩

2) 长石砂岩

长石砂岩中长石的含量大于25%,石英的含量小于75%,岩屑小于25%,以石英和长石为主。重矿物含量较石英砂岩中高(可达1%)。砂的分选性和磨圆度变化较大,主要取决于其成因。填隙物中有数量不等的杂基,胶结物以钙质和铁质为主。颜色因含钾长石多呈浅黄色或肉红色。

3) 岩屑砂岩

岩屑砂岩中岩屑含量大于25%,长石小于25%,石英小于75%。岩屑成分复杂,一般有3类:火山岩岩屑,多为隐晶质的熔岩碎屑;低中级变质岩岩屑,如板岩、千枚岩和云母片岩岩屑;沉积岩岩屑,包括各种页岩、粉砂岩、燧石岩屑以及混晶灰岩和白云岩岩屑。因此,从岩屑砂岩中岩屑的成分可以推测其母岩的类型。

岩屑砂岩中重矿物的含量较石英砂岩高,且种类复杂,碎屑颗粒的磨圆度与分选性均较石英砂岩差,胶结物主要为钙质和硅质。颜色一般呈稍暗的色调,如灰色、灰绿色、灰黑色等。

砂岩是良好的建筑材料和研磨材料,此外,在砂岩中常富集有金、铂、锡石、黑钨矿、金刚石等砂矿床,砂岩还是很好的储水层、储油层和储气层。

(三) 粉砂岩

粉砂级碎屑含量大于50%的碎屑岩为粉砂岩。其碎屑成分常以石英、白云母为主,长石较少,岩屑更少。重矿物的含量较砂岩多,可达2%～3%。粉砂颗粒细小,呈悬浮状态被搬运,磨圆度不高,多为棱角状或次棱角状,粉砂颗粒的分选性较好,填隙物一般为黏土和化学沉淀物(钙质和硅质)。

按粉砂颗粒的大小,粉砂岩可分为粗粉砂岩(0.05～0.01mm)和细粉砂岩(0.01～0.005mm)。按成分分类,采用砂岩的三角分类图,它分为石英粉砂岩、长石粉砂岩等,还可根据填隙物的成分分为钙质粉砂岩、泥质粉砂岩等。

第四纪黄土为粉砂岩的典型代表,是一种半固结的泥质粉砂岩。其中粉砂50%～60%,泥质含量30%～40%,还含有少量的砂粒。碎屑成分以石英为主,其次为长石。

(四) 黏土岩

黏土岩又称泥质岩，主要由黏土矿物及粒径小于0.005mm的细碎屑(>50%)组成。黏土岩是分布最广的沉积岩，占沉积岩出露面积的60%。

黏土岩具有一些独特的物理性质。

可塑性：黏土岩粉碎后加适当的水分，受压后可塑制成一定的形体，在压力取消后形状不变。

耐火性：黏土具有在高温下不熔融的性能。

烧结性：黏土具有能在低于耐火度的温度下局部熔化，从而使质点相互黏结成坚硬的瓷质石块的性质。

干缩性：指黏土沉积物风干或加热后，由于水分蒸发而产生的体积收缩现象。

吸附性：指黏土质点能从周围介质中吸收各种气态、液态及有机质色素的能力。

吸水性：有些黏土矿物具有极强的吸水能力。吸水的同时产生体积膨胀，有时达50%或者更大。蒙脱石黏土的吸水性最强。

1. 黏土岩的物质成分

黏土岩的矿物成分以黏土矿物为主，还有少量的陆源碎屑矿物和自生非黏土矿物。常见的黏土矿物有高岭石、伊利石、蒙脱石和水云母。

黏土岩的化学成分变化较大，以SiO_2、Al_2O_3和H_2O为主，常吸附有微量元素(Ni、V、Mo等)，还含数量不等的有机质，如腐殖质、碳质、沥青质及生物遗体等。

2. 黏土岩的结构

黏土岩的基本结构是泥质结构，可混入一定量(25%～50%)的粉砂或砂构成过渡结构类型，如砂质泥质结构。在肉眼鉴定时，可凭感觉判断是否有混入物。泥质结构手摸有滑感，断口贝壳状。若含粉砂，手摸有粗糙感。

3. 黏土岩的构造

黏土岩具各种各样的沉积构造，除发育波痕、泥裂、雨痕、虫迹等层面构造外，以纹理和页理构造最为特征。

1) 纹理构造

纹理构造由两种薄纹层(0.05～1mm厚)规律性重复而成，为水平层理的特殊类型。纹理可由浅色纹层和深色纹层构成，也可由粉砂纹层和黏土纹层或其两种纹层构成。

2) 页理构造

页理是岩石沿平行层面的方向易于裂开成薄层的性质，具有页理的黏土岩称为页岩。页理是在一定压力下，由水云母、绢云母等片状矿物平行排列而成。

4. 黏土岩的分类及主要岩石类型

1) 按黏土岩中混入物含量分类

根据粉砂、砂的含量，它可分为黏土岩、含粉砂黏土岩、粉砂质黏土岩、含砂黏土岩、砂质黏土岩。混入成分含量5%～25%者加"含"，25%～50%者加"质"。

2) 按黏土矿物成分分类

首先按矿物成分的复杂程度，它可分为单矿物黏土岩和复矿物黏土岩。前者以某矿物含量大于50%的黏土矿物命名,如高岭石黏土岩;后者以两种或两种以上的黏土矿物为主,采用复合命名法,含量多的黏土矿物在后,含量少的在前,如高岭石水云母黏土岩。常见的单矿物黏土岩有以下几种。

(1)高岭石黏土岩。主要由高岭石组成,一般为白色或淡黄色,呈致密块状或土状,具贝壳状断口,多为胶状结构,可塑性大,耐火性好。

(2)蒙脱石黏土岩。又称膨润土,主要由蒙脱石组成,一般为白色或略带粉红、淡黄、淡绿色等色调,呈致密块状或土状,有滑腻感,吸水性强,遇水剧烈膨胀,体积可增大2~3倍,可塑性、黏结性均较强。

(3)水云母黏土岩。主要由水云母(伊利石)组成,其次有高岭石、蒙脱石等黏土矿物和其他非黏土矿物、碎屑物质等,成分较复杂。

3) 按成岩后生作用程度分类

其具体分类方案见表6-4。

表6-4 黏土岩的成岩后生作用强度类型

固结和重结晶程度	层理不显著	层理显著(具页理)
未固结—弱固结	黏土	
固结、未或弱重结晶	泥岩	页岩
固结、重结晶矿物含量大于50%	泥板岩	页板岩

泥岩和页岩的类型很多,常见的类型有以下几种。

(1)钙质泥岩和页岩。岩石中含$CaCO_3$,但含量小于50%,否则过渡为泥灰岩。

(2)铁质泥岩和页岩。岩石中含铁质矿物,若含三价铁的矿物,则岩石呈红色调;若含二价铁,则呈灰绿色。红色铁质泥岩和页岩在我国南方中、新生代的地层中分布较广,构成红层。

(3)硅质页岩。非晶质的SiO_2或火山灰含量较高。硅质页岩较坚硬,抗风化能力较强。

(4)碳质页岩。岩石中含大量炭化的有机质,呈黑色,染手,常含大量的植物化石,是沼泽环境的产物。

(5)黑色页岩。岩石因含较多的有机质或细分散状的硫化铁而呈黑色,不染手,一般形成于缺氧而富含H_2S的闭塞海湾和湖泊较深水处。

第三节 火山碎屑岩

火山碎屑岩(图6-15)是火山爆发作用中产生的碎屑物经过搬运、沉积后,固结或熔结而成的岩石。典型火山碎屑岩火山碎屑含量在90%以上,其中可混入小于10%的正常沉积物质或熔岩物质。广义的火山碎屑岩指界于熔岩和正常沉积岩之间的过渡型岩石,包括火山碎屑物含量10%以上的各类岩石。

火山碎屑岩常与火山熔岩伴生,对它的研究可以用来解释火山喷发的历史和喷发方式。火山碎屑岩中还经常赋存着铁、铜、钼、镍、铂、铀等矿产。另外,近年来,在某些火山碎屑岩中已陆续发现了一些工业性的油气田。

一、一般特征

1. 火山碎屑物质

火山碎屑物质主要来源于岩浆及其凝固的产物,部分来自构成火山通道和基底的岩石。

1) 火山碎屑的物质组成

（1）岩屑。是构成火山基底或火山管道的岩石在火山爆发时破碎而成的,岩屑成分以早期形成的火山岩为主,也可以是沉积岩、变质岩和细粒侵入岩。

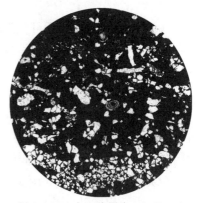

图 6-15　火山碎屑岩($\phi=5mm$)

（2）晶屑。是岩浆中早期析出的斑晶在火山喷出时被崩碎而成,常见的成分有石英、长石及少量暗色矿物（如黑云母）。晶屑粒径较岩屑小,多在 0.25～3mm 之间。

（3）玻屑。黏性大的酸性和中性岩浆喷出时,大量挥发分逸出形成泡沫状岩浆,在上喷的过程中,气孔壁破裂、破碎、冷凝而形成玻屑,多呈撕裂状、凹凸棱角状（图 6-16）。

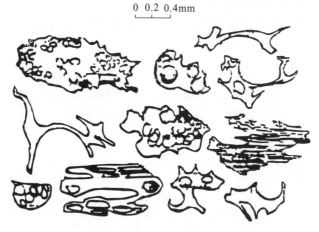

图 6-16　火山碎屑岩中常见的玻屑形状

2) 火山碎屑的粒径分类

按粒径和自然形态,火山碎屑物可分为火山集块、火山弹、火山砾、火山砂、火山灰和火山尘等（表 6-5）。

表 6-5　火山碎屑分类

粒径范围	刚性	半塑性	塑性
>64mm	火山集块（岩块）	火山弹	火焰石
64～2mm	火山角砾	火山砾	（塑性岩屑或浆屑）
2～0.064mm	火山砂（岩屑、晶屑）	火山灰（玻屑）	塑性玻屑
<0.064mm	火山尘		

火山碎屑物按物理性质还可分为刚性、半塑性和塑性3种(表6-5)。岩屑3种物理性质的都有,晶屑只有刚性的,玻屑有半塑性的和塑性两种。

2. 火山碎屑的结构和构造

1) 结构

火山碎屑岩有4种基本结构类型。

(1)集块结构。大于64mm的火山碎屑占整个岩石体积的30%以上。

(2)火山角砾结构。64～2mm的火山碎屑占整个岩石体积的30%以上。

(3)凝灰结构。小于2mm的火山碎屑占70%以上,且以2～0.064mm的火山灰为主。

(4)火山尘结构。以小于0.064mm的细小火山碎屑为主。

2) 构造

常见的火山碎屑岩构造有以下几种。

(1)假流纹构造。由压扁拉长的塑性玻屑和塑性岩屑定向排列而成。

(2)火山泥球构造。由较细的中酸性火山碎屑组成,呈球形、椭球形,大小1mm至数厘米不等,是水中沉积的产物。

(3)斑杂构造。火山碎屑物的成分和粒径分布不均一。

(4)层理构造。由流水或风搬运过的火山碎屑物中,可形成交错层理、平行层理以及粒序层理等层理构造。

3. 火山碎屑岩的分类

火山碎屑岩的形成条件、碎屑物的成分、成岩方式和碎屑物的粒级是进行分类的4个依据,目前尚无统一的火山碎屑岩分类方案。本书采用的分类方案如表6-6所示。

表6-6 火山碎屑岩分类表(据孙善平,2001)

大类	向熔岩过渡的火山碎屑岩(火山碎屑熔岩)	正常火山碎屑类			向沉积岩过渡的火山碎屑岩	
亚类		熔结火山碎屑岩亚类	普通火山碎屑岩亚类	层状火山碎屑岩亚类	沉积火山碎屑岩亚类	火山碎屑沉积岩亚类
火山碎屑物相对含量	10%～90%	>90%			90%～50%	50%～10%
成岩作用方式	熔岩胶结	熔结状	以压实胶结为主,有部分火山灰分解物质	火山灰分解物质胶结及压实胶结	化学沉积物及黏土胶结	
结构构造特征	火山碎屑一般不定向	具流状构造	成层构造一般不明显	具明显的韵律层理和成层构造	一般成层构造明显,韵律层较发育	
火山碎屑粒径	岩石名称					
>64mm (>50mm)	集块熔岩	熔结集块岩	集块岩	层状集块岩	沉集块岩	凝灰质砾岩、凝灰质砂岩、凝灰质粉砂岩等
2～64mm (2～50mm)	角砾熔岩	熔结角砾岩	火山角砾岩(火山砾角砾岩)	层状火山角砾岩	沉火山角砾岩	
<2mm	凝灰熔岩	熔结凝灰岩	凝灰岩	层状凝灰岩	沉凝灰岩	

二、主要岩石类型

1. 熔结凝灰岩

熔结凝灰岩中,小于 2mm 的火山碎屑含量大于 70%,具熔结凝灰结构及假流纹构造。火山碎屑以晶屑和塑性玻屑为主,填隙物为火山尘。

2. 火山角砾岩

火山角砾岩中,64~2mm 的火山角砾占 50% 以上,具火山角砾结构及斑杂构造。碎屑成分主要为岩屑,填隙物为火山灰、火山尘。火山角砾呈棱角状—次棱角状,分选差。

3. 凝灰岩

凝灰岩中,小于 2mm 的火山碎屑占 70% 以上,具凝灰结构,块状构造或斑杂构造,疏松多孔,有粗糙感。碎屑成分有岩屑、晶屑和玻屑,可以其中一两种为主,填隙物为火山尘。

第四节 内源沉积岩

一、碳酸盐岩的一般特征

碳酸盐岩是由方解石、白云石等碳酸盐矿物组成的沉积岩,主要有两种类型,以方解石为主要矿物成分的灰岩和以白云石为主的白云岩。碳酸盐岩分布很广,约占沉积岩分布面积的 1/5,仅次于泥质岩和砂岩。

碳酸盐岩是石油和天然气的重要储集层,全世界约 1/2 的石油和天然气储存于其中。同时,汞、锑、铜、钴、锌、磷、重晶石、石膏等多种矿产与碳酸盐岩共生,碳酸盐岩本身也是一种矿产。

(一)碳酸盐岩的物质成分

碳酸盐的主要化学成分是 CaO、MgO、CO_2,其次还有 SiO_2、Al_2O_3、Fe_2O_3 等。碳酸盐岩中还含有一些微量元素如 Sr、Ba、Co、Ni、Mn、Pb、Zr、Cu 等。碳酸盐岩的矿物成分可分为 3 类:一是自生矿物,主要有方解石、白云石、铁白云石、菱铁矿、菱镁矿等;二是非碳酸盐矿物,如石膏、硬石膏、重晶石、石盐、自生石英、黄铁矿等自生矿物;三是陆源碎屑和矿物,如黏土矿物、碎屑石英、长石等。

1. 粒屑结构

在形成过程中,有机械作用参与的灰岩和白云岩具粒屑结构。与碎屑岩的碎屑结构相似,碳酸盐岩的粒屑结构由颗粒、泥晶基质、亮晶胶结物和孔隙 4 部分组成。与碎屑岩不同的是,碳酸盐岩中的颗粒尽管相当于砂岩的砂粒,但它不是外来碎屑,而是在沉积盆地内产生的,称为内源碎屑,泥晶基质相当于砂岩中的杂基,也是在盆地内形成的灰泥。亮晶胶结物相当于砂岩中的化学胶结物,在颗粒沉积之后沉淀于颗粒间孔隙之内,其成分为碳酸盐矿物,不像砂岩中的胶结物有多种成分。碳酸盐岩中的颗粒有 5 种类型。

1)内碎屑

弱固结或已固结的碳酸盐沉积物经波浪或潮汐的机械破碎作用,再搬运、磨蚀、沉积为内碎屑。内碎屑大多呈次棱角状、次圆状,少数呈棱角状或圆状,固结程度差的内碎屑有时呈不规则的塑性变形(图6-17)。

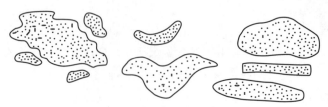

图6-17 内碎屑形态分类示意图

根据粒径大小，内碎屑可划分为砾屑(＞2mm)、砂屑(2～0.05mm)、粉屑(0.05～0.005mm)、泥屑(＜0.005mm)。

2) 生物屑

生物屑是指经过不同程度搬运和磨蚀的生物硬体(骨骼或外壳)，亦称岩屑或化石颗粒。

3) 包粒

包粒是具核心和特殊内部结构(同心纹层或放射状结构)的碳酸盐岩颗粒，常呈球形，椭球形。直径大于2mm者为豆粒，小于2mm者为鲕粒。鲕粒是典型的包粒。鲕粒的核心可以是陆源粉砂或小的内碎屑、生物碎屑等。鲕粒的包壳由呈同心状或放射状的隐晶碳酸盐矿物组成。根据鲕粒形状、内部结构以及结晶特点，鲕粒可分出多种类型(图6-18)。

图6-18 鲕粒类型示意图

4) 球粒

球粒又称团粒，一般小于0.2mm，呈球形或椭球形，由均一的方解石泥晶形成，不具内部结构。

5) 团块

团块是由多个颗粒黏结在一起、具不规则外形的颗粒，其大小一般小于0.3mm，成分多为泥晶方解石。

粒屑结构中的泥晶基质，粒径小于0.005mm，与颗粒同时沉积的碳酸盐质点又称灰泥微晶、泥屑。亮晶胶结物是充填颗粒之间的晶粒方解石，比灰泥粗大洁净，多大于0.005mm。

2. 生物骨架结构

由造礁生物形成的礁灰岩具生物骨架结构。

3. 晶粒结构

经过重结晶作用后的碳酸盐岩具晶粒结构。按晶粒大小可分为巨晶（>2mm）、粗晶（0.5~2mm）、中晶（0.25~0.5mm）、细晶（0.05~0.25mm）。

表6-7　灰岩与白云岩过渡系列岩石分类表

岩石名称	方解石/%	白云石/%
灰岩	100~95	0~5
含白云质灰岩	95~75	5~25
白云质灰岩	75~50	25~50
灰质白云岩	25~50	50~75
含灰质白云岩	5~25	75~95
白云岩	5~0	95~100

（三）碳酸盐岩的分类

常用的分类方案有：

(1)灰岩和白云岩是碳酸盐岩的两大类，根据方解石和白云石相对含量，灰岩和白云岩系列的各类岩石划分如表6-7所示。

(2)根据灰岩或白云岩中黏土矿物的混入量划分，结果如表6-8所示。

表6-8　灰岩(白云岩)与黏土岩过渡类型岩石分类表

方解石(或白云石)/%	黏土矿物/%	岩石名称
100~95	0~5	含泥质灰岩(白云岩)
95~75	5~25	泥质灰岩(白云岩)
75~50	25~50	泥灰岩(白云岩)
25~50	50~75	灰质(白云岩)泥岩
5~25	75~95	含灰质(白云岩)泥岩
5~0	95~100	黏土岩

(3)根据结构、成因和成分，碳酸盐岩的分类如图6-19所示。

二、主要碳酸盐岩的岩石类型

1. 内碎屑灰岩

内碎屑灰岩是指以内碎屑为主的(占全部颗粒总量的50%以上)粒屑灰岩，具粒屑结构，

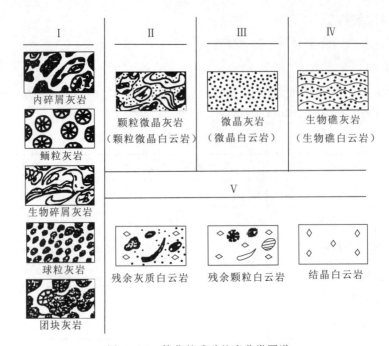

图 6-19 简化的碳酸盐岩分类图谱

Ⅰ.颗粒灰岩；Ⅱ.颗粒微晶灰岩(白云岩)；Ⅲ.微晶灰岩(白云岩)；Ⅳ.生物礁灰岩；Ⅴ.交代白云岩

填隙物为泥晶基质或亮晶胶结物。根据内碎屑的颗粒大小，可做进一步划分，如砾屑灰岩、砂屑灰岩。根据填隙物成分它可分为泥晶内碎屑灰岩和亮晶内碎屑灰岩。

内碎屑灰岩常发育交错层理、递变层理以及波痕等层面构造。我国北方寒武系的竹叶状灰岩是典型的砾屑灰岩。

2. 生物碎屑灰岩

生物碎屑灰岩是指以化石颗粒为主的粒屑灰岩，生物碎屑含量超过颗粒总量的50%（图6-20）。我国南方石炭系、二叠系和三叠系中均广泛发育生物碎屑灰岩。若生物碎屑由较干净的亮晶方解石胶结，则称之为亮晶生物碎屑灰岩。这种灰岩多形成于潮间和潮下带，水动力条件较强。若生物碎屑埋置于灰泥杂基中，则称之为泥晶生物碎屑灰岩。此类岩石多形成于静水环境。

图 6-20 生屑灰岩($\varphi=5$mm)

3. 鲕粒灰岩

在鲕粒灰岩中，鲕粒含量占全部颗粒一半以上的粒屑灰岩为鲕粒灰岩。常为颗粒支撑结构，鲕粒分选好，多见交错层理等其他沉积构造。

4. 泥晶灰岩(微晶灰岩)

泥晶灰岩基本上由泥晶组成，可含少量(<10%)的粒屑、陆源碎屑或黏土杂质等，外观致密，均一，呈隐晶结构。泥晶灰岩是一种常见的灰岩类型，多形成于水动力条件较弱的潟湖或浪基面以下的广阔的深水环境。

5. 瘤状（或结核状）灰岩

瘤状灰岩是指灰岩中具薄的波状层或薄的断续分布的透镜体，有的为较纯的灰岩结核。结核或透镜体常被波状或旋涡状的黏土杂基包裹。

6. 原生白云岩（白云岩）

原生白云岩一般由均匀的白云石微晶组成，几乎不含生物化石，常具有干裂、鸟眼、膏盐假晶等构造，一般形成于盐度高的潮上、潮间、内陆盐湖等环境。

三、硅质岩的特征及主要岩石类型

硅质岩是指由化学作用、生物化学作用、生物作用和某些火山作用形成的富含 SiO_2（70%～90%）的岩石。这里不包括由机械作用形成的石英砂岩。

硅质岩分布比较广泛，在沉积岩中占第四位，岩石类型以燧石岩和碧玉岩为主。

硅质岩是重要的矿产资源。燧石和碧玉岩致密坚硬，化学性质稳定，在工业上可用作研磨材料和耐火材料。硅藻土可作为过滤漂白原料，还可用作绝热、绝缘和隔音原料。

1. 硅质岩的基本特征

硅质岩的化学成分主要是 SiO_2，有时含一些其他氧化物，如 Fe_2O_3、Al_2O_3、CaO、MgO 等。硅质岩的矿物成分主要为非晶质的蛋白石、隐晶质的玉髓和结晶质的自生石英，还含有少量的黏土矿物，碳酸盐矿物及有机质。蛋白石（$SiO_2 \cdot nH_2O$）是一种非晶质的含水氧化硅矿物，由化学沉淀和生物作用生成，蛋白石失水重结晶后可转变成玉髓和石英。玉髓（SiO_2）是微晶质或隐晶质的氧化硅矿物，晶体多呈纤维状，直径数微米，长度数十至一两百微米，玉髓由化学沉淀形成，也可以由蛋白石重结晶形成。自生石英（SiO_2）多由玉髓转变而来，也可以由化学沉淀形成。硅质岩的时代愈老，玉髓、自生石英成分愈多，蛋白石多保存在年轻的硅质岩中。

硅质岩的结构有胶状结构、隐晶结构、微晶结构、生物结构、鲕状结构等。

多数硅质岩致密坚硬，化学性质稳定，抗风化能力强。硅质岩的颜色多种多样，随杂质而异，常呈灰色、灰黑色，也有灰白色、灰绿色和红色。

硅质岩多呈层状、条带状、结核状和透镜状产出，其中以结核和条带状最为常见。

2. 硅质岩的分类及主要岩石类型

按成因可把硅质岩分为两大类。

1）生物或生物化学成因

生物或生物化学成因的硅质岩有硅藻土、放射虫岩、海绵岩、蛋白石等。

硅藻土主要由硅藻遗体（硅藻壳）组成，外观呈土状，结构疏松、质轻而软。

2）非生物成因

非生物成因的硅质岩有如燧石岩、碧玉岩等。

燧石岩主要由微晶石英和玉髓组成，致密坚硬，具贝壳状断口。燧石岩在地层剖面中呈两种形式产出：一种是广泛分布于碳酸盐岩中的结核状或条带状燧石，多属于交代成因。在成岩期，分散的硅质沉积物重新聚集，交代碳酸盐或黏土质沉积而成；另一种是层状产出的层状燧石岩，其成因除化学成因外，尚有机械成因、生物化学成因，个别情况下可能为交代成因。

碧玉岩是层状燧石的一类特殊变种，特别是含氧化铁（可超过 5%），矿物成分以石英为主，其次为玉髓，还可混有黏土矿物、方解石等。岩石多为红色，也有绿色、灰黄色或黑色，有时颜色斑杂，隐晶或胶状结构，颗粒大小在 0.01mm 左右，岩石致密坚硬，具贝壳状断口，常与火山岩共生。

四、其他内源沉积岩

铝质岩、铁质岩、锰质岩、磷质岩、蒸发岩（如盐岩—$NaCl$、钾镁质岩—KCl 和 $MgCl_2$）、可燃有机岩（煤、石油、油页岩），均属于内源碎屑岩。由于它们分布局限，因此它不是本书讨论的重点。它们皆与矿产有密切的关系，在一定条件下，均可作为矿床直接进行开采，有重要的经济意义，是沉积矿床学中的主要研究对象。

第七章 岩浆作用及其产物

第一节 岩浆及岩浆作用

一、岩浆及岩浆作用的概念

(一) 岩浆的概念

岩浆是在地壳深处或地幔中天然形成的,以硅酸盐为主要成分的炽热、黏稠、富含挥发分的熔融体。其基本特征如下。

1. 岩浆的成分

岩浆主要由硅酸盐和一些挥发分组成。SiO_2 是硅酸盐的主要成分,它与 Al_2O_3、Fe_2O_3、FeO、MgO、CaO、Na_2O、K_2O、TiO_2 等氧化物结合,组成各种不同的硅酸盐矿物,含有少量微量元素、稀土元素和挥发组分。岩浆中的挥发性组分,含量一般不超过 6%,主要是 H_2O,约占挥发组分总量的 60%~90%;其次有 CO_2、SO_2、CO、N_2、H_2、NH_3、HCl、HF 等。岩浆中的挥发分不仅影响岩浆的黏度、结晶温度和性质,还会影响岩浆的喷出方式。在一定的温度和压力条件下,这些挥发分溶解于硅酸盐熔融体之中,不仅能降低岩浆的黏度,使之易于流动,而且还能降低结晶温度,延长岩浆的结晶时间,并结晶出含挥发分的矿物。同时,很多气成-热液矿床与挥发组分的含量和组成紧密相关。大量研究证实,富含某些挥发分的热液流体在一定条件下具有较强的携带金属或其他有用元素的能力,可以在适当的地段形成气成-热液矿床。

2. 岩浆的温度

岩浆的温度一般在 700~1300℃ 之间,目前记录的喷发熔岩的温度大都在 800~1200 ℃ 范围内,并随岩浆成分不同而有所差异。基性岩浆温度较高,为 1000~1300℃,中性岩浆次之,为 900~1000℃;酸性岩浆最低,为 700~900℃。岩浆喷出地表后因发生强烈氧化反应和放热效应,并不能完全代表地下深处岩浆的真实温度,通常在地表测得的温度要相对高些。岩浆的温度还可以用熔融岩石和结晶模拟实验的方法、岩浆中包裹体测温的方法以及地质温度计和地质压力计方法计算来间接获得。

3. 岩浆的黏度

岩浆的黏度反映岩浆流动或变形的难易程度,是岩浆重要的物理性质之一。岩浆的黏度会影响岩浆的分凝、上升的速度和岩浆作用发生的强度,由于岩浆黏度的不同,形成的火成岩在结构、构造、产状等方面也有差别。岩浆的黏度与岩浆的成分(主要是 SiO_2 含量)、挥发分含量及温度和压力等因素有关。岩浆中 SiO_2 含量越高,黏度越大;挥发分含量越高,岩浆黏度越小；温度越高，黏度越小，当温度迅速下降会使黏度急剧增大；压力增大，一般情况下黏度也随之增大，但不同成分的岩浆的增大幅度是不同的。

（二）岩浆作用的概念

一般认为，岩浆从形成、运移、聚集至冷凝成岩的过程中，岩浆本身发生的变化以及对周围岩石影响的全部地质作用过程称为岩浆作用或岩浆活动。根据岩浆活动特点，分为两种方式：①如果岩浆从深部发源地上升但没有到达地表就冷凝形成岩石，这种作用过程称为侵入作用，岩浆冷凝形成的岩石称为侵入岩；②如果岩浆从深部发源地上升直接溢出地表，甚至喷至空中，这种作用过程称为喷出作用或火山作用，所形成的岩石称为喷出岩或火山岩。流出地面的岩浆称熔浆，熔浆冷凝所形成的岩石称为熔岩。火山强烈爆发出来的各种碎屑物堆积而成的岩石称为火山碎屑岩。因此喷出岩或火山岩应包括熔岩和火山碎屑岩这两个部分，有人把喷出岩或火山岩理解为熔岩（本书即为此），而将火山碎屑岩归为沉积岩范畴。

二、岩浆的喷出作用及其产物

（一）火山活动

火山是地下深处的高温岩浆及其有关的气体、碎屑从地壳中喷出而形成的。火山喷发是自然界最为壮观的现象之一。喷发作用有时宁静，有时剧烈。喷发初期，先从地面裂隙或原有火山口冒出气体，气体逐渐增多在火山上空形成巨大烟柱，有时可高达几千米，使天空变为红黄色。随即，有地下轰鸣或地震出现，大量火山物质（火山碎屑和火山熔浆）等喷向天空，火山附近的空气由于受高温的影响发生膨胀，引起空气的强烈对流而形成大风。喷出的气体可凝结成雨，同时引起电荷的改变，而发生雷电现象等，构成一幅恐怖而壮丽的景象。例如，我国黑龙江德都县五大连池火山曾于1719—1721年喷发，火山喷出的熔岩堵塞了白河河道形成了五个湖泊，即五大连池。1980年5月18日上午美国西北部圣海伦斯火山在休眠123年之后重新爆发，爆发时释出能量相当于1945年美国在日本广岛投下的第一颗原子弹的500倍。炽热的熔浆使山顶积雪全部融化而形成巨大的泥石流，给当地居民生命和财产造成了巨大的损失。火山灰喷至18 000m以上的高空，一小时以后到达火山以东130km的雅基玛布，使白天变成了黑夜。

根据火山活动状态，可将火山分为：活火山，尚在活动或周期性喷发的火山；死活山，在人类历史上无喷发记录的火山，如日本的富士山；休眠火山，在人类历史有记载但长期处于相对静止状态的火山。

（二）火山喷发的方式

火山喷发主要有以下几种方式。

1. 熔透式喷发

熔透式喷发喷发主要发生在地壳发展的初期，地壳很薄，地下的岩浆热能很大，进行大面积熔透，在地表形成熔透式火山。在太古代地层中见到地下冷凝的岩浆体与上面的喷出冷凝岩石直接相连，可能就是熔透作用形成的。

2. 裂隙式喷发

裂隙式喷发是岩浆沿线状的大断裂或裂隙群通道上升喷出地表，也可以是由沿断裂带密集排列的多个火山口近同时喷发。喷发以基性的玄武岩为主,酸性者少见,无爆炸现象,往往呈大片流出,形成大片连续的玄武岩层。这种方式的喷发作用主要发育在大陆裂谷、洋中脊等大型伸展构造带。如冰岛位于北大西洋洋中脊上,所以它实际上是由洋中脊裂谷喷发形成的,著名的印度德干高原玄武岩和我国峨眉山玄武岩均由裂隙式喷发形成的。

3. 中心式喷发

中心式喷发又称筒状喷发,是岩浆通过管状通道到达地表的一种喷发方式,它是现代大陆火山活动的主要类型,中心式喷发按其喷发的剧烈程度分为宁静式、爆烈式和递变式3种。

1) 宁静式

宁静式又称夏威夷式,基性岩浆以宁静无爆炸方式溢出地表,夏威夷岛上的冒纳罗亚火山就是由典型的宁静式喷发形成的。

2) 爆烈式

爆烈式又称培雷式,酸性岩浆以猛烈爆炸的方式喷溢出地表。酸性岩浆黏度大,易于堵塞火山通道,当地下岩浆压力增大,冲破上面的堵塞时,就发生剧烈的爆炸。西印度群岛的马丁尼克岛上的培雷火山为爆烈式喷发的典型代表。

3) 递变式

递变式又称斯通博利式,这类火山的特点介于前两者之间,有时宁静,有时剧烈,喷发物以中基性岩为主,大多火山都属于这种类型,如意大利的维苏威火山、地中海丽岛上的斯创博里火山、墨西哥的帕里库廷火山等。

影响火山喷发方式的主要因素是岩浆的黏度和挥发组分的含量,在爆发式火山喷发过程中,由于喷发管道的贯通导致压力急剧降低,原先溶解于岩浆(熔体)中的挥发分由于迅速过饱和而突然大量释放;这种现象被称为火山的脱气作用,它通常是火山喷发过程的先导。当挥发分在近地表处聚集时,由于强烈的膨胀,就会引起岩浆爆裂成火山灰,促进更猛烈的火山爆发。不过,在黏度不同的岩浆中挥发分对火山爆发强度的影响有所不同,低黏度的玄武质岩浆中膨胀气体的释放是宁静的,高黏度的安山质和流纹质岩浆则会因气体的释放将岩浆崩碎成岩浆团、火山弹及火山灰,并破坏火山锥体的边坡,形成破火山口。

(三)火山喷出的产物

火山喷出的产物有气态、液态和固态3种。它们可形成各种矿产、岩石及火山地貌。

1. 气态喷出物

火山喷出的气体主要由岩浆本身析出。含量最大的是水蒸气,约占气态喷发物的70%~90%,其他气体包括氮、氧、氢、二氧化碳、一氧化碳、氟、硼酸、氨气、甲烷等。火山喷出的气体在火山口周围可形成凝华物,常见有硫磺、岩盐等,这类凝华物大量堆积可形成有价值的矿床。

2. 液态喷出物

火山喷出的液态产物主要是熔浆,冷凝后即为熔岩。熔浆与岩浆的差别在于所含气体和水分的多少,熔浆所含气体和水分少于岩浆。与岩浆相似,根据SiO_2含量,熔浆可分为超基性、基性、中性和酸性。

3. 固态喷出物

火山喷出的固态物质称火山碎屑,它们主要是火山管道及火山口附近的岩石及半固态塑性熔浆块,受到气体自下而上的突发性巨大爆炸而被抛向空中,然后降落在火山口附近堆积起来形成的。有些柔性块体在空中凝固,称火山弹(图7-1),它们大多为纺锤形或梨状,有些柔性块在空中旋转,降落后可形成麻花状的火山弹。

地质上一般把直径大于64mm的火山碎屑物称为火山集块;直径在2~64mm者称为火山角砾;直径在0.065~2mm者称为火山灰;直径小于0.065mm者称为火山尘。火山碎屑物被胶结在一起,经成岩作用后,就形成了火山碎屑岩。

图7-1 玄武岩火山弹

(四)火山锥结构及类型

火山喷发形成的锥状地形称为火山锥(图7-2),是确定古火山口的重要标志。喷发的中心称为火山口,与火山口相连的岩浆管道称为火山喉管。火山锥坡度一般在20°~30°之间,两坡对称或不对称。由于火山喷发类型不同,因而火山锥也是多种多样。主要由熔岩组成的火山锥称为岩熔锥;主要由火山碎屑组成的火山锥称为岩渣锥;由熔岩和火山碎屑共同组成的火山锥称为混合锥,是由宁静式喷发和爆烈式喷发交替进行而堆积形成的,因而又称为复火山锥。

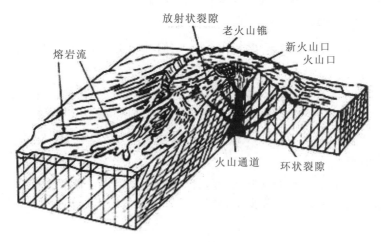

图7-2 火山锥结构示意图

三、岩浆的侵入作用及侵入体形态

岩浆并不是都能刺穿地壳而到达地表,多数是穿入到地壳的一定深度而停止下来。岩浆在地壳不同层次中冷凝后,则形成各种形态的岩浆岩体,称为侵入岩体。岩浆冷凝形成的岩石称侵入岩,侵入体周围的岩石称为围岩,侵入体与围岩的接触部位称为接触带(图 7-3)。

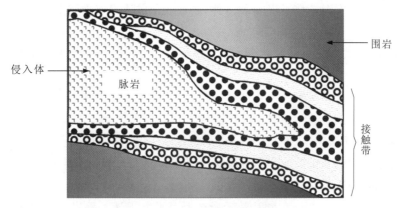

图 7-3 岩浆的侵入作用示意图

(一) 浅成侵入体和深成侵入体

岩体的侵位深度不同,会影响到岩浆冷凝结晶的条件(冷却速度、结晶温度、压力及挥发组分),所形成的岩石也有不同特征(矿物组成、结构构造等)。因此,按照侵入体的侵位深度,可将侵入岩划分为浅成相、中深成相和深成相3个相。其中,浅成相的岩石相当于浅成岩,而中深成相和深成相的岩石属于深成岩。

1. 浅成侵入体

岩浆侵入到地表之下 0~5km 的地壳浅层形成的侵入体称为浅成侵入体。由于接近地表,所以冷却较快,矿物结晶细小,岩石多为中细粒、斑状、似斑状结构,浅成侵入体规模往往不大。

2. 中成侵入体

岩体侵入深度在 5~15km 的称为中深成侵入体。这里压力和温度较高,岩浆冷却缓慢,因而矿物为全晶质,呈中粒和粗粒结构。岩体规模往往较大,围岩受到岩浆的高温影响,变质往往很强。

3. 深成侵入体

岩体侵入深度大于 15km 的称为深成侵入体。岩石呈粗粒结构,岩体主要为花岗岩,它们分布在造山褶皱带,岩体规模往往较大。

(二) 协调侵入体和不协调侵入体

按照岩体的大小、形态和与围岩的接触关系,可以将侵入体划分为岩基、岩株、岩墙、岩盆、岩盖和岩席等多种。其中,岩基、岩株、岩墙多为不协调侵入体,而岩盆、岩盖、岩席则为协调侵入体。习惯上,又把协调侵入体称为整合侵入体,把不协调侵入体称为不整合侵入体。

1. 协调侵入体

侵入体的接触面基本上平行于围岩的层理或片理,岩体与围岩呈协调侵入接触关系,故称为协调侵入体。根据其形态的不同,又分为以下几种。

(1)岩盆。中央微向下凹的整合盆状侵入体,其底部有岩浆上升的通道,平面形态呈圆形或椭圆形。

(2)岩盖。上凸下平的穹隆状整合侵入体,岩盘底部或边部有岩浆上升的通道。岩盘规模一般不大。

(3)岩床。顺层侵入的板状侵入体,厚薄相对均匀,厚度从几厘米至上百米不等,延伸较远。

(4)岩鞍。一种产于强烈褶皱区的小型岩体,产于褶皱转折端的虚脱部位,其剖面形态似马鞍或新月。

2. 不协调侵入体

侵入体接触面与围岩的层理或片理斜交,岩体与围岩呈不协调接触,故称为不协调侵入体。根据其形态的不同,又分为以下几种。

(1)岩基。面积大于 $100km^2$,常达数千乃至上万平方千米。基岩一般由多次侵入的花岗岩或花岗闪长岩组成。

(2)岩株。为一种常见的侵入体,面积小于 $100km^2$,平面呈圆形或不规则形态。岩株可由各类岩性组成,如北京周口店岩株($56km^2$)为花岗闪长岩。

(3)岩墙。斜交层理或面理侵入的板状侵入体,厚度从几厘米至上百米不等,延伸可达几十甚至上百千米,各种岩性均可构成岩墙,一次岩浆活动常形成多个岩墙而构成平行状、放射状或环状岩墙群。

(4)岩枝。形态呈不规则的小型不整合侵入体,常常是大岩体的分支。

(5)岩脉。厚度不大且很不规则的小型侵入体,以中、酸性岩浆为主。

地质上常把岩浆岩体的规模、空间形态、岩体与围岩之间的接触关系诸要素称为岩体的产状。图 7-4 为岩浆岩体产状类型综合立体示意图。

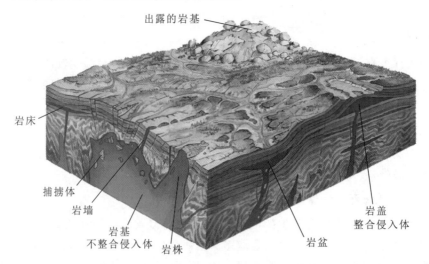

图 7-4 岩浆岩体产状类型立体综合示意图

四、岩浆活动的规律

(一)火山活动的空间分布

根据火山活动情况,可将火山分为:活火山(近百年来有喷发纪录的火山)、休眠火山(有过喷发纪录,但近百年来处于静止状态的火山)和死火山(史前曾喷发过,但近5 000a来没有喷发纪录的火山)。现代活火山已知有523座,其中陆地上有455座,海洋里有68座,而死火山就无法统计,仅在太平洋中就有近10 000座高度大于1km的火山。纵观全球,火山主要集中在板块边界的几个狭长地带(图7-5)。

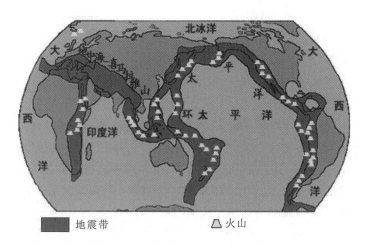

图7-5 世界地震与火山分布示意图

1. 环太平洋带

该带从我国台湾北经日本群岛、千岛群岛、堪察加半岛、阿留申群岛到阿拉斯加,再转向南经北美、南美西岸山脉至新西兰,最后再转向北到菲律宾绕太平洋一周,这一带共有活火山322座,著名的堪察加克留契夫火山、日本的富士山以及墨西哥的帕里库廷火山都分布在这个带中。这条火山分布线也是著名的安山岩线,沿这条安山岩线基本可分为两个火山岩地带。在安山岩线以内的太平洋区内的火山岩基本为玄武岩,而在安山岩线以外接近陆地地区的火山岩则基本为安山岩。这一带实质上为大洋壳和大陆壳的界线,其位置与深海沟相一致,也是岩石圈板块的俯冲对接带。

2. 地中海—喜马拉雅—印尼带

该带大致呈东西向分布,西自地中海,往东经喜马拉雅转折向南,延至印度尼西亚,与世界地震带和年轻的喜马拉雅褶皱山系一致。这一带共有活火山一百余座,主要集中在地中海和印尼的苏门答腊一带,其著名的火山有意大利半岛上的维苏威火山、丽巴利群岛的斯创博里火山等。

3. 大洋中脊带

该带主要包括太平洋、大西洋、印度洋的洋脊。著名的冰岛拉基火山、太平洋中的夏威夷火山等都分布在这个带上。现已查明,该带有活火山60余座。

4. 其他火山

现代大陆内部火山活动主要发生在裂谷带中,如红海裂谷、东非裂谷。此外,也有一些分布没有明显的方向性。各大陆内活火山约有30余座,其中南极有5座。现代火山带的分布基本与世界地震带、造山运动带以及新构造活动带相一致,这些地区是现代地壳最活跃的地带,同时也是岩石圈板块的边界。

5. 中国的火山分布情况

我国的现代活火山较少,主要分布在台湾、西藏、新疆(1951年5月于田县克里雅河附近喷发)。但新近纪以来的古火山、休眠火山相当多,目前已发现300余座,主要集中在内蒙、山西、云南。根据记载分析,我国火山主要集中在三个带:①环蒙古高原带,主要沿蒙古高原边界分布,如大同火山、河曲火山以及吐鲁番境内的高昌火山;②环西藏高原带,实属地中海—印尼带的一部分,如云南腾冲火山;③东南沿海带,实属环太平洋带的一部分,东北、山东、江苏、浙江、福建、海南岛和台湾的火山都属于这个带。

(二)侵入活动的空间分布

从现代大陆上发现的一些巨大型侵入岩体的分布来看,侵入活动主要分布在两个带:其一是大陆内部巨大型褶皱造山带的中部,常常产有巨大型岩基,岩基的长轴方向往往与造山带的走向相平行,如我国秦岭—大别造山带、祁连山、天山等褶皱山系中都有巨大的侵入体;其二是大陆边缘以及太平洋的岛弧山脉,如北美的科迪勒拉山脉、南美的安第斯山脉、我国的东南沿海等地。上述两个地带也正是地震和地壳活动的地带。

第二节 岩浆的成因与演化

一、原生岩浆问题

岩浆产生的实质就是固态岩石向液态转变的过程。一般来说,只要能提供热源,使地壳或地幔的岩石所处环境达到液相出现的条件时,岩石就会发生熔融。产生的熔体与残余固相分离后就形成原生岩浆。本世纪30年代以来,岩石学家对原生岩浆的种类提出不同看法,概括起来可分为一元论、二元论和多元论。

1928年,鲍文提出自然界中仅有一种玄武岩浆,其他的所有岩浆都是由玄武岩浆通过结晶分异而派生的,这就是所谓的一元论观点。鲍文根据玄武岩熔融冷却实验提出(表7-1):在岩浆结晶过程中,先析出的矿物因物理化学条件的改变与剩余岩浆发生反应,使成分发生变化并产生新的矿物,随着温度的降低,反应继续进行,便有规律地产生一系列矿物。玄武岩结晶时,首先结晶的矿物较原生岩浆富含基性物质而贫SiO_2,这些早结晶矿物的密度大,下沉并与熔体分离。这样,残余的熔体中富含SiO_2,就会使岩浆房上部的岩浆偏酸性。随晶体的不断结晶分离,残余熔体的酸度不断增大,一直可达到花岗岩的成分。这个矿物系列称为鲍文反应系列,可分为连续系列和不连续系列。连续系列,反映岩浆结晶过程中斜长石系列的生成顺序。该系列的矿物在结晶过程中成分上有连续渐变关系。从高温到低温依次为由钙质斜长石向钠质斜长石转化,但矿物的结晶格架不发生大的改变。不连续系列,表示镁铁质矿物从岩浆中晶出的先后顺序。相邻矿物之间结晶格架发生显著的变化,在上下两类矿物间不存在类质同象替代关系。如橄榄石与熔体反应可形成辉石,反应不完全时还可保存橄榄石的残余,形成反应边结构,其中,辉石和橄榄石之间无论在成分还是结构上都是不连续的。一元论与当时已知的许多地质事实相符(如玄武岩分布广,玄武岩贯穿整个地质历史,不同成分的岩石彼此有过渡等),所以得到许多学者的高度赞扬与支持。

表 7-1 鲍文反应序列(据 Bowen et al.,1992)

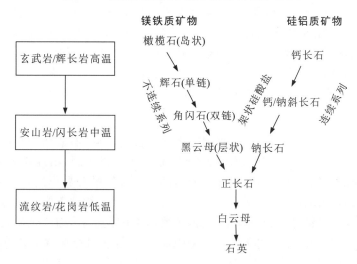

随着地质认识的深入,地壳中分布最广泛的是酸性岩(花岗岩),如果酸性岩都来自玄武岩浆,那么应该见到基性岩的量多于酸性岩,这与事实不符。列文生-列信格曾计算过,通过玄武岩浆分异只能产生 5% 的花岗岩,因此多数人抛弃了一元论观点。30 年代,以列文生-列信格及戴里为代表的岩石学家提出了二元论观点。他们认为自然界中存在两种岩浆,一种是玄武岩浆、另一种是花岗岩浆。他们的根据是在自然界玄武岩与花岗岩分布最为广泛。此外,他们根据地球物理及地震资料,即地壳主要由硅镁层和硅铝层组成,相当于玄武质和花岗质成分,由此而认为在整个地质时期,存在着熔融产生的花岗岩浆与玄武岩浆。

近年来,通过全球构造学、岩理学、高温高压实验、地球化学及地球物理的研究,在有关岩浆成因方面积累了大量的资料,多元论的观点已逐渐被人们所接受。多元论的理论基础是,原生岩浆的组成取决于源区岩石的物质成分、$P_{总}$、P_{H_2O}、P_{CO_2}、岩浆的熔融程度以及岩浆产生地区的构造条件。由于上述条件的变化,原生岩浆的种类不可能仅一二种。目前多数认为:超基性的金伯利岩浆,基性的玄武岩浆、中性的安山岩浆、中酸性的花岗闪长岩浆、酸性的花岗岩浆等都可能是原生岩浆。

二、岩浆的演化

从岩浆冷凝之后的岩石成分分析已知,主要岩浆岩岩石已达几十种,而已命名的则有上千种,但这并不意味自然界存在如此之多种类的原生岩浆,而是因为原生岩浆在侵入冷凝成岩过程中经历了复杂的演化,主要表现为分异作用、同化混染作用和混合作用。

1. 封闭体系中岩浆的分异

分异作用是指原来成分均一的岩浆,在没有外来物质加入的情况下依靠本身的演化,最终产生不同组分的岩浆的全部过程。在自然界中,经常见到在岩浆岩中形成了在化学成分上逐渐变化的连续岩石系列,一般认为这种现象是由分异作用产生的。分异作用可以发生在岩浆尚未上升之前,也可以发生在上升的过程中,分异作用主要有熔离分异、结晶分异和气态分异作用3种。

1) 熔离分异作用

熔离分异作用又称液态分异作用,是岩浆在液态状况下,原来成分均匀的岩浆分成两种或多种成分不同、互不混合的岩浆的过程。原始岩浆中的不同成分在高温高压条件下可以熔融在一起,但当岩浆在上侵过程中所受重力或物化条件发生变化时,如温度、压力降低,岩浆中的某些成分便会分离出来,重者下沉,轻者上浮。如温度降低时,金属硫化物就从硅酸盐熔融体中下沉,在一定条件下便形成有价值的矿床,如铜镍硫化物矿床。

2) 结晶分异作用

在岩浆的缓慢侵入冷凝过程中,各种组分因熔点温度不同,不能同时结晶出来,而是遵循一定的先后顺序。先结晶的矿物中,密度大的下沉,密度小的上浮,由此与未结晶的残余岩浆分开,这种按一定顺序结晶而从岩浆中逐渐分离的过程称结晶分异作用。结晶分异和熔离分异都是重力分异因素造成的,但前者是结晶体下沉,而后者是熔体下沉。在时间上,熔离分异往往早于结晶分异。在结晶分异过程中,暗色矿物因密度大下沉,而浅色矿物因密度小上升。鲍文(Bowen et al,1922)所作的岩浆冷凝实验中提出,结晶分异存在暗色矿物和浅色矿物两个系列:暗色矿物系列按橄榄石、辉石、角闪石、黑云母的顺序结晶;浅色矿物系列按培长石、拉长石、中长石、更长石、钠长石的顺序结晶,然后是钾长石、白云母和石英。由于结晶分异的结果,一些密度大的暗色矿物在下部增多,暗色矿物与对应的浅色矿物同时结晶,如辉石与拉长石同时结晶形成辉长岩,角闪石与中长石形成闪长岩。

3) 气态分异作用

岩浆分异到了最后阶段,分化出来的残余岩浆中含有很多挥发性物质成分。这些挥发组分具有熔点低、挥发性强、化学性质活泼等特点,可以和各种元素,特别是稀有元素结合成挥发性化合物。当温度和压力降低时,它们便从岩浆中分离出来,集中在岩浆上部或扩散到围岩的裂隙中去,上述分异过程称气态分异作用。气态组分活泼性强,易于形成多种矿床,故又称其为矿化剂。由于挥发组分的作用,在此期间形成的矿物颗粒粗大,所构成的岩石称为伟晶岩。

2. 开放体系中岩浆的同化混染作用和混合作用

1) 岩浆的同化混染作用

由于岩浆温度很高,并且有很强的化学活动能力,因此它可以熔化或溶解与之相接触的围岩或所捕虏的围岩块,从而改变原来岩浆的成分。若岩浆把围岩彻底熔化或溶解,使之同岩浆完全均一,则称同化作用;若熔化或溶解不彻底,不同程度地保留有围岩的痕迹,则称混染作用。因同化和混染往往并存,故又统称为同化混染作用。同化混染作用有下述几种情况:①岩浆可以熔化低熔点的岩石或矿物,从而改变本身的成分;②岩浆不能熔化比自身熔点高的围岩,但可与它们发生化学反应,使围岩的成分与岩浆的成分达到平衡;③围岩成分与岩浆成分一致时,不发生明显的同化作用。岩浆的温度越高,岩浆量越大,同化混染作用越强。

2) 岩浆混合作用

岩浆混合作用是由两种不同成分的岩浆以不同的比例混合,产生一系列过渡类型岩浆的作用。两种成分不同的岩浆混合形成新的化学成分均一的岩浆的过程,是典型的岩浆混合(magmamixing);但有的只是两种岩浆的机械混杂,可称为岩浆混杂(magmamingling)。大部分情况下,岩浆混合现象都是介于这两者之间。混合作用不仅受到两种岩浆热状态的影响,还受到两种岩浆的相遇机制、密度差等因素的制约。

岩浆混合作用的识别标志包括:①在酸性岩中见基性端元的岩石团块、微粒包体(图7-6a～d);②酸性端元的熔岩中见明显流变特征的基性端元熔岩条带;③酸性端元中见基性端元的岩墙及其边缘的机械混合带和成分过渡带;④矿物间出现明显的不平衡结构,如成分差别较大的斜长石共存,矿物间的交代结构发育;⑤化学成分符合混合趋势,例如,在成分图解中,两种岩浆的混合产物在元素—元素图解(如哈克图解)。

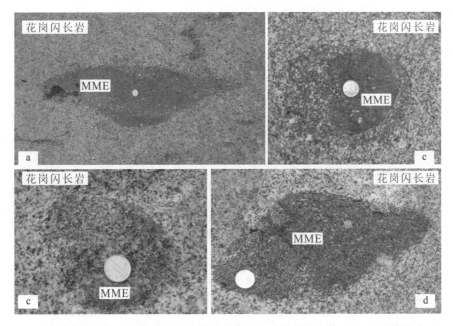

图7-6 房山复式岩体中反映岩浆混合作用的基性微粒包体(MME)野外照片
(据续海金等,2012)

a.花岗闪长岩中呈半塑性状态的、两端渐细的MME;b.MME与寄住的花岗闪长岩呈渐变的反应接触关系(浅色的过渡带出现在浑圆的MME与寄主岩之间);c.几乎被完全反应、消耗的浑圆状MME;d.椭圆状MME与寄住的花岗闪长岩呈截然的接触关系,一个大的钾长石斑晶横跨接触带

第三节 岩浆岩体原生构造

侵入岩体和喷出岩体在岩石结构、矿物粒径等方面明显不同,在岩浆侵入或喷出的冷凝过程中形成的构造也不同。岩浆岩的构造是指岩浆岩中不同矿物集合体之间,或矿物集合体与其他组分之间的排列方式及充填方式所表现出来的特点。岩浆在冷凝过程中,由岩浆本身的流动经冷凝而形成的构造称为原生构造。岩浆固结又遭受后期变形而形成的构造称为次生构造。

一、侵入岩体原生构造

侵入岩的常见原生构造有:块状构造、斑杂构造、面状和线状构造(原生流动构造)、带状构造或火成层理构造、球状构造、晶洞或和晶簇构造。下面以原生流动构造为例,做简单介绍。

(一)原生流动构造

侵入岩原生流体构造是岩浆流动过程中,先结晶的矿物、包体等,受岩浆流动的影响发生定向排列。原生流体构造包括流面构造和流线构造。流线是由角闪石、长条状包体等线状颗粒的优选定向排列而成(图7-7a),流线一般平行于岩浆流动方向,反映岩浆的相对流动方向,在侵入体边部和顶部流线发育要好些,而中部相对要差些。

流面是由云母、长石、扁平状包裹体等片状、板状体定向排列而成(图7-7b)。流面的形成与岩浆层流有关。侵入体边部和顶部流面的发育程度好于中部,岩体边部流面一般平行于岩体与围岩的接触带。

除了流动作用可形成面状和线状构造外,构造作用使岩体变形也可形成面状和线状构造。在没有弄清是流动形成还是构造形成情况下,最好用面理和线理术语,流动成因和构造成因的面理、线理在岩石结构和产状分布上有所不同,流动成因的面理、线理主要特点:①侵入体未发生明显塑性变形;②矿物自形程度高;③面理、线理产状与区域面理线理不一致(参看面理、线理一章)。

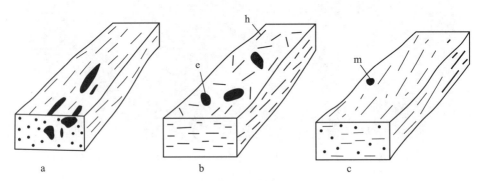

图7-7 流线和流面发育的3种情况
a.流线发育;b.流面发育;c.流线流面均发育;
e.包体;h.角闪石;m.云母

流面、流线可以帮助分析确定侵入体空间形态、剥蚀深度和侵入中心,如图7-8b所示,流面、流线产状平缓外倾,反映岩体剥蚀深度较浅,C点为侵位中心,岩体有向下增大趋势。如图7-8c所示,流面陡倾,流线不发育,反映剥蚀深度中等。如图7-8d所示,流动构造内倾,反映岩体侵蚀很深,岩体向下有变小趋势。

(二)侵入岩体原生破裂构造

侵入岩体在岩浆冷凝阶段发生脆性变形而形成的破裂称原生破裂构造,在形成时间上晚于流动构造。原生破裂构造包括原生节理和边缘性逆断层。克鲁斯(Cloos,1923)根据节理与流动构造关系分出以下几类(图7-9)。

(1)L节理,又称层节理,平行于流面,常与岩体和围岩的接触面一致。

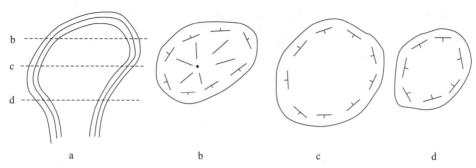

图 7-8 流动构造所反映的岩体剥蚀深度示意图
a.平面图；b.剥蚀浅；c.剥蚀中等；d.剥蚀深

(2) S 节理，又称纵节理，平行于流线，垂直于流面，一般产状较陡。

(3) Q 节理，又称横节理，垂直于流面和流线。

(4) D 节理，又称斜节理，与流面、流线都斜交的节理。

(5) 边缘张节理，发育在侵入体边缘，向中心倾斜，呈雁列式排列，由中部岩浆上升对边缘产生剪切而形成。

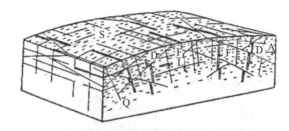

图 7-9 深成岩体顶部破裂构造示意图
Q.横节理；S.纵节理；L.层节理；D.斜节理；A.细晶岩脉；F.流线
（据 Cloos,1923）

(6) 边缘逆断层，位于岩体边缘，向中心倾斜，由岩体内部向外逆冲，常呈叠瓦状组合。

上述原生破裂体系是克鲁斯(1923)根据莱茵河畔肯德拉岩体而总结的，曾被许多地质学家接受。但这个体系建立于流动构造，如岩体流动构造不发育，也就无法辨认各种原生破裂了。

二、喷出岩体形态与原生构造

1. 喷出岩体形态

根据喷出岩的形态可将喷出岩产状分为熔岩被、熔岩流和火山锥。熔岩被是规模大、厚度稳定、产状平缓的喷出岩体，覆盖面积可达数千乃至数十万平方千米，厚度可达数百至数千米。熔岩被主要由裂隙式喷发而成，岩性多为玄武岩，如四川峨眉山玄武岩熔岩被面积达十八万平方千米，而闻名世界的印度德干高原玄武岩面积达几十万平方千米。熔岩流是成带状和舌状展布的熔岩，熔岩流规模小于熔岩被，由中心式喷发而成，其形态往往受熔岩流动时的地形控制。火山锥是由火山喷出的碎屑物围绕火山通道而构成的锥状体，它是以中心式喷出为主而形成的。

地表产出的各种产状的喷出岩体可以单独出现，而更多的是成群产出，并且具有空间上的联系，各种喷出岩体向地下深处可与岩基、岩株、岩墙、岩盆等深成侵入体相连（图 7-4）。

2. 原生层状构造

大部分喷出岩具有层状构造。这种层状构造可由单层喷出岩的结构、颜色及岩性不同显示出来，也可由流动构造、气孔及杏仁、枕状、绳状等构造显示出来，这里仅简单讨论后者。严格地说，有些层状构造并不是"层"，但却有指示层的意义。

(1) 流纹构造。由不同颜色的矿物、隐晶质和玻璃质组成的层状色带，常见于流纹岩和其他酸性喷出岩中，其形成与上层和下层熔岩差异流动引起的顺流动方向剪切有关。

(2) 流面与流线。由板状、片状、针状和柱状矿物斑晶和岩屑的定向排列而形成，与侵入岩流面、流线没有本质上的差别。

(3) 气孔与杏仁。喷出岩中由于气体外逸而留下的孔洞称为气孔构造，气孔被次生矿物（如方解石、冰洲石、玉髓等）充填，则称为杏仁构造（图7-10）。气孔与杏仁一般平行于熔岩层，底部少而小，顶部大而多，气孔与杏仁的定向排列常能指示岩浆流动方向。

(4) 绳状构造。熔岩表面呈绳状扭曲而得名，常见于玄武岩中。当熔岩表壳已凝结成塑性薄壳时，下部仍在流动的熔岩对表层的拖拉和卷扭使其变形，从而形成绳状构造。熔岩流动使绳状构造向流动方向外凸，据此可判断熔岩流的流动方向（图7-11）。

图7-10 南京方山杏仁状玄武岩

图7-11 黑龙江"五大连池"熔岩中的绳状玄武岩

3. 原生破裂构造

由于快速冷凝，喷出岩中常发育原生破裂构造，如放射状节理、环状节理、柱状节理等。柱状节理多发育在玄武岩中。节理面垂直于熔岩流动面，几个方向的陡倾节理将岩石切割成近直立的多边形柱状体，因而得名。常见为六边形柱状体（图7-12）。

图7-12 云南西部腾冲玄武岩柱状节理

第八章 岩浆岩特征及主要岩石类型

第一节 岩浆岩的基本特征与分类

一、岩浆岩的物质成分

(一) 岩浆岩的化学成分

根据已有的地球化学资料,地壳中所有的元素在岩浆岩中几乎都能发现,其中含量最高的是 O、Si、Al、Fe、Mg、Ca、Na、K、Ti,占岩浆岩总质量的 99.25%,其中氧含量最高,占总质量的 46.59%,占体积的 94.2%。因此,岩浆岩的化学成分常用氧化物的百分比来表示,根据统计资料,岩浆岩的平均化学成分如表 8-1 所示。

表 8-1 岩浆岩平均化学成分

(据 F. W. Clark & H. S. Washington, 1924)

氧化物	$w_B/\%$	元素	$w_B/\%$
SiO_2	59.12	O	46.59
TiO_2	1.05	Si	27.72
Al_2O_3	15.34	Al	8.13
Fe_2O_3	2.08	Fe	5.01
FeO	3.80	Ca	3.63
MnO	0.12	Na	2.85
MgO	3.49	K	2.60
CaO	5.08	Mg	2.09
Na_2O	3.84	Ti	0.63
K_2O	3.13	P	0.15
H_2O	1.15	H	0.13
P_2O_5	0.30	Mn	0.10
CO_2	0.102	S	0.052
ZrO_2	0.039	Ba	0.050
Cr_2O_3	0.055	Cl	0.048
其他	0.204	Cr	0.037
		Zr	0.025
		其他	0.157
总和	100.00	总和	100.00

由表 8-1 可见，SiO_2、Al_2O_3、Fe_2O_3、FeO、MgO、CaO、Na_2O、K_2O 和 H_2O 九种化合物最为主要，约占岩浆岩平均化学成分的 98%。其中，SiO_2：34%～75%，少数达 80%；Al_2O_3：7%～20%，在纯橄榄岩中较低；两种铁的氧化物变化范围为 0.5%～15%，FeO 一般高于 Fe_2O_3；MgO：0.5%～15%；CaO：0～15%，在某些辉石岩中达 23%；Na_2O：0～15%，在霞石岩中高达 19.4%；K_2O：一般低于 10%，白榴石岩中可达 18%；H_2O：包括 H_2O^+（结晶水）和 H_2O^-（吸附水），一般低于 2%，个别达 10%。

1. 酸度

对于硅酸盐岩浆而言，根据 SiO_2 的含量，将岩浆划分为超基性岩浆（$SiO_2<45\%$），基性岩浆（SiO_2 45%～52%），中性岩浆（SiO_2 52%～63%），酸性岩浆（$SiO_2>63\%$）。岩浆岩中，各主要氧化物之间关系密切，变化也有规律。以 SiO_2 含量为横坐标，从六种氧化物的曲线可以看出，钙碱性系列岩中，随 SiO_2 的增减呈现有规律的变化。随 SiO_2 含量增加：①FeO 及 MgO 逐渐减少，即在偏基性岩中比在偏酸性岩中含量高；②K_2O 及 Na_2O 的含量逐渐增加，即在偏酸性岩中比在偏基性岩中含量高；③CaO 和 Al_2O_3 在基性岩中含量最高，在超基性岩中含量最低（图 8-1）。习惯上对 SiO_2 含量高者称酸性程度高或酸度大，也叫基性程度低；反之，对 SiO_2 含量低者称酸度小，也可称为基性程度高。

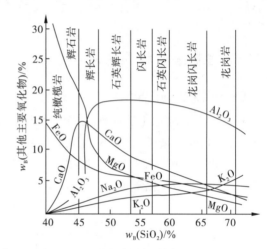

图 8-1　钙碱性岩浆岩中 SiO_2 与其他主要氧化物之间的关系

2. 全碱与碱度

Na_2O 和 K_2O 在岩浆研究中意义很大，通常把 K_2O 和 Na_2O 重量百分比之和，称为全碱含量。碱性程度常用里特曼指数（A. Rittmann, 1957）表示：

$$\sigma=(K_2O+Na_2O)^2/(SiO_2-43)(wt\%)$$

σ 越大碱性越强。$\sigma<3.3$，为钙碱性岩；$\sigma=3.3\sim9.0$，为碱性岩；$\sigma>9$，为过碱性岩，自然界主要为钙碱性岩。

3. 铝饱和指数（ASI 值或 A/CNK 值）

在花岗岩类岩石学研究中，一般将 Al_2O_3 分子数与 $CaO+Na_2O+K_2O$ 分子数之和的比值称为铝饱和指数。$A/CNK>1.0$ 的岩石称为过铝质岩石（其中，$A/CNK>1.1$ 的岩石称为强过铝质岩石）；$A/CNK<1.0$，$CaO+Na_2O+K_2O>Al_2O_3>Na_2O+K_2O$ 的岩石称为准铝质岩石；$Al_2O_3<Na_2O+K_2O$ 的岩石称为过碱质岩石。

（二）岩浆岩的矿物成分

组成岩浆岩的矿物，常见的只有十几种，这些矿物称为主要造岩矿物（表 8-2）。

表 8-2　某些常见岩石的矿物成分(体积%)

矿物＼岩石	花岗岩	正长岩	花岗闪长岩	闪长岩	辉长岩	纯橄榄石
石英	25	—	12	2	—	—
霞石	—	—	—	—	—	—
正长石	40	72	15	3	—	—
更长石	25	12	—	—	—	—
中长石	—	—	46	64	—	—
拉长石	—	—	—	—	65	—
黑云母	5	2	3	5	1	—
角闪石	1	7	13	12	3	—
单斜辉石	—	4	—	8	14	—
斜方辉石	—	—	—	3	6	2
橄榄石	—	—	—	—	7	95
磁铁矿	2	2	1	2	2	3
钛铁矿	1	1	—	—	2	—
磷灰石	微量	微量	微量	微量	—	—
榍石	微量	微量	微量	微量	—	—
色率	9	16	18	30	35	100

1. 硅铝矿物和铁镁矿物

硅铝矿物主要包括长石类和石英类，SiO_2 和 Al_2O_3 的含量较高，不含(或含量很少)FeO、MgO。这类矿物的颜色较浅，又称为浅色矿物。铁镁矿物主要包括橄榄石类、辉石类、角闪石类和黑云母类，FeO 及 MgO 含量较高，SiO_2 含量相对较低。这类矿物的颜色较深，又称为暗色矿物。

暗色矿物和浅色矿物在岩浆岩中的比例，是岩浆岩鉴定和分类的重要标志之一。岩浆岩中暗色矿物的含量(体积百分数)通常称为色率，色率随岩石酸度的变化情况大致为(表 8-2)：超基性岩色率大于 90，基性岩色率＝40～90、中性岩色率＝15～40，酸性岩色率小于 15。根据色率可以大致判断一些未知岩石的大类。

2. 主要矿物、次要矿物、副矿物

主要矿物是指在岩石中含量多，并在确定岩石大类名称上起主要作用的矿物。例如，花岗岩中主要矿物为石英和长石，辉长岩中主要矿物是辉石和长石。

次要矿物是指在岩石中含量少于主要矿物的矿物。对于划分岩石大类不起作用，但对确定岩石种属起一定作用，含量一般小于 15%。如闪长岩中石英是次要矿物，石英含量小于 5% 的称为闪长岩，大于 5% 的则称为石英闪长岩，但二者均属闪长岩大类。

副矿物是指在岩石中含量很少（通常小于1%）的矿物。在岩石分类和命名中不起作用。常见的副矿物有榍石、磷灰石、磁铁矿、钛铁矿、锆石等。副矿物的晶形特征、化学成分等对于研究岩体形成条件，确定岩体时代，寻找稀有元素等具有重要意义。

3. 原生矿物、他生矿物、次生矿物

原生矿物是指在岩浆冷凝过程中结晶形成的矿物，如橄榄石、辉石、角闪石、云母、长石、石英等。

他生矿物是指由于岩浆同化围岩和捕虏体使其成分发生变化而形成的，如花岗岩同化碳酸盐岩石，则形成钙铁榴石、硅灰石等；若同化泥质岩石，则形成堇青石、红柱石等。

次生矿物是指在岩浆基本上凝固成固体的岩石后，在残余挥发组分和岩浆后期流体的作用下（蚀变、交代及充填）生成的矿物。它往往交代原生矿物，或充填在矿物的孔隙及晶洞中，如岩浆后期的流体可形成电气石、萤石、黄玉等矿物，也可以交代原生矿物形成蚀变矿物，如橄榄石变成的蛇纹石，斜长石遭受钠黝帘石化形成钠长石及黝帘石等。

二、岩浆岩的结构和构造

(一) 岩浆岩的结构

岩浆岩的结构是指组成岩石的矿物的结晶程度、颗粒大小、晶体形态、自形程度和矿物之间（包括玻璃）的相互关系。根据上述定义，可从以下几个方面来认识和描述岩石结构。

1. 结晶程度

结晶程度是指岩石中结晶物质和非结晶玻璃质之间的比例。按结晶程度可将岩浆岩结构分为3类（图8-2）。

(1) 全晶质结构：岩石全部由已结晶的矿物组成。这是岩浆在温度下降缓慢的条件下结晶的，这类岩石多见于深成的侵入岩中。

(2) 半晶质结构：岩石由结晶物质和玻璃质两部分组成。多见于喷出岩和浅成岩中。

(3) 玻璃质结构：岩石全部由玻璃质组成。这是岩浆迅速上升至地表或近地表时，温度骤然下降到岩浆的平衡结晶温度以下，来不及结晶所形成的。

图8-2 按结晶程度划分的3种结构
左上.全晶质结构（单偏光）；右上.半晶质结构（单偏光）；下部.玻璃质结构（正交偏光）

2. 矿物颗粒大小

矿物颗粒大小是指岩石中矿物颗粒的绝对大小和相对大小。根据主要矿物颗粒的绝对大小，可把岩浆岩的结构分为显晶质结构和隐晶质结构。

(1) 显晶质结构凭肉眼观察或借助放大镜能分辨出矿物颗粒者称显晶质。根据主要矿物

颗粒的平均直径大小又分为:

伟晶结构　颗粒直径大于 10mm。
粗粒结构　颗粒直径 5~10mm。
中粒结构　颗粒直径 2~5mm。
细粒结构　颗粒直径 0.2~2mm。
微粒结构　颗粒直径小于 0.2mm。

颗粒平均直径大于 1cm 者可称为巨晶、伟晶。

(2) 隐晶质结构：矿物颗粒很细，不能用肉眼或放大镜看出者称隐晶质。具隐晶质结构的岩石外貌致密状，肉眼观察有时不易与玻璃质相区别，但具隐晶质结构的岩石没有玻璃光泽及贝壳状断口，脆性程度低，常具有瓷状断口。

另根据矿物颗粒的相对大小，还可分为以下 4 种结构(图 8-3)。

(1) 等粒结构：岩石中同种矿物颗粒大小大致相等。这种结构常见于侵入岩中。

(2) 不等粒结构：岩石中同种矿物颗粒大小不等。这种结构多见于侵入岩边部或浅成侵入体中。

(3) 斑状和似斑状结构：岩石中所有矿物颗粒可分为大小截然不同的两群，大的称为斑晶，小的称为基质，其中没有中等大小的颗粒。如果基质为隐晶质或玻璃质，则称

图 8-3　按矿物颗粒相对大小划分的 4 种结构
左上. 等粒结构；右上. 似斑状结构；
左下. 斑状结构；右下. 不等粒结构

为斑状结构；如果基质为显晶质，则称为似斑状结构。斑晶和巨晶中保留了岩浆在深部结晶时的物化条件信息，因此，常用斑晶和巨晶矿物的温度压力计来计算岩浆在深部时的温度压力条件。

3. 矿物的自形程度

矿物的自形程度是指晶体发育的完整程度。可分为 3 种结构。

1) 自形结构

组成岩石的矿物颗粒，基本上能按自己的结晶习性，发育成规则的自形晶。这种结构说明岩浆中矿物结晶中心少，结晶时间长，有足够的空间，或者矿物结晶能力强，在火成岩中少见。

2) 半自形结构

组成岩石的矿物颗粒，按结晶习性发育一部分规则的晶面，而其他的晶面发育不好，且呈不规则的形态，称为半自形。其中不排除有少数的自形晶和他形晶颗粒。这种结构的形成条件介于自形和他形之间，也是深成岩中最多见的一种结构。

3) 他形结构

矿物颗粒无完整晶面，形态不规则。这表明结晶时晶体生长已没有自由空间。它反映各种矿物几乎同时结晶，结晶较快，相互干扰。

4. 颗粒间相互关系

根据组成岩石颗粒的相互关系,可划分多种结构类型,但肉眼下常见的有两种。

图 8-4 文象结构伟晶岩

1) 文象结构

岩石中钾长石和石英呈有规律交生,石英具独特的棱角状或楔形,有规律地镶嵌在钾长石中,类似象形文字,故称为文象结构(图 8-4)。文象结构在酸性的伟晶岩及部分花岗岩中常见。

2) 条纹结构

钾长石和钠长石有规律地交生称为条纹结构,具条纹结构的长石叫条纹长石。条纹结构有两种成因,一种成因是固溶体分离形成,即在高温下钾长石和钠长石可以完全互溶(即固溶体),温度下降时,一部分钠长石从高温下形成的固溶体中析出成为单独的矿物相,从而形成以钾长石为主和少量的钠长石的规则条纹状交生体,即条纹长石。以钠长石为主,钾长石较少时则称为反条纹长石。条纹结构的另一种成因是,岩浆期后钠质交代钾质。交代作用形成的条纹常呈不规则树枝状。

(二) 岩浆岩的构造

岩浆岩的构造是指岩石中不同矿物集合体之间或矿物集合体与其他组成部分之间的排列、充填方式等。常见的岩浆岩的构造类型有以下几种。

图 8-5 带状构造

1. 块状构造

块状构造是指组成岩石的矿物分布均匀,排列无一定次序、无一定方向。这是岩浆岩中最常见的一种构造。

2. 斑杂构造

斑杂构造是指岩石的不同部位在结构上、矿物成分上有较大差异,如局部暗色矿物多,局部浅色矿物多。斑杂构造可由岩浆不均匀分异形成,也可由同化混染作用形成。

3. 带状构造

带状构造是指岩石中不同结构或不同成分的条带相互交替、彼此近平行的一种构造(图 8-5)。带状构造在基性岩中最为发育,其次是在超基性岩中。

4. 气孔构造和杏仁构造

气孔构造和杏仁构造是喷出岩中常见的构造。当岩浆喷溢到地面时,所含挥发分散逸出来,岩浆迅速冷凝而使孔洞保留在岩石中,形成气孔构造。气孔的形态有云朵状、倒水滴状、浑圆状、串珠状等。气孔的拉长方向一般指示岩浆流动方向。当气孔被岩浆后期矿物所充填时,其充填物宛如杏仁称为杏仁构造。杏仁构造在玄武岩中最常见。

5. 流纹构造

流纹构造在黏度较大的酸性熔岩中最为特征,表现为不同颜色,不同成分的条纹、条带和球粒、雏晶及拉长的气孔定向排列。

6. 珍珠构造

珍珠构造主要见于酸性火山玻璃中,由玻璃质冷却收缩所形成。其特征是形成一系列圆弧形裂开,并往往有一定色彩。

7. 枕状构造

海底溢出的熔岩或陆地流入海水中的熔岩,遇水淬冷,可形成形似枕状的熔岩体,称为枕状体,这些枕状体被沉积物、火山物质胶结起来,就形成枕状构造(图 8-6)。枕状体具玻璃质冷凝边,当水体深度不大时,内部呈同心层状或放射状分布的气孔,中部有空腔。枕状构造常用作为海相火山岩的一个重要标志。

图 8-6 现代海底枕状玄武岩(深海潜艇所摄)

三、岩浆岩的分类

自然界的岩浆岩种类很多,据现有统计的岩石名称有 1000 多种。为了正确认识各类岩石间的差异与联系且便于实际应用,对岩浆岩进行系统的科学分类是很有必要的。岩浆岩的分类方案很多,这里仅介绍适用于手标本的分类。岩浆岩的分类依据,一般是根据化学成分、矿物成分、结构构造及产状等几方面来考虑,现描述如下。

（一）按化学成分分类

按化学成分分类一般从 SiO_2 含量和碱质（Na_2O、K_2O）含量来考虑。根据 SiO_2 的含量分为四大类：超基性岩类、基性岩类、中性岩类和酸性岩类。每一类又根据碱度分为钙碱性系列（$\sigma<3.3$）、碱性系列（$\sigma=3.3\sim9.0$）、过碱性系列（$\sigma>9$）。碱性系列的岩石习惯上又称为碱性岩。

（二）按矿物成分分类

岩浆岩的矿物成分及含量是分类命名的基础，矿物成分主要考虑石英含量、暗色矿物种类及含量、长石的种类及含量和似长石的有无及含量。超基性岩类以不含石英、基本上不含长石和富含大量暗色矿物为特征；酸性岩类以含石英和贫暗色矿物为特征；基性岩及中性岩类以其所含长石类型及暗色矿物种类加以区别。钙碱性系列岩石以不含似长石为特征，碱性岩以含似长石为特征。

（三）按产状、结构构造分类

岩浆岩的产状是决定岩浆岩结构的重要因素，即使岩石的化学成分、矿物成分相同，如果产状不同，岩石的结构就会不同，所以产状、结构也是分类的重要依据。再按产状、结构构造的不同，各大类岩石可进一步划分为深成岩、浅成岩和喷出岩。

为便于手标本鉴定，参照上述各分类方法，本教材把岩浆岩分为六大类，其中硅酸盐岩浆岩分类详见表8-3。

表8-3 岩浆岩分类表

岩类		超基性岩	基性岩	中性岩		酸性岩
碱度		钙碱性	钙碱性	钙碱性	碱性	钙碱性
SiO_2含量		<45%	45%~52%	52%~63%		>63%
石英含量		无	无或很少	5%~20%	无	>20%
长石种类及含量		无或很少	以斜长石为主	以斜长石为主	以斜长石为主	钾长石多于斜长石
岩石名称 / 主要结构特征 / 产状	暗色矿物	橄榄石辉石>90%	以辉石为主，角闪石、橄榄石、黑云母次之，暗色矿物含量30%~90%	以角闪石为主，黑云母、橄榄石次之，暗色矿物含量15%~40%	碱性辉石和碱性角闪石，<40%	以黑云母为主，角闪石次之，暗色矿物含量一般为10%~15%
深成岩	中粗粒结构或似斑状结构	橄榄岩辉石岩	辉长岩	闪长岩	正长岩	花岗岩
浅成岩	细粒结构或斑状结构	金伯利岩苦橄玢岩	辉绿岩	闪长玢岩	正常斑岩	花岗斑岩
喷出岩	无斑隐晶结构、斑状结构、玻璃质结构	苦橄岩科马提岩	玄武岩	安山岩	粗面岩	流纹岩

(1) 超基性岩类。橄榄岩—苦橄岩类。
(2) 基性岩类。辉长岩—玄武岩。

(3)中性岩类。根据里特曼指数分为钙碱性岩和碱性岩。①钙碱性岩,闪长岩—安山岩类(以斜长石为主);②碱性岩,正长岩—粗面岩类(以钾长石为主)。

(4)酸性岩类。花岗岩—流纹岩类。

(5)脉岩类。

有关岩石命名问题将在后面各大类岩石中介绍,这里需要说明两个问题:一是"斑岩"和"玢岩"的用法,玢岩是指浅成岩中具斑状结构且斑晶以斜长石、暗色矿物为主的岩石,而斑岩则指斑状结构中的斑晶以碱性长石、石英为主的岩石;二是火山碎屑岩类归类划分问题,有些教材将它划归在岩浆岩中,有些将它划归在沉积岩中,本书将它划归在沉积岩中。

第二节 超基性岩类

一、一般特征

从化学成分上来看,超基性岩的 SiO_2 含量小于 45%,为硅酸不饱和岩石;K_2O 和 Na_2O 含量极低,一般不到 1%;CaO 和 Al_2O_3 含量也很低。因富含 FeO 和 MgO,故在矿物成分上,铁镁暗色矿物占绝对优势,主要为橄榄石、辉石和角闪石,一般不含长石或含量很少。

超基性岩与超镁铁质岩不是同一个概念。超基性岩则是以 SiO_2 含量(<45%)确定的,而超镁铁质岩依据镁铁质矿物含量(色率)来命名,是指镁铁质矿物含量大于 90% 的结晶岩(包括火成岩和变质岩)。例如,辉石岩的色率大于 90,属于超镁铁质岩石,但其 SiO_2 含量较高(>45%),属于基性岩类。部分岩石具有很低的 SiO_2 含量,但暗色矿物含量不高(例如,斜长岩的 SiO_2 小于 45%,但色率不足 10),也不属于超镁铁质岩。可见,按 SiO_2 含量划分的超基性岩不一定都是超镁铁质岩,而超镁铁质岩也不一定属于超基性岩。

整体而言,超基性岩的色率一般大于 90,以黑、灰、灰黑和深灰色为主,密度大。超基性岩在地表分布极少,主要岩石类型包括橄榄岩类、辉石岩类、角闪石岩类;在自然界,超镁铁质喷出岩相对更少,主要有科马提岩和苦橄岩等。本类岩石新鲜者不多,如橄榄岩大多不同程度地遭受蛇纹石化等蚀变。

二、侵入岩的主要类型

超基性深成岩按其矿物成分不同可分为以下 3 种常见类型:橄榄岩类、辉石岩类和角闪石岩类。以前两类居多,角闪石岩类次之。但在自然界中,最常见的不是典型的上述 3 种岩石,而是它们之间的过渡类型。关于超基性侵入岩的种属划分,目前尚无统一方案,但一般是根据岩石中暗色矿物的种类和含量来划分,尤其是以橄榄石和辉石的含量为主要划分因素,若以两者加起来为 100%,当橄榄石含量分别为 100%~90%、90%~40%、40%~10% 和 10%~0%时,则分别称为纯橄榄岩、方辉或二辉橄榄岩、橄榄辉石岩和辉石岩。下面以橄榄岩类为例,简单介绍。

橄榄岩是超基性深成岩的代表性岩石。颜色呈深绿色,具粒状结构、反应边结构、包含结构或海绵陨铁结构。主要由橄榄石和辉石组成,橄榄石含量可占 40%~90%,辉石为斜方辉石或单斜辉石。常见的次要矿物有角闪石、斜长石、黑云母和金云母;常见的副矿物有尖晶石、石榴子石、铬铁矿、磁铁矿和钛铁矿。在一定温度、压力下,受热液影响,发生蚀变,如经水化作用后橄榄石变成蛇纹石和水镁石;硅化作用后橄榄石变成蛇纹石;碳酸盐化作用下镁橄榄石变成蛇纹石和菱镁矿等。常见的次生蚀变矿物有蛇纹石、伊丁石、绢石、滑石、纤闪石和绿泥石。

超基性岩的浅成侵入岩比深成侵入岩分布要少得多,这类岩石的代表性岩石为金伯利岩,其次是极少见的苦橄玢岩。

金伯利岩严格意义上讲是一种含碳硅酸岩,又称角砾云母橄榄岩,这种岩石于1870年首先发现于南非的金伯利城,因此得名。由于它是含金刚石的母岩,从而备受人们的重视。肉眼下,金伯利岩多呈黑、暗绿、灰绿等颜色,其中以灰绿者居多。具斑状结构或细粒结构,偶见隐晶质结构,斑状结构者斑晶多为橄榄石、金云母或辉石。常见块状构造、角砾状构造和眼球构造(图8-7)。组成隐晶或细粒的矿物成分主要是橄榄石、金云母和铁铝石榴石等。金伯利岩常易遭受蛇纹石化,具滑感,风化强烈时呈黄绿色或土状。我国山东、辽宁都发现具有工业意义的含金刚石的金伯利岩体。

图8-7 山东蒙阴金伯利岩(续海金2015年采集)

三、喷出岩的主要类型

超基性岩类的喷出岩分布很少,常见的岩石为苦橄岩、玻基纯橄岩(麦美奇岩)和科马提岩。下面只介绍两种。

1. 苦橄岩

矿物成分以橄榄石、辉石为主,不含或含少量的基性斜长石、普通角闪石;副矿物为钛铁矿、磁铁矿和磷灰石等。岩石呈暗绿至黑色。具细粒结构或斑状结构,斑晶为橄榄石。苦橄岩的"苦"字系从日文转译而来,是富含"镁"的意思。一般认为成分与辉橄岩相当的喷出岩称为苦橄岩,而成分与纯橄榄岩相当的喷出岩称为麦美奇岩(Meymechite),后者因首次发现于苏联堪察加的麦美奇而得名。

2. 科马提岩

拉马提岩是一种含镁很高的超铁镁质火山岩,因首先发现于南非的科马提河流域而得名。

这种岩石常与拉斑玄武岩呈互层状产于太古代绿岩带中。主要矿物成分为含镁较高的橄榄石、富铝单斜辉石、铬尖晶石、钛铁矿和磁铁矿。科马提岩的一个重要特征是其中含有橄榄石和单斜辉石针状骸晶,平行排列成簇,形成特殊的鬣刺结构。

四、产状、分布及有关矿产

超基性岩类常与基性岩一起,组成各种岩浆岩杂岩体,也有呈单独岩体出现的,它们一般构成不大的岩体,如岩株、岩盆、岩墙、岩床等,超基性岩往往产于岩体底部。

超基性岩常构成岩体群,沿一个方向展布,单个岩体平面上多呈透镜状。如我国内蒙古自治区内的超基性岩带长达 1400km,祁连山达 400～500km。一种以橄榄岩、辉长岩、枕状构造的玄武岩以及放射虫硅质岩组成的岩石称蛇绿岩套,它是洋壳成分的标志。

与超基性岩有关的金属矿产主要有铬、镍、铜、钴、铂、稀土等;非金属矿产有金刚石、石棉、滑石、菱镁矿、磷灰石等。纯净、透明、无裂纹、具橄榄绿色的橄榄石可作为宝石,橄榄石宝石矿床具有很高的经济价值。某些高镁质的橄榄岩和蛇纹岩可做耐火材料和化学原料。超基性岩性脆,抗风化能力差,易蚀变,具有一定的透水性,不宜用作建筑材料或工程施工对象。

第三节 基性岩类

一、一般特征

从化学成分上看,基性岩的 SiO_2 含量为 45%～52%,Al_2O_3、CaO 和 K_2O+Na_2O 的含量均比超基性岩高,但 FeO、MgO 含量则低于超基性岩。由于 FeO、MgO 的含量减少,从而使铁镁暗色矿物含量显著降低,而浅色矿物含量明显增加。基性岩类的主要矿物是辉石和基性斜长石,次要矿物为橄榄石、角闪石和黑云母,不含石英或含量很少,色率一般在 40～90 之间,其颜色以灰、深灰色为主。根据 K_2O+Na_2O 的含量(即硅碱图),进一步划分为碱性系列和亚碱性系列。亚碱性系列包括钙碱性和拉斑玄武岩系列,以辉长岩类为代表。碱性系列以碱性辉长岩类为代表。

绝大部分的基性岩是由地幔岩部分熔融形成的岩浆经过上升侵位或喷发形成的。在地球上,基性岩在地球表面的分布最广,占地球表面 71% 的大洋沉积物下面主要由基性火山岩——玄武岩组成。基性岩不仅产出于大洋环境,而且在大陆上也广泛分布,不仅是地表分布最广的火成岩,而且在类地行星和月壳中也大量产出。因此,基性岩对于研究壳幔相互作用、恢复古构造环境、探讨行星地质演化历史具有重要意义。

二、侵入岩的主要类型

基性深成侵入岩的代表岩石为辉长岩。辉长岩类岩石呈黑色和灰黑色。一般为中—粗粒半自形粒状结构,块状构造或条带状构造。条带由含辉石较多的深色条带和含斜长石较多的浅色条带相间而成。

辉长岩中的主要矿物成分是斜长石和辉石。次要矿物为橄榄石、角闪石和黑云母,有时也含正长石和少量石英。副矿物常有磁铁矿、钛铁矿、磷灰石和尖晶石。辉石多为半自形黑色短柱状,斜长石多为板状半自形晶体,新鲜的斜长石易见聚片双晶。辉石和斜长石可蚀变为其他矿物,如辉石易蚀变为阳起石、透闪石,斜长石易蚀变为绿帘石或高岭石,蚀变后辉石颜色变浅,斜长石多呈淡黄绿色。辉长岩一般呈规模较小的侵入体,往往与超基性岩及闪长岩等共生。

辉长岩类可按其中铁镁矿物和硅铝矿物的含量划分出下列种属。

1. 辉长岩

铁镁暗色矿物(以辉石成分为主)含量在35%~65%之间,硅铝浅色矿物(以基性斜长石为主)含量也在35%~65%之间,典型辉长岩中辉石和长石的含量比近于58∶42。如果铁镁暗色矿物含量大于65%,又称为暗色辉长岩。如果铁镁暗色矿物含量仅有10%~35%,而硅铝浅色矿物含量在65%~90%之间,又称为浅色辉长岩。辉长岩一般具中至粗粒结构或辉长结构。辉长结构是中深成基性侵入岩(辉长岩)的典型结构,表现为基性斜长石和辉石的自形程度相近,均呈现半自形—他形粒状。辉长岩主要矿物成分是基性斜长石和单斜辉石,还可出现贫钙的顽火辉石,有时可见小的石英充填在间隙中,多见块状、条带状、火成层理构造,一般呈独立的岩体分布,但也可以出现于某些厚层火山岩浆的中心相。根据斜方辉石(Opx)和单斜辉石(Cpx)的相对含量,可进一步分为辉长岩(Cpx>Opx)、苏长岩(Cpx<Opx)和辉长苏长岩(Cpx≈Opx)。当橄榄石或角闪石含量大于5%时,可作为前缀参加定名。

2. 斜长岩

铁镁暗色矿物含量小于10%,而硅铝浅色矿物含量大于90%。这类岩石不多见,常与辉长岩共生,位于层状侵入体的上部。一般认为斜长岩是由相当于辉长岩的熔浆分异产生的,但也有人认为是由地壳深部或上地幔的深熔作用形成的。

若按岩石中次要矿物的种类还可把辉长岩类划分为橄榄辉长岩、角闪辉长岩和正长辉长岩等,这时的次要矿物含量一般为5%~15%,若暗色矿物全部为橄榄石则称橄长岩,它是由基性岩向超基性岩过渡的一种岩石类型,自然界不多见。

与基性深成侵入岩(辉长岩)相对应的基性浅成岩是辉绿岩和辉绿玢岩。

辉绿岩 在空间产状分布上,辉绿岩多呈岩墙、岩床和岩脉等小型侵入体,常与基性火山岩(玄武岩等)共生,两者含量近于相等,其主要差别是两者的结构有所不同,辉绿岩具典型的辉绿结构,而辉长岩具典型的辉长结构。所谓辉绿结构是指较自形的斜长石和他形粒状的辉石(细晶或微晶)所组成的结构,辉石呈他形暗色矿物充填于杂乱交错的长条状斜长石矿物所构成的近三角形空隙中。如果辉绿岩含斑晶时则称为辉绿玢岩。辉绿岩中的斜长石易蚀变为绿帘石或高岭石,辉石易蚀变为绿泥石、角闪石等矿物。

三、喷出岩的主要类型

1. 玄武岩

基性喷出岩的代表岩石是玄武岩。它在地壳中的分布极为广泛,可以产出在多种构造环境中,如洋中脊、岛弧、弧后盆地、洋岛、大陆裂谷带等。同时,玄武岩也出现于类地行星和月球上。玄武质岩浆来自地幔,玄武岩的化学成分及携带的幔源包体和捕虏晶矿物对了解地幔深部物质组成和过程具有重要意义。

玄武岩一般为黑色、绿—灰以及暗紫色等,气孔构造及杏仁构造普遍发育。在海底喷发的玄武岩则常具有特殊的枕状构造,有的层状玄武岩还发育柱状节理,形成规则的六边形柱体,柱体垂直于熔岩层。玄武岩多具斑状结构和无斑隐晶质结构,也有玻璃质和半晶质结构。在斑状结构中,常见的斑晶矿物为橄榄石、斜长石和辉石,其中的橄榄石易变为褐红色的伊丁石。大多数玄武岩的基质都是隐晶质的,故在肉眼下一般都分辨不出其矿物成分,只有在个别种属(如粗玄岩)中才能看见基质中的斜长石微晶和辉石微晶。

1) 玄武岩可根据其所含斑晶矿物成分和玄武岩的化学成分划分种属

(1) 橄榄玄武岩:斑晶成分主要为橄榄石,若橄榄石已变为伊丁石则称伊丁玄武岩。

(2) 辉石玄武岩:斑晶主要成分为辉石的玄武岩。

(3) 斜长玄武岩:斑晶主要成分为斜长石的玄武岩。

此外,玄武岩也可根据特殊的结构和构造命名,如玻基斑状玄武岩、玻璃质玄武岩、气孔状玄武岩、杏仁状玄武岩等。

2) 按化学成分不同可分为下列三种玄武岩

(1) 拉斑玄武岩:化学成分上含 SiO_2 较高(平均 49%～51%),碱质较低(K_2O+Na_2O:2%～4%)。矿物成分主要为基性斜长石和辉石,其次可有橄榄石(多呈斑晶出现)。拉斑玄武岩在地壳中分布广泛,在大洋岛弧,大洋中脊,深海盆地和大陆内部都有出露,可与安山岩、英安岩、流纹岩等共生。我国四川峨眉山二叠纪喷发的玄武岩中含有拉斑玄武岩。

(2) 高铝玄武岩:其化学成分特点是 Al_2O_3 含量高(>16%)。SiO_2 含量略低于拉斑玄武岩。矿物成分与拉斑玄武岩相似,不同之处在于斜长石含量高且向酸性斜长石过渡,有时可出现碱性长石。高铝玄武岩多分布于大陆造山带、岛弧和活动大陆边缘,常与安山岩、英安岩、流纹岩等共生。

(3) 碱性玄武岩:其化学成分特点是 SiO_2 含量低(45%～48%),碱质高,其中钾含量更高。矿物成分有基性斜长石、单斜辉石和似长石,可有少量橄榄石。碱性玄武岩可分布于大陆内部及大洋岛弧。碱性玄武岩在我国分布广泛,尤其中国东部的中生代盆地中极为常见。

2. 细碧岩

细碧岩是基性喷出岩的重要类型之一,其化学成分类似于玄武岩,只是 Na_2O 含量(>4%)高于一般玄武岩。细碧岩为浅绿色隐晶质结构或斑状结构,斑晶为富钠的斜长石和辉石,其细粒隐晶质矿物主要为钠长石、绿泥石、绿帘石和方解石。细碧岩是由基性岩浆在海底喷发而形成的,常具特殊的枕状构造和杏仁构造。细碧岩常与角斑岩及石英角斑岩共生,组成海底喷发的火山岩系,称为细碧-角斑岩系,与细碧-角斑岩伴生的黄铜矿、黄铁矿常富集成较大的工业矿床。

玄武岩也是构成月球的主要岩石之一,月球上的玄武岩细粒多孔,主要由辉石、斜长石和钛铁矿组成。

四、产状、分布及有关矿产

基性侵入岩的分布比超基性侵入岩多,它们常与超基性岩共生,也可形成独立的岩体。基性侵入岩体的规模一般不大,常呈岩盆、岩株、岩床、岩盖、岩墙等产出,但也有少数岩体规模较大,如南非布什维尔德岩体分布面积达 12 000 km²。我国山东济南、云南元谋、四川力马河和攀枝花、吉林等地都有基性侵入岩体产出,但规模较小。基性侵入岩多沿大陆内部规模较大的断裂带分布。与基性侵入岩相伴生的矿床主要是铜镍硫化物矿床,此外也有铬铁矿和钒钛磁铁矿。铜镍硫化物矿床一般为岩浆熔离分异而富集在岩浆的底部,如四川力马河、甘肃金川和东北均可见到这种矿床。

基性喷出岩分布甚广,多呈巨厚的岩被,面积可达几十万平方千米,如印度德干高原玄武岩分布达 50 万 km^2,我国四川峨眉山玄武岩也有 26 万 km^2,全世界分布面积 300 多万平方千米,占陆地表面的 1/50。玄武岩不仅在大陆上广泛分布,而且几乎所有的大洋壳均被它覆盖。玄武岩在我国分布较广泛,如在秦岭、祁连山造山带,大量基性岩浆喷出,它们构成了甘肃白银厂和河南桐柏山地区的含铜细碧-石英角斑岩系。在云、贵、川则有著名的二叠纪峨眉山玄武岩,在我国东部中新生代盆地则有中新生代玄武岩的喷发。玄武岩的气孔中可充填自然铜、钴、冰洲石、玛瑙等贵金属矿产,海底喷发的细碧角斑岩与铜矿关系密切。玄武岩又是良好的铸石材料,可制作钢管、铜管的代用品。玄武岩的抗压强度为 $3500\sim5000kg/cm^2$,但多孔的玄武岩强度较低。当其柱状节理发育时,常构成集水和透水体。

第四节 中性岩类

一、闪长岩-安山岩类

(一) 一般特征

化学成分上,闪长岩-安山岩类的 SiO_2 含量为 $52\%\sim63\%$,属中性岩。与基性岩类相比 SiO_2 含量增加,K_2O 和 Na_2O 的含量也有所增加,CaO、FeO、Fe_2O_3、MgO 的含量进一步减少,Al_2O_3 变化不大,略为减少。里特曼指数 σ 值小于 3.3,为钙碱性系列。

由于上述化学成分的变化,使这类岩石暗色矿物含量大为减少,约 30%,而浅色矿物则明显增加,可达 70% 左右,中性岩色率=15~50,其颜色一般比基性岩浅,比酸性岩深,属中等色率。本类岩石的侵入岩以闪长岩为代表,喷出岩的代表岩石为安山岩。钙碱性中性岩的主要矿物是角闪石和中性斜长石,次要矿物是钾长石、石英、辉石和黑云母,副矿物是磷灰石、榍石、磁铁矿和锆石等。

闪长岩类的次生变化主要表现在斜长石、角闪石和黑云母的次生变化。角闪石、黑云母次生变化后为绿泥石。斜长石次生变化后常形成绿帘石及绢云母。绿泥石和绿帘石均为带绿色的矿物,因此次生变化闪长岩常带浅绿色。

(二) 侵入岩的主要类型

深成侵入岩常见的岩石种类有闪长岩和石英闪长岩;浅成侵入岩常见的类型有闪长玢岩、石英闪长玢岩、细粒(或微晶)闪长岩。

1. 闪长岩

闪长岩呈灰色或灰绿色,半自形粒状结构,块状构造,也可有斑杂构造。主要矿物为角闪石和中性斜长石,次要矿物为辉石、石英、黑云母和钾长石。钾长石和石英含量一般不超过 10%,手标本上不易看见。并不是每种闪长岩都含有辉石、石英、黑云母和钾长石等几种矿物,常常含有一至二种。向基性岩类过渡的闪长岩,常含有辉石;向酸性岩类过渡的闪长岩,则常含有石英、黑云母和钾长石。闪长岩中的角闪石多呈半自形长柱状或针状,较新鲜的角闪石可有较清楚的解理面;斜长石多呈半自形长板状晶体,较新鲜的晶体可呈现明显的光泽,有时可见聚片双晶。

闪长岩的进一步划分种属和命名是根据次要矿物的种类和含量。如果暗色矿物中辉石含量较多，则称为辉石闪长石；如果黑云母含量较多，则称为黑云母闪长岩；如果石英含量增加，达到5%~20%，不用放大镜也很容易看到。石英含量增多，说明向酸性岩过渡，如果石英含量大于20%，则为酸性花岗岩类岩石。

2. 闪长玢岩

闪长玢岩是一种浅成的闪长岩类岩石，由于其形成在地壳浅处，冷却速度较快，因此形成了斑状结构。闪长玢岩的矿物成分与闪长岩基本相同，斑晶矿物主要是角闪石、斜长石，有时也有辉石和黑云母。由于其成分相当于闪长岩，又具斑状结构，因此称为闪长玢岩。基质也是以斜长石和角闪石为主，但结晶往往很细，手标本上不易观察分辨。闪长玢岩的颜色也常为灰色、灰白色，次生变化后则多为灰绿色，以块状构造为主。闪长玢岩常呈岩脉或在闪长岩体的边部产出。在闪长玢岩中如果能看见石英斑晶，称为石英闪长玢岩，如果无斑晶而是结晶很细则称为细晶（或微晶）闪长岩。

（三）喷出岩的主要类型

喷出岩的代表性岩石为安山岩，这种岩石在南美洲安第斯山发育最好，因而得其名称。

安山岩是在成分上与闪长岩相当的喷出岩，但其产状、结构构造与闪长岩有明显差别，矿物成分上也有些不同。新鲜的安山岩呈浅灰色、灰色。次生变化后安山岩往往变成灰褐色、红褐色、褐绿色、灰绿色等。安山岩大部分结晶较差，多为斑状结构或无斑隐晶结构和玻璃质结构。岩石比较致密，主要为块状构造，常见气孔和杏仁构造。安山岩的主要矿物成分是角闪石、斜长石，也有辉石、黑云母等其他矿物。结晶较差，基质矿物成分不易辨认，矿物成分只有在斑晶中辨认。斑晶成分常由灰白色斜长石、黑色或黑绿色长柱状角闪石组成。在偏酸性安山岩中，斑晶常有黑云母。

安山岩可根据暗色矿物斑晶成分进一步详细命名，如斑晶主要是辉石，可称为辉石安山岩；如斑晶主要是角闪石，则称为角闪安山石；如斑晶主要是黑云母，则称为黑云母安山岩。

在野外鉴定和区分安山岩和玄武岩时，主要根据两者的颜色和斑晶成分。安山岩多呈灰或灰绿，风化后带灰褐，斑晶以角闪石和斜长石为主。玄武岩以灰黑色为主，斑晶以辉石、橄榄石（伊丁石）、斜长石等为主。此外，安山岩密度略小于玄武岩。

（四）产状、分布及有关矿产

闪长岩的产状与辉长岩相似，常以岩株、岩盖、岩墙等小岩体产出，并往往与基性岩和酸性岩共生，闪长岩的分布较少，仅占整个侵入岩的2%。

喷出岩的产状与玄武岩类似，常呈较大面积的岩流、岩被分布，构成上百平方千米、厚度达上千米的安山岩系。在所有喷出岩中，安山岩分布面积仅次于玄武岩，约占整个喷出岩的23%。安山岩也可与玄武岩、粗面岩、流纹岩等共生。

闪长岩-安山岩类分布较为广泛，尤其是安山岩类分布较广。从世界范围来看，安山岩主要分布在大陆边缘及大洋岛弧上，比较有代表性的是环太平洋分布的安山岩带，被称为安山岩线（andesite line）。中性岩在不同环境下的分布，意味着其形成机制非常复杂。尤其是在大陆弧等俯冲带环境下，可能涉及俯冲板片、地幔以及大陆地壳等多种组分的参与。因此，深入研究中性岩，对于认识大陆地壳的形成与演化，反演岩石形成的构造环境，探索地幔物质组成和俯冲带的物质循环具有重要意义。从我国范围来看，侵入岩主要分布在山东中西部、太行山东麓以及长江中下游地区，这些闪长岩多沿断裂带呈小岩体侵入。喷出岩则在华北中条山至秦岭东段、燕山山脉、大兴安岭和长江中下游地区均有较广泛的分布。

本类岩石的侵入岩常形成矽卡岩型铜铁矿床，如湖北大冶、安徽铜官山等地的铜铁矿床。与安山岩有关的矿产常见有铜、铁、金、铅、锌等，而金、银、铅锌常成低温热液脉状矿床。此外，闪长岩和安山岩也可作为建筑材料，其平均抗压强度为 $1000\sim2000 kg/cm^2$。

二、正长岩-粗面岩类

（一）一般特征

在化学成分上，正长岩-粗面岩类 SiO_2 的含量为 $52\%\sim63\%$，与闪长岩类相似，为中性岩。但与闪长岩-安山岩类相比，最大的区别就是高的 K_2O+Na_2O 含量高，可达 $8\%\sim12\%$，里特曼指数 σ 值在 $3.3\sim9.0$ 之间，为碱性系列。但 FeO、Fe_2O_3、MgO、CaO 等的含量则比闪长岩略低。

碱性系列中性侵入岩主要由碱性长石和角闪石、辉石及黑云母等暗色矿物组成。碱性长石有正长石、条纹长石、歪长石、钠长石（An<5），以正长石为主。暗色矿物除常见的普通角闪石、普通辉石及黑云母外，在过碱性中性岩的岩石中还可见铁黑云母、钠闪石、霓石霓辉石等碱性暗色矿物。常见副矿物有磷灰石、磁铁矿、榍石、锆石等，在过碱性岩石中种类稍复杂些，有独居石、褐帘石、烧绿石、铌钽铁矿、磷灰石。锆石、榍石等。本类岩石的侵入岩以正长岩、正长斑岩为代表，喷出岩以粗面岩为代表。正长岩类的次生变化常见有钾长石的高岭土化、斜长石的绿帘石化和钠长石化。而喷出岩常见的次生变化为硅化、高岭土化、叶蜡石化及绢云母化等。

（二）侵入岩的主要类型

深成侵入岩常见的岩石种类有正长岩、石英正长岩、二长岩及碱性正长岩（如霓辉正长岩）等。浅成侵入岩常见的岩石种类有正长斑岩、石英正长斑岩等，具体种属特征如下。

1. 正长岩

正长岩常呈浅灰、浅肉红、浅灰红等色，多为中粗粒结构，也有似斑状结构。主要为块状构造，少数可见斑杂构造。主要矿物有钾长石和斜长石，次要矿物有角闪石、黑云母、辉石和石英。暗色矿物含量一般为 $20\%\sim30\%$。根据所含次要矿物种类的不同，可以进一步命名，如果正长岩所含暗色矿物以角闪石为主可称为角闪正长岩，如果暗色矿物以辉石为主可称为辉石正长岩，如果暗色矿物以黑云母为主可称为黑云母正长岩。在手标本上，钾长石与斜长石有时不易区分。钾长石常呈浅肉红色，具有卡式双晶，而斜长石多呈灰白色，常具有聚片双晶，把手标本转动不同方向，双晶特征常可清楚看到。

2. 二长岩

二长岩所含矿物种类、结构、构造与正长岩基本相同，不同的是二长岩中钾长石和斜长石的含量大致相等，在结构上略有差别，斜长石自形程度比钾长石要好些，是向闪长岩类过渡的一种岩石。

3. 碱性正长岩

碱性正长岩与普通正长岩不同之处在于岩石中所含长石几乎全为钾钠长石（碱性长石）。

暗色矿物是碱性辉石和碱性角闪石，有时可含少量霞石，一般不含石英。

4. 正长斑岩

正长斑岩是一种浅成岩。其成分相当于深成的正长岩。这类岩石常以小岩体产出或在深成侵入岩体的边部产出。斑状结构是其特点，斑晶主要是钾长石、其次为角闪石、黑云母、辉石。斑晶自形程度一般较好。基质多为细粒至隐晶。

正长岩类的次生变化主要表现为辉石、角闪石、黑云母的绿泥石化或绿帘石化，而长石类则为高岭石化和碳酸岩化。

（三）喷出岩中常见的岩石类型

碱性系列中性喷出岩以粗面岩为代表，随着石英含量的增加，粗面岩向流纹岩过渡为石英粗面岩；随着斜长石的增加，粗面岩向安山岩或玄武岩过渡为粗面安山岩；随着碱性长石的增加，粗面岩可变为碱长粗面岩。当含有碱性暗色矿物时，为过碱性粗面岩。碱性系列中性喷出岩的岩石类型有粗面岩、石英粗面岩、过碱性粗面岩和粗安岩，但最为常见的为粗面岩，其次为粗面安山岩。

1. 粗面岩

粗面岩常呈浅灰色，风化后可呈灰绿、灰黄、肉红等色。具斑状结构，基质为隐晶质，偶见玻璃质。由于表面常具粗糙感，故得其名。多为块状构造。有时也有气孔和杏仁构造。矿物成分与侵入岩基本相同，所不同的是粗面岩所含长石常常是高温透长石，也有钾长石和斜长石。当透长石作为斑晶时，有较好的透明度，比较新鲜，常能见到清楚的解理。此外，辉石、角闪石、黑云母也可形成斑晶，但含量不高。除斑晶外，基质矿物成分与斑晶相似，只是结晶颗粒太细，肉眼不易辨认。粗面岩和流纹岩（酸性喷出岩）外貌相仿，有时不易区分，流纹岩中斑晶以石英为主。而粗面岩中石英很少或没有。如果两者均无斑晶，则更不易区分。

2. 粗面安山岩

粗面安山岩又称粗安岩，其成分相当于二长岩，是向安山岩过渡的一种岩石。与粗面岩不同之处在于除含钾长石斑晶外，还含有较多的斜长石斑晶，如果两种斑晶在手标本上区分不开，则不易与安山岩相区别。

粗面岩类的次生变化主要有高岭石化、绢云母化、绿泥石化等。高岭石化主要是钾长石蚀变为高岭石、绿泥石化主要是铁镁暗色矿物蚀变成绿泥石，这种蚀变使岩石带有轻微的绿色。

（四）产状、分布及有关矿产

正长岩类通常呈岩株、岩墙等小岩体侵入，其出露面积大于 $100km^2$ 者极少见。很少呈独立岩体出现。常与花岗岩和闪长岩等岩体共生。

正长岩-粗面岩类在地壳中分布较少，两者分布约占全部岩浆岩的 0.6%。正长岩类属碱性岩，其往往形成于伸展的构造背景，如大陆裂谷和造山带碰撞后伸展的构造背景等。粗面岩与正长岩一样，分布面积很小，常以小规模的熔岩出露。东非裂谷是世界上粗面岩分布较多的地区。我国境内的辽西、长白山、河北张家口、北京西山、安徽枞阳庐江和长江中下游地区均有出露。

与正长岩-粗面岩有关的矿产主要有接触交代型铜、铁矿床，稀有和放射性元素矿床。较纯净的正长岩可做良好的陶瓷原料。粗面岩可作为提取可溶性钾的原料来制作钾肥，此外，粗面岩可作建筑材料和化工耐酸碱的材料。

第五节 酸性岩类

一、一般特征

在化学成分方面,酸性岩类 SiO_2 的含量是岩浆岩中最高的,属于硅酸过饱和岩石,习惯上称为酸性岩。FeO、Fe_2O_3、MgO、CaO 的含量是各类岩浆岩中最低的一类岩石,FeO、Fe_2O_3、MgO 含量一般低于 2%,CaO 的含量低于 3%,而 K_2O、Na_2O 含量则较高,平均可达 6%~8%。从岩石类型划分的角度,根据里特曼指数(即 K_2O+Na_2O 的含量),可划分为碱性和钙碱性花岗岩;根据铝饱和指数(A/CNK),可划分为准铝质和过铝质花岗岩。每种岩石类型都有其特定的岩石学成因意义。

由于上述化学成分的变化,使这类岩石中暗色矿物大大减少,一般不超过 20%,而浅色矿物大大增加,可达 80% 以上,酸性岩色率小于 15。本类岩石深成岩以花岗岩为代表,浅成岩以花岗斑岩为代表,而喷出岩以流纹岩为代表。主要造岩矿物是石英、钾长石和酸性斜长石,其中石英含量占所有浅色矿物的 20% 以上;暗色矿物主要是黑云母和角闪石,偶见少量辉石;副矿物有榍石、磁铁矿、锆石、磷灰石、电气石和萤石等。花岗岩类岩石的次生变化常见有:钾长石的高岭土化、斜长石的绿帘石化和暗色矿物的绿泥石化和绢云母化。

二、侵入岩的主要类型

花岗岩在自然界分布广泛,种类繁多,一般采用石英(Q)、钾长石(A)和斜长石(P)的含量三角投图法命名(图 8-8)。石英含量在 Q 点为 100%,在 AP 线上为 0%;在 AP 线上,以 A+P 为 100%。如某岩石中暗色矿物含量为 15%,石英为 35%,钾长石和斜长石分别为 25%,先

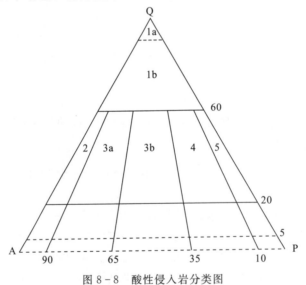

图 8-8 酸性侵入岩分类图

1a.石英岩;1b.富石英花岗岩;2.碱长花岗岩(钠长石花岗岩,微斜长石花岗岩);3a.钾长花岗岩;3b.二长花岗岩;4.花岗闪长岩;5.斜长花岗岩;

A.钾长石;P.斜长石;Q.石英

将 Q+P+A=85% 换算为 100%，找到 Q 在 2~5 区间，再将 A+P=50% 换算为 100%，找到纵坐标为 50，所以该岩石投在 3b 区间，属二长花岗岩。

在实际工作中仅根据三角形投图确定岩石的名称是不够的，一般还要根据岩石中的次要矿物进一步命名，如黑云母花岗岩、黑云母角闪石花岗岩；在一般情况下，只有次要矿物含量大于 5% 时，才参与命名。虽然自然界中花岗岩类岩石种属很多，但常见的只有以下几种。

1. 钾长花岗岩

钾长花岗岩是酸性侵入岩中常见的一种岩石，多为浅肉红色、浅灰色、灰白色等。中粗粒、细粒、似斑状等结构，块状、斑杂状等构造。主要矿物为石英、钾长石和斜长石；次要矿物为黑云母和角闪石；副矿物常见有磁铁矿、磷灰石、榍石等。石英含量是各类花岗岩中最多的，其含量为 20%~50%，少数可达 60%。钾长石的含量一般比斜长石多。钾长石多呈肉红色，少数为灰白色。灰白色者与斜长石在手标本上不易区分，前者可见有卡式双晶，后者可见有聚片双晶。

2. 二长花岗岩

二长花岗岩是石英含量大于 20%，钾长石和斜长石含量基本相等的一种花岗岩，原生的结构和构造与钾长花岗岩类似。属于狭义花岗岩中的一种。

3. 花岗闪长岩

花岗闪长岩是花岗岩类岩石的重要种属。由于该类岩石比花岗岩含有更多的斜长石和暗色矿物，所以岩石的颜色比花岗岩稍深一些，呈灰绿色或暗灰色。主要矿物组成包括石英、斜长石、钾长石和暗色矿物。斜长石一般为中长石，具有明显的环带构造，是介于花岗岩和英云闪长岩之间的岩石。石英含量较花岗岩的低，一般为 25%。副矿物包括榍石、磷灰石、磁铁矿、锆石、褐帘石、独居石等。花岗闪长岩常与花岗岩共生，且一般见于花岗岩体的边缘相，往往含有幔源岩浆成因的暗色微粒包体。

4. 碱性花岗岩

碱性花岗岩是指含碱性长石和碱性暗色矿物，即含有碱性角闪石或碱性辉石的过碱质花岗岩，长石中钾长石含量占 90% 以上，石英含量一般大于 20%。典型的碱性花岗岩有 A 型花岗岩，往往与基性幔源岩浆和正长岩共生，一般指示伸展的构造背景。

5. 斜长花岗岩

斜长花岗岩主要由石英、斜长石(钠-更长石)和少量暗色矿物(含量<10%)组成，基本不含或含不足 10% 的碱性长石。在上述 5 种花岗岩中，从碱长花岗岩到钾长花岗岩、二长花岗岩、花岗闪长岩和斜长花岗岩，钾长石含量不断减少，斜长石含量不断增加，即图 8-8 中由 2 区至 5 区。这类花岗岩常作为蛇绿岩岩石组合中的次要组分产出，可呈脉状或小岩株穿插于蛇绿岩套，特别是层状辉长岩内，或夹于辉长岩与席状岩墙之间，是大洋环境中长英质岩石的代表，因此多称为大洋斜长花岗岩。

6. 花岗斑岩

花岗斑岩是一种常见的浅成花岗岩，其矿物成分相当于花岗岩，具全晶质斑状结构，斑晶主要成分为钾长石和石英，有时也有少量黑云母和角闪石、基质为细粒微粒或隐晶质结构。颜色多为浅肉红色或灰白色。

7. 石英斑岩

石英斑岩是一种成分相当于花岗斑岩的浅成岩，与花岗斑岩不同的是斑晶矿物主要是石英，基质一般为隐晶质。

需要说明的是，斑岩和玢岩均为具有斑状结构的浅成岩，但有本质的区别。斑岩一般是酸性岩类或者碱性岩类，斑晶一般是钾长石和石英，如正长斑岩、花岗斑岩等；而玢岩一般是钙碱性的中性岩类，斑晶一般是暗色矿物（如辉石和角闪石）和斜长石，如辉绿玢岩、闪长玢岩等。

三、喷出岩的主要类型

由于本类岩石含 SiO_2 高，黏度大，当这类岩浆喷出地表后便迅速冷凝，来不及从容结晶以至形成结晶很细甚至玻璃质岩石。石英和长石常常是高温种属、如透长石和高温石英。这类岩石以无斑隐晶结构、玻璃质结构和斑状结构为常见，斑晶矿物以高温长石和石英为主，流纹构造、气孔和杏仁构造、块状构造均常见，气孔或杏仁构造者气孔常常不规则，往往有拉长现象。

酸性喷出岩的代表性岩石是流纹岩，此外，常见的酸性喷出岩还有英安岩、黑曜岩、松脂岩、珍珠岩和浮岩等。

1. 流纹岩

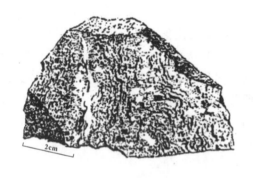

图 8-9 流纹构造示意图

流纹岩的颜色变化较大，如浅灰、粉红、灰红、灰白等，少数为深灰或砖红色。流纹岩的结晶一般较差，常见有玻璃质结构或无斑隐晶结构和斑状结构，具斑状结构者，斑晶主要为高温透长石和高温石英。透长石洁净、透明度高，很少发生次生变化；石英常为烟灰色不规则粒状。斑晶中很少见到暗色矿物。流纹岩常具流纹构造（图 8-9）。流纹岩这一名称，最初是指那些具流纹构造的酸性喷出岩，但后来研究发现，不仅酸性喷出岩有流纹构造，而基性、中酸性和火山凝灰岩也具有这种构造。流纹岩也可有气孔构造和杏仁构造。新鲜的流纹岩常具瓷状断口或贝壳状断口，这也是它的重要特征之一。

2. 英安岩

英安岩是一种成分与花岗闪长岩相当的喷出岩，是流纹岩向安山岩过渡的一种岩石。与流纹岩相比。英安岩含有较少的石英斑晶，斜长石则较多，与安山岩相比，英安岩含有较多的石英和较少的暗色矿物。

3. 黑曜岩

黑曜岩是一种玻璃质酸性喷出岩，常呈黑色或深褐色，贝壳状断口，其成分相当于流纹岩，但含有一定的水分（<2%），相对密度较小，为 2.22～2.30。

4. 松脂岩

松脂岩也是一种玻璃质岩石，含水可达 6%～8%。颜色多样，有灰、灰褐、暗绿、灰绿色等，具松脂光泽或沥青光泽，呈贝壳断口，相对密度为 2.22～2.51。

5. 珍珠岩

珍珠岩是一种全玻璃质岩石，颜色多样，常呈灰色、灰绿、红褐、蓝绿色等，具蜡状光泽或瓷釉状光泽或珍珠光泽。珍珠岩含水在 2%～6% 之间，相对密度为 2.24～2.30。

6. 浮岩

浮岩因含有较多的气孔使其密度很小，一般在 1～2g/cm³ 之间，能浮在水中而得名，也称浮石（图 8-10）。这种岩石多为玻璃质或结晶很差，颜色以灰白、浅灰或暗灰色为主，其最大特点是气孔体积有时能占岩石体积的一半以上。

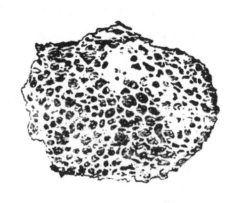

图 8-10 浮岩示意图

四、产状、分布及有关矿产

酸性侵入岩的产状常为岩基、岩株，也可形成岩盖、岩枝、岩墙等。酸性喷出岩常形成岩钟、岩锥等，多为中心式喷发，少数为裂隙式喷发而形成规模不大的岩流和岩被。花岗岩是侵入岩中分布最广泛的岩石，在我国出露面积达 80 多万平方千米，占所有侵入岩分布面积的 90% 以上，约占全国陆地的 9%，主要分布在东北、华北、华南及东南沿海地区。流纹岩分布没有侵入岩那么广泛，主要分布在东部及沿海地区。

与花岗岩类有关的矿产主要是多金属矿产，如钨、锡、铋、锑、汞、铍、铅、锌、金、银、铜、铁、铌、钽和稀土、放射性元素等。另外，花岗岩类还是很好的建筑材料，既美观，又有良好的抗压强度（800～2000kg/cm²），古代及近代一些有名的建筑物，多采用花岗岩石材。未受强烈风化的花岗岩基还可作为地下工程和水利工程的基底。与流纹岩类有关的矿产主要是热液蚀变作用形成的一些金属和非金属矿产，如铜、铅、锌、铀及黄铁矿、明矾石、叶蜡石和刚玉等。流纹岩抗压强度为 1500～3000kg/cm²，也是较好的建筑材料。流纹岩蚀变成蒙脱石以后可制作漂白剂。孔隙含水很高的玻璃质喷出岩，可制造隔音材料。

第六节 脉岩类

一、一般特征

当岩浆呈枝状或脉状侵入在深成岩内部、岩体所接触的围岩中或侵入，在裂隙中而冷凝形成的小型侵入体称为岩脉，构成岩脉的侵入岩称为脉岩。由于大多数脉岩形成深度较浅，有的甚至接近地表，岩体相对较小，所以冷凝快，故脉岩的结构一般也较细，常呈细粒、微粒、隐晶质结构，甚至有时可见玻璃质结构。斑状结构也比较常见，如果熔浆富含挥发分，则可形成粗粒、巨粒的伟晶结构。脉岩一般为块状构造，有时也具流动、气孔、杏仁等构造。

在形成时间上，脉岩多数是岩浆作用晚期的产物。在空间上的分布多受裂隙产状和形态的控制，有一定方向性，如放射状、环状、平行状、雁列状、枝杈状等。数量大，大多成群出现，构成脉岩群。

脉岩的成分比较复杂,从超基性到基性、中性、酸性都有,有些脉岩与相应的深成侵入岩相当,有些则与相应的深成岩有较大差别。与深成岩成分相似的脉岩称为继承性脉岩,又称作未分脉岩,如花岗斑岩、闪长玢岩、辉绿岩等,这类脉岩与浅成岩相似。如果脉岩与深成岩在成分上差别很大,则称为二分脉岩。在二分脉岩中,若以浅色矿物为主并具细晶结构则称为细晶岩,若以浅色矿物为主并具伟晶结构称伟晶岩;若以暗色矿物质为主并具煌斑结构称煌斑岩。在一般情况下,继承性(未分)脉岩形成稍早,二分脉岩形成稍晚。未分脉岩的特点与相应的侵入岩相似,下面仅介绍二分脉岩的3种常见类型。

二、脉岩的主要类型

(一)煌斑岩

煌斑岩是富含自形的镁铁质矿物斑晶(主要是黑云母和角闪石)的浅成岩,是一种暗色矿物含量极高的脉岩,因颜色较深,故也称暗色脉岩。在化学成分上,SiO_2含量变化很大(28%~52%),常见在40%~50%,多数接近基性岩,少数接近超基性岩。FeO、Fe_2O_3、MgO、K_2O、Na_2O含量相对较高,所以它们是以暗色矿物占绝对优势。在矿物成分上,黑云母和角闪石含量最高,其次是辉石,橄榄石很少。浅色矿物以钾长石和斜长石为主,也可有似长石。副矿物常见磷灰石、榍石、磁铁矿和锆石。这类岩石多为斑状结构、粒状结构,暗色矿物在斑晶和基质中均多呈自形,而浅色矿物自形程度较差,主要出现在基质中,这是煌斑岩的典型特点,故称为煌斑结构。具斑状结构的煌斑岩,斑晶几乎全为自形程度高的暗色矿物。煌斑岩类容易风化和蚀变,常见有绿泥石化、碳酸岩化和高岭土化等。

一般根据长石和暗色矿物的种类,对煌斑岩详细命名(表8-4),如云煌岩和云斜煌岩等。在无适合的矿物命名时,可以根据岩石的化学成分来定名,例如,按SiO_2与K_2O含量划分为钙碱性煌斑岩、碱性煌斑岩等。

表8-4 煌斑岩的分类命名表

(引自桑隆康等,2012)

浅色矿物		主要镁铁矿物		
长石	似长石	黑云母>角闪石、±透辉石(±橄榄石)	角闪石、透辉石±橄榄石	棕闪石、钛辉石、橄榄石、黑云母
正长石>斜长石	—	云煌石(minette)	闪辉正煌岩(vogesite)	—
斜长石>正长石	—	云斜煌石(kersantite)	闪斜煌岩(spessartite)	—
正长石>斜长石	长石>似长石	—	—	霞闪正煌岩(sannaite)
斜长石>正长石	长石>似长石	—	—	棕闪斜煌岩(camptonite)
—	玻璃质或似长石	—	—	沸煌岩或方沸碱煌岩(monchiquite)

钾镁煌斑岩是一种特殊的煌斑岩,与金伯利岩相比,钾镁煌斑岩的SiO_2高,MgO和挥发分含量均低于金伯利岩,但它的MgO和K_2O含量又高于一般的镁铁质岩石的含量,因此是

一种过钾质岩类。常见的岩石结构有粗晶斑状结构、显微斑状结构、自交代结构、次变边结构和包含结构等，岩石多为块状构造。矿物组成主要是一些富钾、富镁和富钛的矿物，除了含有橄榄石(粗晶及斑晶)、金云母(斑晶及嵌晶)外，还可含钾碱镁闪石及白榴石、透辉石；副矿物的类型复杂，但以含钛矿物为主，也含有铬铁矿、石榴子石及硫化物等；次要矿物有金刚石、铬透辉石、碳硅石、刚玉、锆石、方铁矿和钛铁矿等。钾镁煌斑岩是一种超钾质镁铁质—超镁铁质超浅成侵入岩或火山岩。以往地质学家一直认为，只有金伯利岩型的原生金刚石矿床才有经济价值。直到1979年在西澳发现了含金刚石的橄榄钾镁煌斑岩，才改变了这种看法。尽管钾镁煌斑岩中金刚石的品质较差，但其品位极高。钾镁煌斑岩与金伯利岩同产于稳定的地台区，并伴有深大的断裂活动，常呈岩床、岩墙或小岩体产出。尽管出露不多，但比金伯利岩分布要广泛，不限于太古宙克拉通内。在时代上，从古元古代到第四纪都有。

(二) 细晶岩

细晶岩主要是由浅色矿物为主组成的脉岩，一般呈灰白色或浅肉红色，浅色矿物为钾长石、斜长石和石英，含量一般在90%以上，基本上不含暗色矿物，暗色矿物主要为黑云母和角闪石。细晶岩均呈他形细粒结构，外貌似白砂糖状，是其重要的结构特征，这个特征与细粒花岗岩有所不同。根据组成细晶岩的主要矿物种属不同而划分为下列几种常见类型。

(1) 花岗细晶岩。成分相当于花岗岩，主要由钾长石、斜长石和石英及少量的黑云母组成。其与细粒花岗岩的区别在于暗色矿物含量更少，颗粒细而均匀并以他形等粒状结构为特点。这是一种常见的细晶岩。

(2) 正长细晶岩。成分和正长岩相当，主要由他形细粒正长石、少量的角闪石和黑云母组成。与细粒花岗岩的区别是结构全为细粒结构，石英的含量少于正长岩中的含量，一般不含石英或含量很少。

(3) 闪长细晶岩。成分相当于闪长岩，主要由他形的斜长石和少量的角闪石组成。

(三) 伟晶岩

伟晶岩是一种与各类深成岩在成因上有密切联系的粗粒至巨粒的岩脉状或团块状岩体，一般是富含挥发分的硅酸盐残浆，侵入到火成岩或围岩裂隙中缓慢结晶而成的。具有粗大矿物晶粒的脉岩，颗粒大小一般为1~2cm，有的可以大至几米，具有典型的伟晶结构或文象结构。伟晶岩形态可呈脉状，也有的呈不规则透镜状或团块状，它们多产于侵入岩内部或侵入体周围的围岩中。矿物组成相对简单，主要为石英、碱性长石和斜长石。与细晶岩不同的是，伟晶岩通常含有多种次要矿物和副矿物，包括含水矿物、含微量元素及稀有元素的矿物和正常火成岩中不常见的富F、Cl、B和P等的矿物，如黄玉、电气石、绿柱石、褐帘石、铌钽铁矿、萤石等。根据矿物成分可把伟晶岩分为下列几种常见类型。

(1) 花岗伟晶岩。这是最常见的一种伟晶岩，其成分与花岗岩基本相同，主要由钾长石、石英、斜长石和黑云母组成。其次有多种含挥发分的副矿物，如电气石、黄玉、绿柱石和萤石等。具文象结构的伟晶岩称文象伟晶岩(图8-4)。

(2) 正长伟晶岩。成分与正长岩大致相当，几乎全由钾长石组成，有时含少量石英，暗色矿物含量很少。

(3) 闪长伟晶岩。成分相当于闪长岩，主要由粗大的斜长石和角闪石组成。

三、产状、分布及有关矿产

脉岩类均以脉状产出，可以是规则的，也可以是不规则的，宽可从几厘米至几十米，长可从几米至几千米，甚至上百千米。可单独出现，但多成群出现。

脉岩分布广泛，但主要分布在各种岩体内部、岩体附近和变质岩地区，而沉积岩区分布很少。大多数脉岩的形成与相应的岩体有关，脉岩的多次侵入很常见，早期形成的脉岩被晚期形成的切割破坏。一般情况下，酸性脉岩（如细晶岩、伟晶岩）常形成于侵入体内部或其附近的围岩中，而基性脉岩（煌斑岩）则形成于离岩体较远的地方，它们往往与断裂活动有关。

脉岩一般是岩浆作用晚期的产物，晚期的气液作用有利于形成各种矿床。而最有意义的是伟晶岩矿床。与花岗伟晶岩有关的矿产可达 40 种以上，如锂、钽、铌、铍、铷、铯、铀、钍、锆、云母、长石、水晶等，这些都是现代工业的重要原料。在脉岩发育地区往往断裂比较发育，所以在选择地基坝和其他工程设施时，必须考虑脉岩的消极影响。

第九章 变质作用及变质岩的形成

第一节 变质作用

一、变质作用的概念

在地壳发展过程中，由于地壳的构造运动、岩浆活动、地热流变化等内力地质作用，使原来已存在的各种岩石物理、化学条件发生了改变，从而使原岩（包括沉积岩、岩浆岩及早已形成的变质岩）在基本保持固态的情况下发生成分、结构、构造的改变而形成一种新岩石的地质过程称为变质作用。由变质作用所形成的岩石称为变质岩。变质作用的能源来自地球内部，作用主要发生在地下深处温度、压力较高的环境中。现代变质作用的起因还包括宇宙天体的影响，例如，外来天体与地球相撞也可引起变质作用。变质作用和岩浆活动都是由内动力地质作用引起的主要发生在地表以下较深的地方，但变质作用是在岩石基本处于固态条件下发生的，而岩浆作用是在岩浆处于熔融流动的状态下发生的。

二、变质作用的因素

从根本上来说，地壳中的先存岩石发生变质作用的原因都与地壳演化过程中一定的地球动力学事件相联系，也就是说变质作用都发生在特定的地质条件下。变质作用的因素可分为两类：一类是内部因素（内因），指原岩的成分、结构构造及岩石组合特征；另一类是外部因素（外因），包括变质作用发生的地质时代、经历的时间、所处的大地构造环境、岩浆活动的特点、构造运动的方式及强度、深部热流异常的大小与强度及变化趋势等，外部因素也称地质因素。一般来说，内部因素只能影响变质作用产物的一些特征，而真正控制变质作用发生、影响变质作用特点的因素是地质因素。

因此本节主要讨论变质作用的地质因素，从上述繁杂的地质因素中可以抽象出变质作用的主要控制因素为温度、压力、具化学活动性的流体和时间。

（一）温度

温度的改变是引起岩石变质的重要因素之一，大部分变质作用都是在温度升高的条件下并达到一定限度后发生的。随着近代对岩石熔融温度实验资料的不断积累，人们对变质作用的温度、压力等条件有了进一步的认识。目前确定变质作用的温度上限是融熔作用的开始，花岗质岩石、基性岩的熔融实验表明变质作用的温度上限在650～1100℃之间。另外根据浊沸石开始出现的温度，变质作用的温度下限在150～250℃之间。温度引起的变质作用主要表现为：

（1）温度升高可使原岩中一些矿物发生重结晶，如石灰岩中隐晶质的方解石经重结晶可变成较粗大的晶体,使石灰岩变成大理岩;石英砂岩变成石英岩则是由于重结晶使矿物粒径加大,原岩结构被变晶结构取代而造成的。

(2)温度变化能引起原岩中矿物之间发生变质反应,各种组分重新组合形成新矿物。例如:

A. 硅质灰岩中的方解石和石英,在温度升高的条件下,发生反应形成硅灰石。

$$CaCO_3 + SiO_2 \underset{\text{放热}}{\overset{\text{吸热}}{\rightleftharpoons}} CaSiO_3 + CO_2 \quad (470℃, 10^5 Pa)$$

方解石　　石英　　　硅灰石

B. 黏土岩中的高岭石当温度升高时可脱水分解而形成红柱石和石英。

$$Al_4[Si_4O_{10}](OH)_8 \underset{\text{放热}}{\overset{\text{吸热}}{\rightleftharpoons}} 2Al_2[SiO_4]O + 2SiO_2 + 4H_2O$$

高岭石　　　　　　　红柱石　　石英

(3)温度升高可为变质反应提供能量,并使岩石中流体的活动性增大,促进变质反应进行,使新矿物和新组构能以较快的速度和较大的规模形成。

(4)温度持续升高可使原岩在重结晶和变质结晶基础上发生部分重熔,其中长英质组分成为流体相,引起混合岩化作用。

(二) 压力

压力是变质作用又一个重要因素,根据其物理性质可分为静压力、应力(定向压力)两大类。

1. 静压力

静压力具有均一性,是控制变质作用的重要因素之一,可分为负荷压力和流体压力。

1) 负荷压力

负荷压力又称围压,指岩石在地壳一定深度所承受的上覆岩石重力,通常以 P_1 表示。其数值随深度而增加,近似于上覆岩层的质量。

负荷压力按国际单位制以 Pa(帕斯卡)或 GPa 为单位。在离地表 0~40km 范围内,一般情况下,P_1 随岩层深度增加约以 $25×10^6 ~ 30×10^6$ Pa/km 的速率增加。速率值的增加取决于岩石密度。变质作用的压力范围一般认为可从 0.8~1GPa 至几十兆帕。

在变质作用过程中,负荷压力对原岩产生的影响有两个方面:

(1)压力增大有利于形成分子体积较小、密度较大的矿物,结果使变质岩的密度增大。例如,辉长岩中的钙长石和镁橄榄石在大的压力下可反应形成分子体积小、相对密度大的石榴子石:

$$Mg_2(SiO_4) + Ca(Al_2Si_2O_8) \longrightarrow CaMg_2Al_2(SiO_4)_3$$

	镁橄榄石	钙长石	石榴子石
分子体积	45.9	101.1	121
(=分子量/相对密度)		145	
相对密度	3.3	2.75	3.52

(2)某些随温度变化而进行的变质反应需要一定压力条件,而且当负荷压力变化时,该特定反应开始发生的温度也随之改变。例如,红柱石—蓝晶石—矽线石的多象转变,其转变点并不固定在某一温度、压力上,随着压力的变化,反应的温度也随之改变(图9-1)。

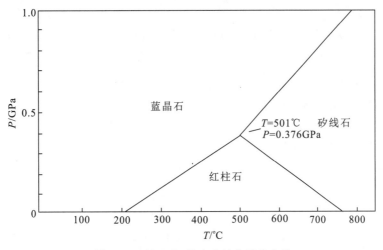

图 9-1 Al_2SiO_5 的多象转变平衡曲线

2) 流体压力

在变质作用过程中,岩石系统常存在少量流体相(主要由挥发分特别是 H_2O 和 CO_2 组成),流体所具内压称为流体压力。流体压力减小有利于脱流体相反应。

2. 应力(定向压力)

当一物体遭受定向外力作用时,其内部就会产生一种抵抗力,称为应力,也可理解为伴随构造运动,来自某一定方向的侧压力,因此,应力常和地壳活动带的构造运动有关。

应力是引起岩石变质和变形的重要因素,主要表现为:

(1)对岩石和矿物的机械改造。例如,地壳浅部的岩石变形、板状流劈理和碎裂结构的形成显然都和应力直接有关;区域变质岩中的结晶片理多与应力作用下的固态流或重结晶和重组合有关。

(2)通过多种途径加快变质反应和重结晶的速度,促进这些作用的进行。尤其在较低温环境中,其作用更为明显。

(三)流体相

在变质作用过程中,虽然岩石基本保持固态,但仍然有少量流体相参加,其主要成分是 H_2O 和 CO_2,其次是 CH_4、O_2 等,总量一般不超过 1%～2%,在变质作用的温压条件下,岩石中的某些组分如 K、Na、Si、Mg、Al、Fe、Cl、F、S 等也可溶解到流体相中作为流体相的组成部分。这些物质在高温条件下的化学性质十分活泼,在变质作用中起着重要作用。

1. 溶剂作用

流体促使原有矿物组分的溶解和扩散,从而加速重结晶作用和变质反应;在交代作用中,它可带入或带出组分,引起原岩成分的变化。

2. 参与反应形成新的矿物

流体中的 H_2O 和 CO_2 可直接参与变质反应而生成变质矿物。如在橄榄石变成蛇纹石和菱铁矿的反应中,H_2O 和 CO_2 的有无和多少将直接控制变质矿物的生成与否,其化学反应式如下：

$$2Mg_2SiO_4 + 2H_2O + CO_2 \longrightarrow Mg_6(Si_4O_{11})(OH)_8 + MgCO_3$$
　　橄榄石　　　　　　　　　　　蛇纹石　　　菱镁矿

3. 加速重熔作用

以水为主的化学活动流体能降低岩石的熔化温度，并加速重熔作用的进行。如当不含 H_2O 时，花岗岩在 950℃ 时熔融，而在高压和饱含 H_2O 的条件下，它在 640℃±20℃ 时就可以熔融，这对混合岩化有重大影响。

（四）时间

时间也是影响变质作用的重要因素。时间因素有两个方面的涵义：一是指变质作用发生的地质时代；二是指变质作用从发生到终止所持续的时间。研究表明，同一地区在不同地质时期发育的变质作用具有不同的特征。另外，在变质温压条件下，如果没有足够的时间，变质作用就难以进行或作用很不明显。

三、变质作用的类型

对变质作用类型的划分，考虑的角度不同，划分结果不同。一般根据变质作用发生的地质环境和变质过程中起作用的物理、化学因素可以将变质作用分为下面几种类型。

1. 接触变质作用

接触变质作用是由岩浆活动引起的，是一种发生在侵入体与围岩接触带附近的规模不大的局部变质作用。根据主要变质因素的不同它可分为：

（1）接触热变质作用。变质作用过程中以温度影响为主，围岩仅受侵入体温度影响而发生重结晶、变质结晶作用，变质前后的化学成分基本相同，挥发分仅起催化剂作用。

（2）接触交代变质作用。围岩除受侵入体温度影响外，还受挥发分影响，在侵入体与围岩之间发生交代作用，致使接触带附近侵入体与围岩的化学成分也发生变化。

2. 动力变质作用

动力变质作用是在构造作用过程中产生的强应力作用下，岩石发生变形、破碎，同时伴有一定变质结晶、重结晶作用的变质作用，其发育常受断裂构造的控制。原岩动力变质作用的变化也极为复杂，有时碎裂作用占主导地位（脆性状态下的岩石），变质结晶与重结晶作用轻微；有时变形作用（塑性状态下的岩石）、变质结晶和重结晶作用都很显著，视动力变质作用发生时的地质环境及热动力条件而定。

3. 气液变质作用

具有化学活动性的气水溶液对岩石进行交代而使岩石发生变质的一种作用，称为气液变质作用。它可以产生于两种岩石之间或一种岩石本身，通常沿构造破碎带及矿脉边缘发育，可作为一种找矿标志，因此，又称为近矿蚀变或围岩蚀变。

4. 区域变质作用

区域变质作用是指大面积分布的、作用因素复杂的一种变质作用，由温度、负荷压力、应力和具有化学活动性的流体的综合作用所造成，有时伴有混合岩化作用。这种变质作用常常伴随着构造运动的发生而发生，在前寒武纪的造山带中常见。

5. 混合岩化作用

混合岩化作用是一种介于变质作用与典型岩浆作用之间的地质作用。其最大的特征是，在这种作用过程中存在明显的熔流体活动及一定的交代作用。一般认为混合岩化作用是在区域变质作用的基础上进一步发展演化的结果。

第二节 变质作用方式

在变质作用过程中，岩石的矿物成分和结构构造都会发生变化。这些变化的方式和过程是极其复杂的。变质作用的方式主要包括重结晶作用、变质结晶作用、交代作用、变质分异作用以及变形和碎裂等。这些作用受各种物理化学原理及力学原理的控制，其产物特征既取决于外部条件（即变质作用因素），又与原岩成分和性状有关。

一、重结晶作用

重结晶作用是指在变质作用条件下，原岩中矿物颗粒的重新组合，只有矿物颗粒形状和大小的变化，而不形成新的矿物相。如灰岩转变为大理岩就是碳酸盐矿物在热力作用下粒径增大加粗的结果。重结晶作用是变质作用的一种重要方式，它对变质岩结构构造的形成产生重大的影响。重结晶作用的强度和速度既受原岩成分和结构的控制，也与各种变质作用因素有关。概略地说，原岩成分愈单一（硅质岩、碳酸盐岩）、颗粒越细（黏土结构、粉砂质结构）愈有利于重结晶的进行；反之，原岩成分愈复杂、颗粒越粗，则越不利于重结晶的进行。温度愈高、化学活动性流体含量越充分越有利于重结晶的进行。因为热能的增加可加速矿物在间隙溶液中的溶解，还可增大这些组分在溶液中的扩散速度和距离，这些都有利于重结晶作用的进行，并有利于形成较粗的颗粒。在重结晶过程中，组分首先从矿物颗粒表面转入间隙以 H_2O、CO_2 为主的流体相溶液中，再通过扩散作用迁移到正在生长着的颗粒表面。在整个过程中，流体相起着重要的溶剂作用。另外，应力加大一般也有利于重结晶作用。

二、变质结晶作用

变质结晶作用是指在变质作用的温度、压力范围内，原岩基本保持固态的条件下，新矿物相的形成过程，同时还有相应的原有矿物质相消失。由于这种作用常常造成岩石中各种组分的重新组合，所以又称为重组合作用。

变质结晶作用形成新矿物质的途径很多，最简单的是同质多象的转变，如常见的红柱石、蓝晶石、矽线石之间的转变关系，更为普遍的则是几种矿物之间通过化学反应形成新矿物，如绢云母和绿泥石反应形成黑云母、方解石和石英反应形成硅灰石等。此外，还可以通过氧化、还原、脱水、水化等作用形成新矿物，如赤铁矿变成磁铁矿、高岭石转变成红柱石等也都属于变质结晶作用的范畴。

三、交代作用

交代作用是指在变质条件下，由变质原岩以外的物质的带入和带出而造成的一种矿物被另外一种在化学成分上与其不同的矿物所置换的过程。在交代作用过程中，岩石基本保持固态，但有少量的流体相存在并起着物质搬运、迁移的媒介和催化剂的双重作用。交代作用在变质岩形成中起着重要作用，不仅可以改变原岩的化学成分及矿物成分，同时还可以形成各种交代结构及构造。

四、变质分异作用

变质分异作用是指在岩石总成分不变的前提下，造成矿物组合不均匀的一种变质作用。如许多结晶片岩常出现石榴子石、蓝晶石等变为斑晶的现象；某些角闪质岩石出现以角闪石为主的暗色矿物和以长英质为主的浅色矿物呈条带状或团块状不均匀聚集的现象等，往往都是变质分异作用的结果。

五、变形和碎裂作用

变形和碎裂作用是动力变质作用过程中岩石变质的主要方式。各种岩石在应力作用下，当应力超过弹性极限时，就会出现塑性变形或破裂现象，它们发育的程度和特点与许多因素有关，如岩石的物理性质、应力的作用方式、强度和当时的温度、静压力等。

在较高的温度和静压力条件下，岩石应变以塑性变形为主。它们主要是通过矿物晶体内部和矿物颗粒之间沿一定构造面的滑动及在应力影响下的组分迁移和重结晶、重组合作用，使矿物的外形或（和）内部构造都趋于出现优选方位，形成各种类型的结晶片理，此过程岩石保持着连续性和整体性。机械强度较大的层状岩石在应力作用下有时表现为各单层的整体运动，即通过挠曲而褶皱变形。以上这两种情况经常同时存在，但前者和变质岩组构有更密切的关系。

在地壳浅部低温低压条件下，多数岩石具有较大脆性。当它所受应力超过弹性限度时，就会出现碎裂现象。由于碎裂作用，岩石中的矿物质颗粒被分离、破碎、粒径逐渐减小，发生粒化作用。所谓粒化作用，也就是指原有矿物颗粒在碎裂作用下由边缘至中心逐渐被许多细小颗粒取代的过程。

第三节 变质岩的特征及分类

变质岩是地壳中已存在的岩石经受复杂变质作用的产物。其岩性特征，一方面受原岩的控制，具有明显的继承性；另一方面又和变质作用的特点有关，使它具有与原岩不同或不完全相同的成分和组构特征。

一、变质岩的物质成分

（一）变质岩的化学成分

变质岩的化学成分主要是由下列氧化物组成：SiO_2、Al_2O_3、Fe_2O_3、MgO、FeO、MnO、CaO、Na_2O、K_2O、H_2O、CO_2 和 TiO_2、P_2O_5 等。在不同的变质岩中，各氧化物含量变化甚大。

根据原岩的化学组成在变质作用过程中是否发生改变，变质作用可分为两类：一类是等化学变质作用；另一类是异化学变质作用。自然界中严格的等化学变质是在指变质作用过程中，不伴随有交代作用，原岩组分除 H_2O 和 CO_2 以外基本保持不变的变质作用，如接触变质作用、区域变质作用；异化学变质作用则伴随有交代作用，在变质作用过程中有元素的带入和带出,原岩组分除 H_2O 和 CO_2 外亦有明显变化,异化学变质作用系统是开放的,如气液变质作用及一部分混合岩化作用。

在等化学变质的情况下,变质岩化学成分(除 H_2O 和 CO_2 外)取决于原岩的化学成分,根据变质岩化学成分可恢复变质岩原岩,更有着特殊的意义。

变质岩的化学成分是变质岩分类的重要依据之一。许多学者都试图从等化学系列和等物理系列的原则出发将变质岩进行分类。

等化学系列指具有同一原始化学成分的所有岩石;其中矿物组合不同是由变质作用类型和强度决定的,如基性岩石在区域变质条件下,随着变质程度增加出现绿片岩→绿帘角闪岩→斜长角闪岩→斜长辉石岩,构成一个等化学系列。

等物理系列指同一变质条件下形成的所有岩石,其矿物组合的不同是由原岩化学成分决定的,如一个变质相或变质带的所有岩石。

(二)变质岩的矿物成分

变质岩的矿物成分主要决定于变质岩的化学成分和变质作用的程度,其次也与变质作用类型有关。由于某种原因变质岩原岩成分的多样性及变质作用的复杂性,变质岩的矿物成分比岩浆岩和沉积岩要复杂得多,同时形成了变质岩在矿物成分上的某些特点。

1. 变质岩的主要造岩矿物

组成变质岩的矿物种类繁多,从变质岩和岩浆岩、沉积岩的对比(表 9-1)中可以看出,组成变质岩的矿物可分为两类。

表 9-1 岩浆岩、变质岩、沉积岩矿物成分对比

岩浆岩、沉积岩、变质岩中出现的矿物	主要在岩浆岩中出现的矿物	主要在变质岩中出现的矿物	主要在沉积岩中出现的矿物
石英	霞石	帘石类	蛋白石、玉髓
钾长石	白榴石	符山石、方柱石	黏土矿物
云母	磷石英	透闪石、阳起石	盐类矿物
斜长石类	方钠石	硅灰石	海绿石
角闪石类	蓝方石	蓝闪石	水铝石
辉石类	黝方石	硬玉、软玉	
橄榄石	歪长石	绿泥石	
磁铁矿	玄武角闪石	红柱石、蓝晶石和矽线石	
赤铁矿	磷石英	堇青石、十字石	
磷灰石		铝石榴子石类	
榍石		蛇纹石、滑石	
锆石		刚玉	
金红石		石墨	

(1) 与岩浆岩和沉积岩共有的矿物。岩浆岩中的主要造岩矿物（如石英、长石、云母、角闪石、辉石、橄榄石）在变质岩中也是主要矿物。沉积岩中除了那些在地表低温低压条件下形成的黏土矿物、化学及生物化学成因的矿物（如蛋白石、玉髓、盐类矿物等）外，其余的矿物（石英、长石、云母等）都可以在变质岩中继续存在。

(2) 主要在变质岩中出现的矿物。它们主要是一些富铝硅酸盐矿物，如矽线石、蓝晶石、红柱石、十字石、堇青石、刚玉等；富钙硅酸矿物如硅灰石、透闪石、石榴子石、符山石、绿帘石等；还有一些富镁矿物如滑石、方镁石、水镁石等。

2. 变质岩矿物的内部结构和其他特点

(1) 变质岩含片状、针状、柱状矿物（如绿泥石、云母、角闪石、辉石等）较多。

(2) 变质岩中常发育有分子排列极紧密的矿物，这种矿物是有较小的分子体积和较大的相对密度，如石榴子石。

(3) 变质岩中发育同质多象变体矿物，如红柱石、蓝晶石，矽线石为 Al_2SiO_5 的同质多象变体。

(4) 变质岩矿物的变形现象发育。

(5) 斜长石的环带结构在变质岩中较为少见。

二、变质岩的结构构造

变质岩的结构、构造是变质作用条件和变质作用演化历史的直接记录，是变质岩重要的鉴定特征，也是变质岩命名的重要依据之一。变质岩结构是指岩石中矿物的粒径、形态和颗粒之间的相互关系特征；变质岩的构造是指岩石中各种矿物的空间分布和排列方式等特点。例如，某大理岩主要由粒状方解石组成，其结构可称为粒状变晶结构；如果该大理岩中矿物颗粒分布均匀、无定向性，其构造则称为块状构造。变质岩的结构、构造习惯上也统称为组构。结构和构造彼此有密切的成因联系，有的甚至不能明确区分，比如碎裂变质时，岩石及其中的组成矿物都可能强烈破碎，此时既可称为碎裂结构，也可称为碎裂构造。

（一）变质岩的结构特征

变质岩的结构类型繁多，按成因一般可分为四大类（表 9-2）。

1. 变余结构

在变质作用过程中，原岩结构特征改造得不彻底，保留着原岩的某些结构，称为变余结构。变余结构总的特点是，外貌上具原来沉积岩或岩浆岩的结构特征，而矿物成分上多表现出一些特征变质矿物的特点，很多情况下也保留一些原岩矿物的特点。变余结构的命名一般是在原岩结构之前加上"变余"二字，如变余斑状结构、变余砂状结构等（图 9-2）。

2. 变晶结构

变晶结构是岩石在变质作用过程中经重结晶作用和变质结晶作用所形成的结构。

1) 变晶结构的一般特点

变晶结构和岩浆岩的全晶质结构有些相同之处——它们都是全晶质的，但由于变质作用中的结晶基本是在固态条件下进行的，这不同于岩浆岩中结晶的由熔融状态中晶出的过程，因而变晶结构与岩浆岩全晶质结构相比又有不同之处。

表 9-2 变质岩结构分类表

大类		亚类
变余结构		变余砂状结构、变余斑状结构
变晶结构	按变晶的自形程度划分	全自形变晶结构、半自形变晶结构、他形变晶结构
	按变晶的粒径划分	粗粒变晶结构（粒径＞3mm）、中粒变晶结构（粒径 1～3mm）、细粒变晶结构（粒径 0.1～1mm）、显微变晶结构（粒径＜0.1mm）
	按变晶粒径的相对大小划分	等粒变晶结构、不等粒变晶结构、斑状变晶结构
	按变晶的形态划分	粒状变晶结构、鳞片变晶结构、纤状变晶结构
交代结构		实代假象结构、实代残留结构、多代穿孔结构
碎裂及变形结构		碎裂结构、碎斑结构、糜棱结构、千糜结构、变余糜棱结构

（1）同一世代的变晶矿物没有明显的先后结晶顺序，晶体自形程度的差别仅取决于结晶能力，且矿物之间排列紧密、彼此镶嵌或相互包裹。

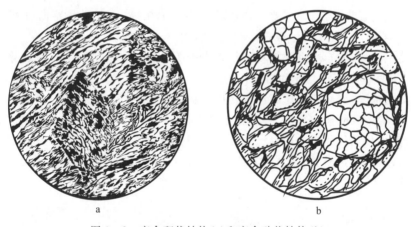

图 9-2 变余斑状结构（a）和变余砂状结构（b）

a.绿泥片岩，原岩中辉石斑晶为绿泥石交代呈假象，其核心部分有少量残余。基质已变为绿泥石和石英。山西五台，单偏光，$d=2mm$；b.变质含砾石石英杂砂岩，碎屑为石英和石英岩，胶结物已变为细小的绢云母、黑云母和石英。北京周口店，正交偏光，$d=6.4mm$（转引自桑隆康和马昌前，2012）

（2）变斑晶的形成一般与基质矿物同时或稍晚，因此变斑晶以富含基质矿物包裹体为特征，与岩浆岩中斑晶形成较早的情况相反。

（3）除变斑晶外，变晶矿物的自形程度差，多为他形或半自形，这与无自由结晶空间有关。

（4）柱状、片状及放射状矿物比较发育，柱状、片状矿物的延展性比岩浆岩中的大，且多为定向排列。浅色矿物（石英、长石、碳酸盐矿物等）多具优选方位，发育波状消光、双晶弯曲等变形现象，这与变质作用中或变质之后应力的作用有关。

2）变晶结构的类型

(1)按变晶的自形程度划分。

全自形变晶结构：组成岩石的绝大部分变晶矿物颗粒是自形晶。由于变质岩是在固态条件下发育形成的，每个晶粒都受到外界阻力和晶体本身成面能力的限制，此结构并不多见。

半自形变晶结构：岩石主要由半自形晶粒组成。或者岩石中不同矿物的自形程度有较明显的差异，某种矿物晶形发育较完好，其他矿物的晶形发育较差。

他形变晶结构：组成岩石的各种矿物基本上都不呈各自应有的晶形，而是呈他形变晶镶嵌在一起。如某些大理岩、石英岩的结构等。

半自形变晶结构和他形变晶结构较常见。

(2)按矿物粒径的绝对大小划分。

粗粒变晶结构：矿物粒径>3mm。

中粒变晶结构：1~3mm。

细粒变晶结构：0.1~1mm。

显微变晶结构：<0.1mm，用肉眼和放大镜都不能分辨出矿物颗粒，只有在显微镜下才能分辨。

(3)按矿物粒径的相对大小划分。

等粒变晶结构：组成岩石的主要矿物颗粒大小基本相等，一般不具定向排列(图9-3a)。常见的变粒岩、石英岩、大理岩等常具此种变晶结构。

不等粒变晶结构：岩石中主要矿物颗粒大小不等，但粒径呈连续变化，也称系列变晶结构(图9-3b)。某些矽卡岩常具此种结构。

斑状变晶结构：与岩浆岩的斑状结构相似，只是成因不同。其特点是，在粒径较小的矿物集合体中，分布着较大的矿物晶体，二者相差悬殊(图9-3c)。粒径较小的矿物集合体称为基质，粒径较大的矿物晶体称为变斑晶。变斑晶一般是那些结晶力较强的矿物，如石榴子石、十字石、红柱石、硬绿泥石、蓝晶石、堇青石等。基质可以是各种结构，如基质为鳞片变晶结构的斑状变晶结构。

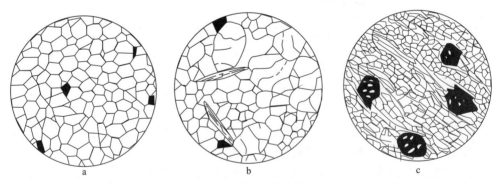

图9-3 等粒变晶结构(a)、不等粒变晶结构(b)和斑状变晶结构(c)

a、b.变质橄榄岩(橄榄石岩);c.石榴子石-黑云母-斜长石-白云母-石英片岩(据Raymond,1995,有改编)

(4)变晶结构按变晶矿物的结晶习性和形态划分。

粒状变晶结构：岩石主要由一些粒状矿物(长石、石英、方解石等)所组成。很多文献中提到的花岗变晶结构即属此类。石英岩、大理岩、变粒岩等常具此种结构。由热接触变质作用形成的细粒或显微粒状变晶结构，称为角岩结构，它们通常由等粒的石英、长石、云母等矿物紧密镶嵌而成。一般不具片理。

鳞片变晶结构：岩石主要由云母、绿泥石、滑石等片状矿物组成，这些矿物一般常呈定向排列。千枚岩、云母片岩常具这种结构（图9-4a）。单纯的鳞片变晶结构少见，常见的是由鳞片状矿物与粒状矿物相互组合的变晶结构，当以粒状矿物为主，鳞片状矿物为次时，称鳞片粒状变晶结构，反之，则称粒状鳞片变晶结构。

纤状变晶结构：岩石主要由柱状、针状或纤维状矿物组成（图9-4b），如阳起石、透闪石、矽线石、硅灰石等，它们常成平行排列或束状集合体，多见于角闪岩、绿片岩中。某些矽线石等细小针状集合体与片状、粒状矿物混合出现时，可组成纤状鳞片粒状变晶结构，如矽线石片麻岩常具这种结构。

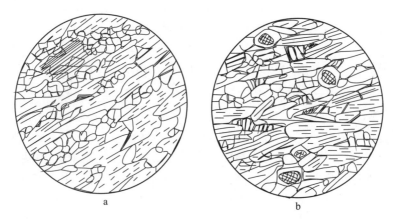

图9-4 鳞片变晶结构（a）和纤状变晶结构（b）

3. 交代结构

交代结构是交代作用形成的结构，这类结构主要出现在混合岩及各种交代蚀变岩中。其特点是：岩石中原有矿物的溶解消失和新矿物产生是同时进行的，既可置换原有矿物而形成假象矿物，也可以交代重结晶的方式形成新矿物。常见的交代结构有交代假象结构、交代港湾结构、交代残留（岛屿）结构（图9-5）、交代穿孔结构、交代蠕英结构等。

4. 碎裂及变形结构

在地下深处岩石处于塑性状态，在应力作用下可以发生形变及重结晶，而当脆性岩石所受定向压力超过弹性限度时，岩石本身及组成矿物就会发生碎裂、移动、磨损而形成各种变形及碎裂结构。由于这类结构的主要起因是动力作用，故又称为动力变质结构。代表性的动力变质结构有以下两个方面。

1）碎裂结构

碎裂结构是指岩石和矿物颗粒发生裂隙、裂开并在颗粒的接触处和裂开处被破碎成许多小碎粒，因而矿物颗粒的外形都呈不规则的棱角状、锯齿状，粒间则为粒化作用形成的细小碎粒和碎粉，但破碎的颗粒一般位移不大（图9-6a）。碎斑结构：当破碎剧烈时，在粉碎了的矿物颗粒中（称碎基）还残留有部分较大的矿物碎粒，很像斑晶（即碎斑），称为碎斑结构，具撕碎

图 9-5 港湾结构(a)和岛屿结构(b)

a. Ms 被 Q-Sil 交生体替代,边界呈港湾状,Q-Sil 交生体中有 Ms 残留,Ms 残留与 Ms 主晶之间解理连续;b. Ms 中包有先成 Ky 和 Q 岛屿,岛屿在光性上是连续的,Ms 中还含有晚期针状 Sil

状边缘、裂纹,显微镜下波状消光发育。碎基是细小碎粒至隐晶质的粉末;小碎粒往往也具波状消光。

2) 糜棱结构

糜棱结构是指在地壳较深的部位,岩石多处在韧性状态下,岩石中主要矿物通过细粒化、颗粒边界滑动、重结晶等作用形成的一种呈丝带状的结构。在显微镜下,其主要特点是:受到应变的碎斑位于细粒至隐晶质基质中有明显的韧性流动迹象、碎斑颗粒的显微破裂圆化;碎基颗粒均匀,但粒径小;易于重结晶,多具优选方位(图 9-6b)。

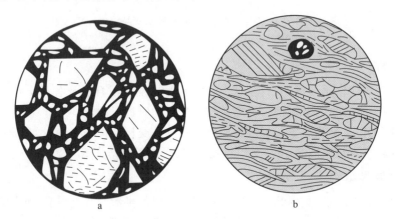

图 9-6 碎裂结构(a)和糜棱结构(b)

(二)变质岩的构造

变质岩的构造按成因可分为以下 3 类。

1. 变余构造(残留构造)

岩石经变质后仍保留有原来岩石的构造特征,称为变余构造,如变余层理构造、变余杏仁构造、变余流纹构造等。

2. 变成构造

变成构造是指变质作用过程中(主要是变质结晶和重结晶)形成的构造。

(1)斑点状构造。这是接触变质初期形成的斑点板岩特有的一种构造,其特点是岩石中分布一些形状不一,大小不等的斑点。这些斑点肉眼基本不能辨别出其矿物成分,在显微镜下可见斑点是碳质、铁质物质或是堇青石、云母等雏晶集合体。

(2)板状构造。泥岩或页岩等柔性岩石受压力作用而形成的一种构造。其表现是岩石呈现一种互相平行的破裂面(劈理面),如同板状。破裂面上有时些微晶的绢云母、绿泥石等矿物,但岩石基本没有重结晶,新生矿物很少。

(3)千枚状构造。一种低级定向构造,岩石中微细粒片状矿物已初具定向排列,但重结晶程度不高,矿物颗粒肉眼不能分辨。片理面上见有强烈的丝绢光泽,多系鳞片状绢云母、绿泥石密集排列所致,镜下所见新生矿物较多,最常见的矿物是绢云母、绿泥石及微粒石英,它们呈密集定向排列。

(4)片状构造。岩石中含较多的片柱状矿物,这些矿物连续定向排列构成面状,故称为片理面,片理面可以平直,也可成波状弯曲甚至强烈揉皱。镜下所见均为结晶程度较好的片柱状矿物定向排列。肉眼可辨矿物大小及种属,尤其是变斑晶矿物更加清楚。

(5)片麻状构造。岩石主要由粒状浅色矿物组成,含量较少的片状及柱状暗色矿物呈断续的定向排列。或者这些柱状及片状矿物集结成宽度和长度都不大的薄的透镜体呈断续的定向排列。若片状、柱状暗色矿物和浅色矿物分别集中而成连续的条带,则称条带状构造。

(6)块状构造。岩石中矿物成分和结构都很均匀,不显示定向排列,称块状构造。如大理岩、石英岩常具此类构造。

(7)流状构造。细小碎基和新生的鳞片状、纤维状矿物呈纹层状定向分布,颇似流纹构造,但系应力所致。

3. 混合构造

混合构造是混合岩特有的构造。混合岩是一种由高级(或中高级)区域变质岩和不同数量的长英质物质混合组成的岩石。通常把原先存在的高级变质岩称为基体,长英质物质称为脉体。混合构造就是指基体与脉体在空间分布上的相互关系,按其形态可分为以下几种。

条带状构造:基体与脉体相间呈条带状分布。

眼球状构造:长英质(主要是碱性长石和石英)呈眼球状,断续分布于基体之中。

角砾状构造:基体被脉体分割包围,呈角砾状。

片麻状构造:基体与脉体已界线不清,某些基体的暗色矿物断续定向排列。

雾迷状构造:又称阴影状构造、星云状构造。基体与脉体的界线已不清,有时仅见基体被脉体交代残留的隐约可见的轮廓,呈斑杂状或阴影状分布。

除此之外,还有肠状构造、香肠构造、碎块状构造等。

三、变质岩的分类

根据变质作用类型,变质岩可分为5类。

(1)区域变质岩类。

(2)混合岩类。

(3)接触变质岩类。① 接触热变质岩;② 接触交代变质岩。
(4)气-液变质岩类。
(5)动力变质岩类。

第四节　区域变质岩类

一、一般特征

区域变质岩是经区域变质作用形成的岩石,由于区域变质作用发生的规模大,持续时间长,变质因素复杂,所以区域变质岩分布很广,多出现于前寒武纪的古老结晶基底及其以后的地壳活动带(造山带)内。岩石常呈大面积或带状分布,长度数百乃至数千千米,宽度数十至数百千米,并且变质程度深浅不同的区域变质在空间上常呈不规律的带状分布。例如,我国的秦岭-大别山造山带主要由各种类型的区域变质岩组成。

区域变质岩中蕴藏着大量金属、非金属矿产,如铁、铜、金、铀、磷、硼、菱镁矿、石墨、石棉等,这些矿产有时可形成规模巨大的工业矿床,具有重要的经济意义。

二、主要岩石类型

根据结构构造矿物组合相结合的原则,区域变质岩一般划分成板岩、千枚岩、片岩、片麻岩、角闪岩、变粒岩、麻粒岩、榴辉岩、大理岩、石英岩等主要岩石类型。

1. 板岩

板岩是一种极细粒—隐晶质、岩性较致密、通常具有密集板状劈理(简称板理)的岩石。板理面平滑。板岩的可能原岩主要是页岩、泥岩或凝灰岩。重结晶不明显或极轻微,镜下可见有泥质和部分绢云母、绿泥石,有时可见有少量的白云母、黑云母、石英等,具变余泥质结构和板状构造。它根据颜色及杂质可进一步定名,如红色板岩、碳质板岩等。

2. 千枚岩

千枚岩是具千枚状构造的变质岩石。其原岩类型与板岩相似,重结晶程度比板岩高,但肉眼仍然不能鉴定出矿物的成分,普通显微镜下已可观察到片状矿物是绢云母和少量绿泥石、黑云母,因而定向面理上具有特征的丝绢光泽。千枚岩可按矿物成分和颜色进一步命名,如灰绿色绿泥石千枚岩、黄褐色绢云母千枚岩。板岩和千枚岩之间的过渡类型可以称为千枚状板岩或板状千枚岩。

3. 片岩

片岩是强片理化的岩石,极易沿片理劈成薄的岩片。岩石具片状构造及鳞片或纤状变晶结构,也常具斑状变晶结构,基质为鳞片(纤状)变晶结构。矿物粒径多大于0.1mm,肉眼可以辨认矿物成分。常见矿物主要为绢云母、白云母、绿泥石、硬绿泥石、黑云母、角闪石等片状或柱状矿物,常大于30%,其次为浅色粒状矿物长石和石英,长石含量小于25%。常见变斑晶有十字石、蓝晶石、铁铝榴石等特征变质矿物。

1) 绿片岩

绿片岩又称绿色片岩,为绿色或暗绿色具片理构造的区域变质岩总称。它主要由绿泥石、绿帘石、阳起石等绿色片(柱)状矿物组成,其次为钠长石和石英。它具鳞片变晶结构或纤状变晶结构。绿片岩根据矿物组合不同可分钠长绿泥片岩、绿帘绿泥片岩、绿泥片岩等。

2)云母片岩

云母片岩主要由云母组成,其次为酸性斜长石、石英,长石含量一般小于25%,经常含有石榴子石、十字石、蓝晶石、红柱石、矽线石等特征变质矿物。这些矿物常呈变斑晶出现。根据两种云母的含量关系可分为白云片岩、黑云片岩、二云片岩。

3)镁质片岩

镁质片岩主要由蛇纹石、绿泥石、滑石等片状矿物组成,次要矿物为阳起石、绿帘石等。它具细粒鳞片变晶结构或纤状变晶结构及片状构造。颜色一般比较浅,常为绿色或灰白色,硬度比较低,具滑感。常见的岩石类型有蛇纹石片岩、绿泥石滑石片岩等。

4)角闪片岩

角闪片岩主要矿物为角闪石,其次为石英、斜长石。它具纤状变晶结构及片状构造。

5)蓝闪石片岩

蓝闪石片岩又称蓝片岩,系基性岩在高压、含水、较低温条件下变质而成,主要矿物为蓝闪石和硬柱石或白云母,粉红色铁铝榴石也很特征,其次有黑硬绿泥石、绿泥石、钠长石等。岩石呈深蓝色,具片状构造及鳞片变晶结构,一般形成于高压低温的构造碰撞带。

4. 片麻岩

片麻岩是一种具片麻状构造,矿物成分主要由石英、长石及一定量的片状、柱状矿物组成的岩石。一般长石+石英的含量大于70%,长石含量大于25%,暗色矿物含量小于30%。暗色矿物主要是云母、角闪石。此外还经常含少量的矽线石、蓝晶石、石榴子石、堇青石等特征变质矿物。与片岩相比,矿物粒径更大,变晶粒径大于1mm,常为中粗鳞片粒状变晶结构。片麻岩除具片麻状构造外,有时还出现条带状构造。

片麻岩根据片状矿物、粒状矿物成分及其含量,以及特征矿物与长石的种类(如果能分开钾长石与斜长石)进行分类命名(表9-3)。

5. 角闪岩

角闪岩是主要由斜长石和普通角闪石所组成的岩石,可含少量的透辉石、石榴子石、黑云母、绿帘石、石英等,颜色一般比较深暗,细粒—粗粒粒状变晶结构,块状构造。根据角闪石和斜长石的相对含量不同,它可分为:角闪石含量大于95%,称为角闪岩;以角闪石和斜长石为主,角闪石含量大于50%,石英很少或没有,称为斜长角闪岩。常见的岩石类型有辉石斜长角闪岩、绿帘斜长角闪岩、黑云母斜长角闪岩等。

6. 变粒岩

变粒岩是主要由长石、石英组成的具中细粒粒状变晶结构的岩石,可含少量的云母、角闪石、辉石、方解石和绿帘石等,一般为块状构造,有时稍具片理或片麻理。长石、石英等浅色矿物含量一般大于70%,且长石含量大于25%,暗色矿物含量一般小于30%。当变粒岩中长石+石英的含量大于90%,暗色矿物小于10%或更少时,称为浅粒岩。

表 9-3　常见片麻岩野外分类表

片状矿物		粒状矿物			
		斜长石+石英	钾长石+石英	斜长石+钾长石+石英	长石+石英（长石成分不清）
角闪石		角闪斜长片麻岩（斜长角闪岩）	角闪钾长片麻岩	角闪二长片麻岩	角闪长石片麻岩
云母	黑云母	黑云母斜长片麻岩	黑云母钾长片麻岩	黑云二长片麻岩	黑云母长石片麻岩
	白云母	白云母斜长片麻岩	白云母钾长片麻岩	白云二长石片麻岩	白云母长石片麻岩
	二云母	二云母斜长片麻岩	二云母钾长片麻岩	二云母长石片麻岩	二云母长石片麻岩
角闪石-黑云母		角闪-黑云母斜长片麻岩	角闪-黑云母钾长片麻岩	角闪-黑云母二长片麻岩	角闪-黑云母长石片麻岩
矽线石（特征矿物）		矽线石斜长片麻岩	矽线石钾长片麻岩	矽线石二长片麻岩	矽线石长石片麻岩
绿帘石		绿帘斜长片麻岩	绿帘钾长片麻岩	绿帘二长片麻岩	绿帘长石片麻岩
绿泥石（绢云母）		绿泥石（绢云母）斜长片麻岩	绿泥石（绢云母）钾长片麻岩	绿泥石（绢云母）二长片麻岩	绿泥石（绢云母）长石片麻岩

7. 麻粒岩

麻粒岩是主要由长石、石英组成的一种粗粒粒状变晶结构的岩石，可含少量斜方辉石和石榴子石，常含有石英和长石的压扁透镜体（亦称圆盘状石英）。这种压扁的集合体内部由粒状变晶的石英构成，曾被称为麻粒岩结构。并不是所有的麻粒岩均有麻粒岩结构。岩石为浅色、颗粒粗，矿物易于辨认，具不明显的片麻状或块状构造。麻粒岩命名时可将次要特征矿物置前，如（斜长）辉石麻粒岩。

8. 榴辉岩

榴辉岩是一种主要由淡绿色辉石和褐红色镁铝榴石组成的、变质程度很深的区域变质岩，有时还含有少量石英、角闪石、刚玉、蓝晶石、金红石、尖晶石等。而一般为中粒粒状变晶结构及块状构造，有时也呈斑杂状或片麻状构造。榴辉岩相对密度较大，可达 3.6～3.9。

9. 大理岩

大理岩是主要由方解石或白云石组成的岩石，碳酸盐矿物含量大于 50%，具粒状变晶结构及块状或条带状构造。常见特征变质矿物有：透闪石、透辉石、橄榄石、金云母等。因在我国云南大理盛产这种岩石而得其名。

10. 石英岩

石英岩是主要由石英组成的粒状变晶结构的岩石，具块状构造，有时有变余层理构造。岩石一般为乳白、灰白等浅色，石英含量大于 95%，致密坚硬是其重要特点。

第五节 混合岩类

一、一般特征

混合岩是原变质岩石受混合岩化作用形成的岩石,其基本组成物质可分为基体和脉体两部分。基体主要是各种区域变质岩,如斜长角闪岩、片麻岩、片岩、变粒岩等,颜色较深;脉体是由混合岩化过程中新生成的流体相结晶部分,通常为花岗质、长英质(细晶质)、伟晶质和石英脉等,其颜色较基体的浅。基体与脉体以不同的数量和方式相混合可形成不同类型的各种混合岩。

混合岩中交代现象十分发育,常形成一些特殊的混合构造。这是它与其他变质岩区别的显著标志。

混合岩是在区域变质作用的基础上发展起来的,常与区域变质岩相伴生,并在分布上与区域变质带一致,在空间上常呈带状分布。混合岩在我国分布广泛,种类繁多,在山西、河南、河北及东北等地均有出露。与混合岩有关的矿产十分丰富,主要为硼、磷、镁、铝、铁、铜及稀有放射性元素等。

二、主要岩石类型

根据混合岩中的基体与脉体的量比关系可将混合岩划分为 3 类(表 9-4):混合岩(狭义的)、混合片麻岩、混合花岗岩。

应该指出的是,在估计基体和脉体量比时要注意观察的尺度,一般应以露头规模为准,范围至少在 $1m^2$ 以上。因为脉体的分布往往不均匀,范围太小或一块实物标本往往难以代表整体情况。

脉体含量少于 15% 的岩石可称为混合岩化变质岩。

表 9-4 混合岩肉眼鉴定分类表

混合岩类型	脉体含量(体积)/%	基体含量(体积)/%	基体与脉体的关系
混合岩	15～50	50～85	脉体与基体界线明显或较明显,具各种混合岩构造
混合片麻岩	50～85	15～50	脉体与基体界线不明显,片麻状构造,与正常片麻岩不易区分
混合花岗岩	>85	<15	不能区分脉体与基体的界线,似岩浆花岗岩,具块状构造,有时可见残留基体的网影

1. 混合岩(狭义的)

混合岩是指在脉体与基体的量比关系中基体较多(50%～85%)、脉体较少(15%～50%)的变质岩,岩石整体颜色较暗。根据构造形态类型,它可进一步划分为角砾状混合岩、条带状混合岩、眼球状混合岩等。其具体命名原则:脉体岩石类型+基体+构造+混合岩,如长英质

图 9-7 北大别安徽青天角砾状混合岩
（脉体呈网脉状充填）
（续海金 摄）

斜长角闪角砾状混合岩。

1）角砾状混合岩

角砾状混合岩的基体被沿裂隙贯入的脉体切割成角砾状，具角砾状构造。角砾成分常是块状角闪岩、辉石岩、斜长角闪岩等，有时为暗色黑云母片麻岩。角砾与脉体界线清楚。角砾形态多种，有浑圆状、拉长状、棱角状等，真正具直线状边界的角砾较少见，一般在同一露头范围内角砾形态有其相似性（图 9-7）。

2）条带状混合岩

条带状混合岩最主要的特点是浅色的脉体和暗色的基体相互交替出现，呈层状或条带状构造。两种条带的宽窄、数量变化大，一般脉体条带较窄，从 1cm 至几厘米，基体常为片理十分发育的片岩或暗色片麻岩，脉体为粉红色或灰白色的花岗质物质（图 9-8）。

3）眼球状混合岩

眼球状混合岩具典型的眼球构造。脉体呈眼球状，眼球体的成分多为钾长石或酸性斜长石，眼球体往往平行片理分布（图 9-9）。

图 9-8 北大别安徽漫水河条带状混合岩
（脉体与基体互层）
（续海金 摄）

图 9-9 北大别安徽漫水河眼球状混合岩
（浅色熔体囊呈眼球状）
（续海金 摄）

2. 混合片麻岩

混合岩化作用已相当强烈，残留基体仅占较少部分（50%～15%），基体、脉体之间界线很不清楚。典型构造为片麻状构造，也可有条带-条痕状构造或眼球状构造。可见暗色矿物在岩石中呈定向排列，但这些暗色矿物并不一定是原岩矿物的残余。

混合片麻岩命名原则：暗色矿物＋构造＋混合片麻岩，如角闪石眼球状混合片麻岩、黑云母条带状混合片麻岩等。

3. 混合花岗岩

混合花岗岩是混合岩化最强烈的产物,岩石外貌与岩浆结晶花岗岩类似,岩石总矿物成分相当于花岗岩或花岗闪长岩,其中保留一定数量的暗色矿物相对集中而成的斑点、条痕或团块。事实上,混合花岗岩中常含有阴影状混合岩。混合花岗岩广泛分布于大规模的区域性混合岩田中,而且常分布于混合岩田的核心部位(图9-10)。

混合花岗岩的命名原则:构造+暗色矿物+混合花岗岩,如云雾状黑云母混合花岗岩、斑点状角闪斜长混合花岗岩。

混合花岗岩与岩浆成因的花岗岩比较,有如下特征:

(1)混合花岗岩没有完整的产状形态和明确的接触界面,与周围混合岩相互过渡。常表现为:混合花岗岩-混合片麻岩-混合岩-混合岩化变质岩-变质岩(混合岩化强度减弱)。

图9-10　北大别湖北罗田混合花岗岩(大量花岗质熔体中保留大小不一的基体团块)

(续海金 摄)

(2)混合花岗岩中常含有不定量的斜长角闪岩、片麻岩、磁铁石英岩等残留体,残留体的片理与混合花岗岩的片麻理及其周围变质岩的片理是连续的,而岩浆花岗岩中的捕虏体往往发生过旋转、位移。

(3)混合花岗岩的岩性、构造都不均匀。表现为暗色矿物的含量、分布很不均匀,常发育片麻状构造、雾迷状构造等。

(4)混合花岗岩没有冷凝边和接触变质带,而是通过各种混合岩类向高级区域变质岩过渡(温差不明显),也没有岩浆花岗岩所特有的岩相分带、流动构造。

(5)混合花岗岩的围岩未受变位或扰动,而岩浆花岗岩体的围岩常有被岩体挤压而变形变位的现象。

(6)混合花岗岩中罕见与岩浆冷却有关的斑状结构、文象结构等。

(7)混合花岗岩中常见围岩中变质矿物(如矽线石、石榴子石等)残余,而岩浆花岗岩中的矿物组合则符合鲍温反应系列。

(8)混合花岗岩中斜长石多无环带,少见双晶或无双晶;岩浆花岗岩中斜长石有环带,双晶多见。

第六节　接触变质岩类

一、一般特征

接触变质岩是由接触变质作用形成的岩石,分布在岩浆岩侵入体与围岩的接触带附近。接触变质岩根据变质作用的因素及岩石的变化可分两个类型:一类是由接触热变质作用形成的接触热变质岩;另一类则是由接触交代作用形成的接触交代变质岩——矽卡岩。

在接触热变质作用中,温度是主要影响因素。靠近岩浆岩体的围岩的温度较高,离岩浆岩体愈远,其温度愈低,因而,从近到远常依次出现变质程度不同,具不同矿物共生组合的接触热变质岩。它们以岩体为中心呈环带状分布,称为接触变质晕。接触变质晕的宽度不一,其发育程度取决于岩体的成分、规模、侵入深度以及围岩岩性、产状和接触面产状。

二、主要岩石类型

根据结构构造和矿物组合相结合的原则将接触热变质岩划分为斑点板岩、角岩、大理岩、石英岩、接触片岩或接触片麻岩等基本岩石类型。

1. 斑点板岩

斑点板岩具板状构造,重结晶作用较微弱,总体呈致密状,可见较多残余组构,如变余层理、变余泥质结构等。新生矿物如绢云母、绿泥石、黑云母、红柱石、堇青石等的雏晶以及铁质、碳质等粉末成斑点状散布。有时斑点聚集成椭圆状集合体,因似瘤状,被称为瘤状板岩。斑点板岩及瘤状板岩常为泥质岩在变质程度较低时的产物。

2. 角岩

角岩一般为致密均匀的块状构造,常具斑状变晶结构、基质为角岩结构或花岗变晶结构。岩石致密坚硬,光泽暗淡,常呈暗灰色至黑色。除斑晶外,肉眼观察均为隐晶质,不能分辨矿物颗粒。变斑晶常为红柱石、堇青石、石榴子石等。它按原岩、矿物组合或变斑晶矿物可进一步命名,如长英质角岩、黑云母、堇青石角岩、钙硅角岩等。

3. 大理岩、石英岩

大理岩、石英岩的含义同区域变质岩中的大理岩、石英岩。它虽具角岩结构,但考虑到习惯,仍保留其沿用名称。

4. 接触片岩或接触片麻岩

岩石的基本矿物组合和结构构造同于区域变质的片岩、片麻岩,但其成因不同。在进一步命名时主要考虑其矿物组合,基本名称前可不加"接触"二字,如矽线石(接触)片岩等。

第七节 气-液变质岩

一、一般特征

气-液变质岩是由气-液变质作用形成的岩石。与原岩相比,其化学成分和矿物成分都有显著的变化,多为低温含挥发分的矿物组合,常含金属矿物及原岩中的残余矿物。

气-液变质岩主要分布在侵入岩体顶部和内外接触带、火山岩发育区、混合岩化区、断裂带附近及热液矿脉两侧等气液活动地段。产出部分受裂隙控制,形态多呈脉状、透镜状、囊状及不规则状。气-液变质岩又称蚀变岩,可作为寻找某些矿产的重要找矿标志。

气-液变质岩的空间分布具有明显的分带性,越接近气液活动中心,蚀变程度越强,原岩特征保留越少,矿物组合越简单。通常根据交代矿物含量(体积百分比),结合原岩特征保留程度,可将它划分为强蚀变带、弱蚀变带及蚀变岩带等蚀变程度带。气-液变质岩的命名原则与上述蚀变带划分原则相应(表9-5)。

表 9-5　气-液变质岩命名及蚀变带划分

交代矿物 (体积)/%	原岩特征 保留程度	蚀变带划分	命名	举例
0～5	保留	未蚀变的原岩	以原岩命名	花岗岩
5～50	基本保留	弱蚀变带	弱××化＋原岩名称	弱云英岩化花岗岩
50～95	尚可辨认	强蚀变带	强××化＋原岩名称	强云英岩化花岗岩
95～100	消失	蚀变岩带：按矿物组合划分矿物相	主要交代矿物＋蚀变岩基本名称	白云母云英岩,石英萤石云英岩,石英黄玉云英岩,石英电气石云英岩

二、主要岩石类型

气-液变质岩的种类繁多,变化也较大。根据原岩成分可将常见气-液变质岩分为 4 类。

(1)矽卡岩。原岩多为钙质岩石。
(2)云英岩、黄铁绢英岩、次生石英岩。原岩成分大多相当于中酸性岩石。
(3)青磐岩。原岩成分相当于中基性岩。
(4)蛇纹岩。原岩成分主要相当于超基性岩。

1. 矽卡岩

矽卡岩主要产于中酸性侵入岩与碳酸盐岩(石灰岩、白云岩等)的接触带,是碳酸盐岩在接触热变质的基础上和高温气水热液的影响下,经接触交代作用形成的。矿物成分复杂,颜色和其他外貌特征变化很大,主要取决于矿物成分和粒径。常见为暗褐色、暗绿色及浅灰色等,一般具不等粒粒状变晶结构,块状或斑杂状构造,也可见条带状、角砾状构造;相对密度较大(3.3～3.9),根据矽卡岩的主要矿物成分特点可将矽卡岩分为两种类型,即钙质矽卡岩及镁质矽卡岩。

1) 钙质矽卡岩

钙质矽卡岩即通称的矽卡岩,是中酸性侵入体与钙质碳酸盐岩(石灰岩、大理岩等)发生接触交代作用的产物,以富钙硅酸盐矿物为主。最典型的矿物是钙铝榴石-钙铁榴石系列的石榴子石和透辉石-钙铁辉石系列的单斜辉石。除此之外,还可见到硅灰石、绿帘石、绿泥石等矿物。常含金属矿物如黄铁矿、磁铁矿、黄铜矿、方铅矿,它们有时富集成矿。

根据矿物组合的不同,矽卡岩可进一步分类命名,如石榴子石矽卡岩,石榴子石-辉石矽卡岩等。

与钙质矽卡岩有关的矿产有铁、铜、铅、锌、锡、铋、钴、铍等,如湖北大冶铁矿、安徽铜官山铜矿都是这类矿床的实例。

2) 镁质矽卡岩

镁质矽卡岩是由中酸性侵入体与白云岩发生接触交代变质作用而成的,主要由镁橄榄石、透辉石、金云母、尖晶石、硅镁石等富镁(铝)硅酸盐矿物组成,还可出现硼镁石、硼镁铁矿等硼酸盐矿物。金云母、硼酸盐矿物等均可富集成矿。镁质矽卡岩通常按主要矿物命名,如金云母透辉石矽卡岩、尖晶石镁橄榄石矽卡岩等。

与镁质矽卡岩有关的矿产有硼、磷、稀土及金云母等,如河北寿王坟铜矿、辽宁凤城硼矿就是这类矿床的典型实例。

2. 云英岩

云英岩是酸性侵入岩及长英质岩石在中等深度条件下受高温汽水热液的影响,经交代作用形成的气-液变质岩。它一般为浅色(灰白、灰绿或粉红等色),中粗粒鳞片粒状变晶结构,块状构造。其主要矿物为石英、云母(白云母、锂云母、铁锂云母等浅色云母),常出现含挥发分的热液矿物萤石或黄玉、电气石(这些矿物有时也可作为主要矿物出现),其次尚有绿柱石、石榴子石等。在命名时可将主要矿物作为前置词,如黄玉白云母云英岩。

与云英岩有关的矿产主要有钨、锡、钼、铋、砷、铍、铌、钽及多金属硫化物,有名的如我国南岭的钨、锡矿床。

3. 青磐岩

青磐岩是中基性火山岩、火山碎屑岩在中低温热液及火山硫质喷气作用下形成的绿色致密块状变质岩。它具中细粒粒状变晶结构或纤状变晶结构,常见变余斑状、变余火山碎屑结构,块状、斑杂状及角砾状构造。其矿物成分与绿片岩相似,主要为绿泥石、绿帘石、阳起石、钠长石及碳酸盐矿物(方解石、白云石等),其次为石英、绢云母及黄铁矿等金属硫化物,故岩石常呈黄绿色或暗绿色。青磐岩可按矿物组合命名,如钠长阳起绿帘青磐岩。

青磐岩是金、银、铜、钼、铅、锌矿产的重要找矿标志。

4. 蛇纹岩

蛇纹岩系超基性岩(富镁质)经热液变作用而形成的蚀变岩,主要原岩之一是橄榄岩。蛇纹岩一般呈暗灰绿色、绿色或黄绿色,风化后呈灰色,质软,具滑感,常见为隐晶质结构,致密块状、带状或角砾状构造。矿物成分比较简单,主要由各种蛇纹石组成,次要矿物有磁铁矿、铬铁矿等,橄榄石、辉石等(可呈残晶出现),有时尚有少量的阳起石、透闪石等。其中,常见纤维状石棉呈脉状分布,石棉纤维多垂直脉壁。

与蛇纹岩伴生的有铬、镍、钴、铂以及滑石、石棉等重要金属和非金属矿产。蛇纹岩本身也是一种良好的化肥原料和装饰材料

第八节 动力变质岩类

一、一般特征

动力变质岩是动力变质作用的产物,是原有各种岩石在应力作用下经受一定程度的脆性或塑性变形,发生不同程度的破裂、粉碎或滑移、重结晶作用形成的岩石。有时由于机械能所转变的热及岩石中流体的影响,可伴有一定的化学变化而形成新矿物。

动力变质岩主要位于断裂带、剪切带,在野外常呈带状分布,因此,动力变质岩亦被称为构造岩或断层岩。

动力变质岩的形成过程是岩石变形的过程,也是由构造场变化引起物理场甚至化学场变化的过程。在变形过程中,岩石是发生脆性变形,还是发生塑性变形,主要取决于原岩的性质和变形时的环境。不同的变形方式产生不同的动力变质岩,如碎裂岩、糜棱岩。

二、主要岩石类型

自 20 世纪 70 年代以来,随着变形实验的发展、金属物理学理论的引入以及透射电子显微镜在岩石学中的应用,人们对动力变质岩尤其是糜棱岩的研究日趋深入,从而也出现了不少新的分类方案。这些方案尽管各有不同,但均以结构构造特征作为分类标志。

如表 9-6 所示的分类方案,主要以 Sibson(1977)分类方案为基础,根据是否固结、是否面理化以及基质性质、基质含量等特征进行分类,划分了碎裂岩系列和糜棱岩系列。同时,采纳了美国地质调查所(Higgins,1971)的做法,将未固结的和固结的脆性动力变质岩采用同样的基质含量标准划分,即构造角砾相当于松散的构造角砾岩、断层泥相当于松散的碎裂岩,但把二者基质含量界线由 70% 改为 50%,并保留了 Sibson(1977)的超碎裂岩名称。还采纳了钟增球和郭宝罗(1991)的做法,将假玄武玻璃放于碎裂岩系列,把变余糜棱岩划归糜棱岩系列。分类标志中,有无面理反映变形机制(脆性变形无面理,塑性变形面理发育),而基质含量反映变形强度(基质含量越高,变形越强)。

表 9-6 动力变质岩分类(据 Sinbson,1977;Higgins,1971;钟增球和郭宝罗,1991)

基质的性质	未固结的	固结的			基质含量/%
		无面理的	面理化的		
构造破碎强于重结晶	构造角砾	构造角砾岩	碎裂岩系列	初糜棱岩	糜棱岩系列	0~50
	断层泥	碎裂岩		千糜岩变种	糜棱岩	50~90
		超碎裂岩			超糜棱岩	90~100
以重结晶为主				变余糜棱岩		
玻璃质		假玄武玻璃				

1. 碎裂岩系

碎裂岩系以脆性变形为主,其显著特征是岩石无定向或略具定向,具碎裂结构或玻璃质碎屑结构,微破裂发育,无或少有重结晶作用。它按碎基含量和性质划分为构造角砾岩、碎裂岩及假玄武玻璃,反映了随着变形增强,粒径减小的趋势。

1) 构造角砾岩

构造角砾岩具碎裂结构,角砾状构造。斑晶主要由较大的($d>2$mm)的角砾碎块组成,角砾碎块呈棱角状,大小混杂,排列紊乱。基质由细小的破碎物(碎基)和铁质、硅质、钙质胶结物组成。

若角砾磨圆,则它被称为构造砾岩,多具一定的定向构造。

2) 碎裂岩

碎裂岩具碎裂结构,块状构造,主要由碎基组成。当原岩清楚时,它可称为碎裂××岩,如碎裂花岗岩;当原岩不清时,它则以矿物命名为××碎裂岩,如钾长石-石英碎裂岩。

当碎基占绝大多数,含量大于 90% 时,称为超碎裂岩。

2. 假玄武玻璃

假玄武玻璃是一种貌似玄武岩的黑色的特殊动力变质岩,具玻璃质碎屑结构和块状构造,在隐晶质—玻璃质基质中有或多或少残余的石英、长石、石榴子石等晶体碎屑(碎斑)。

假玄武玻璃常呈细脉状、层状,沿裂隙或面理产于碎裂岩或糜棱岩之中,湖北大悟芳畈糜棱岩带内即见到细脉状假玄武玻璃。通常认为,假玄武玻璃是高应变速率下,强烈变形造成的部分熔融而又迅速冷凝的产物。

3. 糜棱岩系

糜棱岩系以塑性变形为主,其显著特征是具明显的面理(往往有线理)构造,糜棱结构或变余糜棱结构。根据基质含量和重结晶强度,它可分为糜棱岩、千糜岩、变余糜棱岩等类型。

1)糜棱岩

糜棱岩具糜棱结构,定向构造。碎斑通常呈卵圆状、眼球状、透镜状,常发育波状消光、变形纹、变形带、扭折带等晶内和晶界塑性变形结构。基质主要由亚颗粒和细小的重结晶颗粒组成,具有明显的面理,且常呈条带状(成分层)绕过碎斑,显示塑性流动图像,因而常称为流状构造。

糜棱岩的进一步命名原则与碎裂岩相同,可冠以原岩名称或主要矿物名称,如花岗糜棱岩或长英质糜棱岩等。由于颗粒细小,糜棱岩外观上常呈黑色、暗灰色燧石状,即使长英质糜棱岩亦如此。

根据基质的含量,糜棱岩通常进一步分为初糜棱岩(基质<50%)、糜棱岩(基质50%~90%)和超糜棱岩(基质>90%)3类。

从初糜棱岩到糜棱岩再到超糜棱岩,这反映随着变形增强,粒径减小的趋势。糜棱岩通常具绿片岩相矿物组合(变形条件相当于绿片岩相)。

2)千糜岩

千糜岩是糜棱岩、超糜棱岩具千枚状构造的变种,重结晶作用明显,基质中富含水的片状或纤维状矿物,如绢云母、绿泥石、透闪石等,使岩石呈现丝绢光泽,外貌似千枚岩。岩石中仅残留少量碎斑,其中可见各种晶内和晶界塑性变形结构。这些特征再加上产于韧性剪切带中的产状,可与普通的千枚岩相区分。

3)变余糜棱岩

变余糜棱岩是一种完全重结晶的糜棱岩。不仅基质已重结晶,碎斑也完全重结晶,而具变晶结构,以致原有的糜棱结构已很难看出。变余糜棱结构表现在由碎斑重结晶而来的细粒集合体保留原碎斑的外形轮廓和压力影等特征。变余糜棱岩具有片状、片麻状构造和条带状、眼球状构造,包括构造片岩和构造片麻岩两大类型。与普通的片岩、片麻岩一样,根据主要矿物可进一步命名,如黑云母-斜长石眼球状片麻岩。构造片岩、构造片麻岩可具有绿片岩相直至麻粒岩相各种矿物组合。它们是变质地体中的强变形(强面理化)带,与围岩间无绝然的界线。

第十章 古生物及化石

第一节 基本概念

一、古生物

地质学家把第四纪全新世(距今约 1 万 a)以前的生物,称为古生物,亦即地史时期的生物,以后的生物即为现代生物。已被描述和鉴定的现代生物大约有 250 万种,其中动物的 200 万种,植物的 34 万种,微生物约 4 万种,而已被记载的古生物化石有 13 万～20 万种,只是现代生物种数的 1/10。因此,从地史角度来看,生物记录是极不完备的。

研究古生物的特征、分类及发展演化规律的科学称为古生物学。古生物学的研究对象是化石。如果需要借助显微镜才能识别的古生物个体(如有孔虫、放射虫等)或古生物个别器官(孢子和花粉等),则被称为微体古生物,研究它们的分支学科称为微体古生物学。

二、化石

由于自然作用而保存于地层中的古生物遗体和遗迹称为化石。古生物被埋藏以后,随着沉积物的压实、固结成岩的过程而被石化,这种已石化的古生物遗体和遗迹即为化石。前者称为遗体化石,后者称为遗迹化石。石化作用主要有两种类型:一种是生物硬体被矿物质充填或置换变得致密坚硬如石质,据填充或置换的物质成分可分为钙化、硅化、黄铁矿化等,其中最常见者为钙化;另一种是在埋藏过程中,生物遗体的易挥发成分(氢、氧、氮)经升馏作用逸去,只留下碳质薄膜并保存为化石,这种作用称为碳化。

并不是所有的古生物遗体和遗迹都能形成化石。化石的形成需要具备 3 个条件(不包括化学化石和孢子花粉):①最好有硬体或纤维,生物的硬体部分(如介壳、骨骼、植物的纤维等)一般由矿物质组成,不易氧化腐蚀,较利于保存形成化石;②生物死后,其遗体或遗迹必须被沉积物迅速掩埋,不至于被其他生物蚕食或因裸露遭氧化腐烂、溶蚀和被毁坏;③要有足够的时间发生石化。因此,实际上,只有一小部分古生物能够被保存并成为化石。另外,人们发现的化石仅仅是地层中保存化石的一部分,因而,在根据所发现的化石资料来研究古生物的面貌及其演化发展时必须考虑到化石记录的不完备性。

根据化石的保存特点,大体上可以将化石分为四大类。

(1)实体化石。经石化作用保存下来的全部生物遗体或一部分生物遗体的化石。在个别极为特殊的情况下,生物的硬体和软体可以无显著变化,比较完整地保存下来。例如,1901 年在西伯利亚第四纪(约 2.5 万 a 前)冻土层里发现的猛犸象化石,不仅其骨骼完整,皮、毛、血、肉甚至胃中食物也都完整地保存下来。

(2)模铸化石。生物遗体在岩层中的印模和铸型。根据它与围岩的关系,又可分为印痕化石、印模化石、核化石和铸型化石。

(3)遗迹化石。保存在岩层中的古代生物生活活动留下的痕迹和遗物。遗迹化石很少与遗体化石同时发现,但它对于研究生物活动方式、习性及恢复古环境具有重要意义。

(4)化学化石。地史时期生物有机质软体部分遭受破坏未能保存为化石,但分解后的有机成分,如脂肪酸、氨基酸等仍可残留在岩层中。这些物质仍具有一定的有机化学分子结构,虽然常规方法不易识别,但借助于一些现代化的手段和分析设备,仍能把它们从岩层中分离或鉴别出来,进行有效的研究。

三、生命的起源

生命起源问题是自然科学的重大基础课题之一,地质学担负着解决这一问题的神圣使命。关于生命的起源,学者们推测可能有两种途径。一种途径是银河系别的星球的生命(细菌或孢子)通过辐射压力或者附着于陨石上传播于地球,而后发展演化,所依据的基本事实是在宇宙中发现有机分子存在;另一种途径也是多数学者所认为的生物的形成和发展是在地球上进行的。地球上的无机物在特定的物理、化学条件下形成了各种有机化合物,这些有机化合物后来再经过一系列的变化,最后转化为有机体。

四、生物的演化

1. 生物进化的一般规律

1) 进步性

一切生物都起源于原始的单细胞祖先。以后在漫长的地质年代中,由于遗传、变异和自然选择,生物机体日趋复杂和完善,分支类别越来越多。地层中的化石记录虽不完备,但足以说明自从生命在地球上出现以来,生物界经历了一个由少到多、由简单到复杂、由低级到高级的进化过程,是一种上升的进步性发展。同时,生物发展是有阶段性的,这种阶段性进化是指生物由原核到真核,从单细胞到多细胞,多细胞生物又逐步改善其体制的发展过程。

2) 进化的不可逆性

生物界是前进性发展的,生物进化历史又是新陈代谢的历史,旧类型不断死亡,新类型相继兴起。已演变的生物类型不可能恢复祖型,已灭亡的类型不可能重新出现,这就是进化的不可逆性。

3) 适应与特化

生物在形态结构以及生理机能等方面反映其生活环境及生活方式的现象,是自然选择保留生物机能的有利变异,淘汰其不利变异的结果,是生物对环境的适应。一种生物对某种生活条件特殊适应的结果,使它在形态上和生理上发生局部的变异,其整个身体的组织结构和代谢水平并无变化,这种现象叫作特化。例如哺乳动物的前肢,在特定的生活方式影响下,有的变为鳍状,适于游泳;有的变为翼状,适于飞翔;有的变为蹄状,适于奔驰。

4) 成种方式

种的形成方式有两种:一种是渐变式(线系渐变),另一种是突变式。

达尔文认为种形成的主要原因是遗传、变异和自然选择。自然选择作用使微小的变异在极其漫长的世代遗传中积累出现性状分歧,进而在遗传中积累达到种的等级,就形成了新种(图 10-1a)。他认为自然界没有飞跃,达尔文的这种观念被称为渐变论。

间断平衡论认为生物演化是突变(间断)与渐变(平衡)的辩证统一(图 10-1b),研究的是生物演化的速度和方式。关于演化方式,间断平衡论认为,重要的演变与分支成种事件同时发生,而不是主要通过种系的逐渐转变完成的。关于演化速度,间断平衡论强调以地质时间的观点来看,分支成种事件是地史中的瞬间事件,并且在分支成种事件之后通常有一个较长时期(几百万年)的停滞或渐变演化时期。

间断平衡论强调成种作用的重要性,主要的演化过渡集中在成种时期;而渐变论者认为大多数演化是由线系变异完成的,迅速分异的成种过程起得作用较小,间断平衡论不否认线系演化,但认为它属次要地位(图 10-1c)。

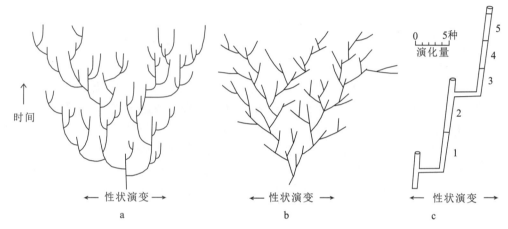

图 10-1 演化的两种模式(据 Stanley,1979;转引自杜远生等,2022)
a.渐变论模式;b.间断平衡论模式;c.突变和渐变造成的演化量比较

2. 早期生物的发生和演化

保存于地球上前寒武纪岩石中的化石为早期生物的演化提供了证据。这些化石证据表明早期生物演化存在 4 次大飞跃。

第一次飞跃是最早生物的出现。尽管地球年龄约 4600Ma,但生物化石仅在 3500Ma 以后的地层中发现。澳大利亚皮尔巴(Pilbara)的 Warrawoona 群(3500Ma)碳质燧石中发现于叠层石中的丝状细菌是目前发现最早的可靠化石记录;在南非昂威瓦特系(Onverwacht Series,约 3400Ma)也发现了可能为蓝藻和细菌的球形或椭圆形有机体。这些最早的化石记录是从非生物的化学物质向生物进化转变时出现的最早生物。

第二次飞跃是早期生物分异,即多样性的增加。加拿大 Ontario 西部苏必利尔湖沿岸的前寒武系 Gunflint 组(2000Ma)中发现了 8 属 12 种的化石。这些生物的存在证实经过 1000Ma 的演化,原核生物已发展到相当繁盛的程度,这可能与后期富氧大气圈的出现有关。

第三次飞跃是从原核生物演化出真核生物。在澳大利亚北方 Amadens 盆地的 Bitter Springs 组(1000Ma)的燧石中发现了 4 个属的微化石。在我国华北雾迷山组的黑色燧石(1200~1400Ma)中发现真核的多核体型藻类,属于绿藻纲管藻目多毛藻科,它在印度、美国、加拿大等国家,时代大体相同的地层中均有发现,说明此时真核生物已较发育。在我国距今

1750Ma 的串岭沟组中发现属于真核生物的宏观藻类,这表明真核生物的出现在 1800Ma 之前,而真核生物的大量繁盛在 1000Ma 前。

第四次飞跃是后生动物的出现。后生动物出现的时期一般认为在距今 560Ma,主要是软躯体的腔肠动物、蠕形动物中的一些门类。澳大利亚南部的埃迪卡拉动物群就是一个代表。埃迪卡拉动物群(565~543Ma)中,67% 是腔肠动物,包括水母、水螅、锥石、钵水母类及珊瑚虫纲的代表;环节动物占 25%,节肢动物占 5%,以及其他亲缘关系不明的化石和痕迹化石。该动物群分布在西南非洲纳马群、加拿大的康塞普辛群、西伯利亚北部文德系和英国强伍德森林地区、瑞典北部的托内湖区及澳大利亚的埃迪卡拉系上部。

3. 显生宙生物的演化

1) 寒武纪生物大爆发

埃迪卡拉纪末期出现了具外壳的多门类海生无脊椎动物,称为小壳动物群,在寒武纪初大量繁盛。其特征是个体微小(1~2mm),主要有软舌螺、单板类、腕足类、腹足类及分类位置不明的棱管壳等。小壳动物群处于一个特殊的阶段,是继埃迪卡拉动物群之后首次出现的带壳生物,动物界从无壳到有壳的演化是生物进化史上的又一次飞跃,是寒武纪生物大爆发的第一幕。寒武纪生物大爆发的第二幕以产于我国云南澄江地区寒武系第二统的澄江动物群(520Ma)为代表。在澄江动物群中,许多动物的软体印痕化石保存得极好,栩栩如生,能提供有关生物解剖、生态、亲缘等多方面的珍贵信息,比世界著名的加拿大不列颠哥伦比亚寒武系第三统(苗岭统)布尔吉斯页岩化石库早了 10Ma。从寒武纪开始,在不到地球生命发展史 1% 的"瞬间",创生出 99% 的动物门类,真可谓"创造门类的时代"。

2) 动植物从水生到陆生的发展

志留纪及其以前的植物都是低等的菌藻类,完全生活在水中,无器官的分化。志留纪末期至早、中泥盆世,陆地面积增大,植物界由水域扩展到陆地。此时植物体逐渐有了茎、叶的分化,出现了原始的维管束输导系统,茎表皮角质化及具气孔等,这些特征使植物能够适应陆地较干燥的环境并不断演化发展,生存空间不断向陆地内部延伸。具有叶子的植物在中泥盆世大量出现,晚泥盆世已出现显花植物的古老代表。"鱼"形化石在早寒武世澄江动物群中已出现,为无颌类。有颌类最早出现于中志留世,它的出现是脊椎动物进化史上的一件大事,使脊椎动物能够有效地捕食。志留纪晚期脊椎动物开始从海洋登陆,总鳍鱼类中的骨鳞鱼可能是四足动物的祖先。从总鳍鱼类向两栖类过渡性质的化石发现于晚泥盆世地层中,完全摆脱水生变成陆生,是两栖类演化到爬行类的标志。爬行动物在胚胎发育过程中产生一种纤维质厚膜,称为羊膜。它包裹整个胚胎,形成羊膜囊,其中充满羊水,使胚胎悬浮在液体环境中,能防止干燥和机械损伤。羊膜卵的出现使四足动物征服陆地成为可能,并向各种不同的栖居地纵深分布和演变发展,是脊椎动物进化史上的又一件大事。

五、化石的分类与命名

古今生物种类繁多,形态多样,为了便于系统研究,必须指出它们之间的亲疏关系并进行分类研究。按照生物亲缘关系所作的分类称为自然分类,但由于古生物化石保存常不完整或难以像现生生物那样直接确定其亲缘关系,因此有时只能按照化石之间形态上的表面相似性做人为分类。

1. 分类等级

古生物化石的分类采用与现生生物相同的分类等级和分类单元,其主要分类等级是界(kingdom)、门(phylum)、纲(class)、目(order)、科(family)、属(genus)、种(species)。除这些主要分类单元外,还可插入各种辅助单位,如亚门、亚纲、亚科、亚属、亚种和超纲、超目、超科等。

种(物种)是生物学和古生物学的基本分类单元,它不是人为的单位,而是生物进化过程中客观存在的实体。生物学上的种是由杂交可繁殖后代的一系列自然居群所组成的,它们与其他类似机体在生殖上是隔离的。同一个种有共同的起源、共同的形态特征、分布于同一地理区和适应于一定的生态环境。化石种的概念与生物学相同,但由于对化石不能判断是否存在生殖隔离,因此,化石种更着重以下特征:①共同的形态特征;②构成一定的居群;③居群具有一定的生态特征;④分布于一定地理范围。

属是种的综合,包括若干同源的和形态构造、生理特征近似的种。一般认为,属也同样应是客观的自然单元,代表生物进化的一定阶段。

2. 命名

所有经过研究的生物都要给予科学的名称,即学名。学名要根据国际动物学、植物学和菌类学命名法规和有关文件规定来建立。各级分类单元均采用拉丁文或拉丁化的文字来表示。属(及亚属)以上单位的学名用一个词来表示,即用单名法,其中第一个字母大写;种的名称则用两个词表示,即双名法,在种本名前加上它的属名才能构成一个完整的种名。种名的第一个字母应用小写,但种名前的属名的第一个字母仍应大写。在印刷和书写时,属和属以下单元的名称字母用斜体表示,属之上的名称用正体。为了便于查阅,在各级名称之后用正体字写上命名者的姓氏和命名时的公历年号,两者间以逗点隔开,如 *Squamularia grandis* Chao, 1929。

以虎为例,其分类系统和名称体系如下。

界 Kingdom Animalia Linnaeus, 1758(动物界)
  门 Phylum Chordata Haeckel, 1874(脊索动物门)
    亚门 Subphylum Vertebrata Linnaeus, 1758(脊椎动物亚门)
      纲 Class Mammalia Linnaeus, 1758(哺乳纲)
        目 Order Carnaivora Bowdich, 1821(食肉目)
          科 Family Felidae Fischer and Waldheim, 1817(猫科)
            属 Genus *Panthera* Oken, 1816(豹属)
              种 Species *Panthera tigris* Linnaeus, 1758(虎种)

生物命名法规中有一条重要的原则是优先律,即生物的有效学名是符合国际动物学、植物学和菌类学命名法规所规定的最早正式刊出的名称。遇到同一生物有两个或更多名称构成同物异名,或不同生物共有同一个名称构成异物同名时,应依优先律选取最早正式发表的名称。

3. 古生物学分类系统

古生物学的分类系统是以化石形态和结构的相似程度为基础的。它是以许多形态学上的相似性和差异性的总和为基础的,基本上能反映生物界的自然亲缘关系,因而被称为自然分类系统。按照这种分类方法,把具有共同构造特征的生物(包括化石)归为一类,而把具有另外一些共同特征的生物归为另一类。当前古生物学研究中一般多采用二界系统分类方案,即将所获得的化石分别归入动物界和植物界(表10-1、表10-2)。

表 10-1 动物界分类谱系简表

单细胞原生动物						原生动物 protozoans
多细胞后生动物	侧生动物（两层细胞）					海绵动物门 Spongia、古杯动物门 Archaeocyatha
	真后生动物	两胚层、辐射对称动物				腔肠动物门 Coelenterata
		三胚层、两侧对称动物	无体腔动物			扁形动物 Platyhelminthes
			假体腔动物			线形动物 Nemathelminthes
			真体腔动物	体腔不分隔动物		软体动物门 Mollusca
				体腔分隔动物	原口动物	环节动物门 Annelida、节肢动物门 Arthropoda
					原口—后口过渡动物	帚虫动物门 Phoronida、苔藓动物门 Bryozoa、腕足动物门 Brachiopoda
					后口动物	无脊索动物：棘皮动物门 Echinodermata
						半索动物：半索动物门 Hemichordata
						脊索动物（脊索动物门 Chordata）：尾索动物亚门 Urochordata；头索动物亚门 Cephalochordata；脊椎动物亚门 Vertebrata

表 10-2 植物界分类谱系简表

（据杜远生等，2022）

水生					藻类 Algae（原生生物界）
陆生	无维管系统	苔藓植物 bryophytes			苔藓植物门 Bryophyta
	有维管系统（维管植物）	孢子繁殖	蕨类植物 pteridophytes		原蕨植物门 Protopteridophyta
					石松植物门 Lycophyta
					节蕨植物门 Arthrophyta
					真蕨植物门 Pteridophyta
		种子繁殖（种子植物）	种子裸露	裸子植物 gymnosperms	种子蕨植物门 Pteridospermophyta
					苏铁植物门 Cycadophyta
					银杏植物门 Ginkgophyta
					松柏植物门 Coniferophyta：科达纲 Cordaitopsida；松柏纲 Coniferopsida
					买麻藤植物门 Gnetophyta
			种子包被	有花植物 angiosperms	被子植物门 Angiospermae：双子叶纲 Dicotyledoneae；单子叶纲 Monocotyledoneae

第二节 无脊椎动物

一、原生动物门䗴目

原生动物是一类最低等的真核单细胞动物,个体由一个细胞组成,但它是一个能够独立生活的有机体,具有新陈代谢、刺激感应、运动、繁殖等机能。原生动物没有真正的器官,但其细胞产生分化,形成了"类器官",各司一定的功能,如鞭毛、纤毛、伪足就是运动类器官。原生动物个体微小,一般需用显微镜才能看到,其身体由一团细胞质和细胞核组成,有些原生动物的细胞质内具有骨架或分泌坚硬的外壳。原生动物分布广泛,生活在淡水、海水以及潮湿的土壤中,有的营寄生生活。

䗴类属于原生动物门,是有孔虫纲一个目(Fusulinina)的一个亚目,是一种已经绝灭的原生动物。

1. 䗴壳的基本特征

䗴又名纺锤虫,具钙质壳,一般大如麦粒,大者可达 30~60 mm,最小者不到 1 mm。壳常呈纺锤形或椭圆形,有时呈圆柱形、球形或透镜形(图 10-2)。䗴壳的初房位于壳中央,多为圆球形。以后的壳壁围绕一假想轴旋卷增长,同时向旋轴两端伸长包裹初房。壳壁生长到一定阶段,其前方往中心下垂,将旋壳分隔成房室。下垂的部分即称为隔壁,隔壁平直或褶皱,外露的部分则连成旋壁。旋壁围绕旋轴一圈构成一个壳圈,壳圈从内到外层层包裹。䗴壳隔壁基部中央有开口,为房室之间原生质交流的通道。各个隔壁上的开口位置相对,彼此贯通形成通道。通道两侧有次生堆积物形成从内到外盘旋的两条隆脊叫旋脊。某些高级类型,隔壁基部有一排小孔称为列孔,列孔旁侧也有次生堆积物,叫作拟旋脊。

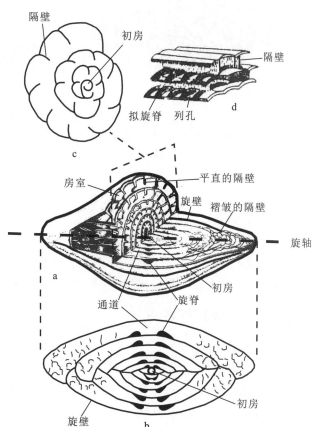

图 10-2 䗴壳的构造(据杜远生等,2022)
a. 壳的剖视图;b. 轴切面;c. 旋切面;d. 内部构造模式图

2. 䗴类化石代表

䗴类出现于早石炭世晚期,至二叠纪末绝灭,代表性的化石有 *Ozawainella*(小泽䗴,C—P)、*Fusulinella*(小纺锤䗴,C_2)、*Palaeofusulina*(古纺锤䗴,P_3)、*Schwagerina*(希瓦格䗴,

C_2—P_2)、*Verbeekina*（费伯克蜓，P_{1-2}）、*Neoschwagerina*（新希瓦格蜓，P_2）等(图 10 - 3)。

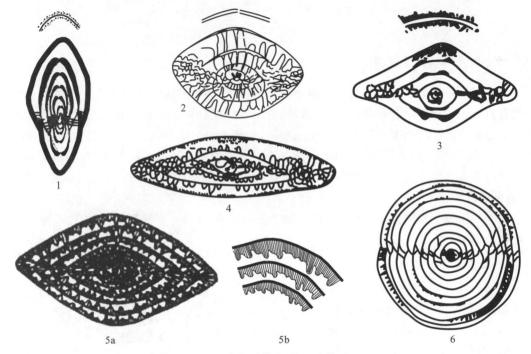

图 10 - 3　蜓类化石代表(杜远生等,2022)

1. *Ozawainella*（小泽蜓），轴切面；2. *Palaeofusulina*（古纺锤蜓），轴切面；3. *Fusulinella*（小纺锤蜓），轴切面；4. *Schwagerina*（希瓦格蜓），轴切面；5. *Neoschwagerina*（新希瓦格蜓）：5a. 轴切面，5b. 示副隔壁；6. *Verbeekina*（费伯克蜓），轴切面

3. 蜓类的生态及地史分布

一般来说,蜓类是浅海底栖动物,生活于水深 100m 左右热带或亚热带的平静正常浅海环境。蜓类最早出现于早石炭世晚期,至中二叠世达到极盛,至晚二叠世开始衰退,至二叠纪末全部灭绝。蜓类分布时限短,演化迅速,地理分布广泛,是划分和对比地层很好的标准化石。

二、腔肠动物门珊瑚纲

腔肠动物属于低等的二胚层多细胞动物,是真正的后生动物,包括现生的海葵和珊瑚。它们有明确的组织,但无真正的器官分化。身体多呈辐射对称,少数为两侧对称。体壁由外胚层、内胚层和中胶层组成,外胚层中有时具刺细胞,有御敌作用。中间有一空腔,司消化和吸收,称为腔肠。腔肠上面的口既是食物的进口,又是废物的排泄孔,口周围有一圈或数圈触手,体壁上常有壁孔。腔肠动物大多为海生,少数生活于淡水。其体型有固着生活的水螅型和浮游生活的水母型两种。腔肠动物在前寒武纪晚期已出现,但保存的化石都为印模,古生代以来具硬体的腔肠动物相继兴起,现代仍十分繁盛。

珊瑚纲绝大多数具外骨骼,以钙质为主。根据软体的特点,如触手、隔膜数目与排列、硬体骨骼特征等,它一般再分为横板珊瑚亚纲、四射珊瑚亚纲、六射珊瑚亚纲和八射珊瑚亚纲等 6 个亚纲,其中以四射珊瑚亚纲和横板珊瑚亚纲化石较多,地层意义较大。

1. 四射珊瑚

四射珊瑚形态有单体和复体之分。单体形态以角锥状或弯锥状为主。复体珊瑚由许多个体组成。个体之间紧密相连、无空隙的叫块状复体,它可以进一步划分为多角状、多角星射状、互通状和互嵌状;个体之间保留一定距离的叫丛状复体,它又可分为枝状和笙状两种(图10-4)。

四射珊瑚的内部构造可以分为纵列构造、横列构造、边缘构造和轴部构造4个部分。

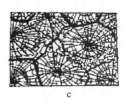

图 10-4 四射珊瑚的复体类型(据俞昌明等,1963)
丛状:a. 枝状,b. 笙状;块状:c. 多角星射状(个体外壁部分消失)

四射珊瑚化石代表有 $Hexagonaria$(六方珊瑚,D_{2-3})、$Tachylasma$(速壁珊瑚,$C-P$)、$Kueichouphyllum$(贵州珊瑚,C_1)、$Lithostrotion$(石柱珊瑚,C_1)、$Wentzellophyllum$(似文采尔珊瑚,P_2)、$Cystiphyllum$(泡沫珊瑚,S)等(图10-5)。

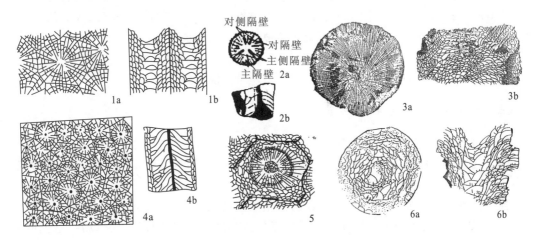

图 10-5 四射珊瑚亚纲化石代表(据杜远生等,2022)
1. $Hexagonaria$(六方珊瑚):1a. 横切面,1b. 纵切面;2. $Tachylasma$(速壁珊瑚):2a. 横切面,2b. 纵切面;
3. $Kueichouphyllum$(贵州珊瑚):3a. 横切面,3b. 纵切面;4. $Lithostrotion$(石柱珊瑚):4a. 横切面,4b. 纵切面;
5. $Wentzellophyllum$(似文采尔珊瑚),横切面;6. $Cystiphyllum$(泡沫珊瑚):6a. 横切面,6b. 纵切面

2. 横板珊瑚

横板珊瑚全是复体,也分为块状和丛状两类。块状复体的个体横断面多为多角形、半月形,复体外形有球形、半球形和铁饼形等。丛状复体的个体为圆柱状,复体外形有笙状、枝状及链状等。

横板珊瑚隔壁不发育或无隔壁,但横板是最发育的构造。其横板发育完整或不完整,完整的有水平状、下凹状、上拱状,不完整的有交错状、漏斗状及泡沫状(图10-6)。横板珊瑚另一主要特征是具有沟通个体内腔或使个体相互连接的一种特征构造,称为联接构造或共骨。横板珊瑚化石代表有 *Favosites*(蜂巢珊瑚,S—D_2)、*Hayasakaia*(早坂珊瑚,C_2—P_1)。

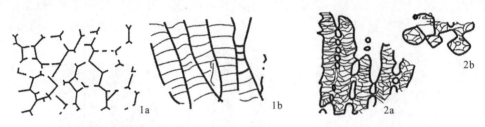

图10-6 横板珊瑚化石代表(据杜远生等,2009)
1. *Favositrs*(蜂巢珊瑚):1a.横切面,1b.纵切面;2. *Hayasakaia*(早板珊瑚):2a.横切面;2b.纵切面

3. 四射珊瑚、横板珊瑚的生态及地史分布

大多数复体珊瑚生存范围较窄,生活于温暖的正常浅海,以水深20m左右。水温25~30℃最为适合。单体珊瑚的生态范围较广,各种深度和低温环境均可有不同类型的珊瑚生存。在现今赤道南、北纬30°范围内有大量珊瑚礁分布,且它们主要分布在南、北纬28°之间的热带及亚热带浅海,尤以太平洋赤道附近南、北纬13°之间珊瑚礁更为发育。因此,根据造礁珊瑚具有严格的生态环境及其一定的分布规律,可以推断各地史时期的赤道位置,为古纬度、古气候的变迁以及大陆漂移、板块构造学说提供重要的古生物等证据。

横板珊瑚始现于芙蓉世,至志留纪和泥盆纪最为繁盛,二叠纪末几乎全部灭绝,仅少数残存至中生代。四射珊瑚始现于中奥陶世,至二叠纪末全部灭绝。

三、软体动物门双壳纲和头足纲

软体动物是无脊椎动物中种类众多的一个门类,它仅次于节肢动物,属第二大门类。它们分布广泛,适应能力强,在陆地和海洋中均有代表,如蜗牛、河蚌、乌贼等都是人们熟知的软体动物。

各类软体动物虽然形态习性差异较大,但基本特征相似,身体柔软而不分节,一般可大致区分为头、足、内脏团和外套膜4个部分。根据软体和硬壳形态等特征,软体动物至少可分为8个纲,即单板纲、多板纲、无板纲、掘足纲、腹足纲、双壳纲、头足纲以及已经灭绝的竹节石纲。本书仅介绍双壳纲和头足纲。

1. 双壳纲

双壳类全为水生,两侧对称,具左、右两片外套膜分泌的外壳,故被命名为双壳纲(Bivalvia);由两瓣外套膜包围的空腔称外套腔,腔内具瓣状鳃,故也称为瓣鳃纲(Lamellibranchiata)。双壳类的足位于身体的前腹方,常似斧形,因此又被称为斧足纲(Pelecypoda)。双瓣壳背部以铰合构造和韧带相连,与壳内的闭壳肌配合司壳体开合;后方有入水管(司输入食物和氧气)和出水管(输出新陈代谢废物)。

双壳类一般具有互相对称、大小一致的左、右两壳瓣,每瓣壳本身前后一般不对称(图10-7)。壳体最早形成的壳尖为喙,包括喙在内围绕喙的凸起部分为壳顶。两壳背缘铰

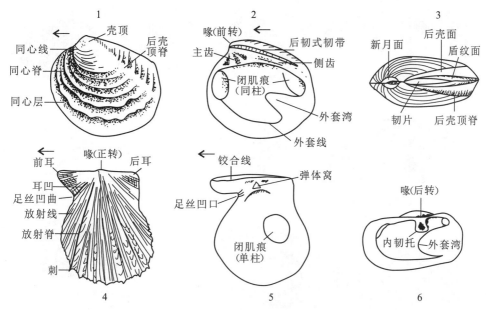

图 10-7 双壳类壳体的基本构造

合的边缘为铰合线,喙与两瓣铰合线之间的平面或曲面叫基面,系韧带附着区。喙前基面常呈心形,称新月面,喙后基面常呈长矛状,称盾纹面。

双壳类壳饰通常分为同心饰和放射饰两类。按其强度及粗细,同心饰有同心纹、同心线、同心褶或同心层;放射饰有放射线、放射褶等。有些种类同时具有上述两类壳饰,相交成网状壳饰。此外有的具刺、瘤、节等。

双壳类齿的数目、形状及排列方式称为齿系类型,是双壳纲分类的重要依据。

双壳纲化石代表有 *Palaeonucula*(古栗蛤,T—现代)、*Corbicula*(蓝蚬,K—现代)、*Anadara*(粗饰蚶,K—现代)、*Myophoria*(褶翅蛤,T)、*Unio*(蛛蚌,T_3—现代)、*Eumorphotis*(正海扇,T_1)、*Claraia*(克氏蛤,T_1)等(图 10-8)。

双壳类是水生无脊椎动物中生活领域最广的门类之一,由赤道至两极,从潮间带至 5800m 深海,由咸化海至淡水湖沼都有分布,但以海生为主。双壳类的生活方式复杂多样,基本生活方式为正常底栖、足丝附着和深埋穴居 3 种。

双壳纲始现于寒武纪第二世。奥陶纪为双壳类主要辐射分化时期,泥盆纪出现淡水双壳类,至中生代迅速发展,现在达到全盛。

2. 头足纲

头足纲(Cephalopoda)是软体动物门中发育最为完善、最高级的一个纲,包括地史时期曾非常繁盛并具有重要意义的鹦鹉螺类、杆石、菊石、箭石和现代的乌贼、章鱼等。头足动物两侧对称,头在前方而显著,头部两侧具发达的眼,中央有口。腕的一部分环列于口的周围,用于捕食,另一部分则靠近头部的腹侧,构成排水漏斗,是独有的运动器官。头足类的神经系统、循环系统和感觉器官等都较其他软体动物发达。鳃 4 个或 2 个,二鳃类壳体被外套膜包裹而成内壳或无壳,如乌贼、章鱼。四鳃类具外壳,故称外壳类,化石多。

外壳类壳形多种多样。在直壳或弯壳中,壳的尖端为后方,壳的口部为前方;与体管靠近

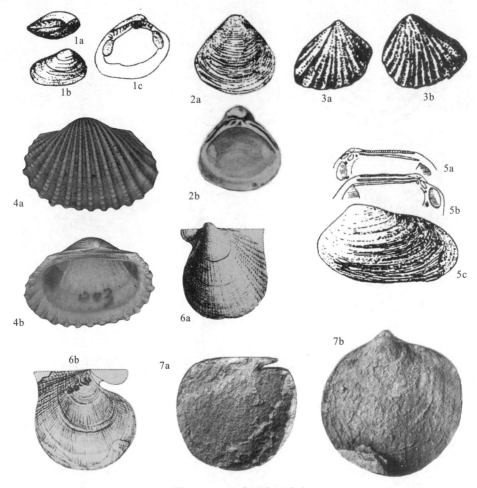

图 10-8 双壳纲化石代表

1. *Palaeonucula*(古栗蛤):1a. 顶视,1b. 左侧视,1c. 右内视;2. *Corbicula*(蓝蚬):2a. 左侧视,2b. 左壳内视;3. *Myophoria*(褶翅蛤):3a. 右侧视,3b. 左侧视;4. *Anadara*(粗饰蚶):4a. 左侧视,4b. 左壳内视;5. *Unio*(蛛蚌):5a. 右壳内视,5b. 左壳内视,5c. 左侧视;6. *Eumorphotis*(正海扇):6a. 左侧视,6b. 右侧视;7. *Claraia*(克氏蛤):7a. 右侧视,7b. 左侧视

注:2b 引自 Cox 等(1969)(p.666, Fig. E139.8b);6a、6b 分别引自 Cox 等(1969)(p.337, Fig. C60.6a、6b);7a、7b 分别引自 He 等(2007)(p.013, Fig. 3.20、3.19)。

的一侧为腹方,另一侧称背方。在平旋壳中,壳口为前方,壳体最初形成的原壳为后方;旋环外侧为腹方,内侧为背方。外壳类壳面光滑或具壳饰。在壳的生长过程中形成平行壳口边缘的纹、线称为生长纹、生长线。与壳体旋卷方向平行的纹、线叫纵旋纹、纵旋线。与壳体旋卷方向相垂直的肋叫横肋。不少类别还具有壳刺和瘤状突起。壳体最初形成的部分为原壳。壳壁内横向的板称为隔壁。隔壁把壳体分为许多房室,最前方具壳口的房室最大,为软体居住之所,叫住室;其余各室充以气体,叫气室,所有气室总称闭锥。住室前端软体伸出壳外之口称壳口。平旋壳体的两侧中央下凹部分称为脐,脐内四周壳面叫脐壁,内、外两旋环之交线称脐接线(图 10-9)。

　　头足类隔壁边缘与壳壁内面接触的线叫缝合线。一般情况下,只有外壳表皮被剥去以后才露出缝合线。缝合线是主要鉴定特征之一,可分为鹦鹉螺型、无棱菊石型、棱菊石型、齿菊石

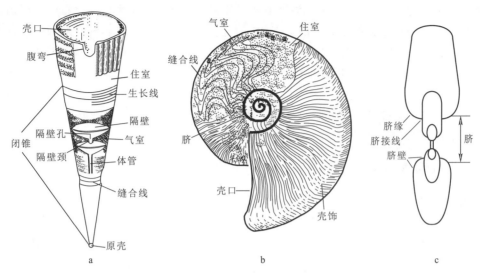

图 10-9 外壳类壳的基本构造(据何心一等,1993)

a.直角石壳的构造(部分为纵切面示意图);b.平旋壳的构造(部分壳壁被剥离);c.平旋壳脐部构造(横切面)

型和菊石型 5 种类型。

外壳类化石代表有 $Sinoceras$(中国角石,O_2)、$Protrachyceras$(前粗菊石,T_{2-3})、$Armenoceras$(阿门角石,O_2-S_3)、$Manticoceras$(尖棱菊石,D_3)、$Pseudotirolites$(假提罗菊石,P_3)、$Ceratites$(齿菊石,T_2)等(图 10-10)。

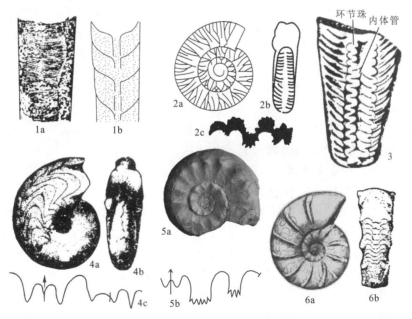

图 10-10 头足纲外壳类化石代表

1.$Sinoceras$(中国角石):1a.侧视,1b.纵切面;2.$Protrachyceras$(前粗菊石):2a.侧视,2b.前视,2c.缝合线;3.$Armenoceras$(阿门角石),纵切面;4.$Manticoceras$(尖棱菊石):4a.侧视,4b.前视,4c.缝合线;5.$Pseudotirolites$(假提罗菊石):5a.侧视,5b.缝合线;6.$Ceratites$(齿菊石):6a.侧视,6b.腹视

现代头足动物都是海生的,化石头足类都保存在有多种其他海生生物化石的地层内,因而可以认为地史时期头足类也是海生的。现代外壳类头足动物只有一属,即鹦鹉螺(Nautilus),生活于浅海区,也可达较深的海区,营游泳及底栖爬行生活。化石外壳类都具气室,壳壁较薄,壳面的脊和瘤内部也是空的,因此推测外壳头足类都具有一定的游泳能力,但因壳形不同,游泳能力有所差别。

头足类始现于芙蓉世,延至现代,早古生代全为鹦鹉螺类,晚古生代—中生代菊石较繁盛,尤其是中生代,称为菊石的时代,新生代以内壳类繁盛为特征。

四、节肢动物门三叶虫纲

节肢动物门(Arthropoda)是动物界最庞大的一门,占现生动物的85%,包括人们熟知的虾、蜘蛛、蚊子、苍蝇等。节肢动物对环境适应性很强,几乎遍布地球所有生态领域。节肢动物的体节已愈合成头、胸、尾(腹)3部分,每一体节通常具一对附肢,附肢又分成若干关节相连的分节,故得此名。

三叶虫纲(Trilobita)是节肢动物门中已灭绝的一个纲,也是节肢动物门中化石最多的一类。三叶虫身体扁平,披以坚固的背甲,腹侧为柔软的腹膜和附肢。背甲被两条背沟纵向分为一个轴叶和两个肋叶,三叶虫因此得名。

1. 三叶虫背甲构造

背甲成分以碳酸钙和磷酸钙为主,质地较硬。背甲形态呈长卵形或圆形,通常长3~10cm,最小不及5mm,最大可达70cm,从结构上可分为头甲、胸甲和尾甲(图10-11)。

1)头甲

头甲多呈半椭圆形,中间有隆起的头鞍和颈环,其余称颊部。头鞍形状一般为锥形、柱形或梨形,后端有颈沟与颈环分开。头鞍常具几对横向或倾斜的浅沟,称为鞍沟,是体节愈合的痕迹。头鞍之前的颊部称为前边缘,常被前边缘沟分为外边缘与内边缘。头甲侧缘与后缘之间的夹角称为颊角,可向后伸长成颊刺。大部分三叶虫的头甲背面被

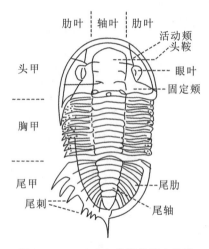

图10-11 三叶虫背甲的基本构造

一对面线(缝隙)切穿,因此推测三叶虫蜕壳时,虫体沿裂开的面线蜕出。面线将颊部分为固定颊与活动颊,固定颊与头鞍紧密相连,常一起保存,称为头盖。活动颊系面线外部的颊面,常分散脱离,单独保存为化石。在面线中部,固定颊外缘有一对半圆形凸起称为眼叶,对眼起支撑作用,其形状、大小及距头鞍的相对位置在分类上十分重要。眼叶前端可具一条凸起脊线与头鞍前侧角相连,称为眼脊。面线中段从眼与眼叶之间穿过,位于眼叶前端的部分称为面线前支,后端的部分称为面线后支。

2)胸甲

胸甲由若干形状相似、相互衔接并可活动的胸节组成。胸节数目最少2节,最多40节。每一胸节上都有一对背沟,分胸节为中央的轴节和两侧的肋节。

3) 尾甲

尾甲多呈半圆形或近三角形,由若干体节愈合而成,少则 1 节,多可达 30 节。尾甲肋节有时部分愈合,因而其数量较轴节少。肋沟较间肋沟深而宽。尾甲的边缘宽度因属而异,有时具有各种尾刺。

2. 三叶虫化石代表

三叶虫化石代表有 *Redlichia*(莱德利基虫,ϵ_2)、*Dorypyge*(叉尾虫,ϵ_3)、*Coronocephalus*(王冠虫,S_2)、*Dalmanitina*(小达尔曼虫,O_2-S_1)、*Damesella*(德氏虫,ϵ_3)、*Shantungaspis*(山东盾壳虫,ϵ_3)、*Bailiella*(毕雷氏虫,ϵ_3)、*Neodrepanura*(新蝙蝠虫,ϵ_3)等(图 10-12)。

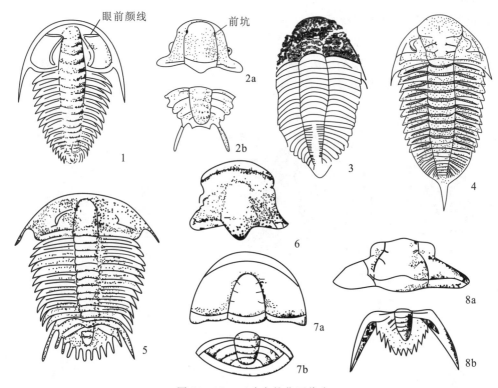

图 10-12 三叶虫的化石代表

1. *Redlichia*(莱德利基虫),背甲;2. *Dorypyge*(叉尾虫);2a. 头盖,2b. 尾甲;3. *Coronocephalus*(王冠虫),背甲;4. *Dalmanitina*(小达尔曼虫),背甲;5. *Damesella*(德氏虫),背甲;6. *Shantungaspis*(山东盾壳虫),头盖;7. *Bailiella*(毕雷氏虫);7a. 头甲,7b. 尾甲;8. *Neodrepanura*(蝙蝠虫);8a. 头盖,8b. 尾甲

3. 三叶虫的生态及地史分布

三叶虫全为海生,大部分三叶虫为浅海底栖爬行或半游泳生活,另一些可在远洋中游泳或漂游。底栖三叶虫身体扁平,有的三叶虫可钻入泥沙生活,其头部结构坚硬,前缘形似扁铲,便于挖掘。有的头甲愈合,肋刺发育,尾小,具尖的末刺,用以在泥沙中推进。另外,适于在松软或淤泥海底爬行生活的类型,其肋刺和尾刺均很发育,使身体不易陷入泥中。营漂浮生活的类型,往往身体长满纤细的长刺。

三叶虫始现于寒武纪第二世,寒武纪最为繁盛,地层意义最大;奥陶纪仍较繁盛,但由于头足类和笔石兴起,三叶虫在海洋中不再是居统治地位的生物;志留纪至二叠纪,三叶虫数量急剧衰退,只留下少数类别,至二叠纪末灭绝。

五、腕足动物门

腕足动物(Brachiopoda)是海生底栖、单体群居、具真体腔、不分节而两侧对称的无脊椎动物。体外披着两瓣大小不等的壳,壳质主要为钙质或几丁(壳多糖)磷灰质。腕足动物是滤食性生物,其滤食器官是纤毛腕。腕足动物现存约 100 属 300 余种,但在地史时期曾相当繁盛,据统计,已描述的有 4200 余属,种数估计超过 50 000 种。腕足动物化石在确定地质时代方面有重要意义。

1. 腕足动物壳体的基本特征

腕足动物壳体是由大小不等的两瓣壳组成,一般肉茎孔所在的壳较大,为腹壳,另一较小的称背壳(或背瓣)。最早分泌的硬体部分成鸟喙状称壳喙。壳喙的一方为后方,喙旁边缘称后缘;相对的一方为前方,其边缘称前缘(图 10-13)。

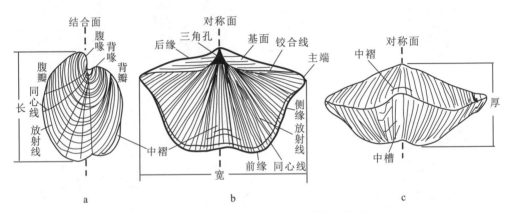

图 10-13 腕足动物的定向和硬体外部构造
Cyrtospirifer(弓石燕):a. 侧视;b. 背视;c. 前视,约×1

1)壳体后部构造

腕足动物腹壳和背壳后端均具壳喙,一般腹喙较明显,或尖耸或弯曲。壳后缘两壳铰合处叫铰合线,或长或短,或直或曲。铰合线两端为主端,或圆或方,或尖伸作翼状。喙向两侧伸至主端的壳面称壳肩,壳肩与铰合线包围的三角形壳面叫基面,腹壳和背壳都有基面,但通常腹基面较发育。腹喙下基面上常有的圆形或椭圆形孔为茎孔,为软体肉茎伸出之处,茎孔有时位于腹喙上。有些腕足动物由于肉茎在成年期退化而无茎孔。基面中央呈三角形的孔洞称三角孔,在背壳的称背三角孔。三角孔有时部分(留出茎孔)或全部被覆盖,覆盖物有两种,单个三角形板叫三角板,两块胶合或分离的板叫三角双板。

2)壳体内部构造

腕足动物的铰合构造由铰齿与铰窝组成,与双壳类不同的是腕足动物铰合构造的铰齿均在腹壳,而铰窝则在背壳。铰齿位于腹壳三角孔前侧角,其下常有一对向腹方壳底伸展的齿板支持;齿板有时相向延展联合成一个匙状物,称为匙形台或匙板。匙形台悬空,或以一个中板固着于腹壳内部。与齿板相对应,在背瓣铰窝下也有支持的铰窝支板。

3) 壳饰

除一部分腕足动物壳面光滑无饰外,大多具同心状或放射状壳饰。根据壳饰粗细,同心饰可分为同心纹、同心线、同心层和呈波状起伏的同心皱;放射状饰有放射纹、放射线和放射褶。有时同心饰与放射饰交会成网格状。有些腕足动物也可有刺、瘤等壳饰。

2. 腕足类化石代表

化石代表有 $Lingula$(舌形贝,N(O)—现代)、$Yangtzeella$(扬子贝,O_1)、$Pentamerus$(五房贝,S)、$Yunnanella$(云南贝,D_3)、$Acrospirifer$(巅石燕,D_{1-2})、$Echinoconchus$(轮刺贝,C_1)、$Stringocephalus$(鸮头贝,D_2)等(图 10 – 14)。

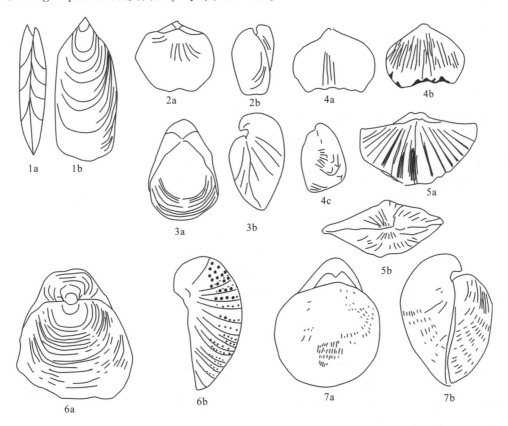

图 10 – 14 腕足化石代表

1.舌形贝(无铰合构造),a.侧视,b.背视,∈—Qh;2.扬子贝,a.背视,b.侧视,O_1;3.五房贝,a.背视,b.侧视,S;4.云南贝,a.腹视,b.背视,c.侧视,D_3;5.巅石燕,a.背视,b.后视,D_1;6.轮刺贝,a.背视,b.侧视,C_{2-3};7.鸮头贝,a.背视,b.侧视,D_2

3. 腕足动物生态及地史分布

现代腕足动物一般生活在近35‰的正常盐度、避光、安定的海水环境中,少数种类能忍受不正常的盐度。它们在各种水深处均能生存,但在水深 200 m 左右地段现生种类最多。古生代的腕足类大多数生活在温暖、盐度正常的浅海环境中,但中生代以来发现它们与某些深水生物共生。

腕足动物始现于新元古代末期有小壳动物群中,经历奥陶纪、泥盆纪和石炭纪—二叠纪三大繁盛期之后,在二叠纪末急剧衰退。进入中生代,虽然还有一些类别数量较多,但已明显进入衰退期。至新生代,腕足动物面貌已接近现代。

六、半索动物门笔石纲

半索动物的最主要特征是口腔背面向前伸出一条短盲管,称口索,这是半索动物门(Hemichordata)所特有的。有人认为口索是最初出现的脊索,有人则认为它是相当于未来的脑垂体前叶。半索动物曾作为一个亚门,归属于脊索动物门,但基于它具有腹神经索及开管式循环,肛门位于身体最后端,而且口索很可能是一种内分泌器官,目前多数学者把半索动物作为一个独立的门。

笔石纲(Graptolithina)是半索动物门的一个纲,已灭绝,是一种海生小个体的群体动物。化石常因升馏作用而保存为碳质薄膜,在岩层上似象形文字,故称笔石。

1. 笔石的基本构造

1)胎管

胎管是第一个个体所分泌的圆锥形外壳,是笔石体生长发育的始部。胎管由基胎管和亚胎管组成。亚胎管一侧由管壁中生出一条直的胎管刺;另一侧常向胎管口缘延伸形成口刺;在基胎管尖端反口方向伸出一条纤细的线状管,称为线管(图 10-15)。

2)胞管

第一个胞管是由胎管侧面的一个小孔出芽生出。树形笔石类有两种类型的胞管,较大的正胞管和较小的副胞管,正胞管和副胞管是由茎系连接在一起的。正笔石类只有正胞管,但胞管形态多种多样。

3)笔石枝

成列的胞管构成笔石枝。胞管所在的一侧为腹侧,与之相反的一侧为背侧。笔石枝靠近胎管的部分称为始端,胞管增长的一端为末端。正笔石类在笔石枝的背部有连通各个胞管的共通管(沟)。每个胞管靠近共通管一边为背,另一边为腹。相邻两胞管间常有重叠,但重叠的程度各类笔石不一。

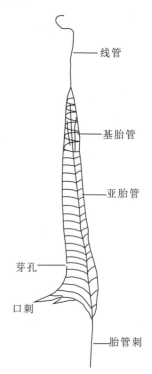

图 10-15 正笔石类笔石的胎管构造

2. 笔石化石代表

笔石化石代表有 Acanthograptus(刺笔石,ϵ_4—S)、Didymograptus(对笔石,O_{1-2})、Sinograptus(中国笔石,O_1)、Normalograplus(正常笔石,O_1—S_1)、Climacograptus(栅笔石,O_1—S_1)、Monograptus(单笔石,S_1—D_1)、Rastrites(耙笔石,S_1)等(图 10-16)。

3. 笔石的生态及地史分布

笔石动物可以生活在从滨海到陆棚边缘以及陆棚斜坡等海域。除了大部分树形笔石为固着生活外,其他各类笔石大都是浮游生活。笔石类化石可以保存在各种沉积岩中,但最主要的

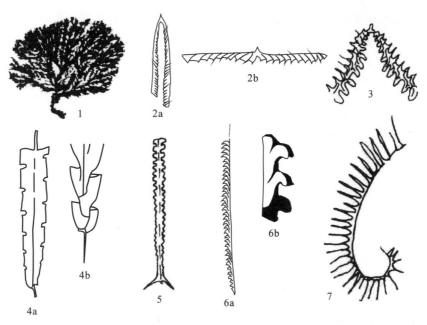

图 10-16 笔石动物化石代表
1. *Acanthograptus*（刺笔石）；2. *Didymograptus*（对笔石）；3. *Sinograptus*（中国笔石）；4. *Normalograptus*（正常笔石）；5. *Climacograptus*（栅笔石）；6. *Monograptus*（单笔石）；7. *Rastrites*（耙笔石）

还是保存在页岩中，尤其是黑色页岩。黑色页岩往往含大量笔石，形成笔石页岩相，是很好的指相化石。

笔石动物始现于寒武纪苗岭世，在芙蓉世生活的主要是树形笔石类，奥陶纪正笔石类极为繁盛；在志留纪开始衰退，早泥盆世末正笔石类灭绝；树形笔石类的少数分枝延续到早石炭世末就全部灭绝了。

第三节 脊索动物门

一、概述

1. 脊索动物门的主要特征及分类

脊索动物门（Chordata）是动物界中结构复杂、形态及生活方式极为多样的最高等的类群。其主要特征：身体背部具一条富弹性而不分节的脊索支撑身体，具背神经管，具咽鳃裂。

脊索动物门包括 3 个亚门，即尾索动物亚门、头索动物亚门和脊椎动物亚门。其中脊椎动物为脊索动物中最高等的一类，脊索仅在胚胎发育过程中出现，随即被脊柱取代。

2. 脊椎动物亚门的特征及分类

脊椎动物身体有头、躯干和尾的分化，故又称有头类。多数种类的脊索只见于个体发育的早期，以后即为脊柱所代替。躯干部具附肢（偶鳍或四肢），有少数种类附肢退化或消失。除无颌纲外，该类均具备上、下颌。此外，具有完善的中枢神经系统位于身体背侧，其前端发育为大脑，循环系统位于身体腹侧，具内骨骼。

一般将脊椎动物亚门分为 2 个超纲 9 个纲,如表 10-3 所示,各纲的地史分布如图 10-17 所示。

表 10-3 脊椎动物亚门的分类

亚门	超纲	纲	特征	
脊椎动物亚门（Vertebrata）	鱼形超纲（Pisces）	无颌纲（Agnatha）	无羊膜动物	变温动物
		盾皮纲（Placodermi）		
	四足超纲（Tetrapoda）	软骨鱼纲（Chondrichthyes）		
		棘鱼纲（Acanthodii）		
		硬骨鱼纲（Osteichthyes）		
		两栖纲（Amphibia）		
		爬行纲（Reptilia）	有羊膜动物	
		鸟纲（Aves）		恒温动物
		哺乳纲（Mammalia）		

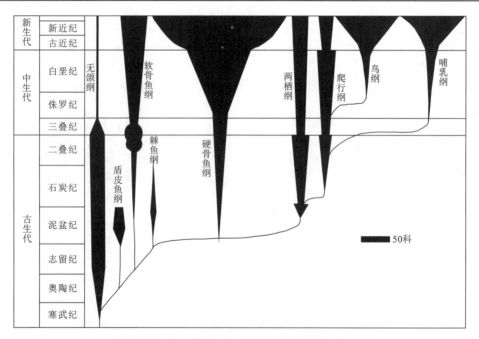

图 10-17 脊椎动物各纲特征及地史分布
（据 Olbert,1980,略修改）

二、鱼形动物

鱼形动物全部为水生、冷血、鳃呼吸、自由活动的脊椎动物,身体多呈纺锤形,不具五趾型肢骨,而具发育的鳍。

根据化石记录揭示或推测,现代各种鱼类是由盾皮鱼纲（Placodermi）发展演化而来的。该类化石发现于志留纪晚期,繁盛于泥盆纪,因具成对鼻孔、颌及偶鳍,从而增强盾皮鱼的感觉、取食和运动能力。泥盆纪，由于地壳运动，古地理环境发生巨变，原在淡水栖息的鱼类，有的不能适应炎热干涸的环境而逐渐灭绝，也有部分由陆地水域被迫迁居海中。

三、两栖纲

两栖纲(Amphibia)的最主要特征是在个体发育过程中幼体以鳃呼吸，无成对附肢，生活于水中，成年个体则用肺呼吸，具有四肢，但它的肺还不完备，需要靠湿润的皮肤（富于腺体）帮助呼吸。此外，两栖类头骨多扁平，骨片数目较鱼类减少，鳃盖骨化。

两栖纲的进步表现在初步解决了登陆所必须具备的若干条件：①有肺，可以在空气中呼吸，但肺不完备，需要靠湿润的皮肤帮助呼吸；②具有能支撑身体和运动的四肢；③早期两栖类身披骨甲或硬质皮膜来防止水分蒸发，现生种类则靠生活于阴湿处和分泌黏液进行保护。两栖类的出现是脊椎动物进化史上的一件大事，不过两栖类仍然未能真正摆脱水环境，集中表现为在水中产卵，幼体生活在水中，成年后肺和皮肤不够完备。

两栖纲始现于晚泥盆世，繁盛于石炭纪和二叠纪，并一直延续至现代。

四、爬行纲

爬行类的卵有羊膜结构，可以产在陆地上并在陆地上孵化。爬行类卵结构的这一进化使脊椎动物彻底摆脱了对水体的依赖，能在陆地上生活和繁殖后代。爬行类及其衍生的后裔哺乳类和鸟类也因此总称为羊膜动物。

爬行类其他的典型特征：头骨高；脊椎骨大部或完全由侧椎体构成；原始的爬行类有2块荐椎骨，不同于两栖类只有1块荐椎骨，而进步的爬行类可有多达8块荐椎骨；肩胛骨和乌喙骨显著加强，匙骨、锁骨和间锁骨缩小或消失；体外被覆角质的鳞甲。

爬行纲(Reptalia)依据颞颥孔的类型可分为4个亚纲：无孔亚纲、双孔亚纲、龟鳖亚纲和下孔亚纲。爬行类始现于石炭纪宾夕法尼亚亚纪早期，二叠纪逐渐增多，全盛于中生代，故中生代又称爬行动物时代。尤其是双孔亚纲的蜥臀目和鸟臀目，也就是俗称的恐龙，曾经在中生代显赫一时，因而中生代又称为恐龙时代，但恐龙中除一支演变为鸟类外，其他的非鸟恐龙到白垩纪末全部灭绝。

五、鸟纲

鸟纲(Aves)虽不是唯一能飞行的脊椎动物，但对飞行的适应是最成功的。它的主要特征是体表覆以羽毛，有翼，恒温和卵生，骨骼致密、轻巧，髓腔较大，许多部分骨骼愈合，胸骨发达。这些都是鸟类与其他脊椎动物的根本区别。

鸟类起源于爬行动物，是由恐龙的一支——蜥臀目兽脚类的祖先演化而来。最早的鸟类化石曾被认为是产于德国巴伐利亚索仑霍芬晚侏罗世地层中的始祖鸟，其特点是除具有羽毛外，其余骨骼特点均与爬行类一致，如有尾、有牙、前肢末端仍具爪等。现在一般认为始祖鸟不是现代鸟类的直接祖先，只是进化中的一个侧支，真正鸟类的祖先可能出现得更早。我国辽西晚侏罗世—早白垩世地层中的热河生物群中产有多种类型的爬行类和鸟类及两者之间的过渡类型化石。

六、哺乳纲

哺乳纲(Mammalia)是脊椎动物中最高等的一类，具有更完善的适应能力。恒温、哺乳、脑发达、胎生（除单孔类外）等是其主要特点。哺乳动物的进步性还表现在以下几个方面：①具有高度发达的神经系统和感官，能适应多变的环境条件；②牙齿分化，出现口腔咀嚼和消化，提高了对能量的摄取；③身体结构比爬行动物更为进化和坚固，一般具快速运动的能力。

哺乳动物最早出现于三叠纪，经过中生代的进化，到新生代获得了极大成功，取代了爬行动物，并占绝对优势，其生态领域扩展到海陆空等各种环境，故新生代又称为哺乳动物时代。

哺乳动物中智商最高等的是灵长目。灵长类脑颅很大，眼睛大而前视，前肢得到进一步发展。灵长目分为更猴亚目、原猴亚目和类人猿亚目。前两个亚目为原始灵长类，目前发现的化石数量并不多，但关系到人类的进化和起源问题，因而受到人们的极大重视。

第四节 古植物

古植物学（paleobotany）是研究地史时期植物界的科学。植物在生命演化和陆地生态领域开拓中起到了十分重要的作用。尽管在距今3500Ma前澳大利亚西部太古代地层中，就已发现过蓝藻（菌）类或细菌类化石，但生物界在海洋等水体中演化过程极其漫长。在距今4亿多年前的志留纪，具有真正维管束的植物出现，生物的生态领域才由水域扩展到陆地，开始了陆地生物的演化阶段。植物的出现，使大地披上了绿装，也促进了原始大气中氧气的循环和积累。这为包括我们人类在内的陆生生命演化提供了必要的先决条件，使地表有了今天山花烂漫的缤纷世界。古植物是划分及恢复地史时期古大陆、古气候和植物地理分区的主要标志。古植物本身亦参与成矿、成岩作用，是各地史时期煤层的物质基础。

一、分类体系

古植物化石按其体积大小一般分为大植物化石和微古植物化石。前者指肉眼可见的植物各器官，包括根、茎、叶、果实、种子、花穗或其残余部分，后者指借助于显微镜研究的角质层、孢子、花粉、树脂和其他可鉴别的植物碎屑（在传统的古生物分类系统中，低等的菌藻类也被列入微古植物化石范畴）。古植物的自然分类系统与现代植物大体一致（表10-4），按照植物体分化完善程度、解剖结构、营养方式、生殖和生活类型进行划分。但古植物的分类又有其特殊性，由于大多数植物躯体大，各器官在地层中常分散保存，这样就给有些植物化石的自然分类带来了一定的困难，因而常要辅以人为的形态分类。

二、原蕨植物门（Protopteridophyta）

原蕨植物也称裸蕨植物，是最早而原始的陆生维管植物。原蕨植物门共同的特征是植物体一般矮小（十几厘米至2m），分化不明显，茎二歧式分枝，无叶，无真正的根，为拟根状或假根，孢子囊常位于枝的顶端或侧生呈穗状。

原蕨植物始现于志留纪罗德洛世，繁盛于早、中泥盆世，晚泥盆世全部灭绝。原蕨植物的出现是植物界进化史上重要的转折点，它们完成了从水域扩展到陆地的飞跃。陆地环境的多样性又是促进它们迅速分化发展的外因。原蕨植物是无叶的，其他维管植物都有叶的分化，叶的发生与原蕨植物的进化有关。一种是由原蕨植物门二歧式分枝的顶端枝系，逐渐扁化、合并而形成的大型叶（顶枝起源叶）；另一种叶由茎表面突出物延伸发展而成小型叶（延伸起源叶）。因此，原蕨植物门在植物界演化及系统发育上都有重要意义。

表 10-4　植物界（高等植物）分类系统

（据杜远生等，2022）

门	分布时代	类别
苔藓植物门（Bryophyta）	早古生代—现代	
原蕨植物门（Protopteridophyta）	志留纪—泥盆纪	蕨类植物
石松植物门（Lycophyta）	泥盆纪—现代，石炭纪、二叠纪盛	蕨类植物
节蕨植物门（楔叶植物门）Arthrophyta(Sphenophyta)	泥盆纪—现代，石炭纪、二叠纪盛	蕨类植物
真蕨植物门（Pteridophyta）	泥盆纪—现代，石炭纪、二叠纪、中生代盛	蕨类植物
前裸子植物门（Progymnospermophyta）	中、晚泥盆世—二叠纪	
种子蕨植物门（Pteridospermophyta）	晚泥盆世—早白垩世	裸子植物
苏铁植物门（Cycadophyta）	宾夕法尼亚亚纪—现代，中生代盛	裸子植物
银杏植物门（Ginkgophyta）	二叠纪—现代，中生代盛	裸子植物
松柏植物门（Coniferophyta）科达纲（Cordaitopsida）	晚泥盆世—早三叠世，石炭纪、二叠纪盛	裸子植物
松柏植物门（Coniferophyta）松柏纲（Coniferopsida）	晚石炭世—现代，中生代盛	裸子植物
买麻藤植物门（Gnetophyta）	白垩纪—现代	
有花植物门（被子植物门）Anthophyta（Angiospermae） 双子叶纲（Dicotyledones）	（中侏罗世？）	被子植物
有花植物门（被子植物门）Anthophyta（Angiospermae） 单子叶纲（Monocotyledones）	白垩纪—现代	被子植物

三、石松植物门（Lycophyta）

石松植物的茎二歧式分枝，单叶，小而密布于枝，呈螺旋状排列，单脉。孢子囊单个着生于孢子叶的叶腋或叶的上表面近基部处。叶痕表面有横向排列的 3 个小点痕，中间是叶脉痕迹称束痕，两侧边为通气道痕或称侧痕。有的在紧邻叶痕之下的叶座表面另有 2 个通气道痕。叶痕的上方有叶舌留下的叶舌穴。石松植物化石最常见的是叶的基部膨大脱落后在茎、枝表面留下的印痕（称叶座），例如晚古生代最发育的鳞木。

石松植物门始现于早泥盆世，晚泥盆世开始繁盛，极盛于石炭纪，是当时造煤的物质基础，二叠纪后期开始衰退，除中生代早期尚残存少量木本类型外，中生代至现代都为草本，现在仅存草本的少数属。

四、节蕨植物门（Arthrophyta）

节蕨植物最明显的特征是茎为单轴式分枝，分为节和节间，节间上有纵脊和纵沟，枝和叶都自节部伸出。单叶、叶小、轮生。孢子囊着生在孢囊柄上并聚成孢子囊穗。

节蕨植物最常见的化石：一类是其茎及其髓模化石，另一类是叶化石。节蕨植物始现于早、中泥盆世，石炭纪—二叠纪为全盛期，遍及全球，有乔木、草本、小型藤本等各种类型。中生代只有草本的木贼目，早白垩世后更趋衰退，现代仅存木贼一属。节蕨植物化石代表有 *Calamites*、*Sphenophyllum*、*Annularia*、*Lobatannularia* 等。

五、真蕨植物门（Pteridophyta）

真蕨植物的茎不发育。它最突出的特征是叶很大，绝大多数为一次至多次羽状复叶，也有单叶或掌状分裂叶，总称蕨叶。叶柄和茎均以二歧合轴式及单轴式分枝为主。孢子囊不聚成穗而是单个或成群着生于叶的下表面（背面）。

由于真蕨类的叶子很大，保存为化石时常不完整，不易确定蕨叶分裂次数，故通常以蕨叶的最小单位起始来计算羽次。小羽片是鉴别蕨叶的最基本单位，其轮廓、基部、顶端和边缘都有很多种类型。叶脉多样化，有扇状脉、羽状脉等，尤以后者最普遍。部分真蕨类具网状脉。

真蕨植物门的蕨叶形态与种子蕨植物门的蕨叶形态极为相似，对未发现生殖器官的几乎无法区别，因此常常只能根据叶形态而建立形态属。

真蕨植物最早出现于中泥盆世，石炭纪起大盛，并可能为聚煤原始物料之一。新生代本门在植物界中仅占很次要地位。现代真蕨类以热带、亚热带暖湿地区最盛。代表化石有 $Bernoullia$、$Cladophlebis$ 等。

六、种子蕨植物门（Pteridospermophyta）

种子蕨植物门是古老的裸子植物，植物体不大，为小乔木或灌木，也有藤木，直立或攀援，很少分枝。这又与苏铁植物相似，故曾名为苏铁羊齿类。本门最常见的化石是叶部，大多数为大型羽状复叶，形态与真蕨门的蕨叶几乎无法区分，不同的是生殖叶上长有种子，故名种子蕨。由于大多数蕨形叶的生殖器官化石缺乏，无法确定其自然分类位置，因此常采用形态分类，即依据蕨形叶的形状、脉序形式、小叶与轴的关系等特征建立形态分类及形态属，分为很多种蕨形叶类型。种子蕨植物始现于晚泥盆世，石炭纪至早二叠世极盛，晚二叠世衰退，少数延续至中生代，可能至晚白垩世灭绝。其代表化石有 $Pecopteris$、$Neuropteris$、$Gigantonoclea$ 等。

七、苏铁植物门（Cycadophyta）

现代苏铁植物门多数是粗矮的常绿木本植物，而化石苏铁常为细茎类型，很少分枝或不分枝。茎顶端丛生坚硬革质的一次羽状复叶或单叶。羽状分裂的裂片着生于羽轴两侧或羽轴腹面，大多数具平行脉、放射脉，个别为单脉或网状脉。叶表皮角质层厚，气孔下陷。苏铁植物在地层中经常见到的大多是叶的印痕化石，单凭叶的外部形态，不易归入自然分类，常常根据叶形态先建立形态属名，再根据表皮细胞结构归入自然分类。最常见的叶化石有 $Pterophyllum$、$Nilssonia$、$Ptilophyllum$、$Otozamites$ 和 $Anthrophyopsis$ 等。

八、银杏植物门（Ginkgophyta）

现代银杏为高 30 余米的乔木。单轴式分枝，有长、短枝之分。长枝上稀螺旋着生单叶，短枝上叶呈密螺旋状排列，形成簇状。单叶，具长柄，扇形、肾形或宽楔形，或分裂成细长的裂片。自叶的基部伸出两条脉然后多次二歧式分叉形成扇状脉。银杏植物始现于晚古生代，较可靠的化石记录是自二叠纪起至中生代，尤其是侏罗纪和早白垩世达到极盛阶段，分布广，几乎遍及全球。早白垩世晚期突然衰退，新近纪晚期地理分布已缩小，至现代仅存一属，即银杏，分布于中国及日本，为孑遗的活化石。

九、松柏植物门（Coniferophyta）

松柏植物门植物体为多分枝的乔木或灌木，次生木质中部薄壁细胞少，致密，单叶呈螺旋形排列，雌雄同株或异株，球果单性，包括科达纲和松柏纲。

科达纲已灭绝，植物体为树干直径不超过 1m 的细高乔木，茎干基部有的有高位支持根。树干上部多分枝，组成较大的树冠。单叶，螺旋状着生于枝，无柄，带形至舌形，大小不一，长者可达 1m,短者仅几厘米,平行脉。本纲植物化石始现于晚泥盆世,宾夕法尼亚亚纪—乌拉尔世最繁盛,遍及全球各植物地理区,在热带与鳞木等同为重要的造煤植物,三叠纪有残存,三叠纪后期灭绝。

松柏纲绝大多数为乔木,单轴式分枝。叶小,常呈鳞片形、锥形、针形、条形或披针形等,各具单脉,一般称之为针叶树。叶排列方式多样。叶角质层厚,气孔下陷。生殖器官绝大多数为单性的球花,雌雄同株,极少数异株。本纲植物化石始现于宾夕法尼亚亚纪,中生代全面繁盛,至新生代松柏纲仍是裸子植物中生存最多的类群。

十、被子植物门（Angiospermae）

被子植物是植物界中结构最完善的种子植物。被子意为胚珠包在由心皮(封闭的大孢子叶)形成的子房内,成熟的种子不裸露。其有性生殖器官就是花,故亦称有花植物。被子植物有乔木、灌木、藤木、草本;陆生、水生或寄生;维管束结构最完善;单叶或复叶,形态多种多样,有的具托叶;主脉羽状或弧状等,细脉均结成网状。被子植物可能出现于侏罗纪或更早,但胡切的化石记录见于早白垩世地层,且在晚白垩世迅速广泛分布,古近纪被子植物迅速取代了裸子植物而在植物界中占绝对优势,并保持到现代。

十一、植物界演化的主要阶段

植物界与动物界具有相同的演化规律,即由水生到陆生,由低级到高级,由简单到复杂。地史时期的植物可以划分为 4 个主要演化阶段。

1. 早期维管植物阶段

自志留纪末期至早中泥盆世,地壳上陆地面积增大,植物界由水域扩展到陆地。最早的陆生植物以原蕨植物门为主,并有原始的石松门、节蕨门和前裸子植物门植物,主要适应于在滨海暖湿低地生长。

2. 蕨类和古老裸子植物阶段

晚泥盆世至瓜德鲁普世,以石松门、节蕨门、真蕨门、前裸子门和古老裸子植物的种子蕨门、松柏门中的科达纲为主。松柏纲自石炭纪晚期始现,二叠纪起中生代型的蕨类和苏铁、银杏类始现。此阶段早期（D_3—C_1）基本形成古生代植物群面貌;宾夕法尼亚亚纪中期—三叠纪,古生代植物群极度发育,是全球的重要聚煤期。

3. 裸子植物阶段

乐平世—早白垩世,以裸子植物的苏铁门、银杏门、松柏纲和中生代真蕨植物为主。早期（P_3—T_{1-2}）,气候干旱,中生代植物群开始发育;晚期（T_3—K_1）,中生代植物群极盛,也是中生代重要聚煤阶段。

4. 被子植物阶段

晚白垩世至现代,被子植物逐步在植物界占绝对统治地位。古近纪是全球重要的聚煤期。自第四纪冰期后,植物界面貌与现代植物界相似。

第十一章 地层与地层单位

第一节 基本概念

一、旋回沉积作用和非旋回沉积作用

地层的旋回性是指地层垂向上的规律组合和变化，是现代理论地层学及应用地层学研究的一个重要方面。地层的旋回性在不同时间、空间尺度上均有表现，本书主要讨论露头尺度上的岩层的旋回性。

地层的旋回性是由旋回沉积作用形成的。所谓旋回沉积作用，是指在一定的沉积环境中由于环境单元的变迁，或在一定的沉积作用过程中由于作用方式的变化导致地层沉积单元纵向上规律重复的沉积作用。不同的旋回沉积作用形成不同的旋回沉积序列。相反，不能够形成这种规律重复的沉积作用是非旋回沉积作用。

控制地层旋回沉积作用的因素主要是沉积盆地内的环境因素（如环境水动力条件、物理化学条件、生物条件），也包括沉积盆地的背景因素，如海平面变化、沉积物的物源性质、盆地基底的构造活动及古气候等。它们也是通过沉积基准面（海平面、湖平面等）的变化去影响沉积作用的。

根据旋回沉积作用的形成机理，可以将旋回沉积作用划分为不同的类型：一是由沉积体自身作用为主的旋回沉积作用，如生物筑积作用；二是在沉积背景相对稳定的条件下，由于沉积盆地内环境单元的变迁形成的旋回沉积作用，如曲流河的侧向加积作用和三角洲的进积作用等（图11-1）；三是由于突发性的事件形成的旋回沉积作用，如浊流作用形成的鲍马序列（图11-2）；四是由于沉积背景因素的影响，造成相对海平面的升降变化，从而引起海进或者海退，形成地层的旋回性变化。

二、地层的堆积作用

1. 纵向堆积作用与地层叠覆律

纵向堆积作用是指沉积物在水体中自上而下降落，依次沉积在沉积盆地底部的沉积作用。由水体中的沉积物，主要是悬浮状的沉积物，像下毛毛雨一样自由降落，垂向加积，形成所谓的"千层糕式"的地层模型，地层一层一层地水平叠覆而成的岩层组合。纵向堆积作用形成的地层的时间界面一般是水平或近于水平的，它与岩性界面是平行或基本平行的。

地层叠覆原理是斯坦诺（Steno）3个地层学的基本原理（原始水平原理、原始连续原理、叠覆原理）中最著名且最有影响的，并一直作为地层学最重要的一般原理。自17世纪到20世纪30年代，绝大多数人认为地层形成是以纵向堆积作用为主，沉积作用所形成的岩层沉积时是

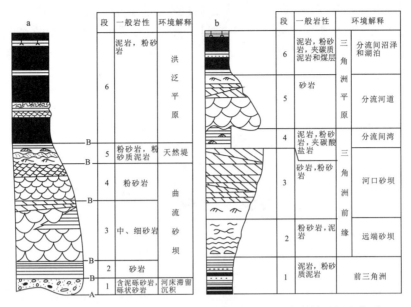

图 11-1 曲流河侧向迁移(a)和三角洲进积(b)形成的旋回沉积序列

近于水平的,而且所有的岩层都是平行于这个水平面的(原始水平原理);沉积地层中的岩层在侧向上是大规模甚至全球性连续的,或者延伸到一定的距离逐渐尖灭(原始连续原理);沉积地层的原始状态自下而上是从老到新的,如果这种顺序被改变,说明有构造作用的改造(叠覆原理)。

现代沉积学研究表明,纵向堆积作用主要发生在悬浮沉积的条件下,比较典型的如深湖悬浮沉积、远洋悬浮沉积、火山灰沉积等。因此,纵向堆积作用形成的地层是很有限的。在这些沉积环境和这些沉积作用下,上述传统地层学的原理是适合的,但在非纵向堆积作用的情况下,这些原理的应用就要受到限制。

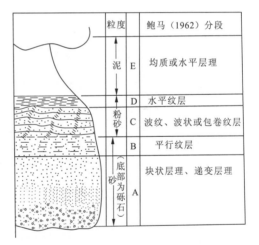

图 11-2 浊积岩中的鲍马序列
(据 Middlton et al.,1976)

2. 横向堆积作用与超覆(退覆)

横向堆积作用是沉积地层形成的主要作用方式,它是由 Weimer(1978)提出的一个重要的地层学概念。横向堆积作用是指沉积物的颗粒在介质搬运过程中沿水平方向位移,当介质能量衰减时而沉积下来,如曲流河河道侧向迁移形成的侧向加积作用、以河流作用为主的三角洲与海滩、障壁沙坝的进积作用以及滨岸沉积的退积作用等。在曲流河的发展过程中,河道受侧向侵蚀作用的影响向凹岸迁移,并在凸岸沉积;逐渐形成凸岸点砂坝向凹岸方向迁移;与此同时,河流的天然堤、洪泛平原等也随之迁移。因此形成的沉积物的时间界面是倾斜的,与沉积物的岩性界面有一定角度(图11-3)。作为沉积地层主要的形成方式,横向堆积作用形成的地层的时间界面一般是非水平的,地层的时间界面与岩性界面一般是不一致或斜交的。对横向堆积作用的认识导致了穿时普遍性原理的产生。穿时普遍性原理认为在所有横向堆积作用过程中形成的岩石地层必然是穿时的。

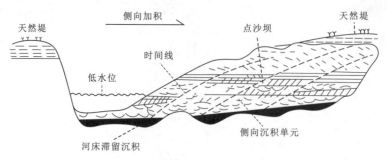

图11-3 曲流河侧向迁移形成的侧向加积

海平面的变化、沉积基底的构造升降、陆源沉积物供给的多少等都能引起相对海平面变化,从而造成海平面向大陆方向侵进(海进)或海平面向海洋方向退却(海退)。与之对应,海进过程中地层形成向大陆方向的上超(超覆),在海退过程中地层向海洋方向的退却或下超(退覆)(图11-4)。

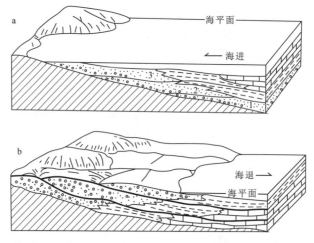

图11-4 海进(a)和海退(b)及其形成的超覆和退覆的示意图(据刘本培,1986)

3. 生物筑积作用

生物筑积作用是由于原地生物首先形成生物格架,之后才充填填隙物。生物筑积作用所形成的地层一般呈丘状隆起,岩层多具块状构造。生物筑积作用主要受海平面变化、生物礁的生长速率(表现为生物礁体顶面的水深)、沉积基底的构造沉降及三者的相互关系(表现为相对海平面变化)控制。在相对海平面下降过程中,生物礁为了维持正常生长必须保持适当的水深,因此生物礁必然向深水地区迁移,形成生物礁成因的地层侧向加积。在相对海平面稳定阶段,生物礁为了维持生存,也必然向深水地区迁移形成侧向加积。上述两种情况形成的岩性界面和时间界面都是不一致的。在第三种情况下,相对海平面持续逐渐上升,生物礁为了维持自身生存，必然向上生长，从而形成垂向加积。此时，地层的岩性界面和时间界面基本上是一致的。综上所述，在垂向加积的情况下，生物筑积作用所形成的地层基本上符合传统的地层学原理。而在侧向加积的情况下，所形成的地层则与传统地层学原理不相符合，而与地层的穿时普遍性原理相符。

三、层型

在地层划分和建立地层单位的过程中，对于新建的地层单位必须采用优先权法则，并为命名的地层单位指定一个代表该单位的地层模式，该模式即为层型。

由于现代地层学的地层划分依据是多重的，地层单位的种类也是多重的，所以代表地层单位含义的层型也是多重的。不同类型的地层单位有不同的层型。年代地层单位有年代地层单位的层型；岩石地层单位有岩石地层单位的层型；生物地层单位有生物地层单位的层型；磁性地层单位有磁性地层单位的层型；等等。同时，一个地层单位是指具有一定特征的一段地层间隔，这个间隔既包括这段地层本身，也包括该段地层的上下界线。所以层型就有单位层型和界线层型之分。单位层型是给一个命名的地层单位下定义和识别一个命名的地层作标准用的一个特殊岩层序列中的特定的间隔(如山西组、上泥盆统等)的典型剖面。而界线层型是给两个命名的地层单位之间的地层界线下定义和识别这个界线作标准的特殊岩层序列中的一个特定的点(图11-5)。由若干个层型联合而成的称为复合层型，复合层型内的各个层型称为组分层型。

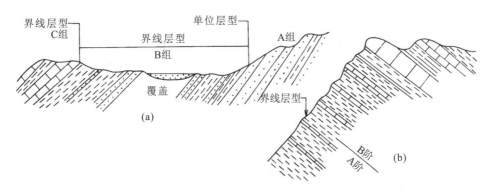

图11-5 岩石地层单位层型(a)和年代地层单位(b)的单位层型与界线层型

为了精确地使用层型，现代地层学应用生物命名法则中的概念和术语来描述层型，因此层型又分为正层型、副层型、选层型、新层型、次层型等。正层型是指命名人在建立地层单位或地层界线时当时指定的原始层型；副层型是指命名人为了解释正层型所建立的一个补充层型，如广西桂林南边村泥盆系—石炭系副层型是为解释泥盆系—石炭系正层型的；选层型是指命名人命名地层单位或界线时，当时未选定合适的层型而于事后补指的原始层型；新层型是指为取代已经毁坏而不复存在或失效的旧层型，在层型所在地或地区重新指定的层型；次层型则是为延伸一个地层单位或地层界线在别的地区或相区指定作为参考用的派生的层型，或叫参考层型剖面。一个层型建立以后，原则上不应该变动或加以修正。如果原有的层型被永久地破坏掉了，或后来发现原有层型是错误的，最好在典型地区之内，建立一个新层型。

描述一个层型包括地理和地质两个方面的内容。地理上应标示层型剖面的地理位置、交通途径和方式,并附一定比例尺的航空照片或地面照片;地质上应明确表示层型剖面的地层分层、岩性、厚度、生物化石、矿物、构造、地貌及其他地质现象,界线层型应详细描述地层界线的划分标志,同时应附地层剖面图、柱状图等。层型剖面最好能建立永久性人工标志,并作为保护对象保护起来。

第二节 地层的划分和对比

一、地层划分的依据

地层学的研究对象是地质历史中形成的岩层。岩层是地层的基本组成单元,也是地层学研究的基本对象。在长期的地质演化历史中,这些岩层被赋予许多特征,即物质属性。这些物质属性包括岩层的物理属性(如岩性特征、磁性特征、电性特征、地震特征)、生物属性(生物类别、丰度、分异性、生态特征、分子化石特征等)、化学属性(地球化学特征、同位素年龄等)、宏观属性(接触关系、旋回特征、事件特征、变形和变质特征、岩层组构特征等)。地层的物质属性正是划分地层和建立地层单位的基础,根据不同的物质属性,可以划分不同的地层单位系统。岩层有多少种能够用于划分的属性,地层就有多少种类的划分,这就是地层划分的多重性。与之对应,可以根据地层划分的多重性确定多重的地层单位(图 11-6)。虽然地层划分和地层单位具有多重性,但重要的和常用的地层划分主要包括岩石地层、生物地层和年代地层划分。值得注意的是,地层的生物属性具有双重的含义,一是生物属性,二是年代属性,这两种属性常常混淆。地层的生物属性是指地层中含有的生物化石特征,由此建立的是生物地层单位(生物带);生物的年代属性是指这些生物化石具有的时间(年代)特征,由此建立的是年代地层单位(时带)。

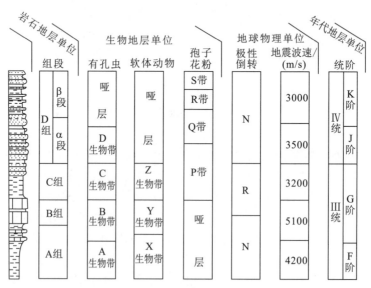

注:一个地层剖面可根据不同的物质属性划分不同的地层单位,各单位划分界线点的位置存在差别。

图 11-6 多重地层划分和多重地层单位示意图(据 Hedberg,1976)

1. 岩石学特征

地层的岩石学特征是认识和划分地层的内容和基础。它包括组成地层的岩石的颜色、矿物组分或结构组分、结构、组构和沉积构造等。在岩石地层划分中，首要考虑的是组成地层的岩石特征。岩性相同或大致相同的连续岩层可以划分为一个岩石地层单位，岩性不同的地层体应该划分为不同的岩石地层单位。

2. 生物学特征

地层的生物学特征也是地层划分的重要依据。地层的生物学特征主要包括地层中所含的生物化石组分(类别)以及生物化石的含量、生物化石的保存状态、生物化石之间及生物化石和围岩之间的相互关系等。地层中所含的生物化石在认识地层和地层划分中主要有两个方面的意义：一是年代学意义，地层中所含的生物化石类别不同，可以反映地层形成的时代不同；二是环境学意义，地层中所含的生物化石类别、含量、保存状态及相互关系可以反映它们形成环境的差别。

3. 地层结构

地层结构是指组成地层的岩层在时空上的组构方式。研究工作表明，大多数地层是由有限的岩层类型构成的，这些岩层又通常以规律的组合方式组构在一起。因此，根据岩层的组构方式所划分地层的结构类型可作为地层划分的依据。地层结构划分如表 11-1 所示，表中地层结构可以单独出现，也可以不同的方式组合形成复合式结构，如均一式结构中夹有序多层式结构、互层式结构中夹均一式结构、无序多层式结构中夹有序多层式结构等。

地层结构是认识地层和划分地层的重要依据。一个岩石地层单位除具有一定的岩石特征外，还应该具备一定的地层结构。不同的地层单位在地层结构上也应有所差别。

表 11-1 地层结构划分简表

结构	层状地层		非层状地层
简单型	均质式	均一式	斜列式 叠积式 嵌入式等
	非均质式	互层式	
		夹层式	
		有序多层式	
		无序多层式	
复合型	上述各种简单型结构的复合		

4. 地层的厚度和体态

地层的厚度和体态包括组成地层的岩层的厚度和体态，也包括地层单位的厚度和体态。地层的体态是指岩层或地层体空间形态和分布状态。地层的形态一般是层状的，但也有非层状的，如楔状、透镜状、丘状等。地层的分布状态一般认为是水平或近于水平的，但也有许多地层是斜列的。地层的分布状态可以通过特殊的沉积构造(如顶、底构造)去识别。一般要求，一个地层单位应有一定的厚度,厚度过小也就不足以建立一个地层单位。

5. 地层的接触关系

地层的接触关系是地层的重要物质属性之一。它在识别地层结构、划分地层单位中具有重要作用。常见的地层接触关系包括两大类(图11-7):一是不整合接触,二是整合接触。不整合接触关系包括角度不整合、非整合、假整合(平行不整合)。整合接触关系包括连续和小间断等类型。

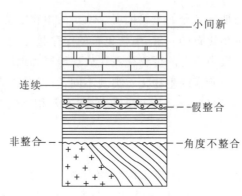

图11-7　地层的接触关系类别示意图
(据张守信,1989)

角度不整合为分隔下部被褶曲或倾斜地层和上部水平地层间的分隔面。这种不整合包含着一系列曾经发生过的地质事件:下伏的原始水平或近于水平的地层在构造作用下发生褶皱或倾斜,然后经历隆升、风化、剥蚀削去了其上翘的顶端,而后新的地层沉积其上。角度不整合面是分隔地层单位(如群、组)的重要界面。在地层单位内部(如组、段)一般不允许存在角度不整合。

非整合的接触关系是指沉积盖层和下伏岩浆岩或深变质岩之间的分隔界面。非整合代表古老基底经受了长期的暴露、风化、剥蚀,之后接受再沉积的演化历史。非整合面之下的岩体或深变质岩被截切,之上的地层不发生接触变质作用,接触面之上常见含下伏地层或岩体砾石的底砾岩。无疑,非整合面是划分地层单位的重要界面。

假整合(平行不整合)接触关系是指上下地层产状平行或近于平行、具有不规则的侵蚀和暴露标志的分隔面。其代表了早期地层的整体上升,遭受风化、剥蚀,而后又接受沉积的演化历史。假整合面上一般都具有古风化壳,或具底砾岩、粗碎屑岩等。假整合是地层单位的重要界面。组一级的地层单位之间常见假整合的接触关系。组内一般不允许假整合存在。

小间断为地层中由于沉积作用中断或沉积环境变迁造成的沉积间断面,这是沉积地层中最常见的界面。小间断面一般可以作为地层的基本层序之间的分隔面。

连续接触关系是指不间断的沉积作用形成的岩层之间的接触关系。它也是地层中最常见的,在地层结构和基本层序识别中,基本层序内部应该是连续的接触关系。

6. 其他属性

除上述常用的几大物质属性之外,地层还包括许多其他的物质属性,如地层的磁性特征、电阻率和自然电位、矿物特征、地球化学特征、生态特征、同位素年龄等,它们均可以作为地层划分的依据,用于建立不同的地层单位。

地层划分的结果是建立地层单位。由于地层划分的依据不同，或划分地层所依据的物质属性不同，所建立的地层单位也不一样。依据地层的岩石学特征及地层结构、厚度和体态、接触关系等建立的地层单位是岩石地层单位；依据地层的时间属性（如生物地层反映的时间、地层的同位素年龄等）所划分的地层单位是年代地层单位；依据地层的生物或生态特征建立的地层单位是生物地层单位或生态地层单位；依据地层的磁性特征建立的地层单位是磁性地层单位；依据地层的地球化学特征建立的地层单位是化学地层单位等。

二、地层划分、对比的原则和方法

1. 地层划分、对比的原则

地层划分是依据不同的地层物质属性将相似和接近的地层组构成不同的地层单位。地层对比是将不同地区的地层进行空间对比和延伸。地层划分和对比在古地理、古构造及矿产资源调查和勘探中具有重要意义，因此它是沉积地质和沉积矿产研究的重要基础性工作。地层划分、对比所遵循的主要原则之一是地层的物质属性相当的原则。由于地层的属性或划分依据不同，所划分的地层单位也不一致。不同地层单位的对比依据是这些地层单位的物质属性的一致性。地层划分、对比应遵循的第二个原则是不同地层单位的地层对比不一致的原则。由于地层单位不同，或者说地层对比的属性不同，对比的界线就不可能一致。如岩石地层单位的对比主要是依据岩性和地层结构的对比，因此对比的界线和年代地层界线或时间界线就不可能一致。只有以严格的时间属性进行的地层对比才具有时间对比意义。

2. 地层划分、对比的方法

1）岩石学的方法

岩石学的方法仅适用于岩石地层划分和对比。岩石地层划分强调地层的岩石属性一致或接近，即岩性相同或相似，结构相同或相似，岩相、变质程度相同或接近。岩石地层单位之间的界线清楚，便于识别。岩石地层单位内部尽可能连续，在空间上有一定的分布范围，在时间序列上有一定的厚度。

在侧向连续的条件下，不同地区的岩石学特征相当的地层是可以对比的。这些岩石学特征包括岩层的岩性、岩石组合、地层结构以及厚度、顶底接触关系等。以地层的岩石学特征进行的地层对比不是时间对比，因为穿时普遍性原理决定了绝大多数岩石地层单位是穿时的。

常用的岩石地层对比方法包括岩性组合法、标志层法、地层结构对比法等。

岩性组合法是地层划分最基本的方法，也是地层对比最重要的方法。侧向连续的相同岩性或岩性组合的地层是可以进行岩石地层单位对比的。如华南中、下扬子地区（湖北东部、江西东北部、安徽南部、江苏、浙江西北部等）的泥盆系五通组均为下部砂岩、上部粉砂岩页岩组合，因此可以进行区域岩石地层对比。

标志层法也是岩石地层对比常用的方法。标志层是指那些厚度不大、岩性稳定、特征突出、易于识别、分布广泛的特殊岩层。标志层有两种类型：一是穿时性的标志层，如地层中的砂岩夹层、煤层、蒸发岩层等；二是等时性的标志层，如火山灰层、小行星撞击事件层及风暴岩层等。穿时性的标志层只能用于岩石地层单位的对比，如地层中的砂岩夹层、煤层、蒸发岩层等一般都是非等时性标志层。等时性的标志层才能用于年代地层单位的对比，如华南二叠系—三叠系过渡层中的界线黏土层，广泛分布于华南绝大部分省区，可以进行等时性对比。

地层结构对比是根据地层的结构类型及其组合方式进行的岩石地层对比。如华北石炭纪太原组由多个砂岩、粉砂岩、泥质岩和灰岩(或灰岩透镜体)组成的有序多层式结构,可以依此进行大区域岩石地层对比。

2) 生物地层方法

生物地层划分的理论依据是生物演化的前进性、阶段性、不可逆性和生物扩散的瞬时性。由于生物从低级向高级的不可逆发展,不同的地层中自下而上包含不同的生物化石组合。生物地层划分是指以地层所包含的化石的一致性建立生物地层单位。

生物地层对比的理论依据为著名的Smith生物顺序律。Smith(1815)认为,相同岩层总是以同一叠覆顺序排列着,并且每个连续出露的岩层都含有其本身特有的化石,利用这些化石可以把不同时期的岩层区分开。Smith称这种方法为"用化石鉴定地层",这一原理被后人通俗地概括为"含有相同化石的地层的时代相同,不同时代的地层所含的化石不同"。

用生物化石对比地层通常应用标准化石法、化石组合法等。

标准化石是指那些演化速度快、地理分布广、数量丰富、特征明显、易于识别的化石。利用这些化石不仅可以鉴定地层的时代,也可以用于地层的年代对比。但标准化石法通常受诸多因素影响而受到限制,如用作标准化石的生物对环境的宽容度较小,生态环境相对局限,生物遗骸在沉积和成岩过程中总要受到损害,再加上采样精度问题,其标准性也是相对的。因此,在应用标准化石法时应注意其精度。

化石组合法是根据地层的化石组合对比地层的方法。所谓化石组合是指在一定的地层层位中所共生的所有化石的综合(图11-8)。根据化石组合所界定的界线不仅可以进行地层划分和建立地层单位,也可以进行地层对比。

用生物地层方法进行地层对比主要用于生物地层单位的对比,也通常应用于年代地层单位的对比。

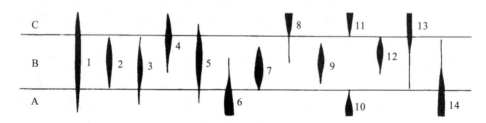

图11-8 化石组合示意图

图中1~14表示14种生物化石在B层形成的化石组合

3) 构造运动面方法

利用地层中的不整合面进行地层划分、对比是一种常用的方法。对于地层划分来讲,一个基本的地层单位中(如"组")一般不能有不整合存在,但它可以作为组的界线。由于不整合界面代表一次区域性的地壳运动,所以有较大的分布范围,因此可以用来作为地层对比的界线。如果不同地区的地层为连续可追索的不整合界面所限定,这些地层是可以对比的。不整合界面可以作为一个等时面,但紧邻该面上下的地层是不等时的。一般来讲,不整合面之下的地层或经历不同程度的变形,或经受不同程度的侵蚀,因此该地层的顶面一般不是等时面。不整合面之上的地层是在海侵过程中形成的,该地层的底面(海侵面)也是不等时的。所以,构造运动面的对比一般只能用于岩石地层单位的对比。

4)同位素年龄测定方法

同位素年龄测定是根据放射性同位素衰变原理进行的。放射性元素在衰变过程中,释放出能量并转化为终极元素。用于地层年龄测量的同位素方法主要有铀铅法(U-Pb法)、钍铅法(Th-Pb法)、铷锶法(Rb-Sr法)、钾氩法(K-Ar法)、钐钕法(Sm-Nd法)等。同一地区地层的同位素年龄可以用于地层年龄的确定和年代地层的标定,不同地区地层的同位素年龄可以用于地层对比。

5)磁性地层对比方法

在地层记录中,通常可以保存沉积物沉积或成岩期的磁性特征,这种磁性称为"剩余磁性"。通过地层剖面中系统的剩余磁性测量发现,随着地质历史的演进,地磁极曾发生过许多次倒转。根据地磁极的倒转并配合同位素年龄测定,可以建立一个地磁极向年表,即磁性地层单位。由于地球的磁极是全球性的,利用已知的地磁极向年表可以进行磁性地层的对比。由于这种对比是严格的时间对比,因此可以用于年代地层对比。

第三节 地层单位

在地层的物质属性研究的基础上,建立地层单位和确立地层系统是地层学的中心任务。由于地层的物质属性不同,地层划分的依据不一,所建立的地层单位也不一致。《国际地层指南》[萨尔瓦多(Amos Salvador),1994]和《中国地层指南》(全国地层委员会,2000)都强调了多重地层单位的思想。一是以建立全球性年代地层系统为目的的年代地层单位系统,以及完善和验证为该系统服务的生物地层单位和磁性地层单位,这些地层单位之间的界面是等时的。因此,不是所有的地层单位都能形成完整的地层系统;二是以建立局部地层系统为目的,主要以区域性特征为依据的岩石地层单位系统,以及为改善、补充和验证该地层系统的其他地层学分支所提供的地层单位(如地震地层单位、构造地层单位、化学地层单位及生态地层单位等),所有这些地层单位之间的界面都是穿时的。

目前地层研究中最常用的是岩石地层单位、年代地层单位和生物地层单位(表11-2)以及岩石地层单位系统和年代地层单位系统两套地层单位系统。

表11-2 地质年代及主要地层单位

地质年代单位	年代地层单位	岩石地层单位	生物地层单位
宙(eon)	宇(eonthem)		
代(era)	界(erathem)	群(group)	延限带(range zone)
纪(period)	系(system)	组(formation)	组合带(assemblage zone)
世(epoch)	统(series)	段(member)	顶峰带(abundance zone)
期(age)	阶(stage)	层(bed)	谱系带(lineage zone)
时(chron)	时带(chronozone)		间隔带(interval zone)

一、岩石地层单位

一个岩石地层单位应由岩性相对一致或相近的岩层组成，或为一套岩性复杂的岩层，但可以和相邻岩性相对简单的地层相区别。除此之外，一个岩石地层单位应有相对稳定的地层结构。一般一个段级的地层单位是由一种结构类型的地层组成的，内部不分段的组也只有一种结构类型，内部分段的组可有多种结构类型。岩石地层单位包括群、组、段、层4级单位。

1. 群

群为比组高一级的地层单位，为组的联合。其联合的原则是：岩性的相近、成因的相关、结构类型的相似等。一般一个群是由岩性相似、结构相近、成因相关的组联合而成的。群的顶底界线一般为不整合界线，或为明显的整合界线。

2. 组

组是岩石地层单位系统的基本单位。是具有相对一致的岩性和具有一定结构类型的地层体。所谓岩性相对一致，是指组可以由一种岩性组成，也可以由两种岩性的岩层互层或夹层组成，或由岩性相近、成因相关的多种岩性的岩层组合而成，或为一套岩性复杂的岩层，但可与相邻岩性简单的地层单位相区分。组的内部结构也应有一致性，内部不分段的组为一种结构类型，内部分段的组可有多种结构类型。组的顶底界线明显，它们可以是不整合界线，也可以是标志明显的整合界线，但组内不能有不整合界线。

3. 段

段为比组低一级的地层单位，为组的再分。分段的原则是组内地层的岩性、结构、成因的差别。一般一个段是由岩性相同或相近、一种结构类型、成因相关的岩层组成的地层单位。段的顶底界线也应明显，一般是标志明显的整合界线。

4. 层

层是最小的岩石地层单位。层有两种类型：一是岩性相同或相近的岩层组合，或相同结构的基本层序的组合，其可以用于野外剖面研究时的分层；二是岩性特殊、标志明显的岩层或矿层，其可以作为标志层或区域地质填图的特殊层。

在造山带构造变形和变质作用改造的地层区或克拉通的深变质岩区，由于变形和变质作用的改造，原始的地层顺序、位态及相互关系都发生了变化，很难再恢复原生的地层单位和地层系统，一般采用岩群、岩组、岩段的地层单位术语。岩群、岩组和岩段的划分原则与群、组、段不同，其主要依据地层的岩性组合、变形和变质程度等。岩群、岩组、岩段的顶底界线一般是断层（包括脆性断层和韧性断层）界线，或受断层改造的不整合界线。

任一地层区都可以建立从老到新的岩石地层单位系统。这个地层单位系统是客观存在的，也是地层学研究的基础性工作。所有的其他地层学工作都是建立在岩石地层单位和岩石地层单位系统基础上的。

二、年代地层单位和地层系统

年代地层单位是以生物演化的自然阶段为主要依据划分的地层单位。由于生物的演化阶段具有不可逆性和全球一致的特征，因此，依据其演化的各个阶段所划分的年代单位具有严格的时间顺序和全球可比性。年代地层单位是以地层形成的时代为依据划分的地层单位。除生物演化特征作为年代地层单位划分的主要依据外,放射性同位素年龄、磁性地层也是年代地层划分的重要依据。

年代地层单位是在特定的地质时间间隔内形成的地层体,这种单位代表地史中一定时间范围内形成的全部地层,而且只代表这段时间内形成的地层。每个年代地层单位都有严格对应的地质年代单位。年代地层单位自高而低可以分为宇、界、系、统、阶、时带,它们和地质年代单位的宙、代、纪、世、期、时相对应。

1. 宇

宇是最大的年代地层单位,它是与时间"宙"对应的年代地层单位。它是根据生物演化最大的阶段性,即生命物质的存在及方式划分的。由于地球早期的生命记录为原核细胞生物,之后的生命记录为真核细胞生物,最后才发展为高级的具硬壳的后生生物。所以可将整个地史时期分为太古宙、元古宙和显生宙,所对应的年代地层单位则为太古宇、元古宇和显生宇。宇是全球性统一的地层单位。

2. 界

界是第二级年代地层单位,也是全球性统一的地层单位。它是与时间"代"对应的年代地层单位,是根据生物界发展的总体面貌以及地壳演化的阶段性划分的。依据地壳演化的阶段性,太古宇划分为始、下、中、上太古界,元古宇划分为下、中、上元古界。而显生宇根据生物界演化和地壳演化的阶段性划分为下古生界、上古生界、中生界、新生界。

3. 系

系是低于界的年代地层单位,它对应于地质年代单位"纪"。纪的划分主要是依据生物界演化的阶段性。如晚古生代的泥盆纪以鱼类脊椎动物、裸蕨类植物,以及有显著变革的无脊椎动物为特色,故泥盆纪可以称为"鱼类的时代"。与泥盆纪对应的年代地层单位则为泥盆系。系是年代地层单位中最重要的单位,其具有全球可对比性,因此,系也是全球统一的。

4. 统

统是系内的次级地层单位,与地质年代单位"世"相对应。一般一个纪可以依据生物界面貌划分为两三个世(目前寒武纪和志留纪已划分为4个世),通常称之为早、中、晚世,与之对应的年代地层单位则为下、中、上统。如泥盆纪划分为早、中、晚泥盆世,对应的年代地层单位为下、中、上泥盆统。白垩纪可分为早、晚白垩世,对应的年代地层单位则为下、上白垩统。由于世所代表的地质时间仍较长,全球生物界面貌在较长时间范围内仍能保持一致,所以统仍是全球性统一的。目前部分"世"或"统"倾向于使用地名命名,避免使用早、中、晚世或下、中、上统,如二叠纪(系)划分为乌拉尔世(统)、瓜德鲁普世(统)和乐平世(统)。

5. 阶

阶是年代地层单位的最基本单位,其对应于地质年代单位"期"。期的划分主要是根据科、属级的生物演化特征划分的。如寒武纪可以分为10个期,对应的年代地层单位为10个阶。这些阶主要是根据寒武纪最繁盛的三叶虫动物群的演化划分的。阶的应用范围取决于建阶所选的生物类别,以游泳型、浮游型生物建的阶一般具全球可对比性,如奥陶系—志留系以笔石建的阶、中生代以菊石建的阶等。而以底栖型生物建的阶一般是区域性的,只能应用于一定的区域,如寒武系以底栖型生物三叶虫建的阶。

6. 时带

时带是年代地层单位中最低的单位,与地质年代单位"时"相对应,即时带是指一个"时"内所有的地层记录。时带是根据属、种级生物的演化划分的,因此时带一般以生物属或种来命名,如下寒武统的 *Redlichia* 时带是生物 *Redlichia* 属所占有时间间隔内的地层。以全球性分布的游泳生物或浮游生物划分的时带是全球性的,如菊石、牙形刺时带等,而以底栖生物划分的时带一般是区域性的。

三、生物地层单位

生物地层单位是根据地层中保存的生物化石划分的地层单位。生物地层单位是以含有相同的化石内容和分布为特征,并与相邻单位化石有别的三度空间地层体。生物地层单位为生物带,其包括级别相同的 5 种类型有:延限带、顶峰带、组合带、谱系带、间隔带。

1. 延限带

延限带是指任一生物分类单位在整个延续时间范围之内所代表的地层体。其代表该生物分类单位从"发生"到"绝灭"所占用的地层。但在一个地层剖面上,延限带的界线仅仅是该生物类别最早出现到最后消失的界线。因此延限带的确切界线应在所有剖面都调查清楚以后才能确定(图 11-9a)。

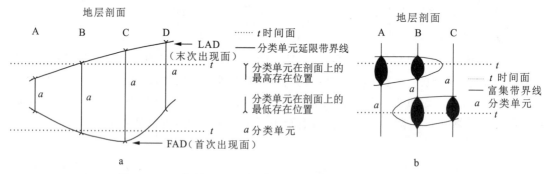

图 11-9 延限带 a 和顶峰带 b 示意图(据 Salvador,1994 修改)

2. 顶峰带

顶峰带是指某些化石属、种最繁盛时期的一段地层,它不包括该类化石最初出现和最终消失时的地层。地层中化石属、种的繁盛可以用 3 种方式表现:一是化石在特定时期,在一定的地理范围内富集,比其早期和晚期化石密度要大;二是化石在一定的地理分布范围中富集,单位面积中的化石个数基本上是常数,仅地理分布范围比早期和晚期大;三是化石仅仅在特定的环境中,在极窄的地理范围内富集,而在该化石所占的其他地区个体数却不多。这 3 种情况都可以形成繁盛期,繁盛期所代表的地层为顶峰带。因此,不同地区的繁盛期未必完全一致,只有通过等时性对比才能确定(图 11-9b)。

3. 组合带

组合带是指特有的化石组合所占有的地层。该地层中所含的化石或其中某一类化石,从整体上说构成一个自然的组合,并且该组合与相邻地层中的生物化石组合有明显区别。组合带不是以某一化石类别延续的时间所占有的地层确定的,而是根据多种化石类别的共存所占有的地层确定的(图 11-10a)。

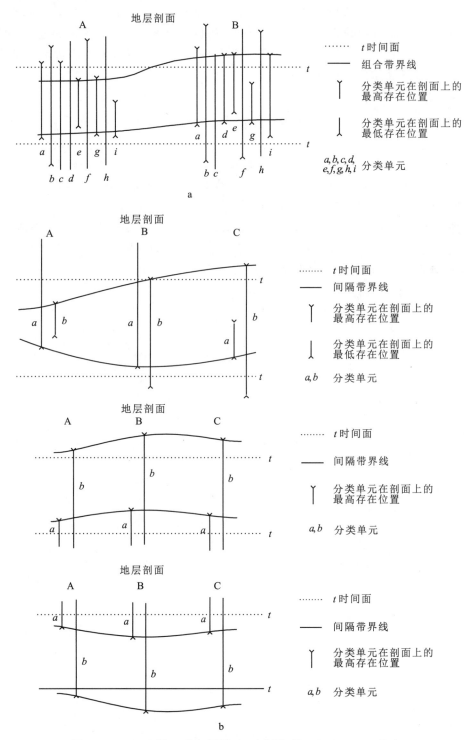

图 11-10　组合带(a)和间隔带(b)示意图(据 Salvador,1994 修改)

4. 间隔带

间隔带是指位于两个特定的生物面之间的地层体。该带不一定是某一个或几个生物分类单元的分布范围，而是通过这些生物界面限定的生物面来定义的。这些生物面通常包括生物化石的最高存在界面、生物化石的最低存在界面。这两种界面任意组合限定的范围就是间隔带。如一个最高存在界面和一个最低存在界面限定的间隔带，两个最高存在界面限定的间隔带，两个最低存在界面限定的间隔带等（图 11-10b）。

5. 谱系带

谱系带是含有代表进化谱系中某一特定化石的地层体。它既可以是某一化石分类单元在一个演化谱系中的延限，也可以是该化石分类单元后裔分类单元出现前的那段延限。谱系带的界线是通过演化谱系中化石的最低存在生物面来确定的。因此，谱系带代表了一个分类单元在演化谱系中的总体或部分延限。谱系带以该分类单元来命名。由于谱系带具有较强的时间性，因此多用于进行年代地层"时带"的划分。

生物带是生物地层单位的不同类别，不是具有包容或从属关系的级别。对一个地区来说，生物地层单位不是普遍建立的，各单位之间也不一定是连续的。那些因缺少化石而无法建立生物地层单位的地层，可以称之为"哑间隔带"。

第十二章 产状与地层接触关系

第一节 产状和产状要素

一、产状的基本概念

在地质学研究中,人们将天然地质体(如地层、侵入岩及变质岩等)在三维空间中产出的方位和空间状态称为产状。从几何学观点分析,通常可以使用面状构造、线状构造两种主要类型来描述地质体的空间产出特征。为了明确面状构造、线状构造的产出方位和空间状态特征,需要使用产状要素的概念,即以产状要素来表示面状、线状构造要素与水平参考面和地理方位之间的关系。因此,产状可简单理解为面状构造与线状构造的空间产出方位。

产状含义很广,在沉积岩或浅变质岩区,地质学家将岩层面称为"产状"面,其在严格意义上对应于层理面产状,即沉积层理面或 S_0 面;在变质岩区,产状用以描述片理、片麻理等面状构造,而在断层带中则可用以描述断层面产状、擦痕(线状)产状等构造要素。

值得注意的是,在地球演化历史中,多期地壳运动或构造运动可以使原始水平的沉积岩层发生倾斜、直立甚至翻转而改变其水平状态,其他面状构造(如片理面、断层面等)、线状构造(如原生线理、擦痕等)的原始产状也多变化复杂。因此,在地质学的调查研究中,使用产状要素来准确描述天然地质体的产出状态是一项非常必要的基础工作。

二、面状构造的产状要素

通常情况下,平面产状是以空间的延伸方位及其倾斜程度来确定的。任何面状构造或地质体界面的产状均以其走向、倾向和倾角的数据表示。

走向 倾斜平面与水平面的交线称为走向线(图 12-1 中之 AOB),走向线两端延伸的方向为该平面的走向。任何一个平面都有无数条相互平行的、不同高度的走向线,一条走向线两端的方位相差 180°。

倾向 在倾斜平面上、与走向线相垂直的线称为倾斜线(图 12-1 中之 OD),倾斜线在水平面上投影所指的、沿平面向下倾斜的方位为真倾向,简称为倾向(图 12-1 中之 OD')。在倾斜平面上,与该点走向线不直交的任一直线均为视倾斜线,其在水平面上投影线所指的倾斜方向,称为视倾向或假倾向(图 12-2)。

倾角 倾斜平面上的倾斜线与其水平面投影线之间的夹角为倾角(图 12-2 中之 α 角)。视倾斜线与它在水平面上投影线之间的夹角为视倾角或假倾角(图 12-2 中之 β、β' 角)。从平面上任一点可引出多条倾斜线,也就存在许多视倾角,这些视倾角均小于该点真倾角值,即真倾角总是大于视倾角。

如图 12-2 所示，真倾角与视倾角的关系可以用数学公式表示为：
$$\tan\beta = \tan\alpha \cdot \cos\omega$$
上述关系式表明，视倾向越接近真倾向时，其倾角值越大，反之，越小。

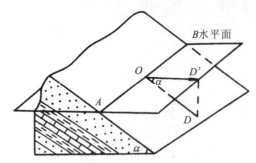

图 12-1 倾斜平面的产状要素图

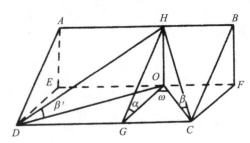

图 12-2 真倾角与视倾角的关系图
α 为真倾角，β、β′为视倾角，ω 为真倾向与视倾向之间的夹角

三、线状构造的产状要素

直线的产状是直线在空间的方位和倾斜程度。直线的产状要素包括倾伏向、倾伏角及其所在平面上的侧伏向和侧伏角。

倾伏向（指向） 某一直线在空间的延伸方向，即某一倾斜直线在水平面上的投影线所指该直线向下倾斜的方位，用方位角或象限角表示（图 12-3a）。

倾伏角 直线的倾斜角，即直线与其水平投影线间所夹的锐角，如图 12-3a 中的 γ 角。

侧伏向 当线状构造包含在某一倾斜平面内，与倾斜直线呈锐角一侧的走向线方位。

侧伏角 倾斜直线与所在平面走向线之间所夹的锐角，如图 12-3b 中的 θ 角。

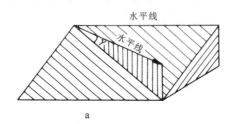
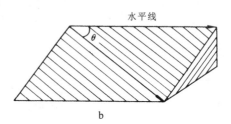

图 12-3 直线的产状要素
a.箭头示倾伏向，γ 为倾伏角；b.水平线右端为侧伏向，θ 为侧伏角

四、岩层产状要素的测定与表示方法

通常情况下，岩层的产状要素可以使用地质罗盘直接在岩层面上测得；有些情况下，可利用钻孔编录资料或几何作图法从地形地质图上求出岩层的产状要素，如相邻等高线法等。

岩层的产状要素可用文字或符号来表示。地质罗盘上标记有不同象限的方位，因此产状可用 0°～360°方位角来表示。文字表示方法主要有两种。

（1）方位角表示法：一般记录倾向和倾角，如 SW205°∠25°，也可简写为 205°∠25°（多用这种表示法）。前一读数为倾向的方位角，后一读数为倾角，即某一面状构造的倾向为南西

205°,倾角为25°。

(2)象限角表示法：以北和南的方位作为0°，一般记录走向、倾角和倾向象限。如 N30°E/27°SE，即表示某一面状构造走向为北偏东30°，倾角27°，倾向南东。

在地质图上，岩层产状要素通常使用特定符号表示。常用符号如下：

⦟30　长线表示走向，短线表示倾向，数字表示倾角，长、短线必须按实际方位的象限标示在图上。

⊥　表示水平岩层产状。

⟟　直立岩层产状，箭头指向较新地层。

⦾60　倒转岩层产状，箭头指向地层倒转后的倾向，即指向老岩层，数字表示倾角。

在国外的地质书刊和地质图上，岩层产状要素表示方式和图示符号并不相同，阅读文献资料时应注意差别。

第二节　层状岩石的产状

一、水平岩层的产状

水平岩层是指岩层的同一层面上各点海拔高度基本相同，能够保持水平状态的沉积岩层。水平岩层一般分布在受后期构造变动不强烈的稳定地块盖层或大型盆地内，如北美大陆和俄罗斯台地的水平岩层，其分布范围可达数十万平方千米。在美国西部科罗拉多峡谷一带，出露有较大范围水平岩层(图 12-4)，其形成时代由寒武纪至三叠纪，沉积时限跨越近 2.5Ma。但是，大面积出露的水平岩层并不意味着该区域的地壳一直保持稳定。层序分析显示，这些水平岩层中存在多条沉积间断面，显示出地壳垂向升降的构造运动特征。

图 12-4　美国科罗拉多峡谷中的水平岩层景观
(刘强　摄)

水平岩层具有以下特征：

(1)在地层没有倒转的前提下，地质时代较新的岩层叠置在较老岩层之上。当地形剥蚀切割轻微时，地面只出露最新岩层，如地形切割强烈，则较老岩层出露于河谷、冲沟等低洼处，最新岩层分布在山顶或分水岭上，即岩层愈老出露位置愈低，愈新则出露愈高。

(2)水平岩层厚度是该岩层顶面标高和底面标高之差(图 12-5a)。

(3)水平岩层的出露和分布状态受地形控制。水平岩层出露界线(即岩层面与地面的交线)在地形地质图上表现为与地形等高线平行或重合(图 12-5b)。河谷、冲沟中岩层出露界线随等高线弯曲而弯曲呈"V"字形，其尖端指向上游。在山顶和山坡上，岩层露头往往成孤岛状，呈不规则同心圆状或条带状。

(4)水平岩层露头的水平宽度(即岩层上、下层面出露界线之间的水平距离)随岩层厚度和地面坡度变化而变化(图 12-5)。地面坡度相同时，厚岩层的露头宽度宽，薄岩层的露头宽度窄；岩层厚度相等时，地表坡度缓，岩层的出露宽度宽；当地表坡度陡，岩层露头宽度窄。在陡崖处，岩层上、下层面界线的投影线重合成线，即露头宽度为零，这在地质图上呈现出岩层尖灭的假象。

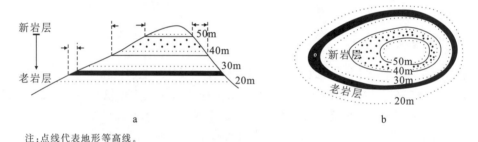

注：点线代表地形等高线。

图 12-5 水平岩层出露宽度、厚度与地面坡度的关系
a.剖面图；b.平面图

二、倾斜岩层的产状

由于地壳多期构造运动，原始沉积水平岩层往往改变其水平产状，形成具有一定倾向和倾角的倾斜岩层，这是岩层天然产出最基本的一种状态。倾斜岩层展布很广，往往可以成为区域性构造或一类大型构造的组成部分，如构成大型褶皱的一翼。

倾斜岩层露头界线或地质界线分布形态较复杂，主要表现为与地形等高线间的交截关系，其出露界线的几何特征具有一定规律。当其横过沟谷或山脊时，均呈现出"V"字形态。根据岩层产状、地面坡向及坡度不同，"V"字形态也有所不同，这种规律称为"V"字形法则。

"V"字形法则主要有三种特征：

(1)当岩层倾向与地面坡向相反时，岩层界线与地形等高线的弯曲方向相同(相反相同)。在沟谷处，岩层界线的"V"字形尖端指向沟谷的上游(图 12-6)；而穿越山脊时，"V"字形尖端则指向山脊的下游，但岩层界线的"V"字形弯曲程度较等高线开阔。

(2)当岩层倾向与地面坡向相同时，且岩层倾角大于地面坡角时，岩层界线与地形等高线呈反方向弯曲(相同相反)。在沟谷中，岩层界线"V"字形尖端指向下游(图 12-7)；在山脊上，则指向山脊上游。

(3)当岩层倾向与地面坡向相同，但岩层倾角小于地面坡角时，岩层露头界线与地形等高

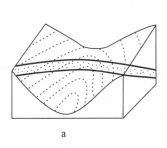
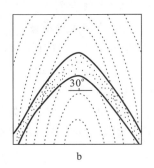

图 12-6　岩层倾向与地面坡向相反时,倾斜岩层在沟谷处的出露界线
a.立体图;b.地质图

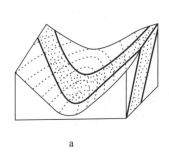
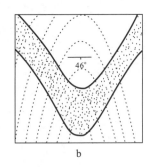

图 12-7　岩层倾向与地面坡向相同,且岩层倾角大于地面坡角时,倾斜岩层在沟谷处的出露界线
a.立体图;b.地质图

线的弯曲方向也是相同的(相同相同)。在沟谷中,岩层露头界线的"V"字形尖端指向上游(图 12-8);在山脊上,其"V"字形尖端则指向山脊的下游。这与第一种情况的不同之处在于,露头界线的"V"字形弯曲程度较等高线紧闭。

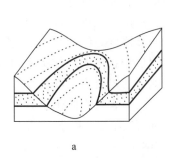
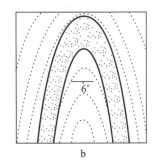

图 12-8　岩层倾向与地面坡向相同,岩层倾角小于地面坡角时,倾斜岩层在沟谷处的出露界线
a.立体图;b.地质图

　　岩层产状直立时,岩层出露线沿岩层走向所切的一条上下起伏的地形轮廓线延伸,这条曲线的水平投影呈一条直线,不受地形影响(图 12-9),图上宽度即为岩层厚度。
　　"V"字形法则不仅适用于层状地质体界面露头线的分布形态,而且也适用于一切比较平直的地质界面,如断层面、不整合面等。这个法则有助于野外观测地质构造现象和填绘或阅读分析地质图,特别是大、中比例尺地质图。

应用"V"字形法则时要注意,只有倾斜岩层或其他地质界面的走向与沟谷、山脊的延伸方向呈直交或斜交时,岩层出露界线与地形(等高线)间的关系才符合上述规律。而当岩层或其他地质界面走向与沟谷、山脊延伸方向平行时,岩层出露界线与地形(等高线)间关系就不符合"V"字形法则。此时,某些地段可能会出现岩层界线与等高线平行或重合的情况,不要认为岩层处于水平状态;某些地段可能出现岩层界线呈直线延伸且穿越等高线,也不要误认为岩层处于直立状态。

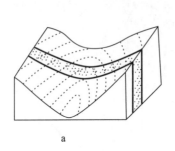
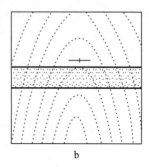

图 12-9 直立岩层出露界线特征
a.立体图;b.地质图

三、岩层的厚度和出露宽度

1. 岩层的厚度

岩层的顶面与底面之间的垂直距离,即层面法线方向上的距离,称为岩层的真厚度。除真厚度外,岩层还有铅直厚度和视厚度。

铅直厚度指在铅直方向上,岩层顶面与底面之间的距离。真厚度与铅直厚度关系如下(图 12-10):真厚度(h)=铅直厚度(H)×cosα(α 为岩层真倾角)。

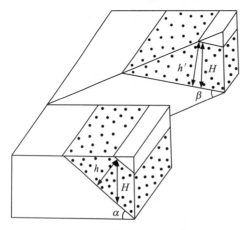

图 12-10 岩层真厚度、视厚度和铅直厚度关系示意图

由上式可知,倾斜岩层的铅直厚度恒大于真厚度。倾角越大,铅直厚度也越大。在岩层产状不变的前提下,任何方向剖面上所测得的铅直厚度都相等。

与岩层走向不垂直的剖面上,岩层顶面和底面之间的垂直距离称为视厚度(图 12-10 中的 h')。在与岩层走向斜交的铅直剖面上,视厚度与铅直厚度的关系是:视厚度(h')=铅直厚度(H)×cosβ(β 为该剖面方向上的岩层视倾角)。

由于视倾角小于真倾角,视倾角余弦值大于真倾角余弦值,因此,视厚度大于真厚度。在地质构造研究中,尤其是矿床勘探中,岩层和矿层的厚度及变化是很重要的参数之一。

2. 岩层的出露宽度

倾斜岩层的出露宽度是指岩层顶部与底面露头线之间的水平距离,它主要受岩层厚度、地面坡度及岩层倾角大小的影响。

(1)当岩层厚度和倾角不变时,地面坡角越缓,则岩层出露越宽;倾向与坡向相同时,岩层倾角与坡角越接近,则岩层出露宽度越大(图12-11a)。

(2)当地面坡度和岩层厚度不变时,岩层倾角越陡,则出露宽度越窄;岩层近于直立时,岩层的出露宽度等于岩层厚度,且不受地形影响(图12-11b)。

(3)当地面坡度与岩层倾角不变时,岩层越厚出露越宽,岩层越薄,出露越窄。

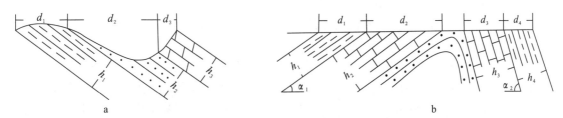

图 12-11 倾斜岩层出露宽度与岩层厚度、倾角及地形的关系
a.地面坡度不同,岩层厚度和倾角相同($h_1=h_2=h_3,d_2>d_1>d_3$);
b.地面坡度相同,岩层厚度和倾角不同($h_2>h_1,d_2>d_1,h_2=h_3>h_1=h_4,\alpha_2>\alpha_1,d_2>d_3,d_1>d_4$)

第三节 地层接触关系

一、地层及接触关系

地层是形成于一定时间内、具有一定层位的一层或一组岩层。因此,地层是具有形成时代含义的层状岩石,主要包括沉积岩系、火山岩系及由这些岩石变质而成的变质岩系。

地层接触关系是指上、下两套不同时代地层之间的关系,它包括上、下两套接触地层在空间上的接触形式和时间上的发展状况。因此,分析地层接触关系是研究地壳运动状况和地质构造变动历史的一个重要内容。

二、整合与不整合

1. 整合

上、下两套地层在沉积层序上没有间断,岩性或所含化石一致或递变,产状基本平行,这称为地层间的整合接触。这两套地层形成的地质时期中,该地区处于地壳运动相对稳定的沉积区,即沉积盆地持续地缓慢下降,或者虽处于上升,但沉积作用从未间断、沉积物连续沉积,这样形成两套地层之间的整合接触。

2. 不整合

上、下两套地层间存在明显地层沉积间断,即先、后沉积的上、下两套地层之间缺失有部分地层,这种地层间的接触关系称为不整合。需要注意的是,沉积间断可能代表先前没有沉积作用,称之为"缺",也可能代表先前沉积地层被侵蚀,称之为"失",沉积间断面称为不整合面。不整合面在地表的出露界线称为不整合线,是一类非常重要的地质界线。

三、不整合的主要类型

根据不整合面的上、下两套地层间的产状及所反映的地壳运动特征,将不整合分为两种类型,即平行不整合(也称假整合)和角度不整合(狭义的不整合)。

1. 平行不整合

平行不整合表现为上、下两套地层的产状近于一致,但二者之间缺失某些时代的地层,表明这段时期内存在沉积间断,即没有沉积或被侵蚀。两套地层之间的接触面为不整合面(或古剥蚀面),其可平整或高低起伏,反映当时没有沉积或遭受剥蚀的古地貌形态,在这个面上常有底砾岩,有时还保存古风化壳或古土壤层。

形成平行不整合是由于地壳在一段时期内处于上升状态,但地层未发生明显褶皱,只是高于当时沉积面而发生沉积中断,并受剥蚀。此后,被剥蚀地层再次下降接受新沉积,使上、下地层之间缺失某一时期的地层,但上、下地层的产状基本一致。该过程可表示为:下降、沉积→地壳上升、沉积间断、遭受剥蚀→下降、再沉积(图12-12)。

平行不整合在平面上和剖面上表现为不整合面上、下两套地层的界线在较大区域内平行展布,产状基本一致,其间缺失部分地层。

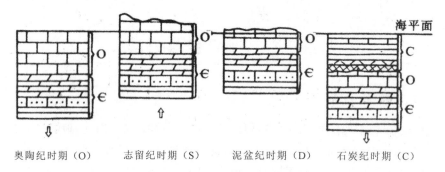

图12-12 平行不整合形成过程示意图

O.接受沉积;S.地壳平稳上升;D.遭受风化剥蚀;C.下降,接受沉积

2. 角度不整合

角度不整合表现为不整合面上、下两套地层间缺失部分地层,产状不同。上覆较新的地层底面通常与不整合面基本平行,下伏的较老地层层面与不整合面相交。

角度不整合形成过程可概括为:下降、沉积→褶皱(不均匀隆起)、变质作用或岩浆侵入,沉积间断、遭受剥蚀→再下降、再沉积(图12-13);角度不整合显示出上覆地层在沉积之前发生过较为强烈的构造运动而形成褶皱。

角度不整合在平面和剖面上表现为不整合面上、下的两套地层产状有较明显差别,其间缺失部分地层。上覆较新地层的底面(一般代表不整合面)与下伏较老层位的地层相交,如图12-13中,古近系(E)地层底面界线(即不整合线)覆盖和切割三叠系(T)地层。

图12-14给出了地质图上不同类型不整合接触的表现形式。例如,上白垩统(K_2)与中-

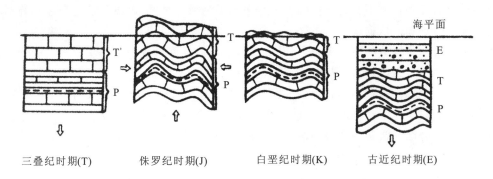

三叠纪时期(T)　　侏罗纪时期(J)　　白垩纪时期(K)　　古近纪时期(E)

图 12-13　角度不整合形成过程示意图

T.接受沉积；J.褶皱、隆起；K.遭受风化剥蚀；E.下降，接受沉积

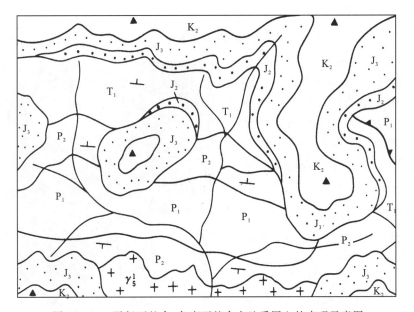

图 12-14　平行不整合、角度不整合在地质图上的表现示意图

(据曾佐勋和樊光明,2008)

上侏罗统(J_2—J_3)地层为近水平展布,但其间缺失下白垩统(K_1)地层,因此 K_2 与 J_2—J_3 之间表现为平行不整合接触关系；下伏的下三叠统(T_1)与二叠系(P_1—P_2)地层形成背斜构造,因此与上覆近水平的侏罗系(J_2—J_3)和白垩系(K_2)地层形成角度不整合接触关系。

四、不整合的观察和研究

1. 研究不整合的意义

（1）不整合是鉴定地壳运动时间的主要依据,是划分不同构造层的分界面,所以研究不整合过程对于认识地质发展历史具有重要意义。

（2）不整合是划分岩石地层单位的依据之一,但由于不整合不代表等时面,所以它不能作为划分年代地层单位的依据。

(3) 通过研究和观察不整合在空间上的分布和类型变化情况，可以了解地壳运动的不均衡性，为古地理特征提供依据。

(4) 不整合面是构造的薄弱者，岩浆及含矿溶液易沿此面形成一些内生矿床。由于不整合面上存在古风化壳，因此，通常有铁、锰、磷、铝土矿等外生矿床。

石油构造研究表明，在不整合面的上覆地层覆盖之下，由古剥蚀面形成的古潜山是很好的储油构造。因此，研究不整合对于油气、金属与非金属矿床勘探具有重要意义。在地球物理探测调查中，不整合面通常是一个较为清晰的界面，有利于分析地下隐伏的地质构造特征。

2. 确定不整合存在的主要标志

地壳运动引起岩石变形、区域变质和岩浆活动，会造成地表地理环境的巨大变化，从而影响到沉积物的变化和生物界的演化，不整合就是地壳运动的重要产物。因此，这些与地壳运动有关的地质作用是确定不整合的直接或间接标志。

1) 地层古生物方面的标志

相邻的上、下两套地层中化石所代表的地质时代相差较远，或二者的化石反映出生物演化过程存在不连续现象，包括种、属的突变或生物群迥然不同。这些反映了下伏地层沉积之后，由于地壳运动引起地理环境的根本变化。根据化石和区域地层对比，确定两套地层之间某些层位的缺失不是断层造成的，而是不整合存在的确切证据。

2) 沉积方面的标志

在岩性和岩相上，相邻的上、下两套地层截然不同，两套地层之间往往有一个较平整或起伏不平的古侵蚀面。这个面上可能保存着古风化壳、古土壤层或与之有关的残积型矿床（如铁、锰、磷、镍、稀土或铝土矿等）。上覆地层的底层常有由下伏地层的岩石碎块、砾石或砂

图 12-15　寒武系府君山组与青白口系景儿峪组之间的古风化壳（如白色箭头所示）
（北京周口店，刘强　摄）

组成的底砾岩。例如，在北京周口店黄院，青白口系上统景儿峪组板岩与寒武系府君山组灰岩呈平行不整合关系，两者接触面以十几厘米的古风化壳相分隔（图 12-15），二者间缺失 2～3 亿 a 的沉积记录，是华北板块蓟县运动的产物。

3) 构造方面的标志

上、下两套地层产状不同，褶皱形式、强弱以及断裂构造发育不同是确定角度不整合的构造标志。一般地说，下伏较老地层遭受的构造变形期次多于上覆较新地层，导致其褶皱相对复杂，断层、节理发育，某些断层、节理延至不整合面中止而不延伸至上覆地层，或者上、下两套地层的构造线方向截然不同。

4）岩浆活动和变质作用方面的标志

在不整合面分隔的上、下两套地层中，往往有各自不同时期、不同特点的岩浆活动和变质作用，它们具有明显的差异性。例如，在西藏德庆马乡地区，上白垩统设兴组安山岩、石英砂岩与上白垩统—古新统典中组火山碎屑岩呈现角度不整合接触关系（图 12-16）。设兴组地层明显褶皱，典中组地层则低角度倾斜产出，两者产状明显不一致，接触面弯曲不平。通过测年研究，获得设兴组、典中组形成时代分别约为 86Ma 和 69Ma，二者之间缺失了约 20Ma 的沉积记录，代表了青藏高原演化过程中的一次强烈的造山运动。

3. 不整合面形态研究

不整合面的形态通常显示该地区当时的大陆侵蚀程度和地貌特征。由于后期构造活动，有些不整合面与上、下地层一起褶皱呈波状弯曲或错开。因此，需要系统测量不整合面和上、下两套地层的产状，用以了解不整合面的形态。在野外观察过程中，对不整合接触出露良好、地质现象典型清楚的地点，应仔细观察描述，绘制剖面图、素描图和拍照记录（图 12-16）。

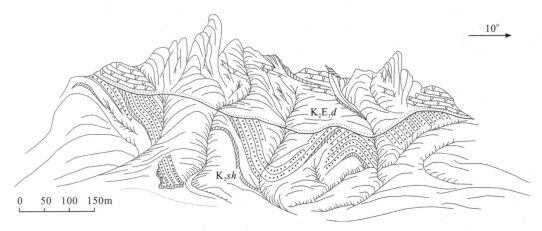

图 12-16　上白垩统设兴组与上白垩统—古新统典中组间的角度不整合
（西藏自治区德庆马乡；刘强、朱跃生 绘）

对于不整合面上、下两套地层中一定层位的地层剖面，要进行系统观察和研究，了解沉积环境变化，为寻找有关矿产和古地理研究提供资料。对于底砾岩，要分析砾石成分并注意砾岩中可能含有化石，了解砾石来源；对砾石的粒径、磨圆度、分选性和排列方向等进行系统测量，有助于分析下伏地层抬升出露特征和古地理特征。如果不整合面的沟槽等低凹部位被后来的沉积物充填，在不整合面局部会产生上覆新地层和下伏地层与不整合面交截。这种新沉积物充填于下伏老地层侵蚀凹地之中，如同新地层嵌入下伏地层中的现象叫嵌入不整合或不整合嵌入（图 12-17 中的 A 区）。由于不整合面起伏不平，引起局部新地层在横向上与不整合面呈截切的现象，称为毗连不整合接触（图 12-17 中的 B 区）。

4. 不整合分布的区域性特征

在一次地壳运动影响的范围内，不同地区表现强弱不同，在地壳运动强烈区形成角度不整合，在地壳运动微弱区形成平行不整合，两者逐渐过渡。因此，不整合的观察研究不能局限于一两个地点，要尽可能在较大区域上研究其分布和变化。

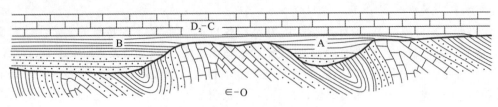

图 12-17 嵌入不整合接触与毗连不整合接触关系

(据郭颖等,1995)

在一次地壳运动影响范围内,不同地区发生褶皱、隆起以及再下降、再沉积的时间具有先后关系。在不同地段上,不整合面上、下两套接触地层的层位时代会有所不同。另一方面,一定区域内可以发生多次地壳运动,形成若干个角度不整合或平行不整合,如美国西部科罗拉多峡谷水平岩层中就存在三条不同时期形成的平行不整合面。

在不同地段,不整合之间缺失地层可能各不相同。在研究不整合时要综合考虑,切忌把一个地区某一时期的不整合生搬硬套至其他地区,也不能把同一期地壳运动在不同地方表现出来不同类型的不整合当作不同时期地壳运动的产物。只有综合广大地区的地层、构造和岩浆活动等方面的大量资料,通过对比和综合分析,才能正确认识不整合性质、表现形式、影响范围和强弱程度。

5. 确定不整合的时代

不整合的形成时代,通常是根据不整合面下伏地层中最新地层的时代与上覆地层中最老地层的时代来限定,即上、下两套地层之间缺失那部分地层所相当的时代。如果地层缺失不多,上、下地层时代间隔较短,可以确定较为准确的不整合形成时代;如果地层缺失较多,上、下地层时代相差较远,就难以准确确定不整合时代。就地层缺失来说,还需要确定哪些是"缺"、哪些是"失"。因此,不整合时代下限通常难以准确确定。只有根据大区域内的地层分析对比和古地理区域构造发展史的综合研究,才能较准确地确定出不整合所代表的地壳运动时期。

第十三章 构造运动

由地球内部自然力的作用(内动力地质作用)造成的地壳或岩石圈机械变形、变位称为构造运动。这种变形和变位包括升降、漂移、俯冲、褶皱、断裂、地震等,它直接影响岩浆作用、变质作用和沉积作用,推动地壳的演化。构造运动亦称为地壳运动或构造作用,是内动力地质作用的重要组成部分。

和自然界一切事物一样,地壳和岩石圈也在不停地运动着。除了前述外动力地质作用下的运动外,内动力地质作用下的运动尤为显著、直观,如海、陆的变迁及轮廓的改变,地壳的隆起和坳陷以及山脉、海沟的形成等。

第一节 构造运动的分类及表现

构造运动的分类方法较多,著名构造地质学家马杏垣院士曾将其概括为"升、降、开、合、剪、滑、旋"7种主要方式。本章主要按构造运动方向、造成的结果和发生时间的不同,划分为不同类型。

一、构造运动发生的时间、分类及表现

根据构造运动发生的时间,将构造运动分为新构造运动和古构造运动,其中新构造运动又可分为现代构造运动和挽近构造运动。

1. 新构造运动

新构造运动是相对地史期间的构造运动而言的。新构造运动和古构造运动在运动性质上并无本质差别。到目前为止,对于新构造运动出现的时间认识并不统一,主要有以下观点:第四纪发生的构造运动;从新近纪开始至现代的构造运动;新近纪和第四纪前半期发生的构造运动;新构造运动不应给予时间限制,只要是控制现代地形的构造运动都应叫新构造运动。一般情况下,人们往往根据研究区构造运动特点,对新构造运动的时间重新界定。本书将新近纪以来发生的构造运动通称为新构造运动。新构造运动可以继承古构造运动,也可以是新生的,其构造运动表现形式可以相同,也可以有不同。新构造运动包括现代构造运动和挽近构造运动。

新构造运动既有垂直升降运动又有水平运动,而且水平运动的幅度和速度要比垂直运动的幅度和速度大得多。但由于垂直升降运动较水平运动易于识别,因此在地形上和沉积物中的表现比较明显,例如我国西部一系列山地、山前粗碎屑沉积构造,多自上新世开始,且普遍具有下细上粗、越向上越粗的特点,它表明山体的明显上升始于新近纪。所以,历来对垂直升降运动的研究程度超过水平运动的研究。我国西部的山体上升速度与幅度不断增大,地貌反差不断增强。这些运动的方向、性质及强度等在不同地区是不一样的。新近纪以来,中国西部地区强烈隆升,东部地区则相对下降,并且一直持续到现在。

新构造运动和老构造运动一样,既有断裂作用又有褶皱变形。而断裂作用十分活跃、分布普遍,在造山带和新、老地台上都很发育。这些断裂作用大部分是老的构造断裂的重新活动。由于新构造运动是在老构造运动的背景下活动的,故新构造运动一方面继承了老构造运动的特点,使之具有继承性,同时又对老构造进行改造,或形成新的构造,因而又具有新生性。新构造运动对地貌起着重要的控制作用。我国西部地区新构造单元的轮廓与以前各阶段基本一致,相应地以继承性为其主要特征。而东部新构造运动的新生性表现较为明显。东部地区新构造体系遵循北北东方向,环绕太平洋西岸呈有规律的带状分布,显示了各单元在北北东延长方向上的构造一致性和东西方向上的构造差异性。与新构造以前的各阶段构造单元比较有显著的改变。

1) 现代构造运动

地质历史中近 10 000 a 以来的地壳运动称为现代构造运动,其中以有文字记录以后和目前正在发生的运动如地震(有关地震内容见本章第四节)、火山喷发、地面沉降、山脉隆升、温泉和地热异常等最为清晰、生动,与人类活动关系最为密切,为人们所熟知。现代构造运动的特点是时代最新,大多是在活动之中,所产生的构造变形通常称为活动构造,并且通过地貌直接或间接地反映出来。

滨海城市的沉降。著名的水城威尼斯以 4cm/a 的速率沉入亚得里亚海,虽然人工开采地下水和天然气是造成城市下陷的原因之一,但根本原因还在于沿海岸发生的挠曲运动。这种沉降常留下生动的考古资料。例如意大利那不勒斯湾岸边的塞拉比斯神庙的 3 根大理石柱子,柱高 12m,下部 3.6m 柱面光滑,3.6～6.3m 处布满海生动物钻孔,6.3m 以上因风化而不甚光滑。据研究,柱子在公元 79 年曾被火山灰掩埋;在 13～16 世纪因地壳运动沉入海底,海水淹没至 6.3m,下段 3.6m 因有火山灰保护未遭破坏;3.6～

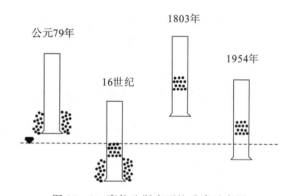

图 13-1 赛拉比斯庙石柱升降示意图

6.3m 处遭受海生动物的蛀蚀,后来地壳上升,它又脱离海水。1803 年升至最高点,随后又下沉,1954 年又淹没 2.5m,6.3m 以上因长期风化故不光滑,这一文化遗址成了当地地壳运动的有力见证(图 13-1)。

大地测量提供的资料。测量表明许多貌似稳定的地区存在着缓慢的不均匀升降运动,如江汉平原,以郑州为起始点的大地测量表明,1974 年以前,洪湖以西地区在上升,年上升速度在监利为 6mm/a,公安 8mm/a,沙市 9mm/a,越靠近鄂西山区上升速度越大。洪湖以东却在下降,洪湖—黄冈间下降 4mm/a。中国河北塘沽地区以 6mm/a 的速度下沉,中国山东泰安以 0.5mm/a 的速度上升,北欧的斯堪的纳维亚以 2cm/a 的速度上升,荷兰以 3mm/a 下降。

精密大地测量还揭示地壳在水平方向上也在不停运动。例如,使用激光测距 J 技术对冰岛洋脊裂谷两侧固定测点进行测量,发现两侧正以一定速度裂开。利用超长基线测量方法(very long baseline interferometry, VLBI)证实,欧洲和北美之间的北大西洋每年加宽 19cm±10cm。

2) 挽近构造运动

挽近时期的构造运动指新近纪末以来到全新世以前的运动,即从 23Ma 至 0.01Ma 年间的运动。这些运动现代人已无法感知,但可依据地质、地貌记录识别。例如:

海蚀地貌的变迁。在海岸带形成的海蚀台、海蚀穴、海蚀崖等海蚀地貌,如果遇到地壳上升则将被抬升而远离海平面。广州附近的七星岗即保存有这类海蚀遗迹,只是它们已大大高于现代高潮线(图 13-2),这是挽近时期地壳不断抬升的结果。

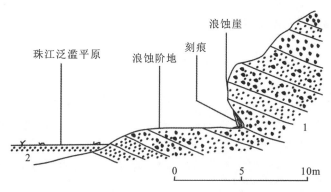

图 13-2 广州七星岗海蚀地貌

洪积扇的迁移。在洪水作用下形成的洪积扇,由于后期地壳上升会发育新的扇形地,新老扇形地的组合结构受构造上升运动的速度、幅度和方向的差异性的控制。如果扇状地形成后山体继续上升,山前地带相对下降,在老扇形地面可形成新的扇状地形,后者局部覆盖在老的扇形地上面,这就形成了叠置式洪积扇。如果上升地区范围扩大,使原来老扇形地也被抬升,那么水流在老扇形地上进行下切,并在它的下方形成了新的扇形地,新老扇形地以沟谷相连,呈串珠状,称为串珠式洪积扇。如图 13-3 是西藏定结地区发育的

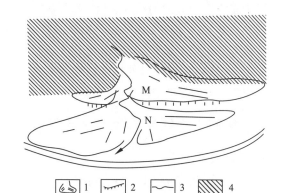

图 13-3 西藏定结串珠式洪积扇
1.洪积扇;2.洪积台地;3.冲沟;
4.上升区;M.老洪积扇;N.新洪积扇

串珠式洪积扇,是晚新生代喜马拉雅造山带差异性、迁移性地壳上升所造成的。

类似现象还有:河流阶地的发育,河流纵坡降比的变化,河流水系的形态及变化,河漫滩的形态、结构特征,溶洞标高的变化,夷平面的发育以及不同海拔高度的冰斗等。它们均是地质的挽近时期地壳运动的结果。

2. 古构造运动

古构造运动是指新近纪以前发生的构造运动。古构造运动和新构造运动一样都可以形成断层、褶皱、节理、劈理等,但由于其形成的年代久远,后期可能遭受过多次变形叠加改造,又由于外力地质作用的破坏,这一运动留下的地质、地貌标志有时难以保存或只有部分保存,所以

需要对留下的各种地质记录进行详细研究,才能得出正确结论。

古构造运动在地壳中留下了清晰的地质记录,如人们熟知的褶皱和断裂现象。它们是由于地壳水平运动或垂直运动而使岩层发生构造变形的结果。当地壳发生升降运动时,地表面可以升高到海平面以上,从而遭受风化作用,在外地质营力的长期作用下,就会形成侵蚀面或风化壳。类似的其他运动证据甚多,包括岩层产状的变化、不整合的存在、沉积特征的变化、岩浆岩体的侵入和喷出、变质作用的发生等,对它们的研究构成了地质学的一个分支学科的重要研究内容。

二、构造运动方向的分类及表现

构造运动按其运动的方向可以分为水平运动和垂直运动两种。

1. 水平运动

沿平行海平面方向的运动,亦即沿地球球面切线方向的运动称为水平运动。常表现为地壳的挤压、拉伸和平移。例如洋中脊向两侧扩展、大陆裂谷张开、大陆的漂移等水平方向板块的运动,平移断层的运动等。东太平洋中脊的门多西诺转换断层,由南北两侧磁条对比得出的平移错距达 1160km;发育在中国东部的郯庐断裂,在中生代时期左行平移达 500km,这些都是水平运动的表现。

2. 垂直运动

沿垂直海平面方向的运动,即沿重力方向或地球半径方向的运动称为垂直运动。表现为地壳的拗陷和抬升。例如喜马拉雅山脉的隆起、阿尔金山脉的隆起、苏北盆地的沉降、四川盆地的沉陷等。中国天山地区,自新近纪以来上升幅度达 10km,而冀中拗陷自始新世以来沉陷近 10km。垂直运动有明显的振荡性和节奏性,在运动方向、性质及强度等方面在一个大的升降过程中包含有许多次级小的升降。

三、构造运动的结果分类及表现

1. 造陆运动

造陆运动是指形成大陆的构造运动,以形成大陆、大洋等大型地貌单元为特征。运动表现为大面积地缓慢上升和下降,形成巨大的隆起和坳陷。同时,它还可造成海退或海侵,形成沉积间断或接受较厚的沉积物。板块拼合和地体增生是大陆生长的重要方式。

2. 造山运动

造山运动是指形成山脉的构造运动,是褶皱作用、断裂作用、岩浆作用和变质作用的综合结果,是水平挤压和垂直上升的结果。运动使地壳沿一条相对狭窄的线状地带发生强烈变形,形成造山带,例如喜马拉雅造山带、昆仑造山带、秦岭造山带、大别造山带等。引发造山运动的原因可能是大陆碰撞、大洋板块向大陆板块下俯冲以及下地壳层流等。

第二节 构造运动的特征

自地球形成以来就有构造运动,构造运动伴随地球的演化而发展,因而构造运动具有普遍性,但不同地方、不同时期的构造运动特征差异较大,表现特征也有差别。

1. 构造运动的影响范围

有的构造运动波及的范围可影响到全球或整个大陆,有的仅涉及局部区域。目前,地质学主要研究发生在岩石圈范围内的构造运动,并认为其主要动力与下地壳和上地幔软流圈的活动直接相关。因此,人们把岩石圈和软流圈一起称为构造圈,其深度大约在地面以下220km。但是,地震监测证明,深源地震可发生在720km深处,说明构造运动可以发生在更深的部位。总体而言,构造运动涉及的范围与其运动速度、幅度和运动方式有关。

2. 构造运动的速度和幅度

构造运动的速度和幅度是不均匀的,不同地区、不同时间内有着不同的构造运动。构造运动的速度有快慢,即使缓慢地运动其速度也不是均等的。总的来说,构造运动的速度在时间和空间上都是不均等的,有强有弱。如果某一构造运动的方向在相当一段时间内保持不变而且速度又较快时,其运动的幅度就增大;如果构造运动的方向变化较频繁,其幅度可能就比较小。一般来说,水平运动的幅度要大于垂直运动的幅度,构造活动地区的运动速度和幅度要大于构造稳定地区。

根据古地磁资料确定的海底扩张速率表明,太平洋中脊上最大扩张速率是18.3cm/a,这一速率得到探海钻探结果的支持。板块水平运动的距离可达数千千米。

美国西部的圣安德列斯断层是一条著名的右行平移断层,长度在1200km以上,对断层两侧不同时代的地质记录研究表明,更新统(图13-4之P和P')平移距离为16km,上中新统(图13-4之S和S')为105km;始新统为360km,白垩系和上侏罗系的错距分别为515km和560km。因此,该断层自140Ma以来,平均位移速度约为4mm/a。

然而在不同时期位移速率是不同的。在1948—1960年间,精密测量获得的平均蠕滑速度为12.7mm/a。而1906年4月18日由旧金山大地震造成的最大水平错距达6000mm。

在垂直方向上运动的幅度相对要小。根据对喜马拉雅山地区古生物、地貌和新构造等多

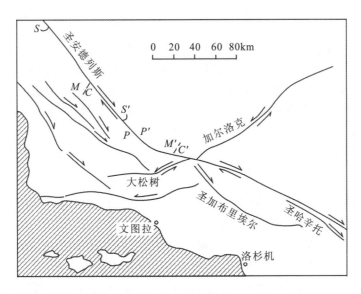

图13-4 圣安德列斯断层位移距离示意图

(据Holmes,1978)

方面研究,发现上升幅度最大的珠穆朗玛峰地区自始新世中期以来,总的上升幅度已超过20km,据此计算的年均速度仅约0.8mm/a。

3. 构造运动的周期性和构造运动期

从时间上看,地质历史中构造运动表现为比较长的平静时期和比较短暂的剧烈活动时期的交替出现,即呈现运动的周期性。在平静时期,构造运动常表现为缓慢的升降运动,运动速度和幅度很小,可引起海水进退,海陆变迁。在剧烈活动时期,构造运动表现为大规模褶皱、断裂、岩浆侵入,地壳急剧升降,形成雄伟的山系,此时亦称为造山运动。

构造运动的这种平静期和活动期是相对的。平静期中有活跃的时候,活动期间也有平静。同时,某一活动期不一定具有全球的同时性,可能仅具有局部意义。

目前已知,地球上有几个重要的构造运动时期,在这些时期,地壳发生剧烈运动,造成较大范围的构造变形。例如,早古生代末期的加里东运动,晚古生代末的海西运动,中生代的印支运动和燕山运动,新生代的喜马拉雅运动等。古生代以前的主要运动时期,因世界各地表现不同,尚没有国际上普遍接受的运动名称,就中国而言,晚太古代末(2500Ma)的阜平运动、早元古代末(1850Ma)的吕梁运动、晚元古代(850Ma)的晋宁运动都是重要运动时期。

构造运动不仅造成地壳变形,而且引起自然地理环境的改变,影响沉积作用、古气候、古生物、岩浆活动、变质作用、成矿作用的发展及变化,因而成为地壳演化历史阶段划分的重要标志,在地质学研究中具有重要意义。

第三节 构造运动的地质记录

构造运动,特别是地史时期的构造运动留下了许多生动的地质记录。这些记录包括地貌、沉积、变形等多方面地质遗迹,它们是认识和研究构造运动的重要标志。

一、地貌记录

地貌记录即由主要与水有关地貌的发育过程所表现的新构造运动。如反映新构造间歇性抬升运动的地貌有:多级夷平面、多级河流(海、湖)阶地、多层溶洞等;同一地貌形态的变形变位,如洪积扇和阶地的变形变位、水系弯曲与错断等,也是新构造运动的表现。水系的同步转弯、汇流和分叉点的线状分布及洪积扇顶点的线状排列,也常与新构造运动有关。

1. 河流阶地

河谷两侧谷坡上形成的一般洪水不能淹没的阶梯状地形,称为河流阶地。一般认为它主要是由于地壳运动造成的,某些特殊气候环境也可能形成类似地貌。

河流阶地的形成大体可分为两个阶段:早期,地壳相对稳定,以侧向侵蚀为主的河流造成较宽的河谷,并在谷底堆积了冲积物;晚期,由于地壳上升,河流下蚀作用增强,切穿谷底,老的谷底及其沉积物脱离洪水淹没而在河谷两侧形成垄岗状地貌,即阶地。

阶地沿河谷分布并不连续,也不一定两岸对称。一般多保存在凸岸,可以有一级,也可以有数级。接近于现代谷底的,称为第Ⅰ级,向上依次为Ⅱ级、Ⅲ级等。级次越高,阶地形成越早,年龄越老;反之,则形成越晚,年龄越新。阶地级数的多少代表地壳活动期次的多少,级数越多,活动期次越多。

根据阶地组成和结构的不同,河流阶地可分为侵蚀阶地、基座阶地和堆积阶地等(图 13-5)。

(1) 侵蚀阶地:阶面和阶坡(陡坡)均由基岩组成的阶地称为侵蚀阶地,有时阶面上可残留极少粗粒冲积物。它是在水流较长期的强烈侵蚀下,形成宽谷后,地壳上升,河流下切形成的,阶地面主要是侵蚀作用所致。这种阶地见于山区河流的谷坡,呈断续分布。

(2) 基座阶地:由冲积层和基岩组成的阶地称为基座阶地。在阶地陡坎上可见冲积层和基岩底座。由于构造抬升,河流下切,并切过原先河谷底部冲积物而成。

(3) 堆积阶地:阶面和阶坡完全由河流冲积物组成的阶地称为堆积阶地。在长期的水流作用下形成宽阔的河谷地,谷底河漫滩很宽,冲积层很厚,后来地壳上升,河流下切,河漫滩变成堆积阶地。根据河流下切深度不同和多级堆积阶地之间的接触关系,可进一步划分为嵌入阶地、内叠阶地、上叠阶地、掩埋阶地等。

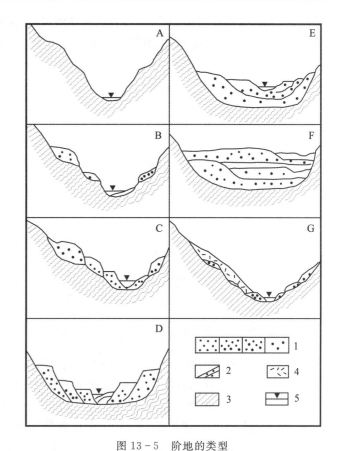

图 13-5 阶地的类型
1. 不同时代的冲积层;2. 现代河漫滩;3. 基岩;4. 坡积物;5. 河水位。A. 侵蚀阶地;B. 基座阶地;C. 嵌入阶地;D. 内叠阶地;E. 上叠阶地;F. 掩埋阶地;G. 坡下阶地

河流阶地除构造原因形成外,气候、岩性的不同也对其形成有影响。例如,由于岩性软硬的不同,在河谷两侧也可形成阶梯状地形。所以在分析阶地的构造意义时,要排除非构造因素的影响。

由阶地高度和阶地沉积物厚度,可以推断运动的幅度;由阶地的级次可判断阶段性运动次数。除研究河谷横剖面外,还常测制河谷纵剖面,以研究构造运动在不同地段的变化。

2. 夷平面

在地壳相对稳定时期,随着河流的侵蚀作用和其他外动力地质作用对地表的不断破坏,地面高度不断下降;同时,低洼地区由于沉积作用又逐渐填平。于是地面起伏越来越小,大地表面趋于平坦。这种使地球表面逐渐变平的作用称为夷平作用,或称为准平原化,其结果造成准平原。准平原是老年期地貌特征,是长期侵蚀作用的产物。

如果构造运动再次活跃,准平原地区地壳上升,则侵蚀作用再次加强。准平原由于强烈下蚀而变成山地。这时形成的各个山顶,保留了古准平原面的特征,组成高度大体相等的面,这个面称为夷平面。

同一地区夷平面可以有多个,其中以海拔最高者,称为Ⅰ级夷平面(山顶面),由高向低依次称为Ⅱ级夷平面、Ⅲ级夷平面等,一个地区夷平面越多,说明发生过地壳上升的次数越多,夷平面越高,说明地壳上升的幅度越大(图13-6)。由夷平面的高度和形成时间可以推断地壳上升的速度和幅度,比较同一夷平面在不同地区的变化,可以对比不同地区的差异性构造变形。

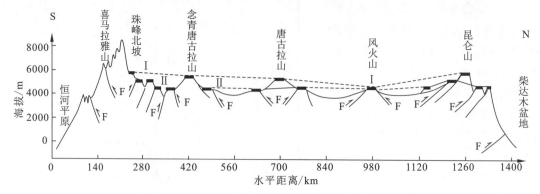

图13-6 青藏高原中段南北方向上夷平面分布与特征示意图(据崔之久等,1996)
Ⅰ.山顶面;Ⅱ.主夷平面;F.断层

3. 溶蚀地貌

在岩溶发育地区,地壳以上升趋势为主时,则垂直溶蚀形态较发育,地壳长期相对稳定时,则有利于水平溶蚀形态的发育,我们常根据一个地区溶洞层、峰林、溶蚀洼地的分布情况,判断该地区构造运动的发展。例如,北京西山的上方山地区,在海拔700~1000m、500~700m、300~500m高度上,分布几级不同的溶洞层和溶蚀洼地,反映自渐新世以来地壳的多次强烈抬升。早期溶洞已抬升到740m左右,中期著名的云水洞也在500~560m高处,晚期岩溶地貌的高度亦达370m(图13-7)。

其他地貌记录还有许多,例如海蚀地貌、海岸阶地、洪积扇的迁移、断层三角面等。它们都包含有丰富的构造运动信息。地貌结果常常是研究新构造运动的依据,在古构造运动中,这些

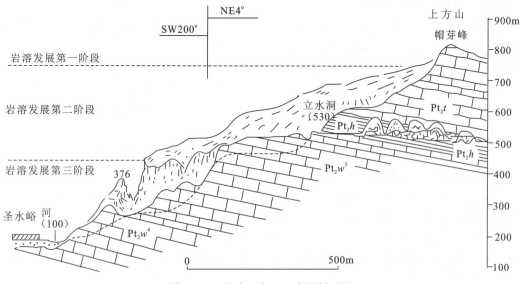

图13-7 北京上方山云水洞剖面图

标志除少数外常被破坏而难以保存。

二、沉积记录

1. 古风化壳

风化壳形成之后，如果被后来的沉积物所覆盖，则可以保存起来。被保存下来的地史时期的风化壳称为古风化壳。古风化壳的存在，代表地壳长期处于相对稳定或缓慢上升状态，是长期遭受风化的结果。同时，它也说明地壳的大陆环境，而且相对高差甚小。根据风化产物的厚度和成分可推知当时的气候条件。因此，对古风化壳的研究不仅对判定地壳构造状态有意义，而且对古气候和古地理环境研究也有重要价值。同时，它还是地层划分、对比的主要依据。古风化壳中常含有锡石、金、钨、高岭土、铝土矿、锰等风化壳型矿床。在物探工作中是良好的物性界面。

2. 古侵蚀面（不整合面）

由于地壳长期上升脱离海侵，遭受风化剥蚀而形成的风化剥蚀面称为侵蚀面，古侵蚀面一般起伏不平，留有风化痕迹，其上可能有残积物，也可能没有，它的存在反映沉积的不连续或沉积间断，标志着地层的缺失和地层时代的不连续，又称为不整合面，它是地壳长期相对稳定或缓慢上升的证据。

3. 岩性和厚度

沉积岩的岩性（成分、粒径、结构、构造）和厚度，与地壳构造运动状态有密切关系。例如，纯净的石英砂岩，反映稳定条件下滨海潮汐带的沉积，广泛分布的碳酸盐岩代表稳定状态下的浅海沉积；而楔状分布的粗碎屑岩堆积物，常代表活动构造状态的沉积。一般来说，在地壳相对稳定条件下形成的沉积物类型比较简单，而在地壳频繁运动情况下形成的沉积产物比较复杂，地壳下降则粒径逐渐变细，地壳上升则粒径逐渐变粗。

沉积物的厚度可以反映地壳在垂向上的拗陷和抬升，一定厚度的沉积物只有在地壳拗陷的情况下才得以存留。沉积物的厚度取决于堆积区与其物源区（剥蚀区）的相对高差和两者之间的距离，高差越大，距离越近，其沉积厚度也就越大。地形的高差是更新构造运动控制的，所以新近纪—第四纪沉积物的堆积速度与厚度，一定程度上代表新构造运动的速度与幅度。因此，在某种意义上说，厚度是地壳拗陷和沉降的尺度，但沉积物的厚度除与地壳拗陷速度有关外，还与物质向沉积盆地的补给速度有关，这使问题变得复杂。通常认为，只有物质输入速度与地壳拗陷速度相等时，亦即达到补偿状态时，厚度才能真正代表地壳的沉降幅度。广大的浅海大陆架地区，被动大陆边缘就属于这类地区。此外，压实效应、地壳均衡调整作用及非构造原因引起的海平面变动，都可以影响到沉积物厚度。

三、变形记录

构造运动造成的最直观的结果是构造变形。岩石或岩层在构造力作用下，发生弯曲或断裂，形成褶皱和断层，构造变形的结果称为地质构造。除褶皱、断层外，还包括裂隙构造、劈理、线理、节理等，这些都是构造运动的直接结果。通过对这些变形的研究，可以分析不同地区的构造运动特征。

第四节 地 震

一、地震的一般概念

大地发生突然的震动,称为地震(earthquake)。地震是岩石圈内能量(应力、热)积累到一定程度而发生突然释放的一种形式,也是自然界经常发生的一种地质作用。大地震动是地震最直观、最普遍的表现。强烈的地震能导致山崩地裂、地面沉降与隆升、地表错位、河道堵塞、水坝决堤、建筑物倒塌、电路走火与中断,地面喷沙、井水突然升温,等等,这一切均发生在瞬间。

地震是相当频繁的,每年发生地震约 500 万次,绝大部分的地震震级低,只有通过仪器才能察觉。人们能直接感觉的地震每年有约 5 万次,其中破坏性严重的地震每年 10~20 次。一般 8 级以上的地震要隔若干年才发生 1 次。地震的危害是巨大的,如 1976 年我国唐山地区发生了 7.8 级地震,震中烈度 12°,这次地震造成 24 万余人死亡,50 余万人受伤。地震的有感范围西至中国宁夏,东至朝鲜,北及满洲里,南达安徽蚌埠等 14 个省区市,直径约 1600km,面积约 200 万 km²(图 13-8)。2008 年 5 月 12 日,四川省汶川县发生 8.0 级地震,造成 8 万余人遇难,直接经济损失 8451 亿元人民币。本次地震直接严重受灾地区达 10 万 km²,中国境内除黑龙江、吉林、新疆外,包括北京、上海、台湾等地全国多个省市有明显震感。甚至泰国首都曼谷,越南首都河内,菲律宾、日本等地均有震感。

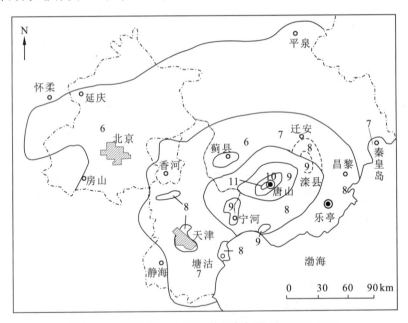

图 13-8 1976 年唐山地震烈度分布图(据夏邦栋,1995)
(图中连线为等震线,数字为地震烈度)

地下发生地震的地方叫震源。震源在地面上的垂直投影,即地面上离震源最近的一点称为震中,它是接受振动最早的部位。从震中到震源的距离叫震源深度。震中及其附近地面振动最剧烈处称为震中区,也称极震区(图 13-9)。震中到地面上任一点的距离叫震中距离(简

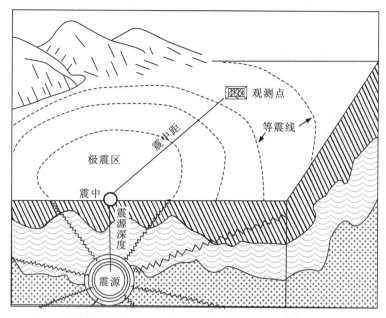

图 13-9　震源、震中与震中距关系示意图

称震中距),实际研究中通常把从观测点(如地震台)到震中的距离,叫震中距。震中距在 100km 以内的称为地方震;在 1000km 以内称为近震;大于 1000km 称为远震。

地震震源所在位置不仅限于地壳和岩石圈的范围,而且有些是位于地幔的范围内。按地震按震源深度可以分为 3 类。

浅源地震:深度 0~70km,大多数地震属于浅源地震,约占地震总数的 72.5%,所释放的能量占地震总能量的 85%;破坏性最大的地震震源深度多在 10~20km。如 1976 年的唐山地震的震源深度为 12km,2008 年的汶川地震,也是浅源地震,其震源深度小于 30 公里。

中源地震:深度 70~300km,中源地震发震次数较少,占地震总数的 23.5%,释放能量约占总能量的 12%。

深源地震:深度超过 300km,深源地震仅占地震总数的 4%,释放能量只占总能量的 3%左右。目前已知最深地震深度为 720km(1934 年 6 月 29 日发生于印度尼西亚苏拉威西岛东边的 6.9 级地震)。

地震不仅发生在大陆上(称为陆震),也常发生于大洋底部,称为海震。同样级别的地震,海震要比陆震的破坏性小,因为陆震横波和纵波都能传到地面,而海震只能把纵波传播上来(由于海水不能传播横波)。但是,有时候海震可以掀动上覆的海水形成巨大的海浪,称为海啸(Tsunami)。这种海浪波长可达数千米,振动周期在 15 分钟到 1 小时。当这种波浪接近海岸就产生极大的破坏力,1960 年 5 月 22 日智利沿海发生 8.9 级大地震,引起海啸,波峰高 30 余米,海浪吞没码头,毁坏建筑物,1 万余人丧生。2004 年 12 月 26 日,在印度尼西亚苏门答腊岛附近海域发生的强烈地震及其引发的海啸波及印尼、印度、马来西亚等国,这次海啸使全球遇难者达 22 万余人。2010 年 4 月 14 日青海玉树 7.1 级地震也造成了震中结古镇较大的人员伤亡和大面积的房屋倒塌。

二、地震波

由地震震源发出的在地球介质中传播的弹性波为地震波。地震发生时,震源区的介质局部发生急速的破裂和运动,这种扰动构成一个波源,产生地震波,从而在一定范围内引起地面振动。由于地球介质的连续性,这种波动就向地球内部及表层各处传播开来,形成了连续介质中的弹性波。所谓弹性波即岩石受到震动,其中各个质点产生规则的振动,然后各回到原来静止的位置。地球介质,包括表层的岩石和地球深部物质,都不是完全弹性体,但因地球内部有很高的压力,地震波的传播速度很大,波动给介质带来的应力和应变是瞬时的,能量的消耗很小,因此可以近似地把地震波看作弹性波。地震时从震源处释放出来的部分能量以弹性波的形式向四周传播。

从震源发出的波动有两种成分:一种代表介质体积的涨缩,称为涨缩波、压缩波或疏密波,其质点振动方向与传播方向一致(图13-10),使介质质点之间发生张弛和压缩的更替,即质点发生疏密更替的变化,通常称为纵波(P波),来自地下的纵波引起地面上下颠簸振动。另一种成分代表介质的变形,称为畸变波、切变波或剪切波,其质点振动方向与传播方向垂直(图13-10),介质体积不变,但形状发生切变,通常称为横波(S波),来自地下的横波能引起地面的水平晃动,是造成地震灾害的主要原因。

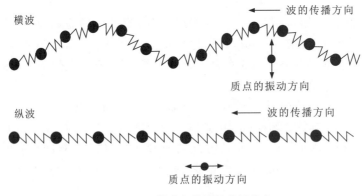

图13-10 横波和纵波的传播特点

地震波的传播与介质的密度、物态有关,在同一介质中纵波的波速是横波的1.73倍,横波不能通过液态介质。在地震时,纵波总是先到达地表,而横波总落后一步。地震发生时,纵波总是最先到达观测点,随后才是横波。纵波和横波到达的时间差,称为走时差。观测点距离震中愈远,其走时差愈大。因此,利用走时差可以求出观测点与震中的距离。

三、地震强度

1. 地震的震级

震级(magnitude)是衡量地震大小的一种度量,表示地震能量大小的等级,它与地震释放出来的能量大小相关。震级的计算是取距震中100km处由标准地震仪记录的地震波最大振幅的对数值。振幅的单位为μm。如最大振幅值为10mm,即$1000\mu m$,其对数值为4,地震震级即为4。国际上通用的里氏分级表,共分9个等级。震级(M)和震源发出的总能量(E)之间的关系为:$\log E = 11.8 + 1.5M$,表 13-1 列出了不同震级所释放的能量值。一次大地震所释放的能量是巨大的,例如一个 8.5 级地震所释放的能量,大约相当于一个 100 万 kW 的大型发电厂,连续 10a 发出电能的总和。经预测,2008 年汶川里氏 8.0 级大地震释放的能量约为 2.0×10^{18} J,相当于 50 亿 t TNT 炸药或 25 000 个广岛原子弹的能量。

表 13-1 震级(M)和震源发出总能量(E)的关系

M(里氏级别)	E/J	M(里氏级别)	E/J
1	2.0×10^6	6	6.3×10^{13}
2	6.3×10^7	7	2.0×10^{15}
3	2.0×10^9	8	6.3×10^{16}
4	6.3×10^{10}	8.5	2.0×10^{17}
5	2.0×10^{12}	8.9	1.0×10^{18}

2. 地震的烈度

地震对地表的破坏程度称为地震烈度(intensity)。它是根据地面的破坏程度来确定的,一般分为 12 级。12 级烈度是毁灭性的,6 级以上的烈度都有不同程度的破坏性(表 13-2)。同一次地震在不同地区造成的破坏程度不同,故具有不同的烈度。震中区破坏最厉害,离震中越远烈度越低。烈度相同点的连线称为等震线。由于地表各处地质条件与建筑结构等不同,破坏程度就不一样,因而等震线并不是规则的同心圆(图 13-1)。

地震的震级与烈度是度量地震强度的两种不同方法。同一地震只有一个震级,烈度则随离震中或震源的距离远近而有所不同。同一地震在不同地区造成不同烈度的破坏,而同一震级的地震其震源越浅,造成的破坏越大,烈度越高。

四、地震的类型

根据地震发生原因可将其分为:构造地震、火山地震、冲击地震、诱发地震等。

1. 构造地震

构造地震又称断裂地震,是由地下岩石发生快速错断所引起。在一定的应变条件下,岩石具有刚性,而且位于地下的岩石往往长期受到某种构造应力的作用。当岩石受力达到一定程度就要发生变形。一旦作用力的强度超过了岩石强度,岩石就要破裂或错开。变形前期属于弹性变形,岩石在弹性变形阶段,变形量是逐渐增加的,而岩石由弹性发展到破裂是突变或快速的。变形岩石通过破裂将已经积累的"应力"迅速释放出来,然后岩块"弹回"到原来的位置,遂引起弹性震动。这就是地震成因的弹性回跳说(图 13-11)。

构造地震分布最广,破坏强度最大。全球绝大多数地震是构造地震,约占地震总数的 90%。其中大多数又属于浅源地震,影响范围广,对地面及建筑物的破坏非常强烈,常引起生命财产的重大损失。如 1906 年美国旧金山大地震(8.3 级)与圣安德列斯大断裂活动有关,1923 年日本关东大地震(8.3 级)与穿过相模湾的 NW-SE 向的断裂活动有关;1960 年 5 月

21日至6月22日在智利发生一系列强震(3次8级以上的地震,10余次7级以上的地震),都发生在南北长达1400km的秘鲁海沟断裂带上。我国的强震绝大部分是浅源构造地震,其中80%以上均与断裂活动有关。如1970年1月5日云南通海地震(7.7级),与曲江断裂重新活动有关;1973年2月四川甘孜、炉霍地震(7.9级),与鲜水河断裂重新活动有关;2008年5月12日的四川汶川地震(8.0级)则与龙门山逆冲断裂带重新活动有关。

表13-2 中国地震烈度表

烈度	人的感觉	大多数房屋震害程度	其他现象
1	无感,仅仪器能记录到		
2	室内个别敏感的人在完全静止中有感		
3	室内少数人在静止中有感	门、窗轻微作响	悬挂物轻微摆动
4	室内大多数有感	门、窗轻微作响	悬挂物明显摆动,器皿作响
5	室内人普遍有感,室外大多数人有感	门窗等颤动作响,墙壁出现裂纹	家畜不宁,不稳定器物翻倒
6	人站立不稳,惊慌失措	个别砖瓦掉落,墙体微细裂缝	器皿翻落,家畜外逃,陡坎滑坡,河岸和松软土上出现裂缝,饱和砂层出现喷砂冒水,地面上有砖烟囱轻度破坏
7	大多数人仓皇逃出	房屋轻微损坏,开裂	河岸出现塌方,饱和砂层喷砂冒水,松软土上地裂缝较多,砖烟囱中等损坏
8	人摇晃颠簸,行走困难	房屋多有中度损坏,少数破坏	路基塌方,地下管道破裂,干硬土上也出现裂缝
9	人坐立不稳,行动的人可能摔跤	房屋大多数严重破坏,少数倾倒	烟囱等崩塌,铁轨弯曲,基岩上可能出现裂缝,滑坡、塌方常见
10	骑自行车的人会摔倒,处于不稳定状态的人会摔出1~2m远	房屋倾倒,不堪修复	道路毁坏,山石大量崩塌,水面大浪扑岸,地震断裂出现,基岩上的拱桥毁坏
11		房屋倒塌毁灭	路基堤岸大段崩毁,地震断裂延续很长,山崩常见,基岩上拱桥毁坏
12			一切建筑物普遍毁坏,地形剧烈变化,动植物遭毁灭,山河改观

2. 火山地震

地球内部的热能聚集到一定程度就会以火山喷发的形式进行释放,火山喷发时由于气体的冲击力、或因火山活动引起构造变动而发生地震。这种地震强度小,只是在火山周围有较显著的影响。而且一般都与中、酸性岩浆的喷发有关。火山地震震源深度一般不超过10km,多

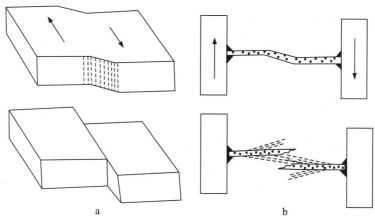

图 13-11 地震成因的弹性回跳说明示意图
a.岩石的变形；b.弯曲棒的变形

属浅源地震。火山地震为数不多，约占地震总数的7%，且多分布于火山活动地区，其范围也比较局限。在火山地区发生的地震并不总是与火山喷发有关。火山与地震都是现代地壳运动的一种表现形式，二者常出现在同一地带。火山地震常与构造地震关系密切，两者相互影响。现代火山比较发育的地方，如意大利、日本、菲律宾、印度尼西亚、堪察加半岛等最容易发生火山地震。我国吉林长白山、海南琼北、云南腾冲等地存在火山地震、高热流、水热活动等。

3. 冲击地震

地面受到某种冲击作用而发生振动形成的地震，即冲击地震。在地势陡峭的地区，山崩、滑坡可以引起规模不大的冲击地震；岩溶地区岩层受地下水长期溶蚀形成许多地下溶洞，一旦上覆岩石重量超过岩石的支撑能力，洞顶岩石塌落也可引起冲击地震，此类又可称为塌陷地震；陨石降落到地面也可以引起冲击地震。这些冲击地震数量少，震源浅，影响范围小，震级不大，所造成的危害远小于构造地震和火山地震。如1935年广西百寿县曾发生塌陷地震，崩塌面积约40 000m^2，地面崩落成深潭，声闻数十里，附近屋瓦震动。又如，1972年3月在山西大同西部煤矿采空区，大面积顶板塌落引起了地震，其最大震级为3.4级，震中区建筑物有轻微破坏。1976年3月8日下午，有一块重达1770kg的陨石降落到吉林市，落地后使地面受冲击而振动，地震台记录有相当于3.4级地震发生，当然，由于陨石降落到地面的机会不多，能量也不大，此类地震并不被人们注意。

4. 诱发地震

诱发地震指在某种诱发因素的作用下发生的地震。快速的减压导致地质体的急剧膨胀，过量的载荷引起地质体失稳而诱发地震。水库蓄水、油田深井注水、深采矿、地下抽水及地下核爆炸试验等，都可诱发地震。诱发地震也与一定的构造和地层条件有关，如沿活动断层、密集破碎带或断裂相交位置，或在升降差异明显的山前断层等位置更容易发生。如广东河源新丰江水库，自1959年蓄水后，在库区周围地震频度逐渐增加，于1962年3月19日发生了一次6.4级地震，震中烈度达到8度，是已知最大水库诱发地震之一。三峡水库区自蓄水之后，诱发四级以上的地震几乎每年都有发生。目前，国家已投入大量的人力、财力对三峡等大型电站及水库区进行全方位的监测与研究。

五、地震的空间分布

全球地震分布有一定的规律,归纳起来主要分布在4个地震带,即环太平洋地震带、阿尔卑斯-喜马拉雅-印尼地震带、大洋中脊地震带和大陆裂谷地震带。

1. 环太平洋地震带

全世界约80%的浅源地震,90%的中源地震和几乎全部深源地震都发生在这一带,所释放的地震能量约占全世界能量的80%,但其面积仅占世界地震总面积的一半。在此地震带,在太平洋西部大抵从阿留申群岛向西沿堪察加半岛、千岛群岛,至日本诸岛、琉球群岛,至我国台湾岛,过菲律宾群岛、伊里安岛,南至新西兰为止。在太平洋东部,从阿拉斯加西岸,向南经加利福尼亚、墨西哥、秘鲁,沿智利至南美的南端。这一带也是著名的火山带,它与中、新生代褶皱带和新构造强烈活动带相一致。

2. 阿尔卑斯-喜马拉雅-印尼地震带

阿尔卑斯-喜马拉雅-印尼地震带是一条横跨欧亚大陆,并包括非洲北部,大致呈东西方向的地震带,总长约15 000km,宽度各地不一,并有分支现象。除太平洋地震带外,几乎其余的较大浅源地震和中源地震都发生在这个带。此地震带西起葡萄牙、西班牙和北非海岸,东经意大利、希腊、土耳其、伊朗至帕米尔北边,进入我国西北和西南地区;南边沿喜马拉雅山山麓和印度北部,经苏门答腊、爪哇至伊里安,与环太平洋带相接。

3. 大洋中脊地震带

大洋中脊地震带分布在全球洋脊的核部(如大西洋中脊、海岭)。这类均为浅源地震,震级一般较小。

4. 大陆裂谷地震带

大陆裂谷地震带分布在各大陆板块内部的裂谷中,如东非裂谷、红海、亚丁湾、死海裂谷等,均为浅源地震。

我国位于环太平洋地震带和阿尔卑斯-喜马拉雅-印尼地震带的交接部位,地震活动频繁。据不完全统计,我国自20世纪以来的80多年内共发生破坏性地震达2600多次,其中六级以上的地震就有500多次,并且多为浅源地震。我国地震主要分布在东南沿海及台湾、西藏-滇西、华北、东部郯城-庐江以及中部等地区。我国中部有一条贯穿南北的地震带,它北起贺兰山,向南横穿秦岭,经龙门山到川西滇东,绵延2000余千米,集中了若干7级以上地震,包括2008年汶川地震、1973年甘孜地震。南北地震带以东为东北地震区,以西为西部地震区。东部地震区分为东北地震区、华北地震区和华南地震区,其中以华北地震区地震活动最为强烈,如1966年邢台地震、1976年唐山地震。南北向地震带以西是新生代断裂活动的强烈地区,更易于发生地震。西部地震区分为西北地震区和西南地震区,前者的地震主要集中在高山与盆地的交接部位,这里断层发育,有许多大震;后者位于青藏高原及其边缘,地震密集且呈面状分布。

第十四章 岩石的受力与变形

在应力作用下,地壳中各类岩石会发生变形而形成不同类型的构造。为了研究天然岩石中构造的几何学特征、运动学特点和动力学过程,有必要了解有关岩石应力与应变方面的基本概念和内容。

第一节 应力和应变

一、应力及应力场

1. 应力

通常情况下,地壳中的地质体都会受到相邻介质的作用力。人们将外界对地质体边界施加的作用力称为外力,将由外力作用引起的物体内部各部分间的相互作用力称为内力。外力和内力是一个相对概念,当研究范围扩大或减小时,外力可转变为内力,内力可转变为外力。

应力是连续介质力学中一个重要的概念。当考虑研究对象内部一截面某点附近内力特征时,可围绕该点选取一个微小面积 ΔF,设其上作用力为 ΔP,则将

$$\lim_{\Delta F \to 0} \frac{\Delta P}{\Delta F} = \frac{\mathrm{d}P}{\mathrm{d}F} = P$$

称为 n 截面上 m 点处的应力,或称为 m 点处 n 截面上的应力。如图 14-1 所示,P 可以分解成两个分量,其一垂直于截面 n,以 σ 表示;另一个与截面相切,以 τ 表示。前者称过 m 点 n 截面上的正应力,后者称 m 点 n 截面上的剪切力。在地质研究中,以压应力为正,张应力为负。

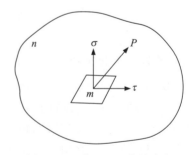

图 14-1 截面上一点的应力

应力的国际单位为帕斯卡(Pascal),简称帕(Pa),即牛顿/平方米(N/m^2)。

2. 主应力

当地质体受到应力作用时,其内部一点上的应力状态可使用三个主应力(包括大小、方向)来表示,使用 σ_1、σ_2、σ_3 来表示最大、中等和最小主应力(即 $\sigma_1 \geqslant \sigma_2 \geqslant \sigma_3$)。主应力的 3 个方向称为该点的主应力方向,彼此相互垂直。当 3 个主应力相等(即 $\sigma_1 = \sigma_2 = \sigma_3$)时,该种应力状态称为静水应力状态,地质学上称为静岩压力状态。最大主应力和最小主应力之间的差值称为差应力,即 $\Delta\sigma_{max} = (\sigma_1 - \sigma_3)$。

常见的主要应力状态如下。

(1) 三轴应力状态：三个主应力都不为零。图 14-2a 为三轴压应力状态、b 为静水（或静岩）应力状态。

(2) 双轴应力状态：一个主应力为零，另两个主应力不等于零。图 14-2c 为平面应力状态、d 为双轴压应力状态和 e 为纯剪应力状态。

(3) 单轴应力状态：一个主应力不等于零，另外两个主应力为零。图 14-2f 单轴压缩应力状态，单轴拉伸应力状态为 $\sigma_1=\sigma_2=0>\sigma_3$。

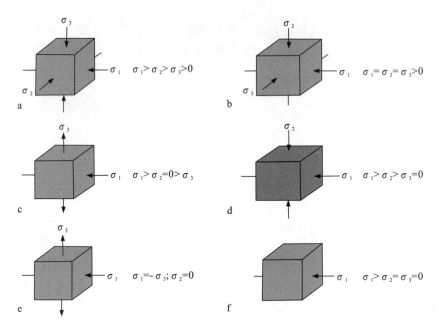

图 14-2 不同应力状态的示意图

3. 单轴应力状态的应力分析

当物体只受一个方向挤压，即 $\sigma_1>\sigma_2=\sigma_3=0$ 时，为单轴压缩状态（如图 14-2f），这是最简单的应力分析。在变形物体中，应力 σ、剪应力 τ 与主应力 σ_1 之间关系如图 14-3 所示，截面 A_a 与主平面 A_o 交角为 α。根据应力的合成与分解，主平面 A_o 上的主应力为：$\sigma_1=P_1/A_0$；截面 A_a 上的合应力为：$\sigma_A=P_1/A_a$。

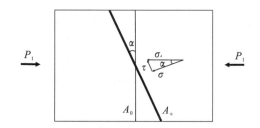

图 14-3 单轴应力状态的二维应力分析简图
σ_A. 合应力；σ. 正应力；τ. 剪应力

由于 $A_a=A_0/\cos a$，$\sigma_A=P_1/A_a=P_1\cos a/A_0=\sigma_1\cos a$。因此，斜截面上正应力为 $\sigma=\sigma_A\cos a=\sigma_1\cos^2 a$；剪应力为 $\tau=\sigma_A\sin a=\sigma_1\sin a\cos a$。

由此可知，在单轴应力状态下，任意斜截面上的正应力 σn、剪应力 τ 和主应力 σ_1 之间存在下列关系：$\sigma n=\sigma_1/2(1+\cos 2a)$；$\tau=1/2(\sigma_1\sin 2a)$。

从上式分析，可以看出下列特点：

(1) 当 $a=0°$ 时，正应力最大，剪应力为零，在与拉伸或压缩垂直截面上正应力最大。

(2)当 $a=45°$时,$\sin 2a=1$,$\tau=\sigma_1/2$,当 a 大于或小于 45°时,$\sin 2a<1$,$\tau<\sigma_1/2$。这就是说,与拉伸或压缩方向呈 45°的截面上剪应力最大。

(3)当 $a=90°$时,平行于作用力的截面上既无正应力也无剪切力。

4. 应力场与应力集中

构造应力是指地壳某一范围内某段时间的应力状态,地质体中每一点都存在着与该点相对应的瞬时应力状态,一系列瞬时的点应力状态组成的空间构成应力场。应力场一般为非均匀应力场,即各点应力状态不相同。构造应力场的分布和变化是连续的,按其研究规模可分为局部、区域和全球构造应力场。在时间上,构造应力场可分为古构造应力场和现今构造应力场,前者通过地壳中已有变形结果去分析,后者则可用现代仪器直接测量。研究构造应力场的目的在于揭示某一范围中的应力分布规律,用于分析构造成因及地震预测,并可用于水坝、隧道等工程的可行性研究。

材料力学证明,当物体内部有孔洞、缺口或微裂隙存在时,这些地方将会产生应力集中,这在地质上较为常见。例如,在后期构造运动中,地质体中早期断裂的端点、拐点、分支点和交叉点附近容易产生应力集中。在软硬岩层相间的地质体中,软岩层会容易出现应力集中,可形成劈理等小型构造。

二、应变和应变椭球体

1. 变形

在应力作用下,地质体内部的各质点会经历一系列的位移,从而使地质体的初始形状、方位或位置发生改变称为变形。在现代构造地质学中,变形的主要基本方式如下。

(1)平移:是指某一地质体以刚体性质移动通过一段距离,地质体内部各质点间相对位置没发生变化,如造山带中某些飞来峰可近似认为是平移变形。

(2)旋转:是指某一地质体以刚体性质相对于初始位置转过一定角度,旋转体内部各质点相对位置不变,如中新生代红色盆地中大型掀斜地块是旋转变形。

(3)形变:是指某一地质体变形后形态发生了改变,变形体内部各质点相对位置发生了变化,这是自然界中最为常见的变形,如岩层的褶皱,圆形鲕粒变为椭圆形等。

(4)体变:是指某一地质体变形后体积发生了膨胀或缩小,变形体内部各质点相对位置发生变化,如在静水应力状态下,高塑性地质体体积在地壳浅部比深部要大些。

这 4 种变形见图 14-4,平移和旋转没有改变地质体形状,体变和形变才改变物体的形态。体变和形变总是同时发生的,地质体的变形通常都是上述不同类型变形的叠加结果。

2. 应变

在应力作用下,地质体形状和大小的改变量称为应变,即变形前后的形态差异。地质体变形前后的长度变化(拉长或缩短)称为线应变,地质体中两条相交线在变形前后的角度变化称为剪应变。当测量出这种变化,就可以计算出物体的应变大小和方向,并确定出应变状态。

1)线应变

应变分析中,有几种不同参数来表示线的长度变化:

线应变 e 指变形前后单位长度的改变量:

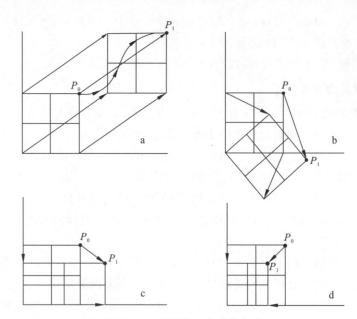

图 14-4 变形的 4 种基本方式

a.平移(直线 P_0、P_1 为位移矢量,曲线为可能的位移路径);b.旋转;c.形变;d.体变

$$e = \frac{L_1 - L_0}{L_0}$$

式中:L_0、L_1 分别为变形前后的同一线段长度。

或者,平方长度比 λ 是指同一线段在变形后与变形前长度之比的平方:

$$\lambda = \left(\frac{L_1}{L_0}\right)^2 = (1+e)^2$$

2)剪应变

变形后,两条初始相互垂直直线所偏离直角的量称为角应变。角应变的正切值为剪应变 γ:

$$\gamma = \tan \psi^o$$

自然界中,许多对称性化石(腕足、三叶虫等)铰合线与中线垂直(图 14-5a),在经历变形后,化石的铰合线与中线不再成直角(图 14-5b),ψ 为沿铰合线方向的角应变,人们利用这一特点可求出该点的剪应变,如图 14-5b 中化石的剪应变 γ 为:

$$\gamma = \tan \psi = \tan 45° = 1$$

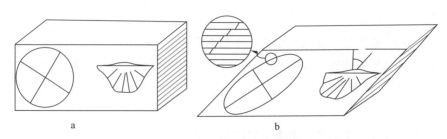

图 14-5 剪应变的卡片模拟

3. 均匀变形和非均匀变形

(1)均匀变形是指物体内各点应变特征相同,即变形前的直线或平行线变形后仍是直线或平行线(图14-5)。

(2)非均匀变形是物体内各点应变特征发生明显改变。与均匀变形不同,直线变形后不是直线,平行线变形后不是平行线,球状体变形后也不是椭球体(图14-6)。

如果物体从一点到另一点的应变特征是逐渐改变的,则称为连续变形;如果是突然的,则称为不连续变形,地质体中大多数变形是不均匀的,如岩石中的断裂(图14-6c)。在分析连续的非均匀变形(如褶皱等)时,可以把变形

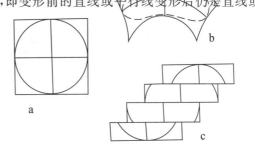

图14-6 非均匀变形
a.变形前;b.变形后;c.不连续变形

物体分割成许多无限小单元体,从而把每个小单元体当作均匀变形来进行处理。从宏观尺度上看,有些非均匀应变可以近似看作均匀变形;反之,有些在肉眼看来的均匀变形,在更小尺度上却表现为不连续变形。

4. 应变椭球体

在变形前岩石,可设想其中有一个半径为1的单位球体,其在均匀变形后则形成为椭球体。通常情况下,可以使用椭球体的形态和方位来表示岩石的应变状态,这个椭球体就称为应变椭球体(图14-7)。在应变椭球体中,有三个相互垂直的主轴,沿主轴方向只有线应变而没有剪应变,分别用 A、B、C(或 X、Y、Z)来表示最大、中间和最小应变主轴,并将含应变椭球体的任意两个主轴的平面称为主平面(即 AB、BC 和 AC 面或 XY、YZ、XZ 面)。

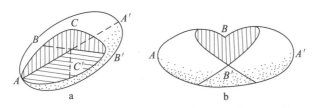

图14-7 应变椭球体(a)与包含 B 轴的两个圆切面(b)

在构造分析中,应变椭球体可直观地用以分析地质构造的应力状态与变形特征。一般情况下,中间应变轴不发生变形的应变称为平面应变,这两个圆切面称为无伸缩面或无长度变化应变面。沿圆切面剪应力值最大,自然界中一些平移断层和剪节理就是沿这个面发育的。圆切面或无伸缩面将应变椭球体分为伸长区和压缩区(图14-7)。任何过球心的直线,如果位于无伸缩面与伸长轴之间的区域,都会发生伸长;如果位于无伸缩面与缩短轴之间的区域,就会发生缩短。

通常,应变椭球体的 A 轴平行于 σ_3,B 轴平行于 σ_2,C 轴平行于 σ_1。垂直于 C 轴的平面(XY 面或 AB 面)为压扁面,代表劈理面等方位;垂直于 A 轴的平面(YZ 面或 BC 面)为拉张面,代表张性构造(如张节理)等方位;平行于 a 轴(X 轴)方向为最大拉伸方向,与纤维状矿物的生长方向一致(图14-8)。

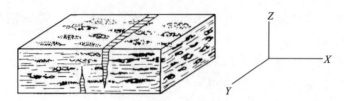

图 14-8　代表压扁面的片理面及代表张裂面的张裂脉与应变椭球体主轴的关系

应变椭球体所代表的变形特征可以使用弗林图解来进行判别分析(图 14-9),这是以主应变比 a 及 b 为坐标轴的二维图解,展示了应变椭球体的形态和应变强度。其中:

$$a = X/Y = (1+e_1)/(1+e_2)$$
$$b = Y/Z = (1+e_2)/(1+e_3)$$

在弗林图解中,坐标原点为 $(1,1)$,K 值相当于任意点与原点连线的斜率,即 $K=(a-1)/(b-1)$。在体积不变的条件下,根据 K 值变化,可以分为 5 种类型的应变椭球体(或岩石变形类型):

$K=0$	$(1+e_1)=(1+e_2)>(1+e_3)$	单轴压扁球体(单轴压缩)
$1>K>0$	$(1+e_1)>(1+e_2)>1>(1+e_3)$	压扁型椭球体(压扁型)
$K=1$	$(1+e_1)(1+e_3)=(1+e_2)^2=1$	平面应变椭球体
$\infty>K>1$	$(1+e_1)>1>(1+e_2)>(1+e_3)$	拉长型椭球体(收缩型)
$K=\infty$	$(1+e_1)>(1+e_2)=(1+e_3)$	单轴拉长球体(单轴拉伸)

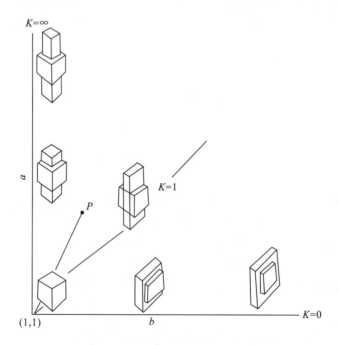

图 14-9　应变椭球体形态的弗林图解(据 Flinn,1962)

第二节 岩石变形性质和影响因素

一、理想的岩石力学模型

天然条件下的岩石变形往往是随时间变化的演化过程,一般经历弹性变形、塑性变形和断裂变形3个阶段,这3个阶段依次发生,逐渐过渡,变形时间的长短也不同。

1. 弹性变形

岩石在外力作用下发生变形,在外力取消后又完全恢复到变形前的状态,这种变形称为弹性变形。其应力 σ 与应变 e 的关系符合胡克定律: $\sigma = Ee$,式中 E 为弹性模量或杨氏模量。

服从胡克定律的材料为胡克固体,也称为线弹性体。应力与应变的关系不满足线性关系的弹性材料,称为非线性弹性体。在弹性变形过程中,岩石中很少留下记录,地震波的传播就是地壳岩石具有弹性变形的实例。

2. 塑性变形

随着变形继续,应力-应变曲线的斜率将变小。如果撤去应力,曲线不会回到原点而与应变轴交于 e_1,表明岩石试样超过弹性极限,发生了永久变形(图 14-10)。这个极限点的应力叫作屈服应力 σ_y。当应力达到或超过屈服点后,所造成岩石试样永久应变的变形叫作塑性变形。在屈服应力作用下,岩石试样连续变形,其应力-应变曲线的斜率为零,试样此时达到稳态流动变形状态。在中、低温条件下,多数岩石的应力-应变曲线有小的正斜率,说明岩石试样要

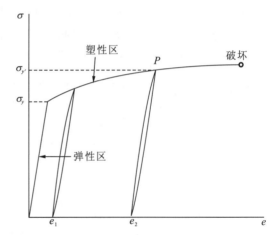

图 14-10 岩石变形的一般化应力-应变关系

继续塑性变形,就必须将应力增加到大于初始的屈服应力。当岩石试样撤去荷载时,应力-应变曲线线性回到应变轴 e_2 点,显示应变量的增加(图 14-10)。如果重新加载,应力-应变曲线沿着它以前的路径回到塑性变形曲线 P 上,岩石试样有了增大的弹性范围和增加的屈服应力 σ'_y。

3. 破裂变形

当应力超过一定值时,岩石就会以某种方式破坏而发生破裂。这时的应力值称为岩石的极限强度或强度。岩石发生破裂主要有两种方式,即张裂和剪裂。通过岩石破裂实验证实(图 14-11),张裂面的法线方位与最小应力轴(σ_3)方向一致,剪裂面常呈两组共轭出现,二者夹角多为 60°。

不同岩石的极限强度不同。同一岩石的强度,在不同方式力作用下差别很大,表 14-1 列出了常温常压下几种常见岩石的极限强度。结果表明,在常温常压条件下,岩石的抗压强度最大,而抗张强度最小。

表 14-1 常温常压下一些常见岩石的极限强度

岩石名称	抗压强度/MPa	抗张强度/MPa	抗剪强度/MPa
花岗岩	148(37～379)	3～5	15～30
大理岩	102(31～262)	3～9	10～30
石灰岩	96(6～360)	3～6	10～20
砂岩	74(11～252)	1～3	5～15
玄武岩	275(200～350)	—	10
页岩	20～80	—	2

图 14-11 显示岩石变形行为的基本特征。对于破裂前塑性变形应变量小于 5% 的材料，称为脆性材料；断裂前塑性变形应变量超于 10% 的材料，称为韧性材料。在常温常压下，多数岩石表现为脆性，即在弹性变形后或弹性变形范围内形成脆性破裂；在较高温度和围压条件下，岩石则表现出一定的韧性变形。因此，在不同变形条件（如温度、压力及流体活动等）及应力作用下，地壳中的岩石形成脆性、脆-韧性、韧性等不同类型的变形现象。

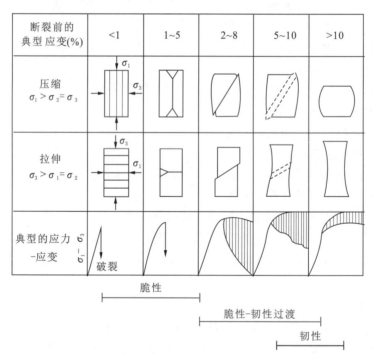

图 14-11 脆性-韧性变形特征及其应力-应变曲线形式
（据 Griggs and Handin, 1960；引自 Hobbs et al., 1976）

天然岩石变形特征的观测显示，岩石在漫长变形过程中具有一定流动性，只是其流动速度非常缓慢而不易觉察。在常温常压下，灰岩的黏度（$>10^{21}$ Pa·s）约为冰川冰黏度（10^{13} Pa·

s)的 1 亿倍,而冰川冰的黏度约为沥青(50℃,10^6Pa·s)的 10 万倍。通常情况下,人们将既具有弹性,又能够黏性流动的材料,称为黏弹性体(如鸡蛋的蛋清),其表现的力学性质,称为黏弹性。天然岩石也是一种黏弹性体,但是它不像蛋清那样明显流动,需要在长时间的载荷下表现出来;如果要在短期加载的情况下表现出来,需要显著提高温度。对于液体和固体物质来说,温度越高,黏度越低,其流动性越明显,如火山喷发过程中的熔岩流就表现出明显的流动特征。近年来,人们把研究固体物质流动变形的一门新兴学科称为流变学。从现代地球科学观念来看,地球的组成物质具有流变性,研究地球物质流动性质和规律的科学称为"地球流变学"。

二、影响岩石变形的因素

1. 岩石各向异性对岩石变形的影响

据表 14-1 可知,不同岩石的抗压、抗张和抗剪强度明显不同,这是由岩石成分、结构和构造所决定的。对于同一岩性的岩石,由于层理或次生面理的发育,将会造成岩石力学性质的各向异性。在各向异性岩石中,脆性破裂易受到先存薄弱面(面理、层理等)的影响,其极限强度随着岩石中各向异性构造方位的变化而变化。例如,层理发育的岩石受挤压易形成褶皱,块状岩石(如花岗岩等)受挤压则不容易形成褶皱。

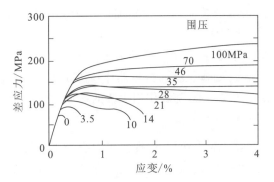

图 14-12 在不同围压下,伍姆比杨大理岩的应力-应变曲线
(据 Paterson,1978)

2. 围压对岩石变形的影响

岩石处于地下深部时,承受着周围岩体对其施加的围压。增加围压可以增大岩石的极限强度,也可以增加岩石的韧性。在图 14-12 的实验结果中,岩石在低围压下表现为脆性,在弹性变形或发生少量塑性变形后立即破坏;随着围压增加,岩石的屈服极限和强度也大大提高,不同岩石随围压增加而增加的韧性程度不同。

3. 温度对岩石变形的影响

随温度升高,岩石韧性增大,弹性降低,屈服极限和极限强度也降低,岩石更易于变形。图 14-13 是 500MPa 围压下、不同温度下玄武岩的应力-应变曲线图。由图可知,在室温(25℃)条件下,岩石应变小于 5%;当温度增至 800℃时,岩石应变大于 15%。

因此,多数岩石在地表表现为脆性;而在地壳深部,随着温度和压力的增高,岩石从脆性向韧性过渡。在岩石力学实验中,需要把温度和围压等因素综合考虑,如地壳岩石的平均压力梯度为 30MPa/km,平均地温梯度为 25℃/km,这对岩石变形行为具有很大影响。

4. 孔隙流体对岩石变形的影响

岩石孔隙中的流体对岩石力学性质具有重要影响。孔隙流体会促使岩石中的矿物在应力作用下发生溶解和重结晶,从而降低岩石强度,促进岩石塑性变形。例如,在干燥状态下,灰岩的抗压强度为 150MPa;在流体存在的潮湿状态下,灰岩抗压强度下降至 119MPa,强度降低了 21%。另外,岩石孔隙内流体压力会形成孔隙压力。孔隙压力能够有效抵消围岩对岩石的作用,具有降低围压的效果,使岩石强度降低,易于脆性破裂。

5. 时间对岩石变形的影响

1) 应变速率的影响

在快速施加外力(高应变速率)条件下,岩石表现为脆性;在缓慢施加外力(低应变速率)条件下,岩石表现为韧性。地球上存在高速率应变的地质事件,如地震、陨石撞击等,岩石以脆性破裂为主;而在长期地质演化过程中,如造山运动(应变速率约在 $10^{-12}/s \sim 10^{-14}/s$)等低速率应变的地质事件中,岩石表现为韧性变形,形成褶皱等构造现象。因此,长时间持续施加作用力会显著降低岩石的极限强度。

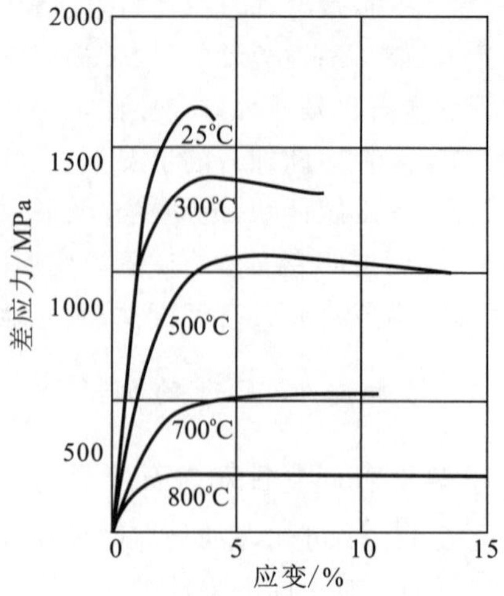

2) 重复受力对变形的影响

岩石多次反复受力,虽然作用力不大,也会使岩石破裂或变形;随着作用次数的增加,岩石的屈服极限和极限强度降低。

3) 蠕变与松弛

在长期应力作用下,即使应力小于正常的屈服极限值,岩石也会发生缓慢的永久变形,这种现象称蠕变;当岩石的应变不变,随时间持续应力逐渐减小的现象称松弛。这两种现象都与时间有关,即长时间缓慢变形会降低岩石弹性而增加岩石塑性。

图 14-13 500MPa 围压下,玄武岩在不同温度下的应力-应变曲线图
(据 Griggs et al.,1960)

第十五章　褶皱构造

褶皱构造是地质构造的基本形式之一,是岩层或岩石在地壳运动过程中受到力的作用而发生的弯曲变形,是地壳构造运动和构造变形的证据和结果。褶皱的形态千姿百态,复杂多样。褶皱的规模差别极大,小至显微镜下的毫米-微米级,大至造山带的成百上千千米。褶皱构造的研究对探索区域地质演化和寻找矿产资源有着重要意义。

第一节　褶皱和褶皱要素

一、褶皱的一般概念

在地应力作用下,岩石层面或其他构造面(如流面、片理面等)发生连续弯曲变形现象称为褶皱,它是地壳岩石韧性-塑性变形的产物,在自然界分布极广(图 15 – 1)。

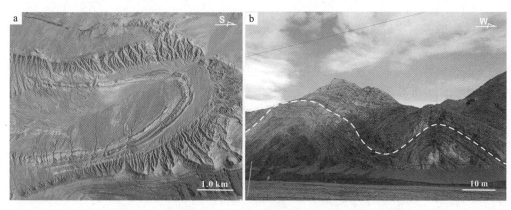

图 15 – 1　褶皱的野外出露特征
a. 区域性大型褶皱(伊朗 Dubinovka 地区;据 Google Earth 影像);
b. 露头尺度的褶皱(白垩系昂仁组复理石,西藏日喀则;刘强 摄)

褶皱形态虽然多种多样,但基本形态只有 5 种。对于已知新老关系的层状岩石,其基本褶皱形态是背斜和向斜。

背斜是核部地层较老,两侧地层较新,向新地层方向凸起的褶皱。向斜是核部地层较新,两侧地层较老,向老地层方向凸起的褶皱(图 15 – 2)。

如果弯曲岩层的新老关系不明,或者变形面不是层面而是其他面,则这类褶皱形态有 3 种:背形、向形和侧形。

褶皱中部上拱者称为背形,中部下拗者称为向形;中部侧弯者称为侧形(图 15 – 3)。

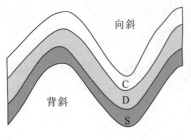

图 15-2 背斜和向斜
S.志留系；D.泥盆系；C.石炭系

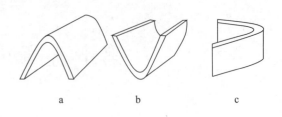

图 15-3 背形(a)、向形(b)和侧形(c)

二、褶皱要素

描述褶皱形态、反映褶皱几何特征和几何组成的各种要素称为褶皱要素（图 15-4）。任何褶皱都具备这些要素。

1. 核部

核部是褶皱中心部位的岩层或岩石，在背斜中是最老的地层，在向斜中是最新的地层。由于剥蚀深度的不同，出露的最老或最新地层是不同的。在层序正常情况下，剥蚀越深，核部地层越老，反之，则越新。在实际应用中，常以出露在地表的地层新老为代表。

2. 翼部

核部两侧的岩层或岩石称为翼部，每个褶皱都有两个翼。两翼可呈几何对称，也可不对称；其长度可以相等，也可不等。两翼岩层与水平面的夹角称为翼角，它等于两翼岩层的倾角，相邻的背斜和向斜共一个翼，共用翼的中点称为拐点，即岩层间不同方向弯曲的转折点。过拐点的两翼切线间的夹角称为顶角，由两翼岩层的代表性产状可近似求出褶皱顶角。

顶角是描述褶皱形态的重要参数，它的大小反映褶皱的紧闭程度，亦即反映褶皱变形强度。当顶角大于 120°时称为平缓褶皱；顶角在 120°～70°时称为开阔褶皱；顶角在 70°～30°时

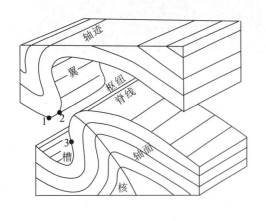

图 15-4 褶皱要素
1.轴线；2.转折端；3.拐点

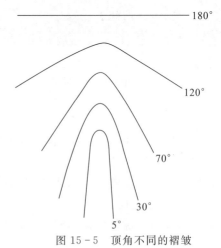

图 15-5 顶角不同的褶皱

称为中常褶皱;顶角在30°～5°时称为紧闭褶皱;顶角小于 5°时称为等斜褶皱(图15-5)。从平缓褶皱到等斜褶皱,变形强度逐渐加大。

3. 转折端

褶皱从一翼向另一翼过渡的转折部位称为转折端,转折端可以是一个点,也可是一段曲线,也可是一段直线(图15-6)。据此,可以把褶皱描述如下。

图15-6 转折端不同的褶皱
a.圆弧褶皱;b.尖棱褶皱;c.箱状褶皱

圆弧褶皱:转折端呈圆弧形弯曲的褶皱。
尖棱褶皱:转折端为尖棱状,两翼平直相交而成。
箱状褶皱:转折端为平直状而两翼产状较陡。
转折端的中点称为顶,亦称作枢纽点。

4. 枢纽

褶皱中同一岩层面弯曲转折端处最大弯曲点的连线称为枢纽,枢纽可是直线,也可是曲线,可以是水平的,也可以是倾斜的,还可以是波状起伏或摆动的。褶皱枢纽属于线状构造要素,其产状由倾伏向、倾伏角或侧伏向、侧伏角表示。枢纽产状的变化反映褶皱在延伸方向上的形态变化。

枢纽水平的褶皱称为水平褶皱,枢纽倾斜的称为倾伏褶皱,枢纽直立的称为直竖(倾竖)褶皱,枢纽波状起伏的称为波状褶皱(图15-7)。

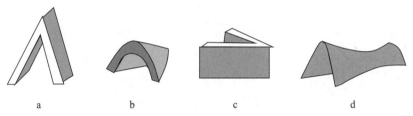

图15-7 枢纽不同的褶皱
a.水平褶皱;b.倾伏褶皱;c.直竖褶皱;d.波状褶皱

倾伏褶皱的转折端与平面的交线称为褶皱倾伏端。背斜的倾伏端地层,环绕核部向外倾斜称为外倾转折;向斜倾伏端地层,环绕核部向内倾斜称为内倾转折。褶皱倾伏端部位的岩层层序一般正常,倾角较缓。

5. 轴面

包含褶皱核部中心和褶皱中各弯曲岩层枢纽的面称为轴面。它是一个假想面,具有重要几何意义。由于枢纽只在轴面上,故轴面可以是平面,也可以是曲面;可以是规则的面,也可以是不规则面(图15-8),它基本平分褶皱两部分,可能对称,也可能不对称。轴面与其他构造面一样用产状描述,即具有走向、倾向和倾角。轴面产状的确定可以是在露头上直接测量,或是在已知两翼产状或轴迹产状情况下,用赤平投影方法求出。

轴面倾角可以直立、倾斜或水平,由此又可划分不同褶皱类型(图15-9)。

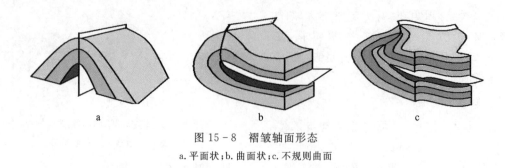

图 15-8 褶皱轴面形态
a.平面状；b.曲面状；c.不规则曲面

轴面水平的褶皱称为平卧褶皱。

轴面倾斜两翼地层层序正常、翼角不等的褶皱称为斜歪褶皱，一翼地层层序正常，另一翼倒转称为倒转褶皱。

轴面直立的褶皱可称为直立褶皱（两翼层序正常，翼角相等），或扇形褶皱（两翼层序均倒转），或直竖（倾竖）褶皱（枢纽直立）。

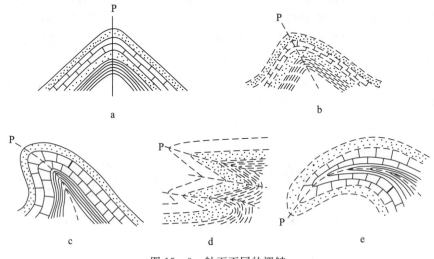

图 15-9 轴面不同的褶皱
a.直立褶皱；b.斜歪褶皱；c.倒转褶皱；d.平卧褶皱；e.翻卷褶皱；P.轴面（或横剖面上的轴迹）

若轴面水平弯曲，则是翻卷褶皱。

6. 轴线

轴面与水平面的交线称为轴线。它是假想线，平行于褶皱延伸方向，可以是直线，也可是曲线。轴线是在平面上描述褶皱的最重要的要素，常被用来表示褶皱在空间上的延伸方向或规模大小。在研究褶皱形态和构造制图中有重要意义。

轴线的长度代表褶皱长度，它与褶皱宽度之比对不同的褶皱不同。当二者之比大于10∶1时称为线状褶皱，在10∶1到5∶1之间称为长轴褶皱，5∶1到2∶1之间称为短轴褶皱，小于2∶1者称为等轴褶皱（如穹隆或盆地）。

7. 轴迹

除轴线和枢纽外,轴面与其他面(如地面、剖面)的交线称为轴迹。褶皱轴迹也属线状构造。任一褶皱,只要知道轴线、枢纽和轴迹中任意两个的产状,即可用赤平投影法求出轴面的产状。

8. 脊和槽,脊线和槽线

褶皱横剖面上,背斜或背形在同一褶皱面的最高点称为脊,向斜或向形在同一褶皱面的最低点称为槽。同一褶皱面上,脊的连线称为脊线,槽的连线称为槽线。在空间上,褶皱的枢纽、轴线、脊线或槽线三者可以重合,也可以各自存在(图15-10)。脊线和槽线沿褶皱延伸方向常有起伏变化。在石油和地下水的勘探开发中具有重要意义。

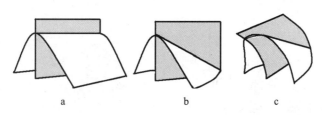

图 15-10　褶皱枢纽、轴线、脊线关系示意图
a. 三线重合;b. 枢纽、脊线重合;c. 三线独立

第二节　常见褶皱类型

自然界褶皱形态极为复杂,为便于研究需进行分类,对于常见褶皱,可根据其位态、变形岩层的厚度及相互关系、褶皱组合等,划分出不同类型。

一、按褶皱位态分类

褶皱在空间的位态主要取决于褶皱轴面和枢纽的产状,它们之间的关系有7种情况,因而可将褶皱分为七种类型(图15-11)。

1. 直立水平褶皱

褶皱轴面倾角80°~90°,而枢纽倾伏角仅0°~10°者,即轴面近于直立而枢纽近于水平的褶皱(图15-11中的Ⅰ区)。

2. 直立倾伏褶皱

褶皱轴面倾角80°~90°,而枢纽倾伏角为10°~80°者,即轴面近于直立而枢纽明显倾斜的褶皱(图15-11中的Ⅱ区)。

3. 倾竖褶皱

褶皱轴面倾角80°~90°,而枢纽倾伏角亦达到80°~90°者,即轴面枢纽均近于直立的褶皱(图15-11中的Ⅲ区)。

4. 斜歪水平褶皱

褶皱轴面倾角10°~80°,而枢纽倾伏角0°~10°者,即轴面倾斜而枢纽近水平的褶皱

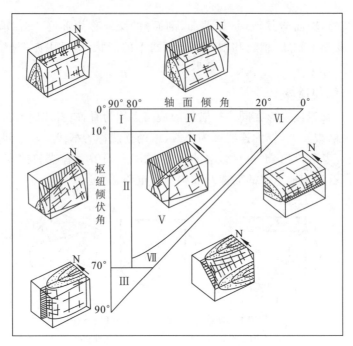

图 15-11 褶皱的位态分类

Ⅰ.直立水平褶皱；Ⅱ.直立倾伏褶皱；Ⅲ.倾竖褶皱；Ⅳ.斜歪水平褶皱；Ⅴ斜歪倾伏褶皱；Ⅵ.平卧褶皱；Ⅶ.斜卧褶皱

(图 15-11 中的Ⅳ区)。

5. 斜歪倾伏褶皱

褶皱轴面倾角 10°～80°，而枢纽倾伏角也是 10°～80°，但二者倾向近于正交者；即轴面和枢纽均倾斜，而倾向不同的褶皱(图 15-11 中的Ⅴ区)。这也是自然界中最为常见的褶皱。

6. 平卧褶皱

褶皱轴面倾角和枢纽倾伏角均为 0°～10°者，即轴面和枢纽均近水平的褶皱(图 15-11 中的Ⅵ区)。

7. 斜卧褶皱

褶皱轴面倾角和枢纽倾伏角均为 10°～80°；但二者倾向近于平行者，即轴面和枢纽均倾斜，且倾向相同的褶皱(图 15-11 中的Ⅶ区)。

上述 1、2 类褶皱为正常褶皱，即两翼倾向相反，倾角大体相等，3、5 类褶皱既可是倾角不等的正常褶皱，也可是倒转褶皱，即其中的一个翼可能是倒转翼，6、7 类褶皱均为倒转褶皱，3 类褶皱较少见，且规模较小，在自然界常见的是 2、5 两类。

二、按褶皱层厚度及相互关系分类

由于褶皱层厚度和层与层之间的关系不同，可形成不同类型的褶皱。主要有以下几种。

1. 平行褶皱(等厚褶皱、同心褶皱)

同一褶皱层的厚度在不同部位大体相等，各褶皱面平行弯曲，具有同一曲率中心，由核部向外,曲率半径增大,曲率变小,岩层变平缓。反之,则曲率半径减小,岩层曲率增大,产状变陡,在核部中心可出现尖棱状褶皱,或复杂小褶皱和断裂,向深部发展,最终消失在滑脱面上(图15-12)。

2. 相似褶皱(顶厚褶皱)

组成褶皱的各褶皱面呈相似弯曲,各面曲率相同,但没有共同的曲率中心。各褶皱层的厚度在转折端增大,两翼变薄,但是,若平行轴面测量褶皱层顶底面间的距离,无论在转折端还是在翼部都大致相等(图15-13a)。

3. 顶薄褶皱

岩层厚度在两翼厚而在转折端变薄的褶皱。这类褶皱的内弧曲率大于外弧曲率(图15-13b),其成因或是由于地壳垂直运动,造成塑性岩层向两翼流动,或是由于沉积过程中,基底局部上升而形成的同沉积褶皱。

图15-12 理想平行褶皱的剖面形态
(据 Davis,1984)

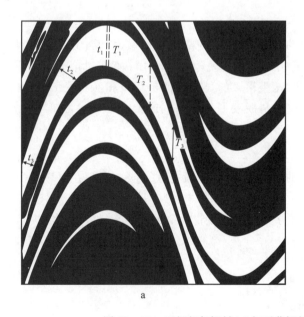

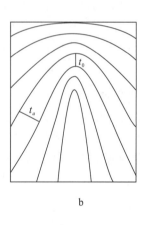

图15-13 理想相似褶皱(a)与顶薄褶皱的剖面形态(b)
a.相似褶皱(据 Ramsay,1962);t_1.轴部岩层厚度;t_2、t_3.翼部岩层厚度;T_1.轴部岩层的轴面厚度;T_2、T_3.翼部岩层的轴面厚度;b.顶薄褶皱;t_0.轴部岩层厚度;t_a.翼部岩层厚度

4. 不协调褶皱

各褶皱岩层的弯曲形态明显不同,它们既不平行,也不相似,岩层厚度发生明显变化,使各层形成互不关联的形态。不协调褶皱是野外常见的褶皱形式,它的形成是由于不同岩层的岩性、厚度差异,受力的复杂变化造成的。

三、按褶皱组合分类

1. 复背斜和复向斜

由一系列线状褶皱组成的规模更大的背斜或向斜称为复背斜或复向斜（图15-14）。这些褶皱走向基本一致、带状延伸，次级褶皱枢纽时有起伏，出现褶皱分叉、归并现象，这类褶皱又称全形褶皱或阿尔卑斯式褶皱，是褶皱造山带的主要组成构造。这类褶皱组合在构造运动强烈的地区，如阿尔卑斯山、秦岭、祁连山地区，才容易形成。

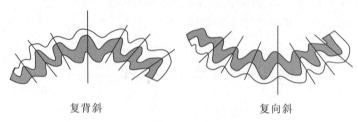

复背斜　　　　　　　　复向斜

图15-14　复背斜、复向斜剖面示意图

2. 隔档式和隔槽式褶皱

由紧闭背斜和平缓开阔向斜组成的褶皱组合，称为隔档式褶皱；相反，由紧闭向斜和平缓开阔背斜组成的褶皱组合，则称为隔槽式褶皱（图15-15）。紧闭褶皱彼此平行，与开阔褶皱相间排列。前者呈梳形，后者常呈箱状，这类褶皱的显著特征是背斜和向斜变形强度的不同，其成因是沉积盖层沿刚性基底上的软弱层滑脱变形的结果。这类褶皱又称为侏罗山式褶皱。我国川东、黔北广泛发育。

3. 雁行式褶皱

褶皱轴线呈斜列分布的一系列短轴褶皱组合，称为雁行式褶皱。它是在区域性力偶作用下形成的。在相对稳定的地块或盆地中容易出现，如川中和柴达木盆地（图15-16）。

其他褶皱组合形式还有许多，如：分枝状褶皱、帚状褶皱、弧形褶皱等，均以其组合形态命名。

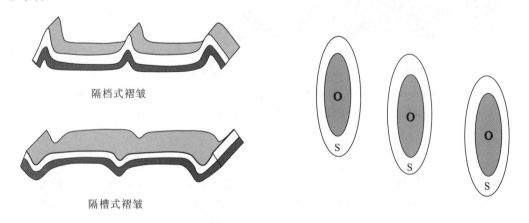

隔档式褶皱

隔槽式褶皱

图15-15　隔档式与隔槽式褶皱　　　　图15-16　雁行式褶皱

第三节 特殊褶皱类型

在褶皱构造中,还有一些不很常见的、成因和形态都比较特殊或复杂的类型,如:同沉积褶皱、鞘褶皱、叠加褶皱等,它们属于特殊的褶皱类型,具有不同的特征。

一、同沉积褶皱

在岩层沉积成岩的同时形成的褶皱称为同沉积褶皱。它具有与一般岩层成岩后形成的褶皱不同的特点(图15-17)。这类褶皱两翼的倾角上部平缓,向下逐渐变陡。背斜顶部岩层厚度变薄,而两翼加厚;向斜则中心部位厚度加大。背斜顶部常沉积浅水粗粒物质,而向斜顶部(槽部)形成细粒沉积物。褶皱形态多为开阔褶皱,由于重力作用和层间差异流动,在褶皱两翼可形成轴面外倾的层间小褶皱。这类褶皱多形成在盆地内,其形成常与基底升降运动有关。它对石油、天然气、煤等矿产的形成和分布有明显的控制作用。

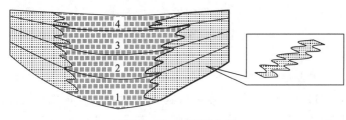

图 15-17 同沉积向斜

二、鞘褶皱

鞘褶皱是形态类似刀鞘的一种褶皱,被认为是韧性剪切带的标志性构造之一。这一构造是1977年J.Carreras在研究西班牙比利牛斯海西期褶皱带时首先提出的。

鞘褶皱一般规模较小,多为手标本尺度(几厘米)或露头尺度(几十米至上百米),在加拿大北部元古代地层中发现过长约9km,宽1.5km的较大型鞘褶皱实例。将鞘褶皱的长轴(平行运动方向)定为 X 轴;平行剪切面垂直 X 轴的方向为 Y 轴,垂直 XY 面的方向为 Z 轴。在不同方向上鞘褶皱表现出不同的形态(图15-18)。在垂直 X 轴的剖面上(YZ 面),常为眼球状、封闭椭圆形;在垂直 Y 轴的剖面上(XZ 面),多为不对称或不协调褶皱。矿物沿 X 轴拉长,发育小型石香肠构造。轴面倒向为剪切方向;在垂直 Z 轴剖面上(XY 面),褶皱不明显,仅显示长条形或舌形,矿物拉长线理发育。

鞘褶皱的成因有两种观点:

J.Ransay(1980)认为,它是由先存褶皱经剪切作用进一步演化、发育而成。这种剪切作用使早期枢纽弯曲、变尖、拉长,从而形成鞘状褶皱(图15-19)。

P.Cobbold等(1980)认为,由于变形岩层中存在原始偏斜,如厚度、岩性的变化,原始面理偏斜,或层面斜交于剪切方向,在递进剪切作用下,发育成枢纽弯曲或形态复杂的褶皱。当应变值很大时($r>10$),可形成典型鞘褶皱。

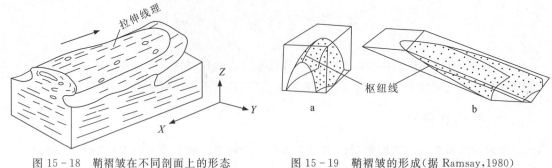

图 15-18　鞘褶皱在不同剖面上的形态
(据 Mattauer,1980)

图 15-19　鞘褶皱的形成(据 Ramsay,1980)
a.原始褶皱;b.剪切后

三、叠加褶皱

已经褶皱的岩层再次弯曲变形所形成的褶皱称为叠加褶皱,这是一种非常复杂的褶皱类型,代表多期变形的结果。由于各期褶皱作用的方位、方式、规模、强度的不同,以及岩石力学性质的差异,使叠加褶皱形态极为复杂。对于两期规模近似、褶皱方位不同的褶皱叠加结果,可以概括为 3 种基本形式(图 15-20)。

第一种,正交型。晚期褶皱最大应变轴(a_2)平行早期褶皱轴面,两中间应变轴(B_1,b_2)近于正交。这时早期枢纽发生褶皱,形成"横跨褶皱"。背斜叠加处形成短轴背斜(穹隆),向斜叠加处形成短轴向斜(构造盆地)。结合一系列穹隆高点或盆地低点,可以大体推断两期褶皱的方向和规模。

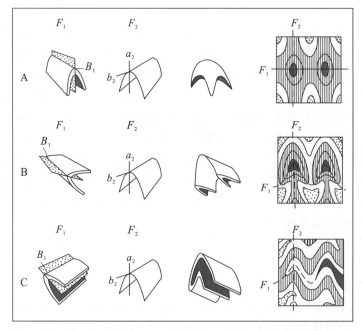

图 15-20　叠加褶皱的 3 种基本干涉形式(据宋鸿林,1983)
右边为平面图,F_1、F_2 分别为两期槽皱的轴迹

第二种，斜交型。晚期褶皱的最大应变轴（a_2）与早期轴面近于正交，两期褶皱中间轴（B_1，b_2）也近于正交。早期轴面和枢纽均发生褶皱，在平面上形成新月形、蘑菇形图案。

第三种，共轴型。晚期褶皱的最大应变轴（a_2）与早期褶皱轴面正交，但两期褶皱的轴线平行，造成早期褶皱的轴面和两翼发生弯曲，在剖面上形成双重转折或钩状闭合。

叠加褶皱的实际形态类型比上述要复杂得多，在野外识别叠加褶皱主要依据：①褶皱要素的变形。如轴面弯曲、双重转折等，出现双重褶皱要素；②新生构造有规律地弯曲，如面理、线理弯曲；③不同类型、不同方位的面理、线理有规律地交切；④陡倾或直竖（倾竖）褶皱的广泛发育等。

第四节　褶皱的形成机制

一、褶皱形成的经典模式

对于常见褶皱的形成，一般认为存在 4 种简化模式：弯曲褶皱作用、弯滑褶皱作用、弯流褶皱作用和剪切褶皱作用。前 3 种是在顺层挤压力作用下发生的，又称为纵弯褶皱作用，褶皱层的力学性质控制着褶皱的发育，因而属于主动褶皱。后一种褶皱作用，岩层只是变形的标志，本身弯曲并不明显，因此属于被动褶皱。

1. 弯曲褶皱作用

在侧向力的作用下，岩层发生像平板梁一样的弯曲。这类褶皱作用的特点是：①弯曲岩层外凸一侧处于拉伸状态，内凹一侧处于压缩状态；②在拉伸与压缩之间存在一个既不拉伸也不压缩的中和面，该面上所有点都没有发生应变（图 15 – 21a）；③随着弯曲的增强和曲率的加大，中和面逐渐向核部迁移，内、外两侧的应变随垂直中和面的距离的增加而加强；④对于韧性较强的岩层，中和面外侧可拉伸变薄，形成顺层劈理，中和面内侧挤压加厚，形成扇形劈理或小褶皱（图 15 – 21b）。对于脆性岩层，中和面外侧可形成张裂隙、楔形脉、小型正断层，中和面内

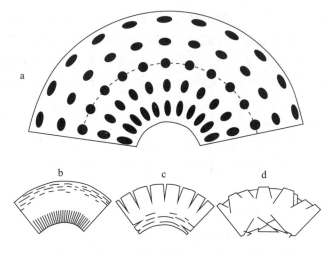

图 15 – 21　弯曲褶皱作用的特点（据 Ramsay et al.，1987）
a. 中和面的点没有发生应变；b. 韧性岩层；c、d. 脆性岩层

侧形成共轭剪裂隙或小型逆断层(图15-21c、d)。

2. 弯滑褶皱作用

在侧向挤压力作用下，一系列岩层通过层间滑动而弯曲成褶皱的作用(图15-22)。这种褶皱作用的特点是：①岩层褶皱时发生平行于层面的剪切滑动。滑动方向为：相邻的上部岩层逆坡滑动，下部岩层顺坡滑动；②各褶皱单层有自己的中和面，但整个褶皱无中和面；③各褶皱层面大体平行。岩层的真厚度在褶皱各部位基本一致，形成等厚褶皱(平行褶皱)；④弯滑褶皱在层面上可形成擦痕；在层间形成劈理、小褶皱和剪节理；在转折端形成张节理和虚脱现象；在核部形成逆断层。

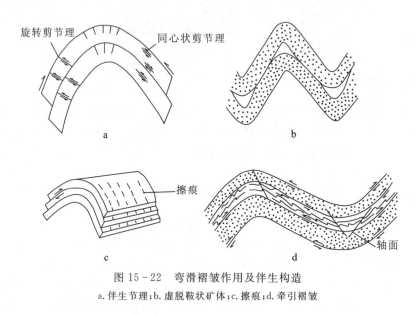

图15-22 弯滑褶皱作用及伴生构造
a.伴生节理；b.虚脱鞍状矿体；c.擦痕；d.牵引褶皱

3. 弯流褶皱作用

在侧向力作用下，岩层弯曲时无明显滑动面，而主要呈现为塑性物质的流动。这种褶皱作用的特点是：①岩层塑性越强越易发生流动，流动的方向是从翼部流向转折端。易发生弯流作用的岩层有泥灰岩、页岩、煤层、盐岩等；②褶皱岩层真厚度各处不等，转折端明显加厚，两翼变薄，形成顶厚或相似褶皱；③由于塑性流动，层内可形成劈理、线理等小构造，在翼部和转折端可形成伴生褶皱。

弯滑作用和弯流作用常由于软硬岩层的相间排列而呈过渡关系。它们伴生的小褶皱轴面和劈理面的产状，可以用来确定岩层顶底面和岩层层序，从而判定大构造的性质(图15-23)。伴生小褶皱轴面倾角大于岩层倾角，为正常层序，小于岩层倾角，为倒转层序。

4. 剪切褶皱作用

沿着与褶皱层斜交的密集面剪切而形成褶皱的作用称为剪切褶皱作用，所形成的褶皱称为剪切褶皱(图15-24)。这类褶皱的特点是：①剪切方向与褶皱层不平行，当剪切方向与褶皱层直交时，褶皱将达最大幅度；②平行轴面测量厚度，厚度数值保持不变，形成典型相似褶皱；③剪切面平行于轴面，褶皱枢纽两侧剪切方向相反；④滑动面不是原生层面，而是次生的变

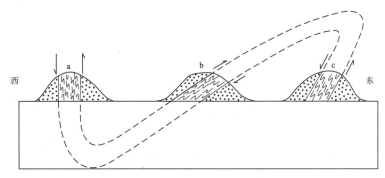

图15-23 伴生小褶皱及岩层产状和大构造的关系图
a.直立岩层；b.正常倾斜岩层；c.倒转岩层

形面,物质从翼部向转折端流动；⑤褶皱无中和面,剪切褶皱又称为滑褶皱。剪切褶皱发育的规模一般较小,多发育在变质岩的韧性剪切带之中。

二、褶皱形成的实验模式

上述经典模式较好地解释了部分褶皱的成因,但是忽略了褶皱形成中条件的变化,在实际形成褶皱时,至少有两个因素是必须考虑的：第一,褶皱层的厚度在变形中不断改变；第二,天然褶皱通常是包含多个岩层的岩

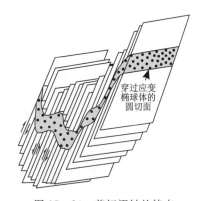

图15-24 剪切褶皱的特点

系,各层的力学性质和厚度均不相同。这使得自然界实际褶皱的形成变得复杂。

1. 岩层厚度的影响

一般来说,岩性相似的岩层。在同样水平挤压力作用下,厚岩层易形成曲率小、波长大的平缓开阔褶皱；而薄岩层易形成曲率大、波长小的紧闭褶皱。模拟实验表明,在最初平行层面缩短20%时,并无褶皱发生,但单层厚度增大了。在缩短30%左右时开始发生褶皱。随后的缩短,与岩层弯曲有关,也与垂直轴面方向的压缩有关(图15-25)。

2. 岩层力学性质的影响

在变形过程中表现为相对刚性的一类岩层称为"强岩层",而表现为相对柔性的岩层称为"弱岩层"。在多个岩层褶皱时,强岩层控制褶皱的形态和波长,而弱岩层形态受强岩层控制,图15-26的实验结果充分说明这种特征。当然,强和弱是相对的,除岩石成分、结构、构造外,温度、压力、流体和应变速率都可影响这一特性。

毕奥特(M. Biot,1965)等通过模拟实验和野外资料研究,认为主波长控制着褶皱的形成。他假设在即将发生褶皱的岩层中存在低幅度正弦曲线状微小起伏,这些起伏可能是原先存在的,也可能是受力初期局部失稳引起的。这些起伏在褶皱生长过程中都可增强,但其中恰有一个波长发育最好,增长最快,并最终控制了褶皱,这个波长称为主波长。

褶皱主波长与作用力大小没有直接关系,而与强岩层的厚度成正比。厚度越大,主波长亦

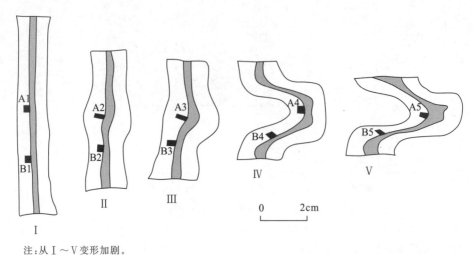

注：从Ⅰ～Ⅴ变形加剧。

图 15-25　岩层的压缩与褶皱
（据 Hobbs et al., 1976）

越大。如果一套岩层有厚有薄，极易形成不协调褶皱。同时，主波长也与主导层和周围介质黏度比有关。比值大，则易形成主波长较大的褶皱；反之，则形成主波长较短的褶皱。在多层岩石变形时，主波长还受层数的影响。

三、特殊褶皱作用

除前述各种褶皱作用外，在形成褶皱的原因上还有一些比较特殊的褶皱作用，诸如横弯褶皱作用、底辟作用、柔流作用等，现着重介绍横弯褶皱作用。

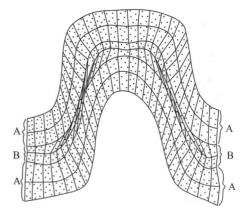

图 15-26　两种不同性质试件的褶皱试验
（据 Hobbs et al., 1976）

横弯褶皱作用

岩层受到和层面垂直的外力作用而发生弯曲，称为横弯褶皱作用。地壳差异升降、岩浆顶托作用、岩盐底辟上升、同沉积褶皱作用等，都属于横弯褶皱作用。这类褶皱作用的特点是：

（1）横弯褶皱岩层整体处于拉伸状态，各层均无中和面。

（2）由于顶部受到侧向拉伸最强，所以横弯褶皱作用常形成顶薄褶皱。同时，也易生成伸展断裂（正断层）。在背斜顶部形成地堑，或放射状、环状正断层。

（3）横弯褶皱作用引起物质从褶皱顶部向两翼流动，在翼部形成轴面外倾的层间小褶皱。小褶皱轴面与层面的锐夹角可指示上部层位的顺倾向滑动（图 15-27）。

（4）在横弯褶皱作用造成的同沉积背斜中，顶部厚度变薄，有些层位甚至缺失，沉积物为浅水的粗碎屑物质。褶皱两翼倾角上部平缓，向深部变陡。

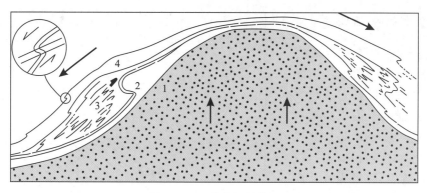

图 15-27 横弯褶皱作用

第五节 褶皱的研究

一、褶皱的度量

1. 褶皱的对称性

褶皱轴面与水平面或褶皱包络面垂直、两翼长度相等的褶皱称为对称褶皱；相反，褶皱轴面与水平面或褶皱包络面斜交、两翼长度不等的褶皱称为不对称褶皱（图 15-28）。这里褶皱包络面是指包含一系列连续褶皱、反映褶皱总趋势的假想面。两翼长度是指褶皱枢纽到翼部拐点的距离。

2. 褶皱强度和褶皱规模

褶皱强度常以褶皱波长和波幅来表示。在正交剖面上，连接褶皱各拐点的线称为褶皱的中间线。中间线与枢纽点之间的距离称为波幅（A），一个周期波的长度称为褶皱波长（W），它等于两个相间拐点之间的距离（图 15-28）。

褶皱的规模常以褶皱的长度和宽度来描述。沿轴线方向测量褶皱的两个倾伏端（或仰起端）同一最外部地层间的距离，即是褶皱的长度。过褶皱核部，垂直轴线测量的同一最外部地层间的距离，是褶皱的宽度。单个褶皱的宽度约等于褶皱波长的一半。

3. 褶皱要素的产状

主要褶皱要素均可以用产状表示，其测量方法如前所述。测量褶皱要素的产状是确定褶皱形态的基本依据。

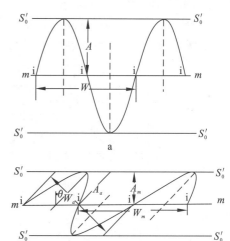

图 15-28 褶皱的波长、波幅和对称性
a. 对称褶皱波长（W）和波幅（A）；b. 不对称褶皱波长（W_m、W_a）和波幅（A_m、A_a）；S'. 包络面；m. 中间面；θ. 轴面与中间面交角；i. 拐点

二、褶皱的平面形态

褶皱的平面形态集中反映在褶皱地质图上,它是褶皱在地表出露形象的平面投影。一般来说,褶皱在地质图上表现为地层出现的对称重复,或者是核部为老地层,两翼为新地层(背斜),或者核部为新地层,两翼为老地层(向斜)。在平面地质图上常可见到封闭褶皱的倾伏端或仰(扬)起端,而各部位的岩层产状,提供了褶皱形态的细节。

褶皱平面形态的确定,主要是通过地质填图实现的。在系统了解区域地层层序的基础上,选取特征的标志层,经过一系列路线穿越或追索,系统测量地层产状,把有关地质内容详细标绘在地形图上,从而勾绘出褶皱的形态。

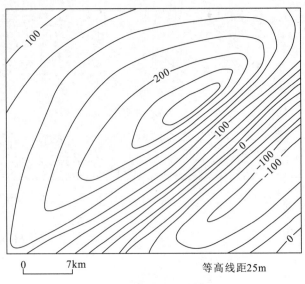

图 15-29　褶皱构造等值线图

如果褶皱存在于地下某个深度,常根据钻探和物探获得的标志层的标高、产状资料编绘构造等值线图,以准确反映褶皱形态和规模(图 15-29)。

需要注意的是:

(1)褶皱的出露形态受地形影响很大。例如,对于水平褶皱,在平面图上两翼出露界线平行,如果地形起伏不平,则两翼出露界线就会汇聚或相交,呈现倾伏褶皱假象(图 15-30)。水平岩层或单斜岩层受地形影响也会在地质图上呈现类似转折端的弯曲。

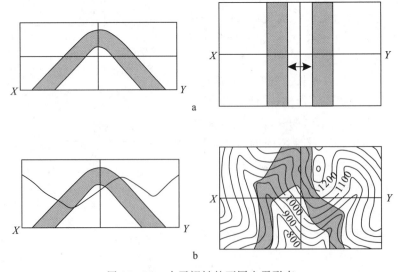

图 15-30　水平褶皱的不同出露形态
(据 Ragan,1978)

(2)褶皱的不同位态造成的结果不同,特别是斜卧褶皱。一般来说,地质图上各褶皱岩层倾伏端的连线代表褶皱轴线,其方向反映枢纽倾伏方向。但如图 15-31 所示的斜卧褶皱,其平面图上显示的倾伏方向与实际倾伏方向就要相差 90°了。

三、褶皱的剖面形态

褶皱剖面包括铅直剖面和正交剖面(图 15-32),它们反映褶皱深部特征,与褶皱平面形态一起,为人们提供了褶皱立体形态特征。

铅直剖面是与水平方向相垂直的剖面。它与褶皱走向可能垂直,也可能不垂直。这类剖面可以是实测,也可以是从地质图上切绘。当剖面方向与褶皱走向斜交时,要用假倾角表示岩层产状。

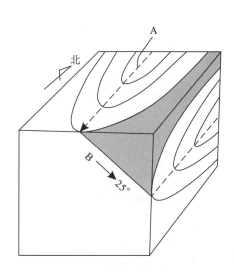

图 15-31 斜卧褶皱立体示意图
A.岩层露头线转折端点连线;B.箭头所指为枢纽倾伏方向,倾伏角 25°

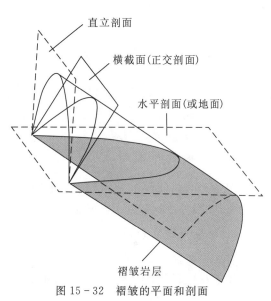

图 15-32 褶皱的平面和剖面

正交剖面是与褶皱枢纽垂直的剖面,这类剖面是描述复杂褶皱形态的重要方法,它可以真实地反映褶皱形态,特别是倾伏角较陡的褶皱,通常使用沿倾伏向投影法编制这类剖面,具体步骤如下:

(1)在地质图上画等间距方格,其纵坐标与褶皱枢纽倾伏向平行(图 15-33a)。

(2)作正交剖面图网格,剖面基线与横坐标平行等长,剖面纵坐标间距按 $h'=h \cdot \sin\theta$ 计算(h 为原坐标间距,θ 为枢纽倾伏角),或者用作图法求出(图 15-33b)。

(3)把平面图上的地质界线与网格交点按方位清绘到正交剖面图上,连接各点即得沿枢纽倾伏方向投影的褶皱图像(图 15-33c)。现代利用计算机投影更为方便,如图 15-33a,横坐标长度不变,纵坐标按照 $h'=h \cdot \sin\theta$ 比例压缩即可。

剖面图反映的褶皱深部形态带有推测色彩,为了准确勾绘,需系统测量产状,了解岩层厚度、力学性质,变形特点,借用钻探和物探资料,但褶皱不能无限向下延伸,它有一定下限。

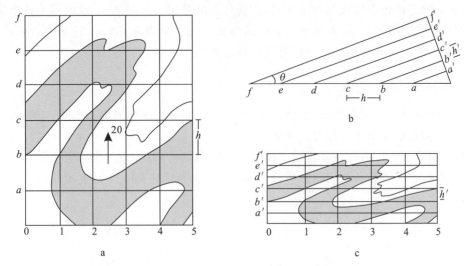

图 15-33 褶皱横截面图的绘制
a. 地质图上等间距方格；b. 横截面上坐标间距缩短的计算；c. 褶皱横截面
h. 原来的方格间距；h'. 缩短后的新间距；θ. 枢纽倾伏角

四、褶皱的形成时代

褶皱的形成总是与一定时期的构造运动相联系的。因此，褶皱的形成时代即代表一定区域构造运动的时代，通常由褶皱地层的接触关系、岩性、厚度分析来确定。

1. 角度不整合分析法

角度不整合是划分褶皱形成时期的标志，褶皱一定形成于组成褶皱的最新地层之后，形成于上覆未及一起褶皱的地层之前。同时，还要参考区域褶皱构造发生的时期而定。例如湖北崇阳的方山背斜（图 15-34），从图中可知其形成时代应该在晚寒武世之后，白垩纪之前。但背斜附近的泥盆和石炭纪地层也发生褶皱，区域构造分析还发现，三叠纪和侏罗纪地层均已卷入褶皱，所以可进一步说褶皱形成于侏罗纪之后，白垩纪之前，亦应该是燕山运动的产物。同时，在元古宇地层中，还存在走向北西向斜褶皱，这些褶皱应该是在中元古代以后、震旦纪以前形成的，亦是雪峰运动的产物。

2. 岩性厚度分析

利用卷入褶皱的地层岩性的变化和厚度的变化可判定同沉积褶皱的发生时间，如图 15-17 所示，层 1、2、3 中间为细粒碎屑岩，两翼变粗，顶部厚而两翼薄，层 4 以后岩性厚度较均一，由此可知，该同沉积褶皱是 1 到 3 时形成，从 4 开始已趋于稳定。

3. 同位素年龄法

上述两种方法属于相对时代分析，同位素年龄可确定绝对年代，利用与褶皱同期侵入的岩浆岩体中的含放射性元素的矿物（如锆石），进行同位素含量测定，从而计算出岩体年龄，进而推断褶皱的形成年代。

除上述内容外，褶皱研究还包括褶皱成因机制研究、含矿性研究、褶皱与其他构造关系研究等，这些在有关地质文献和构造地质学教科书中有详细论述。

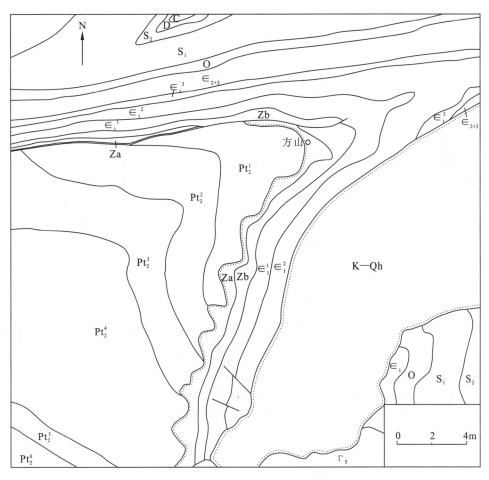

图 15-34　鄂南方山地区地质图

第十六章 断裂构造

当作用于岩石的地应力超过岩石的破裂强度极限时,岩石便会发生破裂。岩石破裂后,如果破裂面两侧岩石未发生明显错开,这种破裂称为节理;如果破裂面两侧岩石发生了明显错开,则称为断层。如果岩石主要是在脆性条件下错开位移,则称为脆性断层;如果岩石是在较高温度、极慢的应变速率条件下发生韧性位移,则称为韧性断层,又称韧性剪切带。习惯上,称脆性断层为断层,称韧性断层为韧性剪切带。所以,在本教材中,除特别指出外,所讨论的断层均为脆性断层。

第一节 节 理

节理是指岩石中破裂面两侧的岩石没有发生明显位移,它是地壳浅层岩石中发育最广泛的一种构造。节理的研究无论在理论上还是在生产和国民经济中均具有重要意义。作为裂隙,节理常为矿液上升、渗透、运移和富集提供通道和场所,一些热液型矿脉可沿节理产出。节理也是石油、天然气和地下水运移的通道。节理会引起水库渗漏、塌方,给水坝、隧道等工程带来隐患。此外,节理常与断层、褶皱等有着密切的成因联系。节理的研究有助于分析其他构造的形成和演化。

一、节理的分类

1. 根据节理与有关构造的几何关系分类

1) 根据节理产状与岩层产状的关系划分(图 16-1)

走向节理:节理走向与岩层走向大致平行。
倾向节理:节理走向与岩层走向大致直交。
斜向节理:节理走向与岩层走向斜交。
顺层节理:节理面与岩层的层面大致平行。

2) 根据节理与褶皱轴方位的关系划分(图 16-2)

纵节理:节理走向与褶皱轴向平行。
横节理:节理走向与褶皱轴向直交。
斜节理:节理走向与褶皱轴向斜交。

在实际工作中,有时根据节理面的产状来划分,如水平节理(节理面近水平)、北东向节理(节理走向为北东向)。

2. 根据节理的力学性质分类

1) 剪节理

剪节理是由剪应力作用而产生的破裂面,它具有下列主要特征:①节理产状稳定,沿走向

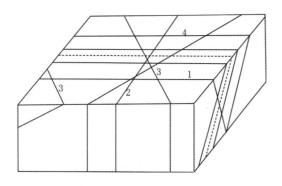 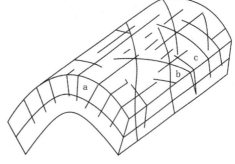

图 16-1 根据节理产状与岩层产状关系的节理分类
1.走向节理;2.倾向节理;3.斜向节理;4.顺层节理

图 16-1 根据节理产状与褶皱轴向关系的产状分类
a.纵节理;b.斜节理;c.横节理

和倾向延伸较远;②节理面平直光滑,有时可见因剪切留下的擦痕,若被后期矿物质充填,其矿脉产状稳定,脉宽均匀;③发育在砾岩或含各种结核层中的剪节理,一般切穿砾石和结核;④节理面上常发育羽状微裂,羽状微裂面与节理面呈 10°～15°交角,其相交锐角指示剪切运动方向;⑤剪节理常发育两组,相互交切形成 X 型共轭节理(图 16-3)。

2) 张节理

张节理是由张应力产生的破裂面,它具有下列主要特征:①张节理产状不稳定,往往延伸不远;②节理面粗糙不平,无擦痕,若被后期矿物质充填,矿脉厚度变化较大,常呈楔状、透镜状或不规则状;③在胶结不太坚实的砾石或含结核层中,张节理绕砾石或结核而过,如切割砾石,其破裂面也粗糙不平;④张节理常发育稀疏、间隔不均、呈"侧列尖灭"(图 16-4),即延伸不远而尖灭,尖灭尾端呈分叉状或树枝状。

图 16-3 共轭 X 型节理

图16-4 北京西山奥陶系灰岩中的共轭节理(右侧),先剪后张,被方解石充填(据宋鸿林,1990)

二、节理的组合与岩脉充填

在野外露头上,节理并不是呈单一发育,而是呈各种组合形式,一些节理中有岩脉或矿脉充填后,更易于识别。

1. X 型共轭节理

X 型共轭节理组合是剪节理最常见的露头形式,也是自然界中最常见的节理组合形式。它实质上是沿两组剪裂面而发育的相互切割的两组剪节理,两组剪节理面的交线为中间应力(σ_2)方向,两组剪节理的锐角平分线和钝角平分线分别代表最大挤压应力(σ_1)和最小挤压应力(σ_3)的方向。脆性破裂岩石中,锐角和钝角分别为 60°和 120°,在韧性变形岩石中,变化较大。所以,在脆性破裂区,可用 X 共轭剪节理来判别三个主应力方向,但在韧性变形发育地区应持谨慎态度,因为随岩石韧性变形的加强,锐角和钝角的大小会发生变化,有时两者甚至会颠倒过来。一些 X 型节理有时被矿物充填,在众多的充填脉中,以石英脉和方解石脉最为常见(图 16-4)。

2. 追踪张节理

追踪张节理是早期形成的共轭剪节理在张应力作用下缓缓张开呈锯齿状,这时剪裂面已变为张裂面,沿早期剪裂面充填岩脉或矿脉(图 16-5)。

3. 雁列节理

雁列节理是一组呈雁行斜列式分布的节理组合。雁列节理被后期矿物充填后称雁列脉,在石灰岩中,被方解石充填的雁列脉最为发育,在砂岩中常见为石英充填的雁列脉。由多个雁列脉在空间展布则构成雁列带,穿过各单脉的面称雁列面,单个脉与雁列面锐交角为雁列角,雁列角 β 指示本侧剪切方向(图 16-6)。

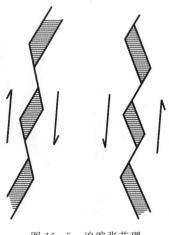

图 16-5 追踪张节理

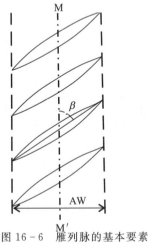

图 16-6 雁列脉的基本要素

MM'. 雁列轴;β. 雁列角;AW. 雁列带宽度

4. 火炬状节理

火炬状节理组合实质为共轭雁列脉,一组为右阶,另一组为左阶,其两个雁列面与早期共轭 X 型节理面平行,它的形成是早期发育在共轭剪切面上的次级羽状张节理由于受到持续的剪切而发生旋转并引起中部加宽,然后被岩脉充填(图 16-7)。火炬状节理在石灰岩中比较发育,火炬的尖端指示挤压应力(σ_1)方向。

5. 环状节理和放射状节理

在花岗岩和一些构造穹隆中,常发育有环状和放射状节理,环状节理中心和放射状节理交汇点往往是岩浆侵位中心或穹隆上拱的中心,如鄂东金山店岩体袁家洞附近是岩浆上涌的中心(图 16-8)。

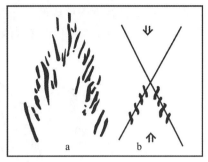

图 16-7 周口店火炬状节理(a)及成因示意图(b)

三、节理与褶皱的相互关系

如果节理和褶皱是在同时期同一应力场作用下形成的,两者具有内在的成因联系。设想

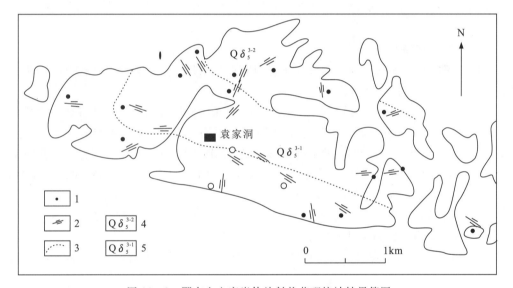

图 16-8 鄂东金山店岩体放射状节理统计结果简图

1.陡倾节理走向统计点;2.节理走向;3.岩相线;4.第二次侵入石英闪长岩;5.第一次侵入石英闪长岩

一水平岩层受水平挤压而发生变化,往往在岩层发生弯曲之前就形成一对共轭节理(图 16-9a),继续受挤压,在剖面上形成 X 型节理(图 16-9b)和背斜转折端的张节理(图 16-9c)。当岩层弯曲后,局部应力场会发生变化,这时背斜转折端为拉伸,向斜转折端为

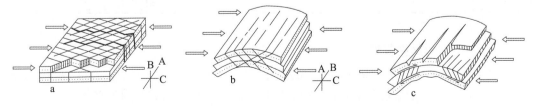

图 16-9 水平挤压力作用下褶皱发展中可能发育的节理示意图

a.斜剪节理及锯齿状张节理;b.纵剪节理;c.纵张节理及层间剪节理

挤压。因此，在背斜转折端形成的 X 型节理，其锐角平分线平行褶皱轴，向斜转折端垂直于褶皱轴（图 16-10a），再继续挤压，在背斜和向斜转折端形成两组方向近垂直的追踪张节理（图 16-10b）。

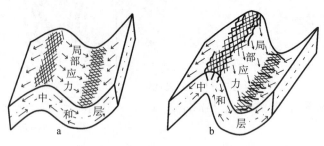

图 16-10　水平挤压作用形成的背斜与向斜中节理发育示意图
a. 斜剪节理；b. 剪节理及纵、横追踪张节理

四、节理的观察与研究

1. 节理的野外观察和测量

在野外工作中，需根据研究目的合理布置观察点与测量位置，尽量选择露头好、面积大、产状稳定的露头点，进行以下几方面工作。

（1）观测点构造性质：即知道观测点地层时代、所属构造位置和岩层产状等地质背景。

（2）节理的切割关系分析：节理的相互切割关系和分期配套相互切割者为同期形成（图 16-11 左），被切割者形成早，被限制者形成晚（图 16-11 右），相互切割者多为共轭节理。

（3）节理密度研究：沿节理面法线方向上单位长度内节理条数（条数/m）；如果有几组陡倾节理，可选定单位面积内节理的总长度（m/m²）。

（4）节理面产状的测定：在一个露头点，根据统计需要，应随机测量一定数量的节理产状，在一般情况下，40 组可作为统计的底限。

（5）节理面的观察：即观察节理面产状的稳定程度，节理面是否有擦痕、羽裂，节理的含矿性与充填物特征。

野外观察和测量的结果一般填入事先制好的表格中，以便室内整理。记录表格可根据不同的目的和任务编制，一般性节理的观测记录可用表 16-1 填写。

表 16-1　节理观察点登记表

点号及位置	地层时代岩性及产状	构造位置	节理产状	节理力学性质	节理分期分类	节理密度	节理面特征及充填物

2. 节理资料的室内整理

为了简明、清晰地反映不同性质节理的发育规律，需将野外所测产状要素进行统计整理，绘制成多种图件。一般常绘制有走向、倾向玫瑰花图、节理极点图和节理等密图。

1）走向玫瑰花图

对于倾角近直立的节理常制成走向玫瑰花图，因节理走向的两个方向可用一个方向表示，

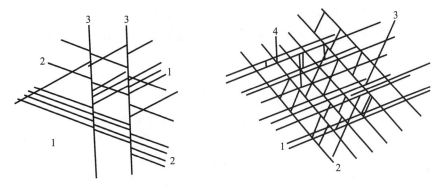

图 16-11 节理的错开与限制

左边 1、2 为同期被后期，3 错开；右边 1、2 为早期，3、4 为限制晚期节理

所以用半圆方位角度，便可表示所有节理方向，在半圆弧上以 10° 为单位算出每个间隔总条数，以径向长度代表该方位总条数，然后将每个点相连便为走向玫瑰花图。图 16-12a 是鄂东铁山岩体某点节理走向玫瑰图，从中可以看出陡倾节理主要为 NE 和 NW 两个方向。

2) 倾向玫瑰花图

对于缓倾角节理可制成倾向玫瑰花图。具体做法是，以 0～360° 圆周为倾向，以圆半径条数代表发育条数。图 16-12b 是鄂东金山店岩体某点倾向玫瑰花图，从图中可见该处缓倾节理面主要向 SE 倾，其次为正南方向。

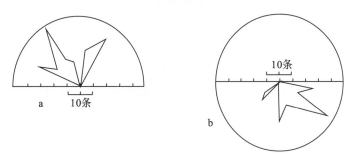

图 16-12 节理玫瑰花图

a.鄂东铁山某点走向玫瑰花图；b.鄂东金山店某点倾向玫瑰花图

3) 极点图

上述两种玫瑰花图只分别反映走向和倾向分布特点，而不能反映倾角，但极点图可以弥补这个不足。节理极点图是用节理面产状或节理面法线的极点来投影的，投影网有等面积和等角距两种。图 16-13 是直接将节理面产状投影到等面积投影网上的节理极点图。图中放射线代表节理倾向方位角(0°～360°)，同心圆代表节理倾角，自圆心向圆周为 0°～90°。从图中看出，该统计点节理倾向

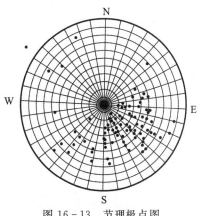

图 16-13 节理极点图

主要向 SE 倾,倾角变化较大(15°～85°),但平均在 30°～40°。

除上述几种投影图外,还有节理法线极点图和节理等密图,有关内容不再详述。

第二节 断层的几何要素和位移

断层是指破裂面两侧岩石沿破裂面发生了明显位移,它是地壳中发育极为广泛且最为重要的一种构造。断层的规模可以从手标本尺度以下至上千千米以上,切割深度可从地表至下地壳以下。大型断层可构成不同大地构造单元的边界,控制区域地质和构造演化,控制着成矿作用。一些中小型断层常控制某些矿床和矿体的产状。活动断层则直接影响水坝、隧道和建筑的施工和稳定性。所以研究断层具有重要的理论意义和实际意义。

一、断层的几何要素

为了方便且准确地描述断层的形态特点,必须引用断层几何要素的概念。断层几何要素有以下几种。

1. 断层面

断层面是将岩层或岩块断开分成两部分并沿着该面发生滑动的破裂面。断层面是一种面状构造,其空间方位由走向、倾向和倾角来表示。断层面产状往往不稳定,沿走向和倾向都会发生变化以致形成曲面。大的断层往往不是一个简单的面,而是由一系列破裂面或次级断层所组成的一个带,即断层带,断层带中夹有搓碎的岩块、断层岩,故又称破碎带。一般来说,断层规模越大,断层带越宽。

2. 断层线

断层线是断层面与地面的交线,即断层在地面的出露线。断层面产状和地面的起伏确定断层线的弯曲形态,断层面倾角缓且地形起伏大,断层线形态复杂,断层线形态分布也遵循"V"字形法则。

3. 断盘

断盘是断层面两侧沿断层面滑动的岩块。如果断层面是倾斜的,位于断层面上方的一盘为上盘,位于断层面下方的一盘为下盘(图 16-14)。如果断层面直立,则按断盘相对于断层走向的方位描述,如东盘、西盘;北西盘、南东盘。根据两盘的相对位移,上升者称为上升盘,下降者称为下降盘。

二、滑距和断距

断层两盘有多种形式的相对运动,运动之后使两盘发生了相对位移。断层的位移是矢量,既有大小,也有方向。在实际工作中,位移量的测定具有重要意义。沿不同方向或测不同产状的剖面(平面),会得出不同的测量结果。在实测中,常用滑距和断距两个术语,两者是有区别的。

1. 滑距

滑距是指断层两盘的实际位移距离,即错动前的一个点被错动后分为两个点,这两点间的实际距离,两点间真位移称为总滑距。

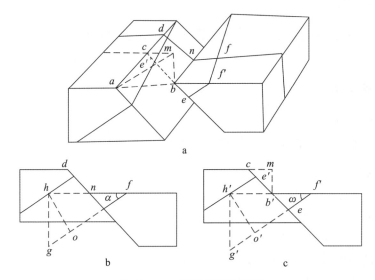

图 16-14 断层滑距和断距

a.断层位移立体图；b.垂直于被错断岩层走向的剖面图；c.垂直于断层走向的剖面图

总滑距在断层面走向线上的分量称为走向滑距，走向滑距与总滑距之间的锐夹角∠cab 为总滑距（擦痕）的倾伏角。

总滑距在断层倾斜线上的分量称为倾斜滑距。

总滑距在水平面上的投影长度称为水平滑距。

总滑距(ab)、走向滑距(ac)、倾向滑距(cb)构成直角三角形，知道其中两个，便可求出另一个（图 16-14a）。

2. 断距

断距是指被错开岩层在两盘上的对应层之间的相对位移距离。在不同方向的剖面上断距值的大小不同。

1) 在垂直于被错断岩层走向剖面上的断距

地层断距：断层两盘对应层之间的垂直距离。

铅直地层断距：断层两盘对应层之间的铅直距离。

水平地层断距：断层两盘对应层之间的水平断距。

2) 在垂直于断层走向剖面上的断距

如果断层走向与岩层走向一致，两者断距是相同的。如果断层走向与岩层走向斜交，在垂直断层走向和垂直地层走向的两个剖面中，除铅直地层断距相等外，在垂直地层走向剖面中的地层断距和水平断距均小于垂直走向上的断距，即在图 16-14b 中 hg 等于图 16-14c 中 $h'g'$，$hf < h'f'$，$ho < h'o'$。这是因为在 $\triangle hfg$ 和 $\triangle h'f'g'$ 中，$hg = h'g'$，$\alpha > \omega$（岩层真倾角大于视倾角），所以有 $hf < h'f'$，$ho < h'o'$。这里 $h'o'$ 和 $h'f'$ 分别称为视地层断距和视水平地层断距。

第三节 断层的分类和组合形式

一、断层的分类

断层的分类较多,常见有以下几种分类。

1. 按断层产状与有关构造的几何关系分类

1) 根据断层走向与岩层走向关系划分

走向断层:断层走向与岩层走向基本一致。
倾向断层:断层走向与岩层走向基本垂直。
斜向断层:断层走向与岩层走向斜交。
顺层断层:断层面与岩层面平行。

2) 根据断层走向与褶皱轴或区域构造线方向关系划分

纵断层:断层走向与褶皱轴或区域构造线方向基本一致。
横断层:断层走向与褶皱轴或区域构造线方向基本垂直。
斜断层:断层走向与褶皱轴或区域构造线斜交。

2. 按断层切割深度分类

(1) 岩石圈断层(裂)。切穿岩石圈达软流层,常是板块边界,深度大于40km。
(2) 地壳断层(裂)。切穿地壳达莫霍面,控制岩浆活动或成矿的分带性,深度大于30km。
(3) 基底断层(裂)。切穿硅铝层达康氏面,沿断裂带常有岩浆活动,深度大于15km。
(4) 盖层断层(裂)。切穿沉积盖层达变质基底,常是区域性滑脱面,深度小于15km。
(5) 层间滑动断层。发育于盖层中,常与各种构造层界或岩性界面相一致,深度小于10km。

断层切割深度一般用地震剖面、电法、磁法和重力法等物探手段来推算。

3. 按断层两盘相对运动分类

1) 正断层

上盘相对于下盘沿断层面向下滑动的断层称为正断层(图16-15a)。正断层产状一般较陡,倾角60°左右比较常见。但近年来研究发现,一些大型正断层其断层面向地下逐渐变缓,总体呈勺状。

2) 逆断层

上盘相对下盘沿断层面向上滑动的断层称为逆断层(图16-15b)。根据断层面倾角陡缓而分为高角度逆断层和低角度逆断层,前者倾角大于45°,后者倾角小于45°。

3) 平移断层

断盘沿陡倾断面或近直立的断层走向相对移动的断层称为平移断层(图16-15c),规模巨大的平移断层称为走滑断层。根据两盘的相对滑动方向分为左行或右行平移断层,在垂直断层走向观察时,如果对盘(距观察者远者)向左滑动则为左行,反之则右行。也有人把平移断层称为平推断层,把左行或右行称为左旋或右旋。

在自然界中,许多断层两盘往往不是顺断层面倾向滑动或顺断层面走向滑动,而是斜交走向或倾向滑动,这类断层一般采用组合命名,如逆平移断层(图16-15d)、正平移断层(图16-15e)。

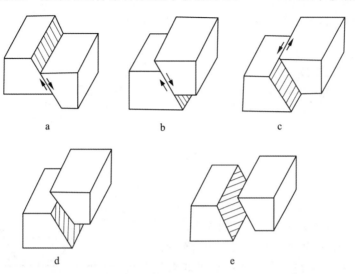

图16-15 按断层两盘相对运动划分的断层和组合性断层
a.正断层;b.逆断层;c.平移断层;d.逆-平移断层;e.正-平移断层

4) 枢纽断层

枢纽断层的断层面上下的断盘不是呈相对直线运动,而是呈旋转运动。旋转运动有两种情况:一是旋转轴位于断层的一端,表现为横过断层走向的各个剖面上的位移量不等(图16-16a);二是旋转轴不位于断层的端点,表现为旋转轴两侧的相对位置方向不同,一侧为正断层性质,另一侧为逆断层性质(图16-16b)。枢纽断层在自然界较少。

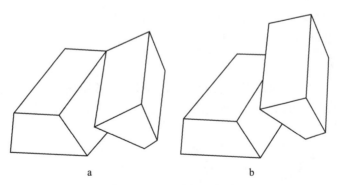

图16-16 两种枢纽断层
a.旋转轴位于断层的一端;b.旋转轴位于断层的端点

二、断层的组合形式

自然界中断层的发育在某一个地区有时一条两条,有时几条。几条以上的断层便构成多种形式的断层组合,常见有下列几种。

1. 阶梯状断层

阶梯状断层是由若干条产状基本一致的正断层所组成,各条断层的上盘依次向同一个方向断落下掉而构成剖面上的阶梯式(图 16-17a)。阶梯状断层在区域性差异升降过程中其断块掀斜旋转,从而在盆地边缘形成箕状构造(图 16-17b)。

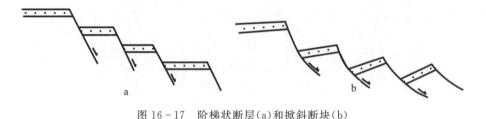

图 16-17　阶梯状断层(a)和掀斜断块(b)

2. 地堑和地垒

地堑由两组走向基本一致的相向倾斜的正断层构成,两组正断层之间为共同下降盘(图 16-18a);地垒由两组走向基本一致的相背倾斜的正断层构成,两组正断层之间为共同上升盘(图 16-18b)。

地堑和地垒一般指大规模区域性的断层组合,并由此引起大规模上升或下陷。自然界中地堑比地垒更为发育。如果地堑或地垒只发育一侧,称为半地堑或半地垒。

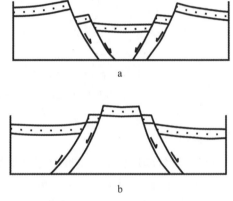

图 16-18　地堑(a)与地垒(b)

3. 环状和放射状断层

若干条弧形或环形断层围绕一个中心呈同心状排列,称为环状断层;若干条断层呈辐射状排列,称为放射状断层。环状和放射状断层在花岗岩体或穹隆构造中比较发育(图 16-19)。

4. 叠瓦状断层

叠瓦状断层由一系列产状相近的低角度逆断层构成,各断块依次向上逆冲。叠瓦式构造常表现为前陡后缓,各条断层向下逐渐变缓往往汇拢于一条主干断层(图 16-20)。

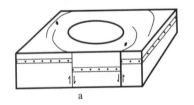 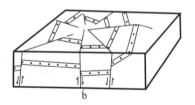

图 16-19　环状断层(a)和放射状断层(b)

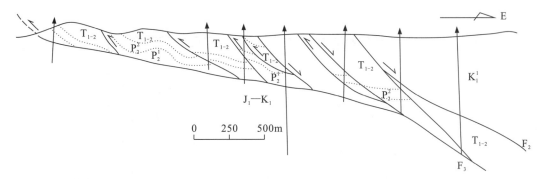

图 16-20 江苏茅山南段花山一带叠瓦式逆掩断层

5. 对冲式断层

对冲式断层由两条或两组倾向相反、相对逆冲的逆断层所组成。小型对冲断层常发育在背斜褶皱的两翼（图 16-21），大型对冲断层常产于坳陷带边缘，由两侧隆起部分分别向坳陷带对冲，如位于江西境内的萍乐坳陷带，其南北两侧的武功山和九岭山均向坳陷带逆冲。

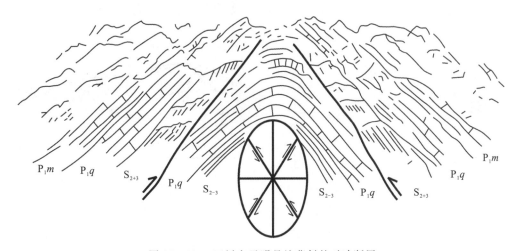

图 16-21 四川广元明月峡背斜的对冲断层

6. 背冲式断层

背冲式断层由两条或两组倾向相反、方向相背的逆冲断层组成，表现为自一个中心分别向两个相反方向的逆冲，往往从背斜或复背斜核部向两侧逆冲（图 16-22）。在造山带或大型复背斜两侧由于一系列背冲而构成"翻花状"构造，前者如大别山，后者如雪峰山。

7. 勺状断层

勺状断层又称犁式断层，断层面总体呈弯曲弧形，凹面向上，在弧形后缘表现为正断层性质，前缘则表现为逆断层性质（图 16-23）。大型勺状断层后缘常发育次级阶梯式正断层组合，而前缘则发育次级叠瓦式逆断层组合。

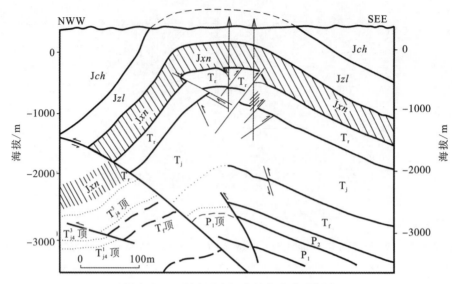

图 16-22　川东卧龙河背斜的背冲式断层

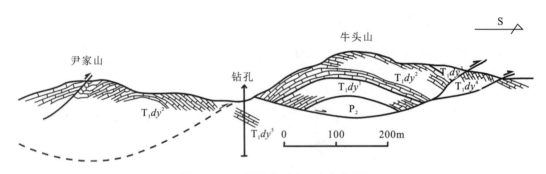

图 16-23　鄂东黄石牛头山勺状断层

P_2. 上二叠统；$T_1dy^1 - T_1dy^{10}$. 三叠系大冶组 1~10 段

第四节　韧性剪切带

韧性剪切带又称韧性断层,是发育在地壳中层—深层的断层。韧性剪切带在深变质岩区最为发育,其次在侵入体内部及侵入体与围岩的接触带也常发育,它与脆性断层(即通常所称断层)构造特征明显不同。

一、韧性剪切带的几何特征

1. 基本特征

韧性剪切带是岩石经历了高度韧性变形而构成的线状地带,是岩石在韧性状态下所受剪应力作用而形成的构造现象。它与脆性断层明显不同,其岩石中没有明显分开的破裂面,断层带以连续强烈变形带为特征,虽然断层带两侧发生了明显位移,但剪切带与围岩无明显界线,围岩中标志层可以连续地穿过剪切带,它们可以发生偏斜或改变厚度,但仍保持其连续性(图 16-24)。所以,韧性剪切带总体表现出剪而不断的特点。

2. 几何特征

韧性剪切带几何特征主要包括剪切带边界条件和几何性质。Ramsay(1980)认为还包括组构特征。剪切带的几何边界条件是:①具有相互平行的剪切边界;②沿每个横断面剪切位移方向和岩石应变方式是一致的。

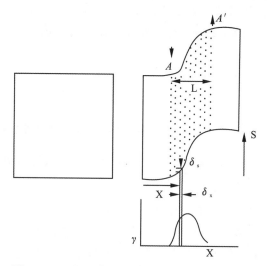

图 16-24 韧性剪切带示意图(据 Ramsay,1980)

根据剪切带之外岩石是否遭受变形,Ramsay(1980)提出 6 种韧性剪切带的几何类型(图 16-25)。如果剪切带之外岩石未受变形,则有不均匀简单剪切(图 16-25a)、不均匀体积变化(图 16-25b)、不均匀简单剪切和不均匀体积变化叠加(图 16-25c)3 种类型。如果剪切带以外的岩石受到均匀应变与不均匀体积变化的叠加(图 16-25e),均匀应变则存在均匀应变与不均匀简单剪切叠加(图 16-25d),均匀应变、不均匀的简单剪切和不均匀的体积变化间的叠加(图 16-25f)3 种几何类型。

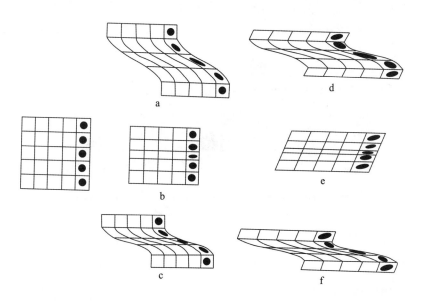

图 16-25 韧性剪切带的几何类型
左图为原始状态,a~f.各种类型的韧性剪切带(据 Ramsay,1980)

3. 产出状态与组合形式

大型韧性剪切带多产于地壳的中下层次,后因地壳抬升而剥露至地表。剪切带规模可从几厘米至上百千米,剪切面产状可直立、倾斜或水平。韧性剪切带在前古生代古老变质岩系中极为发育,是古老变质岩系中一种重要的构造特征。在空间上,韧性剪切带常呈平行带状发育或共轭形式发育。

二、韧性剪切带内部构造和运动学特征

韧性剪切带内部表现为一套强烈韧性变形的构造组合,具体概况主要有以下几点。

1. 糜棱岩带

剪切带中岩石因受到不同程度的韧性变形,从而形成了糜棱岩系列的断层岩。一般所指的糜棱岩必须具备以下几个基本特征:①强烈高韧性变形;②与变形前岩石相比,矿物颗粒明显变细;③发育明显的面理或线理;④发育在狭窄高应变带内(与区域大面积高级变质岩有所不同)。肉眼有时无法辨认其矿物颗粒,但可见不同颜色且被定向拉长的各种条带,在显微镜下,石英被强烈拉长呈拔丝状,云母多呈扭折。

2. 面理、拉伸线理和鞘褶皱

强烈塑性变形使矿物集合体优选方位平行于剪切带的主应变面 XY 面,构成剪切面理(S)。由于从剪切带边缘向中心应变逐渐加强,S 面理与剪切带边缘夹角从 45° 逐渐变小。在面理面上,常见有平行最大拉伸方向的矿物拉伸线理,拉伸线理与剪切带边界所夹锐角方向指示着剪切运动方向(图 16-26)。在剪切带中,常发育有平行于拉伸线理方向的褶皱,这种褶皱形态似刀鞘,故称鞘褶皱。由于鞘褶皱与应变椭球体 A 轴一致,又称 A 型褶皱,鞘褶皱大小不一,形态多为舌状、圆柱状,多数不对称,它是早先褶皱受强烈拉伸而形成。

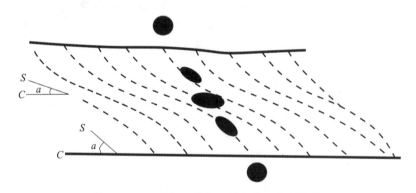

图 16-26 剪切面理与边界夹角向中心变小

3. 剪切方向的运动学标志

剪切带中发育多种因剪切运动而形成的变形构造,这些构造具有运动学方面的意义,即能帮助判别剪切带的相对剪切运动方向,主要有以下几种。

1) 旋转碎斑

旋转碎斑是指碎斑在剪切作用下发生旋转,改变形状后形成不对称楔形尾部。σ型碎斑

的楔状结晶尾的中线分别位于结晶尾参考面(X)的两侧(图 16-27a 左)。δ 型碎斑的结晶尾细长,根部弯曲,在与碎斑连接部位使基质呈港湾状的两侧结晶尾的发育都是沿中线由参考面(X)一侧转向另一侧(图 16-27a 右)。

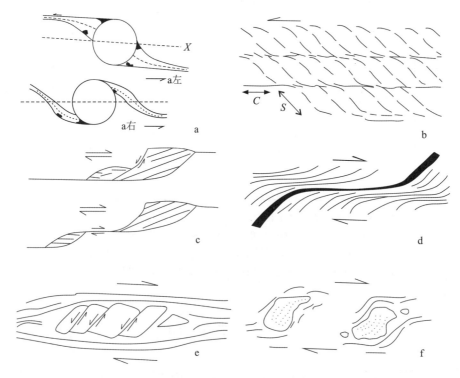

图 16-27　韧性剪切带中指示运动方向的各种标志
a. 旋转碎斑;b. S-C 面理;c. 云母鱼构造 d. 错开标志层;e. 多米诺骨牌构造;f. 曲颈状构造

2) S-C 面理

S 面理是剪切带内的面理(XY 面),呈"S"形展布由矿物定向面显示出来。C 面理是糜棱岩面理或剪切面理,平行于剪切带边缘。C 面理切割 S 面理,两者锐角指示剪切方向,交角越小,剪切越强(图 16-27b)。

3) 云母鱼构造

云母被剪切成碎块后,发生滑移、分离、旋转,形成不对称云母鱼,由此指示着剪切运动方向(图 16-27c)。

4) 错开标志层

如穿过剪切带的砂岩、岩脉等标志层呈"S"形弯曲或复杂褶皱,据此可判别相对剪切方向(图 16-27d)。

5) 其他构造

脆性残斑排列成"多米诺骨牌"(图 16-27e)、侵入岩捕虏体被剪切成曲颈状(图 16-27f)、A 轴拉伸线理等均可判别剪切带相对运动方向。

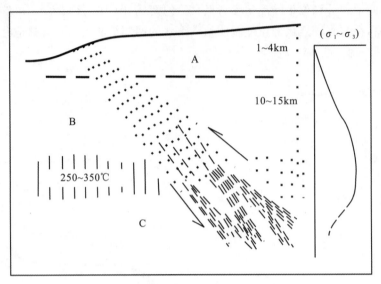

图 16-28 一条大型断裂带的双层结构模式图（据 Sibson，1977）
A.未固结断层泥及角砾发育区；B.固结的、组构紊乱的压碎角砾岩、碎裂岩系发育区；C.固结的、面理化糜棱岩系及变余糜棱岩发育区；250～360℃地温区域为脆性断裂与韧性断层过渡区；右侧为变形深度及应力差值大小曲线

第五节 断层形成机制

断层的形成机制是一个复杂的问题，涉及到地应力的作用方式、岩石的力学性质、断层发育的深度、温压条件等因素。在地表浅层，断层表现为脆性性质，在地下深处则表现为韧性性质，两者的形成机制不同。

一、断层的双层结构

岩石的变形由地表向地下逐渐由脆性行为转变为韧性行为。如果在地表发育一条切割深度大于15km的断层，那么在纵向上，从上至下断层由脆性变形逐渐变为韧性变形，这就是断层的双层结构模式。这个模式由西布森（Sibon，1977）提出，故又称为西布森模式（图 16-28）。

从图 16-28中看出，自地表向下存在3个变形区：①表层变形区，其深度在1～4km，断层带中以发育未固结的断层泥和断层角砾岩为特点；②浅层固结脆性变形区，其深度为10～15km，该区主要发育固结的压碎角砾岩、碎裂岩，其温度一般不超过350℃；③深层韧性变形区，其深度在10～15km以下，发育固结的面理化糜棱岩系列的构造岩。脆性和韧性区的转化带在10～15km深度附近，温度为250～350℃。

在地壳受强烈挤压的褶皱造山区，切过造山带的大型断层，在盖层中往往表现为低角度逆冲，在基底与盖层交界处则表现为脆韧性过渡断层，延至基底内部则转变为韧性剪切带。类似地，在地壳受拉伸的盆地或地台区，浅部盖层中等到高角度的正断层，向下过渡为低角度脆性断层，延至基底则转变为韧性剪切带。

二、安德森模式

当岩石受力超过其强度极限,岩石便会发生破裂变化。由于岩石力学行为和受力方式不同,便会发生不同性质和不同方向的破裂。安德森(Anderson,1951)等在分析断层形成的应力状态时,提出了3种应力作用状态的理想模式。

(1)形成正断层的应力状态:最大挤压应力 σ_1 直立,中间应力 σ_2 和最小应力 σ_3 水平,σ_2 与断层走向一致,上盘顺断层面向下滑动,断层面倾角约60°(图16-29a)。

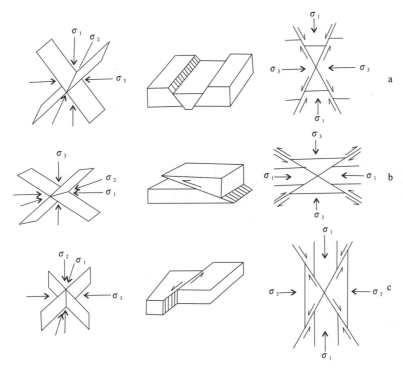

图 16-29 形成断层的3种应力状态
a.正断层;b.逆断层;c.平移断层(据 Anderson,1951)

(2)形成逆断层的应力状态:最小应力 σ_3 直立,最大应力 σ_1 和中间应力 σ_2 水平,σ_2 与断层走向一致,上盘顺断层面向上滑动,断层面倾角约30°(图16-29b)。

(3)形成平移断层的应力状态:中间应力 σ_2 直立,最大应力 σ_1 和最小应力 σ_3 水平,断层面走向垂直于 σ_2,断层面直立,两盘顺断层走向滑动(图16-29c)。

安德森模式简单实用,已为广大地质学者所接受,并把它作为分析地壳浅层脆性断层的重要理论依据和方法。现代构造地质的研究已证实,断层面多为剪裂面,最大应力 σ_1 与两个剪裂面锐角平分线一致,最小应力 σ_3 与两个剪裂面钝角平分线一致。σ_1 所在盘向锐角角顶方向滑动,断层两盘垂直于 σ_2 方向滑动,这与安德森模式基本上相吻合。

Ramsay(1980)把断层形成的安德森模式用于韧性剪切带的研究,并对两者做了对比。当最大挤压应力 σ_1 直立,最小挤压应力 σ_3 水平,形成共轭剪切带,共轭角为90°~130°,其钝角平分线为 σ_1 方向。但在自然界中,两条剪切带往往不是同等同时发育,而是一强一弱,一先一后,所以,我们常常只见到一组极为发育的剪切带。

马托埃(M. Mattauer)认为,韧性剪切带是剪应力作用的结果,剪切面与剪应力方向一致。所以,不同方向的剪切可形成不同产状的韧性剪切带(图16-30)。图16-30a为大型韧性平移剪切带,图16-30b则为大型韧性逆冲剪切带。

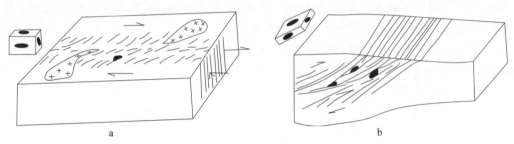

图16-30 两种类型韧性剪切带示意图(据Mattauer,1980)
a.大型韧性平移剪切带;b.大型韧性逆冲剪切带

第六节 断层的研究

断层的研究包括许多方面,如断层的野外观察、测量与追索,室内综合分析,宏观观察与微观观察,几何学、运动学和动力学研究等,并且往往采用多种方法相结合加以综合研究。本节仅以野外观察为主做以下几个方面的讨论。

一、断层效应

断层效应是指断层错动引起地层关系的变化和岩层的视错动,这是分析和研究断层的基础。

1. 走向断层引起的地层缺失与重复

缺失是指一套层序完整的地层中缺失了某些层位的地层;重复是指按层序排列的地层部分或全部重复出现。走向断层可引起地层的缺失或重复。由于断层面产状、地层产状、断层性质三者关系的组合不同,会造成6种基本的重复与缺失,其各种情况列于表16-2中,相应地层效应见图16-31。

表16-2 走向断层造成的地层缺失与重复

断层性质	断层面产状与地层产状关系		
	二者倾向相反	二者倾向相同	
		断层倾角大于岩层倾角	断层倾角小于岩层倾角
正断层	重复(A)	缺失(B)	重复(C)
逆断层	缺失(D)	重复(E)	缺失(F)
断层两盘地层效应	下降盘出现新地层	下降盘出现新地层	上升盘出现新地层

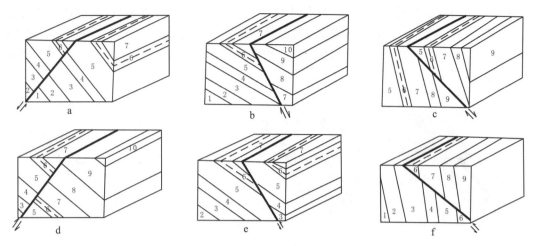

图 16-31　走向断层造成地层重复（a、c、e）和缺失（b、d、f）的地层效应
a～c.正断层；d～f.逆断层

2. 横向断层引起的地层效应

横向断层引起的地层效应是指当岩层产状倾斜，横向断层滑动在水平面和垂直剖面上引起不同效应。如横向平移在平面上为平移断层效应，在垂直剖面上为逆断层效应（图 16-32 上）；正断层在平面上为平移断层效应，在垂直剖面上为正断层效应（图 16-32 下）。同理可推知，逆断层在垂直剖面上表现为逆断层效应，在水平剖面上表现为平移断层效应。

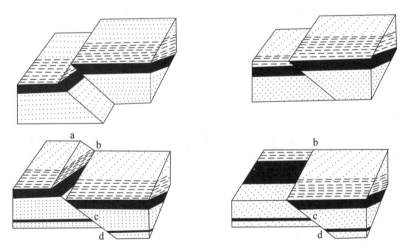

图 16-32　横向断层引起的地层效应（据 Bittings，1972）

3. 横向断层引起的褶皱效应

褶皱被横断层切断后，平面有两种表现形式，一是断层两盘的褶皱核部宽度发生变化；二是褶皱轴迹的迁移。

如果横断层完全顺断层走向滑动，核部在两盘中的宽度相等，但被错开。如果两盘顺断层倾向滑动，则两盘的核部宽度发生变化，背斜上升盘核部变宽（图 16-33a），向斜上升盘核部变窄(图 16-33b)。如果轴面直立,两盘轴迹在一条线上,当轴面斜歪,两盘轴迹呈错开状。如果顺断层面斜向滑动,褶皱核部宽度变化而且又被错开。图 16-34 是一个被横向平移断层切断的背斜,而在两翼的剖面上分别显示正断层和逆断层的错觉。总之,断层效应极为复杂,必须从运动学方面考虑,看见平面联想立体。

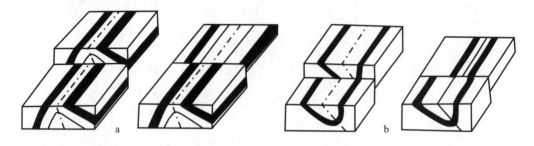

图 16-33　褶皱被横断层错断引起的效应(褶皱被横断层切断后两盘上升盘核部宽度发生变化和轴迹发生错移)
a.背斜被正断层切断后,断层下盘的褶皱核部变宽;b.向斜被正断层切断后,断层下盘的褶皱核部变窄

二、断层运动方向的判别

断层两盘相对于断层面运动是复杂的,必须利用各种运动标志才能判别断盘的运动方向,决定断层性质。判别断层运动方向的标志很多,常见有以下几种。

1. 两盘地层新老关系

对于走向断层,上升盘出露老地层,下降盘出露新地层。如果地层倒转或断层倾角小于岩层倾角,老岩层

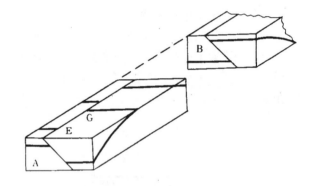

图 16-34　横向平移断层在背斜两翼剖面上分别显示正断层和逆断层假象

出露在下盘(图 16-31)。对于横向切过褶皱的断层,如是背斜,上升盘核部变宽,下降盘核部变窄;如是向斜,上升盘核部变窄,下降盘核部变宽(图 16-33)。

2. 牵引构造

由于断盘有滑动而引起断面两侧发育的各种弧形弯曲,称牵引构造。牵引构造是断层运动拖曳而引起的各种弧形褶皱,其弧形弯曲的突出方向指示本盘的相对运动方向(图 16-35)。牵引构造是早期韧性弯曲变形在断盘相对运动过程中进一步发育起来的,即岩石先发生韧性变形,再发生破裂形成断层,断盘运动使牵引构造进一步发育。

3. 擦痕和阶步

擦痕和阶步是断盘相对运动在断层面上留下的痕迹。擦痕是被碾磨碎的岩屑在断面上刻划的结果。擦痕有时表现为一端粗,一端细,由粗变细指示对盘运动方向。如用手指顺擦痕抚摸,有时可以感觉到顺一个方向比较光滑,而另一个方向比较粗糙,光滑方向指示对盘运动方向。

图 16-35　断面两侧牵引小褶皱

在断层面上常发育与擦痕直交的小陡坎称为阶步。阶步有正阶步和反阶步之分。正阶步的陡坎面指示对盘的运动方向(图 16-36a)。正阶步形成原因是,在断面上生成的纤维状石英、方解石等薄层胶结物,在断盘运动中被拉长或拉断而形成一系列小阶状断口,断口指示对盘运动方向。反阶步是由羽状裂隙发育而来,这种羽裂与断面呈小角度相交,并有一定程度的延伸(图 16-36b)。反阶步是由对盘在运动过程中的剪切而形成。所以,反阶步陡面指示本盘运动方向。野外区分正、反阶步的依据是:①正阶步棱角一般不分明,陡坎面较缓;反阶步棱角分明,陡坎较陡;②反阶步发育羽裂,切割较深,并与摩擦面呈小角度相交;正阶步小角度羽裂不发育,偶尔发育近平行摩擦面的微裂。

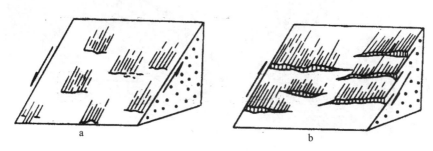

图 16-36　断层面上的正阶步和反阶步
a.由摩擦形成的正阶步;b.由羽裂剪切隙形成的反阶步

4. 断层岩和片理带

由于断盘的错动,在断层带中常常形成断层岩和片理带。根据断层岩和片理带产出状态和分布特点,可以确定断盘相对运动方向。在断层带内片理和角砾岩定向面与断层带边界的锐夹角指示本盘相对运动方向。

三、断层的识别标志

1. 构造标志

1) 构造线不连续

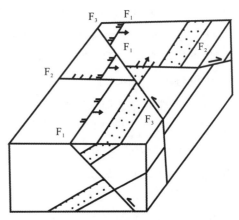

图 16-37　断层引起的构造不连续现象
F_1.走向断层;F_2.倾向断层;F_3.斜向断层

各种面状、线状地质体,如地层、岩脉、矿层、岩体、褶皱、片理、岩相带等均顺其产状稳定延伸,如果这些面、线状构造地质体在平面或剖面上突然中断或断开,不再连续,说明有断层的存在。图16-37是断层造成构造不连续现象的图示。走向断层 F_1、倾向断层 F_2 和斜向断层 F_3 分别切割地层或早期断层,在平面和剖面上均显示了构造线的中断。

2) 断层破碎带与断层岩

由于断盘挫动,会引起断面附近围岩的破碎,由破碎岩石沿断层呈带状分布称断层破碎带。破碎带中的岩石称断层岩或构造岩,它是断层活动的最直观标志之一。由于断层活动方式和强度不同,岩石被搓碎、碾磨成为断层岩的类型也有不同。断层角砾岩是原岩破裂成碎块后又被细粒物质(碎粉岩或断层泥)所胶结,棱角清楚者称角砾岩,主要由拉张性正断层作用而形成(图16-38a);浑圆状者称磨砾岩,主要由挤压逆断层或平移断层作用下角砾发生一定的转动而形成(图16-38b)。角砾的大小不一,一般把大于2mm者才称角砾,带棱角者一般无定向,而浑圆者有定向。

3) 断层带伴生小构造

擦痕、阶步与反阶步、片理化带、挤压透镜体、牵引小褶皱等均是断层的重要构造标志。

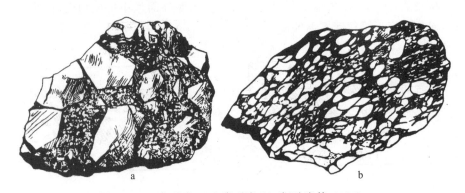

图16-38　角砾岩(a)和磨砾岩(b)(据孙岩等,1983)

2. 地层标志

按正常层序叠置的地层,由于受到走向断层的影响会造成地层的缺失与重复(图16-31),受倾向断层影响会产生各种断层效应(图16-32)。各种地层的不正常出露和接触关系,是野外识别断层的重要标志,也是识别和确定断层性质的基础。

3. 地貌与水文标志

断层活动常常在地貌和水文方面有明显表现,尤其是新构造运动,即新近纪以来的断层活动在这方面更为明显。利用航片、卫片和野外观察可以发现断层存在的标志。

1) 断层崖和断层三角面

由于断盘的差异升降运动,在上盘常形成陡崖,这种陡崖称断层崖。断层崖受到与崖面垂直方向的流水的侵蚀切割,断层崖被切割后形成了沿断层走向分布的一系列三角形陡崖,即称断层三角面。断层崖和断层三角面常分布在高山与平原、山脉与盆地的边缘,它们多是中生代甚至新生代以来断层活动的标志(图16-39)。

2) 错断的山脊

山脊沿走向突然错开往往是垂直山脊走向的断层错开的结果。

图 16-39　河南偃师五佛山断层三角面（据马杏垣等，1981；宋姚生 绘）

3）湖泊和泉水的带状分布

湖泊和泉水成带状分布往往是新构造运动以来断层活动的证据，而温泉的分布则是活断层存在的标志。有的也把第四纪以来活动过的断层都叫活断层。

4. 岩浆活动和矿化标志

现代研究证明，有相当一部分岩浆是沿大型断裂上升到地壳浅处或地表的，沿切割很深的大型断裂带常有基性岩浆岩的分布，如我国东部的郯庐断裂、豫鄂交界的桐柏-广济断裂等。此外，沿大型断裂带往往是矿化带、硅化带，并有热液矿床或岩浆岩型矿床的分布。

5. 岩层的沉积厚度变化标志

由于断层两盘的差异升降，在两盘的沉积岩层厚度会有所不同。如图 16-40a 是一发育于盆地边缘的同沉积断层。所谓同沉积断层是指断层活动与盆地沉积同时发育，与一般断层（图 16-40b）相比，其最大特点是越向深部断距越大，越向浅部断距越小。由于差异升降，在上盘有时发育逆牵引构造。

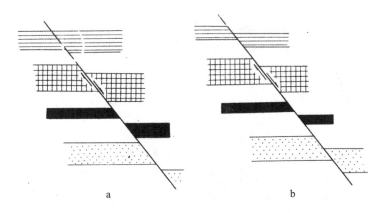

图 16-40　同沉积断层（a）与一般断层（b）地层厚度变化的对比

四、断层活动的时间

断层一般是在某一次构造运动或造山运动期间形成的,与断层形成的同时,往往会形成褶皱,有时还有岩浆活动。所以,确定断层的形成时间可以综合上述多种因素加以考虑。如果一条断层切割层序完整的一套地层,则断层形成在这套地层的最新地层之后。如果断层被一套较新的地层以角度不整合覆盖,则断层形成于角度不整合之前,下伏地层中最新地层之后。如图 16-41 中,断层 F_1 形成在早泥盆世(D_1)之后,石炭纪(C)以前,即(D_1-C)期间。F_2 形成早侏罗世(J_1)之后,白垩纪(K)之前(J_1-K 期间)。F_3 为控制红盆发育的断层,形成在白垩至新近纪(K-N)。

从上面分析可以看出,断层的形成时间晚于它所切割的地层。如果断层内有岩浆活动,利用放射性同位素可确定岩体的形成时代,从而可推测断层活动的时代,如果断层切割岩体,则说明断层活动晚于岩体。如图 16-41 所示,沿 F_2 侵入的岩体年龄为 1.35 亿 a,相当于晚侏罗世末,表明 F_2 在这个时间活动最强烈。沿 F_1 分布的基性岩被错开,说明基性岩侵入早于 F_1。

一些区域性断裂往往具有多期活动特点,其两侧岩相变化、厚度变化、沿断裂具多期岩浆侵入等均是长期活动的表现。

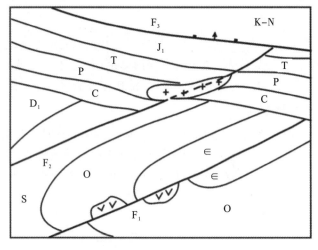

图 16-41 分析断层活动地质平面简图

五、断层的深部研究

对断层的研究一般只进行地表露头观察,即使在地形起伏大的山区,在纵向上只能相差几百米,最大不过上千米。而在一般平缓地形区,所观察的断层带接近于一个平面,对于断层的深部特征却难以知道。在一些矿区和重点详查区,利用钻探可帮助分析了解断层的下延问题,但钻孔深度有限,一般不超过 5km,且花费昂贵。所以,要研究断层的下延深度、断层面产状、断距等问题,只有用物探方法来解决。目前物探方法主要包括电法、磁法、重力法和地震反射剖面法等几种。

1. 电法

电法是利用岩石的某些电学性质差异如电阻率、电极化等不同,来分析深部断层的。电阻率法是利用岩石导电差异来解决深部构造问题,电极化法是利用岩石在人工电场作用下发出的电、磁、化学等效应的差异来分析深部构造的。由于不同地层、岩石的电性不同,并且从地表向地下呈有规律的变化,利用电法剖面可以探测地下不同深度下一系列大致同一高程范围内电阻率的变化,根据地层、岩石的电阻率分析,可推测深部断层的下延深度和断层面产状,有时可推测地下断距。

图 16-42 是松辽平原长岭地区纵向电导图,图中纵坐标 S 为总纵向电导,即等于纵向上各层电导之和。从电导分布曲线看出,中部电导值高,两侧低。根据岩石电性可知,前震旦纪古老地层电阻率高,电导值低,中新生代红盆电阻率低,电导值高。根据电法资料,结合地层和构造等综合分析得出:S 值变化最明显处对应于地下的断层位置,自边部向中心有地堑式断层的存在,深部控盆断层下延大于 7km,在沉积盆地的中心(S 值最大处),沉积厚度大于 7km。

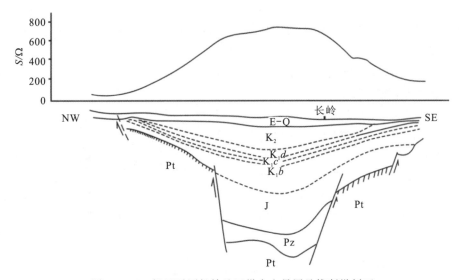

图 16-42 松辽平原长岭地区纵向电导图及推断纵剖面

2. 磁法

天然岩石均带有不同的磁性,不同岩石组成的地层的磁性强度有明显不同,如沉积岩一般磁性很弱,其磁场值低且平稳,岩浆岩一般磁性强,其磁场值变化大,变质岩介于上述两者之间。磁法就是利用这些岩石的磁性差异来分析深部地质的。在一条大型断层带两侧,由于岩性差异会引起磁异常不同。如果沿断层带有岩浆活动,沿断层带会出现正磁异常。如图 16-43 所示,自山东临沂、郯城至安徽庐江一带,磁异常值偏高且急剧跳动,这条磁异常带便是著名的郯庐断裂通过的位置。

3. 重力法

岩石或地层的密度不同会引起重力异常。如果在断层两侧的岩石密度不同,利用重力法可推算断层的下延深度和产状。一般来说,岩浆岩和变质岩密度大于沉积岩。岩浆岩从基性

图 16-43　郯城-庐江断裂带的航磁平面图

到酸性密度逐渐减小。变质岩密度与原岩成分和变质程度有关,变质程度深且原岩密度大者密度大。沉积岩密度取决于岩石孔隙度,孔隙度大者密度小。

图 16-44 为华北某油田剖面图。由重力法测得穿过油田的布格异常变化特点,即中部高两侧低,高密度者为奥陶系或更老的灰岩,低密度者为白垩系之后的红盆沉积,Δg 变化最明显处与下覆断层相对应,综合分析得出该油田实为一地垒式构造,油气储存在地垒构造的顶部。

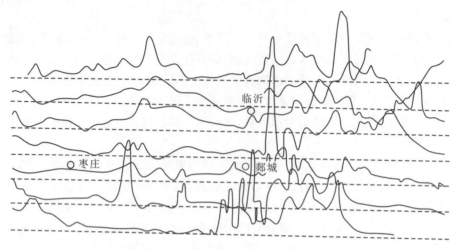

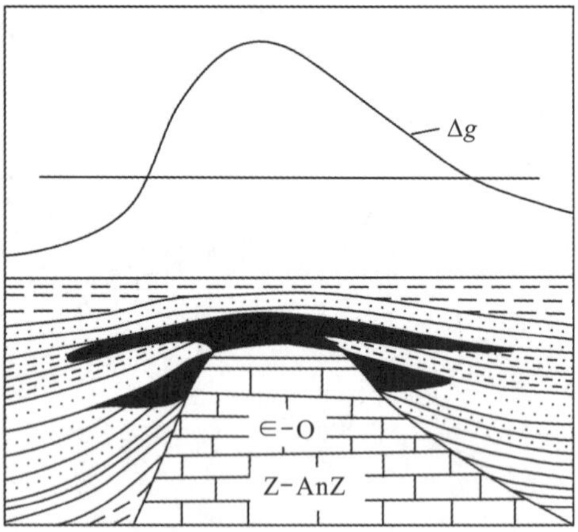

图 16-44　华北某油田地垒式储油构造

4. 地震反射剖面法

地震反射剖面法一般是采用安装在卡车上的大型震动仪使地面发生震动,有时也采用定位爆破,将探测波传向地下。当探测波传到深部后,遇到不连续面而被反射回来,这些不连续面两侧岩石存在明显的密度差。由于深部断层错动常使不同密度的岩石相接触,当探测波遇断层面返回地面后,通过地震检波器的振动感应器把它们收集并记录下来。通过对接收的反射地震波进行噪音消除、波速计算、震源与接收点误差校正、地形误差校正和地质状态差异调整,最后可得到一个类似于地质剖面图的地震剖面图(图 16-45),它与地质剖面图的重要区别是其深度不是用距离来表示的,而是用波的传播时间来表示的。如果知道了波在各种岩层中的传播速度,就可以将地震反射剖面转换成地质剖面。

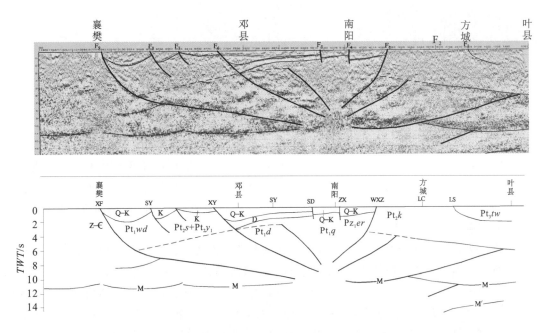

图 16-45 叶县-南漳地震反射剖面（上）及其解释剖面（下）（据袁学诚等，2008）

第十七章 面状构造和线状构造

地球上岩石中发育的各种地质构造从几何形态上来看,大多可归类于面状构造和线状构造两大类。面状构造和线状构造是地壳岩石中普遍发育的重要构造现象。面状构造如层理面、断层面、节理面、褶皱轴面、岩浆岩流面以及变质岩的片理、片麻理、劈理面等;线状构造如断层面上擦痕、岩浆岩流线、矿物生长线理、两种面状构造交线以及褶皱的枢纽等。

面状构造和线状构造在地质体中有透入性和非透入性之分。所谓透入性构造是指这种构造均匀而连续地分布于地质体中,它反映了这一部分地质体作为一个整体均匀地发生了变形;而非透入性构造是指仅仅产出于地质体局部或只影响其个别区段的构造。透入性与非透入性是相对的,它们取决于观察的尺度(图17-1)。如节理面等面状构造在手标本尺度上是非透入性的,但在一些野外露头尺度上则是透入性的。本章所要讨论的许多面理和线理也是如此,

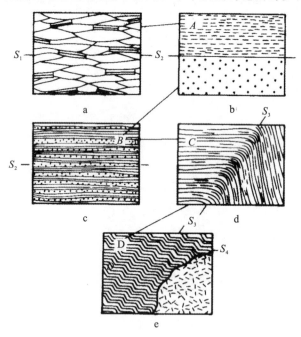

图17-1 面状构造在同一岩石体中不同尺度的表现,显示透入性与尺度的关系
(据 Turner and Weiss,1963)

a.显微尺度:颗粒界面的定向排列构成略具透入性的面状构造(S_1);b.小微尺度:颗粒界在上层内构成透入性面状构造(S_1),上、下两个不同组分层之间的分隔面(S_2)在这一尺度上是非透入性的;c.小型尺度:互层平行的面(S_2),构成透入性的面状构造;d.小型尺度:膝折(S_3)将岩石体分为两部分,S_3是非透入性的;e.中型尺度:S_3是一系列紧密排列的膝折面,可以看作是透入性的,该尺度上的分隔面则应是岩浆岩体与具膝折构造的板岩之间的界面(S_4)

它们在手标本尺度或露头尺度上是均匀的,但在显微镜下却是非均匀的。

第一节　面状构造

在地质学中,面状构造统称为面理。面理具广泛的含义,可由矿物组分的分层、颗粒粒径变化显示出来,也可由近平行的不连续面、压扁的砾石以及柱状、片状矿物的定向排列或某些显微构造组合所构成,如沉积岩、岩浆岩成岩时形成的各种(原生)面状构造、变质岩经变质作用形成的(次生)面状构造,均属面理。面理类型众多、成因多样,在这里仅讨论变质变形过程中形成的一种次生面理——劈理。

一、劈理及劈理结构

1. 劈理的定义

劈理是一种潜在的分裂面将岩石按一定的方向分割成平行密集的薄片或薄板的次生面状构造。它通常发育在浅变质强烈变形的岩石里,具有明显的各向异性特征,发育状况往往与岩性、岩石中所含片状矿物的数量、组成岩石的矿物粒径及其定向的程度有着密切的关系。

2. 劈理结构

具有劈理的岩石中密集平行排列的潜在分裂面即为劈理面。劈理面并不是一个简单的裂面,而是一条条相互平行的,由矿物晶带或难溶物质组成的三维空间实体。正如矿物的解理一样,岩石受力后,易沿着劈理面裂开,显示岩石内部纹理的存在,通常可以据此来确定劈理的空间方位。

当对劈理岩石详细观察,会发现劈理具有一定的微观组构特征,组构涉及岩石颗粒的大小、形状、结构和定向性,表现为岩石中劈理域(cleavage domain)和微劈石(microlithon domain)相间的平行排列。劈理域为高应变域,通常由层状硅酸盐矿物或不溶残余物质富集定向排列成的平行或交织状的薄条带或薄膜,具有明显的优选方位;微劈石为低应变域,原岩的矿物成分和结构基本保留而夹于劈理域间的窄的平板状或透镜状的岩片,亦称为微劈片(图17-2)。

劈理域和微劈石之间的边界可以是截然的,也可以是渐变的,这主要是由于劈理域在空间上的不同排布格式。劈理域定向排布格式通常有

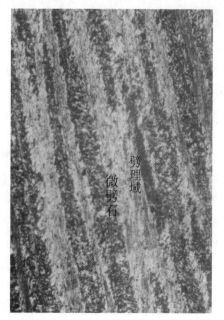

图17-2　显微镜下的劈理域与微劈石
(注意两者结构的差异,底边长3mm)

两类。一类是劈理域呈平行状或波状沿某一方向平行或近于平行展布的平列劈理;另一类是劈理域呈多边形、平行四边形或菱形沿两个方向或两个以上方向展布,相互交织成网状的交织劈理,其间的微劈石也相应呈平行板状或透镜状(图17-3)。

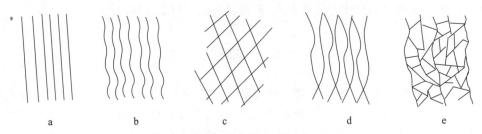

图 17-3 常见的劈理排布格式（据 Borradaile et al.，1982）
a.平行状；b.波状；c.菱形；d.平行四边形；e.多边形

劈理的排布格式与观测尺度有关，板岩劈理在宏观尺度上多呈平直的平行板状，但在显微镜下，劈理域之间的排布却是交织状。因此，劈理的描述是有一定尺度的。

二、劈理的分类

劈理的分类和命名方案较多，目前尚未统一，常见有结构分类和传统分类两种。

1. 结构分类

结构分类方案主要是根据劈理域结构及其特征能否识别的尺度将劈理分为连续性劈理和不连续劈理。凡岩石中矿物均匀分布，全部定向，或劈理域宽度极小，只能借助偏光显微镜和电子显微镜才能分辨劈理域和微劈石的劈理，即为连续劈理。反之，如果劈理域在岩石中具有明显间隔，劈理域和微劈石在肉眼下就能分辨，则称之为不连续劈理。

1）连续劈理

连续劈理通常发育在变质岩中，发育在不同变质岩中，显微构造也有所不同，按其变形特征及重结晶的状况，可分为板劈理、片理、千枚理和片麻理。

（1）板劈理。主要发育在岩石内部颗粒较细的富泥质的低级变质岩中，如板岩。在手标本尺度上，板劈理将板岩分割成无数极为平整的薄板状。在显微尺度上，劈理域内原岩的组构几乎完全转化为强烈定向的层状硅酸盐矿物条带，宽约 0.005mm，由云母、绿泥石等片状矿物构成；微劈石主要组成为粒状矿物或其集合体，缺乏明显的优选方位，宽 1mm 以下，多由石英、长石等组成，矿物粒径小于 0.2mm。

（2）片理。主要发育在片岩中。在手标本尺度上，片理多呈曲面而没有板劈理平直，由此将岩石分割为透镜状或不规则状。在显微尺度上，矿物粒径多为 0.2～10mm，其结晶程度高于板劈理（图 17-4）。

（3）千枚理。主要发育在千枚岩中。在手标本尺度上具有强烈的丝绢光泽，显微尺度上介于片理和板劈理之间。

（4）片麻理。是深度变质岩中广泛存

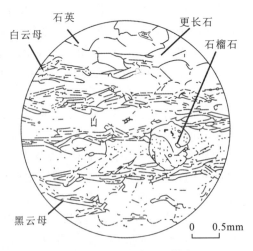

图 17-4 片理显微构造

在的一种连续面理。它是劈理岩石高度重结晶的产物,通常由深浅两色矿物条带构成。片麻理在深变质岩区多成层展布,其中早期构造形迹多已消失,构成新生的区域性地质面理。

2) 不连续劈理

劈理域在岩石中具有明显间隔,在露头或手标本尺度上可显示其不连续的构造特征,用肉眼就能直接鉴别劈理域和微劈石的劈理。常见有褶劈理和间隔劈理两种。

(1) 褶劈理。又称滑劈理、折劈理,是在手标本尺度上可见的切过早期劈理的后期劈理,劈理间距多在 0.1~10mm。发育褶劈理的岩石至少经历了两次较强烈变形,早期劈理发生挠曲或微细褶皱。

(2) 间隔劈理。传统上称破劈理,由一系列近平行排列的微裂隙所组成,其间隔一般在 1~10cm 之间,裂隙域在

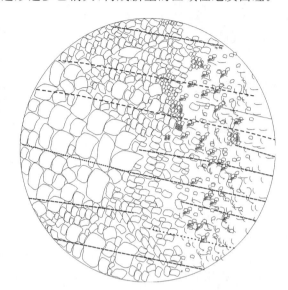

图 17-5　石英砂岩中间隔劈理

0.02~10mm 之间或更宽,其间多充填黏土炭质等不深残余物质。间隔劈理多发育在未变质或浅变质的砂岩、粉砂岩和灰岩中(图 17-5)。以前认为这种劈理面是剪裂面并伴有位移,但现在研究趋于认为它是压溶形成的。所以,越来越多的人主张废除"破劈理"这一术语。

2. 传统分类

传统分类是一个目前仍在广泛使用但有待改进的一种分类方案。该方案根据劈理的结构及其成因将劈理分为破劈理、流劈理和滑劈理。

1) 破劈理

破劈理原意指岩石中一组密集的剪破裂面,裂面定向与岩石中矿物的排列无关(图 17-6)。破劈理的间隔一般为几毫米至数厘米。破劈理主要发育在未变质或浅变质岩石中。

破劈理与剪节理的区别只是发育密集程度和平行排列程度的不同,当其间隔超过数厘米时,就称作剪节理。因此认为,破劈理与剪节理之间并没有明显的界线。但在显微尺度上,沿破劈理细缝中可观察到黏土等不溶残余物质,形成劈理域。同时还发现,破劈理能使两侧层理发生错开。虽然这种错开使它好似断层,但它不是滑动面,其上没有擦痕和磨光面,如有化石被劈理穿切,劈理域两侧可能找不到化石的对应部分,在另一侧常只遗留有化石的一部分。这说明,破劈理并非都是剪切破裂作用

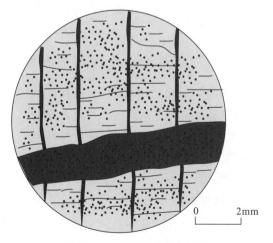

图 17-6　砂质岩中的破劈理

形成的,也可能有压溶作用参与,所以,有时一些压溶分异劈理也被描述为破劈理。破劈理这一术语虽然在野外地质工作中广泛应用,但对其成因一直存在争议。

2) 流劈理

流劈理是变质岩中和强烈变形岩石中最常见的一种次生透入性的面状构造,它是由片状、板状或扁圆状矿物或其集合体的平行排列构成的,具有使岩石分裂成无数薄片的性能(图17-7)。

目前,对于流劈理的含义尚未完全统一。有些人认为,流劈理和板劈理是同义词,通常只用于浅变质岩,其基本特点是劈理面上矿物的重结晶程度很低或不显著。如果重结晶较为明显,由肉眼可以辨认出片状矿物的平行排列时,则应称为片理或片麻理。因此,可以认为,板劈理、片理、片麻理只不过是不同变质岩类中流劈理的不同表现形式。流劈理一词应泛指岩石在变质固态流变过程中新生的平行面状构造,它是岩石变形时,岩石内部组分发生压扁、拉长、旋转和重结晶作用的结果。

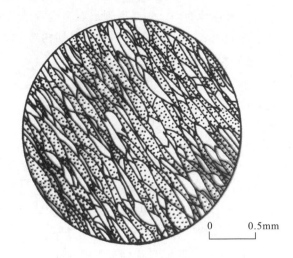

图 17-7 大理岩中的流劈理

3) 滑劈理

滑劈理在形态上就是褶劈理,发育于具有先存鳞片变晶结构的次生面理的岩石中,它是一组切过先存流劈理的差异性平行滑动面。滑动面实为滑动带。在滑动带中,矿物具新的定向排列构成新的劈理域。这种排列可以是先存片状矿物被旋转到与滑动面平行或近于平行的结果,也可以是沿着滑动面重结晶的新生矿物定向排列的产物。滑劈理的微劈石中的先存面理一般均发生弯曲和形成各式各样的揉皱(图17-8)。

三、不同地质背景上发育的劈理

劈理的产出往往与褶皱、断层和区域性流变构造等在几何上和成因上都有着密切的关系,根据劈理产出的构造背景可将劈理分为轴面劈理、层间劈理、顺层劈理、断裂劈理以及区域性劈理等。

1. 轴面劈理

轴面劈理是指产状平行或大致平行于褶皱轴面的劈理(图17-9)。这种劈理常见于强烈褶皱的岩层中,在沉积岩区和浅变质岩区多为板劈理,在高级变质岩区多为片理或褶劈理。

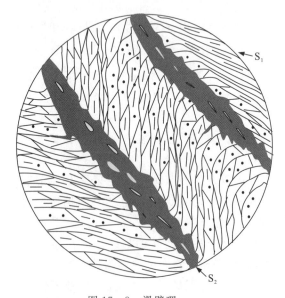

图 17-8 滑劈理

早期流劈理 S_1 因剪切滑动而成 S 形弯曲,近劈理面的矿物拉扭得与滑劈理面 S_2 近于平行

轴面劈理和轴面片理的产状与褶皱轴面的关系取决于组成褶皱岩石的韧性、均一性和褶皱的形态。在岩性均一、平均韧性高、韧性差小的岩系里，轴面劈理与轴面的平行性也愈高。它们的产状与两翼斜交，稳定地切穿岩层层理，使层理的连续性遭到破坏，有时甚至将层理掩蔽起来。轴面劈理形成于褶皱作用的晚期，是典型的挤压应变面，它与最大主压应力方向相垂直。

2. 层间劈理

在浅变质岩中常发育有受褶皱岩层岩性、厚度以及岩层界线控制而在各岩层间发育而成的与层理斜交的劈理。在不同层内，劈理的类型、间隔、产状各不相同。由于褶皱的层系由韧性差较大、强弱岩层相间排列形成时，层间劈理通常会发生散开和聚敛。如在强硬和软弱岩层形成的褶皱中，发育在强硬岩层中的劈理向核部收敛，劈理密度小、间隔宽，与层理夹角较大形成正扇形劈理；在软岩层中，劈理向转折端收敛，劈理密度大、间隔小，与层理夹角较小形成反扇形劈理（图17-10）。层间劈理发育程度及层间劈理夹角的大小受岩石力学行为和变形强度控制。如在浅变质岩系中，当砂岩或白云岩发育了比较稀疏的间隔劈理时，相间的板岩或结晶灰岩中却发育了密集的连续劈理。如果把劈理相连，就好像劈理发生了折射（图17-11）。在大多数情况下，软弱层中劈

图17-9　轴面劈理

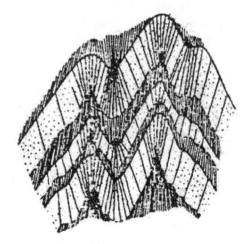

图17-10　澳大利亚贝梅格砂页岩互层褶皱中的
正扇形和反扇形劈理
（据 Hobbs, 1976）

理面仅代表局部应力场的挤压面，强硬岩层中劈理面多为剪裂面。如果劈理发生在颗粒大小有变化的岩石中时，随着岩石中碎屑粒径由粗到细的变化，劈理会随之发生弯曲。另一方面，劈理的弯曲也可由于层间滑动或物质顺层流动时因摩擦力作用而产生。岩性的影响和物质运动的结合，常使层间劈理组合成S形（图17-11）。

层间劈理的形成，主要同岩石的不同变形习性和层间界面的控制作用有关。层间界面常常控制着不同岩层内的运动，使它们在不同的构造变形域内发生不均匀变形。

3. 顺层劈理

顺层劈理一般是指在宏观上与岩性界面近于平行的劈理。它们在褶皱中作为变形面随褶皱而弯曲。顺层劈理是岩石在变质作用下的塑性流变过程中形成的，一般为流劈理，代表挤压面或重压变质重结晶面。

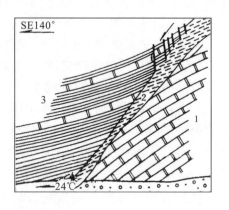

图 17-11 北京大灰厂奥陶系马家沟组中劈理折射现象（据宋鸿林，1978）

1. 纯大理岩中发育连续劈理；2. 白云岩中发育间隔劈理；3. 白云质结晶石灰岩中劈理发生弯曲呈 S 形。各层中的劈理以不同角度与层面相交，造成折射现象

图 17-12 西藏当雄斯米夺温泉断裂带中的劈理（据宋鸿林等，1974）

1. 大理岩；2. 绿泥石片岩（断裂带宽约 1～1.5m）；3. 板岩夹大理岩

4. 断裂劈理

断裂带内及其附近两盘岩石中发育的劈理。这些劈理是在断层的形成和两盘相对运动过程中产生的，其产状与断层面斜交或近于平行，有板劈理、间隔劈理，这类劈理代表挤压面或剪切面。在强烈变形的韧性剪切带中多为连续劈理，呈"S"形延展，但在脆性或脆韧性断裂破碎带里，多为间隔劈理。断裂劈理常与断层面交成锐角，其尖端指向对盘岩块相对运动的方向（图 17-12）。

5. 区域性劈理

在区域性构造应力作用下，在变形变质过程中形成的劈理，多数为区域性流劈理和滑劈理。区域性劈理一般与个别褶皱和断裂无一定成因联系，而是以其稳定产状叠加在前期构造和岩体之上。

四、劈理的构造意义

劈理的形成比较复杂，现在已趋于认为它们主要是在挤压作用下形成的。即原岩在受压扁作用下发生组分迁移、出溶、刚体旋转，颗粒定向重结晶等复杂变质变形过程，最终产生不同类型的劈理。因为劈理面主要表现为挤压面，所以，劈理面一般垂直于最大压应力（σ_1）方向，平行于压扁面，即平行于应变椭球体的 XY 主应变面。

虽然大多数劈理面垂直于最大压应力方向，平行于 XY 主应变面，但不能排除劈理的形成与剪切应变有关的事实。如发育在韧性剪切带中的糜棱岩面理，就是在剪切作用下而形成，所以，这类面理面与压扁面（XY 面）往往小角度相交。

在野外，有时可以根据劈理和层理的产状关系确定大型褶皱的性质以及岩层层序是否正常。如果轴面劈理与其所在褶皱是同期纵弯褶皱作用产生的，劈理与层理所交的锐角一般指示相邻岩层的运动方向。如劈理位于纵弯褶皱的一翼,则其向上锐角指示相邻岩层向背斜顶部运动。但如果褶皱为平卧或翻卷褶皱时,该方法不适用。如果岩层倾向和劈理倾向相反,或两者虽然倾向相同但岩层倾角小于劈理倾角,则岩层层序应是正常的(图 17-13);如果两者倾向一致而岩层倾角大于劈理倾角,则岩层层序应是倒转的(图 17-14)。

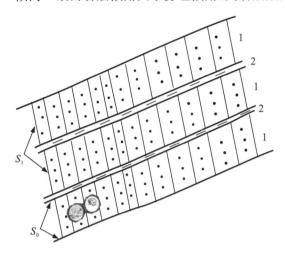

图 17-13 西藏墨竹工卡砂岩夹泥岩中的层劈关系
1.砂岩;2.泥岩;图中示地层正常

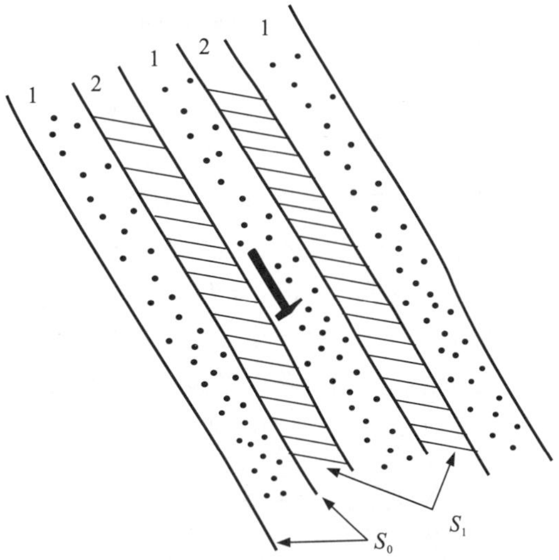

图 17-14 青海东昆仑砂板互层岩中的层劈关系
1.砂岩;2.板岩;图中示地层倒转

五、面状构造的置换

面状构造的置换是指原有的面状构造在后期变形中或通过递进变形过程被另一种面状构造所代替的现象。最常见的是层理(S_0)在褶皱发展过程中被新生的轴面劈理或片理所转换,新生的面理又可以被更晚期的褶皱轴面面理所取代,所以,置换与强烈褶皱同时发生,只有在强烈褶皱的深度变质岩区,在等斜褶皱和相似褶皱发育的地区,置换构造才发育。

在古老变质岩地区面理的置换往往不止一次,所以不能把片麻理、片理等当作层理(S_0),现在所见的面理可能是多次置换的结果。

以层理(S_0)为例,面状构造的置换可以分为 3 个阶段。

(1)早期阶段:原始层 S_0 作为变形面,在递进弯褶过程中越来越紧闭(图 17-15a),进而发育轴面面理 S_1(图 17-15b)。

(2)中期阶段:S_0 与 S_1 之间夹角越来越小,强

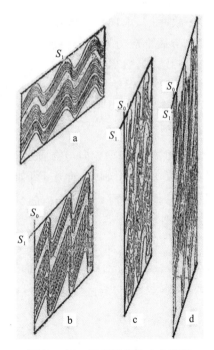

图 17-15 面理置换的 3 个阶段
(据 Turner et al.,1963)
a、b.早期阶段;c.中期阶段;d.晚期阶段

硬岩层被拉断,发生石香肠化和无根褶皱(图17-15c),这时S_0连续性逐渐消失,S_1已开始占据主导地位。

(3)晚期阶段:S_0完全破坏,S_0与S_1几乎平行,形成了貌似均一的新生面理带,原始地层层序彻底改变(图17-15d)。在不同变质程度地区,置换程度有所不同,如在我国冀东深变质岩区,置换的3个阶段均发育,在我国南部的中深变质岩区,主要发育早中两个阶段。

第二节 线状构造

线状构造在地壳岩石中极为发育,大到巨型的线状褶皱、断层线,小到手标本甚至显微镜下所见的矿物生长线理。这些在手标本、显微尺度和露头尺度上透入性的线状构造通常称为线理。根据成因,线理可分为原生线理(在成岩过程中形成的线理)和次生线理(在构造变形中形成的线理),在本文中主要讨论次生线理。根据尺度大小,线理可分为小型线理和大型线理。露头尺度的线状构造称大型线理,而手标本或更小尺度的则称小型线理。根据运动关系,线理可分为A型线理和B型线理。

一、A型线理和B型线理

线理是在构造变形过程中形成的,其实质是在应力作用下物质的迁移组合和重结晶的过程,因此,线理能指示变形过程中物质运动的方向。在挤压或拉伸条件下,物质运动的坐标轴a、b、c的方向与应变椭球体的主应变轴方向(X、Y、Z轴)一致(图17-16),即物质的最大运动方向(a轴方向)与最小应力方向(σ_3)或应变椭球体的X轴方向一致。自然界中线理种类很多,就其在变形过程中与物质运动方向或主应变轴方向的关系可分为A型线理和B型线理:

1. A型线理

又称a线理,线理方向与物质运动方向(a轴)或最大主应变轴(X轴)方向平行,如矿物生长线理、拉伸线理等。

2. B型线理

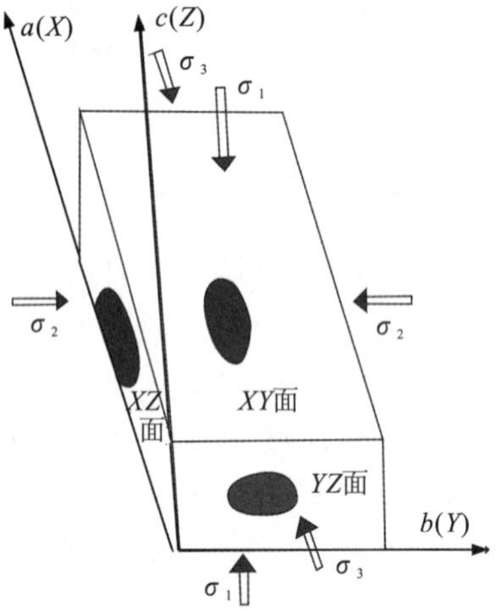

图17-16 应变运动轴(a、b、c)与应变轴(X、Y、Z)关系

又称b线理,线理方向与物质运动方向(a轴)或最大主应变轴(X轴)方向垂直,而平行于中间应变主轴(Y轴)方向,这类线理多属于交面线理或皱纹线理。

二、小型线理

1. 拉伸线理

拉伸线理是由拉长的岩石碎屑、砾石、鲕粒、矿物颗粒或矿物集合体等定向平行排列而显示的小型线状构造(图17-17)。拉伸线理是由组成岩石的某些组分被拉长呈韧性变形而形成,其拉伸方向或线理的展布方向与应变椭球体中最大主应变轴 X 轴方向或物质运动方向 a 轴相一致,所以属 A 型线理。

2. 矿物生长线理

矿物生长线理是由针状、柱状或板状矿物顺其长轴定向排列而形成(图 17-18)。这类线理多是岩石在受拉张条件下,晶体沿张应力(σ_3)方向生长的结果,因而矿物生长方向或纤维定向排列方向代表物质的塑性流动方向或岩石受拉伸的方向,所以也属 A 型线理。在变质岩中发育的压力影构造也是矿物生长线理的一种表现,往往是由相对刚性物体(如黄铁矿)及两侧(或四周)在变形中发育的构造纤维状结晶矿物组成。

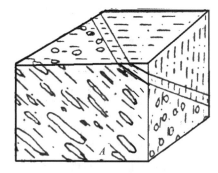

图 17-17 拉长的砾石所显示的线理只在 A 面上才可见砾石被拉伸的最长轴

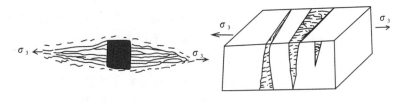

图 17-18 矿物生长线理

3. 褶纹线理

褶纹线理是先存面理上微细褶皱枢纽密集平行排列组成的线理(图 17-19a),褶皱的波长和波幅都在数厘米以下,或仅为毫米级。这类线理在多次变形变质的千枚岩、片岩中最为发育,因其展布方向与同期褶皱轴方向一致,故属于 B 型线理。

4. 其他线理

交面线理是指两组面理,如层理与面理或面理与面理的交线(图 17-19b),它和皱纹线理一样都平行于该区段的褶皱枢纽,属 B 型线理。在动力变质带中,由于强大应力作用,矿物

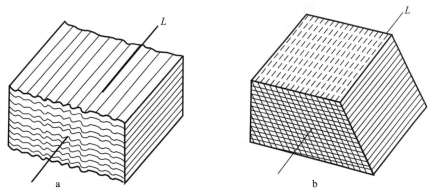

图 17-19 皱纹线理与交面线理

生长往往不依其结晶习性，而屈服于应力而拉长，甚至使原来的短柱状或等轴状结晶的矿物出现纤维状结晶；如在断层面上常常发育纤维状石英、方解石以及纤闪石一类的擦痕晶体，由这类晶体组成的断层面上的擦痕线理属 A 型线理。

三、大型线理

大型线理是指在露头尺度的线状构造，其规模一般在几厘米至几十米。大型线理在露头尺度上是非透入性的，常见有 3 种。

1. 石香肠构造

石香肠构造又称布丁构造(Boudinage)，它发育在具有不同力学性质互层的岩系中，当岩层受到垂直或近垂直层面的挤压时，强硬岩层被拉伸、甚至拉断趋于破裂，软弱岩层压向两侧塑性流动、并充填到强硬层被拉张的破裂空间中，从而构造剖面上形态各异、层面上呈平行排列的长条状块段，即石香肠构造。

马杏垣教授按石香肠断面形态划分为矩形、菱形、藕节形等几种类型(图 17-20)。矩形石香肠是垂直层面的脆性张裂发育而形成(图 17-20a)；菱形是沿脆性剪切面发育而形成(图 17-20b)；藕节状是整套岩层平均韧性较高，强硬层受到拉伸而形成，所以又称黏滞型石香肠(图 17-20c)。石香肠在三维空间的形态反映了不同的应变状态，当岩层处于单向拉伸的平面应变时($1+e_1>1+e_2=1>1+e_3$)，强硬层只发育一组石香肠(图 17-21a)，当处于双向拉伸时($1+e_1>1+e_2=1\gg1+e_3$)，强硬层将形成向两个方向裂开的"巧克力方盘"式石香肠(图 17-21b)。近些年，在湖北黄石铁山发现了骨节状石香肠(图 17-21c)，关于其成因有待进一步研究。石香肠的延伸方向一般与主应变轴 Y 轴一致，所以它是一种大型 B 型线理。

2. 窗棂构造

窗棂构造是由强硬层组成的形似一排半圆柱状的大型线理。其形态类似古代窗棂(Mullion)而得名。窗棂构造实质是强硬层构造的宽圆形背形镶嵌在软弱层构成的紧闭褶皱中(图 17-22)，其半圆柱面光滑，常附有云母、绿泥石等片状矿物的薄膜。窗棂构造的棂柱一般呈平

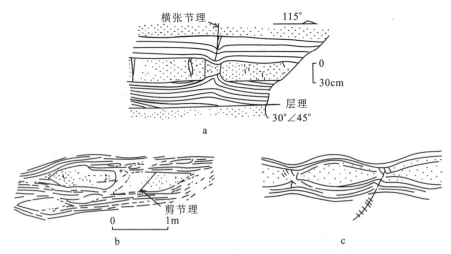

图 17-20　北京西山的各种石香肠断面形态(据马杏恒，1965)
a.矩形石香肠；b.菱形石香肠；c.藕节状石香肠

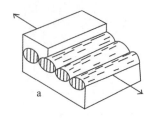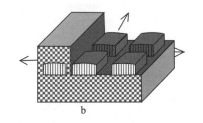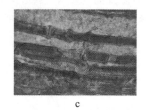

图 17-21 石香肠构造

a.长条状石香肠构造;b.两个方向拉伸产生的"巧克力方盘"石香肠构造;c.骨节状石香肠

行稳定延伸,其形成的受力方式与石香肠不同,前者为平行层理的挤压,后者为平行层理的拉伸或垂直层理的挤压。"窗棂"柱的延伸方向与主应变轴 Y 轴一致,也属大型 B 型线理。

窗棂构造的形成方式一般决定于组成岩石的性质、所处的构造部位和变形环境。按其形态和成因可分为以下几类。

(1)褶皱式窗棂构造:主要发育在较薄的岩层里,其实质是一系列小型圆柱状寄生褶褶皱(图 17-22a)。

(2)节理式窗棂构造:这种窗棂构造的变形受纵张节理所控制,经常发育在较厚的强硬岩层褶皱转折端(图 17-22b)。

(3)肿缩式窗棂构造:这种窗棂构造是岩层受到顺层挤压缩短时,与软弱岩层接触的较厚岩层层面上铸成波状背形,软弱岩层则在背形之间相应发生紧闭的褶皱楔入(图 17-22c)。

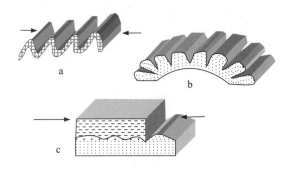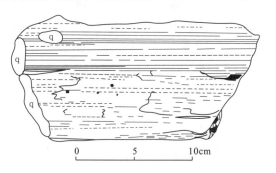

图 17-22 各种窗棂构造

a.褶皱式窗棂构造;b.节理式窗棂构造;c.肿缩式窗棂构造

图 17-23 硅质岩中的石英棒

(据 Wilson,1961)

3. 杆状构造

杆状构造是由石英、方解石或其他成分相对单一的强硬岩石物质构成,它们成带成束地在一定的变质岩层中呈棒状体出现,其大小在数厘米至数十厘米,杆状构造多产于变质岩区小褶皱的转折端,是变质过程中同构造分泌的产物。典型的杆状构造是石英棒(图 17-23),它可以是早期岩脉在褶皱过程中滚动而形成,也可以是硅质物质集中于转折端低压区,由分泌而形成。也有一些石英棒是先存的石英细脉随着围岩的褶皱辗滚而成。此外,断层作用造成的低压空间也有利于石英、方解石的沉淀,因辗滚而形成石英棒、方解石棒,产出于断裂带中。杆状构造是强烈变形和变质分异作用的联合产物,是垂直褶皱枢纽方向作辗滚运动的结果,所以,其延伸方向与小褶皱枢纽或应变主轴 Y 轴一致,是一种大型 B 型线理。

4. 铅笔构造

铅笔构造是轻微变质的泥质或粉砂质岩石中常见的使岩石劈成铅笔状长条的一种线状构造(图 17-24)。铅笔构造的形成通常有两种成因,一是劈理与层理交切的结果或剪切面与层理交切的结果,二是成岩压实与顺层挤压变形共同作用的结果。铅笔构造的规模一般取决于岩层厚度和劈理间隔的大小,在露头上由于释荷而裂开呈长数厘米至二三十厘米长的棒状碎条,断面呈菱形到多边形。

图 17-24 西藏阿里泥质板岩中发育铅笔构造

四、线状构造与面状构造的关系及构造意义

在自然界中,面状构造和线状构造往往是同时发育的,所以观察和研究要同时进行,也只有将两者的研究结果作综合分析,才能得到更满意的结果。如图 17-25 所示是一片理构造,在片理面中有一箭石被拉长,箭石中矿物生长线理为拉伸(σ_3)方向,而片理面为挤压面(垂直 σ_1),由此可知原岩受变形的三轴应力方位,σ_1 垂直片理,σ_3 近南北,σ_2 近东西,但如果只知道片理或生长线理中的一个产状,仍不能知道三个应力方位。同理,在研究褶皱构造时,只有知道了轴面产状(σ_1 垂直),又知道枢纽的产状(平行于 σ_2),才能知道褶皱形成过程中所受的三轴应力状态,断面上擦痕线理和断

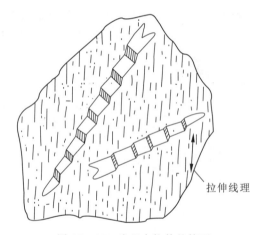

图 17-25 片理中拉伸的箭石

带中矿物生长线理只能帮助确定断盘运动方向或一个应力方位,所以,必须结合断面性质才能确定三轴应力方位。

除了上面讨论的露头尺度及其以下尺度的构造,把分析线状、面状小构造的原理用于分析区域性的、甚至全球的大型面状、线状构造也是可行的。如巨型造山带的延伸方向是受到垂直其走向的区域性挤压,而由板块碰撞形成的造山带,它的展布方向与板块的对接(俯冲)方向垂直。

第十八章　构造组合

在前面有关章节中,主要是对一些独立的构造变形作了单个介绍,如褶皱、断层、节理、面理和线理等。但是,在自然界中,多种构造变形往往同时出现在一起。地质上把这种经常出现的构造集合体称构造组合(霍布斯等,1977)。霍布斯等认为,每一种构造组合没有严格的规定,因为各种类型的构造组合存在相互过渡性,甚至某些构造组合相互重叠。构造组合的范围性很广,不同的地区、不同深度、不同尺度的构造组合往往不同。本章将简单讨论地壳中常见的几种宏观和区域性构造组合。

第一节　构造层次及其构造组合

一、构造层次及其划分

我们知道,在地表岩石的变形多表现为脆性,随地表向地下深处,随温度的升高和压力的加大,岩石的力学性质和变形行为会逐渐发生变化,即由脆性变为韧性,当达到熔点时呈黏性或液体状态。相应地,岩石的变形机制表现为脆性剪切→挠曲→压扁→流动(图18-1)。因此,在不同深度上岩石的变形特点有所不同。地质上把地壳内分别显示的一种或几种主导变形机制的不同区域(或深度)称为构造层次(Mattaue,1980)。在构造层次的划分上,主要涉及到以下问题:①深度问题,从地表向深部可划分不同构造层次,每层的构造区或同一构造区的同一构造层次有深有浅,不能严格按深度划分构造层;②温度问题,温度对岩石变形的影响大于压力,不同地区地温梯度有所不同,岩浆活动的地区地温梯度明显增大;③代表性构造问题,即构造中以褶皱为代表性构造且综合面理和断层;④界面问题,界面多是渐变的,即各构造层之间没有明确的界线,以不整合面和断层面的分界则往往是急变的。

对构造层的划分目前尚无统一方案,不同地区或不同学者的具体划分可能有所不同。最有代表性且影响较大的是马托埃(Mattauer,1980),他以挤压造山带为背景,自上而下划分3个构造层:①上部构造层;②中间构造层;③下部构造层。朱志澄等(1990)在此基础上,将构造层划分为:表构造层次、浅构造层次、中构造层次和深构造层次(图18-2)。

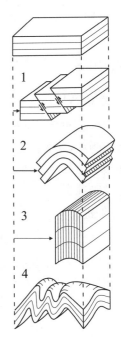

图18-1　4种变形机制
1.剪切;2.挠曲;3.压扁;4.流动

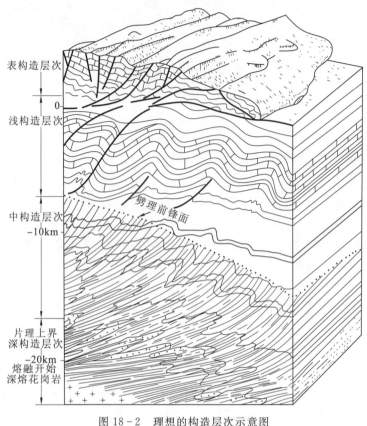

图 18-2 理想的构造层次示意图

（据 Mattauer，1980；朱志澄改编）

二、不同构造层次构造组合特点

1. 表构造层

表层构造相当于马托埃的上部构造层，发育在地表之下浅部，主导变形作用以脆性剪切、断块作用为主，褶皱构造不太发育，以挠曲、开阔褶皱为主，岩石以强烈破碎为特点。只有在年轻的褶皱造山带中才能见到发育完整的表层构造的典型组合形式，而古老造山带的表层构造层多已被剥蚀夷平。

2. 浅构造层

浅构造层相当于马托埃的中间构造层，该层位于表构造层之下，板劈理带（不包括板劈理）以上，主导变形作用是纵弯褶皱作用，代表性构造是平行（近等厚）褶皱和脆性断层。这类构造组合形式在地表出露较为广泛，在以古生代至中生代沉积岩为主的年轻造山带、褶皱基底之上的盖层往往发育这种构造组合，如中下扬子区的古生代至中生代碳酸岩层在印支—燕山造山运动中便形成以浅构造层为主的构造组合（如鄂东南、赣北等地区）。

3. 中构造层

中构造层位于浅构造层之下，深构造层之上，顶面以板劈理为界，底面以片理（不包括片理）为界，相当于马托埃的下部构造层的上部，主导变形作用是相似褶皱和压扁作用，代表性构造是相似褶皱(被动褶皱)、顶厚褶皱、韧性断层,小构造以板劈理和千枚理为特点(图 18-3)。中层构造顶部也可发育脆性断层,中构造层次构造组合主要出露在板岩、千枚岩等发育的浅变质岩区。在我国,区域浅变质岩主要形成于中晚元古代。所以,在中晚元古代广泛出露的地区,这种构造组合比较常见,如在中国南方元古代的板溪群、冷家溪群、昆阳群,常见这种构造组合。

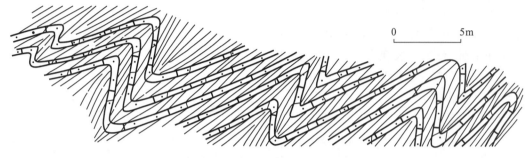

图 18-3 法国阿登地块南部剖面图(据 Mattauer,1980)

4. 深构造层

深构造层位于中构造层以下,顶面以片理为界,相当于马托埃下构造层下部,主导变形作用是柔流作用和深熔作用,代表性构造是柔流褶皱、构造置换和韧性剪切带,并常伴有强烈的混合岩化。深构造层次的构造组合主要出露在古老深变质岩区。在这些地区,除了上述代表性构造之外,片理、片麻理、线理、无根褶皱、不协调褶皱等极为常见,如我国冀东、大别山、太行山、云开等深变质岩区,以这种构造组合为常见。

必须指出的是,马托埃等构造层次的划分是以造山带的理想形式来划分的,即在典型造山带地区,可能自上而下地发育各构造层次的构造组合,因为在这些地区,地壳厚度大、地温梯度也不尽相同。此外,有些古老造山带褶皱抬升后,遭受了长期的剥蚀,其上部构造层次已可能不复存在,而现在的露头构造组合形成则是它的深部某构造层次的剥蚀夷平面,如在大别山腹地,出露了中地壳深度(深构造层)的构造组合。

第二节 伸展作用及其构造组合

伸展作用是指岩层在受到区域性引张作用下所表现的变形行为,就其深部动力分析,与地幔上隆或地幔柱活动等有关。综观全球构造及整个地质时期的构造演化,挤压作用与引张作用是在时间上和空间上相互紧密联系并相互转化的,试想任何一个地区不可能在它整个地质时期永恒地处于挤压或引张一种状态。由于构造的研究源于造山带,而造山带又以挤压变形为特色,以致长期以来忽视了伸展作用及其形成的伸展构造组合。关于伸展构造的重要性,马杏垣曾精辟指出:"其实,引张作用也造就了全球范围的构造现象,其规模甚至比挤压变动还要大。"

一、伸展构造模式

近 30 多年来,人们除了对造山带研究的重视外,也加强了对海洋地质的研究,尤其是采用了地球物理方法,如古地磁、地震反射剖面和深海钻探的地质调查,使人们对伸展作用及其所形成的各种构造组合有了较深刻的理解。通过对大量资料的总结,许多学者从不同角度提出了不同的伸展构造模式,有些模式突出几何结构特征,有些强调纵向构造层次,但其基本构造样式及组合特征仍是相近的。

1. 单剪与纯剪模式

李斯特(G. S. Lister,1986)在总结各种伸展构造的组合之后提出,当地壳或区域性岩层受到引张作用后,会沿一组或二组剪裂面发育多条正断层组合。若沿一组发育者为单剪伸展模式,表现为一条巨型断层之上发育阶梯状正断层组合(图18-4b);若沿二组发育者则为纯剪伸展模式,表现为一条巨型近水平滑脱断层之上发育地堑和裂谷构造组合(图18-4a)。所谓单剪,是指变形岩石在变形前与变形后的应变椭球主轴(λ_1、λ_3)方位发生了变化,是一种均匀旋转应变;纯剪则不同,即变形前后的主轴(λ_1、λ_3)方向没有发生变化,是一种均匀非旋转应变。

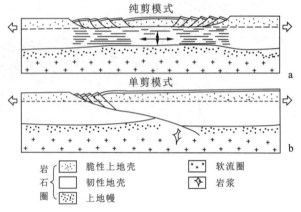

图18-4 纯剪伸展模式(a)与单剪伸展模式(b)
(据 Lister,1986)

2. 垂向分带模式

该模式由伊彤(Eaton,1980)首先提出,马杏垣(1982)对此做了修改。根据伸展构造的组合特点,该模式概括为自上而下存在3个构造层次(图18-5):上部构造层相当于马托埃的上部构造层层位,但以脆性破裂的正断层组合为特点;中部构造层相当于马托埃的下部构造层的上部,以韧性变形为主,形成糜棱岩化变质岩以及各种面理、线理等构造组合;下部构造层相当于马托埃的下部构造层下部,发育伸展性塑性流变构造,并伴有各类岩浆的侵入。上述垂向分带模式又称伸展构造的地壳结构模式,即在典型伸展地区地壳结构的特点。

二、伸展构造的组合类型

在伸展构造区,伸展构造主要由断层组合表现出来,常见有地堑与地垒、阶梯状断层、箕状构造、盆岭构造、断陷盆地、裂谷和剥离断层等,有些在"断层"一章中已作描述,这里仅介绍后几种组合,剥离断层则在后面专题描述。

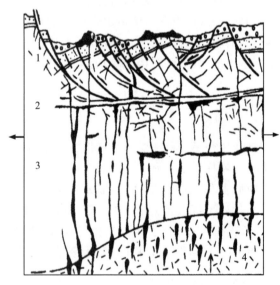

图18-5 伸展构造的地壳结构模式
(据 Eaton,1980;马杏垣,1982修改)
1.断块状地表岩层;2.韧性中层;3.下地壳层;4.岩石圈地幔

1. 盆岭构造

在伸展区,由倾斜岩块、阶梯状断层或控盆正断层共同产出,形成由山岭和拉张盆地构成的地貌单元称盆岭构造。美国西部的科迪勒拉山系的盆岭区,是建立盆岭构造的经典地区(图18-6),我国南方长江中游的湖北和相邻的湘赣一带的中新生代构造也具有盆岭式的构造特色。

2. 大型断陷盆地

大型断陷盆地是以边界为高角度正断层控制的区域性沉降地区,断陷盆地多呈菱形、带状、等轴状产出。我国东部的松辽盆地、华北盆地和江汉盆地都具有断陷盆地的特点。它们均形成在侏罗纪之后,故又称大型中新生代断陷盆地。

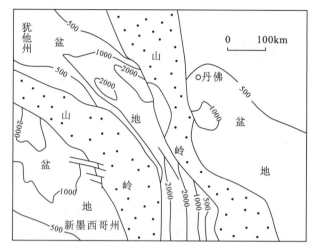

图18-6 美国西部科罗拉多州在石炭纪形成的盆岭构造简图 等值线为石炭系厚度(据De Voto,1980简化)

3. 箕状构造

在伸展区所发育的红盆,一侧发育阶梯状正断层(半地堑),另一侧断层不发育。沉积中心靠近断层发育一侧,其空间形态相似于"箕"形。箕状盆地规模往往较大,有时呈多个重复产出(图18-7)。

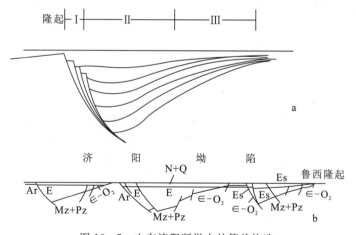

图18-7 山东济阳断拗中的箕状构造
a.箕状构造结构示意图:Ⅰ.断阶带;Ⅱ.深拗带;Ⅲ.斜坡带;b.山东济阳断拗中箕状构造

4. 裂谷

裂谷是区域性伸展隆起背景之上形成的巨型窄长断陷,其重要特点是切割深,发育演化期长,具地堑式组合特点。按裂谷发育的大地构造位置,可分为大洋裂谷(如大西洋中央海岭裂谷)、大陆裂谷(如东非裂谷)和陆间裂谷(如红海裂谷)。人们认为大陆裂谷-陆间裂谷-大洋裂谷的演化系列,就是大陆开裂、漂移、海底扩张过程的具体表现。

裂谷中常常沉积一套巨厚的碎屑岩系,常伴有蒸发岩、火山熔岩和火山碎屑岩。裂谷带常是浅源地震带和火山分布带。裂谷带常具有巨大的负布格重力异常和负磁异常,或者为负背景值上的正异常。在深部结构上,裂谷之下地幔升高,地壳变薄(图18-8)。

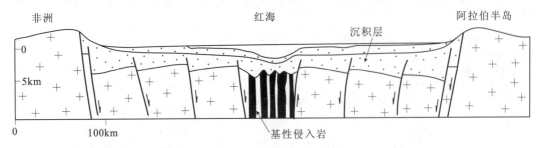

图18-8　红海裂谷剖面(垂直比例有所放大)(据 Mattauer,1980)

三、剥离断层和变质核杂岩

剥离断层是伸展区一种平缓产出的大型正断层。剥离断层面是重要的构造界面,往往位于盖层和基底之间,所以,也有人将这种断层称为拆离或滑脱断层。实际上,剥离强调断层带被剥蚀出露下盘深变质岩,滑脱强调大规模低角度滑动。

剥离断层的几何结构由剥离上盘、下盘和主剥离断层组成,这种断层与一般正断层不同,其特征是:①上盘是年轻地层,多是沉积地层和浅变质地层,具次级正断层组合;②下盘为古老变质岩系,称之为变质核杂岩,由深变质片麻岩等组成;③主断层面产状平缓,断层带之上以脆性变形为主,下部以韧性变形为主(图18-9)。

剥离断层首先在美国西部盆岭地区发现,以低角度大型正断层的滑脱使中生代地层盖到了前古生代地层之上,由此可见区域伸展之规模。

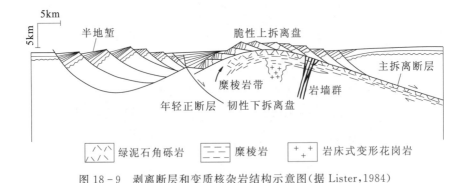

图18-9　剥离断层和变质核杂岩结构示意图(据 Lister,1984)

四、浅层重力滑动构造

在地表浅层,升降运动中的上升隆起往往导致重力势的变化和重力不稳,引起地壳表层的顺坡下滑,形成浅层重力滑动构造。所以,伸展、隆起与重力滑动具有相对统一性。

重力滑动构造早在地质学建立的初期就引起了人们的注意,20世纪60年代以来,马托埃等对欧洲阿尔卑斯山和法国的研究,马杏垣、索书田等对河南嵩山的研究,对重力滑动构造的基本特征和发生规律作了总结和概括。

1. 重力滑动构造的结构要素

重力滑动构造主要包括下伏系统、润滑层、滑面和滑动系统等几个要素(图18-10)。

(1)下伏系统。主滑面以下的基底岩系。组成下伏系统的岩层一般固化程度较高,在重力滑动过程中起着基盘作用,与上覆滑动系统比较,变形相对较弱。

(2)滑动系统。主滑面之上的滑动岩系。构造变形强烈复杂,伴有逆冲断层和褶皱,褶皱由后缘至前缘逐渐加强,由斜歪→倒转→近平卧,在倒转翼发育了逆冲断层。

(3)主滑面。是滑动系统借以滑动的断层面,不整合面、岩性显著差异界面、塑性岩层面均可能为滑动面。在整个滑动系中,除主滑动面外,还有次级滑动面,如在鄂东南区域性重力滑动系中,元古宇与盖层间不整合以及志留系与泥盆-石炭系之间的平行不整合面都是主滑面,二叠系煤层、三叠系膏盐层、志留与奥陶系平行不整合面等都是次级滑动面。

(4)润滑层。下伏系统与滑动系统或滑动层与滑动层之间的,在滑动中起着润滑作用的软弱层。膏盐层、黏土岩层、煤层和薄层泥灰岩层等都是良好的润滑层。

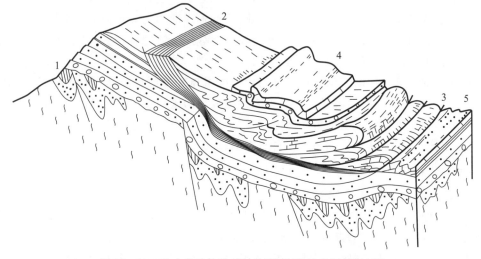

图18-10 重力滑动构造的结构要素(据马杏垣等,1981)
1.下伏系统;2.润滑层;3.滑面;4.滑动系统;5.前缘推挤带

2. 重力滑动构造的平面分带

重力滑动构造在滑动方向上可以分为后缘拉伸带、中间滑动带和前缘推挤带(图18-10)。

(1)后缘拉伸带。滑动系统发生并开始运移,以拉伸构造组合为特色,形成倾向与滑动方向一致的正断层、地堑式或地垒式正断组合,大片张节理和张性角砾岩。

(2)中间滑动带。滑动面比后缘位置低,滑动系统在滑动过程中形成褶皱并伴生有逆冲断层,其各种构造显示具有明显的指向性。

(3)前缘推挤带。以强烈挤压形成的构造组合为特点,发育紧闭倒转甚至平卧褶皱、叠瓦式逆冲断层和强烈破碎的断层岩。

从平面分带可以看出,自后缘至中带到前缘,构造上表现为拉伸→剪切→挤压,后缘张性正断层在平面上常呈凹面向前的弧形,上覆滑动系统与下伏原地系统在构造上不协调。

第三节 挤压作用及其逆冲推覆构造

地壳及岩层除了受到拉伸外,同样也受到挤压,挤压与拉伸是矛盾的两个方面,两者既对立又统一,又相互转化。对于一个造山带而言,它是挤压作用的结果,但在一些造山带内部却发育小型断陷盆地,盆地又是拉伸作用的结果。所以,对于一个地区,从地质发展时间上看,有时以拉张为主,有时以挤压为主。若从全球规模上看,一些地区正在受挤压(如太平洋西岸和喜马拉雅山脉),一些地区正在受拉张(如大西洋中脊和非洲东部)。

在挤压区,逆冲叠瓦断层、冲断层、逆冲推覆构造、强烈褶皱带等为其主要构造组合特征,有关逆断层等概念已在第十六章节介绍,本节重点讨论逆冲推覆构造。

一、逆冲推覆构造的几何结构

逆冲推覆构造又称推覆构造,与逆冲构造有不同含义。逆冲构造是由若干条产状相近或相反的逆断层成束产出,常见有叠瓦式、对冲式、背冲式或楔状式等几种构造组合(这些内容在逆断层组合中介绍)。推覆构造是由逆冲断层及其上盘推覆体(或称逆冲岩席)组合的构造,推覆构造一般指低角度逆断层,上盘推移距离很大。

根据断层面上盘岩层的变形特点可分为褶皱推覆体和冲断推覆体,前者是逆冲岩席在受强烈褶皱之后被推移远处;后者是逆冲岩席未发生强烈褶皱,只是顺断层面发生巨大位移。根据推覆体的动力成因把它分为推覆和滑覆两类,推覆体是由挤压作用而移动较远距离;滑覆体是由伸展(拉伸)作用而移动较远距离。自然界中,推覆体更为常见。

1. 台阶式结构

台阶式结构是逆冲推覆构造的基本格架,它由长而平的断坪与短而陡的断坡构成(图18-11)。断坪多顺层发育,产出于软弱岩层之中或岩性差异明显的界面上;断坡切层发育,产于强硬岩层中。一般先发育断坪(顺层滑动)再发育断坡,断坪与断坡往往交错发育,构成一系列台阶式断面。美国南阿巴拉契亚造山带的松树山断层是建立台阶式结构的经典地区(图18-11)。经过十几年的研究,地质学家已公认这种台阶式几何结构是逆冲断层的普遍结构形式。

台阶式结构是逆冲断层发育之初期岩层仍处于近水平产状时表现的理想形式,在以后的变形过程中其初始台阶的产状或形态会产生变化,所以,确定断坪、断坡,主要是根据断面与岩层产状的关系,而不能根据所观察的断面产状陡缓来确定,即断层面与上下岩层产状一致的部位为断坪,否则为断坡。

2. 双冲构造

双冲构造又称双重逆冲构造,它是由顶板逆冲断层与底板逆冲断层以及夹于其中的一套叠瓦式逆冲断层和断夹块组合而成(图18-12)。双冲构造中的次级叠瓦式逆冲断层向上相互趋近并且相互联结,共同构成顶板逆冲断层;各次级逆冲断层向下联结,共同构成底板逆冲断层。各次级逆冲断层围限的断块称为断夹块。双冲构造的顶板逆冲断层和底板逆冲断层在

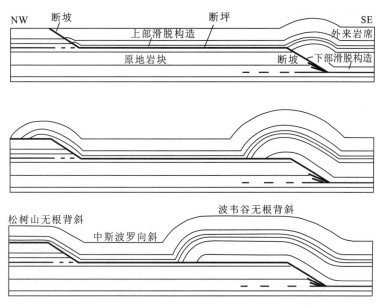

图18-11 南阿巴拉契亚松树山断层及其发展形成过程示意图
注意断层的台阶式结构和相关背斜的发育（据 Horris，1977）

前锋和后缘会合，共同构成一封闭块体。由于断夹块形状、分支断层倾角等不同，双冲构造的剖面形态也有所不同，断夹块由于在运动过程中受变形，其夹块内岩层可发生各种弯曲。

如果次级叠瓦式冲断层向上没有联结成顶板断层，这套叠瓦式断层称之为叠瓦扇，叠瓦扇也是逆冲推覆构造中的常见组合形式。

3. 冲断褶隆

冲断褶隆是指逆冲作用中形成的穹状隆起构造，冲断褶隆常见于逆冲岩席经断坡爬升至上一滑动面而形成的背斜构造。这种背斜多呈顶部宽平的箱形背斜（图18-13）。

此外，在逆冲断层系中，还会出现总体逆冲方向相反的逆冲断层。上述几种几何结构均是逆冲推覆构造中经常见到的几何结构。

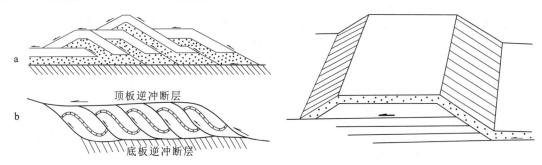

图18-12 双重逆冲构造（据朱志澄，1990）
a. 断夹块中岩层成膝折弯曲；b. 断夹块中岩层成拉长的背斜-向斜对

图18-13 冲断褶隆（据朱志澄，1990）

二、逆冲推覆构造的扩展方式

逆冲推覆构造一般成叠瓦式或双冲式,在叠瓦式或双冲式中,各条逆断层和各个小推覆体并不是同时形成的,而是按一定顺序发展的。推覆构造的扩展方式有前展式和后展式两种。如果每一条次级逆冲断层依次向前发育,即叠置方向与总推覆方向一致,则称为前展式;如果每一条次级逆冲断层依次向后发育,即叠置方向与总推覆方向相反,则称为后展式(图18-14)。

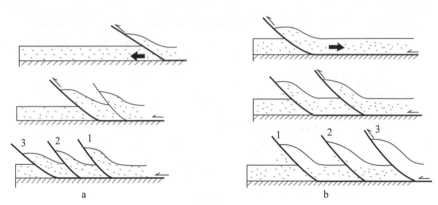

图 18-14 叠瓦式逆冲推覆构造扩展方式
a.前展式;b.后展式(箭头表示扩展方向)

前展式中每一新的逆冲断层发育在先存逆冲断层的下面,各逆冲岩席依次向逆冲方向扩展,由此增生在前进中的逆冲前锋。因此,前展式中位置最高或最后侧的逆冲岩席发育最早,而越早形成的逆冲岩席变形越强。

后展式中每一新的逆冲断层发育在先存逆冲断层的上面,各逆冲岩席依次向逆冲来源方向扩展,由此增生在前进过程中的逆冲岩席的后缘。因此,后展式位置最高或最后侧的逆冲岩席发育最晚,而最晚形成的逆冲岩席变形最弱。

在自然界中前展式比后展式更为发育。我国大巴山地区是前展式逆冲构造发育的典型地区,三叠纪—白垩纪,发育了自北向南的一系列逆冲断层(图18-19)。

鲍尔(Boyer,1982)等根据双重逆冲构造的规模和角度实际统计数据,设计了一个双重逆冲构造扩展模式(图18-15)。在起始阶段,主逆冲岩席沿 S_0 滑动,从低滑动层爬升至高滑动层,以陡角斜切强硬层,形成下盘断坡,从断坡底部发育一个新破裂面,向前扩展一段距离,然后向上斜切强硬层至高滑动层,与先存主逆冲断层汇合。随着挤压作用,滑动继续进行,先形成断夹块发生膝折弯曲并叠置在原地系统上。这时应力调整后,又形成第二个断夹块,并以 S_1 断层活动为主,S_0 停止活动,然后第二断夹块膝折、叠置……最后形成双重逆冲构造。当逆冲推覆演化至最终阶段,表层地层被加厚缩短,缩短量为 $S_1+S_2+S_3$。鲍尔等的模式形象地表示了前展式逆冲的演化过程,由此也可推论自然界中前展式扩展较为常见。

三、逆冲作用与褶皱作用关系

在受强烈挤压的造山带地区,逆冲推覆构造与强烈褶皱同时存在,两者在几何形态和变形

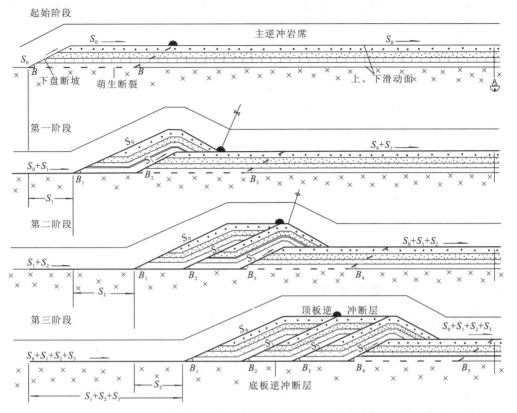

图 18-15　下盘断坡崩裂式的冲断层系扩展和双重逆冲构造的形成模式
(据 Boyer et al.,1982)

强度上往往相协调,在成因上,一种观点认为褶皱作用导致逆冲推覆,一种观点认为逆冲推覆控制褶皱的发育。

1. 褶皱作用导致推覆构造

褶皱作用导致推覆构造这个观点是海穆(A. Heim,1919)在研究阿尔卑斯推覆体时提出的,其基本观点是,一侧强烈的水平挤压引起岩层褶皱,褶皱变形逐渐加强,由倒转变为平卧,倒转翼被逐渐拉长变薄,最后被拉断进而在断面上逆冲并推覆形成典型的褶皱推覆体。海穆的褶皱推覆观点曾被许多地质学家所接受,但是自 20 世纪 70 年代以来,随着对造山带逆冲推覆与褶皱关系的深入全面研究,大多数人已趋于认为逆冲引起了褶皱作用。

2. 逆冲作用控制褶皱的发育

现代逆冲推覆构造研究已发现,逆冲岩席在推移过程中,从一个低层位断坪经断坡爬升到高层位断坪时,在断坡上形成了背斜褶皱。这种背斜常常前翼陡后翼缓,最终发展为侏罗山式褶皱。朱志澄(1990)在总结褶皱与逆冲叠覆关系时指出:①逆冲推覆构造中的褶皱是逆冲作用引起的,逆冲作用早于褶皱发生;②箱状褶皱、侏罗山褶皱都是盖层在基底上逆冲滑脱形成的,断坡在褶皱形成中具有重要作用;③逆冲推覆中形成的褶皱,其几何形态和组合特点受断坡(倾角、长度、间距)、运移速度、滑脱层性质等多种因素影响。

贾米森(Jamison,1987)根据逆冲推覆中褶皱与断层的相互关系将断层控制下的褶皱作用分为3类：断弯褶皱作用(fault-bend folding)、断展褶皱作用(fault-propagating folding)、断滑褶皱作用(fault-detachment folding)，这就是石油地质构造研究中所称的"断层相关褶皱"。

断弯褶皱作用是逆冲岩席在爬升断坡过程中引起的褶皱作用，这种褶皱作用与断坡关系密切，断坡起到关键作用，断坡形成在前，褶皱形成在后(图18-16a)。

断展褶皱作用也与断坡有关，褶皱形成在逆冲断层的终端，褶皱是在断坡形成的同时或近于同时形成的。逆冲断层沿着断坡消失，上部的地层在挤压缩短过程中发生塑性应变的结果(图18-16b)。

断滑褶皱作用与断展褶皱作用相似，褶皱也形成在断层的终端，所不同的是下伏断层是顺层滑动断层而不是逆冲或切层断层(图18-16c)。

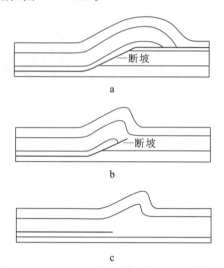

图18-16 褶皱和逆冲断层相互作用中形成的3类褶皱作用(据Jamison,1987)
a.断弯褶皱作用；b.断展褶皱作用；
c.断滑褶皱作用

四、逆冲推覆构造的发育规模

1. 水平推覆距离

水平推覆距离的估算主要根据地层的缺失与重复和上盘岩席被推移的距离，在逆冲推覆构造发育地区，由于遭受后期的差异侵蚀切割，常发育飞来峰和构造窗。

如果外来岩席被大面积剥蚀，只在大面积剥露出来的原地岩层上残留小块外来岩体，称为飞来峰；如果外来岩席被剥蚀而露出下伏原地岩层，称为构造窗(图18-17)。飞来峰常表现为年轻地层中残留一小片由断层圈闭的老地层，在地貌上常构成孤立的小山峰，如图18-18中的天台山、陈家山等飞来峰。构造窗则表现为较老地层中圈闭着较年轻地层，两者呈断层接触，如图18-18中的四架槽、丁家湾等构造窗。

图18-17 飞来峰和构造窗及其形成发育过程
a.外来岩席逆冲推覆至原地岩层之上；b.外来岩层因风化剥蚀而形成构造窗、飞来峰；
c.构造窗、飞来峰与逆冲断层的平面分布图

利用飞来峰和构造窗出露位置可以粗略地估计运移的最小距离，最前端飞来峰与最后端构造窗之间的距离即为最小距离，如图18-18中的白鹿顶飞来峰与鸡心包构造窗之间距离即为彭县推覆构造的最小距离，即推覆距离不小于10km。

上盘岩席被推移多远才称为推覆构造目前尚无统一标准，但一般倾向性认为应在上千米以上，一般推覆距离多达数千米，在巨型造山带可达上百千米，如喜马拉雅区达150km，落基

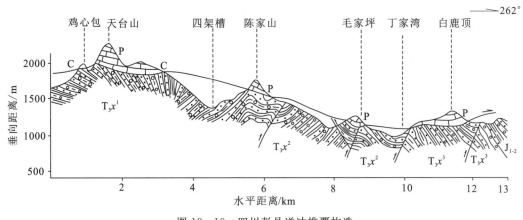

图 18-18　四川彭县逆冲推覆构造

山区超过 40km，阿尔卑斯区大于 100km，苏格兰某因断层达 100km 以上。

2. 逆冲推覆的发育深度

地球物理资料、深钻孔资料揭示，大多数逆冲断层和推覆构造向下部延伸的幅度小于平面延伸幅度，其原因是大多数断层面向下逐渐变缓，并且多条逆冲断层下延交汇于一条主断层面上，不同地区、不同规模的逆冲断层发育深度有所不同。如鄂东南地区，地表数条逆冲断层向下变缓交于志留系软弱层或寒武系底部软弱层，主滑面深度一般浅于 5km，苏格兰某因断层，多条冲断层交于前寒武系结晶基底和盖层间不连续面。从全球一些著名推覆构造分析，其形成深度一般不大于 15km，如喜马拉雅地区达 15km，阿尔卑斯区 8～12km，落基山地区 6～10km，阿巴拉契亚和苏格兰地区均小于 10km。

3. 逆冲推覆构造加厚与缩短量

逆冲推覆是区域性挤压的产物，挤压使岩层发生缩短加厚，形成造山带，缩短变厚的实质是一系列双冲或叠瓦式构造的增生叠置，这种增生叠置使山带地壳变厚。只要将叠置增生体恢复到原来位置，通过简单计算便可求出缩短量，其相应加厚量也可算出，这种方法称复原剖面或平衡剖面法。

编制复原剖面可遵循体积不变、面积不变、长度不变原则，即变形前后岩层的体积、面积、长度是守恒的。图 18-19 是大巴山地区（西段）现代逆冲构造剖面的复原，全部恢复后，其缩短量达 44km，其相对缩短量为：

$$e = \frac{L_f - L_0}{L_0} = \frac{52 - 96}{96} = -45.8\%$$

式中，e 为缩短量（负值）；L_f 为现代剖面长度；L_0 为变形前剖面长度。

用同样方法也可求出伸展区拉伸量，所得 e 值为正。

第四节　走滑断层及其伴生构造

地壳岩石除受挤压和拉伸作用之外，还受到剪切作用而产生平移断层，大型平移断层称为走向滑动断层或走滑断层。人们对走滑断层的认识和研究晚于正断层和逆断层，其主要原因是走

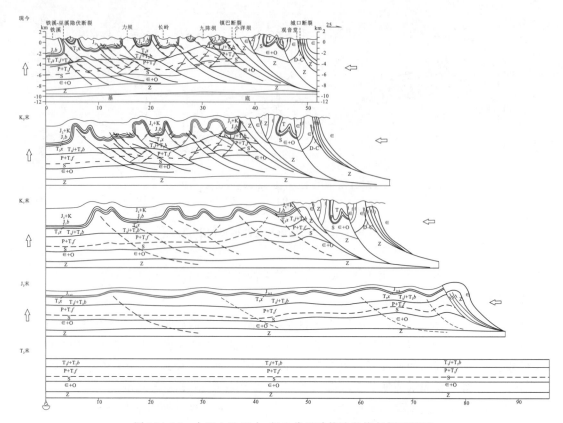

图 18-19 大巴山地区中、新生代逆冲构造的恢复剖面简图

滑断层面产状陡立与正断层不易区分。现代研究证明,走滑断层的发育相当普遍,且走滑断层伴生的构造复杂多样,研究走滑断层无论在区域构造或找矿勘探中均具有十分重要的意义。

一、走滑断层基本组合形态

1. 单条式

单条式是由一条主干断层和派生的次级断层组成,次级断层与主干断层以小角度相交或平行产出,次级断层一般延伸不远,多级次级断层交织成网络状。巨型走滑断层其主干断层常不止一条,几条大断层沿走向或分或合而构成一宽度较大的断裂带。如中国东部的郯庐断层在安徽境内,其主干断层为一两条,至山东沂沭地区则发育为 4 条(图 18-20a)。

2. 雁列式

雁列式是由数条相互平行且依次斜向错开排列的走滑断层而构成,断裂带宽度实际是斜列式断层叠加的宽度,两条雁列式断层之间的重复部位称为重叠,即相互垂直间距,如图 18-20b 中的 O 和 W。如果各次级断层走向观察依次向左错列则为左阶式,依次向右错列则为右阶式,如图 18-20b 中左侧者为左阶式,右侧者为右阶式。

3. 菱格式

菱格式又称棋盘格式,主要由两组反向滑动的走滑断层相互交切而构成的棋盘格子或菱形网络(图 18-20c),其力学成因类似于两组共轭节理。

4. 平行线式

由两条以上走滑断层平行排列而构成,且每条断层性质和滑动方向相同(图 18-20d)。

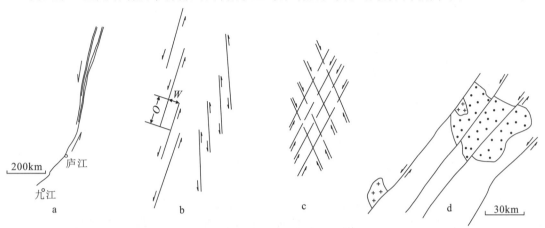

图 18-20 走滑断层几何组合形态

a.单条式(郯庐断裂);b.雁列式;c.菱格式;d.平行线式(莫因大峡谷平移断层带)

二、拉分盆地

拉分盆地(pull-apart basin)是走滑断层控制的受拉伸作用而形成的断陷盆地。目前对拉分盆地的沉积组合、构造控制、受力状态及发展演化等方面的深入研究已初步建立了相应的成因模式(图 18-21)。

1. 拉分盆地几何特点

如图 18-21 所示,拉分盆地在地表为菱形,两条长边为走滑断层,两条短边为正断层,菱形块地受拉伸,周缘均为断层。所以,拉分盆地实质上为断陷盆地,拉分盆地的规模变化很大,大者上万平方千米,小者仅数百平方千米,统计表明,菱形块地的长宽比接近于 3:1。

2. 拉分盆地的形成演化

拉分盆地可以在两条走滑断层控制下形成,也可以在一组雁列走滑断层控制下形成(图 18-22)。前者是在两条近平行断层剪切拉张下逐渐变大,长宽比逐渐增大(图 18-22a);后者是在雁列走滑断层控制下,各个小盆地首先单独发育,然后逐渐相互连接而构成复合盆地(图 18-22b)。

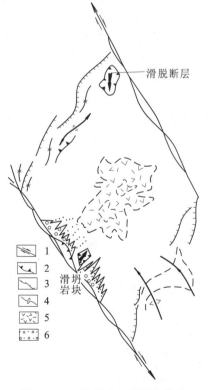

图 18-21 拉分盆地理想化模式

1.走滑断层;2.逆冲断层;3.正断层;4.褶皱轴;
5.火山岩系;6.碎屑岩系

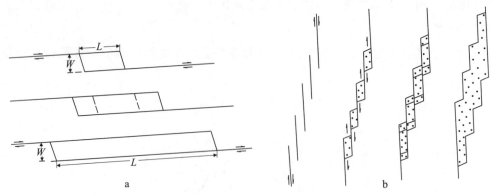

图 18-22 拉分盆地的演化(据 Atilla et al., 1982 简化)
a.单个拉分盆地;b.复合拉分盆地

拉分盆地在形成演化过程中,其宽度取决于两条走滑断层的间隔,所以,在整个发育过程中其宽度相对稳定。初始长度取决于两条边界走滑断层的重叠距,但随走滑断层的滑动而不断加大,一般长宽比达 3:1。所以,拉分盆地的形成因素决定于走滑断层的间隔、重叠、断层长度、滑距及切割深度。

3. 拉分盆地的地质特征

拉分盆地由于受断层的控制,与其他盆地相比,发育快,沉降快,沉积厚度大,沉积相变化大。如果拉分盆地位于大陆边缘,早期为陆相沉积,后期可能因强烈下降海水侵入而转为海相沉积,也有一些盆地,早期为海相沉积,后期与海隔绝而变为陆内河湖相沉积。如果盆地一直发育在大陆内部,则全为陆相沉积。

大型拉分盆地因长期处于拉伸状态,使地壳厚度相对变薄,从而引起热流值增高和地温梯度增大,盆地内常有岩浆活动,富含有机质的沉积物,在快速埋藏和高热流作用下形成良好的生油层,而快速沉积的碎屑物可为良好的储油层和盖油层。因此,拉分盆地往往是寻找石油、天然气的重要地区。此外,拉分盆地也是盐类矿产的聚集场所。

三、花状构造

花状构造是走滑断层伴生的一种特殊性断层构造组合,从剖面上看,一条走滑断层自下而上成花状撒开,故称为花状,根据断层的组合特点与构造样式又分为正花状构造和负花状构造(图 18-23)。

1. 正花状构造

正花状构造是由一条陡立走滑断层向上分叉撒开,各分叉断层自下而上、自内而外逆冲,构成背冲式构造(图 18-23a),各分叉断层下陡上缓,凸面向上,向下会聚成一条断层(走滑断层),各上冲块体在上部构成背形,但不具有弯滑弯流性质。

2. 负花状构造

负花状构造在形态上与正花状构造相似,所不同之处是,各分叉断层为正断层,各分叉断层面凹面向上,构成类地堑式向斜构造(图 18-23b),地堑式构造内部地层平缓,向斜也不具弯滑弯流性质。

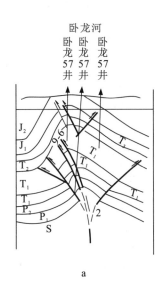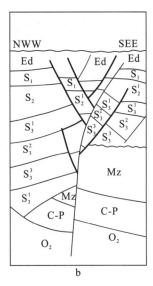

图 18-23 我国花状构造实例(据王燮培,1980;童崇光,1987)
a.四川卧龙河正花状构造;b.冀东凹陷的负花状构造

花状构造一般发育在未受强烈变形的地区,正花状构造形成于区域性压剪性应力场背景,即走滑断层兼有压逆性质;负花状构造形成于区域性张剪应力场背景,即走滑断层兼有张性正断层性质。我国中新生代含油气盆地中已发现花状构造,我国中、西部中新生代盆地中多发育正花状构造,而东部盆地中,则以负花状为主,它们分别代表压剪和张剪两种不同的构造背景。在油气勘探中,认识花状构造对于寻找和开采石油具有重要意义。

四、走滑断层伴生的褶皱

由于走滑断层两盘的大规模平移,断层两侧的地层在剪切与推挤作用下常形成各种褶皱构造,断层的切割深度与两盘相对位移量的大小决定了褶皱的组合形态,如果断层只切割盖层,则盖层易于产生褶皱的枢纽被错开的两组褶皱组合(图 18-24a);如果断层切割达基底,由于基底的错开而在表层形成各种褶皱断层构造组合和大型牵引构造(图 18-24b~d)。如我国东部著名的郯庐走滑断层在中生代的左行平移使两侧形成了巨型牵引弯曲(图 18-25)。

五、走滑断层规模及其地质意义

走滑断层无论在延伸长度和切割深度上都较大,如贯穿我国东部的郯庐断裂实为一巨型走滑断层,它北起鄂克斯克海,经营口、郯城、庐江直达湖北黄梅,全长三千多千米,左行平移达 400km 以上,地球物理资料证实该断层已切穿岩石圈达上地幔。1968 年郯城 8.5 级地震、1970 年渤海地震、1975 年海城地震等均分布在这个带上,由此可知这条深断裂至今仍在活动。位于太平洋彼岸的美国西部圣安德列斯断层与郯庐断层遥相对应,延伸上千千米,右行错距达 250km,旧金山的多次地震均与该断层的活动有关。

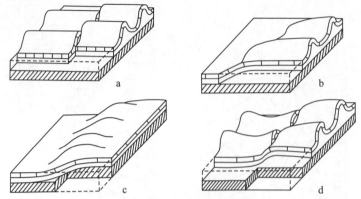

图 18-24 走滑断层伴生褶皱与牵引（据 Mattauer,1980 简化）

a.盖层中断层走滑平移形成两组褶皱；b.基底中走滑断层（尾端）平移形成单组褶皱；
c.基底断层走滑平移形成雁列式褶皱；d.基底断层走滑平移在盖层中形成两组褶皱

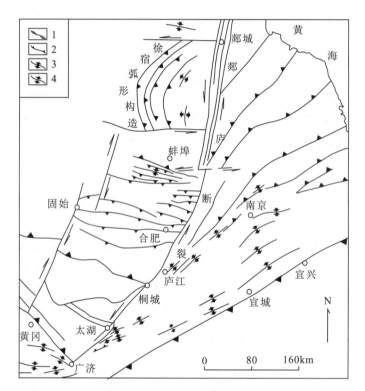

图 18-25 郯庐走滑断层左行平移在两侧形成了巨型弯曲

1.走滑断层；2.逆断层；3.背斜轴迹；4.向斜轴迹

第十九章　相分析和古地理重建

再造地质时期地球表面的各种古环境,研究它们的空间分布及其随着时间的变化在空间上的变迁,是地质学的一项重要任务,它除了对认识地壳演化历史起着重要作用外,还对沉积矿产的寻找具有重要意义。重建古地理是一项艰巨的任务,因为我们已不可能看到各种古环境,但我们能见到地质时期中保留下来的物质记录——地层,反映古环境特征的各种信息都被记录于地层内。因此,我们要去研究它,努力搜寻能反映古环境特征的信息,并将这些信息资料按照一定的原理进行综合分析,以达到推断和再造古环境的目的。

第一节　一般概念

一、沉积相与沉积环境

沉积环境是指具有特定的物理、化学和生物条件的自然地理单元(如河流环境、湖泊环境、滨海环境、浅海环境等)。沉积相是特定的沉积环境的物质表现,即在特定的沉积环境中形成的岩石特征和生物特征的综合。沉积环境在岩性特征上的表现即为岩性相,在生物特征上的表现即生物相。

上面所介绍的沉积相与沉积环境的概念,是近年来为大多数地质工作者尤其是沉积学工作者所接受的一种概念,即将沉积相与沉积环境区分开来,因为二者具有不同的内涵(图19-1)。在这之前,占统治地位的(尤其是我国)是以苏联学者鲁欣为代表的观点,把沉积相理解为沉积特征、生物特征及其生成环境的总和,即把沉积环境和沉积相混为一体,在实际运用中,相的概念往往含混不清,用词不严格、不统一,因此,大家读资料时要注意。在再造环

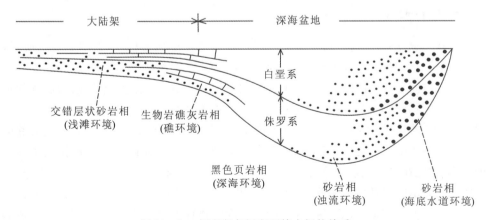

图19-1　沉积相与沉积环境之间的关系

境中使用较多的是在沉积相前冠以环境,能使沉积相很快与环境联系起来,如"浅海碳酸盐相",它指的是浅海环境内沉积的碳酸盐岩,又如"海陆交互相"是指海洋与陆地环境频繁交替的环境内的所有沉积特征和生物特征。

二、相分析与现实主义原则

对地层的沉积特征进行综合分析,确定沉积相,恢复沉积环境条件即为相分析。根据什么原则来进行相分析呢?今日自然界存在的各种环境中所进行的地质作用以及其产物,都可以直接观测到,而对于古代而言,古环境不可能见到,只可以见到古环境各种地质作用所形成的产物,人们早就发现古代地质作用所形成的物质记录与现代地质作用所形成的物质记录有许多相似之处,早就自觉不自觉地运用类比的方法来推断古代岩层的成因,如早在11~12世纪,我国北宋学者沈括所著的《梦溪笔谈》中写着"山崖之间往往衔蚌壳石子如鸟卵者,横瓦石壁如带。此乃昔日之海滨,今东距海已近千里,所谓大陆,皆浊泥所湮耳"。类似的见解在以后各国学者的著作中都不时有发现。直至19世纪30年代,英国学者莱伊尔才正式提出把研究现代地质作用及其结果当作认识过去自然地理环境和地质作用的手段。这就是"将今论古"的方法,又称作现实主义原则(actualismprinciple)。从那以后,现实主义原则就成为相分析的主要理论依据。其前提是,随着现代沉积学的发展,沉积学家详尽地研究了现代各种环境内独特的地质作用及其产物——独特的沉积特征和生物特征,并建立了若干个成熟的相模式,这就为现实主义原则的应用提供了更科学的依据,但在运用现实主义原则的时候一定要遵循辩证唯物主义的原则,因为事物总是在不断发展变化的,地质作用赖以发生的环境因素和介质本身也在不断地发生变化,而且是在以不同的速度和规模不断地发生变化,所以要注意,今天只类似昨天,而与昨天不完全相同,即不会机械地重复。古今的类比主要是指其相似部分,但还须特别注意其变化部分,例如,现代海百合和腕足类主要生活在半深海区,但在古代地层中,它们与浅水底栖生物甚至造礁珊瑚共生,这说明随着生物的适应环境,各类生物的生态可能随着时间而发生改变。又如在地质时期中多次出现陆地平缓、海侵广阔的时代,那种广阔的陆棚上清晰的岩相分带现象则不见于今日,而今日地势强烈分异、山高水深的情况则未见于过去。除此之外,还必须认识到,人类所能观察到的过程及其产物,对于地质时期来说仅仅是在"瞬间"内发生的,因此,在进行类比时要充分考虑到它与漫长地质时间内作用的结果之间的差异。

三、相变和相律

沉积相在横向上(空间上)和纵向上(时间上)的变化统称为相变,如图19-2所示,滨岸相、浅水相、深水相在横向上及垂向上的变化皆为相变,在剖面图上用折线表示,它实际上反映了沉积环境在空间上和时间上的变化,由于地质工作的基本方法是测制地层剖面,如果搞清楚地层剖面上沉积相的垂向叠置关系,就可以预测沉积环境的空间分布。

1894年,德国学者瓦尔特(J. Walther)提出"只有那些目前可以观察到是彼此毗邻的相和相区才能原生地重叠在一起"。其大意是只有在地理(空间)上彼此有横向毗邻关系的那些环境的沉积相,才能在垂向上依次重叠,这就是著名的瓦尔特定律,又称相律,如图19-2所示,在右侧立体图表示毗邻环境由海到陆的依次变化,各个环境具有各自独特的沉积相特征,左图表示随着沉积环境向陆地方向迁移,各沉积相的垂向叠置关系。该图表明,只有横向毗邻的环境的沉积相,才能在垂向上整合(连续)地依次出现。依照瓦尔特定律,只要所测制的地层剖面内地层是连续沉积的(即整合接触的),其沉积相在垂向上的变化,皆反映了其相应沉积环境在空间上的毗邻分布关系。因此,相律至今仍是研究和恢复古地理环境的一个极其重要的基础概念和基本方法。必须指出的是,瓦尔特定律的指导思想是均变论。因此,他特别强调沉积相特征随着毗邻的环境依次变化,而在生产实践中情况往往要比预期的复杂得多,有时常常可以见到沉积相特征跳跃过某一毗邻环境出现的现象。这是很正常的,因为自然界的演化本来就是长期缓慢的变化与短期迅速的变化相间进行的。值得指出的是,相对比原理的应用前提是沉积环境为连续渐变,地层为连续沉积,沉积作用方式相同。

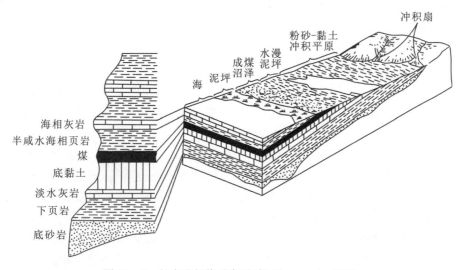

图 19-2 相变和相律示意图(据 Blatt et al.,1972)

第二节 沉积环境的主要识别标志——相标志

由于每一类环境内都存在着一系列独特的物理、化学和生物作用,因此每类环境都具有一些独特的原生生物特征和沉积特征,或一套独特的上述特征的组合。这种能反映原始沉积环境条件的原生生物特征和沉积特征就称为相标志,这里要特别强调的是原生特征而不是次生特征,因为只有原生特征才能反映原始的沉积环境和条件。相标志可分为生物标志、物理标志和岩矿地化标志三大类。

一、生物标志

根据对现代环境中生物群的观察与研究发现,生物从出生、成长到死亡、埋藏,都受环境因素的制约。不同于无机物,它具有较强的适应环境的能力,生活于地球的表层。在生存斗争中,为了求得生存,它们必须改变自己而逐渐去适应各种不同的生态环境及气候条件,为自己争得一份生存的空间。因此,就出现了具有各种习性能适应各种特定环境条件的生物类别及其组合。此外,生物化石的保存状态亦为沉积环境的水动力条件的判定提供了可靠的依据,因此,生物的某些特征就成为判定环境条件的重要标志。

1. 生物类别及其组合

据研究,有一些古生物只生活于海洋环境内,例如三叶虫、腕足、笔石、珊瑚、菊石、角石、蜓、层孔虫、古杯类、海绵、棘皮、放射虫等,它们中有一些常共生在一起形成海生生物组合,因此,当在地层内只发现海生生物化石时,就可确定该地层为海洋环境的产物,还有一些古生物则只生活于陆地环境,如陆生植物、陆生脊椎动物、昆虫、鱼等,因此可依据它们的出现来判断某段地层为大陆环境的产物。此外还有一些古生物在海洋和陆地环境皆可生活,如双壳类、有孔虫、叶肢介、介形虫等。从广义上来讲,它们没有确定的指相意义,但其中的某些种属只生活于陆地或海洋,因而亦可以具有确定的指相意义。当某一段地层内既发现了海生生物化石又出现了陆生生物化石时,就要依据所含各类化石的岩性、其相互组合的关系及化石的保存状态来具体分析是两种环境的交替还是其他什么情况了。上述资料表明,对地层内所含化石类别的研究可以判定最大一级的环境,即是海洋还是陆地。

生物对水介质内含盐度的适应性差异很大。有一些古生物只适宜于在含盐度35‰的正常海水中生活,例如珊瑚、腕足、古杯、层孔虫、蜓等,一旦盐度发生改变,它们就会因不适应而死亡,因而这类生物称作窄盐度生物,它们的存在指示海水含盐度正常。还有一些生物既可在<35‰乃至淡水中生活,亦可在咸水中生活,如双壳、腹足、叶肢介、介形虫、有孔虫等,依据它们无法判定水介质的含盐度,故称作广盐度生物。

当地层内发育有丰富的营底栖生活方式为主的生物组合(如:三叶虫、腕足、珊瑚等)时,它指示地层形成时水体含氧丰富,水深不大,而当地层内不见底栖生物,只发育单一的营浮游生活方式的生物(如笔石或菊石等)时,则表明地层形成时是一个含氧不足、趋于还原状态的水体,它通常反映因水流不畅而滞流还原的环境,因为缺氧,底栖生物无法在内生存,而生活繁育于表层水内的浮游生物死后落入水底,因无底栖生物的吞食而被保存下来,最后表现为单一的浮游生物组合。当底栖生物与浮游生物出现在同一地层内时,对其环境的恢复应服从底栖生物,因为既然有底栖生物出现,表明当时水底含氧量能满足底栖生物生活的需要,而浮游生物的幸存只是表明它仅是被吞食或因迅速埋藏而未腐烂而已。

有些生物对气候的反应很敏感,只能生活在特定的气候带,如造礁珊瑚属喜暖生物,只生活在水温20~25℃,含盐度35‰,水深不超过50m的地带,还由于珊瑚虫营滤食,以小型的自游生物和悬浮生物为食,因此要求不能有过多的泥沙、流动且清洁的海水。放射虫、大型有孔虫一般都分布于低纬度的暖水区,其分异度随水温变暖而增加。热带亚热带区气候温暖潮湿,树木高大茂密,以常绿树为主,种类繁多,不见年轮,它为成煤提供了丰富的物质基础。因此,地层中煤的出现是气候温暖潮湿的指相标志。而寒带植物多形体矮小,种类单调,晚石炭世南方大陆的舌羊齿植物群就是典型实例。

有些遗迹化石亦可以成为判别环境的标志,例如以垂直潜穴组合常见于浅水区,在那里,生物以食悬浮物质为主;以水平潜穴为主的潜穴组合多见于水动力较小的深水区,在那里,生物以食泥为主。

2. 生物的保存状况

古生物化石在地层内保存的状态,是判定水动能条件极重要的标志之一,例如:有的化石壳体完整,壳表纹饰未经磨损(即微细构造清晰),保持原有生态(如珊瑚萼部朝上、腕足喙部朝下,前部在上),则表明水体平静,化石未经搬运,系原地埋藏的;若化石双壳分离,壳表磨损明显(纹饰不清晰)或化石破碎,则表明水体动荡,是经搬运以后异地埋藏的。

二、物理标志

地层沉积环境的物理标志主要包括岩石的颜色、结构和沉积构造等。

1. 沉积物颜色

大多数情况下,沉积物颜色与其所含色素类型及多少有关。一般来说,浅色的岩石含有机质低,多形成于浅水、动荡和氧化条件下,如海滩成因的砂岩。而在深水或静水和还原条件下多形成暗色岩石,如沼泽和深海沉积等。在岩石中具有含铁离子的矿物时,紫红色反映强氧化条件,如红层,而暗绿色则反映相对还原的沉积环境。

2. 沉积物结构

沉积物结构包括粒径、磨圆度、分选、定向性和支撑类型等。一般来说,粒径粗、磨圆度高、分选好、颗粒支撑的岩石反映较高能量的沉积条件。相反,粒径小、磨圆度低、分选差、杂基支撑的岩石形成于较低能的水体中。

3. 原生沉积构造

原生沉积构造主要包括层面构造、层理构造、准同生变形构造、生物及化学成因构造。

1)层面构造

层面构造主要包括反映介质流动状态的波痕、冲刷痕、压刻痕及各种暴露标志。波痕是指流水、波浪或风作用于非黏性沉积物表面留下的波状起伏的痕迹,按其成因可分为流水波痕、浪成波痕及风成波痕。当水流能量加强,常在下伏沉积物,尤其是泥质沉积物表面形成冲蚀的槽状痕迹称为冲刷痕。沉积物中携带的粗粒物质(如砾石、生物介壳)在下伏沉积物顶面刻画出的各种痕迹称为刻压痕(如沟痕)。冲刷痕和刻压痕是重力流沉积中常见的沉积构造。暴露构造指沉积物间歇暴露于大气中时在沉积物表面形成的沉积构造,如泥裂、雨痕、食盐假晶及足迹等。通常反映沉积盆地边缘间歇性暴露条件,如潮上带、湖滨环境等。

2)层理构造

层理构造是指垂直岩层层面方向上由沉积物成分、颜色、粒径及排列方式的不同显示出来的纹层状构造。根据形态可分为以下类型。

(1)平行层理和水平层理:两者的纹层均相互平行且与层面一致,但平行层理是高流态条件下的沉积,沉积物粒径粗(中粗砂级),纹层不清晰不连续,沿层面易剥开;而水平层理反映静水条件,沉积物粒径细(泥质),纹层清晰且连续(图19-3a)。

(2)交错层理:交错层理由一系列与层面斜交的内部纹层组成层系,层系之间由层系面分隔。交错层理可以根据其形态分为板状、楔状、鱼骨状、波状和槽状等多种类型(图19-3b~f)。依据交错层理的形态、大小、前积层倾角和方向等可判断出水动力特征和古水流方向,进而帮助识别古环境。流水作用一般形成高角度的板状交错层理,而冲洗作用则形成低角度($<10°$)的楔状交错层理(冲洗层理),进、退潮流作用则形成双向的鱼骨状(或羽状)交错层理。

(3)均质层理和块状层理:两者均为用肉眼甚至用仪器也难以识别内部纹层,即无层理构造。块状层理内部成分不均一、大小混杂,反映未经分选的沉积物经快速堆积而成,如冲积扇。而均质层理内部成分粒径均一,反映单一成分的快速堆积或由生物扰动破坏原生层理所致,如洪水期的深浅湖沉积,生物扰动后的潮坪或陆棚沉积等。

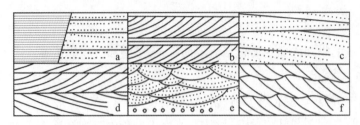

图 19-3 水平层理、平行层理和交错层理
a.水平层理(左)和平行层理(右);b.板状交错层理;c.楔状交错层理(冲洗交错层理);
d.鱼骨状交错层理;e.槽状交错层理;f.波状交错层理

(4)递变层理:递变层理以沉积颗粒的粒径递变为特征,可分为粒序递变和粗尾递变两种。粒序递变层理从底到顶沉积物颗粒均变细,一般认为由牵引流作用形成。粗尾递变层理是细粒物质作为杂基从底到顶均有分布,仅颗粒向上变细,一般认为由重力流作用形成。递变层理底部具明显冲刷面,尤其是粗尾递变与底部冲刷面、槽铸型等,常作为识别浊流沉积的重要证据。

3)准同生变形构造

准同生变形构造是指沉积物沉积之后、固结之前发生塑性变形形成的构造,它仅局限于上下非变形层之间以区别于后生构造,常见的准同生变形构造有负载构造、包卷层理、滑塌构造等。准同生变形构造发育于快速堆积(沉积物来不及及时脱水)或具原始倾斜的沉积层中。由于沉积物的液化和侧向流动,就可形成具复杂揉皱的包卷层理。差异压实作用及构造不稳定(如地震的颤动)常形成上覆粗粒层下沉或下陷到下伏松软沉积层中形成负载构造、枕状和球状构造。原始陡倾的沉积斜坡可使沉积物下滑形成滑移构造和滑塌构造。因此根据准同生变形构造的类型和强度可以帮助认识沉积盆地性质及堆积速度、构造活动性等。

三、岩矿标志

岩矿标志是指地层内的一些自生矿物(沉积物沉积时或固结成岩以前形成的原生矿物)或岩石,它们的形成与某种特定的环境条件有关,它们能作为判别该特定环境介质的物理化学条件的标志。

1. 沉积物结构组分

沉积物的结构组分可以反映其沉积历史、物源及沉积介质的特征。纯净的石英砂岩形成于浅水高能条件(如海滩环境);鲕状灰岩多形成于水质清洁的动荡浅水环境(如鲕粒滩、坝);富含长石、不稳定岩屑的杂砂岩形成于颗粒未经充分簸选的快速沉积场所(如断陷盆地);以灰泥为主的泥状灰岩则反映低能的沉积条件(如陆棚或潟湖沉积)。一些特殊的沉积岩石和沉积矿产的出现不仅对沉积相的确定具重要意义,而且可以帮助了解地层形成时期特定的古地理、古海洋和古气候特征。如将在后续章节中出现的礁灰岩、竹叶状灰岩、藻纹层灰岩、膏溶角砾岩、白云岩、磷块岩、含笔石的黑色页岩、含菊石或放射虫的硅质岩、条带状硅铁沉积、煤和铝土矿等。

2. 自生矿物

自生矿物指地层内的一些自生矿物(沉积物沉积时或固结成岩以前形成的原生矿物)或岩

石,它们的形成与某种特定的环境条件有关,因而能把它们作为判别该特定环境介质的物理化学条件的标志。例如,对非洲尼日尔河三角洲的研究发现,原生海绿石、鲕绿泥石、针铁矿均为海洋自生矿物,但其形成条件却不相同(图19-4),海绿石形成于温度稍低(10~15℃)、水较深(125~250m)的浅海陆棚上,而针铁矿和鲕绿泥石形成于深度较小(50m以内)、温度较高(>25℃)的近岸地带。在地史中赤铁矿层通常代表温暖近岸浅海产物,例如我国中元

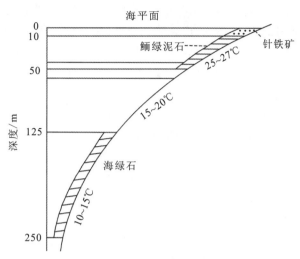

图19-4 现代自生矿物分布与水深及温度关系

古代长城纪串岭沟组内发育的宣龙式铁矿内除发育有大量鲕粒外,还常具丰富的小型叠层石。又如,泥盆系宁乡式铁矿内,除发育鲕粒以外,还同时见腕足化石碎片;华北地区奥陶系与石炭系接触的平行不整合面上广泛发育残积型铁矿(山西式铁矿),其上的铝土岩内发育鲕状构造。它表明起码在志留纪至泥盆纪期间地壳处于长期上升遭剥蚀状态,此期间,该区气候温暖潮湿,化学风化剧烈,可溶物质随溶液被带走,不溶的 Fe 和 Al 大量残存下来,形成了残积型铁矿,海水的再改造而形成铝土岩,因此风化壳的存在是某个时间阶段内气候温暖潮湿的标志。再有,膏盐矿物的出现是气候干旱的标志。因为一般在水体盐度 35‰左右沉积碳酸钙(方解石),随着盐度加大矿物的沉积序列依次是白云石→白云石+石膏→石膏→钠盐→钾盐。只有气候干燥,水体的盐度才会逐渐增加,因此石膏和盐的出现是气候干燥最有说服力的标志。在海相地层内,石膏的出现常与白云岩相伴随;而在陆相地层内,盐晶膏晶常与红色碎屑岩相伴随。冰碛砾岩则是寒冷气候的典型标志之一,冰碛砾岩内砾石大小相差悬殊,棱角明显,最重要的是砾石上发育擦痕,此外,确定其为冰碛砾岩还要伴以研究冰蚀地貌。在显生宙,还要伴以研究其生物群特征。

四、其他相标志

1. 泥裂、雨痕和足迹

泥裂、雨痕和足迹代表沉积物形成以后曾短暂暴露地表,在沉积物尚未固结的情况下因日光的曝晒而干裂、因阵雨留下雨痕、因有动物行走留下的痕迹。它们是一种暴露标志,其中以泥裂最常见。

2. 鲕状构造

鲕状构造常见于碳酸盐岩内,系方解石或白云石在过饱和条件下围绕一个核心(生屑或岩屑)形成的等厚多圈层构造,反映水体被搅动的高能动荡环境。

3. 鸟眼构造

鸟眼构造是碳酸盐岩内的一种沉积构造,它是泥晶灰岩(或白云岩)内,成群出现、大体顺

纹层分布的长形不规则状小孔,有的形状似鸟眼故得此名。孔内通常充填有清亮粗大的方解石(或白云石),且有孔边缘粒径细小、孔中心粒径粗大的趋势。现在一般认为这种孔隙的产生与藻纹层的腐烂有关,为潮间、潮上带环境常见的一种沉积构造。

在对地层进行相分析的时候,要对地层内所能搜集到的全部沉积相特征进行综合分析,才能正确地判定环境。地层内的沉积相特征通常包括颜色、层厚、岩性成分、粒径分选、磨圆、所含生物化石的类别及其组合、化石的保存状态、层理特征、其他沉积构造及相序结构等。其中,在考虑岩石颜色的时候要侧重区分氧化色(红色)和还原色(黑色),因前者反映岩石形成于氧化环境,Fe^{2+}氧化成Fe^{3+},代表气候干热的环境条件;后者则因富有机质,或因富黄铁矿粉末而呈黑色,是还原滞流环境的反映。在考虑岩石单层厚度的时候,对于薄层和页理要给予特殊的注意,因为它通常与平静水体所产生的其他沉积相特征相伴。此外,地质时期内大面积出现、巨厚的碳酸盐岩肯定是海洋环境的产物。

总之,在进行相分析的过程中,要强调进行综合分析,但在进行概略地史分析时,在各类沉积相特征中,生物将起着头等重要的作用。

第三节 主要沉积环境及其沉积相特征

以海平面为标志,地表沉积环境可以分为陆地环境、海洋环境和海陆过渡环境。现代地表沉积环境类型多样且千差万别,但从地质历史角度看,各种环境的沉积记录的保存潜能大不相同,地质历史时期的古地理、古气候、古海洋背景与今天的面貌也有极大差别。因此本节重点介绍地质历史时期中一些常见的沉积环境及其沉积相特征。

一、陆地环境

1. 冰川沉积

在大陆冰川地区,被冰川刨蚀裹挟的碎屑物质被搬运至冰融区堆积下来称为冰积层。其砾石多呈棱角状,大小混杂,表面多具擦痕。在冰积层之上或沿横向追索可出现具层理构造的冰湖或冰海等冰水沉积。当冰川直接注入海中,浮冰所携带的碎屑可在远岸带因浮冰融化而下落,这样,各种大小的碎屑无规律地分布于细粒海洋沉积物中,砾石表面可发育冰川擦痕,有时还可见到由细粒围岩组成的水平层理被压弯而呈"落石"特征,这种沉积物称冰海砾泥沉积。

2. 河流沉积

河流是陆地环境中重要的地质营力之一,各种类型的河流沉积广布于现代地表和古代地层中。河流可分为平原河流和山间河流。山间河流河道较直、流速大、切割深,主要保存河床粗碎屑沉积。山间河流在出山口常形成各种以粗碎屑为主的冲积扇。沉积物多呈紫红色,块状构造,无化石或含脊椎动物骨骼碎块。平原区河流流速小、河谷宽、河曲发育,主要有河道、砂坝和泛滥平原沉积(图19-5)。河道沉积底部为砾石层,其中砾石常具定向排列,为河底滞留沉积,整体呈透镜状分布,与下伏沉积层呈冲刷侵蚀接触。向上逐渐过渡为点砂坝沉积,以岩屑或长石石英杂砂岩为主,具大型板状或槽状交错层理。向上渐变为小型交错层理和水平层理。颗粒粒径也向上变细,一般缺乏生物化石,偶具脊椎动物骨骼或树干碎块。天然堤以细砂至粉砂岩为主,发育小型槽状交错层理及水平层理。泛滥平原沉积以粉砂质泥质为主,发育均质层理或水平层理、泥裂和雨痕。洪水冲溢天然堤形成的决口扇沉积,以粉砂岩为主,发育小型波纹交错层理,生物逃逸迹是常见的遗迹化石。当蛇曲发展促使河流改道,就会形成废弃河道和牛轭湖,牛轭湖最终被淤塞形成泥炭沼泽沉积呈透镜状夹于河流沉积层序中。

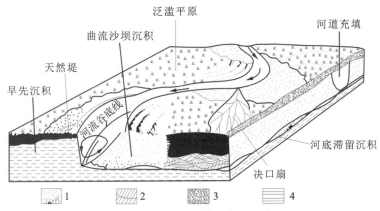

图 19-5　曲流河沉积模式图(据 Allen,1970)
1.粒径递减;2.交错层理;3.交错纹理;4.平行层理

3. 湖泊沉积

湖泊是陆地上的半封闭或封闭水体,其沉积物分布广泛,常形成重要的沉积矿产。湖泊中主要水动力为波浪和湖流。大型湖泊潮汐作用明显,从滨湖到深湖,随着湖水深度增加,水动力逐渐减弱,因此沉积物由滨湖经浅湖到深湖粒径逐渐变细,层理类型从交错层理逐渐变为水平层理,形成近同心的环带状分布。当有河流进入时,河流入湖处形成小型三角洲。湖泊受气候影响明显。在潮湿气候区,降雨量大于蒸发量,多为淡水湖泊,以细砂岩,粉砂岩及黏土岩为主。湖滨地带可出现粗碎屑沉积。在大型淡水湖泊里,泥灰岩、介壳灰岩、油页岩也极为常见。淡水湖泊中养料充分,透光度好,含氧充足,宜于生物大量繁殖。因此淡水湖泊中常发育淡水双壳类、腹足类、介形类、叶肢介及鱼类、植物碎片、昆虫和脊椎动物化石,形成特有的湖生生物组合。在干旱气候区,蒸发量大于降雨量,则可形成以化学沉积为主的高盐度咸水湖泊和半咸水湖泊。随着湖泊干枯,湖泊面积缩小,水体变浅,在滨湖地区常见干裂等暴露构造。湖泊干枯过程中,依次出现石膏、岩盐和钾盐等矿物。半咸水湖和咸水湖中除发育少量广盐度的双壳、腹足、介形和鱼类外,一般化石稀少。

在地层中河流相和湖泊相往往共生保存,这在我国中、新生代地层中极为常见。除大型稳定背景的河湖相沉积盆地外,一些小型的夹有粗碎屑及火山物质的断陷盆地河湖相沉积也极为发育。在河湖相之间可夹有湖相三角洲沉积。相对于海相沉积来说,陆地环境沉积物成分成熟度、结构成熟度均较低,宽/厚比也较小,陆生动植物及湖相淡水生物发育。

二、海陆过渡环境

海陆过渡环境位于陆地和海洋的过渡地带,它既受海洋的影响,也受陆地上地质营力(如河流作用)的影响,一般以三角洲环境最为典型。

河流入海处,由于地形坡度变缓,河流流速减小,分叉现象发育,一旦河流入海,流速骤减,沉积物堆积于河口,从河流分叉开始的碎屑岩沉积体称为三角洲,其在平面上通常呈三角形。三角洲同时受河流作用和海洋作用的影响。现代三角洲可按其形成的主要作用分为河控三角洲、潮汐三角洲和浪控三角洲3类。

据研究,地质时期中保存得较好,易于识别的是河流作用为主的三角洲——河控三角洲,其受波浪及潮汐作用的影响较小。以河流作用为主形成的典型三角洲在平面上呈鸟足状,由陆向海分为三角洲平原、三角洲前缘和前三角洲(图19-6)。

三角洲平原(顶积层)是三角洲的水上部分,以分支河道的砂质沉积为主,也包括泛滥平原上的粉砂、黏土和泥炭。

三角洲前缘(前积层)是三角洲的水下部分,在河口可以形成河口砂坝,常发育单向斜层理,以细砂沉积为主,远离河口时变为以粉砂为主,含少量植物碎屑,出现水平层理。

前三角洲(底积层)位于三角洲前缘沉积的前方,以黏土沉积为主,呈现水平层理或块状层理,含数量不多的广盐度介形虫、双壳类、有孔虫等,向海方向,海生物逐渐增多。

当三角洲沉积体向海推进时,前积层向前覆盖在底积层之上,后又被顶积层所覆盖,在垂向剖面上则形成自下面上由细到粗的进积型反旋回序列,其底部为海洋环境沉积,顶部为大陆环境沉积。

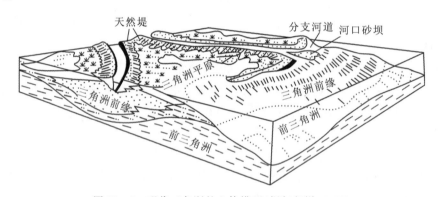

图19-6　现代三角洲的立体模型(据何起祥,1978)

三、海洋环境

现代海洋约占地球表面积的71%,在地史时期海相地层分布广泛,因此是地史沉积学分析的主要对象。根据海水深度和海底地形,海洋环境可分为滨海(浪基面以上)、浅海(浪基面至200m水深,或称陆棚或陆架)、次深海(水深为200~3000m,包括大陆斜坡和陆隆)和深海(水深大于3000m,深海平原)。

滨海区又称海岸带,受波浪、潮汐、岸流作用的影响强烈,海岸地形分异大,同时也是沉积作用最活跃和最复杂的地区。以波浪作用为主的滨海地区形成海滩沉积,以潮汐作用为主的地区形成宽阔的潮坪沉积,在两者过渡的情况下则形成障壁砂坝潟湖沉积体系。

1. 陆源碎屑滨浅海沉积

陆源碎屑海滩沉积以纯净石英砂岩为主,粒径向海方向变细,成分成熟度和结构成熟度均较高。在高波能区以物理沉积构造为主,如平行层理、低角度板状交错层理、楔状交错层理和冲洗交错层理(图19-7a)。而中低能区则交替发育物理和生物成因的沉积构造。生物化石

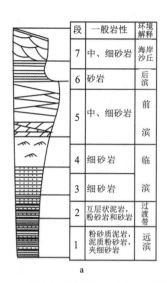 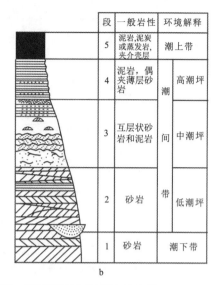

图 19-7 海滩(a)和碎屑潮坪(b)旋回沉积序列(据杜远生等,2009)

多为碎片,零星或透镜状分布。潮坪沉积环境可以分为潮上带(平均高潮线以上)、潮间带(平均高潮线与平均低潮线之间)和潮下带(浪基面至平均低潮线之间)。低潮线附近为潮坪环境中的高能带,以砂质沉积为主,向陆或向海沉积物粒径逐渐变细,以粉砂和泥质为主(图 19-7b)。常见潮汐成因的交错层理,如透镜状层理和压扁层理。由于涨潮和退潮潮流的作用,在潮间带至潮下带常发育向陆方向分支的潮沟(潮汐通道)。潮沟侧向迁移可以形成砂和粉砂交替的侧向加积层理。在障壁砂坝潟湖沉积体系中(图 19-8),障壁砂坝以砂质沉积为主,发育大型板状交错层理、槽状交错层理、平行层理。在其入潮口两侧形成扇状的涨潮三角洲和退潮三角洲。障壁砂坝之后(向陆一侧)为潟湖沉积环境,沉积物以泥岩为主,发育水平层理或均质层理。随着与外海的连通状况及古气候背景的不同,水体盐度可以咸化或淡化,因此生物组合多为广盐度特点。

浪基面以下的浅海陆棚沉积环境,水体相对较为平静,含氧正常,盐度稳定,因此底栖生物化石丰富、保存完好,沉积物多为砂泥质互层。但该区有时可受到风暴流、潮流和洋流的影响,受潮流控制的浅海陆棚主要出现于大潮差(3~4m)的半封闭海。潮流作用形成与潮流方向平行的潮砂脊,潮砂脊以砂岩为主,砂粒磨圆度高、分选好,具双向交错层理,沉积序列为向上变粗。受风暴作用控制的陆架主要发育在低纬度(5°~20°)地区,典型的风暴岩序列由3部分组成:下部为滞留的砾石或生物介壳层,底为冲刷面或渠模;中部为具丘状层理或浪成层理的砂质和生物碎屑沉积,为风暴浪作用形成;上部为泥质沉积,泥岩中生物潜穴发育,生物扰动强烈。

2. 浅水碳酸盐沉积

1) 碳酸盐潮坪

根据其形成的古气候背景不同可以分为两种(图 19-9)。①在干旱炎热的气候条件下,如现代的波斯湾地区的潮坪,称萨勃哈沉积。由于雨量少、蒸发量大,沉积物中含大量的自生蒸发盐类矿物,如石膏、硬石膏和石盐。硬石膏等结核层中可发育特殊的网状结构或盘肠状构

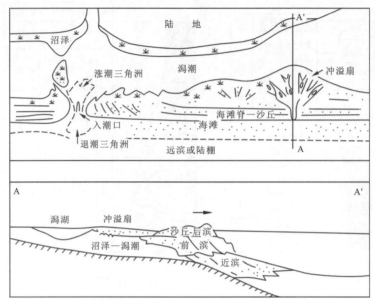

图 19-8　障壁砂坝潟湖沉积体系模式图(据杜远生等,2009)

造。自生蒸发盐类矿物的沉淀提高了地下水中的镁/钙离子比值,引起广泛的白云岩化作用。如果在沉积过程中发生淡水淋滤,则蒸发岩将被溶解而形成塌陷角砾岩;②在气候温暖潮湿的地区,潮下带往往为粗粒生物碎屑灰岩,向陆方向粒径变细,逐渐被藻纹层灰岩和白云岩所取代,鸟眼构造和干裂等暴露标志常见。

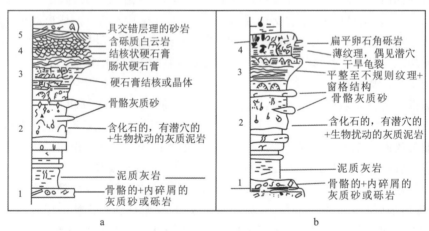

图 19-9　碳酸盐潮坪沉积序列(据杜远生等,2009)
a.海岸萨勃哈;b.正常(潮湿型)潮坪;1、2.潮下带;3.潮间带;4、5.潮上带

2) 生物礁

生物礁是浅海碳酸盐沉积中一种特殊的沉积体。它既可以发育在沿岸形成岸礁,也可出现在陆棚上形成障壁礁(或堡礁),沉积物以骨架岩、黏结岩和障积岩为主。古生代造礁生物以四射珊瑚、海绵、古杯、苔藓虫、层孔虫为主,中生代以后主要为六射珊瑚和厚壳蛤等。生物礁

的形成不但为其后侧(向陆方向)和前侧(向海方向)提供了大量的碳酸盐沉积物,而且直接影响着周围水体的能量、含氧量、温度、含盐度以及生物的发育,因此礁后往往形成顶部相对平缓的浅海碳酸盐台地,发育对环境耐性较强的生物群,礁前则形成礁前角砾岩。

3. 半深海及深海沉积

半深海一般指大陆坡折($>$200m)至大陆坡脚($>$2000m)的大陆坡,深海则主要指大洋盆地,主要介绍两类沉积。

1) 浊流沉积

20世纪60年代以来的研究发现,陆架及陆坡上形成的重力流,其侵蚀能力十分强,可以在大陆坡上切割出类似世界著名的北美科罗拉多大峡谷那样的水下峡谷。在大陆坡的坡脚,由于坡度变缓,流体失去动能,沉积物迅速堆积下来,形成厚度巨大的海底扇(水下扇),其前端有时可伸入深海盆地。现常将海底扇沉积统称为浊流沉积。

经典浊流沉积具有下述一些特征:它往往为3种以上的岩性无数次叠覆所组成的韵律性互层,其厚度巨大,最厚可达数千米、上万米,横向延伸稳定(可达几百千米)。单个韵律层厚度仅几十厘米至100m,单个韵律自下而上常具有以下变化(参见图11-2):A.具递变层理的砂岩,有时可见浅水生物化石碎片;B.具平行层理的细砂岩;C.具小型波纹层理或变形层理的粉砂岩;D.具水平层理的泥质粉砂岩;E.泥岩,常可采到深水浮游生物化石。A层底部和B层顶部皆为冲刷面,A层底面上常见冲刷模、虫迹模。这就是著名的鲍马序列。实际上,并不是无数个韵律中的每一个韵律都发育鲍马序列中的每一个层段。据统计,完整的鲍马序列大约只占韵律个数的10%,多数韵律都是不完整的序列,它们常由不同的层段组合而成,但以A段的发育为特征。人们常把地质时期确定的巨厚浊流沉积体称为复理石沉积(Flysh)。

2) 远洋沉积

远洋沉积指大洋盆地内的沉积。由于远离陆地,该区的沉积物以悬浮搬运的黏土为主,还可见少量的细粉砂,此外就是营漂浮生活的微体、超微体生物残骸。凡生物残骸含量大于30%者,称为深海软泥。钙质软泥由有孔虫和超微体生物颗粒组成,硅质软泥由放射虫和硅藻组成。生物残骸小于30%者称红色(褐色)黏土。以往通常认为,水面以下几千米的深处,由于氧气不足,沉积物应该呈还原的黑色,事实上大洋深处的黏土常呈红褐色,因此断定,大洋深处并不缺氧,深水波痕的发现证明,大洋底存在底流,氧气就是由底流带去的。对现代远洋沉积分布的研究得知,深海软泥主要分布于养料充分、气候温暖的低纬度地区,红色黏土主要分布在中纬度地区。在特定的条件下,锰质和铁质可以形成结核残留于大洋深处,局部可富集为有经济价值的矿产。

4. 还原型滞流海沉积

当水体的正常循环在某种因素作用下遭到破坏时,水体中的含氧量就会急剧减少甚至完全缺失,而使水体呈缺氧的还原状态,这种水域就是还原型滞流海。它可以因潮湿气候区深陷海盆表层海水淡化引起,也可以因较深的浅海陆棚上局部地段地壳深陷,海水的正常循环被破坏而造成。不论它是由何种原因造成,其环境特征与沉积相特征是相似的。这种沉积类型在地质时期中常见。现以黑海为例,介绍其环境特征与沉积相特征。

黑海地处潮湿气候区,海盆基本为陆地包围,仅在西南侧通过博斯普鲁斯海峡与地中海相通。该海盆深陷,水深达2400m,而与地中海相通的海峡处水深仅40m。其剖面如图19-10

所示，由于顿河和第聂伯河自北流入黑海带入大量淡水，上部水体淡化，使黑海水体出现分层现象。淡化的上层水因相对密度小(1.1g/cm³)而浮于上部无法与相对密度大(1.3)的下层水进行垂向对流；因海峡处隆起的海底的阻挡，下层水亦无法与外海进行横向对流，致使黑海的下层水成为一流通不畅的滞流水体。当下层水中原含有的氧气消耗殆尽后，就成为一个缺氧的还原滞流水体。底栖生物无法生存，只有表层水中营浮游生物的尸体落入海底，因无底栖生物的吞食才可以得到很好的保存，使其沉积物内特征也具有浮游生物组合。生物尸体在厌氧细菌作用下分解，放出硫化氢(H_2S)，使海底呈强还原条件，可生成黄铁矿。由于海盆的深陷，沉积物处于非补偿状态，加上水体平静，只有呈悬浮状态的细粒物质可被运入，故沉积物以黏土为主，常伴有硅质物质，且通常厚度不大。因富含黄铁矿和有机质，故沉积物呈黑色，以发育水平层理为主。

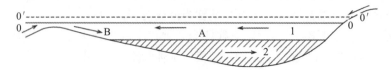

图 19-10　黑海型淡化滞流海形成示意图（据斯特拉霍夫，1947）

0—0. 外海海平面；0′—0′. 内海升高海平面；A. 淡化水的外流；B. 底流；1. 淡化表层；2. 滞流底层

第四节　古地理分析及古地理图

古地理分析是在沉积学、古生态学、古气候学、古构造学及地球化学等资料的基础上，再造地史时期的自然地理景观，即再造沉积和剥蚀区的过程。古地理分析对于研究某一地区的自然环境变迁、沉积盆地与构造演化具有重要的理论意义，对于查明沉积矿产的形成、分布规律也具有重要的应用价值。

一、古地理分析的主要内容

古地理分析的主要内容包括陆源区分析、沉积区限定、古岸线确定、古水体物理化学条件分析、古水深(环境)分析等。

1. 陆源区分析和沉积区限定

陆源区分析主要包括古陆或剥蚀区的判断、古地形分析、物源区性质及母岩判别等。一般来说，如果地层没有遭受剥蚀，侵蚀区没有地层沉积，侵蚀区和沉积区的界线位于地层沉积厚度等于零的部位。没有地层沉积的区域为剥蚀区，具有不同厚度沉积的区域为沉积区。按照构造隆升的程度，剥蚀区可以分为准平原化的剥蚀区和山地剥蚀区，这是古地形研究的内容。山地剥蚀区来源的沉积物多为粗粒、块状到厚层状，成分成熟度和结构成熟度低的砾岩、砂砾岩，堆积在沉积盆地的边缘。而准平原化的剥蚀区来源的沉积物多为细粒，成分成熟度和结构成熟度高的砂岩、粉砂岩和泥岩，堆积在沉积盆地边缘。从沉积相上讲，山地剥蚀区来源的沉积多为冲积扇、扇三角洲、辫状河等沉积，而准平原化的剥蚀区来源的沉积多为曲流河、稳定滨湖相沉积或滨海相沉积。物源区性质及母岩判别是盆地构造性质研究的重要方面，不同的物源区(如大陆克拉通、大陆基底、岛弧、火山弧、造山带等)带来不同的沉积物。物源区及母岩的性质可以通过砾岩的组分、砂岩矿物组合及岩屑组分、碎屑重矿物组合等判别。由于砾岩的砾石、砂岩的岩屑直接来自于物源区，砾石和岩屑的成分直接反映母岩类型，反映物源区性质。

2. 古岸线的确定

除了地层厚度指示岸线之外，湖岸和海岸还受波浪、潮汐和岸流影响。海岸带潮汐作用明显，大型湖泊也存在微弱的潮汐作用。因此岸线附近一般发育滨湖、滨海沉积，这些沉积物中发育各种波浪、潮汐及岸流形成的沉积构造和砂体，也发育泥裂、雨痕、冰雹痕、介壳滩、砾石滩、海岸蒸发岩、叠层石等特殊的沉积构造和沉积物。对于早期沉积被后期改造破坏或被后期构造破坏的地区，滨岸沉积的识别对古岸线的确定尤其重要。

3. 古水体物理化学条件分析

水体介质的物理化学条件包括温度、盐度、含氧量（Eh值）、酸碱度（pH值）等。古温度、古盐度可以通过生物化石组合、沉积标志、地球化学标志判别。一般来说，生物可以分为窄盐度生物、广盐度生物、淡水生物，不同的水体保存不同类型的生物化石。淡水生物保存在河流、湖泊等淡水水体中；广盐性生物保存在三角洲、潟湖、干旱海岸带环境中；窄盐度生物保存在正常、开放的海洋环境中。生物丰度高、分异性强，反映盐度正常，水体温暖。从正常盐度到高盐度的水体，可形成一系列化学成因的标志性矿物，其形成顺序为方解石→白云石→天青石→石膏→石盐→钾盐。特别是白云岩中的天青石、萤石、重晶石和与蒸发岩共生的正玉髓为高盐度水体的指示矿物，而海绿石、胶磷矿等形成于正常盐度的水体中。水体古温度、古盐度也可以利用碳、氧稳定同位素判别。水体介质的含氧量通常通过对氧化还原敏感的变价元素形成的矿物去判别，一般来说，常用的含铁矿物由氧化条件到还原条件出现的顺序是：褐铁矿→赤铁矿→海绿石→鳞绿泥石→菱铁矿→黄铁矿。因此含原生黄铁矿、菱铁矿的沉积为强还原环境，含原生褐铁矿、赤铁矿的沉积为强氧化环境。沉积物的颜色也可以帮助判别氧化还原条件，通常暗色的沉积形成于还原环境，红色、黄色的沉积形成于氧化环境。水体介质的酸碱度也可以通过一些指示矿物判别。

4. 古水深（环境）

古水深分析主要依靠生物化石标志、沉积标志等。大部分的海相生物与水深关系密切，因此可以通过生物类型和组合判别古水深。沉积构造是反映古水深的重要标志：浪基面以上的浅水地区发育多种类型的波浪、潮汐、岸流形成的沉积构造和砂体分布；蒸发岩多形成于滨岸浅水地区（如潮坪、潟湖等）；生物礁多形成于 0～50m 水深的浅水环境；鲕粒灰岩形成于温暖浅海环境，水深一般不超过 10～15m。

沉积环境和沉积相分析是古地理分析的重要基础，通过沉积环境和沉积相的识别，可以恢复沉积盆地内部的沉积物分布规律。

二、古地理图

古地理图是古地理研究的图示，也是古地理研究成果的最重要表达方式。按照比例尺，古地理图可以分为概略性的古地理图（≤1∶500万）、小比例尺的古地理图（1∶200万～1∶500万）、中比例尺的古地理图（1∶50万～1∶100万）、大比例尺的古地理图（≥1∶20万）。比例尺越小，图幅地理范围越大；比例尺越大，图幅地理范围越小。所以概略性和小比例尺的古地理图一般用于巨域或区域构造演化分析；中比例尺的古地理图主要用于成矿带成矿规律研究和成矿预测；大比例尺的古地理图可直接用于找矿和矿床预测研究。古地理图的编图单元视比例尺不同而异。概略性和小比例尺的古地理图一般用沉积类型、沉积组合编图，反映不同类型的沉积组合的分布、海陆格局等；中比例尺和大比例尺的古地理图一般用沉积相或岩性组合为编图单元，故又常称为沉积古地理图或岩相古地理图（参见图 20-2、图 20-4 等）。

　　古地理图的成图单元也与比例尺有关。概略性的古地理图一般以纪或世为成图单元；小比例尺的古地理图多以世或期为成图单元；中比例尺的古地理图一般用期或更小的时间单元编图；大比例尺的古地理图多以含矿层或含矿段为单元编图。由于每一个编图单元代表一定时间间隔的地层，因此编图单元越大，古地理图反映的内容越概略，准确度越差；编图单元越小，古地理图反映的内容越准确，精度越高。对于研究程度较高的地层，可以尝试编制"瞬时"古地理图。"瞬时"古地理图可以采用以下编图单元：一是等时性的岩层或相邻的岩层为编图单元，如华南二叠系—三叠系界线附近的黏土层下部或上部相邻层；二是以地层时带为编图单元。对于概略性的古地理图，可以按照恢复后的板块位置复原古大陆和古海洋的相对位置，编制活动论的古地理图，又称原型的古地理图或古大陆、古海洋再造图。

第二十章 地壳演化史

地球是在距今约 46 亿 a 前形成的。至目前为止,得到公认的地表最老岩石的年龄值为 38 亿 a,这一地质记录表明,约在 38 亿 a 前,地表已有了明确的地质作用。现以 38 亿 a 为界,把 46～38 亿 a 这一段地球的演化情况不详的时期称为地球的天文时期,归入天文学研究的范畴;把自 38 亿 a 前开始至现代的这一阶段称为地质时期,划归为地质学研究的领域。

第一节 前寒武纪地壳演化史

地史时期的古板块是经过长期而复杂的演变过程形成的。一般认为,古板块的形成时期主要在前寒武纪,它们是通过陆核、原地台、地台等不同阶段形成的,因而从某种意义上讲,前寒武纪地史也就是古大陆的形成史。中国境内几个重要的古板块——华北板块、扬子板块、塔里木板块均是古元古代后期形成,震旦纪之前定型的。

前寒武纪分为太古宙和元古宙。元古宙中的中、新元古代,尤其是新元古代由于地层序列清楚且含有较低等的生物化石,目前中国及国际上均已将其划分到纪。前寒武纪占全部地史时期的 5/6,在这漫长的地史阶段中,地球各圈层都经历了重要的演变,尤其是地球上出现了最早期的生命并逐渐进化为高等生物,全球各稳定的大陆板块也相继形成,并形成了铁、铀、金等多种矿产。

一、前寒武纪生物记录

地球早期的生命起源和生物进化大致经历了化学演化阶段、原核生物阶段、真核生物阶段、无壳后生生物阶段(裸露动物群)和带壳后生生物阶段。

在前寒武纪的漫长地质时期里,生物处于生命的形成及初始发展阶段,保存的化石不多。最早的生命记录包括格陵兰 3800Ma 的地层中发现的碳氢化合物、西澳大利亚 3500～3400Ma 的地层中发现的丝状和链状细胞体以及南非 2000～1950Ma 的地层中发现的微古植物和叠层石等。叠层石是原核生物(蓝藻、光合细菌及其他微生物)的生命活动所引起的周期性矿物沉淀和胶结作用所形成的叠层状生物沉积构造,是由微古植物生长层和沉积层交互而成的。叠层石的形态、结构既受形成叠层石的生物控制,又受生态因素和形成环境的影响。在一定范围内具有重要地层划分对比意义。

原始后生动物指出现于震旦纪(埃迪卡拉纪)后期的无脊椎动物软体的印模化石,因其无硬壳覆盖,故又称为裸露动物。它首先发现于南澳大利亚埃迪卡拉(也译成"伊埃迪卡拉")冰碛层(成冰纪)之上,年龄值约为 565～543Ma(震旦纪)的庞德石英砂岩内,化石数量丰富、种类繁多,主要为腔肠动物和环节类,其他还有节肢动物和一些分类位置不明的生物,又称为埃迪卡拉动物群。这类动物在世界各地 565～543Ma 的地层内有广泛分布,它标志着到此时期,动物界已演化到各门类海生无脊动物皆已出现的阶段,只是因为没有硬壳,难以保存为化石。中国近年来已有一些在中元古界内发现生物遗迹化石的报道,其中最早出现的动物潜穴和生物扰动构造时限已推前至1750～1700Ma。

总之,前寒武纪的生物界总体面貌可称为是菌藻类的时代,后期发生了一个重大事件即裸露动物群的出现。

二、中国主要大陆的形成

1. 华北板块的形成

1) 太古宙陆核的形成期

中国最老的太古宙地层主要发育于华北地区,分布于内蒙乌拉山、燕山、冀东、辽宁、吉林南部、吕梁山区、五台山、太行山、鲁中以及豫西、淮南地区(图20-1)。太古宙末期(2600～2500Ma)的阜平运动使上述地层褶皱变质,扩大了古太古代结晶基底的范围,增加了稳定程度,形成了太古宙陆核。

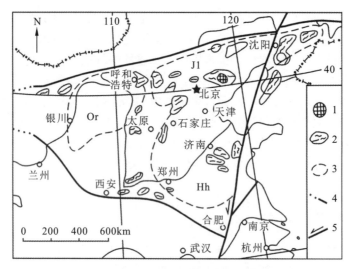

图20-1 华北地区太古宇分布图(据《地史学教程》,1996)
Or.鄂尔多斯陆核;Jl.冀辽陆核;Hh.河淮陆核
1.始太古界出露区;2.太古宇出露区及岩层片麻理;3.陆核轮廓;4.中朝地台界线及推测界线;5.后期平移断裂

2) 古元古代原地台形成期

古元古代是古板块定型的重要时期。华北地区古元古代地层以山西五台山区发育良好,自下而上分为五台群和滹沱群。五台群不整合于太古宇之上,为一套巨厚(>7000m)的中、低变质的变质岩系。它们与花岗质岩石一起,构成了古元古代的花岗绿岩区。2300～2200Ma的五台运动使五台群褶皱,形成了华北大陆板块的雏形。其上不整合覆有较稳定沉积类型的滹沱群。滹沱群为一套遭受次绿片岩相区域变质作用的沉积岩系,岩浆作用急剧减少,说明当时构造背景较以前稳定,地壳活动性明显减弱,大气圈及水圈含氧量逐渐增加。古元古代后期发生了强烈的地壳运动——吕梁运动。吕梁运动把古元古代初期分裂的陆核重新"焊接"起来,扩大了硅铝质陆壳的范围,增加了地壳的厚度,提高了稳定程度,形成了华北板块的原型——原地台。

从此,华北地区进入了一个相对稳定发展的新阶段,华北稳定的大陆板块基本定型。

3) 中、新元古代似盖层和盖层形成期

中、新元古代是华北板块的形成时期。华北板块中、新元古代有3个沉积区:①北边的燕辽海区,呈北东东向展布,向西可能与阴山海区相连。在中元古代时强烈下降、堆积了近万米的沉积物,为大陆板块上的裂陷槽;②华北板块西南部的豫西陆棚浅海区,往南与秦岭海槽相邻;③东部的河淮海区,从中元古代开始下降接受沉积,至震旦纪强烈下沉。燕辽海区以蓟县地区发育最好,整个中元古界沉积物厚度巨大,夹少量火山岩,相变明显,但未遭受区域变质,为稳定板块发展早期阶段的裂陷槽沉积,和典型的盖层沉积有一定的差别,因此称为似盖层沉积。新元古代华北板块沉积范围较小,主要分布于东部,以青白口群为代表,其厚度小,且无火山物质,属真正的稳定型盖层沉积。

2. 扬子板块的形成

扬子板块的核心部分是四川盆地,其基底地层未出露,因此主要通过盆地周围出露的基底地层推测板块的早期形成和演化。中、新元古代扬子板块上发育一套碳酸盐岩、碎屑岩及火山岩沉积,如滇东、川西一带的昆阳群、会理群,鄂西的神农架群等。该套浅变质沉积岩系厚度巨大,但变质较浅,具有似盖层特征,均未达到稳定状态。中元古代末期(1000Ma±)的四堡运动(相当于晋宁运动第Ⅰ幕)使以上地层褶皱、变质。新元古代后期(850~800Ma)发生晋宁运动第Ⅱ幕,使湘黔地区的板溪群遭受褶皱、区域变质和花岗岩侵入,不整合其上的南华系已为稳定类型沉积。

扬子古板块雏形在古元古代就已存在。中、新元古代时发生多次构造变动,围绕着扬子古板块逐渐增生。新元古代后期(850~800Ma)的晋宁运动后,扬子古板块两侧、东南缘及下扬子地区与扬子古板块一起构成了稳定区,从而形成了稳定的扬子大陆板块。

3. 其他板块的形成

除了华北板块、扬子板块之外,中国的其他板块,如塔里木板块、华夏板块等也于元古宙时期相继形成。

塔里木板块主体为塔里木盆地。古元古代晚期的兴地运动(相当于吕梁运动)使塔里木原始板块开始形成。中、新元古代板块又趋于活动,其南北两侧发育陆缘裂陷槽。到新元古代后期,塔里木板块形成,南华纪进入新的发展阶段。

三、中国南华纪和震旦纪

"震旦"是我国的古称,Richthofen(1871)首次用于地层专名,其含义为"寒武系之下,五台群或泰山群变质岩系之上的一套未变质的岩系"。1924年李四光在长江三峡东部建立完整的震旦系剖面,时限为720~541Ma。原震旦系明显两分,下统发育冰成岩,上统主要为碳酸盐岩,第三届全国地层会议将震旦系解体,下统独立新建为南华系,与国际地层表中的成冰系接轨,时限为720~635Ma;上统仍保留为震旦系,时限为635~541Ma,与国际地层表的埃迪卡拉系对应。

南华纪和震旦纪在地史发展中处于一个特定的阶段。这个时期地球上所有的大型稳定板块都已形成,板块上具有特殊的生物组合和沉积类型。南华纪晚期全球性气候变冷,冰成岩发育,地球表面从两极到赤道全部被冰雪覆盖。研究表明,新元古代在低纬度地区形成了一个超级大陆"罗迪尼亚(Rodinia)",大陆上的硅酸盐岩石风化过程消耗了大气层内的温室气体导致全球降温,而布满白雪的地球反射了大量的阳光进一步造成温度下降。

从生物演化来看,震旦纪的裸露动物群代表了地球上高等后生动物的出现,板块内部的沉积均为稳定类型的盖层,从这个意义上看,震旦纪更接近于古生代。但就总体来看,化石的分布和保存程度均差,还不足以生物化石建阶和分带,与寒武纪以后有明显的不同。因此,可以把南华纪和震旦纪看成从元古宙到古生代的过渡阶段。

我国南华系和震旦系分布广泛,在板块内部主要为稳定的盖层沉积,局部裂陷槽内亦有火山活动,在板块边缘主要为不同类型的大陆边缘沉积。

第二节 早古生代地壳演化史

早古生代时限为距今 541.0~419.2Ma,延续时间 121.8Ma,包括寒武纪(Cambrian)(541.0~485.4Ma)、奥陶世(Ordovician)(485.4~443.8Ma)和志留纪(Silurian)(443.8~419.20Ma)。根据国际地层委员会的方案(2018 年),寒武纪分为 4 个世,奥陶纪分为 3 个世,志留纪分为 4 个世。

从早古生代起,地球进入一个崭新的发展阶段。这一时期的生物界与前寒武纪生物界明显不同,以小壳动物群的大量繁盛为起点,各种后生动物迅速发展,其中海生无脊椎动物繁盛并大量保存为化石。从寒武纪开始,地质年代各阶段的划分,主要依据生物的演化阶段,在地层划分和对比工作中,生物地层学方法也成为十分有效的手段之一。

一、早古生代生物界特征

早古生代生物界是海生无脊椎动物的繁盛时期,几乎所有的海生无脊椎动物门类都已出现(图 20-2)。因此,早古生代又称海生无脊椎动物的时代。

1. 海生无脊椎动物

海生无脊椎动物各个门类在早古生代几乎都已出现并得到相当程度的发展(参见第十章"小壳动物群"和"澄江动物群")。具有重要地层意义的类别主要有三叶虫、笔石、头足类、腕足、珊瑚及牙形刺等。

三叶虫在寒武纪属种繁多,演化迅速,生态分异明显,化石丰富,是寒武纪地层划分对比的重要依据,因此寒武纪有"三叶虫时代"之称。

笔石是地史时期的海生群体动物,化石中最常见的有树形笔石目和正笔石目。树形笔石最早出现于寒武纪中期,绝灭于早石炭世,笔石体呈树状或丛状,大多数底栖固着生活,代表正常浅海环境。正笔石类由一枝至多枝组成,胞管形态多变,营漂浮生活,从奥陶纪起大量发展,早泥盆世绝灭。正笔石类演化迅速,分布广泛,是奥陶系、志留系划分和对比的主要依据。

腕足类自早寒武世起已有广泛分布,以具几丁质类的无铰纲为主。奥陶纪是腕足类发展的高峰期之一,志留纪腕足类化石相对减少,但其内部构造渐趋复杂化。

头足类从寒武纪末开始出现,早古生代主要为缝合线简单的鹦鹉螺类。奥陶纪是鹦鹉螺重要发展时期,壳体增大,壳内体管构造复杂化,以直壳类型为主,志留纪起鹦鹉螺类开始衰落。

珊瑚最早出现于寒武纪,晚奥陶世开始繁盛,主要为单带型的四射珊瑚和床板珊瑚。志留

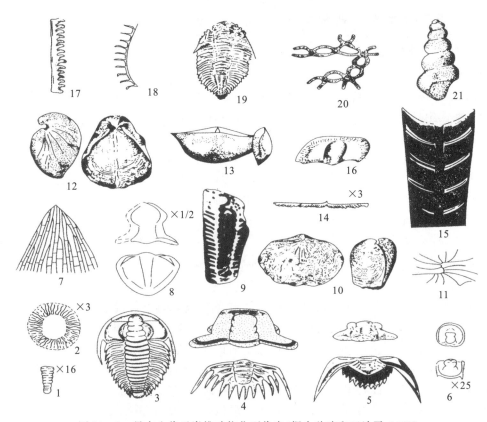

图 20-2 早古生代无脊椎动物化石代表(据全秋琦和王治平,1993)

1. *Circotheca*(圆管螺);2. *Coscinocyathus*(筛杯);3. *Redlichia*(莱得利基虫);4. *Damesella*(德氏虫);5. *Drepanura*(蝙蝠虫);6. *Pseudagnostus*(假球接子);7. *Dictyonema*(网格笔石);8. *Eoisotelus*(古等称虫);9. *Armenoceras*(阿门角石);10. *Yangtzeella*(扬子贝);11. *Nemagraptus*(丝笔石);12. *Pentamerus*(五房贝);13. *Tuvaella*(图瓦贝);14. *Didymograptus*(对笔石);15. *Sinoceras*(中国角石);16. *Nankinolithus*(南京三瘤虫);17. *Monograptus*(单笔石);18. *Rastrites*(耙笔石);19. *Coronocephalus*(王冠虫);20. *Halysites*(链珊瑚);21. *Hormotoma*(链房螺)

纪是珊瑚的第一个繁盛期,以单带型、泡沫型四射珊瑚和床板珊瑚为主,并可造礁。

此外,早古生代还有腹足类、双壳类、苔藓虫、棘皮类、古杯类以及海绵等,尤其是微体古生物牙形刺,近年来已成为早古生代重要生物类别。

2. 脊椎动物

出现最早的脊椎动物是北美西部中奥陶世的无颌类星甲鱼(*Artraspis*),至志留纪末,有颌类(盾皮鱼类)出现,它已具有上下颌的分化,反映脊椎动物进化中一个新阶段的开始。

3. 植物

早古生代植物界继承了前寒武纪的总面貌,仍以海生的菌藻类为主,但在志留纪后期原始陆生植物——裸蕨出现,它标志着植物向陆地进军迈出的第一步。

纵观早古生代生物界,在前寒武纪占统治地位的菌藻类已退居次要地位,脊椎动物初始出现,海生无脊椎动物极度繁盛并统治着整个海域,故有海生无脊椎动物时代之称。

二、中国早古生代地史特征

1. 华南地区地史特征

华南地区寒武纪继承了震旦纪的古地理、古构造格局。此时扬子板块以稳定型陆表海为特征,其东部为扬子板块的被动大陆边缘,而扬子板块与华夏板块之间为裂谷盆地发展阶段。该盆地于寒武纪早期(纽芬兰世)拉张达到最大规模,以后则以热沉降为主。盆内不具典型洋壳特点,没有形成大洋。

华南地区寒武纪自西向东依次为:扬子克拉通、江南被动大陆边缘和华南裂谷盆地3个沉积区。奥陶纪华南地区依然保持了寒武纪的古地理面貌,但从奥陶纪起华南裂谷盆地逐渐萎缩,特别是中奥陶世以后,萎缩速率加剧,盆地中心向北西迁移,导致晚奥陶世的古地理格局发生明显变化。志留纪是华南裂谷盆地萎缩、消亡的时期。受其影响,扬子板块早、中志留世海域仅限于北部,晚志留世海退,海水仅残存于川滇及钦防残余海盆,其他地区均抬升成陆。志留纪后期华夏板块与扬子板块对接拼合形成统一的华南板块。

1) 扬子板块地史特征

寒武纪扬子区海侵广泛,地层具明显两分性:下部为泥砂质和碳酸盐沉积,化石丰富;中上部以镁质碳酸盐沉积为主,化石稀少。沉积环境为稳定的陆棚海,地势西北高东南低,西部的康滇古陆始终存在,其范围不断扩大。寒武纪早期扬子区为向东倾斜的缓坡。寒武纪中晚期,扬子区西部古陆不断扩大,形成纵贯西部边缘的康滇古陆,古地理由早期的缓坡发展成镶边型碳酸盐台地。由于西部古陆和东南部水下隆起影响,形成半封闭海盆,加之气候炎热干旱,使海水盐度增高,主体发育一套化石稀少的白云岩沉积,在川西南、滇东北等地还有膏盐沉积。

奥陶纪是地史上海侵范围逐渐扩大的时期,在扬子板块内部表现为自寒武纪中期西部不断扩大的康滇古陆,随着早奥陶世海侵的开始,海水不断向西超覆,造成扬子区内部岩相变化显著。早奥陶世扬子区的古地理面貌与寒武纪中晚期相似,为巨大的镶边碳酸盐台地,内部自西向东排列不同的岩相带。在板块西部康滇古陆以东的川西、滇东一带为滨岸相带,沉积了具潮汐层理的砂岩、页岩、钙质页岩,向古陆一侧碎屑增多、粒径变粗。由此向东,陆源碎屑逐渐减少,以碳酸盐沉积占主导,黔北、川南一带为以碳酸盐为主夹砂泥质的开放台地相带。再向东至鄂西一带以碳酸盐沉积为主,夹泥质,生物碎屑、内碎屑、鲕粒等十分发育,形成台地边缘浅滩环境。进一步向东至下扬子区全部为碳酸盐沉积。中奥陶世西部古陆扩大,早奥陶世的相带分异格局已不复存在,整个扬子区均以碳酸盐沉积为主,夹少量泥质。晚奥陶世早期海侵规模最大,沉积了瘤状泥质灰岩。晚期海平面下降,西部康滇古陆与滇黔桂古陆连成一片,造成五峰期的滞流海盆,沉积了典型的笔石页岩相。

受晚奥陶世海退的影响,在扬子区奥陶系与志留系之间普遍形成一不整合界面,但在宜昌地区二者之间为连续沉积。志留纪扬子区主要为碎屑陆棚海,随着加里东运动的强化,其海域面积不断萎缩。至中志留世晚期,扬子板块内部受扬子板块与华夏板块拼接的影响,主体环境逐渐上升而成为陆上剥蚀区。向东南至江西修水流域,志留系发育完整,下统为笔石细碎屑岩相,中-上统为正常浅海相,顶统为陆相。在扬子板块西缘的滇东一带,从寒武纪末期隆升成陆后直到中志留世晚期才开始接受沉积。志留纪末期滇东地区成为扬子板块的沉降中心。

2) 扬子板块大陆边缘地史特征

寒武纪扬子板块东南大陆边缘包括桂西北、赣北、浙江及苏南等地,为一狭长的、北东向展布的非补偿海盆。寒武纪早期(大致相当于纽芬兰世至第二世)主要沉积了黑色炭质页岩、硅质页岩夹硅质层,代表深水、缺氧的还原环境;寒武纪中期(大致相当于第三世)沉积了深灰、灰黑色炭质页岩、页岩和灰岩相;寒武纪晚期(大致相当于芙蓉世)主要沉积了泥岩、泥质灰岩。寒武纪中晚期江南区的还原条件大大减弱,但仍属非补偿海盆。扬子板块的北部大陆边缘为南秦岭区。寒武纪以商丹古缝合线为界,南、北秦岭分别构成扬子和华北板块的大陆边缘,中间为秦岭洋所阻隔。扬子板块西部大陆边缘寒武系保存很少,推测昌都思茅、义敦、松潘甘孜等晚古生代以后的微板块尚未与扬子板块分离,属扬子板块西部边缘的一部分。

奥陶纪扬子板块东南大陆边缘呈北东-南西向带状分布,西部为湘桂次深海,东部为浙皖次深海。扬子板块北部大陆边缘与寒武纪相似,南秦岭裂谷盆地安康一带为洞河群的变质细碎屑岩和火山岩。裂谷以北的秦岭微板块仍以浅水碳酸盐岩为主,裂谷以南的镇坪、岚皋等地为斜坡相的泥质碳酸盐岩沉积。扬子板块西缘早、中奥陶世是被动大陆边缘砂泥质浊积岩沉积,滇南金平地区晚奥陶世转化为浅海碳酸盐台地。

志留纪扬子板块东缘仅见有志留纪早期(兰多维列世)沉积,在湘中一带称周家溪群,主要为泥砂质类复理石沉积,厚度巨大。志留纪中、晚期(温洛克世—普里道利世)江南区未接受沉积。扬子板块北部大陆边缘的南秦岭地区志留纪早期与奥陶纪相似,南秦岭裂谷盆地的安康—随州一带具玄武岩,早志留(兰多维列世)晚期以后沉积了笔石页岩相,厚度巨大,与泥盆系为平行不整合接触。扬子板块西缘构造环境比较复杂,活动性较强。在金沙江地区,志留纪具有逐渐收缩变浅的裂陷海槽沉积特点,义敦地区为一套夹基性火山岩的较深水沉积,滇西墨江的志留系-泥盆系为深水连续沉积。

3) 华南裂谷盆地地史特征

华南裂谷盆地位于绍兴—江山—萍乡—南宁一线以南地区。寒武纪大致以长汀—清远—玉林为界分为西北部的赣粤次深海盆地及东南部的闽粤浅海盆地。粤北曲江及赣南崇义等地寒武纪为砂泥质浊积岩,夹少量灰泥及凝灰质,含深水放射虫和海绵骨针,可能是华南裂谷盆地的主体。而在广东化州、福建永安等地,主要是一套砂岩、页岩、炭质页岩等,含磷、锰矿层,在广东郁南、台山、开平一带寒武纪中期出现紫红色含镁砂岩。闽粤浅海盆地为华夏板块西北部被动大陆边缘。

早奥陶世华南裂谷盆地古地理格局与寒武纪相似,也由闽粤浅海相和赣粤桂次深海相两个大相带控制,但由于寒武纪末郁南运动影响,云开地区和粤东地区上升成陆,沿着两个古陆的周缘有规律地出现滨海、陆棚次级环境分布。中奥陶世以后,华南裂谷盆地加速萎缩,晚奥陶世为厚度较大的浊积岩充填,到奥陶纪末,整个华南区主体成陆,仅在钦(州)防(城)残余海槽继续沉积。志留纪仅在钦防地区残留海水,其他地区已上升成陆。

2. 华北板块及其大陆边缘地史特征

华北板块主体自晚元古代后期抬升后一直遭受风化剥蚀,寒武纪初期开始接受海侵。寒武纪华北地区为稳定的陆表海碳酸盐沉积,其南缘以主动大陆边缘与秦岭洋毗邻。奥陶纪主要是碳酸盐沉积,下奥陶统发育齐全,岩相稳定;中、上奥陶统发育不全,仅在少数地区有沉积。

1) 华北板块地史特征

华北地区是寒武纪稳定沉积类型分布区之一,除早寒武早期(大致相当于纽芬兰世)普遍缺失沉积外,其余地层发育完整、化石丰富、岩相厚度稳定。

早寒武世中期(大致相当于第二世)从南侧秦岭洋向北海侵,淮南、豫西、陕北陇县和宁夏贺兰山地区最早波及,沉积了滨浅海碎屑岩及含磷砂岩。寒武纪中期(大致相当于第三世)海侵向西延伸到吕梁山。西部贺兰山一带的海水亦向东扩大到鄂尔多斯中部,华北古陆进一步缩小。寒武纪晚期(大致相当于芙蓉世)华北板块的古地理格局发生了显著变化,南部淮南、豫西和晋南一带开始上升,海水变浅,形成以白云岩为主的沉积。白云岩层位由南向北升高。北部燕辽地区相对下降,为滨浅海灰岩沉积。此时地形南高北低,与寒武纪早、中期的地形呈跷跷板式变化,这种地势特点一直持续到奥陶纪。

早奥陶世中期南部继续抬升成陆上剥蚀区,而代表潮间-潮上蒸发环境的白云岩向北迁移,在晋南和鲁西北一带形成膏盐沉积。早奥陶世晚期海侵范围扩大,向南、向西北方向超覆。早奥陶世末期至中奥陶世岩相稳定,海侵仍比较广泛,在太行山中段和南段、吕梁山、中条山等地。晚奥陶世地壳上升,发生大规模海退,使华北板块再次成为古陆剥蚀区,仅在西南缘的陕西耀县及宁夏固原一带有沉积,是一套含底栖珊瑚、腕足类、三叶虫、腹足类和海百合等正常浅海碳酸盐沉积。

志留纪地层仅发现于板块西南宁夏同心地区,只有中、上统。中统主要由灰岩、泥灰岩构成,含大量造礁生物,厚仅100m左右,属稳定浅海沉积。上统为紫红色砂砾岩,厚度500m,代表西侧造山带山前的前陆盆地沉积。此外,在河南固始下石炭统灰岩砾石中还发现了志留纪珊瑚化石,表明此地应有志留系沉积。

2)华北板块大陆边缘地史特征

寒武纪华北板块南部是主动大陆边缘,展布于商丹缝合线以北。沿陕西商南—丹凤一带发育蛇绿岩套及丹凤群的岛弧火山岩、河南西峡—南召一带发育二郎坪群的弧后火山岩。向西到甘肃天水一带也发育类似的含火山岩地层李子园群,其时代为寒武纪—早志留兰多维列世。证明当时秦岭洋向北俯冲,在华北板块南缘形成了活动大陆边缘。华北板块北部寒武纪大陆边缘性质有待进一步研究。推测在地台北缘白云鄂博一带处于稳定大陆边缘状态,逐渐向活动型过渡。板块西南侧与柴达木古陆之间为古祁连洋,早寒武世(大致相当于纽芬兰世至第二世)未接受沉积,中寒武世(大致相当于第三世)起祁连山南北坡都张裂成裂陷海槽。北祁连海槽中发育较深海含放射虫硅质岩、中基性火山岩及砂泥质复理石。

奥陶纪华北板块南部大陆边缘是活动型大陆边缘,发育了丹凤群岛弧型和二朗坪群边缘海型蛇绿岩。与此相对应,板块北缘从白乃庙至西拉木伦河一带见有早古生代的蛇绿岩套,代表奥陶纪古亚洲洋向南的俯冲消减带。南北两侧洋壳同时相向的俯冲作用与华北板块晚奥陶世整体抬升关系密切。

华北板块北缘的内蒙古地区,兰多维列统为中酸性火山岩夹砂泥质沉积,中、上志留(温洛克统—普里道利统)为砂泥质复理石沉积,志留纪末属磨拉石建造。磨拉石建造与下伏地层间具明显的角度不整合,说明本区发生强烈的加里东运动,形成板块北缘的早古生代褶皱带。向东至西拉木伦河及吉林中部,仍然具有活动大陆边缘的性质。华北板块南部的北秦岭地区没有志留纪沉积,推测受加里东运动的影响已形成古陆或山地。西南部北祁连海槽在志留纪仍然为强烈坳陷区,沉积厚度达7000m,主要是砂泥质碎屑沉积,火山活动微弱;中祁连在志留纪一直为隆起带;南祁连海槽志留纪早、中期仍处于张裂、下陷阶段,志留纪晚期海槽缩小;志留纪末,由于柴达木板块与华北板块的碰撞、挤压,南、北祁连海槽相继形成褶皱带,从而使柴达木板块和华北板块拼合成一个大陆。

3. 其他地区地史特征

1) 塔里木板块及其大陆边缘

寒武纪塔里木板块内部为稳定类型沉积，以北部柯坪地区发育最好，其沉积特征和生物与扬子区相似，沉积厚度500~600m，主要为泥质、粉砂质及硅、镁碳酸盐沉积，底部含磷结核，中、下部产三叶虫 *Redlichia*。说明寒武纪塔里木板块与扬子板块关系密切。塔里木板块北部大陆边缘属于被动大陆边缘类型。板块西南大陆边缘的西昆仑寒武系为化石稀少、厚度巨大的砂泥质碳酸盐沉积，西昆仑与喀喇昆仑间有晚元古代以来的蛇绿岩，代表原特提斯洋的消减带。

奥陶系塔里木板块以西北缘柯坪地区发育最好，下统为浅海灰岩，中、上统为泥灰岩，夹钙质粉砂岩和页岩，含头足类、三叶虫等底栖生物群，属板块内部稳定浅海沉积。板块北部边缘的西准噶尔地区奥陶纪属古亚洲洋，发育富含泥质的碎屑岩与火山碎屑岩。而在板块西南边缘也见有含中基性火山岩和灰岩的砂泥质复理石沉积及蛇绿岩，反映昆仑洋向塔里木板块的俯冲作用。

志留系主要出现在塔里木板块西北、东北部，与扬子板块关系密切。柯坪地区的志留纪早期（兰多维列世）沉积了含笔石及三叶虫的杂色碎屑岩，志留纪中、晚期（温洛克世—普里道利世）沉积了含中华棘鱼的紫红色砂岩和泥岩。塔里木北缘南天山一带志留系厚度巨大，为中性火山碎屑岩、火山岩及沉积岩，代表活动的古构造环境。

2) 古亚洲洋

古亚洲洋以艾比湖-居延海-西拉木伦河地缝合线为代表，主体为天山-西拉木伦洋，南侧为华北板块和塔里木板块北部大陆边缘，北侧为西伯利亚板块南部边缘，准噶尔为哈萨克斯坦板块的一部分，松辽是古亚洲洋中的中间陆块。奥陶纪古亚洲洋主体转换到额尔齐斯—居延海—西拉木伦河一带，此时洋壳板块向南、北两侧的陆壳板块下俯冲。志留纪古亚洲洋北部的准噶尔-兴安地区各段活动性不同。天山-西拉木伦洋志留纪仍然为大洋环境，其向华北板块俯冲形成沟弧盆体系。

3) 古特提斯洋

寒武纪古特提斯洋的主洋盆在班公湖怒江古缝合线。缝合线以南的冈底斯、江孜地区属冈瓦纳板块的一部分。缝合线以北及以东的羌塘地区、昌都、思茅、松潘、甘孜地区尚未与扬子板块分离，可能为扬子板块西部的一部分。奥陶纪在滇西保山、潞西地区为稳定浅海碎屑泥质夹碳酸盐沉积，中奥陶世有直角石类与珠角石类混生，晚奥陶世出现特殊的海林檎动物群，与扬子区有一定的差异。志留纪主要为浅海泥质和碳酸盐沉积，为古特提斯洋中稳定的小型地块。

第三节 晚古生代地壳演化史

晚古生代时限为距今419.2~251.9Ma，延续时间为167.3Ma。包括泥盆纪（Devonian）（419.2~358.9Ma）、石炭纪（Carboniferous）（358.9~298.9Ma）和二叠纪（Permian）（298.9~251.9Ma）。其中泥盆纪分为3个世，石炭纪分为2个亚纪（密西西比亚纪和宾夕法尼亚亚纪）6个世，二叠纪分为3个世。

晚古生代为加里东运动之后地史发展的一个新阶段,全球的有机界和无机界较早古生代均有很大发展。在有机界,海生无脊椎动物发生了重要变革,陆生植物也开始大量繁盛,脊椎动物逐渐征服大陆,呈现出一派生机盎然的局面;在无机界,早古生代后期大陆板块运动导致北美和俄罗斯板块碰撞,形成劳俄大陆。在中国,华夏板块与扬子板块的碰撞,形成了基本统一的华南板块。柴达木、秦岭微板块与华北板块的碰撞拼合使华北板块扩大了规模,由此造成了全球构造古地理的重大改观。晚古生代,更大规模的板块运动导致劳俄板块与西伯利亚板块、华北板块和西伯利亚板块与哈萨克斯坦板块、非洲板块与劳俄板块等的缝合,诸多古大洋消失,到晚古生代末期,全球范围的联合古大陆(Pangea)基本形成。

一、晚古生代生物界

晚古生代生物界发生了重大变化,其主要表现在:脊椎动物相继发生重要进化并逐渐征服大陆;陆生植物逐渐繁盛,改变了陆地的古地理景观;海生无脊椎动物丰富多姿,生物类别发生了重大改观(图20-3)。

1. 脊椎动物的发展与演化

晚古生代是脊椎动物重要的演化阶段。泥盆纪鱼类特别繁盛,故称为"鱼类时代"。尤其是淡水鱼大量出现,它们生活于内陆河流、湖泊或河口地区,体现了动物界征服大陆的进化过程。

早泥盆世鱼类以无颌类(如甲胄鱼类)为主,属低等鱼形动物,中、晚泥盆世以盾皮鱼类为主,明显的进化使其上、下颌分化,如沟鳞鱼。晚泥盆,随着陆地面积的进一步扩大,为了适应环境的变化,鱼类逐渐向两栖类演化,生物又迈出了征服大陆巨大的一步。硬骨鱼中总鳍鱼类发展成具有强大的肉鳍,在水中用鳃呼吸,当水体干涸时,则用肺呼吸,用肉鳍在泥砂上爬行。一般认为,总鳍鱼可能是两栖类的祖先。格陵兰东部上泥盆统顶部发现的个体长约1m的鱼石螈,为原始两栖类的代表。

石炭纪—二叠纪森林沼泽广泛分布,是两栖类蓬勃发展的时期,有"两栖类时代"之称。两栖类占据统治地位,多生活于河湖、沼泽近水地带,可以始螈为代表。石炭纪晚期出现了原始爬行类,是脊椎动物演化史上又一次重大事件。由于爬行类所具有的羊膜卵,使其繁殖过程摆脱了对水的依赖,可以占领陆上广阔的生态领域,标志着脊椎动物向征服大陆的方向迈出了至关重要的一步,如产于北美的林蜥。二叠纪,爬行类有了进一步的发展,类型更加多样,其重要性也显著增加。著名的代表有发现于北美的异龙类和遍布世界各大洲的二齿兽类,另外还有适应水中生活的中龙等。这些生物因演化迅速、分布广泛,常成为陆相地层中的重要化石及大陆漂移的重要证据。

2. 陆生植物的繁盛及其地理分区

晚古生代陆生植物大发展并征服大陆,是孢子植物中的蕨类植物蓬勃发展的时代。以裸蕨为代表的陆生植物在志留纪晚期已开始出现,至早泥盆世有进一步的发展,主要代表有工蕨。但这类植物尚无真正的根和叶的分化,输导组织还十分原始,只能适应于近水沼泽地区生活。早泥盆世晚期至中泥盆世,开始出现根、茎、叶分化明显的原始松类。晚泥盆世裸蕨类绝灭,乔木状植物占优势,并出现小规模森林,原始裸子植物开始出现,表明适应陆地环境的能力增强,标志着植物界演化史上的一次重大飞跃。石炭纪—早二叠世,除裸蕨以外的蕨类植物和

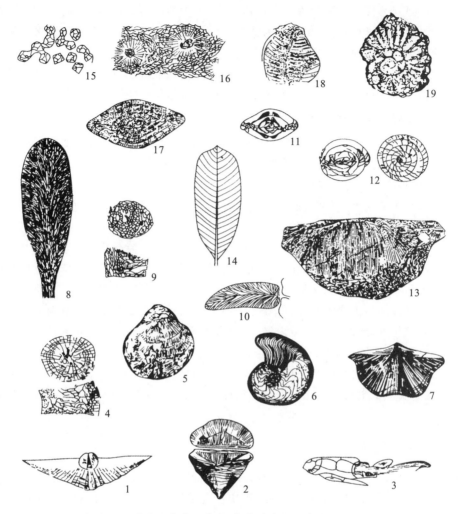

图 20-3　晚古生代化石代表(据全秋琦和王治平,1993)

1. *Euryspirifer*(阔石燕,D_1);2. *Calceola sandalina*(草履拖鞋珊瑚,D_{1-2});3. *Bothrolepis*(沟鳞鱼,D_{2-3});4. *Disphyllum*(分珊瑚,D);5. *Stringocephalus*(鸮头贝,D_2);6. *Manticoceras*(尖棱菊石,D_3);7. *Cyrtospirifer*(弓石燕,D_3);8. *Glossopteris*(舌羊齿,$C_3—T_1$);9. *Cystophrentis*(泡沫内沟珊瑚,C_1);10. *Neuropteris giganta*(大脉羊齿,C_2);11. *Fusulinella*(小纺锤蜓,C_2);12. *Pseudoschwagerina*(假希瓦格蜓,C_2);13. *Gigantoproductus*(大长身贝,C_1);14. *Gigantopteris*(大羽羊齿,P_3);15. *Hayasakaia*(早坂珊瑚,P_2);16. *Wentzellophyllum*(似文采尔珊瑚,P_2);17. *Neoschwagerina*(新希瓦格蜓,P_2);18. *Leptodus*(蕉叶贝,P_3);19. *Pseudotirolites*(假提罗菊石,P_3)

原始裸子植物达极度繁盛,它们以乔木为主,树干粗大、树叶繁茂,形成大规模森林,为成煤提供了丰厚的物质基础。因此,石炭纪—二叠纪是世界上最早的重要成煤时期。至此时,植物征服了大陆,完成了向陆地的进军。

石炭纪后期,陆生植物的属种数量及所占空间领域均有重要发展。受古地理和古气候分异的影响,开始呈现明显的植物地理分区。近赤道的低纬度区为热带植物区,特征是高大的石松、节蕨和科达类大量繁盛,树高林密,枝叶繁茂,形成热带森林景观。其中鳞木可高达 40m,直径达 2m,但树干不显年轮。温带植物(安加拉植物群)以草本的真蕨和种子蕨为主,木本植物有较明显的年轮,代表有匙叶等。寒带植物(舌羊齿植物群)则种类单调,以草本、矮小种类为特征。二叠纪陆生植物的演化可分为明显的两个阶段。早、中二叠世与石炭纪植物面貌相似,但热带植物区分化为两个植物区,即华夏植物区和欧美植物区。前者主要包括东亚、东南亚,以大羽羊齿和单网羊齿大量发育为特征;后者主要指欧洲和北美东部,完全不见大羽羊齿植物群的踪迹。这种植物区的分异反映了二叠纪古地理和古气候的复杂化。

3. 海生无脊椎动物的变革

从早古生代至晚古生代,海生无脊椎动物发生了重大变化,早古生代繁盛的笔石几乎完全绝灭,三叶虫大量减少,而珊瑚、腕足类、蜓类、牙形刺和菊石等大量繁盛,占据重要位置,成为晚古生代地层划分对比的主要依据。

泥盆纪,石燕类腕足、双带型四射珊瑚和牙形刺为主要标准化石。石炭纪—二叠纪,长身贝类腕足和三带型四射珊瑚跃居重要地位。蜓出现于密西西比亚纪末,宾夕法尼亚亚纪开始大发展,二叠纪末绝灭,是石炭纪—二叠纪的重要标准化石。菊石从晚泥盆世开始成为晚古生代地层划分对比的重要依据,早二叠世以前缝合线较简单,为棱角石式,晚二叠世开始缝合线变复杂,为齿菊石式。牙形刺在早石炭世还十分丰富,从宾夕法尼亚亚纪开始逐渐减少。二叠纪末,海生无脊椎动物出现大规模群集绝灭,绝灭的主要门类是蜓、四射珊瑚、床板珊瑚、三叶虫、长身贝类腕足等,还有些生物虽未绝灭,但数量骤减。据统计,二叠纪末绝灭的生物科数占60%(Schopf,1974),种数减少了96%,被认为是显生宙以来最大的突变事件。

晚古生代,脊椎动物和植物完成了向大陆进军的历史使命,进而征服大陆,适应其各种生态领域。这一切除了生物的演化发展已到达此阶段以外,也与地球表面陆地面积的逐渐扩大密切相关。

二、晚古生代地史特征

晚古生代,中国古大陆的古地理格局较早古生代有重大改观。加里东后期,柴达木板块、秦岭微板块和华北板块对接碰撞,使华北板块扩大了规模。在区域性挤压的构造体制下,华北板块内部自中奥陶世开始的隆升一直持续到密西西比纪,宾夕法尼亚亚纪才开始接受沉积。在华南地区,晚加里东期扬子板块和华夏板块的碰撞形成了南华造山带。泥盆纪之后持续而有节奏的海侵使华南海域逐渐扩大,至二叠纪覆盖了华南绝大部分地区。同时华南板块内部的伸展裂陷形成了晚古生代的裂陷槽和小洋盆。扬子板块周缘的金沙江、南秦岭洋也陆续形成,使华南及临区的古地理格局更加复杂。除华北、华南之外的其他板块和微板块仍处于独立的发展状态。

1. 华南板块及其大陆边缘地史特征

1) 华南板块地史特征

加里东运动之后,东南加里东造山带隆升,扬子主体上升为陆。因此在泥盆纪初期,除桂东南钦防地区存在残余海槽和滇东一带见到陆相泥盆系与志留系连续过渡外,华南其他地区均为遭受剥蚀的古陆或山地。从早泥盆世开始,华南地区自西南滇黔桂逐渐向北东方向发生海侵。泥盆纪华南总体处于一个拉张的构造背景下,自早泥盆世晚期开始,海盆中出现浅水碳酸盐台地(象州型)和条带状较深水硅、泥和泥灰质台槽(南丹型)的岩相及生物相分异。这种较深水台槽是受同沉积断裂控制的。位于中扬子地区的川东、鄂西、湘西北一带,海侵始于中泥盆世,因此仅见中、上泥盆统的海陆交互及滨浅海相沉积。下扬子地区仅见上泥盆统,总体以陆相沉积为主,但也发现海泛层。

密西西比亚纪早期地层分布、岩相类型和晚泥盆世相似,海域主要分布于滇黔桂湘地区,华夏古陆西缘的浙西—江西大部—粤东一带主要为陆源冲积。与晚泥盆世不同的是下扬子地区开始出现海相沉积。宾夕法尼亚亚纪末期海侵范围明显扩大,滨浅海成因的白云岩、灰岩广泛分布于除华夏古陆和上扬子古陆以外的广大地区,岩性岩相较为单一。

二叠纪时华南板块遭受了晚古生代最大的海侵,与华北板块、柴达木板块的大陆面貌形成鲜明对比。中二叠世栖霞中期起,华南板块发生大规模海侵,使长期遭受剥蚀的扬子古陆沉陷为浅海。自南京向西至四川栖霞期地层自东向西不断超覆。大规模的海平面上升可能与全球气候转暖导致冈瓦纳大陆冰盖融化有关。中二叠世茅口期起岩相分异明显。湘中、下扬子地区以硅质、泥质沉积为代表,极少含底栖生物,而富含浮游的菊石类及放射虫,反映缺氧条件下较深的滞留静水环境。华南板块东部闽浙赣地区出现茅口期近海碎屑含煤沉积。华夏古陆从茅口中期起抬升,成为古陆西侧含煤沉积的陆源碎屑供应区。茅口晚期华南板块构造分异普遍增强。扬子西缘峨眉地裂运动(东部下扬子和东南区传统上称为"东吴运动")引起大量玄武岩喷发和全区海退,使得茅口期顶部缺失 *Neomisellina* 化石带的沉积。晚二叠世华南板块的沉积类型总体上呈现东西两侧古陆边缘粒径较粗,陆相和近海沼泽相发育,中间部位以碳酸盐岩为主的对称格局,是一种双向陆源的局限陆表海类型。

2) 华南板块大陆边缘地史特征

泥盆纪,华南板块西部大陆边缘已存在古特提斯多岛洋,其主支位于北澜沧江至昌宁—孟连一线。在保山地块和思茅地块之间的昌宁—孟连一带已经发现早泥盆世含笔石的暗色泥质页岩和放射虫硅质岩,中、晚泥盆世则出现连续的放射虫硅质岩序列。该带在早泥盆世进入初始洋盆阶段,晚泥盆世已进入成熟洋盆阶段(大西洋阶段)。往东在思茅地块和华南板块间的哀牢山—红河一线,也出现早泥盆世的砂泥质浊积岩(墨江)和中泥盆世的硅质岩、基性火山岩(金平),代表华南板块西侧的被动大陆边缘斜坡和深水海盆沉积,证明存在古特提斯多岛洋的一个东侧分支。华南板块北部大陆边缘为南秦岭地区,早古生代末期以商丹蛇绿岩为代表的北秦岭洋已经闭合,并沿北秦岭形成一近东西向的加里东造山带。造山带南侧发育半深海-深浅海的碎屑岩、泥质岩和碳酸盐岩,为前陆盆地背景的复理石和类复理石沉积。华南板块东部、南部大陆边缘目前尚无发现泥盆纪大陆边缘沉积类型的报道。

石炭纪,华南板块西部大陆边缘古特提斯多岛洋较泥盆纪有进一步发展,华南板块西侧的哀牢山—藤条河一线,密西西比亚纪早期出现成熟裂谷型枕状玄武岩夹放射虫硅质岩,代表古特提斯多岛洋的东侧分支。更西的昌宁—孟连一带主支洋盆中,南部孟连曼信一带出露早石炭世洋脊、洋岛型火山岩及其火山碎屑浊积岩,也夹有放射虫硅质岩,代表洋盆内海山碳酸盐台地特殊沉积类型。因此,昌宁—孟连一带在石炭纪时已进入多岛洋发展的成熟期。华南板块北部大陆边缘为南秦岭洋盆,其总体构造古地理格局与泥盆纪相似。华南板块东部边缘的闽东北福鼎—南溪一带,密西西比亚系为厚达数百米的炭质千枚岩,粉砂岩夹结晶灰岩透镜体,可能代表华南大陆东侧大陆边缘狭窄的活动陆棚带,海侵直接来自东侧的古太平洋海域。华南板块以南,海南岛中部五指山地区已发现岩关期 *Neospirifer*(新石燕)、*Fusella*(纺锤贝)等具冈瓦纳色彩的腕足动物群,与华南大陆之间应存在一定的空间隔离。海南岛石炭纪时可能呈独立的地块状态,与华南大陆间的古海洋分隔带可能在琼州海峡一线。

二叠纪，华南板块西南边缘为著名的金沙江—藤条河缝合带，往西出现羌塘、昌都、思茅小地块。这些小地块二叠纪时出现暖水型动物群和华夏植物群，聚煤期层位和古地磁资料指示的赤道带古纬度都与华南板块相似，代表从华南板块边缘裂离漂移不远的小型地块群，因此金沙江—藤条河缝合带代表古特提斯多岛洋北侧分支小洋盆性质，但该洋盆在二叠纪时仍处于拉张开裂状态，与华南板块西部上扬子区的峨眉地裂运动存在密切关系。滇西思茅地块西侧存在二叠纪火山岛弧带，往西在昌宁—孟连缝合带中已发现包括二叠纪洋岛型玄武岩、海山型碳酸盐岩和深海放射虫硅质岩的蛇绿混杂带，证明存在一个向东俯冲的消减带。华南板块北缘的南秦岭地区，二叠系局限分布于西秦岭南文县—南坪一带，主要为深水相暗色泥质岩、灰岩。华南板块东缘由于现代海洋淹没无法直接追索，但台湾东部中央山脉出露一套变质片岩、结晶灰岩和基性火山碎屑岩（大南澳群），在结晶灰岩中产 *Neoschewagerina* 等茅口期䗴类化石，具有海相碳酸盐台地的特征，与板块西缘的古特提斯洋盆颇为相似。

2. 华北板块及其大陆边缘地史特征

华北板块自奥陶纪晚期开始，一直处于隆起遭受缓慢剥蚀状态，石炭纪密西西比亚纪除大别山北麓出现较厚的近海和海陆交互含煤碎屑沉积以及辽东地区可能接受沉积之外，主体部分仍然是一个近乎准平原的低地，到宾夕法尼亚亚纪开始缓慢沉降，普遍接受海陆交互相沉积。

1）华北板块地史特征

泥盆纪，华北板块内部至今尚未发现沉积记录，推测泥盆纪时仍处于剥蚀古陆状态。柴达木地块和华北板块已经碰撞相连，在祁连加里东造山带的山前和山间盆地中发育粗碎屑的磨拉石沉积。

石炭纪，华北板块内部主要发育宾夕法尼亚亚系沉积，在中晚奥陶世—石炭纪初期一直处于风化剥蚀及准平原化作用的过程中，随着石炭纪后期（宾夕法尼亚亚纪）海侵的到来，铁铝物质在古风化壳上大量富集，因而形成著名的"山西式铁矿"和"铝土矿层"，其上含有薄煤层的砂页岩和含䗴类灰岩，为滨海沼泽至浅海环境的产物。从整体上看，华北地台整个宾夕法尼亚亚系厚度仅百余米，表明当时华北地区地势平坦、地壳运动幅度相对较小、沉积速率相对较慢。宾夕法尼亚亚纪早期，华北具有东北低西南高的地势，当时海水先到达东北的太子河流域，而后逐渐向华北推进。宾夕法尼亚亚纪晚期华北南部海侵范围更加广泛，在皖北、豫南及鄂尔多斯一带均有明显的超覆。在北部的本溪、北京、大同以及鄂尔多斯东胜地区出现了陆相含煤沉积区。与此同时，南北方向上海相灰岩夹层的数量和累积厚度也发生了"翘板式"变化。由此可以看出，宾夕法尼亚亚纪晚期华北已转变为北高南低的地势，海岸线也逐渐南移。

二叠纪起，华北板块主体基本脱离海洋环境，仅局部地区遭受短期海侵影响，因此二叠系以陆相沉积为主。早二叠世至中二叠世早期，华北及东北南部普遍出现聚煤环境。中二叠世晚期至晚二叠世早期，普遍以杂色至紫红色内陆盆地河湖沉积为主，厚度增大，一般不含可采煤层，指示地势差异增强和气候渐趋干旱的过程。但在黄河一线以南的淮南地区，含重要可采煤层，并常见富含 *Lingula*（俗称"海豆芽"）的夹层。晚二叠世晚期，整个华北广布干旱气候的红色河湖碎屑沉积。说明二叠纪中期的晚海西运动已使华北柴达木板块和西伯利亚蒙古板块最终碰撞拼合，其间的北方海槽基本消失，促进了不同区系陆生植物的迁移和混合。

2) 华北板块大陆边缘地史特征

泥盆纪，华北板块西南缘布尔汉布达一带仅见上统沉积，下部为紫红色、灰绿色安山岩、流纹岩、玄武岩夹砂岩和火山角砾岩；上部为紫红色粉砂岩、砂岩及底砾岩。更南到纳赤台为碎屑岩、火山岩及碳酸盐岩沉积，代表华北-柴达木板块南缘的活动型沉积。华北板块南缘北秦岭蟒岭一带，零星分布中、上泥盆统变质石英砂砾岩和片岩，为秦岭加里东造山带山间盆地沉积。华北板块北部大陆边缘泥盆系以碎屑岩、碳酸盐岩沉积为主，具被动大陆边缘沉积特征。

石炭纪，华北板块西缘的河西走廊地区发育较全。自密西西比亚纪至宾夕法尼亚亚纪早期，海侵来自华北板块西南缘的古特提斯海域，与华北板块内部的陆表海并不沟通，沉积类型、岩性特征和地层厚度有明显区别。岩性以砂页岩为主，下部可夹薄层石膏，上部夹灰岩、泥灰岩及煤层。自宾夕法尼亚亚纪晚期起与华北陆表海沟通，沉积特征基本一致。华北板块北部大陆边缘的吉中和西拉木伦河以南地区石炭系上、下两个亚系都有出露，总厚度逾3000m，沉积类型以滨浅海碳酸盐岩为主，夹薄层泥质岩，也夹火山岩，古生物化石属暖水型生物区系和华夏植物区。华北板块南缘的北秦岭地区沿商丹缝合带，石炭纪时出现小型走滑拉分盆地，其中出现由碎屑岩-薄层深水灰岩-砂板岩-含煤岩系和石膏的沉积序列；在陕南商南的韧性推覆剪切带中测得315Ma左右的黑云母变质年龄，证明华北板块南缘由于相对华南板块作向西旋转，发生左行平移走滑运动，显示了板块边缘的复杂构造发展史。

早、中二叠世，华北板块北部大陆边缘以厚度巨大的浅海碳酸盐岩、碎屑岩和大量中酸性火山岩为特征，底部与石炭系之间存在角度不整合，反映了华北板块北缘发生过板块挤压作用，与华北盆地北侧古陆的抬升有密切关系。古生物区系以特提斯暖水型珊瑚为主，也有少量北方区冷温型分子单通道蜓和安加拉羊齿。晚二叠世以中酸性火山碎屑岩和黑色板岩为主，平行不整合于下二叠统之上，含海相和非海相双壳类等化石，已接近北方生物区面貌，代表陆相及残留海沉积。华北板块南部大陆边缘的中秦岭北缘，二叠纪裂陷海槽依然存在。

3. 其他地区地史特征

1) 塔里木板块及其大陆边缘

泥盆纪，塔里木板块主体呈古陆状态，根据古地磁资料，该板块当时处于北纬15°左右位置，长轴呈南北向延伸。板块仅在四周边缘地区有海陆交互和浅海沉积。

塔里木板块南北大陆边缘研究程度较低。板块北部至艾比湖-居延海对接带之间，存在复杂的洋盆和地块间列格局。南天山地区已发现晚泥盆世放射虫硅质岩、枕状熔岩和超基性岩，证明南天山当时为塔里木板块和中天山地块之间的一个洋盆，向北俯冲于中天山地块之下，向南至塔里木板块间则存在一个被动大陆边缘。

自密西西比亚纪起塔里木板块迅速北移并作顺时针方向旋转，至宾夕法尼亚亚纪晚期已达到北纬30°位置。本区石炭纪海侵范围扩大，仍以西北部柯坪—阿合奇一带发育最好，密西西比亚系为滨浅海碎屑岩和灰岩，产 *Kueichouphyllum*、*Striatifera*，和华南地区同属热带类型。宾夕法尼亚亚系以碳酸盐岩为主，富含蜓化石。在柯坪以北南天山托木尔峰南坡，宾夕法尼亚亚系下部碎屑岩中发现的欧美区植物化石 *Neuropteris*、*Pecopteris* 也反映与华南、华北板块华夏植物区之间存在海洋隔离。

2) 古亚洲洋

新疆北部、内蒙古和兴安岭地区泥盆纪仍为分隔华北、塔里木和西伯利亚板块之间的古亚洲多岛洋。在艾比湖-居延海-西拉木伦主支洋盆以北，属于西伯利亚板块南部复杂大陆边缘。西段北疆准噶尔地区泥盆系以发育大量火山岩、火山碎屑岩为特征，也夹有碳酸盐岩和放射虫硅质岩。显示了一系列火山岛弧和小洋盆相互间列的复杂构造格局。新疆最北部的阿尔泰地区，主要见中、下泥盆统中酸性火山熔岩、凝灰岩、变质碎屑岩及大理岩，代表西伯利亚大陆南侧的活动大陆边缘。东段内蒙古和东北北部包括松辽-佳木斯地块及大、小兴安岭等地区，同样存在复杂的构造古地理格局。松辽-佳木斯地块可能为一独立地块，南北都存在洋盆。

3) 冈瓦纳板块北部大陆边缘

位于冈马错-丁青以南的冈底斯-喜马拉雅地区，为冈瓦纳板块北部大陆边缘，泥盆系以稳定的陆棚浅海沉积为主。滇西昌宁—孟连一带以西的保山、腾冲地区，下泥盆统以碎屑岩为主，中、上统以碳酸盐沉积为主，代表冈瓦纳板块北部边缘的稳定沉积类型。珠穆朗玛峰北麓石炭系也较完整，以浅海碎屑岩为主，厚达 2600m，产 *Stepanoviella* 等冷水生物群化石。青藏高原北部龙木错冈马错双湖断裂带南侧日土多玛地区的早、中二叠世的霍尔巴错群中，发现 *Eurydesma*、*Lytvolasma*、*Costiferina* 冷水动物群和冰海成因的含砾板岩，具有典型的冈瓦纳色彩。

古特提斯多岛洋南侧一系列亲冈瓦纳微地块自二叠纪中期起向北漂移，加上冈瓦纳大陆冰盖逐渐消融，原来的冷水和冷温型生物面貌开始减弱，呈现冷暖水生物混合现象。思茅地块与华南板块的拼合导致金沙江藤条河小洋盆在晚二叠世闭合，但古特提斯多岛洋盆的演化直到三叠纪才结束，与新特提斯洋的扩张大体呈同步关系。

三、晚古生代古构造

泥盆纪处于加里东期向海西—印支期转折的重要时期，与早古生代后期的挤压体制不同，泥盆纪中国大部分地区(尤其是华南及临区)处于伸展的构造体制下。华南陆内裂陷槽、金沙江和南秦岭裂谷盆地相继形成，导致了华南板块及临区复杂的古地理格局。分隔华北、塔里木和西伯利亚板块的古亚洲洋仍为一广阔的多岛洋。冈瓦纳板块与昌都思茅地块及羌塘地块之间，泥盆纪很可能已形成了古特提斯多岛洋。早古生代以库地蛇绿岩套为代表的古昆仑洋已经闭合，塔里木与冈瓦纳板块之间的新昆仑洋可能南移到喀喇昆仑一带，实际上是古特提斯的组成部分。

中国石炭纪古地理面貌是泥盆纪的继续和发展，华北-柴达木板块和华南板块的相互对峙，其间的秦岭小洋盆继续存在；华北板块西缘的古特提斯多岛洋进一步扩张发展；华北、塔里木和西伯利亚板块间的古亚洲洋内部发生了重要造山运动，导致古地理格局的变革。石炭纪晚期至早二叠世极地大冰盖几乎覆盖整个冈瓦纳大陆，随着极地冰盖的增长消融变化，海平面升降频繁。由于海陆变迁和陆地森林的首次大规模出现，石炭纪成为中国地史上第一个重要成煤时期。

二叠纪是古生代最后一个纪，地壳运动又趋活跃，全球范围内一系列板块的碰撞导致地史中著名的联合古陆(Pangea)在二叠纪末期形成。该大陆几乎由北极延伸至南极，跨越了不同的古气候带，这种全球古构造、古地理环境的巨变，造成了陆相、潟湖相沉积类型的广泛发育、气候带的明显分异和生物界的重要变革。联合古陆东南缘继续存在结构复杂的古特提斯多岛洋，导致中国二叠纪地史既反映全球共性又有自身特色。

第四节 中生代地壳演化史

中生代时限为251.9~66.0Ma,延续约185.9Ma,分为3个纪,由老至新分别为三叠纪(251.9~201.3Ma)、侏罗纪(201.3~145.0Ma)、白垩纪(145.0~66.05Ma)。其中三叠纪和侏罗纪各分为3个世,白垩纪分为2个世。

中生代生物界以陆生裸子植物、爬行动物(尤其是恐龙类)和海生无脊椎动物菊石类的繁荣为特征,所以中生代也称为裸子植物时代、爬行动物时代和菊石时代。白垩纪末出现地史中著名的生物集群绝灭事件。

中生代的古地理古气候有了新的演变,三叠纪陆地面积继续扩大,海区缩小,陆相地层广泛发育;侏罗纪、白垩纪是中生代海侵较大的时期,但是亚洲中、东部海侵未曾到达,以大陆环境为主。大陆上湖盆发育,气候温暖潮湿,植物茂盛,成为地史上又一个重要成煤期。

中生代也是全球构造活动性增强的时代,三叠纪中期联合古陆达到了鼎盛时期,晚期进入分裂解体阶段;侏罗纪、白垩纪分裂解体愈渐加剧。大西洋和印度洋加速开裂、不断扩张,而特提斯洋渐趋消减萎缩。环太平洋地壳运动和岩浆活动强烈,形成了著名的环太平洋火山喷发带和内生金属成矿带。

一、中生代的生物界

古生代末期的全球性生物绝灭事件导致生物界面貌的重大变革。中生代开始,海生无脊椎动物呈现崭新的面貌,陆生动植物也进入一个新的发展阶段,生物进入现代演化生物群阶段。脊椎动物首次占领了陆、海、空全方位领域,显示了生物适应环境能力的巨大进步。

1. 陆生植物

中生代裸子植物苏铁、松柏、银杏的繁盛以及早期被子植物的出现代表了植物界的发展进入更高级阶段,而在晚三叠世和侏罗纪、白垩纪真蕨类的繁盛则具有非常重要的地层和古气候意义。

中国境内晚三叠世以古天山(或古昆仑)—古秦岭—古大别山一线为界,南方以 $Dictyophyllum$(网叶蕨)-$Clathropteris$(格脉蕨)植物群为特征,代表热带、亚热带近海环境;北方以莲座蕨科的 $Danaeopsis$(拟丹尼蕨)-$Bernoullia$(贝尔瑙蕨)植物群为特征,代表温带潮湿内陆环境。从此,高等植物又进入新的发展阶段。至晚侏罗世—早白垩世,植物分区界线明显北移,大致以阴山为界,北方银杏类很多,蕨类则以 $Acanthopteris$(刺蕨)-$Ruffordia$(鲁福德蕨)植物群繁盛为特征,松柏类具展开状的披针形叶片,如 $Cephalotaxopsis$(拟粗榧),反映了温带潮湿气候特征;南方以银杏类极少、小叶型真蕨类占优势为特征,松柏类为鳞片状小叶紧贴在枝上,角质层也增厚,如 $Brachyphyllum$(短叶杉)等(图20-4),反映干旱的热带—亚热带气候。至白垩纪晚期,被子植物繁盛并占据了统治地位,植物界开始呈现新生代植物面貌。

2. 陆生脊椎动物

早、中三叠世脊椎动物是晚二叠世类型的延续与发展,迷齿两栖类和爬行类中的二齿兽类十分繁盛,尤其是二齿兽类中的 $Lystrosaurus$(水龙兽)和 $Cynognathus$(犬颌兽)动物群,它们分布于非洲、欧洲、亚洲、南美洲和北美洲,常被作为重建联合大陆的重要证据之一。三叠纪晚期起,恐龙类的大发展和爬行动物返回海洋生活,标志着爬行动物进入一个新的演化阶段。

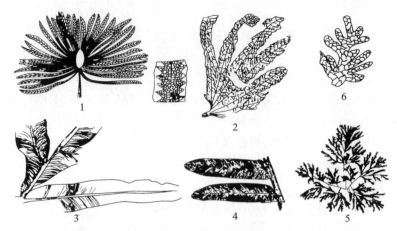

图 20-4　中生代植物化石代表(据杜远生等,2022)
1. *Dictyophyllum*(网叶蕨,T_3—J_2);2. *Clathropteris*(格脉蕨,T_3—J_2);3. *Danaeopsis*(拟丹尼蕨,T_{2-3});
4. *Bernoullia*(贝尔瑙蕨,T_3);5. *Ruffordia*(鲁福德蕨,K);6. *Brachyphyllum*(短叶杉,K_1)

侏罗纪陆生恐龙类中的蜥臀类和鸟臀类极度繁盛,蜥臀类中又分为素食的蜥脚类和食肉的兽脚类。蜥脚类身体笨重,头小尾长,四足行走,在湖沼地区营"两栖"生活(*Mamenchisaurus* 马门溪龙)。兽脚类则前肢特化,以便于捕捉猎物,后肢坚强,牙齿锋利以利于撕咬(*Szechuanosaurus* 四川龙)。三叠纪后期,爬行类中的一部分(鱼龙类)返回海洋生活,至侏罗纪已成功地占据了海洋领域,它们具有鱼形身体,善于水中游泳但又用肺呼吸(*Ichthyosaurus* 鱼龙)。空中生活的飞龙类,有适于飞行的不大的形体、加长的前肢及发育的后脑和眼,牙齿也逐渐变得纤细或消失。在早侏罗世,中国云南发现的类似哺乳类的爬行动物 *Bienotherium*(卞氏兽),以及发现于德国侏罗纪晚期地层的 *Archaeopteryx*(始祖鸟)和我国晚侏罗世地层的 *Confuciusornis*(孔子鸟)等化石,都说明侏罗纪是生物演化史上的重要过渡时期。

进入白垩纪,恐龙逐步进入鼎盛发展时期。食肉的兽脚类进入多样化发展阶段。一部分兽脚类具有巨大的形体,凶猛异常,牙齿锋利如刀,前脚高度弱化(*Tyranosauurus* 霸王龙);另一部分兽脚类则体型小,食性多样化(*Qviraptor* 窃蛋龙)。出现于三叠纪的鸟臀类在侏罗纪、白垩纪繁盛,其两足行走,脚的三趾构造与现代鸟类相像(*Psittacosurus* 鹦鹉嘴龙)。白垩纪晚期的海生爬行类 *Mosasaurus*(沧龙)代替了早白垩世已灭绝的鱼龙类的位置,飞龙类进一步发展更适合于飞行(*Dsungaripterus* 准噶尔翼龙)。在白垩纪末期无论是陆上的恐龙类、空中的飞龙类或海中的沧龙类均全部灭绝。继晚侏罗世始祖鸟的出现,白垩纪已出现了真正的鸟类,晚白垩世还出现了哺乳动物中的有胎盘类。

侏罗纪、白垩纪也是真骨鱼和全骨鱼类繁盛的时期,前者如 *Lycoptera*(狼鳍鱼),后者如 *Sinamia*(中华弓鳍鱼)。

3. 无脊椎动物

1) 海生无脊椎动物

由于晚古生代末期的生物变革,中生代海生无脊椎动物以菊石类和双壳类的繁盛为特征,其他还有六射珊瑚、箭石、有孔虫、牙形刺、腹足类等。

菊石类曾在晚古生代末期受到巨大的冲击,几乎绝灭,但在三叠纪又迅速发展,成为中生代海相地层划分与对比的重要标准化石。三叠纪早期的菊石类具简单齿菊石式缝合线,壳面纹饰也简单,如 *Ophiceras*(蛇菊石);三叠纪后期为齿菊石式或菊石式缝合线,壳面具瘤、肋,如中—晚三叠世的 *Paraceratites*(副齿菊石);侏罗纪菊石具有了复杂的菊石式缝合线,如 *Arietites*(白羊石)等具简单肋脊壳饰;至白垩纪,底栖类菊石形状奇特,呈直或螺旋状或旋绕状等不规则形状,如 *Baculites*(杆菊石)。

海相双壳类在中生代十分重要,特别是在三叠纪更显繁盛,往往与菊石一起组成重要分阶组合。早三叠世有 *Claraia*(克氏蛤)等,中三叠世出现 *Costatoria*(褶脊蛤),晚三叠世以壳饰特殊的 *Burmesia*(缅甸蛤)为代表;侏罗纪三角蛤科、牡蛎科繁盛;白垩纪则以厚壳类型为特征。

2) 淡水湖生无脊椎动物

随着陆地规模的扩大,中生代陆相沉积增加,尤其是亚洲,特别是中国侏罗纪、白垩纪以陆相沉积为主,淡水生物在海、陆相地层划分对比工作中十分重要,主要有淡水双壳类、腹足类、叶肢介、介形虫及昆虫类。

二、中国中生代地史特征

中国中生代古地理发展可明显地划分为两个阶段:三叠纪,特别是早、中三叠世仍继承了古生代以来的以秦岭海槽为界所显示的"南海北陆"特征,受中、晚三叠世印支运动的影响,华南地区明显海退;侏罗纪、白垩纪则以大兴安岭—太行山—武陵山一线为界,东西两侧古地理特征明显不同。

1. 三叠纪地史特征

中国三叠纪的古地理具有鲜明特点,空间上具有三分性,时间上具有二分性。空间上,以秦岭-昆仑山为界,"南海北陆"的古地理格局十分显著。南部海区,以龙门山-康滇古陆为界,东侧为华南稳定浅海,西侧为活动的多岛洋盆地;时间上,以印支运动为转折,早、中三叠世以浅海碳酸盐岩为主,晚三叠世以海陆交互相碎屑岩沉积占优势(华南地区尤为明显)。

1) 华南浅海区地史特征

早三叠世时江南古陆以西的海相沉积区明显受西侧康滇古陆的影响,自西向东可分为3个沉积相带:大致以四川旺苍、威远、宜宾经贵州普安—云南泸西一线以西,至康滇古陆东缘,为滨浅海碎屑岩相带,且近康滇古陆边缘砂岩增多;向东至通江经南川—贵州黔西一线为泥质岩、碳酸盐岩交互组成的含底栖双壳类及菊石的浅海相带;更东的川东地区以及整个中、下扬子地区为浅海-深浅海碳酸盐及钙泥质沉积相带。由此可见早三叠世时康滇古陆为华南海盆主要沉积区的碎屑供给区,明显地控制了沉积相带的分布,自西而东海水逐渐加深。江南古陆以东,赣、粤、闽地区靠近华夏古陆,碎屑物质较多,为滨海砂泥质沉积。黔南、桂西的右江地区早三叠世是碳酸盐台地中的一个裂陷槽,为深水相火山碎屑浊积岩和放射虫硅质岩沉积。早三叠世后期及中三叠世早期,整个华南地区仍为统一海盆,但由于西部龙门山-康滇古陆上升,北缘大巴山古陆的出现,以及南部黔南地区青岩生物礁带的阻隔,使扬子海盆成为半封闭状态,出现潮上蒸发环境,白云岩广布,还有盐类沉积。东部古地理特征出现了与早三叠世相反的情况,由于江南古陆等剥蚀区的上升,为东部沉积区提供了大量的岩屑,在中、下扬子地区形成了紫红色含铜砂岩,赣北、闽中等地亦有滨浅海碎屑沉积。中三叠世晚期华南地区发生大规模海退,即地史上著名的拉丁期大海退,沉积区明显缩小,浅海区仅存于黔桂地区及龙门山前,中、下扬子和闽中地区为海陆交互相碎屑沉积,其余均成为剥蚀区。中三叠世末发生了具有划时代意义的早期印支运动,它不仅使江南古陆以东地区及右江裂陷槽褶皱上升,而且深刻地改造了华南地区的构造格局。晚三叠世华南地区以江南古陆为主体的湘黔桂高地形成,并以此将华南分隔为东西两个海滨沉积区。西部的海湾在龙门山前及滇黔桂一带,早期为浅海碳酸盐及碎屑沉积,海侵来自西边的特提斯洋;晚期则成为沉积范围较大的川滇近海盆地。湘黔桂高地以东的海湾为海陆交互相含煤沉积,海侵来自东部的环太平洋海槽。闽西北地区出现一系列北北东向小型内陆新断陷盆地,其中的陆相酸性火山凝灰岩代表了中生代环太平洋火山带最早的记录。

2) 北方古陆地史特征

二叠纪晚期华北板块、塔里木板块与西伯利亚蒙古板块已连接形成巨大的劳亚大陆,中国北方,包括西北、华北和东北广大地域,三叠纪仅在一系列大小不等的内陆河湖盆地中保存有沉积记录。其中大型河湖盆地有华北西部的陕甘宁(鄂尔多斯)盆地和宁武沁水盆地,西北地区的准噶尔盆地和塔里木盆地等,华北东部、东北地区以及西北的祁连山、天山等地,则零星分布小型山间盆地。

3) 西南多岛洋地史特征

在我国西南地区,晚古生代形成的古特提斯多岛洋于中生代发生明显变化。早、中三叠世特提斯多岛洋的主支——澜沧江、昌宁-孟连洋已消减为残余洋盆,发育有硅质岩、细粒碎屑岩沉积,放射虫动物群具有较浓的地方性色彩;金沙江-哀牢山洋继续俯冲消减,并最终闭合。相反,甘孜-理塘洋、怒江洋和雅鲁藏布江洋迅速扩张,放射虫硅质岩和枕状玄武岩发育。这些洋盆之间的微板块古地理特征差别较大,中咱、羌塘、昌都微板块以浅海盆地为主,沉积了灰岩和碎屑岩;怒江洋、雅鲁藏布江洋以北的冈底斯地区、腾冲-波密区为古陆;雅鲁藏布江洋以南的珠峰地区以灰岩沉积为主,代表了冈瓦纳古陆北缘的浅海区,位于南半球(古纬度为29°S左右)。晚三叠世,澜沧江、昌宁-孟连洋和金沙江-哀牢山洋完全封闭;甘孜-理塘洋由扩张转为俯冲消减,并最终闭合;中咱、羌塘、昌都、思茅地区连成一片,早期发育紫红色磨拉石沉积,晚期普遍为滨、浅海环境;冈底斯地区和腾冲—波密地区仍为古陆;雅鲁藏布江洋不断扩大,并造成生物区系的隔离,该洋南北地区生物群明显不同。

2. 侏罗纪—白垩纪地史特征

受太平洋和特提斯洋板块俯冲的影响,中国侏罗纪、白垩纪古地理特征也具有明显的三分性,但与三叠纪的三分性完全不同。东部滨太平洋地区以发育与太平洋俯冲有关的陆缘弧火山岩为特征,陆缘弧之后的内陆地区以发育小型断陷盆地为特征,并发育火山岩沉积;华南的川滇地区、华北的鄂尔多斯地层区及西北地区,以大型盆地和山脉间列为特征;青藏地区仍为海洋环境。

1) 中国东部地史特征

大兴安岭—太行山—武陵山以东的沿海地区,地壳构造变动和岩浆活动强烈,发育许多以火山岩沉积为主的小型断陷盆地,形成北起黑龙江畔,南抵东南沿海的火山活动带。该带内早、中侏罗世火山喷发规模小,华北、华东在喷发间歇期和喷发期后均发育含煤沉积,而东南地区早侏罗世普遍含煤,仅在香港、广东、湘南一带存在海相沉积,但从中侏罗世起普遍为红色沉积。晚侏罗世发生强烈火山喷发,广泛分布于大兴安岭、松辽、阴山及东南沿海一带,形成了规模巨大的兴安、东南沿海火山盆地区。北部的兴安火山盆地区内,北纬 43°以北,火山岩系中往往夹有可采煤层,而东部的完达山虎林龙爪沟地区,中、晚侏罗世发育海陆交互相含煤沉积,含 *Arctocephalites*(北极头菊石)。东南沿海火山盆地区,晚侏罗世的强烈火山活动及地壳活动,一直延续到早白垩世,浙西地区的建德群以酸性火山岩、凝灰岩、凝灰质砂岩、页岩为主,含东方叶肢介、类蜉蝣、中脐鱼(*Mesoclupea*)等。

早白垩世后期所发生的中期燕山运动(即燕山运动Ⅱ),对东北、华北及华南地区均有极其重要的影响。自此以后,在早白垩世后期及晚白垩世期间形成了松辽、华北-苏北、江汉大型沉陷盆地,中南地区则为一系列中、小型山间盆地红色河湖碎屑沉积;岩浆活动范围向东迁移,局限于长白山以东地区;在黑龙江鸡西地区、浙东和闽东地区,早白垩世晚期地层不整合覆盖于下伏地层之上。这次构造运动形成的东部大型沉陷盆地,是我国中生代重要的含油气盆地。

2)西部地区地史特征

我国西部地区的古地理以大型稳定盆地与山脉间列为特征,主要盆地包括川滇盆地、准噶尔盆地、塔里木盆地、柴达木盆地、河西走廊盆地等。受气候带的影响,这些盆地的沉积特征不尽相同:古秦岭-古昆仑以北的盆地,下侏罗统和中侏罗统下部为深色碎屑岩沉积,普遍含有重要的煤层;中侏罗统上部至上白垩统,普遍为杂色、紫红色碎屑岩沉积,常含有盐类沉积。古秦岭-古昆仑以南的川滇盆地侏罗系、白垩系普遍为紫红色及杂色碎屑岩沉积。川滇盆地自晚三叠世形成雏形,侏罗纪为盆地发育最盛时期,白垩纪时盆地逐渐缩小,以致最后消失。该盆地的发展历史明显地受当时所处气候条件及盆地周围地形的控制。

3)青藏特提斯洋地史特征

青藏地区侏罗纪、白垩纪古地理的演化以班公湖-怒江洋逐步闭合和雅鲁藏布江洋的进一步扩张为特征。班公湖-怒江带北侧的羌塘—唐古拉地区,印支运动后已经成为古亚洲大陆的一部分,中侏罗世发育巨厚海相—海陆交互相沉积(雁石坪群),陆相夹层所产始丽蚌淡水双壳动物群已与华南、西北地区一致。班公湖-怒江带的东巧地区发现侏罗纪蛇绿岩套(包括席状岩墙、枕状玄武岩和放射虫硅质岩),其上被上侏罗统拉贡塘组的底砾岩不整合覆盖。这证明由于冈底斯地块向北拼合增生于古亚洲大陆南侧,班公湖-怒江小洋盆晚侏罗世起已经转化为地壳叠接缝合带。

冈底斯微板块早白垩世属北方大陆范畴,古亚洲大陆南缘已达以雅鲁藏布江带为代表的新特提斯洋北岸。雅鲁藏布江沿线的含白垩纪放射虫硅质岩的蛇绿岩套和混杂堆积,代表当时特提斯洋壳俯冲消减的海沟部位;北侧的冈底斯带晚白垩世至新近纪出现火山弧型安山岩、流纹岩喷发和岩浆侵入,代表火山岩浆弧部位;再向北的藏北陆棚海域可代表陆壳基底上的弧后型安山岩、流纹岩喷发和岩浆侵入,代表火山岩浆弧部位;更北的藏北陆棚海域可代表陆壳基底上的弧背盆地。上述构造古地理格局证明,特提斯洋壳自白垩纪中期开始向北俯冲、消减,转化为太平洋型(安第斯式)主动大陆边缘。雅鲁藏布江南岸的江孜、拉孜一带,侏罗系—白垩系以杂砂岩、黑色页岩、放射虫硅质岩、基性火山岩为主,常见复理石韵律或滑塌岩块,代表印度板块北缘被动大陆边缘自陆棚下部至陆坡、深海洋盆的沉积记录。在珠峰北坡的聂拉木、岗巴、定日地区发育良好的侏罗系、白垩系,以灰岩、生物碎屑灰岩和砂页岩为主,含有丰富的菊石、有孔虫、双壳类、海胆等化石,代表了印度北部边缘地区滨浅海至大陆坡环境的沉积。

第五节 新生代地史特征

新生代包括古近纪、新近纪和第四纪,是地球历史中最近 66Ma 以来的地质时期,内部进一步划分为古新世、始新世、渐新世、中新世、上新世、更新世和全新世 7 个世。新生代古生物、古地理、古气候、古构造较中生代均发生了重要变化。生物界以哺乳动物和被子植物大发展为特征,被称为哺乳动物时代或被子植物时代,其中第四纪由于人类的出现和发展,被称为人类时代。古气候的重要事件是第四纪冰川的形成。古地理、古构造的重要变革发生在中国古大陆的西南缘和东南缘;在西南缘由于始新世晚期印度板块与古亚洲板块的最终对接碰撞,导致新近纪以来青藏高原的急剧抬升和喜马拉雅山世界屋脊的形成;在东南缘最重要的事件是大陆边缘裂陷和弧后扩张,并形成了许多规模大、沉积厚的盆地,如渤海湾盆地、东海盆地、南海盆地等,它们蕴藏了我国重要的油气资源。

一、新生代的生物界

新生代生物界总貌与现代相近,脊椎动物的哺乳类空前大发展,取代了中生代十分繁盛的爬行类;无脊椎动物以双壳类、腹足类、介形类占主要地位,中生代海洋中繁盛的菊石、箭石等已经绝灭;植物界中被子植物全面发展,而中生代占统治地位的裸子植物大量衰退。

1. 脊椎动物

新生代新兴的哺乳类占据了地球上各个生态领域,尤其是有胎盘类(真兽)的进化、辐射最为明显,如空中飞行的翼手类、水中游泳的鲸类以及陆地行走奔跑的食肉类、食草类等。无胎盘的有袋类主要繁盛于与其他大陆隔绝的澳洲地区。哺乳动物的演化表现为:古近纪以古有蹄类和肉齿类等古老类型较繁盛为特征,含有较多地方性的土著分子;新近纪以偶蹄类大发展和象的迅速演化为特点,随着各大陆的沟通,陆生哺乳动物趋同性逐渐明显;第四纪以出现现代生物属种为特征,人类的出现和发展是本阶段的重要事件。

古近纪早期,古有蹄类及肉齿类繁盛。古有蹄类是以植物为食的有蹄哺乳动物。它们从原始食虫类祖先演化而来,与现代哺乳动物没有直接系统关系。肉齿类捕食其他原始食草动物,一般构造原始,四肢比较短而粗,趾(指)具爪,但仍像蹄,如始新世的 $Hyaenodon$(鬣齿兽)。古近纪中、晚期,进步的有蹄类(奇蹄类、偶蹄类)及食肉动物裂脚类高度发展而替代古老类型的古有蹄类和肉齿类。这些食肉动物(犬、熊、猫等)是从晚始新世和早渐新世直到现代一直占优势的陆生肉食类,分布十分广泛。啮齿类、长鼻类和灵长类的发展使动物群更为丰富,现代哺乳动物的祖先已基本出现。本阶段是奇蹄类演化发展的极盛时期,进化很快、分化门类很多(包括马、雷兽、爪兽、犀等)。大部分奇蹄类(如雷兽、爪兽、蹄齿类及两栖犀)在古近纪末期灭绝,只有那些适应演化非常成功的奇蹄类(如马)才一直生存到现在。马的演化主要是体形的增大、脚趾的减少和齿的进化。早始新世的 $Hyracotherium$(始马)个体如犬,前脚四趾,后脚三趾,齿未特化。渐新世的 $Miophippus$(中新马)个体可达羊大,脚的长度增加,前后肢的侧趾退化均变为三趾,所有趾都着地,但中趾比侧趾大得多。中新世起马类开始适应草原生活,如 $Merychippus$(草原古马)体形开始增大,到中新世结束时,更为进化,仅中趾着地,如 $Hipparion$(三趾马),到第四纪演化为单趾的 $Equus$(真马)。

新近纪,偶蹄类大发展,象迅速演化。偶蹄类一般每脚有 2 个或 4 个趾,脚的中轴在第三和第四趾上,多数具有反刍功能。偶蹄类与奇蹄类都于始新世兴起,但古近纪是奇蹄类的繁荣时期,而偶蹄类在新近纪大为繁盛。象(长鼻类)的演化主要反映在齿及头骨方面。晚始新世至早渐新世的 *Moeritherium*(始祖象),个体大小如猪,没有巨大的门齿及长鼻,臼齿只有两个横脊,新近纪和第四纪更新世演化出不同的分支,门齿逐渐增大,臼齿的齿脊数不断增加,上新世以前齿脊大都在 5 个以下,更新世多数在 10 个以上(最多达 30 个)。由于象的演化快,分布广(除澳洲外遍布全世界),具有重要的地层划分对比意义。

第四纪,哺乳动物南北分异,属种现代化,以出现大量现代属种为特色。早更新世以秦岭、淮河为界分为南、北两个动物群:北方(河北阳原)的泥河湾动物群,包括 *Proboscidipparion*(长鼻三趾马)、*Bison*(野牛)、*Equus sanmeniensis*(三门马)等;南方(广西)的柳城动物群,包括 *Stegodon preorientalis*(前东方剑齿象)、*Equus yunnanensis*(云南马)、*Gigantopithecus blacki*(步氏巨猿)等。两个动物群拥有一些共同属种,表明二者仍有一定联系。更新世中期动物群特点是:有少量的新近纪残留分子和相当数量的现代类型,南、北动物群差别相当明显。更新世晚期,大量出现现生属种,但尚存有现在已灭绝的属种。北方动物群包含有 *Megaloceros ordosianus*(鄂尔多斯大角鹿)、*Crocuta ultima*(最后斑鬣狗)、*Bos primigenius*(原始牛)及 Goelodonta antiquitatis(披毛犀)等;南方仍以大熊猫-东方剑齿象动物群为特征,但产有智人化石。

人类的出现是第四纪生物进化的重大事件,已有大量的证据表明从猿到人的演化可分为 4 个阶段:①南方古猿阶段,相当于考古学划分的旧石器早期的前一阶段,由于南方古猿能直立行走,其中一部分古猿能制造和使用最原始的石器,表明进入了人类发展的最初阶段,或称从猿到人的过渡阶段;②能人阶段,相当于旧石器时代早期;③直立人阶段,相当于考古学划分的旧石器早期的后一阶段(早更新世中、晚期至中更新世),直立人(*Homo erectus*)四肢已与现代人基本相似,脑量增大,所制造和使用的石器仍很原始(如 *Homo erectus lantianensis* 蓝田人、*Homo erectus yuanmonensis* 元谋人等)(表 20 - 1)。直立人的化石分布于亚、非、欧广大地

表 20-1 中国古人类发展阶段

(据杜远生等,2022)

时代		古人类		考古期		海侵
全新世				铁器时代 青铜器时代 新石器时代		Ⅰ卷轮虫海侵
更新世	晚期	智人	新人	山顶洞人 柳江人	旧石器时代	晚期	山顶洞文化 萨尔乌苏文化	Ⅱ假轮虫海侵 Ⅲ星轮虫海侵
			古人	长阳人 丁村人 马坝人		中期	丁村文化	
	早中期	直立人		北京人 蓝田人 元谋人		早期	北京人文化 西侯度文化	Ⅳ盘旋虫海侵 Ⅴ未命名
		南方古猿					

区。北京人洞穴堆积中有灰烬层,蓝田人头骨出土层中发现有炭粒等,表明直立人已开始用火;④智人阶段,智人从脑量及直立行走的姿势已与现代相近。智人化石表明,大约五万年以来,智人在体质方面进化很少,而文化方面则突飞猛进。早期智人(古人)不仅能制造更进步的石器,并能取火御寒,利用兽皮蔽体,相当于考古学划分的旧石器时代中期(德国的 *Homo sapiens neanderthalensis* 尼安德特人)。晚期智人(新人)是现代人的直接祖先,不仅能制造复杂的石器,做衣服,并用骨、壳等制成装饰品,相当于考古学分期的旧石器时代晚期(如克鲁马努人 *Cro-Magnon* 等)。综上所述,从猿到人的进化,主要表现在人体的直立行走、脑量的增大和不断改革劳动工具等方面,反映了劳动创造人的过程。

2. 水生无脊椎动物

中生代末期,各种生态领域都有大量的生物类别绝灭和衰退,代之又有许多新生类别在新生代得到兴起和发展。

在海生无脊椎动物中,中生代繁盛的菊石、箭石已于白垩纪末完全灭绝,原生动物中的有孔虫及放射虫极为繁盛,浅海以软体动物的双壳类和腹足类占统治地位,如 *Pecten*(海扇)、*Ostrea*(牡蛎)等,并常与有孔虫、海胆及苔藓虫组成海相介壳灰岩。新近纪晚期以来繁盛的六射珊瑚往往形成大型珊瑚礁。有孔虫可进一步分底栖和浮游两类。

在淡水无脊椎动物中,叶肢介大为衰退,双壳类、腹足类、介形类以及昆虫则进一步发展。不同时期,它们的组合面貌不同,在陆相地层划分、对比和沉积环境研究中有重要价值。

3. 被子植物的发展及其地理分区

新生代植物界中,被子植物占有统治地位,属种数和个体数量都占整个植物群的 80%～90%,蕨类植物及中生代繁盛的裸子植物在整个植物群中所占的比例很少。古近纪是木本植物大发展阶段,以木本被子植物的乔木、灌木繁盛为主,木本双子叶植物明显增加。此外,在古近纪植物群中古老类型的蕨类和裸子植物仍占一定数量。新近纪是草本植物大发展阶段。草本植物的出现和草原的形成是被子植物演化史上的一次飞跃,对哺乳动物的发展和分化起着极其重要的促进作用。

古近纪—新近纪全球性气候的分带性已十分清楚,季节性变化也甚明显,植物地理分布可分为泛北极植物区、热带植物区及南极植物区。泛北极植物区属温带型,包括北极区、北欧、北美和亚洲北部地区,以落叶乔和灌木为主,包括裸子植物、被子植物以及蕨类植物的石松、卷柏等;热带植物区属热带、亚热带型,包括西欧、苏联南部、南美、非洲、中国南部及东南亚等地,以常绿树为主,包括大型的裸子植物、蕨类植物和被子植物,北界在古近纪—新近纪有逐渐向南迁移的趋势(北纬 70°～35°左右);南极植物地理区,位于南纬 40°以南的南美大陆和大洋中许多岛屿以及南极洲大陆的周围岛屿,该区植物多为南半球特有类型,典型植物有山毛榉科的 *Nothofagus*(假山毛榉)、南美杉科及木本植物。

作为植物繁殖器官一个组成部分的孢子和花粉,以其数量多、分布广,在新生代地层、古气候和油气有机地球化学研究方面具有突出作用,根据孢子和花粉化石组合的研究,可恢复植物群面貌。

二、古近纪—新近纪地史特征

新生代是地球岩石圈构造演化发生巨大变化的时期。印度板块在始新世晚期最终与亚洲板块对接碰撞，新特提斯洋盆消失，之后印度板块继续向北俯冲，导致青藏高原急剧抬升；古太平洋板块运动方向在始新世晚期(39Ma)也发生重要转折，即运动方向由北北西向变为北西西向，从此古亚洲大陆东缘形成沟弧盆体系，大陆内部出现活跃的弧后或陆内裂陷作用。因此，我国新生代的地质演化既受控于印度板块与欧亚板块的相互作用，也与太平洋板块向欧亚板块俯冲引起壳幔深度结构变化有关，它们从宏观上控制了中国新生代构造演化的基本格局。

新生代也是古气候发生显著变化的时期。古近纪气候干旱带横亘亚洲，占据中国西北和东南部，新近纪气候主要为温暖渐趋寒冷，最终进入第四纪冰期。

中国的古近纪—新近系以陆相沉积为主，海相沉积只限于西藏南部、塔里木盆地西南缘及中国东南部大陆架海域等局部地区。以贺兰山—龙门山一线为界，古近系—新近系可分为东、西两大部分。

1. 中国东部地史特征

中国东部古近纪—新近纪最为重要的地质事件是大规模的裂陷作用，在时间上可大致分为两大阶段。古近纪为主裂陷期，盆地沉降快，地层厚度大，一般为700～4000m；新近纪为裂后热沉降期（或称坳陷期），地层厚度相对较小，一般从几百米到2000m。裂陷作用形成盆地宽度几十千米至几百千米不等，内部为沟、垒相间的地堑式。依据大地构造位置又可分为两类：一类是陆块板内裂谷发育的类型，如渤海湾盆地、苏北盆地；另一类是大陆边缘裂谷盆地类型，主要分布于中国东、南部现在大陆架地区，如东海盆地、莺琼盆地。这两类盆地古地理和沉积特征有显著差异。此外，控制着中国东部沉积类型的另一重要因素是气候带的迁移。

古近纪中国陆地古气候纬向分带清楚，在东部可划分出4个带：北部温暖潮湿气候带，中北部潮湿、半干旱气候带，中南部干旱气候带，南部热带、亚热带潮湿气候带。受气候带和构造带的双重作用，中国东部古近系存在4种沉积类型：陆内含煤型、陆内含油型、红色碎屑膏盐型和大陆边缘含油型。①陆内含煤型沉积，分布于南、北两个潮湿气候带内，即古阴山-燕山以北和古南岭以南地区，以含煤为特色，但也见有丰富的泥质油源岩；②陆内含油型沉积，分布于半潮湿、半干旱气候带内，即古阴山-燕山以南，秦岭-大别以北地区，灰黑色泥岩、油页岩等生油岩系发育，夹有膏盐和红色碎屑沉积，同一剖面上可见红色岩层与暗色岩层、石膏与煤线、油页岩交替产出，反映本区属于北部潮湿带与南部干旱气候带间的过渡带；③红色碎屑膏盐型沉积，分布于干旱气候带内，即古秦岭至古南岭之间的中南地区，盆地规模相对较小，以红色碎屑岩及膏盐充填为主；④大陆边缘含油型沉积，中国东部古近纪—新近纪大陆边缘裂谷盆地主要位于现今黄海（南部）、东海、南海一线，为较潮湿的海洋性气候，古近系以陆相为主，同时又发育有海陆交互相沉积为特色，暗色生油岩系发育，是我国现今海上的重要油气基地。

新近纪中国东部古气候发生了显著变化，古近纪横贯中国东部广大范围的干旱、半干旱气候带消失，使中国东部基本被潮湿半潮湿气候覆盖。新近纪中国东部大陆裂谷盆地进入裂后热沉降坳陷期，盆地范围普遍扩大，地层厚度相对较小，构成在古近纪主裂陷盆地之上的披盖式坳陷，古近系与新近系之间大多为不整合接触。在大陆板块内本阶段沉积特点主要表现在两个方面：广泛的褐煤层分布和沿海地区大范围的玄武岩喷发。

2. 中国西部地史特征

控制着中国西部大陆古地理、古构造的主导因素是印度板块与欧亚板块的碰撞和演化，它使得中国西部古近纪—新近纪整体处于挤压构造应力背景，盆地与山系相间，延伸方向近东西向,盆地边缘因相邻山系强烈上升而形成巨厚的磨拉石式粗碎屑堆积,这种古地理和古构造格局与中国东部有明显不同。

3. 西藏地区地史特征

西藏南部地区,古近纪早、中期有海相沉积。在古近纪中期发生的印度板块和劳亚大陆碰撞,导致特提斯海域的最后封闭,此后不再有海侵波及,而发育陆相沉积。新近纪喜马拉雅地区主要处于剥蚀状态,到后期才有零星盆地沉积。喜马拉雅地区强烈上升发生在新近纪至第四纪。从新近纪末始,随着整个青藏高原地区的普遍强烈上隆和东部现代边缘海的形成,古长江、古黄河等水系也逐渐孕育发展,奠定了中国现在西高东低的地势轮廓。

三、第四纪地史特征

第四纪由于印度板块继续向北俯冲,诱发青藏高原的急剧抬升及其周缘山系的进一步发展,形成中国西部高原、山系与盆地相间的地势;东部太平洋板块向西继续俯冲,导致中国东部拉张断陷的再次出现,形成一系列北北东向的沉积盆地、断块山脉和长白山等近期火山喷发。第四纪冰期和间冰期的交替,引起冰川型海平面升降,造成海岸线的明显迁移。

1. 青藏高原隆升与沉积响应

包括喜马拉雅山在内的青藏高原,整体急剧上隆主要是在第四纪完成的,由于青藏地区的强烈上升,在喜马拉雅山区及昆仑山、喀喇昆仑山区等地,发育有山岳冰川及冰川堆积。高原内部相对平坦地区,也出现一些小型湖泊。更新世早期主要是淡水湖盆,范围稍大;后期气候变干,湖水变咸,范围缩小,形成有经济价值的含硼盐矿床。由于青藏地区的强烈上升,在青藏高原周缘的山前盆地边缘形成粗碎屑的巨厚类磨拉石堆积。这是当时山系急剧上升和盆地强烈下陷的物质记录。

2. 黄土堆积与古环境记录

黄土是中国西北部一种特殊的沉积类型,它几乎连续覆盖了中国东经103°~113°、北纬34°~38°的广大地区,最厚可达百余米。这种长期连续稳定堆积的黄土,可能与地处大陆板块内部,存在相对稳定的古构造环境有关。一般认为黄土是冰碛物和冰水沉积中的粉砂颗粒被风吹扬,携带到冰川作用区外围堆积而成。黄土是冰期(干冷气候条件下)堆积的,间冰期(湿热气候条件下)成壤作用显著而形成古土壤。黄土与古土壤的互层,是气候冷(干)、热(湿)变换的物质记录。

3. 中国东部差异升降与南北地貌分异

中国东部的松辽、华北、江汉平原是第四纪的大面积沉降区接受相邻上升山系剥蚀而来的物质充填,是差异升降的反映。

4. 海平面升降与海陆变迁

我国东、南部海岸在第四纪经历了很不寻常的沧桑变化。第四纪冰期和间冰期更替引起海平面高低波动十分强烈,海岸线进退可达数百千米。当间冰期海面升高时,东部海水西进可达白洋淀、洪泽湖和太湖,南部的雷州半岛可没入海底;冰期海平面下降最低时,约在现在海面以下150m,渤海、黄海、东海及南海北部(原陆棚部位)均为辽阔滨海平原,还可形成古土壤、风化壳及泥炭等,当时台湾与大陆直接相连,陆生动物自由来往。大约距今1万a(末次冰期冰盖消融后),海面逐渐到达现在的位置。

第二十一章 矿床的基本知识

第一节 矿床的有关概念及其成因分类

一、有关矿床的基本概念

1. 矿产及其分类

矿产的概念：地壳中由地质作用形成的可被国民经济利用的自然资源。

1) 按自然状态分类

依据自然状态可将矿产分为固体矿产、液体矿产和气体矿产(图 21-1)。

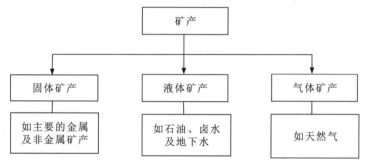

图 21-1　矿产按自然状态划分

2) 按主要用途分类

依据主要用途可将矿产分为金属矿产、非金属矿产、能源矿产和地下水资源(图 21-2)。金属矿产指用于提取金属元素的矿物资源。非金属矿产指用于提取非金属元素或化合物及矿物的矿产资源。

2. 矿床与矿体

1) 矿床

矿床即是矿产的产地，其主体是含有用组分的质和量在当前经济技术条件下可开采利用的地质体。

矿床的定义中应注意如下两个含义：

(1) 矿床的主体是地质体，因此矿床的形成和分布是受地质条件控制的，是有地质规律可循的。

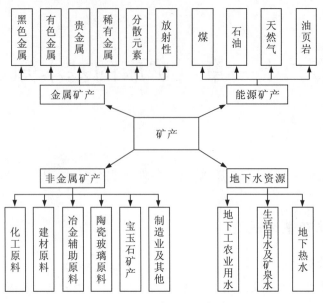

图 21-2 矿产按用途划分

(2)确定矿床的标准是随经济需要和技术发展而变化的,即现在的一些矿床在数年或数十年前并不是矿床,如硅灰石及透灰石的矿床;现在不能构成矿床的一些地质体将来随着选、冶技术的发展可能会构成矿床。

2) 矿体

矿体即是矿床的主体,是矿床中可供开采的块段。

(1)矿体的形状。按照矿体三维空间的发育情况可将其分为等轴状矿体、板状矿体和柱状矿体3个基本类型(图21-3)。但是,矿体的形状往往是复杂的,一些矿体可能属于上述类型的过渡形状,如透镜状、扁豆状矿体。

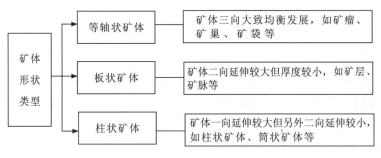

图 21-3 矿体的形状

(2)矿体的产状。矿体产出的空间状态。与第十二章所描述的相同,包括7个方面内容:走向、倾向、倾角、倾伏向、倾伏角、侧伏向和侧伏角。

3. 矿石与脉石等基本概念

(1)矿石。矿体的主体,是矿体中有工业价值的矿物集合体。

(2)脉石。矿体中的夹石与矿石中的脉石矿物统称为脉石。脉石一般多在开采和选矿过程中被分离出来构成废石或尾砂。

(3)矿石矿物。矿石中可供利用的矿物,因此又称有用矿物。如铅锌矿石中的方铅矿、闪锌矿等含铅、锌的矿物,金矿石中的自然金、金银矿等含金矿物。

(4)脉石矿物。矿石中不能被利用的矿物,因此又称无用矿物。如铅锌矿石中的石英、方解石等不含铅、锌的矿物,金矿石中的石英、云母、黄铁矿等不含金矿物。

矿石矿物与脉石矿物是相对于一个具体的矿床而言的,在一个矿床中某种矿物可利用则是矿石矿物,而在另一矿床中这种矿物不能利用则是脉石矿物,脉石矿物的概念也是如此。例如,在铅锌矿石中方铅矿和闪锌矿都是重要的矿石矿物。在金矿石中也常含有这两种矿物,但是如其含量很少而不具备综合利用价值时它们就是脉石矿物。相反,在铅锌矿石及金矿石中石英都是脉石矿物,但是在硅石(砂)矿床的矿石中石英却是唯一的矿石矿物。

(5)夹石。矿体中无工业价值的矿物集合体。

矿石与夹石的区别是:前者所含有用组分在当前技术条件下可提取利用;后者不含或少含有用组分,在当前技术条件下不可利用。

(6)围岩。矿体周围的岩石。沉积矿床矿体的上、下围岩常称为顶、底板;脉状矿体的上、下围岩常称为上、下盘。

(7)母岩。在成矿过程中提供了成矿物质的岩石,如"矿源层"即是指沉积成因的母岩。

围岩和母岩是两个完全不同的概念。对某些矿床而言矿体的围岩就是母岩,如多数岩浆矿床;在另一些矿床中矿体的围岩与母岩无关,如多数热液形成的脉状矿床。

4. 同生矿床、后生矿床和叠生矿床

(1)同生矿床。矿体与围岩为同期或近于同期由同一地质作用形成的矿床。如岩浆分结作用形成的矿床、沉积作用形成的矿床。

(2)后生矿床。矿体晚于围岩并且由不同地质作用形成的矿床。如热液作用形成的脉状矿床。

(3)叠生矿床。有用组分由同生期富集和后期有用组分的叠加再富集而形成的矿床。因此,此类矿床属复成因的矿床。

5. 矿石的组分、品位及品级

1) 矿石的组分

矿石的化学成分是各不相同的,但可将其划分为如下 4 种类型。

(1)有用组分。矿石中主要可提取利用的成分。有用组分有如下类型或表示形式(图 21-4)。

(2)无用组分。矿石中不能被提取利用的成分。

(3)伴生有益组分。可综合利用的组分和能改善产品性能的组分。前者如铜矿石中的 Au、铅矿石中的 Ag 等元素常可被综合利用;后者如铁矿中的 Mn、V 等元素,它们的存在可改善钢铁的性能。

(4)有害组分。对选矿和冶炼或对其产品有不良影响的组分。例如金矿中的 As 不利于金的氰化选矿;铁矿中的 S、P 会降低钢铁的韧性和强度。

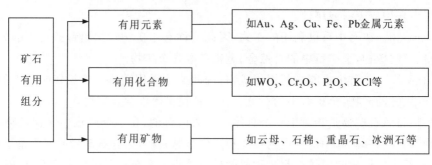

图 21-4 矿石有用组分类型

2) 矿石的品位

矿石品位：矿石中有用组分的含量。

品位表示方法如下。

a. 百分含量(%)(最常用的形式)。

b. 克/吨(g/t)(多用于贵金属矿)。

c. 毫克/吨(mg/t)或克拉/吨(ct/t)(用于金刚石矿)。

d. 克/立方米(g/m^3)(多用于重金属砂矿)。

e. 千克/立方米(kg/m^3)(多用于石棉、云母等)。

工业品位和边界品位：国家(或勘探部门)规定的工业指标，用于圈定矿体。

a. 工业品位：圈定矿体时矿体或矿段平均品位必须达到的最低值。

b. 边界品位：矿体边部所允许的最低品位值。

例如，1983年国家储量委员会规定的金矿工业品位是 3~5g/t，边界品位是 1g/t。

工业品位和边界品位涉及到矿山经济利润问题，它们的确定取决于以下因素。

a. 地质因素：主要是矿体的规模及开采条件、有无可综合利用组分和矿石工艺技术条件等。如矿体规模大、开采条件好则开采成本低，工业品位可降低；条件相反则应升高。

b. 市场因素：矿山或相关企业产品的市场价格、生产成本是不断变化的。当产品价值升高和(或)生产成本降低时，工业品位指标也可降低，相反则应升高。

c. 采选技术：随着矿石选矿、冶炼工艺的创新和发展，有用组分的回收利用率有可能有较大幅度的提高，相应的工业品位指标也可随之降低。

因此，工业品位和边界品位不是一成不变的。如近年来很多金矿、铁矿实际应用的工业品位已远低于1983年国家储量委员会的规定。

3) 矿石的品级

矿石品级是指矿石的质量分级。一般矿石品级的划分依据如下。

a. 矿石的品位。

b. 伴生组分。

c. 工艺性能。

一般高品级矿石多是高品位、低有害伴生组分的矿石，例如磁铁矿矿石，平炉富矿要求(%)：$Fe \geqslant 56$、$SiO2 \leqslant 8$、$S \leqslant 0.1$、$P \leqslant 0.1$、$Cu \leqslant 0.2$、(Pb、Zn、As、Sn 均)$\leqslant 0.04$。随品位降低依

次划分为高炉富矿、贫矿。在一些非金属矿石品级划分中工艺性能显得尤为重要，如云母片度、剥分性能和表面平整程度是云母矿石品级的重要的划分标准；石棉纤维的长度、劈分性能、柔韧性等是石棉矿石品级的重要划分标准。

二、矿床类型

1. 矿床成因类型

按照矿床成因划分的矿床类型称为矿床成因类型。矿床成因涉及面较宽，分类依据不同则产生不同的分类系统，如依据成矿作用划分的矿床成因类型和依据成矿物质来源划分的矿床成因类型。我们采用以成矿作用为主要依据，适当考虑成矿地质环境和尽量能反映成矿物质来源的原则，划分的矿床成因类型如下。

(1)岩浆作用矿床。包括岩浆矿床、伟晶岩矿床、热液矿床、火山矿床等。
(2)变质矿床。包括接触热变质矿床、气-液变质矿床、区域变质矿床、混合岩化矿床等。
(3)外生矿床。包括风化矿床、沉积矿床、可燃有机矿床等。

2. 矿床工业类型

矿床工业类型是在矿床成因类型的基础上，从工业利用的角度划分的矿床类型，它们是某种矿产的主要来源，在工业上起重要作用的矿床类型。如铁矿的工业类型是沉积变质型、海相沉积型、岩浆型、接触交代型和热液型。

第二节　岩浆矿床

一、成矿阶段与矿床类型

富含挥发分和多种金属元素的硅酸盐岩浆，侵入到岩石圈上部或喷出地面冷凝成岩时，这些气态、液态物质不是同步结晶成岩的，而是随着温度、压力的降低，分先后逐渐结晶凝结的。与岩浆作用相关的一些矿床的成矿作用大致可分为4个阶段。

1. 岩浆成矿阶段

富含硫化物、氧化物的岩浆，在高温时是完全混熔的。当温度下降到一定程度时，硫化物、氧化物与硅酸盐熔体会发生分离（即熔离作用），因前者富含金属元素，密度较大而下沉，从而形成岩浆熔离矿床。云南某地的基性-超基性岩岩盆底部即有含铂硫化物矿体产出。

岩浆开始结晶后，早期晶出的矿物主要是金属硫化物和氧化物，暗色硅酸盐矿物和基性斜长石，在重力作用下集中于岩浆下部或中部，这便是结晶分异作用。四川的攀枝花钒钛磁铁矿床就属于这种结晶分异作用形成的岩浆岩矿床。

2. 残余岩浆成矿阶段

在岩浆结晶成岩作用的晚期阶段，一些富含挥发分的残余岩浆，沿早期结晶成岩的岩浆岩裂隙（原生裂隙）贯入，或顺围岩的裂隙贯入，由于温度和压力还较高（300～600℃，200～800MPa），流体成分又多，有利于矿物结晶成大晶体，形成伟晶岩。在此阶段形成的矿床称为伟晶岩矿床。常见的伟晶岩矿床多含云母和碱性长石。新疆阿尔泰含稀有金属的花岗伟晶岩矿床就是这类矿床的典型代表。

3. 热液成矿阶段

岩浆侵位至冷凝过程中分离出来的以 H_2O 为主,并含有多种挥发成分和较多成矿元素的热水溶液,称为岩浆热液。这种热液把深部的矿质以及分散在围岩中的成矿元素萃取出来,通过充填、交代方式使矿质沉淀而形成矿床。热液矿床多数形成于从近地表到 4.5km 的深处。按其形成温度一般分为高温(300~600℃)、中温(200~300℃)和低温(50~200℃)3 类热液矿床。世界上最著名的江西大庾西华山钨矿床可作为高温热液矿床的典型代表。

除岩浆成因的热水溶液外,深循环(地下 5~10km)的地下水和渗入海底的海水、区域变质作用中分离出的热水及从上地幔排气过程中出来的热水,都可能溶解和运移含矿物质而形成热液矿床。

4. 火山作用成矿阶段

岩浆沿构造断裂上涌并喷溢到地面(或海底)的过程中,含大量成矿物质的残余岩浆、高温气体和热液在火山通道、破火山口附近的断裂带内可以形成很有价值的矿床(斑岩型、交代-充填型、热液型),含矿物质也可由喷发-沉积作用而形成规模巨大的火山-沉积矿床。如浙江平阳矾山的明矾石矿床,就产于白垩纪火山岩系中,断续延长几百米,厚几十米,形成巨大的透镜体。甘肃白银厂黄铁矿型铜矿则是海相火山热液型矿床。

二、典型矿床实例——四川攀枝花钒钛磁铁矿矿床

攀枝花钒钛磁铁矿矿床位于四川省渡口市东北 12km 处,储量近百亿吨,是我国最大的岩浆型钒钛磁铁矿矿床。钒钛磁铁矿含矿辉长岩岩体位于康滇地轴中段西缘的安宁河深大断裂带中,受安宁河深大断裂次一级 NE 向断裂控制。岩体长 35km,宽 2km,呈 NE45°方向延展,倾向 NW,倾角 50°~60°(图 21-5)。

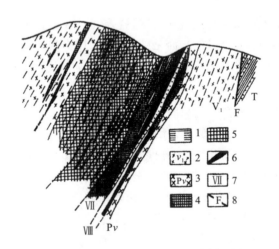

图 21-5 攀枝花钒钛磁铁矿矿床剖面图
1.三叠纪砂页岩;2.细粒辉长岩;3.粗粒辉长岩;4.致密浸染矿体;
5.稀疏浸染矿体;6.块状矿体;7.矿带编号;8.断层

岩体自上而下分为 5 个相带。

(1)顶部浅色层状细粒辉长岩带:厚500～1500m,含稀疏浸染状矿化条带,含矿性差。

(2)上部含矿带:厚10～120m,以含铁辉长岩为主,夹有稀疏浸染状矿石,有两个矿带。含磷灰石,可达5%～20%,并有较多的辉石集中,可作标志层。在底部有时可见厚约3m的斜长岩层。

(3)中部暗色层状细粒辉长岩带:厚160～600m,夹有一个矿带,厚2～3m,与底部含矿层呈过渡关系。

(4)底部含矿层:厚60～520m,为主要含矿层,有6个矿带。由各种类型钒钛磁铁矿矿石组成,品位较高,夹有层状暗色辉长岩。

(5)边缘带:厚度变化大,10～300m,以暗色细粒辉长岩为主,含矿性差。

矿床的主要矿体呈层状、似层状,最厚达数百米,延长几千米至十几千米,较稳定。

矿石矿物成分有钛磁铁矿、钛铁晶石、钛铁矿、尖晶石、磁黄铁矿、黄铜矿、黄铁矿、镍黄铁矿、磁赤铁矿、假象赤铁矿、褐铁矿。矿石中有用组分为铁、钛、钒、锰、钴、镍、铜、钪和铂族元素等。钒主要赋存在钛磁铁矿中。锰以类质同象存在于钛铁矿、钛磁铁矿和脉石矿物中。钒以类质同象方式取代普通辉石、钛角闪石、黑云母和钛铁矿中的Mg^{2+}、Fe^{2+}、Fe^{3+}和Al^{3+}。钴、镍、铜以独立矿物形式为主,类质同象次之。铂族元素的含量随矿石品位增高而增高,其中Pt、Os和Ru见有独立矿物。矿石构造有致密块状、稠密浸染状、稀疏浸染状、条带状等构造。这些特征表明矿床属晚期岩浆结晶分异作用形成。

第三节 变质矿床

一、变质成矿作用及其特点

地壳中的岩石和矿物在变质作用过程中,不仅会形成变质岩,而且可以形成具有一定经济价值的矿床。另外,原先存在的矿床,经过变质作用的改造后,虽然矿石性质有些变化,但仍具有一定的经济价值,有的变得性能更好。这两种矿床都可称为变质矿床。

原先的岩石或矿石,经过变质作用而成为含矿地质体所发生的变化,大致可以归纳为以下3个方面。

1. 物质组成的变化

变质矿床的矿物成分与原岩或原矿石相比,有许多不同之处。除造岩矿物的差异外,变质矿床中常见的矿石矿物有:

(1)自然元素矿物,如石墨、自然金等。

(2)氧化物矿物,如磁铁矿、赤铁矿、金红石等。

(3)硅酸盐矿物,如红柱石、蓝晶石、矽线石、石榴子石、滑石、蛇纹石、绿泥石、蛭石等。

(4)其他含氧盐矿物,如磷灰石、菱铁矿、菱镁矿等。

(5)硫化物矿物,如铜、铅、锌等的硫化物矿物。

随着矿物的变化,岩石或矿石的化学成分也会发生变化。这些变化主要是由重结晶作用、各种变质反应(如脱水作用、脱碳作用、还原作用、固相之间的反应等)和交代作用造成的。

2. 矿石结构和构造的变化

变质矿床中矿石的结构和构造与一般变质岩的结构和构造基本相同,即具有变余、变晶、交代等各种结构和板状、千枚状、片状、片麻状、条带状、块状等各种构造。因而,这些结构和构造与未变质的原岩或原矿石的结构和构造是有显著不同的。

3. 矿体形状和产状的变化

当温度和压力均不很高时,变质矿床中矿体的形状和产状与原地质体的形状和产状变化均不大。若温度升高到使原岩或原矿石接近塑性状态时,区域构造应力将使其产生复杂的构造变形(褶曲和断裂);若气水热液沿构造破碎带引起成矿物质的定向迁移和强烈的交代作用,构造破碎带将会对矿体的形状和产状起某种控制作用。这类矿体多呈柱状、脉状或枝桠状,矿体可具有甚为复杂的产状。

二、变质成矿作用的类型

根据变质作用类型和变质矿床形成时的地质环境,主要是温度、压力和气水溶液3个因素所起作用的特点,变质成矿作用分为岩浆热变质成矿作用、气-液变质成矿作用、区域变质成矿作用和混合岩化成矿作用4种类型。

1. 接触变质成矿作用

一般把岩浆侵位引起围岩温度增高而变质形成含矿地质体的过程,称为接触变质成矿作用。这种成矿作用发生在岩体周围,变质因素中起决定作用的是岩浆的热力,压力对这种变质作用的影响很小,岩浆热液对围岩的交代作用也不明显。这种作用形成的矿床称为岩浆热变质矿床或接触变质矿床。成矿作用主要表现为重结晶作用或重组合作用,如石灰岩变为方解石大理岩;白云岩变成白云石大理岩;蛋白石、玉髓变为石英岩;高铝质泥岩变成红柱石角岩;煤变成石墨等。

2. 气-液变质成矿作用

气水热液包括岩浆热液、变质热液、地幔热液、地下水热液和海水热液等多种来源。这些热液以硫化物、卤化物,易溶络合物和胶体溶液等形式搬运矿质(包括从围岩中萃取的成矿元素),在适当场合与围岩发生交代作用,使围岩发生矽卡岩化、硅化、钾长石化、钠长石化、云英岩化、青磐岩化、蛇纹石化、碳酸盐化等各种围岩蚀变,并形成与其有关的铜、铅、锌、铁、金、银、钨、锡、铝、铋、铌、钽等气-液变质矿床。

3. 区域变质成矿作用

在区域构造运动的影响下,广大区域内的岩石和矿石受到较高温度和压力的作用,局部地段还受到变质热液的交代作用,岩石和矿石的物质成分、结构和构造及物理化学性能遭受改造,从而形成相应的含矿地质体的过程,称为区域变质成矿作用。这种矿床称为区域变质矿床。

4. 混合岩化成矿作用

在强烈的区域变质过程中,岩石部分熔融产生的"混溶岩浆"或由深部上升的高温气液与变质岩石发生交代作用,使一部分成矿物质迁移、富集而成为混合岩化矿床的过程,称为混合岩化成矿作用。在这种作用的早期阶段,岩石以重结晶为主,有利于形成云母、刚玉、石榴子石、石墨、磷灰石、锆石、金红石、独居石等非金属矿床和稀土元素矿床。在中晚期阶段,由于混合岩化热液增多,有利于气液交代作用,较多的矿物分解,发生元素的迁移和富集,如白云石可分解而形成菱镁矿、方镁石和水镁石；镁质与 SiO_2 的结合可成滑石矿床；还可形成磷、铀、金、铜等矿床。例如，弓长岭磁铁矿床大多为贫矿，但遭受混合岩化作用地段磁铁矿可富集而成为富矿段。

三、典型矿床实例

区域变质作用和混合岩化作用形成的矿床——辽宁辽阳弓长岭铁矿床。

我国东北地区鞍山、本溪、海城、辽阳和抚顺等地，广泛分布含铁石英岩矿床。弓长岭铁矿是其中著名的矿床之一。

辽阳市弓长岭铁矿位于辽东台背斜西北缘。铁矿赋存于太古宙鞍山群上部，在一套角闪岩、变粒岩和石英岩层中夹有 6 层石英-磁铁矿层，厚 164～430m（图 21-6）。顶部一层（第 6 层）夹富矿体，含铁量＞60%。其余 5 层主要为贫矿层。矿石矿物为磁铁矿，局部有少量赤铁矿；矿体呈层状，倾向北东，倾角 60°～90°，有时倒转。矿体走向延长 4～5km，延深＞1km，厚 2～60m。富矿体呈透镜状及层状，夹在贫矿体中，二者为渐变过渡关系，富矿体的一侧发育蚀变带，自矿体向外依次为镁铁闪石化、石榴子石化、绿泥石化，蚀变带宽几米至几十米，蚀变越强，蚀变带越宽，富矿体越大。

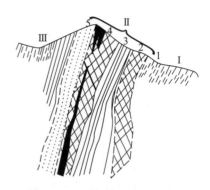

图 21-6　弓长岭矿区地质剖面
（据袁见齐等，《矿床学》，1985）
Ⅰ.下混合岩层；Ⅱ-1.角闪岩层；Ⅱ-2.下含铁带；Ⅱ-3.变粒岩层；Ⅱ-4.上含铁带；Ⅱ-5.石英岩层；Ⅲ.上混合岩层

一般认为，鞍山铁矿原岩为火山-沉积岩系，经区域变质作用及混合岩化作用改造而成变质矿床。贵阳地球化学研究所发现，在富矿石中发现磁铁矿-石墨组合，认为原岩应是含有机炭的菱铁矿层。在受到中深层次（角闪岩相）的区域变质作用后成为含石墨的石英-磁铁矿矿体。后来又受到混合岩化热液叠加作用，磁铁矿发生重结晶成粗晶，形成粗粒块状含石墨磁铁矿矿石（富矿石）。原岩形成时间为 3000～2500Ma，区域变质作用时间在 2500Ma 左右，混合岩化时间为 2000～1800Ma。

第四节　外生矿床

外生矿床是指在地球表面的常温、常压下，通过各种外营力的地质作用而形成的矿床。按其成因和特点分为风化矿床、沉积矿床、可燃有机矿床等类型。

一、风化矿床

1. 风化成矿作用的特点

外动力地质作用章节中已对风化作用类型及其特点进行了分析，通过风化作用使成矿物质聚集成矿的过程，即是风化成矿作用。在这里再补充说明几点：

（1）风化作用的产物与气候带关系密切，图 21-7 对此做出了较简明的表示。

（2）风化作用产物受原岩的制约，如红土型铁、镍矿床多分布于超基性岩和基性岩区；红土

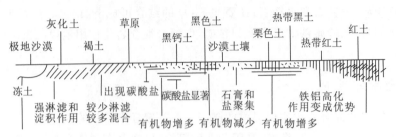

图 21-7 从极地到赤道气候带与土壤等产物关系示意图
(据奥利尔,1969)

型铝矿床多分布于碱性岩和基性岩区;高岭土矿床多分布于花岗岩区;富含锡石、锆石和铌钽矿物的花岗岩区可能形成这些矿物的风化残积、坡积砂矿等。

(3) 风化作用强度与地貌及水文地质条件有关。强烈切割的陡峭山区不利于化学风化。但机械风化强烈;地势略有起伏,地下水循环良好,加上炎热潮湿的气候,极有利于化学风化作用,该区地下水潜水面大致是化学风化的下界,潜水的流动则利于将化学溶解物迁移,残留物质可形成残余矿床,迁移物质在潜水面以下富集可形成淋积矿床。

(4) 区域构造对风化成矿作用具有一定的控制作用。特别是近地表的断裂常是地下水运移的良好通道,它控制了这类风化矿床的位置、规模和分布特征。

(5) 元素及其化合物的迁移难易程度与风化矿床的类型有密切关系。1955 年,A. H. 彼列尔曼按"水迁移系数"划分了风化带中元素的稳定级别。

Ⅰ级:强烈迁移的元素 Cl、Br、I、S。
Ⅱ级:易迁移的元素 Ca、Mg、Na、K、F、Sr、Zn。
Ⅲ级:可迁移的元素 Cu、Ni、Co、Mo、V、Mn、SiO_2(硅酸盐中的)、P。
Ⅳ级:难迁移元素 Fe、Al、Ti、Sc、Y、TR。
Ⅴ级:实际不迁移者 SiO_2(石英)。

2. 风化矿床的类型及其特点

1) 残积及坡积砂矿床

出露于大陆地面的岩石和矿石遭受各种风化作用的破坏后,其中可溶物质的微小碎屑物质被地表水、地下水和风带走,留下的难溶物质和较大碎屑残留原地,当其中成矿物质的品位达到工业开采要求时,便成为残积矿床。若其中的成矿碎屑物在重力和剥蚀作用下沿山坡移动,在山坡上或峭壁下聚集并达到开采要求后,便形成残坡积砂矿床。

江西会昌铌钽矿床即属残坡积砂矿床:该地含铌钽钠长石化的黑云母花岗岩,地表风化壳面积有 $28km^2$,风化壳含矿层厚 6~22m,平均厚 8m。矿石呈疏松的块状、粉状,铌钽铁矿单体粒径在 0.02mm 左右,还含独居石、磷钇矿和锆石等可回收利用。

2) 残余矿床

原生矿床或岩石经化学和生物风化作用后,形成的一些难溶的表生矿物残留在原地,其中,有用组分达到工业要求时形成的矿床称为残余矿床。长期而稳定的温暖潮湿气候条件是形成残余矿床的动力条件。根据风化母岩的不同,这类矿床可进一步划分为残余型黏土矿床、残余红土型铁矿床(铁帽)、残余红土型铝矿床。

3) 风化带次生富集矿床

内生矿床的近地表部分,在风化作用下往往可使某些元素富集而形成次生富集矿段或矿床。图 21-8 为铜硫化物矿床的表生作用分带示意图。自地表向下分为氧化带和次生硫化物富集带。

(1) 氧化带:从地表到潜水面(地下数十米)之间的地带,由于地下水的垂直下渗,使多种金属硫化物氧化、分解。近地表堆集大量褐铁矿,形成铁帽;下部为次生氧化富集带,可见到赤铜矿、自然铜、自然金和未分解的方铅矿。

(2) 次生硫化物富集带:在潜水面以下地下水流动带的还原环境中,从氧化带中淋滤出来的硅酸盐溶液与原生金属硫化物发生交代作用,往往使有用金属元素富集几倍至几十倍,可使原先不够品位的围岩或品位低的矿石次生富集为较高品位的矿石。

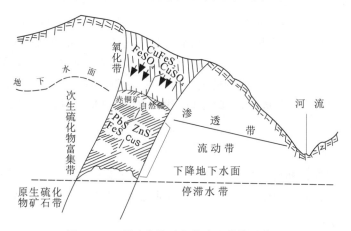

图 21-8 铜硫化物矿床的表生分带示意图

二、沉积矿床

1. 沉积成矿作用的特点

在沉积岩的形成过程中,成矿物质也可以同时沉积而形成沉积矿床。沉积矿床的成矿作用与沉积物的沉积作用和成岩作用是相同的。然而沉积矿床的形成仍然有一些特殊之处,下面从几个方面加以分析。

1) 物质来源

大陆岩石风化剥蚀的产物是沉积矿床的主要物质来源,其次为火山喷出物及生物残骸。某种类型的沉积矿床与其物源区存在一定的相关性,例如:冲积砂金矿床的上游地区必然有原生金矿带存在;滨海锆石砂矿床发育在含锆石的中酸岩浆岩海岸带附近;祁连山的重晶石矿床产于寒武系海相火山岩系中,其钡元素来源于海底火山喷发物。

2) 气候条件

气候条件不仅与风化矿床有密切关系,对许多沉积矿床也有明显的控制作用。例如:蒸发沉积的盐类矿床只有在干旱气候环境中才能形成;现在发现越来越多的 Cu、Pb、Zn 的硫化物矿床与盐类矿床共生,有些 Cu、U、Ag 矿产于红色岩系中,表明干旱气候环境对这些金属元素的沉积也有重要作用;潮湿和干旱季节性交替的气候带有利于形成鲕状铁矿床;炎热潮湿的气候带有利于形成沉积型铝土矿床。

3) 岩相条件

岩相与沉积矿床的形成有密切关系。例如:多数沉积赤铁矿床是在滨海带潮下浅水环境沉积形成的,与其伴生的是浅海相的石英砂岩、粉砂岩和页岩;海相锰矿床多夹在硅质岩、碳酸盐岩和页岩中,它代表潮下带深水(浪基面以下)环境的产物;许多沉积型铝土矿多形成于海盆地边缘,具海陆交替相的沉积特征。

4) 大地构造条件

地球表面沉积区的分布是不均匀的。例如:最近200Ma以来,大洋盆地堆积的沉积物厚度并不大,仅100~500m,但在有些滨、浅海地区沉积物厚度可达几千米;大陆上广大地区长期遭受风化剥蚀,许多地区没有沉积物存在,但在少数山前地带和山间盆地内沉积物的厚度却很巨大。造成这种全球性的沉积差异不能仅靠前述3个因素来解释,更重要的应是大地构造因素,即岩石圈运动(含软流圈运动)造成的。因此,许多沉积矿床的形成,同样会受到大地构造因素的制约。例如:在两板块相碰撞的俯冲带区域,发育巨厚的火山-沉积岩系,可以形成规模巨大的含铜黄铁矿矿床;在板块内部广阔的浅海区,则可形成铁、铝、锰、磷、蒸发盐和石灰岩、白云岩等矿床。

5) 沉积矿床特征

沉积矿床的基本特征和沉积岩一样,有一定的层位。矿体多呈层状、透镜状。其规模一般较大,分布稳定。矿石品位变化一般较小,矿石常具胶状、粒状、鲕状、结核状等结构。

2. 沉积矿床的类型

按矿石特点、成矿物质来源和成矿作用的地质特征,可将沉积矿床分为以下4类:
(1)砂矿床(机械沉积矿床)。
(2)盐类矿床(蒸发沉积矿床)。
(3)胶体化学沉积矿床。
(4)生物-化学沉积矿床。

3. 砂矿床

砂矿床是成矿物质的碎屑被介质搬运,大致按机械沉积分异规律逐渐沉积,在适宜场所聚集而形成的矿床。砂矿矿物多是硬度高、相对密度较大、抗化学风化能力强的矿物,如自然金、金刚石、锡石、锆石、铌钽铁矿、磁铁矿、钛铁矿、金红石、独居石等。按成因,砂矿床可分为风成砂矿床、冰川砂矿床和水成砂矿床。水成砂矿床可再划分为洪积砂矿床、冲积砂矿床、湖滨砂矿床和海滨砂矿床。开采价值高的是冲积砂矿床和海滨砂矿床。

1) 冲积砂矿床

在河流的上游和冲沟中,由于流水速度大,以下蚀作用为主,不利于砂矿床的形成;在其中、下游地区,由于沉积作用加强,较有利于重矿物的沉积,常可形成具有一定规模的砂矿床。按冲积砂矿在河谷内的分布情况,可分为河床砂矿床、河漫滩砂矿床和阶地砂矿床(图21-9)。

(1)河床砂矿床。这种矿床是在当代河道中正在沉积的砂矿矿床类型,重矿物在河床中的有利部位沉积,主要在:①河流由窄变宽处;②支流与主流汇合处(图21-10);③河床凸岸;

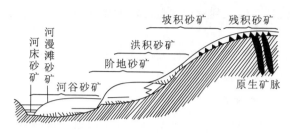

图 21-9 河谷内砂矿分布示意图

④凹凸不平的河床底部的凹坑内。

(2)河漫滩砂矿床。河漫滩砂矿床的规模一般比河床砂矿大得多,顺河谷延长可达 1~10km。河漫滩一般具下粗(河床相)上细(漫滩相)的二元结构,重砂矿物富集在下部的砂砾层中。

(3)阶地砂矿床。这种砂矿床发育在河谷阶地上,它实际是原先的河漫滩砂矿床,因谷底抬高而成了阶地,因被流水侵蚀,其分布不像河漫滩砂矿那样连续,重矿物富集在阶地上的砂砾层中。

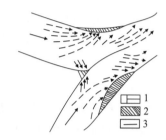

图 21-10 支流与主流汇合处砂矿的分布(箭头示水流方向)
(据袁见齐等,1985)
1.流向;2.砂矿;3.最大流速带

[实例] 黑龙江的富克山河谷砂金矿床已发现 3 个矿体,Ⅰ号矿体赋存于主河道河漫滩内,矿体长约 19km,宽>100m,厚 1.2~9m,属河漫滩砂矿床;Ⅱ号矿体赋存于支流阶地上,矿体长约 3km,宽 120~240m,厚 2~11m,属于阶地砂矿床,其最高金品位 $5g/m_3$;Ⅲ号矿体赋存于支流河漫滩中,规模甚小。据统计,约 70%的砂金富集在阶地下部的砂砾层中。

2)海滨砂矿床

海滨砂矿床的矿体赋存于海滩砂层和沙坝、沙堤中。例如,广东海岸带的一些海滨砂矿体大致平行海岸线分布,长 1~10km,宽 50~2000m,厚 2~26m,一般呈单层,微向海倾斜。其砂矿矿物主要有磁铁矿、锆石、独居石、钛铁矿、磷钇矿、金红石、铌铁矿和铬铁矿,含量达 $1000kg/m^3$。

4. 盐类矿床

盐类矿床是指水盆地中的无机盐类溶液,通过蒸发作用产生有用盐类矿物的沉淀而形成的矿床。所以这类矿床也可称为蒸发沉积矿床。

1)盐类矿床的基本特征

(1)盐类矿床主要由易溶的碱金属类矿物组成,包括:氯化物类,如石盐(NaCl)、钾盐(KCl)、光卤石($KCl \cdot MgCl_2 \cdot 6H_2O$)等;硫酸盐类,如硬石膏($CaSO_4$)、石膏($CaSO_4 \cdot 2H_2O$)、无水芒硝($Na_2SO_4$)、芒硝($Na_2SO_4 \cdot 10H_2O$)等;碳酸盐类,如水碱($NaCO_3 \cdot 10H_2O$)、天然碱($NaCO_3 \cdot NaHCO_3$)等;硝酸盐类,如钠硝石($NaNO_3$)、钾硝石($KNO_3$)等;硼酸盐类,如硼砂($Na_2B_4O \cdot 10H_2O$);复盐类,主要为氯化物和硫酸盐的复盐矿物。

(2)盐类矿床多产于陆相的红色碎屑岩系中或海相的白云岩-石灰岩系中。

(3)矿体成层状,透镜状,但受到后期构造运动的影响,可发生复杂的变形,形成各种不规则形态。

(4)多具沉积韵律,自下而上顺次出现,硬石膏→石盐→钾盐→石盐→硬石膏;也可出现碳酸盐岩与石膏的互层;并可夹有多层泥质岩层。

2)海相碳酸盐岩系盐类矿床

由于水盆中盐类成分的差异、各类矿物溶解度的不同以及盆地演化阶段的不同,因而可以形成多种盐类矿床的组合类型,如石膏-硬石膏矿床;石膏-硬石膏-石盐矿床;石膏-硬石膏-石盐-钾镁盐矿床。前两类型较常见,后一类型很少见到。

山西太原和灵石一带的下—中奥陶统石灰岩-白云岩系中,一般夹4层石膏和硬石膏矿层,每层厚8~40m,总厚度约100m。经钻探发现,地下200m以下深处,石膏与硬石膏的比例大致为17~42:51~68。矿石具细粒或鲕状结构,条带状、竹叶状、块状构造,不少矿石具交代结构,显示石膏和硬石膏交代碳酸盐岩现象。

3)碎屑岩系盐类矿床

这类矿床有海相和陆相两类碎屑岩系。按主要盐类矿物,它可分为石膏-硬石膏矿床、石盐矿床、天然碱矿床、钾盐矿床、芒硝-钙芒硝矿床、硼矿床等。

青海大柴旦湖硼矿床,是一个大型内陆盐湖硼矿床。盐湖面积240km²,其中200km²已成为干盐滩。主矿床位于盐湖沉积层上部,有3层矿。下层矿体长10km,宽1~2.5km,厚3~4m。矿层上、下为卤泥石膏层,中间夹卤泥石膏-硼矿,硼矿物以柱硼镁石($MgB_2O_4 \cdot 3H_2O$)为主,其次为钠硼解石($NaCaB_5O_9 \cdot 8H_2O$)。中层矿体以芒硝为主,类型有芒硝-硼矿,芒硝占60%,矿体长8.5km,宽3.5km,厚3~4m,为矿区内最稳定的硼矿层。上层矿体以石盐为主,厚6~8m,石盐占70%~90%,夹有石盐-硼矿层,呈似层状、透镜状产出。

5. 胶体化学沉积矿床

胶体化学沉积矿床是指大陆风化产物中的含铁、锰、铝的硅酸盐,铁、锰磷酸盐和硫化物等的矿床。这种矿床是胶体溶液被流水带入水盆中后,由于胶体凝聚或被吸附沉积而形成的。

1)胶体化学沉积矿床的基本特征

(1)铁、锰、铝和黏土等形成矿床的物质主要来自大陆上的准平原地区。

(2)矿体多呈层状,少数为透镜体状。其产状与沉积岩层一致,其水平延展方向代表古海岸线方向。这类矿床规模大,厚度稳定。

(3)矿石多具胶状结构。铝、铁、黏土矿层表面可出现波痕、泥裂等指相标志。

2)胶体化学沉积矿床的类型及其特点

(1)沉积铁矿床。海相铁质沉积具有不同的含铁矿物组合。图21-11中的Ⅰ带海底淤泥中有大量过剩游离氧;Ⅱ带水底淤泥中游离氧基本缺失,其下界大致为浪基面(一般为海面下20m深处);Ⅲ带、Ⅳ带由海底淤泥被细菌分解产生H_2S的量决定,H_2S量少则主要形成菱铁矿,H_2S量大则形成黄铁矿、白铁矿。

湖盆水深很大时,也会出现类似的分带现象。

根据沉积环境不同,可将沉积铁矿分为两种类型。

湖相沉积铁矿床:这类沉积铁矿产于热带和亚热带湖边浅水区。矿体多呈透镜状,延长不

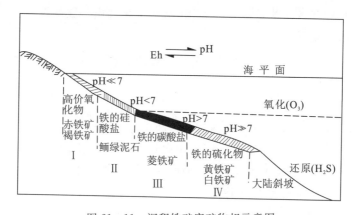

图 21-11 沉积铁矿床矿物相示意图

Ⅰ.氧化矿物相带；Ⅱ.硅酸盐矿物相带；Ⅲ.碳酸盐矿物相带；Ⅳ.硫化物相带

远,厚度不大。矿石矿物主要为赤铁矿、含水赤铁矿和褐铁矿。大湖区中心部位可沉积菱铁矿的透镜状矿体,规模一般不大。

海相沉积铁矿床:这类沉积铁矿产于陆缘海的潮间带和潮下带上部。含矿岩系为砂岩、页岩、赤铁矿层组合。常见泥裂、斜层理、叠层石、波痕等岩相标志。矿石主要为鲕状、肾状赤铁矿,少量为菱铁矿质鲕绿泥石。矿床规模常为大到中型,矿层厚而稳定。

[**实例**] 河北宣化龙关铁矿床是浅海相沉积铁矿床的典型代表。矿体赋存于中元古界长城系下部串岭沟组砂页岩中,含矿部位的地层层序如下。

④灰色厚层灰岩夹燧石结核、条带状灰岩夹页岩　　　　　　　　　　　　　150m

③黑色炭质页岩,底部为含矿层,厚50m,其分层情况如下:

 E.鲕状赤铁矿层(Ⅲ),顶部为鲕状菱铁矿层　　　　　　　　　　　　　2m

 D.薄层石灰岩　　　　　　　　　　　　　　　　　　　　　　　　　1.2m

 C.鲕状赤铁矿层(Ⅱ)　　　　　　　　　　　　　　　　　　　　　　1m

 B.厚层石英砂岩夹薄层页岩　　　　　　　　　　　　　　　　　　　0.8m

 A.肾状及豆状赤铁矿层(Ⅰ)　　　　　　　　　　　　　　　　　　　0.5m

②白色厚层石英砂岩,夹数层含赤铁矿的砂岩及砂质页岩　　　　　　　　　90m

①黑色页岩及肉红色长石砂岩　　　　　　　　　　　　　　　　　　　10～50m

－－－－－角度不整合－－－－－

新太古代片麻岩系

矿石品位一般 40%～60%,含 SiO_2 15%～20%。

(2)沉积锰矿床。由胶体化学沉积作用形成的锰矿床与沉积铁矿床很相似,且两者经常伴生。在浪基面以上的氧化环境中沉积的是四价锰的氧化物,如软锰矿、硬锰矿。这种矿石锰含量高,杂质少。浪基面以下较浅处,沉积四价和三价锰的氧化物如水锰矿等常与蛋白石共生,矿石质量较软锰矿矿石差。更深处为二价锰的化合物,如碳酸锰、锰黄铁矿等,常与蛋白石、黄铁矿等共生,矿石含锰量低,且含磷、硫等有害杂质较多,工业价值较低。

(3)沉积铝土矿床和黏土矿床。沉积铝土矿床和黏土矿床也分湖相和海相两种类型。我国已发现的有价值的铝土矿床几乎都产于平行不整合面以上的石炭纪和二叠纪地层中。沉积黏土矿床除与铝土矿床伴生外,还有一类与火山活动有关的沉积蒙脱石黏土矿床,其矿层常夹于凝灰岩、凝灰质砂页岩或含煤地层中。海相的这类矿床规模一般都较大。

6. 生物化学沉积矿床

由生物遗体沉积形成的矿床及经过生命活动或有机体分解导致有用矿物沉淀而成的矿床,统称为生物化学沉积矿床。

1) 生物化学沉积矿床的基本特征

此类矿床主要形成于热带和亚热带浅海盆地的边缘,其含矿岩系多为富含有机质的页岩、砂岩和碳酸盐岩。矿体多为层状或扁豆状,沿走向延长很远,但沿倾向延长不远。矿石以致密块状构造为主,条带状和浸染状构造次之,常形成规模巨大的矿床。

2) 生物化学沉积矿床的类型及特点

这类矿床包括沉积磷灰(块)岩矿床、生物灰岩矿床、硅藻土矿床、沉积自然硫矿床、沉积黄铁矿矿床等。

(1) 沉积磷灰(块)岩矿床。大陆岩石风化产生的磷酸盐经流水搬运入海洋,被海洋生物大量摄取,成为有机体的重要组成成分。生物遗体的大量堆积,经过一系列的化学作用可形成含磷量比海水高 60~150 倍的含磷淤泥,经成岩作用形成磷块岩。此外,深海中的含磷海水顺大陆坡上升到浅海区时,随 CO_2 的扩散也可导致磷酸盐结晶沉淀。其成矿部位在浪基面以下的浅海底部。按工业品位要求,含 $P_2O_5 > 8\%$ 的沉积岩均可称为磷灰岩或磷块岩。按成分和构造特点,磷块岩可分为层状与结核状两种。能成为大型矿床的是层状磷灰岩矿床。我国几个大型磷矿床均属此类。

[实例] 云南昆阳磷矿。该矿床赋存于上震旦统顶部至下寒武统底部的白云岩-页岩岩系中。磷矿层分上、下两大层,厚 4.5~16.4m,平均厚 11.6m。矿石有鲕状磷灰岩,硅质白云质磷灰岩,结核状磷灰岩和条带状磷灰岩 4 种,以前两种为主,其 P_2O_5 含量达 20%~35%。

(2) 硅藻土矿床。生活在海水、湖水中的硅藻和放射虫,吸收水中的 SiO_2。这些生物死亡后的硅质介壳堆积成硅藻淤泥,经成岩作用而成硅藻土矿床。这种矿床仅见于白垩系至第四系的海相和湖相地层中。山东临朐,吉林珲春和桦甸等新近纪硅藻土矿床均属湖相沉积。

三、可燃有机矿床

可燃有机矿床包括煤、油页岩、石油和天然气等。

1. 煤和油页岩

在大陆低洼地区和滨海潮上带的沼泽中,可沉积大量植物的遗体残骸,在其迅速被泥、砂掩埋后,经煤化作用就会形成煤;部分腐泥质与较多的碎屑物混合,经沥青化作用,会形成油页岩。

1) 煤的形成

图 21-12 简明扼要地说明了煤的形成过程。煤化作用发生在泥炭层上覆沉积层达到一定厚度时,即使地温升高到 40℃ 以上,压力超过 $25 \times 10^5 Pa$ 之后开始,形成烟煤的温度、压力则更高,上覆沉积盖层通常超过 300m。随着深度的加大,温度压力的升高,还会使烟煤向无烟煤转化。无烟煤受到强大的动力作用或岩浆热力烘烤,还可转化为石墨。

2) 煤的成因类型

根据煤的物质组成和成煤过程,可分为腐殖煤、残殖煤、腐殖-腐泥煤和腐泥煤 4 种类型。

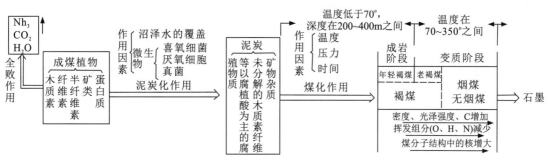

图 21-12 成煤作用示意图

自然界中分布最广、蕴藏量最大的是腐殖煤。根据腐殖煤的煤化程度可分为泥炭、褐煤、烟煤和无烟煤。

泥炭多呈棕褐、黑褐色，含水 10%～35%，风干后呈土状碎块，其中可含大量未分解的植物残体和木质素、腐殖酸等，含碳量 55%～62%。可作燃料、肥料和化工原料。

褐煤呈褐、暗褐色，光泽暗淡，含水 8%～18%，含腐殖酸，但不含未分解的植物残体。褐煤碎屑在稀 HNO_3 中呈红色，含碳量 60%～76%。用作燃料，但发热量较低。

烟煤呈黑色，硬度高于褐煤，光泽较亮，常具亮暗相间的条带，相对密度 1.2～1.4，含炭量 77%～92%，燃烧时有烟。烟煤是自然界分布最广、储量最大的煤种，是最主要的工业和生活用煤。

无烟煤呈灰黑色，有时可显半金属光泽，相对密度 1.4～1.8，含碳量 89%～98%，燃烧时无烟，火焰较小。可作燃料和化工原料。

3）含煤岩系、聚煤盆地和煤田

含煤岩系是指夹有煤层的沉积岩系。在岩性组成上，主要为一套黑色、灰色和灰绿色等颜色较暗的砂、页岩为主的沉积岩层，有时也可含石灰岩和铝土岩层。按岩相特征可分为陆相、海相和海陆交互相。它代表潮湿气候条件下植物繁茂发展的沉积环境。

陆相含煤岩系又可分为山麓相、河流相、湖泊相和沼泽相。含煤岩系以碎屑岩为主，岩性在横向上和垂向上的变化都较大，有时可出现湖相泥灰岩。

海陆交互相含煤岩系也称为近海含煤岩系。近海相的碎屑沉积物经过长距离搬运或波浪、潮流的反复作用，分选性与磨圆度均较好，粒径较细，碎屑成分较单一。沉积岩层的岩性、厚度均较稳定，可夹多层滨海-浅海相沉积岩层。

聚煤盆地是指地质历史上为形成含煤岩系提供沉积场所的盆地。盆地的大小、形状、沉降速度与幅度，控制了含煤岩系岩性特征和其分布状况，也控制着其厚度、类型等特点。由外动力地质作用造成的沉积盆地，一般规模较小，盆地基底起伏明显，因而其成煤岩系分布面积不大，厚度小，煤层薄，有时呈透镜状，煤质一般较差。

由地壳运动形成的盆地规模一般都较大，往往形成巨厚的成煤岩系。当地壳运动表现为断块的升降时，由下陷断块造成的盆地称为断陷聚煤盆地。如辽宁阜新的聚煤盆地，其含煤岩系为白垩系陆相沉积岩层，它的周边被几条断裂带限制。当地壳运动表现为区域性下拗，盆地中心下降幅度大，四周下降幅度小时，称为坳陷聚煤盆地。如山西沁水聚煤盆地，其成煤岩系为中石炭统至二叠系，属海陆交互相沉积岩层，平行不整合于奥陶系及更老的地层之上。含煤岩系中心厚度大，向外逐渐减薄，逐渐过渡为非含煤岩系。

习惯上将具有可采煤层的地区称为煤田。一个聚煤盆地中可以形成多个煤田。在一个煤田中，又可按地质、开采条件等划分出若干个含煤地段或煤矿区。

我国是世界煤矿蕴藏量最丰富的国家之一，已探明储量居世界前列。但我国煤炭资源分布很不均匀，主要集中于新疆（北疆）、内蒙古和华北、东北地区，南方除贵州外，煤炭资源普遍贫乏。

4）油页岩的矿床类型

根据形成油页岩的古地理环境，油页岩矿床有近海型和湖泊型两类。

近海型油页岩是指在滨海三角洲外缘或淡化泻湖海湾等环境中形成的油页岩矿床。它一般与碳酸盐类岩石共生。这类油页岩矿床的分布广，矿层层数多，但每层的厚度不大；油页岩的含油率高，有的高达24%左右。世界上已发现的大型油页岩矿床多属此类。广东茂名油页岩矿床就属近海型，其形成的时代为古近纪。

湖泊型油页岩是指在内陆湖泊环境中形成的油页岩矿床。这种矿床常与含煤岩系共生，有时呈互层出现。油页岩矿层可以很厚，但横向变化较大。辽宁抚顺油页岩矿床就属此类。它的形成时代为古近纪，油页岩矿层厚110m，其下为含煤岩系。两套岩系发育在半地堑型内陆湖泊沉积环境中。

2. 石油和天然气

1）石油

石油是一种多组分的液态有机物，为浅绿色、棕色、黄黑色的油脂状液体，相对密度为0.75~0.98。相对密度>0.9的称为重质石油，其颜色深，黏度较大；相对密度<0.9的称为轻质石油，颜色浅。紫外线照射下显示荧光是鉴定是否含石油的有效手段。石油的导电性极差。

石油主要由碳氢化合物加上其他化合物构成（表21-1）。纯粹由碳和氢元素组成的化合物称为烃。烃可分为几个族。石油主要由烷烃（C_nH_{2n+2}）、环烷烃（C_nH_{2n}）、芳香烃（C_nH_{2n-6}）等组成，还会有少量含氮、氧、硫的化合物及30多种微量元素。

表21-1 石油和天然气的元素组成（据袁见齐等，1985） 单位：%

元素	C	H	S	N	O
石油	82.2~87.1	11.7~14.7	0.1~5.5	1.1~0.5	0.1~4.5
天然气	65~80	1~25	微量~0.2	1~15	

2）天然气

自然界天然生成的可燃气体有油田气、气田气、煤田气、泥火山气、沼泽气等。实际上它们是由多种气体化合物和气态元素的混合物。天然气分为有机成因与无机成因两大类型。

(1) 有机成因的天然气。

石油气 有机质在热力、压力、生物及无机催化剂等综合作用下演化而成的可燃气体，多与石油共生，也可单独存在，其成分以烃类为主。其中有油田气、裂解气、凝析气等。

煤成气 煤成气是煤在深埋演化过程中析出的可燃气体，其成分以甲烷为主，含一定量的氮和二氧化碳,重烃含量一般不超过0.1%。

菌解气　菌解气是在浅层低温条件下厌氧细菌分解有机质而形成的天然气,其成分几乎全是甲烷,有时含一定量的 N_2 和 CO_2。

(2)无机成因的天然气。无机成因的天然气是由地下深处岩浆活动、变质作用产生的,其成分有 CO_2、CO、H_2、CH_4、N_2、H_2S、HF 等。

3)油、气的聚集

随着沉积物的堆积而被埋藏的大量有机质,在成岩过程中经历复杂的生物化学过程转化成石油和天然气。能产生足够数量石油的岩层称为生油层。从岩性上看主要是泥岩和碳酸盐岩。油气生成之后并不停留在生油层中,在多种动力推动下,油气进入有空隙的岩层中并继续运移。这种作为油气渗滤运移通道和储集空间的岩层称为储集层。常见的储集岩是砂岩,其次是灰岩和白云岩。

有一定数量油气聚集的场所称为油气藏,它是石油勘探的对象。在储集层内运移的油气只有迁到适宜的遮挡环境,才能停止运移而聚集起来。这种遮挡环境称为圈闭或油捕,它是由构造作用和沉积作用造成的、覆盖于储集层之上、不具渗透性的岩层,如泥岩、泥灰岩等,称为盖层。它可以阻止油气向上扩散。图21-13中概括了构造圈闭(Ⅰ类)、岩性圈闭(Ⅱ类)、地层圈闭(Ⅲ类)3种圈闭类型。

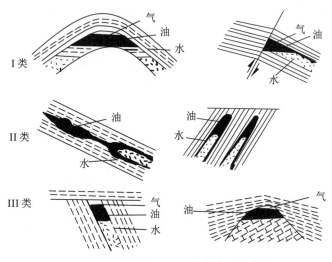

图 21-13　圈闭类型及油气藏类型示意图

(据袁见齐等,1985,改绘)

油气产地称为油气田。油气田受一定构造因素(如背斜、断层、单斜层等)的控制。一个油气田可包含一个或几个油气藏。在一个地质单元内由共同的油气补给来源形成的几个油气田,可构成一个油气聚集带。具有共同地质演化历史的若干个相毗邻的油气聚集带可联合组成一个含油气盆地。

在我国 $960×10^4 km^2$ 领土上,大于 $10^4 km^2$ 的沉积盆地有48个,面积 $308×10^4 km^2$ (表21-2);在 $473×10^4 km^2$ 领海内,大陆架面积 $280×10^4 km^2$,在这些沉积区内已发现有数十个含油气盆地,具有良好的油气生成和聚集环境,其沉积多为中、新生代湖相砂岩、泥岩。著名的大庆油田 30a 来已开采出石油超过 12×10^8 t，属世界级的特大油田之一。

表 21-2 我国几个油田所处构造部位及含油气岩系情况

油田	盆地或坳陷名称	含油气层	储聚层岩性
大庆	松辽盆地	下白垩统	砂岩
辽河	下辽河坳陷	古近系	砂岩、灰岩
北大港	黄骅坳陷	古、新近系	砂岩
胜利	济阳坳陷	古近系	砂岩
南阳	南襄盆地	古、新近系	砂岩
马岭	陕甘宁盆地	下侏罗统	砂岩
克拉玛依	准噶尔盆地	上三叠统	砾岩、砂砾岩

主要参考文献

曾佐勋,樊光明.构造地质学[M].3 版.武汉:中国地质大学出版社,2008.

陈洪治,李立志,李雪梅.矿床学[M].北京:地质出版社,2007.

陈运泰,杨智娴,张勇,等.从汶川地震到芦山地震[J].中国科学:地球科学,2013,43:1064-1072.

杜远生,童金南.古生物地史学概论[M].武汉:中国地质大学出版社,2009.

杜远生,童金南,何卫红,等.古生物地史学概论[M].3 版.武汉:中国地质大学出版社,2022.

樊隽轩,李超,侯旭东.国际年代地层表[J].2018,42:365-368.

郭颖,李智陵.构造地质学简明教程[M].武汉:中国地质大学出版社,1995.

韩郁菁.变质作用 $P-T-t$ 轨迹[M].武汉:中国地质大学出版社,1993.

何心一,徐桂荣.古生物学教程[M].北京:地质出版社,1993.

侯泉林.高等构造地质学(第一卷):思想方法与构架[M].北京:科学出版社,2018.

金振民,姚玉鹏.超越板块构造:我国构造地质学要做些什么?[J].地球科学,2004,29:644-650.

李方正,蔡瑞凤.岩石学[M].2 版.北京:地质出版社,1993.

李亚美,陈国勋.地质学基础[M].北京:地质出版社,1994.

刘本培,全秋琦.地史学教程[M].北京:地质出版社,1996.

路凤香,桑隆康.岩石学[M].北京:地质出版社,2001.

潘兆橹.结晶学及矿物学[M].3 版.北京:地质出版社,1993.

全国地层委员会.中国地层指南及中国地层指南说明书[M].北京:科技出版社,2002.

桑隆康,马昌前.岩石学[M].2 版.北京:地质出版社,2012.

舒良树.普通地质学[M].北京:地质出版社,2010.

宋春青,邱维理,张振青.地质学基础[M].北京:高等教育出版社,2005.

苏文才,朱积安.地质学简明教程[M].上海:华东师范大学出版社,1991.

孙善平,刘永顺,钟蓉,等.火山碎屑岩分类评述及火山沉积学研究展望[J].岩石矿物学杂志,2001,20(3):313-328.

同号文.物种形成方式及成种理论述评[J].古生物学报,1997,36:387-399.

童金南,殷鸿福.古生物学[M].北京:高等教育出版社,2007.

王鸿祯,杨巍然,刘本培.中国及邻区构造古地理和生物古地理[M].武汉:中国地质大学出版社,1990.

王良忱,张金亮.沉积环境和沉积相[M].北京:石油工业出版社,1996.

王仁民,游振东,富公勤. 变质岩石学[M]. 北京:地质出版社,1989.

吴崇筠,薛叔浩. 中国含油气盆地沉积学[M]. 北京:石油工业出版社,1992.

吴福元,徐义刚,朱日祥,等. 克拉通岩石圈减薄与破坏[J]. 中国科学:地球科学,2014,44:2358-2372.

吴惠群. 地质学基础学习纲要[M]. 昆明:云南大学出版社,1992.

夏邦栋. 普通地质学[M]. 2版. 北京:地质出版社,1995.

夏邦栋,刘寿和. 地质学概论[M]. 北京:高等教育出版社,1992.

肖龙. 行星地质学[M]. 北京:地质出版社,2013.

徐秀登. 基础地质学教程[M]. 北京:高等教育出版社,1990.

徐扬,王存智,程万强,等. 南大巴前陆冲断带构造变形几何学类型、分布特征及其成因分析[J]. 大地构造与成矿学,2009,4:497-507.

许至平. 普通地质学[M]. 北京:煤炭工业出版社,1990.

续海金,宋衍茹,章军锋,等. 北京周口店地区房山岩体中岩浆混合作用的野外地质实践教学[J]. 中国地质教育,2012,4:135-139.

杨翠平,金振民,吴耀. 地幔转换带中的水及其地球动力学意义[J]. 地学前缘,2010,17:114-126.

杨伦,刘少峰,王家生. 普通地质学简明教程[M]. 武汉:中国地质大学出版社,1998.

杨式溥. 古生态学原理与方法[M]. 北京:地质出版社,1993.

叶俊林,黄定华,张俊霞. 地质学概论[M]. 北京:地质出版社,1996.

游振东,王方正. 变质岩岩石学教程[M]. 武汉:中国地质大学出版社,1991.

俞鸿年,卢华复. 构造地质学原理[M]. 2版. 南京:南京大学出版社,1998.

张根寿. 现代地貌学[M]. 北京:科学出版社,2005.

张宏飞,高山. 地球化学[M]. 北京:地质出版社,2012.

赵珊茸. 结晶学及矿物学[M]. 北京:高等教育出版社,2004.

钟增球,郭宝罗. 构造岩与显微构造[M]. 武汉:中国地质大学出版社,1991.

周春银,金振民,章军锋. 地幔转换带:地球深部研究的重要方向[J]. 地学前缘,2010,17:90-113.

朱志澄,宋鸿林. 构造地质学[M]. 武汉:中国地质大学出版社,1990.

朱志澄. 逆冲推覆构造[M]. 武汉:中国地质大学出版社,1991.

ALLEN P A. From landscapes into geological history[J]. Nature,2008(451):274-276.

AMANTE C,EAKINS B W. ETOPO1 1 arc-minute global relief model:Procedures, data sources and analysis [R]. NOAA Technical NESDIS. Boulder, CO: National Geophysical Data Center,2009.

BENTON M J. Vertebrate palaeontology[M]. 3rd ed. Malden,MA:Blackwell,2005.

BHATTACHARYA J P, COPELAND P, LAWTON T F, et al. Estimation of source area, river paleo-discharge, paleoslope, and sediment budgets of linked deep-time depositional systems and implications for hydrocarbon potential[J]. Earth-Science Reviews,2016,153:77-110.

BODEN D R. Geologic fundamentals of geothermal energy[M]. Boca Raton:Taylor & Francis,CRC Press,2016.

BROWN J M,SHANKLAND T J. Thermodynamic parameters in the Earth as determined from seismic profiles[J]. Geophysical Journal Royal Astronomical Society,1981,66:579-596.

BUDD G E. The earliest fossil record of the animals and its significance[J]. Philosophical Transactions of the Royal Society B,2008,363:1425-1434.

BURGESS S D,BOWRING S,SHEN S Z. High-precision timeline for earth's most severe extinction [J]. Proceedings of the National Academy of Sciences of the United States of America,2014,111:3316-3321.

CHENG W Q,YANG K G,KUSKY T M,et al. Kinematic and thermochronological constraints on the Xincheng-Huangpi Fault and Mesozoic two-phase extrusion of the Tongbai-Dabie Orogen Belt[J]. Journal of Asian Earth Sciences,2012,60:160-173.

COCCIONI R,MONTANARI A,BICE D,et al. The global stratotype section and point (GSSP) for the base of the Chattian Stage (Paleogene System, Oligocene Series) at Monte Cagnero, Italy [J]. Episodes,2018,41:17-32.

DENG X,YANG K G,POLAT A,et al. Zircon U-Pb ages,major and trace elements,and Hf isotope characteristics of the Tiantangzhai granites in the North Dabie orogen, Central China: tectonic implications[J]. Geological Magazine,2014,151(5):916-937.

DODD M S,PAPINEAU D,GRENNE T,et al. Evidence for early life in earth's oldest hydrothermal vent precipitates[J]. Nature,2017,543:60-64.

DZIEWONSKI A M,ANDERSON D L. Preliminary reference earth model[J]. Physics of the Earth and Planetary Interiors,1981,25:297-356.

ELKINS-TANTON L T. The earth and the moon[M]. Revised ed. New York:Facts on File,Inc. ,2010.

FRISCH W,MESCHEDE M,BLAKEY R. Plate tectonics:Contiental drift and mountain building [M]. London:Springer-Verlay,2011.

FROST D J. The upper mantle and transition zone[J]. Element,2008,4:171-176.

HELFFRICH G R,WOOD B J. The earth's mantle[J]. Nature,2001,412:501-507.

HSU S K,LO C L. Change of crustal gravitational potential energy in the Taiwan orogen by the Chi-Chi earthquake sequence[J]. Earth and Planetary Science Letters,2004,222:573-581.

JENSEN S,DROSER M L,GEHLING J G. Trace fossil preservation and the early evolution of animals[J]. Palaeogeography,Palaeoclimatology,Palaeoecology,2005,220:19-29.

KEAREY P,KLEPEIS K A,VINE F J. Global tectonics [M]. 3rd ed. Hoboken, NJ: Wiley-

Blackwell,2009.

MINELLI A. Biological systematics[M]. London:Chapman and Hall,1993.

NESTOLA F,KOROLEV N,KOPYLOVA M,et al. $CaSiO_3$ perovskite in diamond indicates the recycling of oceanic crust into the lower mantle[J]. Nature,2018,555:237-241.

REIMINK J R,CHACKO T,STERN R A,et al. Earth's earliest evolved crust generated in an iceland-like setting[J]. Nature Geoscience,2014,7:529-533.

RODRIGUES B C,PAMPLONA J. Boudinage and shearband boudins:a meso- to micro-scale tool in structural analysis[J]. Journal of structural geology,2018,114:280-287.

ROMER A S. Vertebrate paleontology[M]. 3rd ed. Chicago:Unviersity of Chicago Press,1966.

RUDNICK R L,FOUNTAIN D M. Nature and composition of the continental crust:a lower crustal perspective[J]. Reviews of Geophysics,1995,33:267-309.

SHALINI G,MAMTANI M A,RANA V. Quartz CPO and kinematic analysis in deformed rocks devoid of visible stretching lineations:an integrated AMS and EBSD investigation[J]. Journal of structural geology,2018,115:270-283.

TARBUCK E J,FREDERICK K,LUTGENS D T. Earth:an introduction to physical geology[M]. 8th ed. New York:Prentice Hall,2004.

TAYLOR S R,MCLENNAN S M. The continental curst. Its composition and evolution[M]. London:Blackwell,1985.

VITA-FINZI L,LIN J C. Neotectoincs and seismic hazard assessment in Hengchun Peninsula,southern Taiwan[J]. Geoscience,2005,337:1194-1199.

VON HUENE R,RANERO C R,WEINREBE W,et al. Quaternary convergent margin tectonics of Costa Rica,segmentation of the Cocos Plate,and Central American volcanism[J]. Tectonics,2000,19:314-334.

WILLMAN S. Morphology and wall ultrastructure of leiosphaeric and a canthomorphic acritarchs from the Ediacaran of Australia[J]. Geobiology,2009,7:8-20.

XU Y,YANG K G,POLAT A,et al. The ~860 Ma mafic dikes and granitoids from the northern margin of the Yangtze Block,China:a record of oceanic subduction in the early Neoproterozoic [J]. Precambrian Research,2016,275:310-331.

YANG K G,MA C Q,XU C H,et al. Differential uplift between Beihuaiyang and Dabie orogenic belt [J]. Science in China (Ser. D),2000,43(2):193-199.